中 国 国 家 标 准 汇 编

2013 年修订-33

中国标准出版社　编

中国标准出版社
北　京

图书在版编目(CIP)数据

中国国家标准汇编:2013年修订.33/中国标准出版社编.—北京:中国标准出版社,2014.9

ISBN 978-7-5066-7652-6

Ⅰ.①中… Ⅱ.①中… Ⅲ.①国家标准-汇编-中国-2013 Ⅳ.①T-652.1

中国版本图书馆CIP数据核字(2014)第187391号

中国标准出版社出版发行
北京市朝阳区和平里西街甲2号(100029)
北京市西城区三里河北街16号(100045)

网址 www.spc.net.cn
总编室:(010)64275323 发行中心:(010)51780235
读者服务部:(010)68523946
中国标准出版社秦皇岛印刷厂印刷
各地新华书店经销

*

开本 880×1230 1/16 印张 38.5 字数 1 192 千字
2014年9月第一版 2014年9月第一次印刷

*

定价 220.00 元

出 版 说 明

1.《中国国家标准汇编》是一部大型综合性国家标准全集。自1983年起，按国家标准顺序号以精装本、平装本两种装帧形式陆续分册汇编出版。它在一定程度上反映了我国建国以来标准化事业发展的基本情况和主要成就，是各级标准化管理机构，工矿企事业单位，农林牧副渔系统，科研、设计、教学等部门必不可少的工具书。

2.《中国国家标准汇编》收入我国每年正式发布的全部国家标准，分为"制定"卷和"修订"卷两种编辑版本。

"制定"卷收入上一年度我国发布的、新制定的国家标准，顺延前年度标准编号分成若干分册，封面和书脊上注明"20××年制定"字样及分册号，分册号一直连续。各分册中的标准是按照标准编号顺序连续排列的，如有标准顺序号缺号的，除特殊情况注明外，暂为空号。

"修订"卷收入上一年度我国发布的、被修订的国家标准，视篇幅分设若干分册，但与"制定"卷分册号无关联，仅在封面和书脊上注明"20××年修订-1，-2，-3，……"字样。"修订"卷各分册中的标准，仍按标准编号顺序排列(但不连续)；如有遗漏的，均在当年最后一分册中补齐。需提请读者注意的是，个别非顺延前年度标准编号的新制定的国家标准没有收入在"制定"卷中，而是收入在"修订"卷中。

读者配套购买《中国国家标准汇编》"制定"卷和"修订"卷则可收齐由我社出版的上一年度我国制定和修订的全部国家标准。

3. 由于读者需求的变化，自1996年起，《中国国家标准汇编》仅出版精装本。

4. 2013年我国制修订国家标准共1 979项。本分册为"2013年修订-33"，收入新制修订的国家标准48项。

中国标准出版社

2014年8月

目　　录

ICS 83.120
Q 23

中华人民共和国国家标准

GB/T 29554—2013

超高分子量聚乙烯纤维

Ultra high molecular weight polyethylene fibre

2013-07-19 发布　　2014-03-01 实施

中华人民共和国国家质量监督检验检疫总局
中国国家标准化管理委员会 发布

前　言

本标准按照 GB/T 1.1—2009 给出的规则起草。

本标准由中国建筑材料联合会提出。

本标准由全国纤维增强塑料标准化技术委员会(SAC/TC 39)归口。

本标准负责起草单位:山东爱地高分子材料有限公司。

本标准参加起草单位:国家纤维纺织服装产品质量监督检验中心、莱芜市标准化学会。

本标准主要起草人:任意、孔丽萍、李扬、刘强。

超高分子量聚乙烯纤维

1 范围

本标准规定了超高分子量聚乙烯纤维的分类和标记、要求、试验方法、检验规则、标志、包装、运输和贮存等。

本标准适用于线密度范围在 55 dtex～6 650 dtex 的超高分子量聚乙烯纤维。线密度低于 55 dtex 或高于 6 650 dtex 的超高分子量聚乙烯纤维可参照使用。

2 规范性引用文件

下列文件对于本文件的应用是必不可少的。凡是注日期的引用文件，仅注日期的版本适用于本文件。凡是不注日期的引用文件，其最新版本(包括所有的修改单)适用于本文件。

GB/T 3291.1 纺织 纺织材料性能和试验术语 第1部分:纤维和纱线

GB/T 3291.3 纺织 纺织材料性能和试验术语 第3部分:通用

GB/T 4146.1 纺织品 化学纤维 第1部分:属名

GB/T 6504 化学纤维 含油率试验方法

GB/T 14343 化学纤维 长丝线密度试验方法

GB/T 19975 高强化纤长丝拉伸性能试验方法

3 术语和定义

GB/T 3291.1、GB/T 3291.3 和 GB/T 4146.1 界定的术语和定义适用于本文件。

4 分类和标记

4.1 分类

超高分子量聚乙烯纤维根据断裂强度分为 BT15、BT20、BT25、BT30、BT35 五类。

4.2 规格

规格以线密度和单丝根数表示。

4.3 标记

产品按照断裂强度类别、规格和本标准号进行标记。

□-□/□ GB/T 29553—2013

单丝根数

线密度

断裂强度类别

示例：断裂强度为 30 cN/dtex 以上，线密度为 1 740 dtex，单丝根数为 380 f，执行本标准的超高分子量聚乙烯纤维标记为：

BT30-1 740 dtex/380 f　GB/T 29553—2013。

5　要求

5.1　外观

产品应色泽均匀，无明显毛丝，无毛团、无异物。

5.2　物理性能

产品的物理性能应符合表 1 的规定。

表 1　超高分子量聚乙烯纤维物理性能

序号	项　目		单位	BT15	BT20	BT25	BT30	BT35
1	断裂强度		cN/dtex	≥15.0	≥20.0	≥25.0	≥30.0	≥35.0
			MPa	≥1 455	≥1 940	≥2 425	≥2 910	≥3 395
2	初始模量		cN/dtex	≥300	≥400	≥650	≥950	≥1 150
			GPa	≥29	≥39	≥63	≥92	≥112
3	断裂伸长率		%	$G\pm1.0$				
4	断裂强度变异系数		%	≤8.0				
5	线密度偏差率		%	±6.0				
6	含油率	无油剂纤维	%	≤0.5				
		含油剂纤维		≤2.0				
注：G 指名义断裂伸长率，由生产企业给出。								

6　试验方法

6.1　外观

在正常光照下，目测检验外观。

6.2　物理性能

6.2.1　断裂强度、初始模量、断裂伸长率、断裂强度变异系数的测定按 GB/T 19975 规定执行。

6.2.2　线密度偏差率的测定按 GB/T 14343 规定执行。

6.2.3 含油率的测定按 GB/T 6504 规定执行。

7 检验规则

7.1 出厂检验

7.1.1 检验项目

出厂检验项目为第 5 章规定的所有项目。

7.1.2 组批和抽样

同一生产线、同一批原材料、同一工艺，连续稳定生产的同一规格的产品为一批，按表 2 规定抽取样品进行检验。

表 2 抽样表

批量大小/卷	抽样数量/卷	合格判定数	不合格判定数
3～25	3	0	1
26～50	8	0	1
51～280	13	1	2
281～500	20	1	2
501～1 200	32	2	3
1 201～3 200	50	3	4
3 201～10 000	80	5	6
10 001～35 000	125	7	8
35 001 及其以上	200	10	11

7.2 型式检验

7.2.1 检验条件

有下列情况之一时，应进行型式检验：

a) 新产品投产时；

b) 老产品转厂时；

c) 产品结构、材料、工艺等有较大改变时；

d) 正常生产时，定期或积累一定产量后，进行周期性的检验，每年至少进行一次；

e) 产品停产时间超过三个月恢复生产时。

7.2.2 检验项目

第 5 章规定的所有项目。

7.2.3 组批和抽样

同 7.1.2。

8　标志、包装、运输和贮存

8.1　标志

8.1.1　产品卷装内标签:产品规格以及每只卷装的编码。

8.1.2　箱上标记:印刷厂名、厂址、产品名称、执行标准、毛重、内装卷装个数、防潮、防晒、正倒标志及搬运要求等。

8.1.3　箱外贴标签:产品型号,产品等级、批号、箱号、净重、入库日期、质检员工号、堆码层数极限。

8.2　包装

8.2.1　不同型号、批号、等级的产品应分别包装。

8.2.2　每个卷装均应有一个保护层,产品的包装应牢固、安全和易运输。

8.2.3　随包装每批产品应附质量检验单。

8.3　运输

运输中应轻装、轻卸,禁止损坏外包装,不应倒置和受潮,避免日晒雨淋。

8.4　贮存

8.4.1　产品按批入库堆放,贮存在干燥、避光、通风、防高温的仓库中,不允许露天堆放。

8.4.2　贮存时禁止倒置,堆码层数不应超过包装上标明的堆码层数极限。

ICS 91.060.50
P 32

中华人民共和国国家标准

GB/T 29555—2013

门的启闭力试验方法

Test method of operating forces for doors

(ISO 9379:2005,Operating forces—Test method—Doors,MOD)

2013-07-19 发布　　2014-03-01 实施

中华人民共和国国家质量监督检验检疫总局
中国国家标准化管理委员会　发布

前　言

本标准按照 GB/T 1.1—2009 给出的规则起草。

本标准使用重新起草法修改采用 ISO 9379:2005《门　启闭力　试验方法》。

本标准与 ISO 9379:2005 相比技术性差异及其原因如下:关于规范性引用文件,本标准用 GB/T 5823—2008代替 prEN 12519:1996,以适应我国的技术条件。

本标准与 ISO 9379:2005 相比在结构上进行了调整,具体调整如下:

——ISO 9379:2005 第 5 章的悬置段调整为本标准 5.1,原 5.1 和 5.2 调整为 5.2 和 5.3;

——ISO 9379:2005 第 8 章的悬置段取消,其内容调整到本标准 8.1 和 8.2。

本标准由中华人民共和国住房和城乡建设部提出。

本标准由全国建筑幕墙门窗标准化技术委员会(SAC/TC 448)归口。

本标准负责起草单位:广东省建筑科学研究院。

本标准参加起草单位:中国建筑科学研究院、中国建筑材料检验认证中心、广东坚朗五金制品股份有限公司、深圳市新山幕墙技术咨询有限公司、国家建筑材料工业建筑五金水暖产品质量监督检验测试中心、上海建科检验有限公司、广州铝质装饰工程有限公司、广东合和建筑五金制品有限公司、中山盛兴股份有限公司、广东创高幕墙门窗工程有限公司、福建省南平铝业有限公司、深圳市深业泰然建设工程有限公司、北京嘉寓门窗幕墙股份有限公司、武汉鸿和岗科技有限公司。

本标准主要起草人:谭上飞、赖燕德、石民祥、王洪涛、刘海波、杜继予、杜万明、邓贵智、徐勤、郭礼垦、刘学林、姜清海、陈金荣、谢光宇、粟曙、苏洪波、徐卫和。

门的启闭力试验方法

1 范围

本标准规定了测定门的开启和关闭，用钥匙或执手锁闭和打开五金配件所需作用力的试验方法。

本标准适用于手动操作的带锁闭装置的平开和推拉开启形式的人行门。

本标准不适用于装有自动关闭装置的门的关闭力的测量，也不适用于装有特殊五金配件如紧急开启装置的门。

注：某些带锁闭器的窗的启闭力也可依据本标准进行测试。

2 规范性引用文件

下列文件对于本文件的应用是必不可少的。凡是注日期的引用文件，仅注日期的版本适用于本文件。凡是不注日期的引用文件，其最新版本(包括所有的修改单)适用于本文件。

GB/T 5823—2008 建筑门窗术语

3 术语和定义

GB/T 5823—2008 界定的门的术语和定义以及下列术语和定义适用于本文件。

3.1

连接点 attachment point

门仅使用一个执手时，连接点取在执手附近的一个点。执手多于一个时，连接点取在端部两个执手之间的中间位置。

4 试验原理

测定锁紧和松开五金配件(锁、执手等)、推拉门扇或平开门扇开始开启和完全关闭至锁紧位置或安全装置全部锁闭时所需的最小的力或力矩。

5 试验设备

试验设备包含一个支撑框架，用厂家提供或指定的锚固件把试件固定在支撑框架上。该支撑框架应具有足够的刚度，以保证其变形不会影响试验结果。

试验设备应能均匀地提供作用力，每级增量不超过 1.0 N，且不产生震动。

试验设备采用砝码滑轮装置(例如附录 A 中的图 A.1 和附录 B 中的图 B.1)组成，也可采用能平稳地施加力或力矩的装置(弹簧类装置除外)。试验装置还应包括测量和记录装置，精度达到 5%。

5.1 砝码滑轮装置

砝码可通过细绳和滑轮同时作用来施加作用力。如图 A.1 和图 B.1。

细绳的直径、刚度和重量不应对试验结果有明显的影响。

作用力应逐级增加，过程不应产生震动。

逐级达到最大作用力，总时间不少于1 min。

5.2 施加和记录力或力矩的装置

用于测量力矩或力的装置，精度为±5%。

试验装置应包含用于连接五金配件(执手或钥匙)的附件，能够在试验时按正确方向施加作用力。

测量装置与试件的连接不得对试件造成损坏，并且不应影响试件的性能。

6 试件

试件应按其实际使用状态进行安装固定，不应产生影响试验结果的扭曲或弯曲变形。安装好的试件应处于正常使用状态。

试件应在温度为10 ℃～30 ℃和相对湿度为25%～75%的环境下进行试验，应有足够的时间使试件的温度与试验环境温度一致。

7 基本操作步骤

试件应该按照其接收时的状态进行试验，将试件可开启部分手动启闭5次后应立即进行试验。

7.1 测定动态关闭力的步骤

将细绳的一端拴紧在连接点上，另一端绕过滑轮后拴上砝码，该砝码在门可开启部分关闭后应处于自由悬挂状态(见图A.1和图B.1)。

对于平开门，将可开启部分打开，使砝码高度上升200 mm。对于推拉门，将可开启部分打开，使砝码上升的高度为锁紧安全装置所需的距离加上100 mm。在该位置释放可开启部分，测定使锁扣或安全装置关闭时的最小砝码重量。

试验进行3次，取3次试验的平均值作为最终结果。

7.2 测定五金配件启闭力和力矩的步骤

施加最小的力或力矩松开锁扣装置、锁紧和松开五金配件，记录结果。

试验进行3次，取3次试验的平均值作为最终结果。

7.3 测定开始移动并能保持移动的最小作用力的步骤

使用直线运动装置或砝码滑轮装置对试件进行测试，测量使试件可开启部分开始移动并能保持移动的最小作用力。

试验进行3次，取3次试验的平均值作为最终结果。

8 试验步骤

8.1 不带自动关闭装置的试件

开启试件可开启部分，按以下顺序进行试验。

——动态关闭：

按7.1的要求进行。

——操作五金配件：

a） 锁闭；

b） 打开；

c） 打开锁扣装置；

按 7.2 的要求进行。

——开启：

按 7.3 的要求进行。

8.2 装有自动关闭装置的试件

按以下顺序进行试验：

——在自动关闭装置处于工作约束状态下：

测定松开五金配件最小作用力或力矩：按 7.2 的要求进行；

测定使可开启部分完全打开的最小作用力：按 7.3 的要求进行。

——在无自动关闭装置处于非工作约束的状态下：

按 8.1 的要求进行试验。

9 结果表示

分别记录每次使用直线运动装置或砝码滑轮装置进行试验得到的结果，并取其平均值为最终结果（保留两位有效数字），力的单位为牛顿（N），力矩的单位为牛米（N·m）。

10 试验报告

试验报告应包含下列内容：

a） 试验依据：本标准；

b） 试验机构的名称；

c） 委托方；

d） 试验步骤，包括试验前试件的存放和温湿度调节情况；

e） 试件及其安装方式的详细描述；

f） 试件图纸；

g） 试件包含的玻璃或嵌板情况；

h） 试验结果（力或力矩的平均值）；

i） 生产厂家标识；

j） 试件情况的观测；

k） 试验日期；

l） 报告日期。

附 录 A
(资料性附录)
平开门的典型安装方式

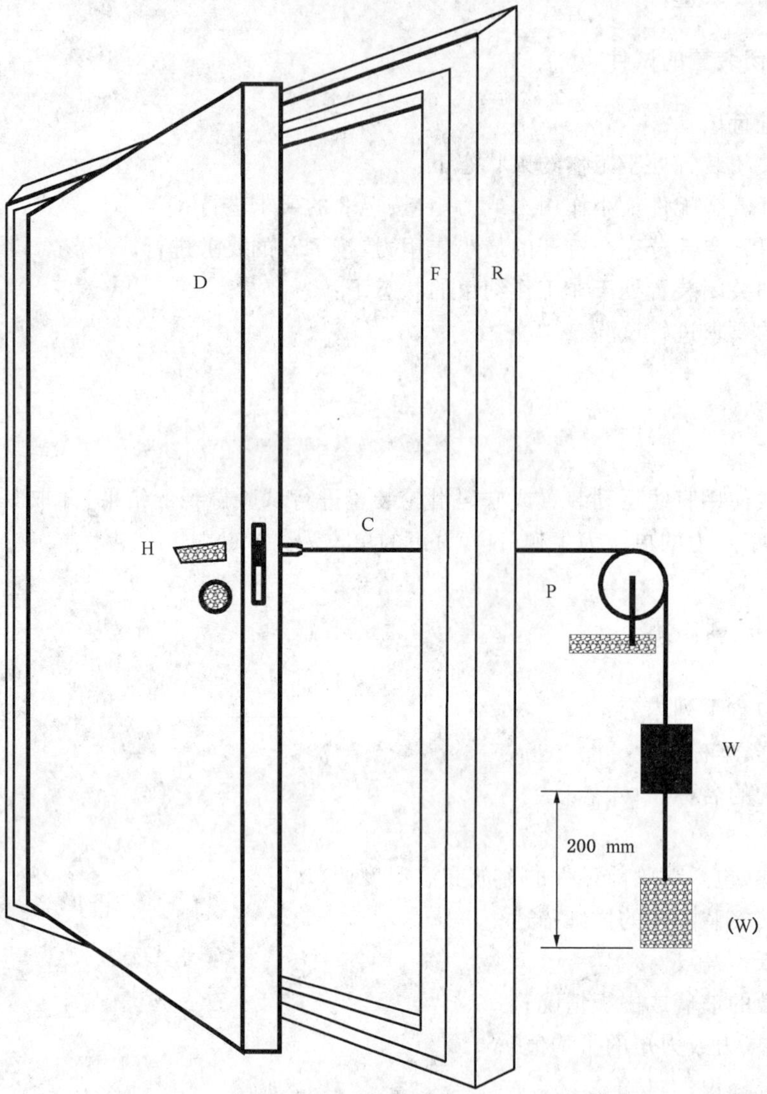

说明:

R——刚性支撑框架;
F——门框;
D——门扇;
H——执手;
C——细绳;
P——滑轮;
W——砝码及吊架。

图 A.1 平开门的典型安装方式

附 录 B
（资料性附录）
推拉门的典型安装方式

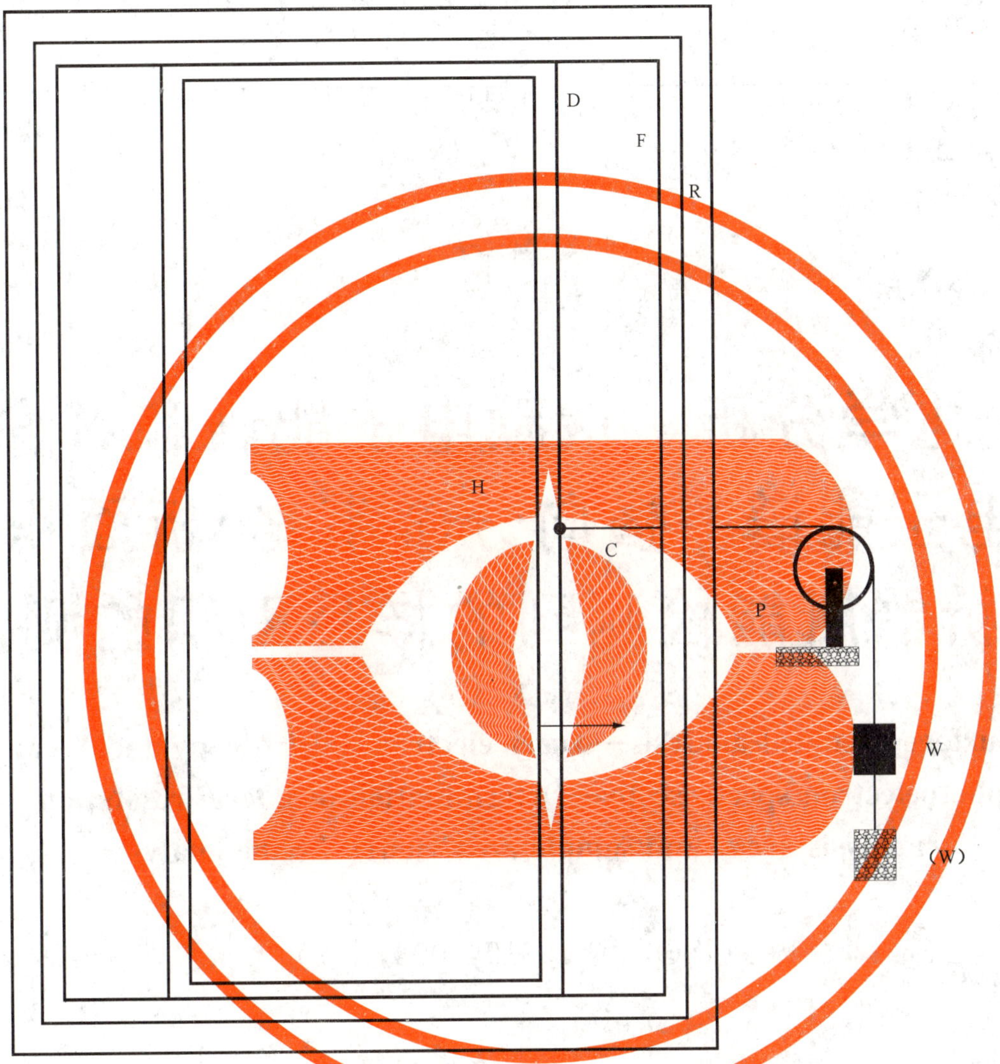

说明：
R——刚性支撑框架；
F——门框；
D——门扇；
H——执手；
C——细绳；
P——滑轮；
W——砝码及吊架。

图 B.1 推拉门的典型安装方式

ICS 71.040.40
G 04

中华人民共和国国家标准

GB/T 29556—2013/ISO/TR 19319:2003

表面化学分析　俄歇电子能谱和X射线光电子能谱　横向分辨率、分析面积和分析器所能检测到的样品面积的测定

Surface chemical analysis—Auger electron spectroscopy and X-ray photoelectron spectroscopy—Determination of lateral resolution, analysis area, and sample area viewed by the analyser

(ISO/TR 19319:2003,IDT)

2013-07-19 发布　　　　2014-03-01 实施

中华人民共和国国家质量监督检验检疫总局
中国国家标准化管理委员会　发布

前　言

本标准依据 GB/T 1.1—2009 和 GB/T 20000.2—2009 给出的规则起草。

本标准使用翻译法等同采用 ISO/TR 19319:2003《表面化学分析　俄歇电子能谱和 X 射线光电子能谱　横向分辨率、分析面积和分析器所能检测到的样品面积的测定》。

本标准由全国微束分析标准化技术委员会(SAC/TC 38)提出并归口。

本标准负责起草单位:厦门爱劳德光电有限公司、清华大学化学系、中国科学院化学所。

本标准起草人:王水菊、岑丹霞、姚文清、李展平、刘芬。

引　言

本标准适用于以下四个方面：

a）提供测定俄歇电子能谱和X射线光电子能谱横向分辨率的指导，这里测量的是与样品表面上的位置相关联的俄歇电子或X射线光电子的峰强度。

b）提供在俄歇电子能谱和X射线光电子能谱的应用中测定分析面积的指导。

c）提供在俄歇电子能谱和X射线光电子能谱的应用中测定分析器所能检测到的样品面积的指导。

d）为制定测量俄歇电子能谱和X射线光电子能谱的横向分辨率、分析面积和分析器所能检测到的样品面积的新国际标准和国家标准提供基础。

表面化学分析　俄歇电子能谱和 X 射线光电子能谱　横向分辨率、分析面积和分析器所能检测到的样品面积的测定

1　范围

本标准规定了俄歇电子能谱和 X 射线光电子能谱横向分辨率、分析面积和分析器所能检测到的样品面积的测量方法。

本标准适用于俄歇电子能谱和 X 射线光电子能谱横向分辨率、分析面积和分析器的检测。

2　术语和定义

ISO 18115[1]界定的术语和定义适用于本文件。为便于使用，下面给出了 ISO 18115[1]中"分析面积〈适用于样品〉"和"横向分辨率"的定义。

2.1

分析面积　analysis area

〈适用于样品〉在样品平整表面内检测到全部分析信号或该信号特定百分数的该平整表面的二维区域。

2.2

横向分辨率　lateral resolution

在样品平整表面内或在与成像光学轴成直角的平面内，能可信地分别确定组成改变时所测试的距离。

注 1：应说明平面的选取。

注 2：实际中，横向分辨率可以理解为：

a) 从样品上非常小的发射点的强度分布的半高宽(FWHM)；或

b) 穿越含有与要分辨性质相关的明显台阶函数信号的样品部分进行线扫描时，强度为 12%和 88%两点间的距离，对高斯型强度分布而言，这两个值是相同的。对其他分布而言，选择其他参数可能更合适。对台阶函数，在线扫描中常使用强度为 20%和 80%的两点间或强度为 16%和 84%的两点间的距离。后一对是高斯分辨函数的 2σ 宽度。

2.3

分析器所能检测到的样品面积　sample area viewed by the analyzer

〈适用于谱仪〉检测样品平整表面时，分析器能收集到该样品的全部分析信号或该信号特定百分数的该样品表面的二维区域。

注：本标准中所用术语"分析器所能检测到的样品面积"中的面积首先要与样品放置在与谱仪轴成直角的平面内时的相应面积区别开来。

3　符号和缩略语

AES	俄歇电子能谱
Erf	误差函数

FWHM	本底以上最大峰强一半处的全宽
I	俄歇电子强度
I_i	入射束流(AES)
I_{max}	最大俄歇电子强度
$J_A(r)$	检测的俄歇电子以半径 r 为函数的强度分布
$J_{Ab}(r)$	检测的由被散射电子产生的俄歇电子以半径 r 为函数的强度分布
$J_{Ai}(r)$	检测的由入射束产生的俄歇电子以半径 r 为函数的强度分布
R	背散射因子(AES)
r	样品表面上距离入射电子束中心的半径(AES)
r_{max}	式(5)的积分上限
XPS	X 射线光电子能谱
δ_r	横向分辨率
$\delta_r(50)$	剖析线从强度 25%变化到 75%所测定的横向分辨率
σ_b	表述背散射电子半径分布的高斯参数(AES)
σ_i	表述入射电子束半径分布的高斯参数(AES)

4 横向分辨率、分析面积和分析器所能检测到的样品面积的背景信息

4.1 概述

AES 和 XPS 一般都需要测量样品表面上不同位置的组成。通常,分析者希望确定要分析的某界定区域内局域表面的组成。这个区域有可能是半导体晶片的某一特征形貌(例如不希望出现的缺陷微粒或污点)、腐蚀坑、纤维,或某复合材料的裸露表面。随着微米和纳米尺度器件的工业制造的发展,尤其是在半导体工业[2]和新兴的纳米技术应用,越来越需要使用带有横向分辨率和分析区域尺度的仪器表征材料,该横向分辨率和分析区域尺度小于所要分析的特征区。在这些应用中,通常需要能确定器件按预定制造(质量控制),能评估新的或现有的制造方法(过程开发和过程控制),以及能鉴定器件在其使用寿命期间或暴露于不同外界条件下的失效机理(失效分析)。在诸如 AES 和 XPS 表征技术对含有微米和纳米尺度的特征形貌的材料表面表征的应用中,横向分辨率和分析面积是重要且相关的参数。在某些测量中,电子能量分析器所能检测到的样品面积是另一个重要的参数。后续的章节中表述了对于测量横向分辨率、分析面积和分析器所能检测到的样品面积的要求。

如同光学显微镜[3-6]和不同形式的电子显微镜[7-9],达到的横向分辨率是与所测量图像的对比度相关的。有关对比度的机理、横向分辨率的不同定义和图像质量的讨论已超出本标准的范围,读者可以参考相关文献[3-9]的详细分析。但要指出,对比度传递函数把图像的对比度表述为空间频率的函数[3-9],是一种有效的方法。在可检测的最高空间频率处,对比度接近于零。因此,在个别的 AES 和 XPS 测量中,可达到的横向分辨率不仅取决于该仪器的特性,而且依赖于可达到的对比度(例如,在某特定的测量时间内由与两个相邻的化学相相关的信号所产生的)。

本标准概述了用高斯函数表述的某些仪器特性和测量特性。相信该方法是一种有用的方法,但要强调实际仪器特性和实际测量特性可能与这里所考虑的高斯模型不同。此外,在 AES 和 XPS 测量中对特征区的检测能力部分地依赖于仪器横向分辨率,也部分地依赖于特征区内外检测的信号强度变化和观察时间(信号强度的统计变化)。对特征区的检测能力还依赖于该测量的对比度传递函数和测量时间。因而该特定的结果随仪器特性和样品特性而变化。对特征区可靠的检测还依赖于仪器的稳定性(特别是 AES 的入射电子束流的稳定性和 XPS 的 X 射线通量的稳定性,以及样品台与电子束或 X 射线束的相对位置的稳定性)和样品在收集 AES 或 XPS 数据所需时间内的化学稳定性。

4.2 横向分辨率

4.2.1 引言

为了能可靠地分析特征区,显然需要检测技术的横向分辨率要小于要分析特征区的横向尺度。用AES仪器分析时,一般可以用扫描电子显微术对要分析的特征区进行初始检测。接着把入射电子束置于特征区并记录俄歇电子谱。用XPS仪器分析时,通常必须用面扫描或线扫描对要分析的特征区进行检测,面扫描中特定的信号(通常是所选择的光电子峰的强度)呈现为随样品表面不同位置而变化。

许多作者叙述和讨论了AES和XPS仪器的横向分辨率(经常称为空间分辨率)。在Cazaux[9]关于AES和Drummond[10]关于XPS的综述中可以获得有用的信息。

图1～图3是AES和XPS的典型实验装置示意图。这些图显示激发的射线入射到样品表面。对于AES(图1),具有3 keV～25 keV间某能量的电子束聚焦到样品表面的一个"斑点"。对于场发射电子源,根据不同束能和束流,聚焦斑点最大强度半高宽(FWHM)可在5 nm(或甚至更小)和50 nm之间。入射束扫描穿越样品表面上要分析的区域,并收集不同的信号(如二次电子信号和俄歇电子信号)。俄歇电子信号是由于部分入射束和部分背散射电子[9]引起的内壳层电离所产生的。AES的横向分辨率主要是由聚焦斑点对应强度的FWHM确定的[9],更详细的表述见4.2.2。

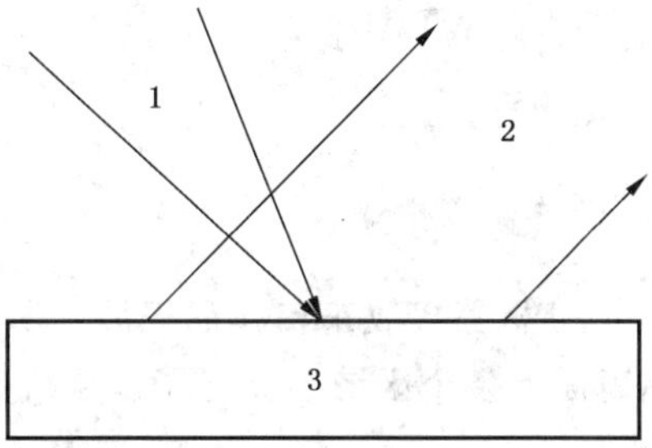

说明:

1——AES的聚焦电子束或XPS的聚焦X射线束;

2——往分析器方向;

3——样品。

图1 聚焦入射束的AES和XPS实验装置示意图

图1也标示了一种XPS示意图,该装置的入射X射线束聚焦到样品表面上的一个斑点。带有常规的X射线源和弯曲单晶聚焦的X射线单色器的聚焦斑点的FWHM可小于10 μm。带有X射线同步辐射源和同心圆衍射板的聚焦斑点的FWHM可小于100 nm[11]。横向分辨率由聚焦斑点的FWHM确定。图1所示的AES和XPS的实验装置是如此相似,都是入射束聚焦到样品表面上的一个小面积内。当入射束置于要分析的不同区域,或贯穿所选的区域进行线扫描,或进行栅格式扫描以获得所选区域的信息,便能够检测出表面组成的横向变化。如果图1的入射束不是垂直地入射到样品表面,那么该束的剖面是椭圆而不是圆。在这种情况下,横向分辨率是由该入射束剖面的两个相互垂直方向的FWHM给出(平行于和垂直于该入射面)。

图2 a)显示一种XPS示意图,电子能量分析器是电子光学系统的部件,该系统可观察样品表面上所选择的单一小面积。这一装置的横向分辨率取决于其电子光学设计并能达到小于10 μm。图2 b)显示另一种XPS装置,其电子光学系统能产生表面选区的图像。这一模式中图像的不同像素对应表面的特定区域,表面的多点信息可以平行记录。图2a)和图2b)相似之处在于使用电子光学系统选择所要分析的区域。原理上,用相对于分析器机械地移动样品或更通常的是用调整光学系统以选择样品表面上要分析的特定区域,所检测的光电子来自于该区域,便能够检测表面组成的横向变化。如图1所示,由

一个选区,由沿着一条线的多个选区,或由所选面积内的多个选区,都能获得光电子信号。

图 3 显示了一种更简单的 XPS 示意图,图中样品由邻近的 X 射线源的 X 射线所照射,所检测的光电子如同图 2 所示是由能量分析器的电子光学特性所限定的一个面积产生的。与图 2 不同,除相对于分析器移动样品外,图 3 所表示的仪器并未设计检测表面组成的横向变化。这种方法的横向分辨率能达到大约 0.1 mm 至 1 mm。

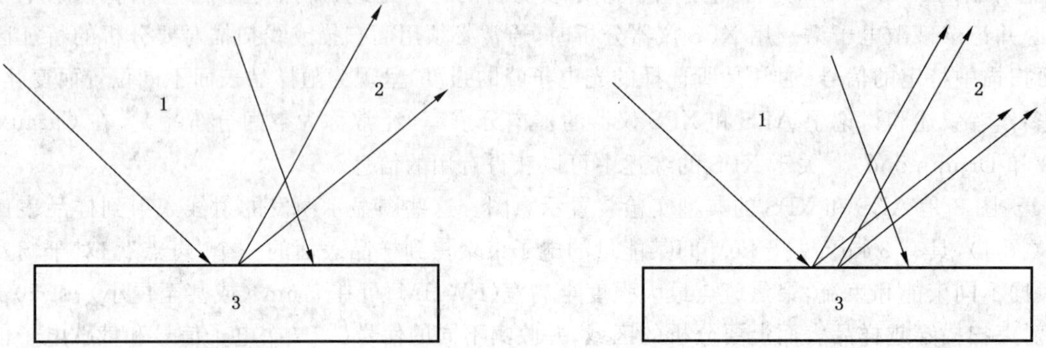

a) 单点分析的 XPS　　　　b) 多点分析的 XPS

说明:

1——X 射线束;

2——往分析器;

3——样品。

图 2 XPS 装置原理示意图,其中:a)分析器接收来自样品表面上所选面积的光电子(单点分析)或 b)分析器接收来自样品表面上多个区域的光电子以生成表面图像(多点分析)

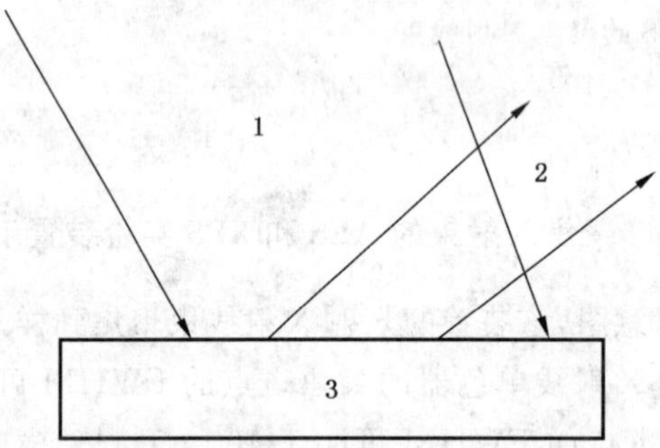

说明:

1——X 射线束;

2——往分析器方向;

3——样品。

图 3 XPS 装置原理图,其样品受到宽束 X 射线的照射且分析器接收到的是样品表面上比图 2 更大面积内的光电子

4.2.2 AES 的横向分辨率

在以下讨论中为简单起见假定样品具有平整表面且入射电子束垂直入射到样品上。还假定分析面积小于分析器所能检测到的样品面积及分析器的检测效率在分析面积内是相一致的。

尽管 AES 的入射电子束能够聚焦到 FWHM 小于 50 nm 的斑点上，检测的俄歇电子是由于入射束和背散射电子引起电离而产生的[9, 12]。由于弹性和非弹性电子多重散射，背散射电子会造成内壳层电离，因此导致检测到的俄歇电子来源的样品区域达到距离入射束斑点约 1 μm。检测的俄歇电子的强度分布 $J_A(r)$ 以半径 r 为函数，可以用两个高斯函数之和来表述[9,12,13]：

$$J_A(r)=(I_i/2\pi\sigma_i^2)\exp(-r^2/2\sigma_i^2)+[(R-1)I_i/2\pi\sigma_b^2]\exp(-r^2/2\sigma_b^2) \quad \cdots\cdots(1)$$

或

$$J_A(r)=J_{Ai}(r)+J_{Ab}(r) \quad \cdots\cdots(2)$$

式中：I_i 是入射束流，σ_i 是描述入射电子束射线分布的高斯参数，σ_b 是描述背散射电子半径分布的高斯参数，R 是背散射因子，$J_{Ai}(r)$ 和 $J_{Ab}(r)$ 则分别是入射束和被散射电子所产生的俄歇电子的半径强度分布。这两个高斯函数的 FWHM 值分别为 2.35 σ_i 和 2.35 σ_b。

Seah[14] 指出，对于 20 keV 的入射电子，不同元素的背散射电子的 FWHM 值在约 0.2 μm～3.0 μm 间变化；σ_b 的值则在约 0.085 μm 至约 1.3 μm 的范围。作为说明例子，图 4 所示为 $\sigma_i=10$ nm，$\sigma_b=200$ nm 和 $R=1.5$ 的 $J_A(r)$ 图；为简化起见，在 $r=0$ 处 $J_A(r)$ 归化为 1。由于 $\sigma_b \gg \sigma_i$，在本例子中 $J_{Ai}(r=0)$ 比 $J_{Ab}(r=0)$ 大了约三个数量级。本例中虽然可能横向分辨率主要是由 σ_i 值确定的，但也显示在 $r=0$ 附近 $J_{Ab}(r)$ 的大小也影响横向分辨率。

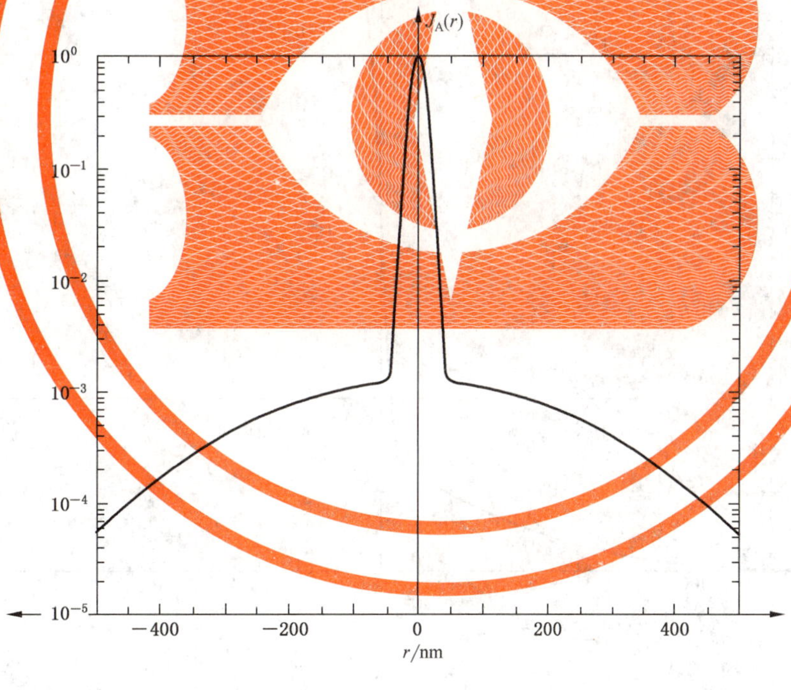

图 4 式(1)以 r 为函数的俄歇电子总强度分布 $J_A(r)$

($r=0$ 处归化为 1)，$\sigma_i=10$ nm，$\sigma_b=200$ nm，$R=1.5$

AES 横向分辨率通常用扫描的入射电子束穿越样品平面内一个足够陡的化学梯度(化学刃边)进行测定；该测量中扫描方向垂直于化学刃边。之后材料中某一元素的俄歇电子强度 I 作为样品上电子束位置的函数进行测量。横向分辨率 δ_r 有不同的定义：强度 I 从最大值 I_{max} 的 25%变化到 75%的距离，强度 I 从最大值 I_{max} 的 20%变化到 80%的距离，强度 I 从 最大值 I_{max} 的 16%变化到 84%的距离，强度 I 从最大值 I_{max} 的 12%变化到 88%的距离和强度从 I 最大值 I_{max} 的 10%变化到 90%的距离[1,12]。

式(1)所表示测定的俄歇电子强度分布也可以用笛卡儿坐标系表述[12,13]。因而有可能计算实验中入射电子束扫描穿越突变的化学界面时检测的俄歇强度变化。图 5 是 I/I_{max} 以扫描距离为函数曲线图，图中所用参数同图 4。尽管图 5 中原点附近 I/I_{max} 值急剧增加[相应于图 4 的入射电子束分量 $J_{Ai}(r)$]，但由于图 4 中背散射电子分量 $J_{Ab}(r)$ 的影响，在 I/I_{max} 曲线图中有明显的拖尾。

在图 5 的例子中，对于俄歇强度变化 25%～75%，20%～80%，16%～84%，12%～88% 和 10%～90%，测量的横向分辨率分别大约为 15 nm，22 nm，32 nm，102 nm 和 150 nm。在本例中，如果横向分辨率的测量是由相应于俄歇电子强度变化从 25% 到 75%，20% 到 80% 和 16% 到 84% 的距离得出的[虽然式(1)也简略地显示出横向分辨率的测量也略为依赖于 σ_b 和 R]，很显然横向分辨率的测量主要是由入射电子束的 FWHM 确定的[也就是式(1)的参数 σ_i]。相反，如果横向分辨率的测量是由相应于俄歇电子强度变化从 12% 到 88% 和 10% 到 90% 的距离得出的，则式(1)所有三个参数(σ_i，σ_b 和 R)都是横向分辨率测量的密切相关函数。由于 σ_b 和 R 的值取决于样品和入射电子束能量[7,15]，因而 AES 横向分辨率的测量应该用一种对样品特性依赖最小的方法测定。建议横向分辨率要在如图 5 所示的扫描曲线中，相应于俄歇电子强度变化从 25% 到 75% 的距离来获得。

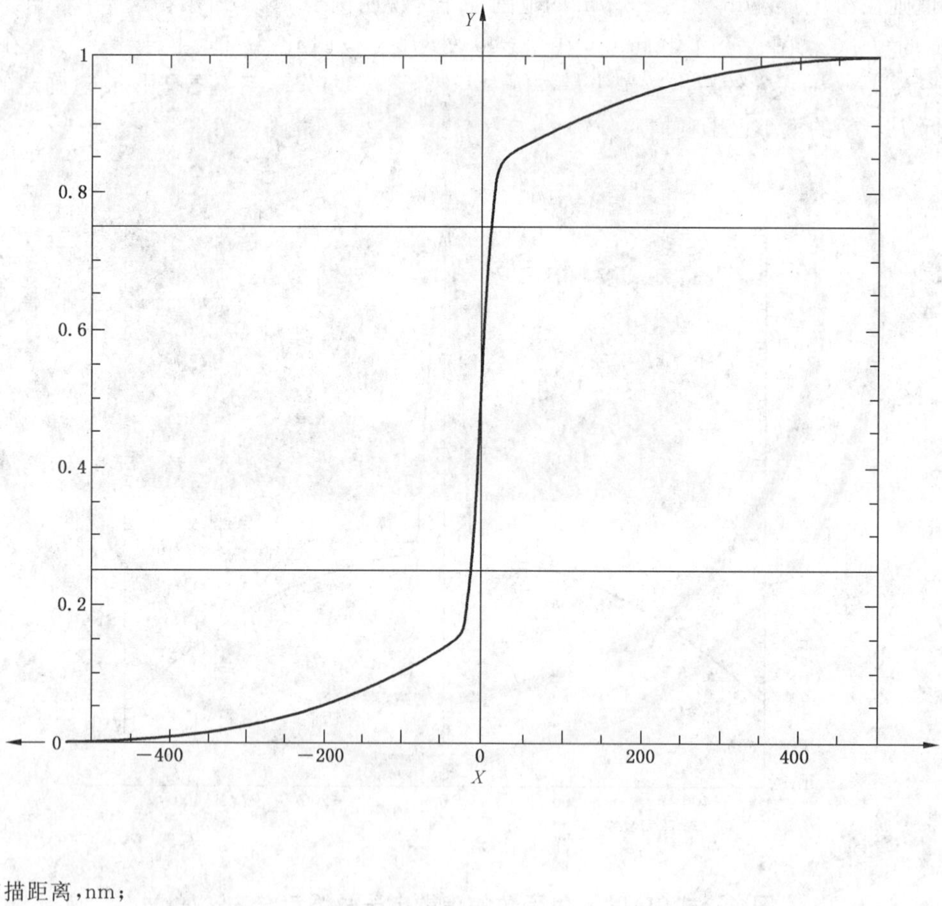

说明：

X——扫描距离，nm；

Y——I/I_{max}。

图 5　当入射电子束扫描穿越处于原点的突变化学界面时，以扫描距离为函数计算俄歇电子强度 I 对于最大俄歇电子强度 I_{max} 的比率的曲线图(束参数和背散射参数同图 4)

(本例中 I/I_{max} 是刃边右侧材料的曲线。水平线表示 $I/I_{max}=0.25$ 和 $I/I_{max}=0.75$。横向分辨率可以由这两个 I/I_{max} 值的扫描距离的差值来确定，本例中横向分辨率约为 15 nm。)

Seah[13] 指出，横向分辨率 $\delta_r(50)$ 相应于穿越突变的化学刃边时俄歇电子强度从 25% 变化到 75%，其测量可以由式(3)确定：

$$0.5\,R = \mathrm{erf}[z(\sigma_i)] + (R-1)\,\mathrm{erf}[z(\sigma_b)] \quad \cdots\cdots(3)$$

式中，erf(z)是误差函数，由式(4)确定：

$$\mathrm{erf}(z) = (2/\sqrt{\pi})\int_0^z \exp(-t^2)\,\mathrm{d}t \quad \cdots\cdots(4)$$

这里 $t=\delta_r(50)/\sqrt{2}\sigma_i$ 和 $t=\delta_r(50)/\sqrt{2}\sigma_b$ 分别为式(3)的第一项和第二项。图 6 表示了四个背散射因子 R 值的 $\delta_r(50)/\sigma_i$ 与 σ_b/σ_i 的关系曲线。这些曲线显示，当 σ_b/σ_i 比率大于约 20 时，$\delta_r(50)/\sigma_i$ 并不随 σ_b/σ_i 明显变化。尽管 $\delta_r(50)/\sigma_i$ 是在 1.35（当 $R=1$）和大约 3.1（当 $R=1.8$）之间，而 $\delta_r(50)/\sigma_i$ 的值仍是依赖于 R。因此，如果横向分辨率的测量是由穿越刃边俄歇电子强度从 10% 变化到 90% 确定的，Cazaux 指出这种测量几乎随 σ_b/σ_i 以一个依赖于 R 值的斜率线性变化[12]。

图 4～图 6 所示的结果是对于入射电子束垂直入射而言。Cazaux[12]曾对入射束非垂直入射做了类似的分析。这些模型计算结果与实验测量及由背散射电子产生的俄歇电子的 Monte Carlo 模拟都很一致[12,16]。Cazaux[9]也考虑了平整表面上条状特征区的可检测性，并考察了化学非陡峭边缘的俄歇电子强度谱线。EI Gomati 等[17]指出了在俄歇电子线扫描谱线中当入射电子束扫描穿越棱边尖锐矩形截面的金属线时边缘影响的重要性；发现了实验谱线和 Monte Carlo 模拟所得结果之间非常一致。

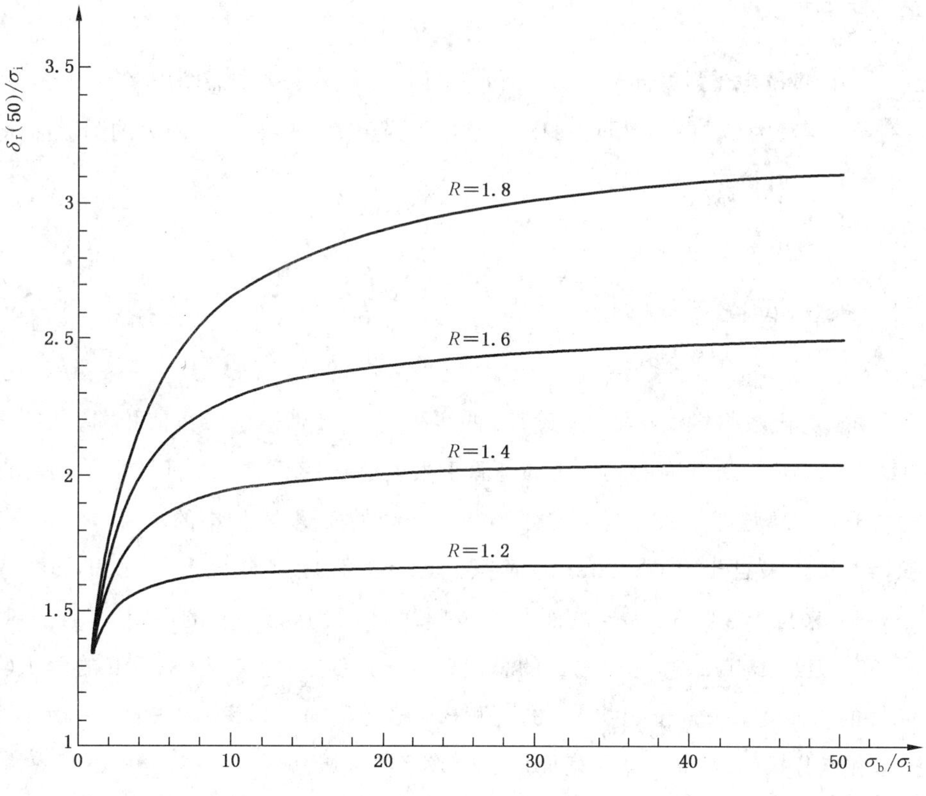

图 6　不同背散射因子 R 指定值时 $\delta_r(50)/\sigma_i$ 与 σ_b/σ_i 关系曲线图

4.2.3　XPS 的横向分辨率

XPS 除了没有背散射效应外，其横向分辨率可以用类似于 AES 的方法进行表述。单一的高斯函数可以用来表述图 1 所示类型的 XPS 仪器的聚焦 X 射线束在样品表面上的强度-位置分布，或表述图 2 所示类型的 XPS 仪器的电子光学系统的强度-位置响应。

Baer 和 Engelhard[18]报告了两种 XPS 仪器的分析面积的测量(在 4.3.3 讨论)，一种如图 1 所示具有聚焦的 X 射线束入射到样品表面，另一种如图 2a)所示具有电子光学系统以选择样品表面上要分析

的小面积。他们由穿越两种不同组成的材料之间刃边的16% 和 84%两个强度点间的距离测量了其仪器的横向分辨率 δ_r，对于不同的设置，横向分辨率 δ_r 在 9 μm 和 200 μm 之间。这些仪器的横向分辨率可以用高斯函数来表述，当然其他函数[洛伦兹函数，恒定中心强度且边缘陡峭的函数，具有 $1/(1+|r|^3)$ 强度分布的函数，具有小半径内恒定强度且具有 $1/(1+|r|^3)$ 拖尾的函数]也给出基本相似的结果。

4.3 分析面积

4.3.1 引言

AES 或 XPS 检测所要分析的特征区之后，常常希望分析 AES 或 XPS 数据以得到该特征区的元素和化学信息。对于这样的数据，重要的是知道所分析的面积以使 AES 或 XPS 数据能可靠地分析。下面我们要表述图 1 和图 2 所示的 AES 和 XPS 示意图中影响分析面积的因素。这里仍假定样品具有平整表面且分析面积小于分析器所能检测到的样品面积。

4.3.2 AES 的分析面积

再次考虑式(1)的俄歇电子强度分布和图 4 所示的 $J_A(r)$ 和 r 关系曲线图中 $\sigma_i=10$ nm，$\sigma_b=200$ nm，$R=1.5$ 的说明例子。半径为 r_{max} 的圆形面积的总俄歇电子强度 I 与半径为无限大的圆形面积的总俄歇电子强度 I_{max} 的比率可由式(1)的积分得到：

$$\frac{I}{I_{max}}=\frac{\int_0^{r_{max}} rJ_A(r)\,dr}{\int_0^{\infty} rJ_A(r)\,dr}=\{[1-\exp(-r_{max}^2/2\sigma_i^2)]+(R-1)[1-\exp(-r_{max}^2/2\sigma_b^2)]\}/R \qquad (5)$$

图 7 表示由 r_{max} 为函数的式(5)得出的 I/I_{max} 曲线图，与图 4 所选的参数值相同。如所预料的，图 7 的强度分布由两个区组成。总强度的三分之二是源于入射电子束所产生的俄歇电子，其余的三分之一则源于背散射电子。约总强度的 28%是来自于半径 10 nm 的面积(本例中的 σ_i 值)，约 59%来自于半径 20 nm 的面积，约 66%来自于半径 30nm 的面积。其余的强度来自更大的面积，90%来自半径约 310 nm的面积，95%来自半径约 390 nm 的面积，99%来自半径约 530 nm 的面积。因此，对于本例子当横向分辨率 $\delta_r(50)$ 大约 15 nm 时，三分之二的总俄歇电子强度是来自半径 30 nm 的面积(两倍的横向分辨率)，而 95%的总强度则来自于 390 nm 的面积(26 倍的横向分辨率)。来自这一大面积的强度需要考虑用线扫描和点分析(入射束在样品表面上一个确定的区域)解释。通常分析面积依赖于相关的材料参数(σ_b 和 R)和在分析面积操作规定中所选择的特定百分数(这里总俄歇强度的百分数 90%，95% 和 99%是作为例子)。也要强调，式(1)只是希望在入射电子束垂直入射到样品表面上时成为有用的指导。对于其他入射角度，可利用分析表达式[12]或可进行 Monte Carlo 模拟[15-17]确定分析面积。如果要分析的样品是由明显不同 σ_b 值和 R 值的材料组成，则 Monte Carlo 计算是必需的[17]。最后，式(1)入射束剖面的高斯表达式对于某些仪器可能是不现实的[2]。

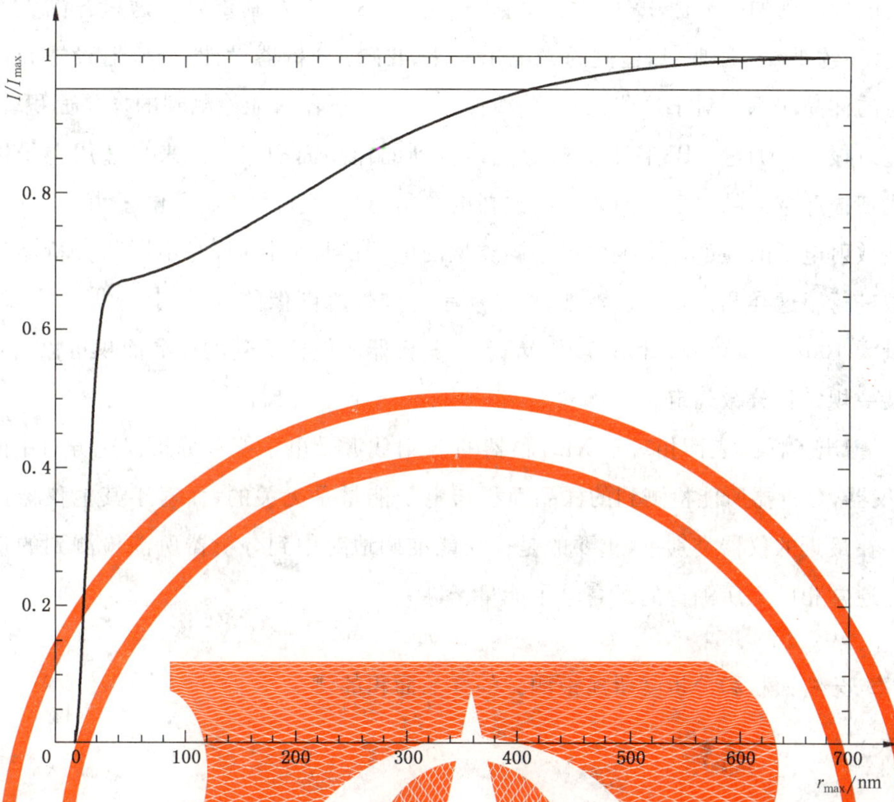

图 7　由式(1)和式(5)所得 I/I_{max} 与 r_{max} 的关系曲线图(参数值同图 4，水平线表示 I/I_{max} = 0.95，其相应的 r_{max} 值为 390 nm)

4.3.3　XPS 的分析面积

Baer 和 Engelhard[18] 叙述了直径在 2 μm 和 100 μm 之间系列圆形斑点的验证样品进行的测量。该斑点是铟锡氧化物镀膜构成的，而周围环绕的材料则是含铬化合物。Baer 和 Engelhard 发现，如果调整 XPS 仪器以获得斑点中心的数据，要获得斑点材料最大信号的 80%时其斑点半径需约四倍的 δ_r，而最大信号可用更大的斑点半径测量。这些结果用一个表述样品表面 X 射线强度空间分布的函数(对于图 1 表示的仪器)和一个表述检测样品表面发射的光电子的空间选择性的相似函数(对于图 2 表示的仪器)来阐述。虽然惯常用高斯函数表述这两类 XPS 仪器的强度与位置关系函数，Baer 和 Engelhard 发现这一函数不适用于他们的仪器。代之以，他们用 $1/(1+|r|^3)$ 强度与位置关系函数或由小斑点恒定强度和 $1/(1+|r|^3)$ 拖尾组成的函数这两种函数之一能够表述其斑点强度测量。在表达相同的 δ_r 值时这两种函数在拖尾区(即，对于 $r \gg \delta_r$)的强度比高斯函数更高。因此很清楚，如果分析面积定义为包括总光电子信号的 94%，这些仪器的分析面积大约为 $10\ \pi(\delta_r)^2$。Baer 和 Engelhard 指出，非高斯特性范围(即，XPS 仪器的强度与位置关系函数的拖尾强度)可能高度依赖于透镜操作和参数设置[18]。

4.4　分析器所能检测到的样品面积

对于如图 1 所表示的仪器，其分析面积是由入射电子束或入射 X 射线束确定的，对于 AES 则还由如 4.3.2 所述的样品特性确定。这些仪器的电子能量分析器是设计能观察到样品表面较大的面积，因此不同面积上所要分析的特定区域，直至由分析器设计和设置所给定的最大面积，都可以用仪器的面扫描或线扫描的模式观察到。对于某些应用，可能需要测量分析器所能检测到的样品面积，该面积可能依赖于实验条件如仪器的电子能量、分析器通能、光阑的选择和样品的对中。

分析器所能检测到的样品面积对于图 3 所表示的 XPS 仪器特别重要。这里样品表面是被大束斑 X 射线(通常直径约 1 cm)所照射,检测的光电子是来自于由分析器设计、分析器设置和任何样品欠对中程度所确定的样品面积。对于这些仪器,分析面积就是分析器所能检测到的样品面积。

三个研究组报告了测量 XPS 仪器分析所能检测到的样品面积[19-23]。来自适用电子枪的聚焦电子束进行栅格式扫描穿越样品表面并同时检测选择的分析器信号作为表面上电子束位置的函数,所选信号通常为弹性散射电子的强度。有报告对不同类型的电子能量分析器,对不同的分析器设置和对特定的样品欠对中进行了这类测试[19-23]。例如,图 8 所示为弹性峰图像的例子,其分析器为双通筒镜式,操作的电子能量为 100 eV, 500 eV 和 1 000 eV [20]。分析器所能检测到的样品面积可以由这些图像用总分析信号的某一规定百分数确定。

seah 等[24]指出了样品表面相对于 XPS 仪器的 X 射线源及电子能量分析器充分对中的重要性。对于某些 XPS 仪器,分析器所能检测到的样品面积与电子能量是无关的,而对于其他仪器该面积则依赖于电子能量。在最近的仪器类别中,重要的是样品能准确地对中到分析器所能检测到的最小样品面积上。这一条件通常相应于所测量的最高电子能量。

5 横向分辨率、分析面积和分析器所能检测到的样品面积的测量

5.1 概述

如在 4.1 所注意到的,对比度传递函数给出图像对比度作为空间频率函数的信息。对于 AES 和 XPS,对比度传递函数部分依赖于仪器的特性(如,在图 1 所表示的聚焦入射束仪器中入射电子或 X 射线强度分布是样品上位置的函数)及部分依赖于特定样品的特性,该样品能产生可检测的对比度。对比度传递函数的知识对于 AES 和 XPS 是有用的,这里所给的测量信息是比较有限的信息。这些测量是比较简单的,但这里仍然提供一种在测定特殊样品材料时表述仪器特性的便利方法。

Reimer[7]讨论了扫描电子显微镜中的分辨率试验,Cazaux [9, 12, 25] 表述了扫描俄歇电子显微术的相应试验。Cazaux [8] 也指出,由于样品形貌的变化导致俄歇电子强度的波动会使横向分辨率的测定复杂化。Postek 等人 [26, 27] 发展了一种用于检测扫描电子显微镜图像"锐度"的专用程序。简言之,就是图像进行二维 Fourier 变换,并评价产生的频率分量,这种方法也可用于对入射电子束的聚焦和像散进行校验和优化。

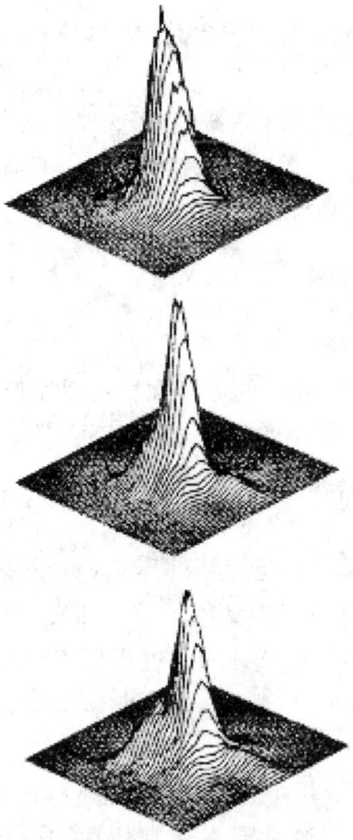

注：当分析器通过能为 50 eV；顶部电子能量为 100 eV，中心为 500 eV，底部为 1 000 eV 时所记录的弹性峰图像。电子束在样品表面扫描的水平距离（相应于每一图像的底部左边到右边线扫描）为 13 mm，垂直距离为 15 mm。

图 8　双通筒镜式电子能量分析器的 XPS 仪器获得的电子弹性峰图像[20]的例子

5.2　横向分辨率

测量图 1 和图 2 所示意的 AES 和 XPS 仪器的横向分辨率可以用已知横向尺度的试样，如电子显微镜栅格。其他适合的试样有碳衬底上的金岛，或是两种不同材料间的明晰边缘或台阶。金岛/碳衬底试样对于 AES 是吸引人的，因为背散射电子对横向分辨率的影响对于低原子序数的衬底可以忽略。产生试样组分梯度（在样品平整表面内）的横向距离要远小于预期横向分辨率。

通常，在线扫描模式中测量的特定俄歇电子或光电子强度是作为横向位置的函数。横向分辨率由所选择的横向分辨率的定义便可以确定。要记住，测量的线扫描谱是仪器特性（表述在所选择的条件下强度与位置关系响应函数）和材料特性（表述在试样上组分随位置变化的函数）卷积的结果。只有当试样的组分变化发生在远小于 δ_r 的一段距离时，测量的横向分辨率就会给出仪器函数的有用信息。也要记住，AES 或 XPS 仪器可能会有偏差（如像散）或其他条件（例如，与不适当的对中、杂散场或操作误差等相关的），导致其强度与位置关系响应函数的轴不对称和导致这一响应函数对于特定的假定函数模型的偏差（如这里所考虑的高斯模型）。线扫描测量应在至少两个方向进行，以便评估任何轴不对称程度，通常这些方向应互相垂直。如可能，所选择的这些方向要给出横向分辨率的最小值和最大值。也要考虑给出所测特定样品的拖尾锐度的任何变化，以获得仪器操作条件或样品对中步骤的信息[18]。

垂直于陡峭界面的线扫描相应于获得了边缘扩散函数，其对于线扫描距离的导数是线扩散函数[28]。线扩散函数的 FWHM 是横向分辨率的另一种测量法。这种测量法的优点是对于背散射电子的影响不敏感[28]。此外，当点扩散函数是高斯函数时通常在光学应用中[3]边缘扩散函数相当于点扩散函数。

这里也一并给出了测量 AES 横向分辨率的信息见参考文献[2]、[9]、[12]、[16]，[17]和 [25]。对于台阶型试样，可能需要进行 Monte Carlo 计算以分开化学影响和形貌影响[17]。测量 XPS 横向分辨率的信息见参考文献[18]。

Seah 和 Smith[29]描述了一种不配置成像系统的 XPS 仪器优化横向分辨率的方法，但该仪器有辅助的电子枪在样品表面产生聚焦电子束。简单地说，用电子束能观察到合适特征的线扫描谱(如，某俄歇电子线扫描谱)。通过调整分析器光学参数和减小透镜光阑，能优化横向分辨率。这些设置也能用于 XPS 测量。

5.3 分析面积

测量图 1 和图 2 所示 AES 和 XPS 仪器的分析面积可以用已知直径的圆形斑点的试样，如 Baer 和 Engelhard 用于 XPS 仪器的试样[18]。最小的斑点直径应为 2 δ_r。对于 AES，最大的斑点直径要基于对 σ_b 和 R 的估算值或者计算值进行选择，推荐最大斑点直径至少为 4 σ_b。对于 XPS，Baer 和 Engelhard 的结果表明，最大的斑点直径约为 20 δ_r。

入射电子或 X 射线束要依次对中到不同直径的斑点(对于图 1 所示的仪器)或要调整电子光学系统从不同直径的斑点中心选择光电子(对于图 2 所示的仪器)。要测量所选择的俄歇电子强度或光电子强度作为斑点直径的函数[18]。而后要对所选择的强度以斑点直径为函数作出曲线图，以测定相应于分析面积所定义的特定的百分数的分析面积。这一类型的 XPS 仪器的测量信息见参考文献[16]；类似的方法也可用于 AES。

分析面积的测量要在不同的电子能量下进行，以确定某一能量的分析面积和另一能量的分析面积是否相同以及这些面积是否一致。这些试验要在通常使用的分析器条件(即，通能或减速比及光阑大小)下进行。

5.4 分析器所能检测到的样品面积

对于配置能操作在样品表面上产生聚焦电子束的电子枪的仪器，且该电子束能穿越所预期的分析器所能检测到的样品面积进行栅格式扫描，则测量该仪器分析器所能检测到的样品面积是最便于进行的[19-23]。对于这些仪器，以表面电子束位置为函数对所选不同能量的弹性散射电子的强度进行测量。ASTM 标准操作[30]叙述了这些测量方法。

依照 ASTM 关于 AES 仪器的标准操作可以容易地测量分析器所能检测到的样品面积。对 XPS 仪器也可以进行类似的测量，XPS 仪器适配的辅助电子枪是可利用的或可安装的，仪器中 X 射线照射的样品面积大于分析器所能检测到的样品面积(如图 3 所示)，且仪器中光电子在从样品到分析器入口光阑的自由场区域中传输。

对于图 1 和图 2 所表示的 XPS 仪器，采用下面类似于 ASTM 标准操作[30]的步骤测量分析器所能检测到的样品面积是可能的。有人提议，把铜、银和金试样依次放入 XPS 仪器里，当 X 射线束做栅格式扫描穿越样品表面时(对于图 3 所表示的仪器)，分别测量 Cu 2p3/2，Ag3d5/2 和 Au4f7/2 光电子强度。这些测量的扫描范围明显地要大到足够使所测量的光电子强度来自于整个分析器所能检测到的样品面积，并且最好大于这一面积以便能得到类似图 8 的图像。

对于图 1 所示的 XPS 仪器在比较低的电子能量下测量分析器所能检测到的样品面积的另一种可能的方法是安装铝或硅试样，并用聚焦的氩离子束(例如，来自可用于溅射清洗或溅射深度剖析的离子枪)轰击该试样。这种类型的离子轰击在能量小于 100 eV 时产生比较强的俄歇电子特征[31]。离子束要进行栅格式扫描穿越样品表面，测量所选低能俄歇电子峰的强度作为样品表面上离子束位置的函数，这类似于 ASTM 标准操作[30]所描述的方法。由于杂散磁场的存在，因而这种方法可能给出误导的结果。当电子动能减小，特别是能量小于约 200 eV 时，分析的面积便会漂移。在这种情况下，优化分析位置和调整最适宜于聚焦的分析器的透镜设置是不可能的。

参 考 文 献

［1］ ISO 18115:2001, Surface Chemical Analysis—Vocabulary

［2］ KING, P.L., Artifacts in AES microanalysis for semiconductor applications. Surface and Interface Analysis, Aug.2000, 30, no.1, pp.377-382

［3］ BARNES, K.R., The Optical Transfer Function, American Elsevier Publishing Company, New York, 1971

［4］ WILLIAMS, C. S., and BECKLUND, O. A., Introduction to the Optical Transfer Function, Wiley, New York, 1989

［5］ ISO 9334:1995, Optics and optical instruments—Optical transfer function—Definitions and mathematical relationships

［6］ ISO 9335:1995, Optics and optical instruments—Optical transfer function—Principles and procedures of measurement

［7］ REIMER, L., Scanning Electron Microscopy, Physics of Image Formation and Microanalysis, Springer-Verlag, Berlin, 1998

［8］ REIMER, L., Transmission Electron Microscopy, Physics of Image Formation and Microanalysis, Springer-Verlag, Berlin, 1997, fourth edition, chap.6

［9］ CAZAUX, J., Minimum detectable dimension, resolving power, and quantification of scanning Auger microscopy at high lateral resolution, Surface and Interface Analysis, June/July 1989, 14, nos.6/7, pp.354-366

［10］ DRUMMOND, I. W., Spatial resolution in X-ray photoelectron spectroscopy, Philosophical Transactions of the Royal Society of London, Series A, Nov.15 1996, 354, no.1719, pp. 2667-2682

［11］ GUNTHER, S., KAULICH, B., GREGORATTI, L., and KISKINOVA, M., Photoelectron microscopy and applications in surface and materials science, Progress in Surface Science, July 2002, 70, nos.4-8, pp.187-260

［12］ CAZAUX, J., Mathematical and physical considerations on the spatial resolution in scanning Auger electron microscopy, Surface Science, Feb.1983, 125, no.2, pp.335-354

［13］ SEAH, M.P., Resolution parameters for model functions used in surface analysis, Surface and Interface Analysis, Dec.2002, 33, no.12, pp.950-953

［14］ SEAH, M.P., Quantification of AES and XPS, in Briggs, D., and Seah, M.P., editors, Practical Surface Analysis - Vol. 1, Auger and X-ray Photoelectron Spectroscopy, Wiley, Chichester, 1990, p.242

［15］ GOLDSTEIN, J.I., NEWBURY, D.E., ECHLIN, P., JOY, D.C., ROMIG, A.D., Jr., LYMAN, C.E., FIORI, C., and LIFSHIN, E., Scanning Electron Microscopy and X-ray Microanalysis, Plenum, New York, 1992, chap.3

［16］ EL GOMATI, M.M., JANSSEN, A.P., PRUTTON, M., and VENABLES, J.A., The interpretation of the spatial resolution of the scanning Auger electron microscope, A theory/experiment comparison, Surface Science, July 1979, 85, no.2, pp.309-316

［17］ EL GOMATI, M.M., PRUTTON, M., LAMB, B., and TUPPEN, C.G., Edge effects and image contrast in scanning Auger microscopy, a theory/experiment comparison, Surface and Interface Analysis, Mar.1988, 11, no.5, pp.251-265

[18] BAER, D.R., and ENGELHARD, M.H., Approach for determining area selectivity in small-area XPS analysis, Surface and Interface Analysis, Nov.2000, 29, no.11, pp.766-772

[19] SEAH, M.P., and MATHIEU, H.J., Method to determine the analysis area of X-ray photoelectron spectrometers - Illustrated by a Perkin-Elmer PHI 550 ESCA/SAM, Review of Scientific Instruments,May 1985, 56, no.5, pp.703-711

[20] ERICKSON, N.E., and POWELL, C.J., Characterization of the imaging properties of a double-pass cylindrical-mirror analyzer, Surface and Interface Analysis, July 1986, 9, nos.1-6, pp. 111-117

[21] ERICKSON, N.E., and POWELL, C.J., Imaging properties and energy aberrations of a double-pass cylindrical-mirror analyzer, Journal of Vacuum Science and Technology A, May-June 1986, 4, no.3,pp.1551-1556

[22] GRAZULIS, L., and GRANT, J.T., Real-time imaging of analyzed areas in surface analysis, Review of Scientific Instruments, Sep.1986, 57, no.9, pp.2326-2331

[23] TOMICH, D.H., GRAZULIS, L., KOENIG, M.F., and GRANT, J.T., Applications of a system for real-time imaging of analyzed areas in surface analysis, Surface and Interface Analysis, Mar.1988, 11, no.5,pp.243-250

[24] SEAH, M.P., SPENCER, S.J., BODINO, F., and PIREAUX, J.J., The alignment of spectrometers and quantitative measurements in X-ray photoelectron spectroscopy, Journal of Electron Spectroscopy and Related Phenomena, Dec.1997, 87, no.2, pp.159-167

[25] CAZAUX, J., Capabilities and limitations of high spatial resolution A.E.S., Journal of Surface Analysis,Mar.1997, 3, no.2, pp.286-311

[26] POSTEK, M.T., and VLADAR, A.E., Image sharpness measurement in scanning electron microscopy —Part I, Scanning, Jan.1998, 20, no.1, pp.1-9

[27] VLADAR, A.E., POSTEK, M.T., and DAVIDSON, M.P., Image sharpness measurement in scanning electron microscopy—Part II, Scanning, Jan.1998, 20, no.1, pp.24-34

[28] CAZAUX, J., CHAZELAS, J., CHARASSE, M.N., and HIRTZ, J.P., Line resolution in the sub-ten-nanometer range in SAM, Ultramicroscopy, May, 1988, 25, no.1, pp.31-34

[29] SEAH, M.P., and SMITH, G.C., Concept of an imaging XPS system, Surface and Interface Analysis, Jan.1988, 11, nos.1 and 2, pp.69-79

[30] ASTM E 1217-00, Standard Practice for Determination of the Specimen Area Contributing to the Detected Signal in Auger Electron Spectrometers and Some X-Ray Photoelectron Spectrometers

[31] GRANT, J.T., HOOKER, M.P., SPRINGER, R.W., and HAAS, T.W., Comparison of Auger spectra of Mg, Al,and Si excited by low-energy electron and low-energy argon ion bombardment, Journal of Vacuum Science and Technology, Jan./Feb.1975, 12, no.1, pp.481-484

ICS 71.040.40
G 04

中华人民共和国国家标准

GB/T 29557—2013/ISO/TR 15969:2001

表面化学分析 深度剖析 溅射深度测量

Surface chemical analysis—Depth Profiling—Measurment of sputtered depth

(ISO/TR 15969:2001,IDT)

2013-07-19 发布 2014-03-01 实施

中华人民共和国国家质量监督检验检疫总局
中国国家标准化管理委员会 发布

前　言

本标准按照 GB/T 1.1—2009 给出的规则起草。

本标准使用翻译法等同采用 ISO/TR 15969:2001《表面化学分析　深度剖析　溅射深度测量》。

本标准由全国微束标准化技术委员会(SAC/TC 38)提出并归口。

本标准负责起草单位：中山大学、浙江大学、中国科学院大连化学物理研究所。

本标准主要起草人：陈建、张训生、谢方艳、龚力、张卫红、盛世善。

引　言

本标准适用于以下三个方面：

a) 当检测信号强度为溅射时间(或离子剂量密度)的函数时，确定溅射剖析的深度标尺。单位时间的溅射深度为溅射速率(通常以 nm/s 为单位)。

b) 增强用不同仪器得到深度剖析数据的可比性，提高深度剖析的可靠性并促进其在工业中的应用。

c) 作为溅射深度测量国际标准发展的基础。

表面化学分析　深度剖析　溅射深度测量

1　范围

本标准规定了溅射深度剖析中测量溅射深度的准则。

本标准适用于结合离子轰击剥离部分固体样品的表面化学分析技术，通常溅射深度可达几微米。

2　术语和定义

下列术语和定义适用于本文件。

注：本标准使用的术语基本上遵循 ASTM E673-95c[1] 的定义。为了与 ISO/TC 201/SC 1 制定的定义在术语上一致，这些定义应作一定修改，见参考文献[2]和[3]。

2.1

溅射深度　sputtered depth

溅射剖析剥离一定量的物质，溅射后的样品表面与样品原始表面之间的距离 z (m)（与表面垂直），定义为：

$$z=\frac{m}{A\cdot\rho} \qquad \cdots\cdots(1)$$

式中：

m ——剥离的样品量，单位为千克(kg)；

A ——溅射面积，单位为平方米(m^2)；

ρ ——样品密度，单位为千克每立方米(kg/m^3)。

2.2

弧坑深度　crater depth

原始表面与产生被测信号的弧坑底部区域的平均距离(垂直于表面)。

注：假定入射离子注入与残留在垂直于表面方向引起样品的膨胀（“隆起”）可以忽略[5]，则弧坑深度等于溅射深度。如果在分析室外通过测量弧坑深度来测定溅射深度，表面反应（如氧化）会增加弧坑底部隆起，即通常测量的弧坑深度小于溅射深度。

3　缩略语

AES	Auger electron spectroscopy	俄歇电子能谱
AFM	Atomic force microscopy	原子力显微术
EDS	Energy dispersive spectrometry	能量色散谱
EPMA	Electron probe microanalysis	电子探针显微分析
FIB	Focused ion beam	聚焦离子束
GIXR	Grazing incidence X-ray reflectivity	掠入射 X 射线反射
MEIS	Medium energy ion scattering	中能离子散射谱

RBS	Rutherford backscattering spectrometry	卢瑟福背散射谱
SAM	Scanning Auger microscopy	扫描俄歇显微术
SEM	Scanning electron microscopy	扫描电子显微术
SIMS	Secondary-ion mass spectrometry	二次离子质谱
TEM	Transmission electron microscopy	透射电子显微术
XPS	X-ray photoelectron spectroscopy	X 射线光电子能谱

4 溅射深度测定方法

4.1 溅射剖析后弧坑深度的测量

4.1.1 概述

通常,溅射剖析的结果是信号强度随溅射时间的函数。总溅射时间对应于弧坑深度,平均溅射速率由弧坑深度除以溅射时间得到。弧坑深度通常用机械针式轮廓仪[6]或光学干涉仪测得,后者不常使用。光学仪器和扫描探针显微镜可给出弧坑的二维视图及其不均匀性。

4.1.2 机械触针法测量弧坑深度

机械触针式轮廓仪将与表面机械接触引起的触针形变转换成放大的电压信号,然后直接显示在记录纸上,或者通过计算机进行数字化和处理。某些仪器是弧坑样品扫描触针,另一些仪器是触针扫描样品。尽管一些现代仪器和扫描探针显微镜能够通过一系列自动密排一维扫描实现二维扫描,但轮廓仪通常产生一维线扫描。

触针式轮廓仪适于测量原始表面或坑底粗糙度远小于弧坑深度的情况,通常用于半导体在 SIMS 深度剖析中形成弧坑的测量。可有效测量的最小深度取决于轮廓仪的声学和电子学噪声以及表面的粗糙度。在现代仪器中,最小深度可达 10 nm,最大达 100 μm。

采用一维轮廓仪测量弧坑深度时,需要进行通过弧坑中心到任一侧未被溅射的上表面足够远距离的扫描,以建立准确的基线,如图 1 所示。经过弧坑中心进行不同轨迹的多次扫描以确定弧坑深度测量的重复性。在配置计算机的轮廓仪上,深度由弧坑中心 A 区域和其相向的两侧参考面 B 和 C 区域的平均高度差来测定。图 1 所示实例为单晶硅溅射弧坑的计算机控制轮廓仪轨迹线,弧坑深度约为 0.5 μm,三对竖直的光标线标示了平均计算深度的区域。

针式轮廓仪的深度标尺由可溯源至基本长度标准(光的波长)的标准台阶高度或刻槽间隔进行校准。1 μm 标准量规的典型校准不确定度为 1%。弧坑深度测量的不确定度由量规的校准不确定度和轮廓仪的噪声合成得到。最近一次在硅片上弧坑进行的巡回测量结果中,不确定度处于±1.3%(2 μm 弧坑)到±4.7%(0.1 μm 弧坑)范围内[6]。

注:本标准的不确定度通常由 1 个标准偏差给出。

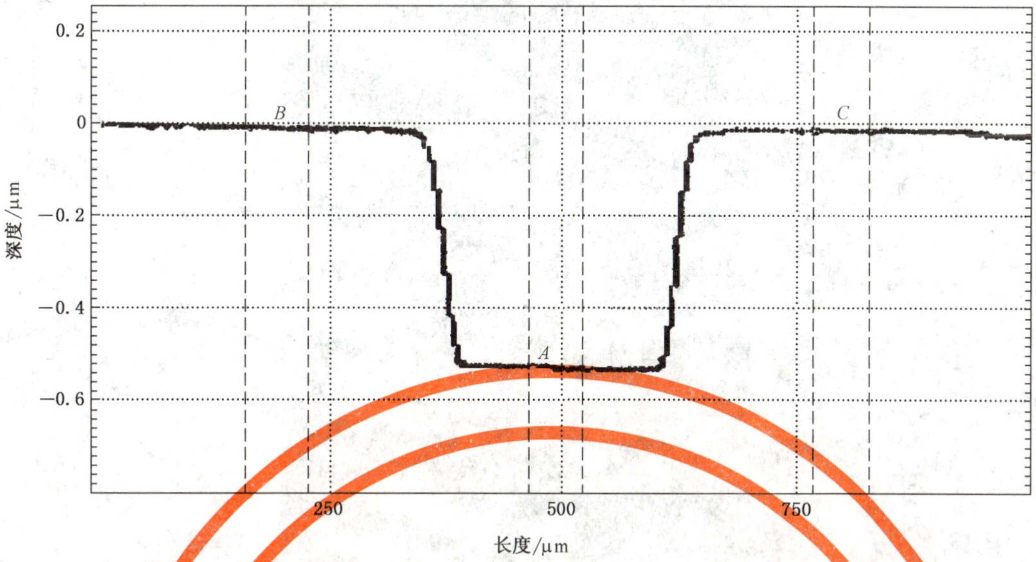

图 1 硅表面 0.5 μm 深弧坑的针式轮廓仪轨迹线实例

针式轮廓仪测量弧坑深度的优点为快速，无需样品制备，能得到弧坑底的尺寸、形状及平整度，这些参数可用于衡量离子束流密度。该方法的缺点是当隆起或氧化不可忽略时，将弧坑深度转化成溅射深度需要修正。对于具有不同溅射速率的层状结构而言，每一层必须形成单独的弧坑才能确定各自的溅射速率，否则只能得到平均溅射速率。

4.1.3 光学干涉法测量弧坑深度

光学干涉法是一种简单方便的非接触弧坑深度测量方法，设备相对便宜、容易使用。

光学干涉法使用配备干涉附件(麦阿或迈克耳逊物镜、样品倾斜台、单色化光源或干涉滤光片)的金相显微镜，该方法只适用于光滑平坦样品，如平板玻璃、玻璃上的涂层和半导体晶片。一般而言，金属样品太粗糙，不适用该方法。

将待测的弧坑置于显微镜样品台上，通常样品台可以在 x-y 方向平移，并可控制样品倾斜。使用干涉物镜或标准物镜，将待测弧坑定位并放置于视场中心。该操作需在白光照射下完成。当用标准物镜观察完后，转至干涉物镜，调整样品高度得到横跨弧坑的白光干涉条纹。插入干涉滤光片，用单色光照射样品。利用样品台倾斜样品，使条纹散开至适当的间距，并(或)旋转条纹使它们产生合适的弧坑等高线图。注意确保样品上感兴趣的弧坑附近没有其他弧坑，因为这些弧坑会引起待测的弧坑任一边的干涉条纹发生偏移。最后得到轮廓图像的硬拷贝。

图 2 为一实例：用直尺画出两相邻条纹各自的中心线(A 和 B)，测量二者之间的间距，其中一条直线(A)须穿过弧坑。画第三条直线(C)，该直线是弧坑中央干涉条纹的中心线。数出被直线(A)相交并通过弧坑的条纹数，并估算条纹间距与该直线(A)和弧坑中心线(C)间距的比值。图 2 中，该分数等于直线 B 和 C 的间距与 A 和 B 的间距的比值。用照射光的半波长乘以此结果(条数＋分数)得到弧坑深度。

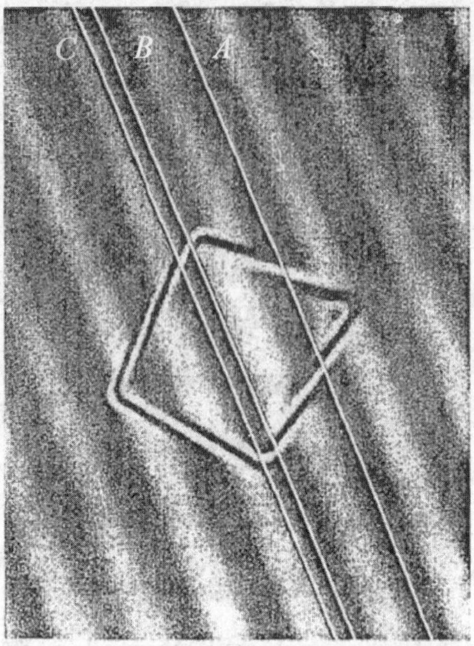

图 2　光学干涉法测量弧坑深度的实例照片

该方法一般适用于深度为 0.2 μm～5 μm 范围的弧坑，对于更深的弧坑，剖析过程中的表面粗糙化会引起一些问题。伴随测量引起的误差包括：

a） 计数干涉条纹的能力：条纹的计数错误通常会产生明显的误差；

b） 条纹分数估算的不确定度：该不确定度应小于所用光源波长的 1/20；

c） 所用光源波长的不确定度。

注：最大的不确定度来源于分数条纹的估算，该值为绝对量、非百分数。因此，浅弧坑的百分比不确定度最大，随着弧坑深度的增加，百分比不确定度减小。图 2 所示为一有经验的用户基于 13 次测量得到的结果：弧坑深度为 325 nm，标准偏差为 9 nm。

光学图像对显示弧坑的均匀性和缺陷同样有用。另一种光学方法是激光共焦深度测量法。

4.2　与具有深度标识界面溅射剖析样品的比较

4.2.1　概述

一个界面或几个界面的已知深度，可以用于通过比较溅射剖析中信号下降到平台值的 50％时，溅射时间标尺的位置，来确定溅射深度。所涉及的误差包括：

a） 溅射速率的初始变化（一般可预期的是初始溅射速率较低，主要是由入射离子的注入和常见的表面污染层引起的，导致的典型误差为 1 nm～2 nm 量级）。

b） 与正确的界面位置相比，50％平台强度对应的时间标尺（溅射剖析的界面位置）明显向深度较浅方向发生系统偏移[5]。该误差为信号逃逸深度［电子（AES，XPS）或离子逃逸深度（SIMS）］或原子混合长度的量级，取决于较大值。在典型的剖析条件下，该系统偏移为 1 nm～2 nm 量级。

在合适的条件下，a）和 b）可能相互抵消，得到无零点偏移的溅射时间与深度的线性关系。在多层剖析中，每个界面上的两种效应相似，因此在一级近似中总是相互抵消。

4.2.2　参考物质法

在给定离子束类型、能量、入射角和确定束流密度[7]的离化室参数的条件，任何具有一层或几层已知厚度的样品都可用于确定溅射剖析实验中从一个界面溅射到另一个界面所需要的时间。如果已知样品材料在不同离子能量和入射角的溅射产额，离子束流密度可以直接给出。以有证参考物质Ta_2O_5/Ta(BCR No.261R)[8,9]为例，其氧化物厚度$z(Ta_2O_5)$有证值为30 nm和100 nm，如果以平台强度下降50%时对应的溅射时间为标识，则立即得到被分析层的“等效”厚度。已知分析材料M的溅射速率$\dot{z}=dz/dt$，记为$\dot{z}(M)$，在相同离子束条件下与Ta_2O_5的溅射速率$\dot{z}(Ta_2O_5)$比较，则被分析层的厚度z由下式确定：

$$z=z(Ta_2O_5)\cdot\frac{t(M)}{t(Ta_2O_5)}\cdot\frac{\dot{z}(M)}{\dot{z}(Ta_2O_5)} \qquad\cdots\cdots(2)$$

式中：$t(M)$和$t(Ta_2O_5)$分别为分析层和参考层的溅射时间。

由于溅射初期稳态层的建立，在约两倍离子射程区域内的溅射速率变化会造成系统误差。此外，溅射诱导混合以及AES和XPS中的电子逃逸深度效应使得上述定义的被测界面位置向接近表面的方向偏移。在典型的溅射条件下，对于30 nm的层，此偏移预计低于5%，而对于较厚层，则按比例减少。

Ta_2O_5参考物质法常用于优化AES溅射深度剖析中的深度分辨率，因此其优势在于方便得到等效厚度的数据。

用多层参考物质，如厚度分别为63 nm和53 nm的Ni和Cr交替的Ni/Cr材料[10](NIST No.2135b)[11]也可通过式(2)得到溅射深度。在此情况下，将Cr层和Ni层的厚度、相对溅射速率和溅射时间替代Ta_2O_5的相应参数，以确定被分析材料的溅射深度(参见ISO 14606)。

参考物质法的优点是不需要额外的测量方法；相同成分的样品可直接进行深度校正；同时有可能对离子枪进行“相对”校正。

缺点是参考物质的溅射速率通常与所剖析样品不同，因此仅能得到“等效深度”。用式(2)校正是可能的，但取决于可用数据的准确度。

4.2.3 独立测量层状结构界面深度的方法

4.2.3.1 磨角法、弧坑边缘分析或球磨弧坑与显微术

磨角，即以小倾斜角打磨表面，可以利用SEM成像界面处亮度的变化来测量薄膜结构的厚度[12]。最好使用SAM中的线扫描[13-18]。两个界面间的待测长度x和深度标尺上对应距离z之间的关系由式(3)给出：

$$z=x\tan\alpha \qquad\cdots\cdots(3)$$

式中：

α——原始表面与打磨后的表面之间的磨角(见图3)。

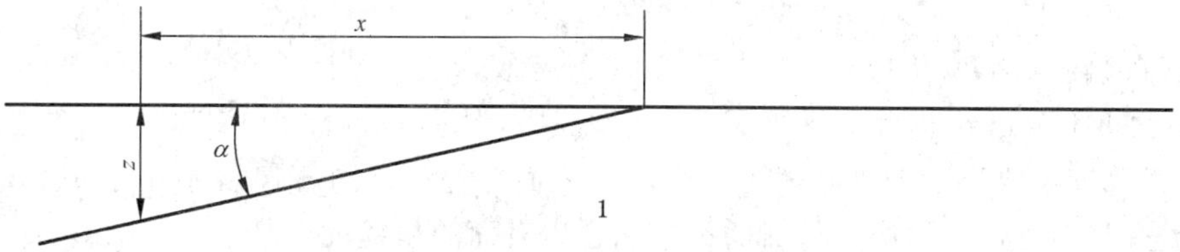

说明：

1——样品。

图3 磨角和弧坑边缘剖面

式(3)也适用于溅射弧坑的边缘，是弧坑边缘剖面法的基础，其中$\tan\alpha$通常介于10^{-4}至10^{-3}范围[13-15]。角度α可由轮廓仪来确定(见4.1)沿x轴线性改变入射离子剂量，或者类似地通过化学腐蚀改变化学反应物的停留时间来形成角度α[17]，可以得到角度α的确定值[16]。

磨角的一个特例是用滚动钢球和磨料进行磨坑，例如，磨料可用金刚石膏[12]。所得弧坑的几何形状是在表平面上一直径为 D 的球缺(见图 4)。由于球的半径 R 已知(通常为 1 cm～3 cm)，深度 z 为离弧坑边缘的距离 x 的函数，由式(4)给出：

$$z=[R^2-(D/2-x)^2]^{1/2}-[R^2-(D/2)^2]^{1/2} \qquad (4)$$

因为 $R \gg D$，可得到更简便的公式：

$$z=\frac{D^2/4-(D/2-x)^2}{2R} \qquad (5)$$

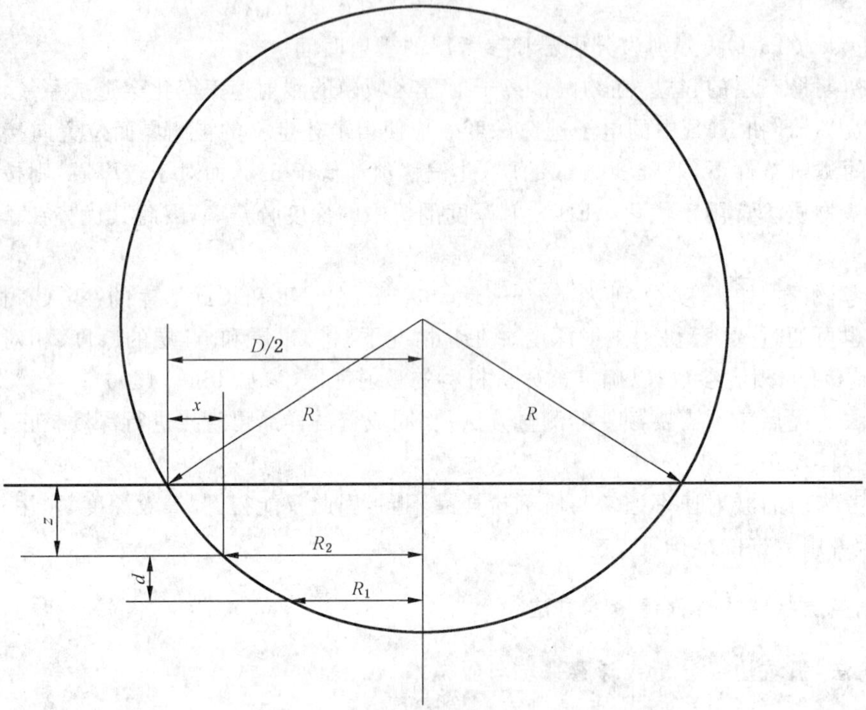

图 4　球磨弧坑

用光学显微镜或扫描电子显微镜(SEM)测量弧坑几何形状，可以直接确定由外径 R_2 和内径 R_1 的环形球缺描绘的两界面之间的薄膜厚度(见图 4)。鉴于由 R 和 R_1 及 R 和 R_2 分别构成直角三角形，式(5)的普适形式给出层的近似厚度 d 如式(6)：

$$d=\frac{R_2^2-R_1^2}{2R} \qquad (6)$$

式(5)和式(6)在 $R \gg D$(相应地，$R \gg R_2$)条件下有效，误差小于 $(R/64)\times(D/R)^4$。通常 R 大于 1 cm，D 和 R_2 均小于 1 mm，因此对于 1 μm 的典型层厚，误差小于 15 nm 或 1.5%。

该方法的准确度主要受限于研磨过程中引起的表面粗糙度。对于厚度不小于 100 nm 的层，典型的不确定度为±3%至±7%，取决于材料的类型和原始表面的粗糙度[12,18]。

磨角法和球磨弧坑法的优点是对于几微米范围的厚层剖析尤其实用，而且省时。

与磨角法相比，球磨弧坑法的优势是便于应用，无需精确控制角度。事实上，在接近弧坑底部时斜率 $\tan\alpha$ 极小。

4.2.3.2　截面透射电子显微术或扫描电子显微术

通过制成截面样品，薄膜结构的厚度可以由 TEM[19] 或 SEM[20] 来测量。TEM 可对小心制备的样品进行原子分辨的分析。用电沉积层或环氧树脂将硅片粘到样品表面进行保护的样品，可用金刚石刀片或切片机进行切割、再经抛光，然后直接用 SEM 进行研究。SEM 的分辨率很少优于 1 nm。

对于 TEM，为了获得足够薄（典型厚度为 100 nm 量级）的样品，通常采用电解和（或）离子轰击减薄样品[21,22]。聚焦离子束（FIB）也可当作切片机使用。薄膜层状结构的厚度由 TEM 得到的横截面显微图像来测量[22]。厚度的最终确定需考虑 TEM 研究中样品的倾角。应谨慎确保仪器的放大倍率已校准。膜厚度测量的准确度取决于界面和显微图像空间分辨的质量，可优于 1%或一个原子层。

TEM 方法的缺点：

a) 制样技术困难而且耗时。

b) 使用的只是样品中很小的一部分，导致结果未必具有代表性。SEM 制样不如 TEM 困难，但分辨率较低，而且长度标尺不能像在 TEM 中用晶格像来进行精确校准。

4.2.3.3 卢瑟福背散射谱

在卢瑟福背散射谱（RBS）中，面原子浓度（每平方米的原子数目）作为背散射能量损失的函数来测量，只要密度已知，可从面原子浓度确定厚度[23-25]。因此，为了将数据转换成深度剖析，薄膜材料的密度应单独测量。尤其对多元素薄膜，可通过对每个元素密度的求和来计算密度，并归一化为浓度，其不准确度高达 25%（见 4.2.3.4 注）。深度标尺测定的准确度一般为 5%～20%。分析深度小于 2 μm，深度分辨率一般为 20 nm～30 nm，但是在靠近表面时则低至 2 nm～3 nm。该方法的优点为几乎是非破坏性的分析，且对基体效应不敏感。

注：中能离子散射谱（MEIS）具有类似 RBS 的特点，但由于使用较低能量的离子，仅限于检测更浅层，可得到优于 RBS 一个数量级的深度分辨率。然而，MEIS 还不成熟，没有足够的数据用于深度的确定。

4.2.3.4 电子探针显微分析和能量色散谱分析

EPMA 和 EDS 可用于测定微米量级及以下的薄膜厚度[26,27]。该方法是基于电子激发 X 射线的深度分布的通用模型，该模型取决于 X 射线吸收率的计算、原子序数和可能的 X 射线荧光校正。

对于已知组分的薄膜，其厚度由质量 m 除以表面积 A 得到。

注：单位面积质量 m/A（面质量）通常以 $\mu g/cm^2$ 为单位，乘以 10^{-5} 得到 SI 单位 kg/m^2，需用 kg/m^2 除以密度 ρ (kg/m^3) 得到厚度 d (m)［见式(1)］。如 4.2.3.3，准确度取决于对密度 ρ 的了解。

EPMA 方法测量的典型厚度介于几纳米到几微米之间，其准确度为±5%，精度为±0.5%。

4.2.3.5 X 射线荧光光谱

对于低于约 100 nm 的层厚，可由覆盖层的信号强度与已知组分的参考物质[28,29]（如离子注入的参考物质[30]）的信号强度之比来测定厚度。

对于大于约 100 nm 的层厚，厚度由两个信号强度的比值来测定，一个信号对应于覆盖层，另一个对应于下面的基材[29,30]，信号要从两个完全不同的出射角获得。

4.2.3.6 掠入射 X 射线反射测量法

在掠入射 X 射线反射测量法（GIXR）[31-34]中，信号强度是接近全反射入射角的函数，无需参考物质，即可测定层厚。反射 X 射线强度的周期作为入射角度的函数，可直接确定厚度。该方法精度高（±0.1 nm），准确度好（±1%）[33,34]。

4.2.3.7 椭圆偏振光谱法

用单色光椭圆偏振仪测量厚度，需要知道材料在该测量波长下的折射率和吸收系数[4,35,36]。该方法的精度因某些变量而降低，比如测量区域小于光束光斑大小、衬底平整度、厚度和折射率。

4.2.3.8 化学分析法

定量分析化学法可用于得到给定面积的薄膜质量,从该数据及密度,可以得到薄膜的厚度[37]。

4.3 不同方法的典型应用及其不确定度

表 A.1(也见 4.1.2 的注)列出不同方法的典型应用及其不确定度的比较一览表。

附 录 A
（资料性附录）
不同方法的典型应用及其不确定度一览表

表 A.1 不同方法的典型应用及其不确定度一览表

章节	方法/技术	典型应用		典型不确定度	
		深度范围/nm	材料/说明	nm	%
4.1.2	机械触针法	100～10 000	硬	5	1～5
	原子力显微术	2～700	硬	2	2
4.1.3	光学干涉法	200～5 000	抛光，反光性的	10	0.2～5
	共焦激光系统	10～500 000	不透明的	10	2
4.2.2	参考物质法	2～500	—	2	2
4.2.3.1	磨角法	100～50 000	硬	5	1～5
	弧坑边缘分析法	20～10 000	—	2	1～10
	球磨弧坑法	500～50 000	硬，层状结构；厚膜	20（取决于界面粗糙度）	3～7
4.2.3.2	截面透射电子显微术	10～1 000	—	0.2	1
	截面扫描电子显微术	10～300 000	随原子序数改变；污染问题	5～10	2
4.2.3.3	卢瑟福背散射谱法	100～30 000	—	5～20	5～20
4.2.3.4	电子探针显微分析和能量色散谱法	5～1 000	—	2～20	5
4.2.3.5	X 射线荧光光谱法	100～100 000	—	10～10 000	10
4.2.3.6	掠入射 X 射线反射法	1～1 000	—	0.1	1
4.2.3.7	椭圆偏振光谱法	1～5	不透明的	0.1～1	1
		1～10 000	透明的	0.1～1	1
4.2.3.8	化学分析法	10～100 000	—	1～10	5～10

参考文献

[1] ASTM E 673—03 Standard Terminology Relating to Surface Analysis

[2] ASTM E 1438—91 (2001) Standard Guide for Measuring Widths of Interfaces in Sputter Depth Profiling Using SIMS

[3] ASTM E 1127—03 Standard Guide for Depth Profiling in Auger Electron Spectroscopy

[4] ASTM F 576—01 Standard Test Method for Measurement of Insulator Thickness and Refractive Index on Silicon Substrates by Ellipsometry

[5] ZALM,P. C. : Ultra Shallow Depth Profiling with SIMS,Reports on Progress in Physics, Nov. 1995,Vol. 58,No. 10,pp. 1321-1374

[6] SIMONS,D. S. : The Depth Measurement of Craters Produced by Secondary Ion Mass Spectrometry -Results of a Stylus Profilometry Round Robin Study,in Secondary Ion Mass Spectrometry SIMS: X, Edited by A. Benninghoven, B. hagenhoff and H. W. Werner, John Wiley & Sons, Chichester,1997,pp. 435-438

[7] SANZ,J. M. ,and HOFMANN,S. : Quantitative Evaluation of AES Depth Profiles of Thin Anodic Oxide Films (Ta_2O_5/Ta,Nb_2O_5/Nb),Surface and Interface Analysis,Oct. 1983,Vol. 5,No. 5, pp. 210-216

[8] HUNT, C. P. , and SEAH, M. P. : Characterization of a High Resolution Tantalum Pentoxide Sputter Profiling Reference, Surface and Interface Analysis, Oct. 1983, Vol. 5, No. 5, pp. 199-209

[9] SEAH, M. P. , MATHIEU, H. J. , and HUNT, C. P. : The Ultra-High Resolution Depth Profiling Reference Material Ta_2O_5 Anodically Grown on Ta, Surface Science, Apr. 1984, Vol. 139, Nos. 2-3, pp. 549-557

[10] HOFMANN,S. ,ERLEWEIN,J. ,and ZALAR,A. : Depth Resolution and Surface Roughness Effects in AES Sputter Profiling of Ni/Cr Multilayer Samples, Thin Solid Films, Jun. 1977, Vol. 43,No. 3,pp. 275-283

[11] FINE,J. ,and NAVINSEK,B. : Characterization of NBS Standard Reference Material 2135 for Sputter Depth Profile Analysis,Journal of Vaccuum Science & Technology A,May 1985,Vol. 3, No. 3,pp. 1408-1412

[12] WALLS,J. M. ,HALL,D. D. ,and SYKES,D. E. : Composition-Depth Profile and Interface Analysis of Surface Coatings Using Ball Cratering and the Scanning Auger Microprobe,Surface and Interface Analysis,Dec. 1979,Vol. 1,No. 6,pp. 204-210

[13] ZALAR,A. ,and HOFMANN,S. : Crater Edge Profiling of Ni/Cr Sandwich Multilayers Using SAM,Surface and Interface Analysis,Oct. 1980,Vol. 2,No. 5,pp. 183-186

[14] MOORE,R. L. ,SALVATI,L. ,SUNBERG,G. ,and GREENHUT,V. : Surface Analysis of Diffusion Zones in Multiple Chemical Vapor Deposition Coatings,Journal of Vaccuum Science & Technology A,Nov. 1985,Vol. 3,No. 6,pp. 2426-2431

[15] HOFMANN,S. : Depth Profiling in AES and XPS,in Practical Surface Analysis,Vol. I: AES and XPS,2nd ed. ,Edited by D. Briggs and M. P. Seah,Wiley,Chichester,1990,pp. 143-199

[16] PROCOP,M. ,KLEIN,A. ,RECHENBERG,I. ,and KRUEGER,D. : AES Depth Profiling of Semiconducting Epitaxial Layers with Thickness in the Nanometer Range Using an Ion Beam Bevelling Technique,Surface and Interface Analysis,Jun. 1997,Vol. 25,No. 6,pp. 458-463

[17] BRESSE,J. F.: Applications of Scanning Auger Microscopy for Interface Studies in III-V Semiconductors, Scanning Electron Microscopy, Vol. IV, SEM Inc., AMF O' Hare, Chicago, 1985, pp. 1465-1476

[18] LEA,C.,and SEAH,M. P.: Optimized Depth Resolution in Ion-Sputtered and Lapped Compositional Profiles with AES,Thin Solid Films,Jan. 1981,Vol. 81,No. 1,pp. 67-86

[19] THOMAS,G.,and GORINGE,M. J.: Transmission Electron Microscopy of Materials, Wiley,New York ,1979

[20] GOLDSTEIN, J. I., and YAKOWITZ, H.: Practical Scanning Electron Microscopy, Plenum,New York,1975

[21] CHEW,N. G.,and CULLIS,A. G.: The Preparation of Transmission Electron Microscopy Specimens from Compound Semiconductors by Ion Milling,Ultramicroscopy,Jul. 1987,Vol. 23,No. 2, pp. 175-198

[22] KAJIWARA,K.,and KAWAI,H.: Analysis of AlGaAs/GaAs Superlattices by Means of Sputter Assisted AES, SEM and TEM, Surface and Interface Analysis, Jul. 1990, Vol. 15, No. 7, pp. 433-439

[23] CHU,W. K.,MAYER,J. W.,and NICOLET,M. A.: Backscattering Spectrometry,Academic Press,New York,1978

[24] AKHRU,H.: Ion Backscattering Analysis,in Concise Encyclopaedia of Materials Characterization,Edited by R. W. Cahn and E. Lifshin,Pergamon Press,Oxford,1993,pp. 199-204

[25] FELDMANN,L. C.: Rutherford Backscattering and Nuclear Reaction Analysis, in Ion Spectroscopies for Surface Analysis, Edited by A. W. Czanderna and D. M. Hercules, Plenum Press, New York,1991,pp. 311-361

[26] WALDO,R. A.: An Iteration Procedure to Calculate Film Compositions and Thicknesses In Electron Probe Microanalysis,Microbeam Analysis,1988,pp. 310-314

[27] SIMKO,S. J.,and WALDO,R.: Multitechnique Problem Solving Using EDS/EPMA and Surface Analysis,in Proc. 50th Annual Meeting of the Electron Microscopy Society of America,Edited by G. W. Bailey,J. Bentley and J. A. Small,San Francisco Press,San Francisco,1992,pp. 1782-1783

[28] GIBSON,P. N.: Thin Films-Characterization by X-rays,in Concise Encyclopaedia of Materials Characterization,Edited by R. W. Cahn and E. Lifshin,Pergamon Press,Oxford,1993,pp. 536-540

[29] EBEL,H.,SVAGERA,R.,and AFSHAR,S. R.: Depth Profiling by means of X-ray Fluorescence Analysis,Advances in X-Ray Analysis,Aug. 1992,Vol. 35,pp. 783-794

[30] GRIES,W. H.: Ion-Implanted Surface Analysis Reference Materials-Certification of Dose Densities from 10^{16} to 10^{13} cm^{-2},Surface and Interface Analysis,Jul. 1996,Vol. 24,No. 7,pp. 431-447

[31] LENGELER,B.: X-ray Reflection,a New Tool for Investigating Layered Structures and Interfaces,Advances in X-Ray Analysis,Aug. 1992,Vol. 35,pp. 127-135

[32] HUANG,T. C.: Grazing Incidence X-ray Analysis of Surfaces and Thin Films,Advances in X-Ray Analysis,Aug. 1992,Vol. 35,pp. 143-150

[33] KOJIMA,I.,Li,B.,FUJIMOTO,T.,KIM,K. J.,and MOON,D. W.: The Structural Nature of SiO_2/Ta_2O_5 Multilayers on Si(100) Formed by Ion Beam Sputter Deposition, Journal of Physics D: Applied Physics,Aug. 1997,Vol. 30,No. 15,pp. 2143-2146

[34] CHASON,E.,and MAYER,T. M.: Thin Film and Surface Characterization by Specular X-ray Reflectivity, CRC Critical Reviews in Solid State and Materials Sciences, Jan. 1997, Vol. 22, No. 1,pp. 1-67

[35] Liu, C., ERDMANN, J., MAJ, J., and MACRANDER, A.: Thickness Determination of Metal Thin Films with Spectroscopic Ellipsometry for X-ray Mirror and Multilayer Applications. Journal of Vacuum Science & Technology A, Sep. 1999, Vol. 17, No. 5, pp. 2741-2748

[36] TOMPKINS, H. G.: A User's Guide to Ellipsometry, Academic Press, New York, 1993

[37] CHEN, T. F., GARTEN, R. P. H., GRALLATH, E., BUBERT, H., and JENETT, H.: Calibration of Sputtering Yields for AES Depth Profiling of Oxide Layers on Aluminium by Means of Carrier Gas Heat Extraction analysis. Fresenius' Journal of Analytical Chemistry, Jan. 1987, Vol. 329, Nos. 2-3, pp. 174-179

[38] ISO 14606, Surface chemical analysis—Sputter depth profiling—Optimization using layered systems as reference materials

ICS 71.040.40
G 04

中华人民共和国国家标准

GB/T 29558—2013/ISO 24236:2005

表面化学分析　俄歇电子能谱强度标的重复性和一致性

Surface chemical analysis—Auger electron spectroscopy—Repeatability and constancy of intensity scale

(ISO 24236:2005,IDT)

2013-07-19 发布　　2014-03-01 实施

中华人民共和国国家质量监督检验检疫总局
中国国家标准化管理委员会　发布

前　　言

本标准按照 GB/T 1.1—2009 给出的规则起草。

本标准使用翻译法等同采用 ISO 24236:2005《表面化学分析　俄歇电子能谱　强度标的重复性和一致性》。

本标准由全国微束分析标准化技术委员会(SAC/TC 38)提出并归口。

本标准负责起草单位:中国科学技术大学物理系。

本标准起草人:丁泽军、张增明、曾荣光、毛世峰、李永刚、梅红萍。

引　言

俄歇电子能谱(AES)被广泛应用于材料的表面分析。样品中的元素(氢和氦除外)可通过对比测得的出射俄歇电子动能值与不同元素对应能量的手册表值来标识。有关这些元素的含量信息可以从所测得的俄歇电子强度得到。含量的计算可利用公式和由谱仪生产厂家提供的相对灵敏度因子来进行。重要的是灵敏度因子要适用于谱仪,并且这一般正是当谱仪安装之后或由适当的机构对仪器的强度/能量响应函数校准后的情况。本标准着重于对俄歇电子谱强度测量不确定度的两项仪器方面的重要贡献:1)强度测量的重复性;2)强度随时间的漂移。

重复性对分析相似样品之间的类同和差别是重要的。限制仪器测量重复性的因素包括:电子束源的稳定性、探测器的设置、仪器对样品放置的敏感性、数据采集参数和数据处理步骤。仪器强度标的漂移将限制任何定量分析的整体准确性,它的来源是:能谱仪结构部件、电子学附件和探测器的老化等效应。已经发现,俄歇电子谱仪在使用期间,仪器的强度/能量响应函数可随仪器的年限而改变。

本标准描述了确定仪器强度标的重复性和一致性的一种简单方法,以便于进行如下校正,诸如改进操作程序、重置仪器参数或重新校准强度/能量响应函数。因此这种方法应该定期实施,并且在制造商或其他适当机构检定的仪器正常工作的周期内最有用。该方法使用纯铜(Cu)样品,并适用于电子枪束能至少为 2 keV 的俄歇电子谱仪。

由于所需的测试会非常耗时并且需要专家知识及辅助设备,所以此方法不可能涉及所有的仪器缺陷。尽管如此,这种方法是为解决俄歇电子谱仪的重复性和强度标漂移的基本常规问题而设计的。这种方法可与采用 ISO 17973[1]或 ISO 17974[2]进行的谱仪能量校准同时实施。

表面化学分析　俄歇电子能谱 强度标的重复性和一致性

1　范围

针对于常规分析使用的电子枪能量至少为 2 keV 的俄歇电子能谱仪，本标准规定了一种评估其强度标的重复性和恒定性的方法。它仅适用于配备了溅射清洁用离子枪的仪器。本标准并非旨在成为一种强度/能量响应函数的校准，这种校准可由仪器厂商或者其他机构制定。本方法提供数据以评估和确认仪器使用中强度/能量响应函数保持恒定的精度，对可影响这种恒定性的一些仪器设置给出了指导。

2　符号

H_L　微分模式下 Cu L_3VV 峰的平均峰－峰高度

H_{Lj}　一组测量中第 j 次测量对 H_L 贡献的值

H_M　微分模式下 Cu $M_{2,3}$VV 峰的平均峰－峰高度

H_{Mj}　一组测量中第 j 次测量对 H_M 贡献的值

i　五个参数 P_i 之一的标志符

j　参数 P_{ij} 单次测量之一的标记

N_L　直接模式下 Cu L_3VV 峰位处平均最大强度

N_{Lj}　一组测量中第 j 次测量对 N_L 贡献的值

N_M　直接模式下 Cu $M_{2,3}$VV 峰位处平均最大强度

N_{Mj}　一组测量中第 j 次测量对 N_M 贡献的值

P_i　表示 H_L、H_M、N_L、N_M 和 H_L/H_M 任意一个平均值的参数

P_{ij}　具有平均值 P_i 的参数的第 j 次测量

$U_{95}(P_i)$ 置信度为 95% 时平均值为 P_i 的不确定度

W　峰半高全宽

β　模拟系统扫描速率

δ　置信度为 95%(由分析人员设定)时 H_L/H_M 的容限值

$\sigma(P_i)$　参数 P_i 重复性标准差

τ　模拟探测系统的时间常数

3　方法概要

本概要是为了便于理解第 4 章给出的详细步骤。为用此步骤评估俄歇电子能谱仪，需要获得并准备参照物铜箔，以在适当仪器设置下测量 Cu $M_{2,3}$VV 和 Cu L_3VV 俄歇电子峰强度。之所以选择这些峰是因为它们靠近实际分析中使用的中低动能端。它们已得到公认，并且有相应的参考数据。选择低能 Cu $M_{2,3}$VV 峰，是由于它所处的能量范围可用于监测杂散磁场导致不希望的强度变化。

4.1～4.5 描述了制备样品和设置仪器的初始步骤，如图 1 流程图所示，该图以相应子标题解述。

如未做强度重复性的测量应从 4.6 进至 4.7。在 4.7 中，顺序重复测量 7 次 Cu $M_{2,3}$ VV 和 Cu L_3VV 峰强度。这些数据给出峰强度的重复性标准差，既来自于电子束强度、能谱仪探测器和电子学附

件的稳定性，也来自测量的峰强度关于样品位置的灵敏度，还来自于峰的统计噪声。本方法规定了保证测量强度统计噪声相对小的条件，见附录 A。重复性标准差的值可能依赖于样品定位步骤。在 4.7.1 中要求使用一致的定位步骤，并且只对使用该定位步骤安放的样品最终校准才是有效的。

在确定条件下，这两个峰强度的绝对值已知，原则上它们可用来确定谱仪的部分强度/能量响应函数[3]。尽管如此，这些响应函数可能对能量有一复杂的依赖关系[4]，所以只确定两个能量处的强度是不够的。本方法只限于这样去评估强度或能量响应函数的恒定性，即在测量重复性的不确定度范围内，由两个能量处的强度恒定性及其比值的恒定性来表示。4.7 描述了测量方法，4.8 描述了基于这些测量的计算，如图 1 流程图所示。其后 4.9 描述了较为简单的首次测量强度恒定性的常规方法。

实际上，随着仪器的使用能谱仪的强度/能量响应函数可能发生明显改变。如果这种情况发生，它可改变从能谱中推演出的定量结果。此时必须考虑如下操作：

a) 改进样品定位；

b) 延长仪器的预热时间；

c) 重置仪器以重新得到原始响应函数；

d) 通过实验或计算重新确定用于定量的相对灵敏度因子，或者

e) 增加所获得的任何定量结果的不确定度表述值。

选择何种操作取决于需要以及按本步骤记录的强度比值的漂移速率。已有报道高达 40%的年漂移速率，其主要变化是在安装新的探测器后[5]。因此，在进行了 4.9 所述首次常规评估的两个月后，或者对能谱仪作了任何实质性的变动后，都应重复从 4.2 至 4.5 所述的步骤，然后每两个月进行一次 4.9 所述的常规评估。如果对仪器作了明显的变动，需要重复 4.7 和 4.8。

4 强度标的重复性和恒定性评估方法

4.1 获取参照样品

使用纯度至少为 99.8%的多晶体铜样品。为方便起见，样品常为箔的形式，典型大小为 10 mm×10 mm，厚度为 0.1 mm～0.2 mm。

注：如果样品需要清洁，可把样品放在 1%的硝酸中快速浸一下，然后用蒸馏水冲洗。如果样品在空气中存放数天，浸硝酸溶液将使 4.3.1 中要求的样品清洁更加容易一些。

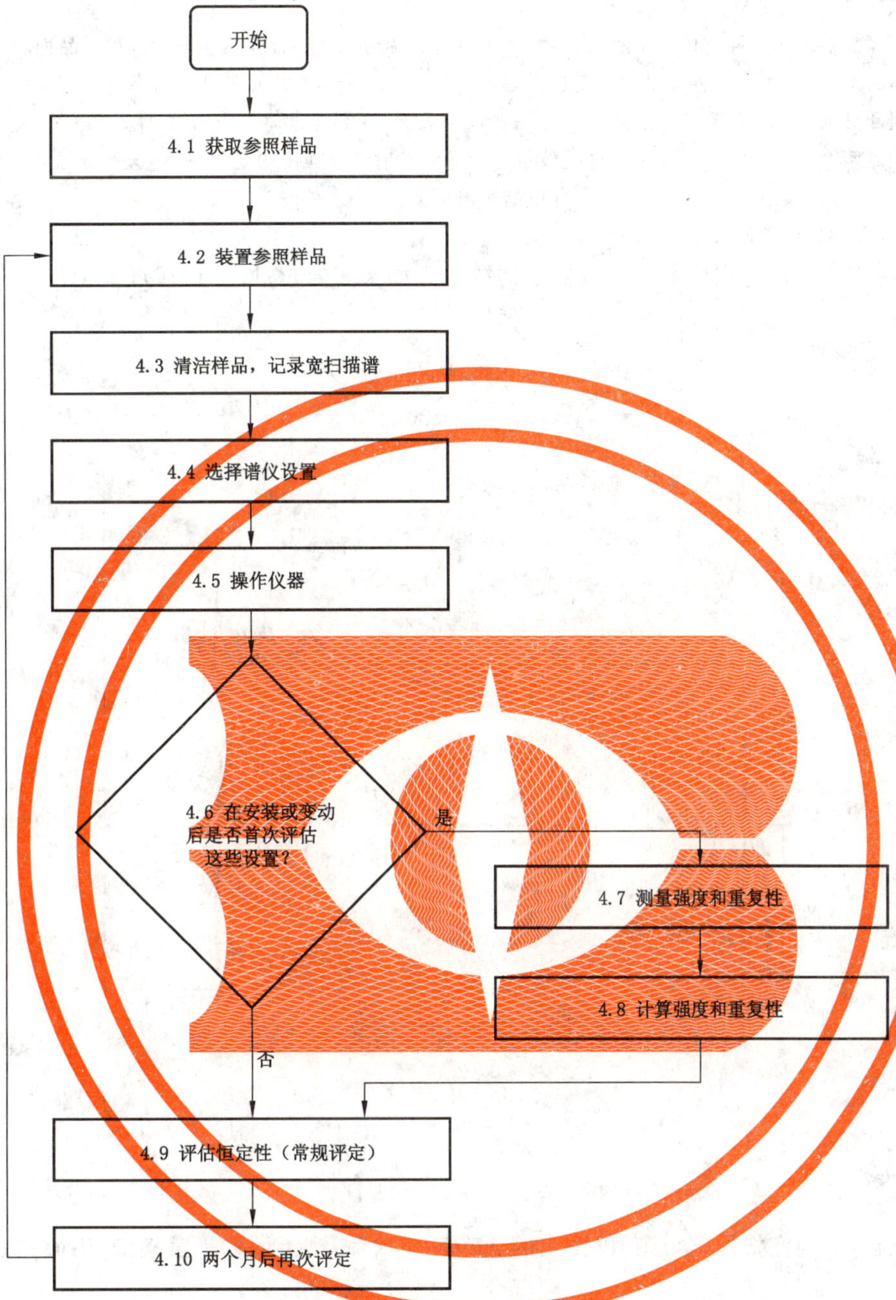

图 1 本方法之操作步骤流程图(为参照正文内容给出了条目序号)

4.2 装置样品

用固定螺丝或其他金属器具将样品装置在样品托上以确保电接触。不要使用双面胶带。

注：要求每两个月重复一次测量。为方便使用,把装置好的样品保持在真空系统中。

4.3 清洁样品

4.3.1 在超高真空中用离子溅射清洁样品以减少污染,直至全谱中的氧和碳的俄歇电子峰高都低于最强金属峰高的 2%。记录全(宽扫描)测量谱,确认强峰均是铜的,确定没有样品托的特征峰。这里对真空度的要求是使得完成 4.7 的数据采集后或在工作日结束时(无论哪个更早)氧和碳的峰高均不超过最强金属峰高的3%。

注 1：适于样品清洁的惰性气体离子溅射条件：采用束流为 30 μA 的 5 keV 氩离子束，对样品面积为 1 cm^2 的溅射时间为 1 min。这些条件提供的溅射通量密度为 1.8 mC·cm^{-2}，根据所用的设备条件，可通过设置束流、溅射时间和溅射面积而达到该溅射通量密度。溅射通量密度和溅射面积可随仪器而变。

注 2：要求每两个月重复一次该步骤。过度溅射可能导致发射绝对强度的变化，最终这一变化可能相当可观。溅射不要超过所需，否则样品可能变得十分粗糙而需更换。

注 3：图 2 给出 Cu 的 AES 谱实例。

4.3.2 应在一个工作日内完成本标准所要求的测量。如果需要超过一天，在每个工作日开始时确认 Cu 的清洁度。

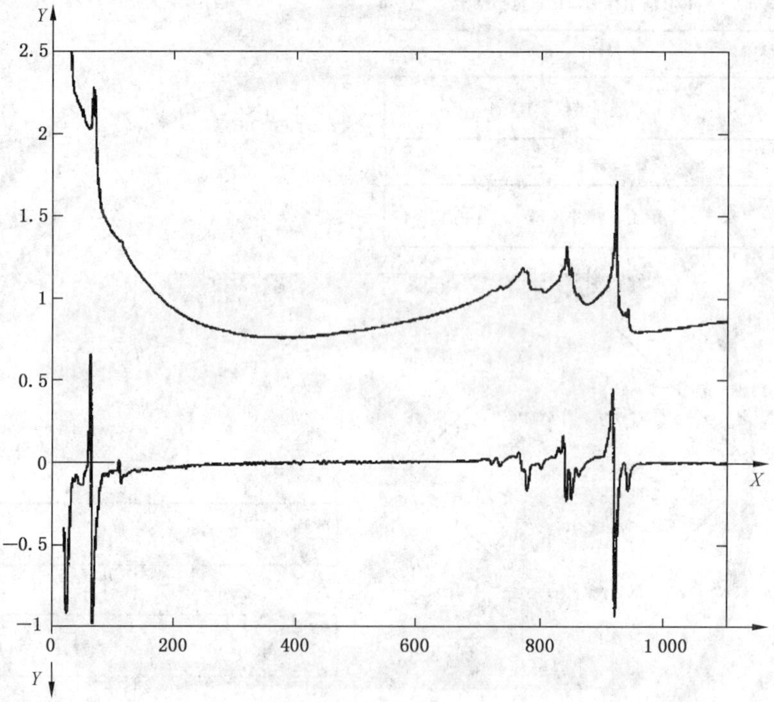

说明：

X ——电子动能(eV)；

Y ——强度/10^4。

图 2 清洁 Cu 的宽扫描(全)谱，以恒定的 ΔE/E 模式测量(上面的是直接谱，下面的是微分谱)

4.4 选择确定强度稳定性的谱仪设置

选择确定强度稳定性的谱仪设置。针对评估强度恒定性的谱仪设置(如通能、减速比、狭缝、透镜设定等)每一组合，重复 4.4 至 4.9 的操作步骤。

注 1：分析人员可能希望保存为定量分析所选择的那些设置，以后仅这些设置需要评估。同样，为决定化学态，分析人员可能希望使用 ISO 17974[2] 为能量校准选择限定的设置。如下所述，如果能量校准和当前评估可选相同的能量设置，则当使用铜样品时，可有效减少在 4.7 和在 ISO 17974:2002[2] 的 6.7 中测量的工作量。

注 2：谱仪及其电路的设计各不相同，所以针对某一透镜组、狭缝和通能组合的强度/能量响应函数未必对其他透镜、狭缝和通能的设置也有效。许多谱仪学家在一组最佳条件下进行准确的强度测量，那么仅需对该分析器条件下的设置进行评估。任何评估仅对所用的设置组合有效。

注 3：强度标的重复性和强度的绝对值都随使用设置的组合变化而变化。一般来说，当使用大狭缝和较低能量分辨率时重复性是最好的。

4.5 操作仪器

按照厂商的操作说明书操作仪器。仪器在任何烘烤后都需要完全冷却。确保操作在厂商推荐的范围之内,包括束流、计数率、谱仪扫描速率和任何其他厂商制定的参数。设定电子束能量为分析时通常使用的值,但不能小于 2 keV,设定电子束在样品上光栅扫描的典型区域为 100 μm×100 μm。如果谱仪仅分析小于这样的面积,那么设定光栅扫描为通常分析使用的值(可能是零)。设定束流为分析一般需要的最大值,同时要保证计数率在厂商推荐的范围之内。检查探测器倍增管设置是否已正确校准。对于多探测器系统,确保使用此步骤前预先按厂商说明进行了必要的优化或检查。列参数表并记录其数值。

注 1:为确保足够的稳定性,许多厂商推荐控制器和高压电子设备打开后至少 4 h。为减小漂移和可变性,在测量前需将电子枪使用一段时间,如 20 min。

注 2:高计数率[6]或者不正确的探测器电压[6,7]会导致峰形畸变,进而导致错误的峰强度测量。

4.6 初始或后续的评估测量选项

为了评估仪器强度标的恒定性,需确定强度的重复性。如果这些还未确定,则按如下步骤进行。如果之前已经使用该步骤对相关的谱仪设置进行了确定,并且仪器未经改装、大修或移动,可直接跳至4.9,如图 1 流程图所示。

4.7 强度和重复性的测量

4.7.1 将铜样品放置于分析位置,其发射角和步骤与通常使用时相同,记录发射角值。样品定位步骤与通常分析使用时相同,参照制造商推荐的步骤协议。确保该步骤清晰完整。

注:在小面积分析的谱仪中,样品位置的改变对峰强的影响可能比在其他谱仪中更甚。样品定位步骤将是获得恒定性强度的关键。

4.7.2 利用在 4.4 和 4.5 中所选定的设置,分别记录 Cu $M_{2,3}$VV 的直接谱和 L_3VV 峰的微分谱,如图 3a)和图 3b)所示。对图 3 中和表 1 中的能量范围扫描。如果能量标是用数字扫描的,设定能量增值等于或近于 0.1 eV,并且驻留时间等于或近于 1 s。如果使用的是模拟系统,设定扫描速率 β 小于 0.07 $W\tau^{-1}$eV·s^{-1},其中 W 为峰的半高全宽(FWHM),τ 是探测放大器的时间常数。如果谱仪仅操作于微分模式,设定微分能量为通常使用值,或者其宽度尽可能接近于 5 eV。在不同的谱之间,除了动能标的位置外,不要改变任何操作条件。不要重设束流,如果可能的话仅仅监测束流。如果使用脉冲计数模式,且 Cu M_{23}VV 峰的计数值小于 1 000 000,可对两峰通过提高驻留时间来获得更好的结果。以数据质量与工作时间之间的折衷来最终选取驻留时间。记录设置的参数。

注 1:如果使用脉冲计数模式,并且仪器的输出是按每秒计数为单位,则单道总计数等于单道每秒计数乘以单道时间。可设置每道驻留时间以达到所需的计数值。如果输出是以单道单次扫描来计数,并且为多重扫描方式,输出则是这些扫描结果的平均值,单道总计数等于单道的平均值乘以扫描次数。可以设置扫描次数以达到所需的计数值。

注 2:对于不同的计数水平,可能达到的最佳重复性在附录 A 中讨论。

注 3:在使用正弦模拟调制谱仪电极电压的系统中,微分能量值就是调制能量。把该调制能量应用于直接谱,就得到一个等价的微分俄歇电子谱。

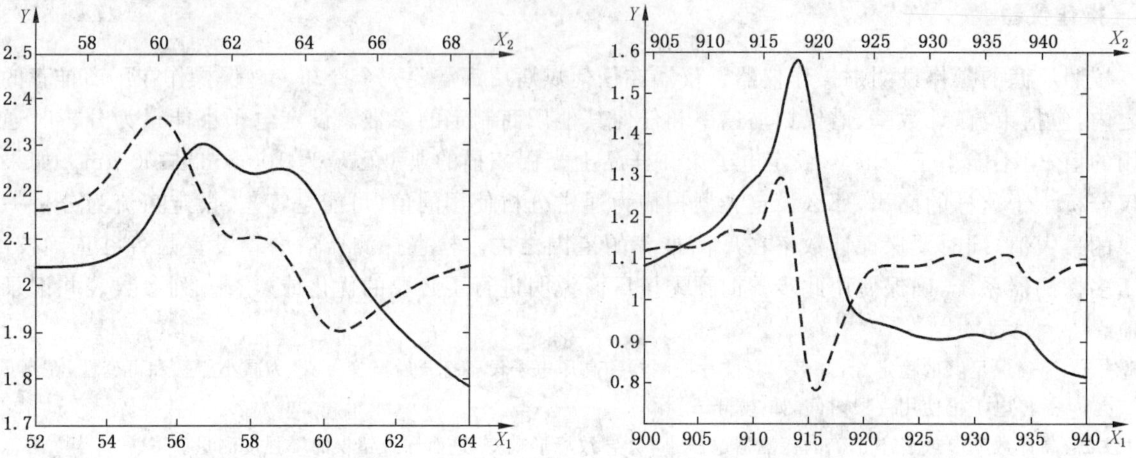

a) Cu $M_{2,3}$VV 峰　　　b) Cu L_3 VV 峰

说明：

X_1——电子动能(eV)(以真空能级为参考)；

X_2——电子动能(eV)(以费米能级为参考)；

Y ——强度/10^4。

图 3　在 0.3%相对能量分辨率及 0.1 eV 能量间隔下的精细扫描谱的例子(实线为直接模式，虚线为利用 31 点的 Savitzky 和 Golay 微分法[6] 的微分模式)(为清晰起见，微分谱垂直居中显示。图底部的能量标以真空能级为参考，而图顶部的能量标以费米能级为参考)

表 1　测量铜峰时的动能区间

峰	动能区间/eV	
	以真空能级为参考	以费米能级为参考
Cu $M_{2,3}$ VV	52～64	56.5～68.5
L_3 VV	900～940	904.5～944.5

注：假定谱仪的功函数为 4.5 eV，因此以真空能级为参考的峰位的能量值比以费米能级为参考的值低 4.5 eV。

4.7.3　将样品从分析位置移开，重新放置并重复 4.7.1 中步骤。使用文件协议的样品定位步骤。不要只是简单地把样品放回到样品托上相同的位置，除非这正是所要求的步骤。重复该样品移动和重定位，每次均作测量，对每个峰记录七个谱。

4.8　峰强、强度比和不确定度的计算

4.8.1　如果谱仪仅仅操作于微分模式，转移至 4.8.3。如果操作于直接模式，对于每个峰的七次测量之一，j，分别测量 L_3VV 和 $M_{2,3}$VV 俄歇电子峰区域的最大强度值的计数率 N_{Lj} 和 N_{Mj}。如图 3a)所示，Cu $M_{2,3}$VV 双峰的最大强度值通常出现在较低能量峰处，但对一些谱仪来说，也可能出现在较高能量峰处。记录两个峰中最强的一个，并以它为 N_M。

注：数据系统可按计数或每秒计数来给出数据强度。然后，可以把数据值相加或把数据与能量步长的乘积相加来确定峰面积。因此，峰面积单位可以是计数、每秒计数、eV 计数或每秒 eV 计数。只要数据依照 4.7 进行记录，并且两个峰选取相同的单位的话，它们之间的差别并不重要。记录确定峰面积的量纲。

4.8.2　如果按直接模式获得了谱数据，可以利用数据处理软件对其进行数字微分。使用常用的微分函

数宽度或尽量接近 5 eV,并记录所选取的微分函数以及任何使用的数值。此微分谱就应该类似于图 3 中的虚线谱。

注 1:微分函数宽度等于动能扫描能量步长乘以微分函数中点的数目。

注 2:图 3 中虚线给出了用 3 eV 微分函数的微分谱例子。

注 3:对 Savitzky 和 Golay 三次/二次微分函数[8],函数宽度为 3 eV 或 5 eV,在 0.1 eV 能量步长时应分别为 31 或 51 个点。支持这种数目的商业数据处理系统很少,11 或 31 点可能不得不作为提供的上限来接受。如果可行的话,使用 51 点可以提高数据精度。不同微分宽度对重复性的影响见附录 A。

4.8.3 对于七次测量的每一次,j,对每个峰,分别确定 L_3VV 和 $M_{2,3}VV$ 俄歇电子峰的峰－峰值 N_{Lj} 和 N_{Mj}。

4.8.4 检查两个峰七个值的每一峰一峰值。如果采用直接模式,对两个峰的最大强度随时间的系统性变化按数据的采集顺序进行检查。这些系统性变化也许表明预热时间不适当、探测器电压不适当或者其他引起漂移的原因。如果确实是这种情况,采取适当的处理(例如增加预热时间)并重复 4.7。

注:图 A.1 给出了一个漂移的例子。

4.8.5 对于每一个谱计算比值 H_{Lj}/H_{Mj},如果可以的话也计算 N_{Lj}/N_{Mj}。对 $M_{2,3}VV$ 和 L_3VV 峰七对谱的每对谱,给出 3 个或 5 个参数,且每个参数有 7 个取值:P_{ij}。这里 i 是参数之一 P_i 的标志符,j 是此参数的 7 次测量之一。对用微分模式记录的谱有 3 个 P_i 参数:H_L,H_M 和 H_L/H_M;对用直接模式记录的谱,还有两个额外的参数:N_L 和 N_M。对于每个 i 参数,利用式(1)计算 P_i 的平均值以及相对标准差 $\sigma(P_i)$:

$$[\sigma(P_i)]^2 = \sum_{j=1}^{7} \frac{(P_{ij} - \bar{P}_i)^2}{6\bar{P}_i^2} \qquad (1)$$

对 3 个或 5 个参数的每个参数记录其平均值及相对标准差。如果任一个相对标准差大于 3%,则样品定位步骤可能需要重新考虑。相对标准差是重复性的量度。

注 1:3 个或 5 个参数的相对标准差可能极其依赖于样品的定位步骤。

注 2:大多数仪器在良好工作状态下,所得的 N_L 和 N_M 的相对标准差可到 1% 或更好,同时 H_L 和 H_M 的可到 2% 或者更好。要得到比这些好得多的值可能需要仔细地选择参照样品以达到材质均匀、晶粒尺寸微小以及表面形貌平整,同时也可能需要细致地选择仪器设置以及稳定电子学附件。附录 A 提供了两个例子。一例中相对标准差要好于 1%,而在另一例中由于探测器电压设定偏低导致相对标准差恶化。

4.9 强度标恒定性的常规评估步骤

4.9.1 为了对谱仪强度标的恒定性进行常规评估,$M_{2,3}VV$ 和 L_3VV 一对峰需要进行一到两次测量,j。如果进行了两次测量,顺序应该是 $M_{2,3}VV$,L_3VV,$M_{2,3}VV$,L_3VV。在每对测量前,样品需按 4.7.1 给出的样品定位步骤重新安放。谱仪的操作条件以及样品的取向必须是按 4.4、4.5 和 4.7 中所选择的和所记录的。

4.9.2 按照 4.8.1、4.8.3 和 4.8.5 中所述确定 H_L、H_M 和 H_L/H_M,如果采用直接模式,也要确定 N_L 和 N_M。如果对 H_L 和 H_M 进行了两次测量,则确定每个参数的平均值以及 H_L/H_M 的平均值,并在接下来的分析中使用 H_L、H_M 和 H_L/H_M 的这些值(如果已测得 N_L 和 N_M 则类似)。

4.9.3 参数 P_i 在置信度为 95% 时的相对不确定度 $U_{95}(P_i)$ 为

$$U_{95}(P_i) = 2.6\sigma(P_i) \quad \text{对峰的两次测量} \qquad (2)$$

$$U_{95}(P_i) = 3.7\sigma(P_i) \quad \text{对峰的单次测量} \qquad (3)$$

其中的 $\sigma(P_i)$ 已在 4.8.5 中按式(1)确定。测量次数的选择依赖于评估仪器恒定性时的精度要求以及进行测量时可用的时间。

注:公式(2)和公式(3)的推导可在参考文献[9]和[10]中找到。

4.9.4 如图 4 所示,将比值 H_L/H_M 绘制成控制图。基于定量分析中恒定性的需要规定容限 $\pm\delta$,并如图 4 所示将其绘制出来。在 $\pm 0.7\delta$ 处添加警戒限,对绘出的 H_L/H_M 值用公式(2)和公式(3)得到的

$U_{95}(H_L/H_M)$的值添加置信限。

注 1：典型的容限一般处于 2%至 6%的范围，例如图 4 中的 δ 应在 0.019 至 0.057 的范围内。

注 2：针对 H_L 和 H_M 分别附加控制图[11,12]有助于诊断谱仪的变化。如果两者的值都随时间减小，而与此同时 H_L/H_M 保持相对不变，这可能意味着探测器设置需要调整。附录 A 中给出了这种情况的例子。按仪器厂商的程序来检查此项。可能需要提高探测器电压或者降低甄别器的阈值。

注 3：针对 N_L 和 N_M 附加控制图有助于诊断由于分析器内部散射导致的谱背景。如果 N_L 和 N_M 增加而 H_L/H_M 保持不变，这种散射可能在增加且影响到数据的解释。

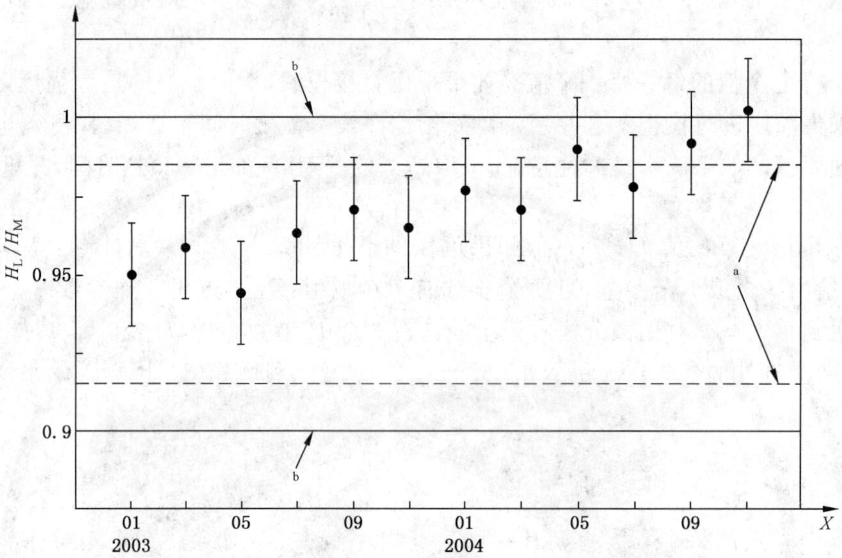

说明：

X ——测量日期，月；

01 ——一月；

05 ——五月；

09 ——九月。

a 警戒限。

b 95%容限。

图 4 示意性控制图[11,12]

在容限设置为 5%漂移时，监测仪器的强度恒定性（这里的点表征从 2003 年 1 月起未经调整的一台仪器的 H_L/H_M 值，自 2003 年 9 月超过警戒限，于 2004 年 5 月第一次超出容限后应该却未进行处理。针对 95%的置信度，每个点的不确定度 $U_{95}(H_L/H_M)$ 已标出，其中 $\sigma(H_L/H_M)$ 为 0.6%，并且在每次确定恒定性时都做了两次测量）。

4.10 再次评估

在对仪器作任何重大改动或调整之后，或者仪器使用两个月后，利用在 4.4、4.5、4.7 和 4.8 中规定的条件，重复 4.2～4.5 和 4.9，并将数据加入控制图。如果 H_L/H_M 与 $U_{95}(H_L/H_M)$ 值的和达到了警戒限，应该检查和调整仪器；或者修订定位步骤以使对 H_L/H_M 的新测量值以及相应的 $U_{95}(H_L/H_M)$ 完全处于可接受区域内。如果这不可能，应该增大容限 $\pm\delta$，或者重新校准强度标或重新确定灵敏度因子。

注：确定灵敏度因子的步骤已在 ISO 18118[13] 中给出。

附　录　A
（资料性附录）
某俄歇电子能谱仪强度重复性的计算和测量的示例

A.1　符号

A	Savitzky-Golay 平滑法中的归一化参数，由式（A.2）给出
H	微分模式中参照峰的峰—峰值
m	参数，定义 Savitzky-Golay 平滑点数为 $2m+1$
n	在小能量区间中每个通道的计数增加
N_0	每个通道的平均计数
S	由式（A.1）给出的微分信号
$\sigma(S)$	S 的标准不确定度
$\sigma(H)$	H 的标准不确定度
$\sigma(H_L)$	H_L的标准不确定度
$\sigma(H_M)$	H_M的标准不确定度
$\sigma(H_L/H_M)$	H_L/H_M的标准不确定度

A.2　某俄歇电子谱仪强度重复性的计算及测量实例

此例中，由名义能量分辨率为 0.2％的某谱仪获得的能谱类似于图 3 的数据，但强度提高了 10％～15％。Cu 的 $M_{2,3}$VV 和 L_3VV 峰的最大强度计数分别为 2.55M 及 1.9M。所测得的两峰半宽均小于图 3 所示的数据。

首先考虑最佳重复性，它由泊松计数统计中产生的不确定度所限制。对谱中平均每道计数为 N_0 且每道计数增加为 n 的小区间，Savitzky-Golay 微分法[8]给出的输出信号 S 为

$$S=n \qquad \text{(A.1)}$$

例如，这个小区间可以是图 3a）中 Cu $M_{2,3}$VV 峰在 55 eV～56 eV 处的最大斜率区间。微分时谱要用 Savitzky-Golay 系数卷积。对 $2m+1$ 点微分来说，这些系数为 $-m/A$，$-(m-1)/A$，…，0，…，$(m-1)/A$，m/A。这里 A 为式（A.2）给出的归一化参数：

$$A=\frac{1}{3}m(m+1)(2m+1) \qquad \text{(A.2)}$$

对 n 值能够合理地近似为常数的能量间隔，当微分能量宽度等于或小于该能量间隔时，该计算是成立的。噪声（即与该信号 S 相关的标准不确定度）由 σ 给出。对 $n \ll N_0$，

$$[\sigma(S)]^2=\left(\frac{m}{A}\right)^2 N_0+\left(\frac{m-1}{A}\right)^2 N_0+\cdots+\left(\frac{m}{A}\right)^2 N_0 \qquad \text{(A.3)}$$

因此

$$[\sigma(S)]^2=\frac{N_0}{A} \qquad \text{(A.4)}$$

故得

$$\frac{\sigma(S)}{S}=\frac{1}{n}\left(\frac{N_0}{A}\right)^{0.5} \qquad \text{(A.5)}$$

对 Cu 的 $M_{2,3}$VV 和 L_3VV 峰，在峰的两侧同时都有正的和负的斜率，计算时可把斜率取为相同大小。这些斜率最大的正值和负值给出了这里所测的峰—峰值 H，因此 H 大约为 S 的两倍。H 的标准不确定度 $\sigma(H)$ 由式(A.6)给出：

$$\frac{\sigma(H)}{H}=\frac{1}{n}\left(\frac{N_0}{2A}\right)^{0.5} \quad \cdots\cdots(A.6)$$

式(A.2)和式(A.6)表明，m 较小时相对标准差约正比于 $m^{-1.5}$。结果表明，所用 m 值大于最小值 3 是非常重要的。在按本标准的一次测试中，对 Cu 的 $M_{2,3}$VV 和 L_3VV 峰测量的参数由表 A.1 给出。利用这些值，分别对 3 点微分和 31 点微分通过式(A.6)计算得到 H_M、H_L 以及 H_L/H_M 的相对标准不确定度。这些结果在表 A.2 中以百分比为单位给出。

表 A.1　不确定度分析中 Cu $M_{2,3}$VV 和 L_3VV 峰测得的参数

峰	N_0	n
$M_{2,3}$VV	2 340 000	12 000
L_3VV	1 750 000	16 000

表 A.2　利用式(A.6)和表 A.1 中的数据进行计算并按照本标准中描述的步骤进行测量，对所选的 m 值，所得的 Cu $M_{2,3}$VV 和 L_3VV 峰的微分振幅及其比值的相对标准不确定度

峰参数	式(A.6)	式(A.6)	实验(1)	实验(2)
m	3	31	31	31
A	2	2 480	2 480	2 480
$\sigma(H_M)/H_M$	6.37%	0.18%	1.80%	0.69%
$\sigma(H_L)/H_L$	4.13%	0.12%	0.73%	0.48%
$\sigma(H_L/H_M)(H_M/H_L)$	7.59%	0.22%	1.45%	0.27%

根据式(A.2)和式(A.6)，显然不确定度极度依赖于微分中所选取的点数。表 A.2 所示，与 3 点微分相比，31 点微分给出了对预期相对标准差的 34 倍改善。因为 H 值随峰的失真增加而减小，对更高的微分值这种改善不会保持。测量时小的失真不会对重复性或仪器恒定性的评估产生问题，这是因为此时线形更被数学微分函数所左右，而函数总是保持不变，由于错定位产生小的线形变化也会降低。

最初一组重复性的测量在表 A.2 的第四列中给出，标为“实验(1)”。由于样品被重定位七次，这些测量显示的相对不确定度远远大于表中第三列给出的基于泊松统计预期值。导致这种情况可能有多种因素。相对于 H_M，H_L/H_M的测量相对标准不确定度更低，表明束流有一些变化，或者是总的谱仪效率有一些变化，再或者是样品本身存在会导致总的谱强度增加或减小而对谱型没有太大影响的变动。

图 A.1 中显示在“实验(1)”中 H_M的变化，是按等时间间隔记录测量次数的函数。这些数据是在不正确地使用通道电子倍增器的低电压设置下获得的。当设置为正确值时[14]，就得到表 A.2 中最后一列“实验(2)”的结果。作为使用本标准中所含方法的结果，这些相对标准不确定度在相当程度上得到了改进。第二次实验结果表明，根据最后一列中 H_L/H_M较低的相对标准不确定度，束流或样品的电子产额的微小变化而导致强度 0.5%的改变时，其谱强度比的相对标准不确定度仅为 0.27%。该值接近于如表 A.2 第三列所示的对这些信号水平的预期极限。对于表 A.1 中所示的信号水平，Cu $M_{2,3}$VV 和 L_3VV 峰—峰值的七次重复测量的相对不确定度在 95%置信度下小于 1%。其结果是，Cu $M_{2,3}$VV 和 L_3VV 峰—峰值比超过 1.5%的任何变化都可被检测到。

注：参考文献[14]可能不易得到。其中所描述步骤是针对本例中单通道电子倍增器的。监测计数率作为倍增器电

压的函数，以确定从计数响应开始起至计数坪区的区间。确定计数率为计数坪区的50%时的电压。通道倍增器的工作电压选取为高于该电压500 V。计数率为计数坪区的50%时的电压可能被确定在±50 V之内，这也益于监测倍增器的状态。对一个新的倍增器，该电压开始时可能为2 000 V。随着倍增器的使用该电压会增加，直到其寿终前通常处于3 000 V至4 000 V的范围内，然后需要更换新的倍增器。

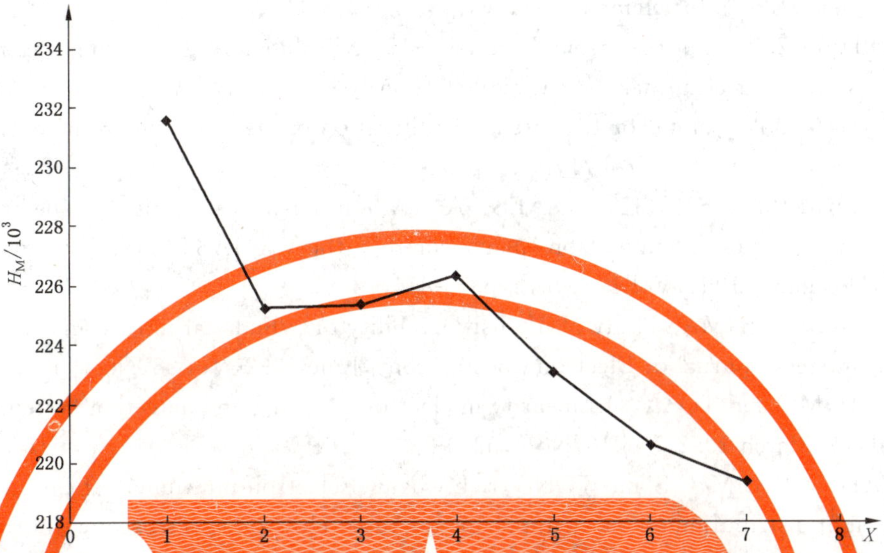

说明：

X——测量数目。

图 A.1　H_M随重复测量次数的减少显示电子倍增器电压设置过低时导致的衰减

参 考 文 献

[1] ISO 17937 Surface chemical analysis—Medium-resolution Auger electron spectrometers—Calibration of energy scales for elemental analysis

[2] ISO 17974:2002 Surface chemical analysis—High-resolution Auger electron spectrometers—Calibration of energy scales for elemental and chemical-state analysis

[3] SEAH, M P. A system for the intensity calibration of electron spectrometers, Journal of Electron Spectroscopy, April 1995, Vol.71, No.3, p191-204

[4] SEAH, M P and SMITH, G C. AES—Accurate intensity calibration of spectrometers—Results of a BCR interlaboratory comparison co-sponsored by the VAMAS SCA TWP, Surface and Interface Analysis, November 1991, Vol.17, No.12, p855-874

[5] SEAH, M P. VAMAS study of intensity stability of cylindrical mirror analyzer based Auger electron spectrometers, Journal of Electron Spectroscopy, June 1992, Vol.58, No.4, p345-357

[6] SEAH, M P and TOSA, M. Linearity in electron counting and detection systems, Surface and Interface Analysis, March 1992, Vol.18, No.3, p240-246

[7] SEAH, M P, LIM, C S and TONG, K L. Channel electron multiplier efficiencies—The effect of the pulse height distribution on spectrum shape in Auger electron spectroscopy, Journal of Electron Spectroscopy, March 1989, Vol.48, No.3, p209-218

[8] SAVITZKY, A and GOLAY, M J E. Smoothing and differentiation of data by simplified least squares procedures, Analytical Chemistry, July 1964, Vol.36, No.8, p1627-1639, with corrections by STEINER, J, TERMONIA, Y and DELTOUR, J. Comments on smoothing and differentiation of data by simplified least squares procedures, Analytical Chemistry, Sept 1972, Vol. 44, No. 11, p1906-1909

[9] SEAH, M P, GILMORE, I S and SPENCER, S J. XPS—Binding energy calibration of electron spectrometers—4: Assessment of effects for different X-ray sources, analyser resolutions, angles of emission and of the overall uncertainties, Surface and Interface Analysis, August 1998, Vol.26, No.9, p617-641

[10] ISO 15472 Surface chemical analysis—X-ray photoelectron spectrometers—Calibration of energy scales

[11] ISO 7870 Control charts—General guide and introduction

[12] ISO 7873 Control charts for arithmetic average with warning limits

[13] ISO 18118 Surface chemical analysis—Auger electron spectroscopy and X-ray photoelectron spectroscopy—Guide to the use of experimentally determined relative sensitivity factors for the quantitative analysis of homogeneous material

[14] SEAH, M P. Quantitative analysis—Detectors, repeatability and reproducibility, VAM Bulletin, Autumn 1993, Vol.10, p23-25

ICS 71.040.40
G 04

中华人民共和国国家标准

GB/T 29559—2013/ISO 16962:2005

表面化学分析 辉光放电原子发射光谱 锌和/或铝基合金镀层的分析

**Surface chemical analysis—
Analysis of zinc and/or aluminium based metallic coatings
by glow discharge optical emission spectrometry**

(ISO 16962:2005,IDT)

2013-07-19 发布　　2014-03-01 实施

中华人民共和国国家质量监督检验检疫总局
中国国家标准化管理委员会　发布

前　言

本标准按照 GB/T 1.1—2009 给出的规则起草。

本标准使用翻译法等同采用 ISO 16962:2005《表面化学分析　辉光放电原子发射光谱　锌和/或铝基合金镀层的分析》。

与本标准中规范性引用的国际文件有一致性对应关系的我国文件如下：

——GB/T 19502—2004　表面化学分析　辉光放电发射光谱方法通则(ISO 14707:2000,IDT)

——GB/T 20066—2006　钢和铁　化学成分测定用试样的取样与制样方法(ISO 14284:1996,IDT)

本标准由全国微束分析标准化技术委员会(SAC/TC 38)提出并归口。

本标准起草单位：宝山钢铁股份有限公司，中国科学院物理研究所，中国科学院化学研究所。

本标准起草人：张毅、缪乐德、陈英颖、何晓蕾、沈电洪、刘芬、邬君飞。

表面化学分析
辉光放电原子发射光谱
锌和/或铝基合金镀层的分析

1 范围

本标准规定了辉光放电原子发射光谱法分析锌和/或铝基合金镀层中镀层厚度、镀层质量(单位面积)和金属镀层中化学成分。需要考虑的合金化元素有镍、铁、硅、铅和锑。

本标准适用的元素质量分数范围:锌(0.01%~100%),铝(0.01%~100%),镍(0.01%~20%),铁(0.01%~20%),硅(0.01%~10%),铅(0.005%~2%),锑(0.005%~2%)。

2 规范性引用文件

下列文件对于本文件的应用是必不可少的。凡是注日期的引用文件,仅注日期的版本适用于本文件。凡是不注日期的引用文件,其最新版本(包括所有的修改单)适用于本文件。

ISO 14284 钢和铁 化学成分测定用试样的取样与制样方法(Steel and iron—Sampling and preparation of samples for the determination of chemical composition)

ISO 14707 表面化学分析 辉光放电发射光谱方法通则(Surface chemical analysis—Glow discharge optical emission spectrometry (GD-OES)—Introduction to use)

ISO 17925 钢表面的合金镀层 单位面积镀层质量和化学成分测定 重量法、电感耦合等离子体发射光谱法和火焰原子吸收光谱法(Zinc and/or aluminium based coatings on steel—Determination of coating mass per unit area and chemical composition—Gravimetry, inductively coupled plasma atomic emission spectrometry and flame atomic absorption spectrometry)

3 原理

辉光放电原子发射光谱法的分析包括如下的操作:

a) 在直流或射频辉光光源装置中,使样品表面镀层产生阴极溅射。

b) 待测元素原子化,在等离子体中进而被激发。

c) 各分析元素特征谱线发射强度的测量。深度剖析时,发射强度记录为时间的函数。

d) 在深度剖析中,通过(定量)工作曲线,将强度对时间的函数转化为质量分数对溅射深度的函数。通过测量已知成分工作曲线样品的溅射速率可以建立此校准系统。

4 仪器

4.1 辉光放电原子发射光谱仪

所用仪器应包含装有 Grimm 型或类似的辉光放电光源(直流或射频)和一个多道式原子发射光谱仪,如 ISO 14707 中所述。同时,应配备所要分析元素的适宜谱线通道(参见附录 B 中的推荐谱线)。

辉光放电光源的中空阳极内径尺寸应为 2 mm~8 mm,薄板分析建议使用冷却装置,如带循环冷却水的金属块，但在本方法的操作中并不要求必须配备。

由于样品的测定是通过对镀层表面连续溅射来进行的，因此光谱仪应配备相应的数据读出系统记录发射强度与时间的关系。推荐使用每个光谱通道至少每秒500次测量的数据采集速度。但就本标准的范围应用而言，每个光谱通道每秒2次测量的数据采集速度也可以被接受。

4.2 最低的性能要求

4.2.1 概述

仪器应符合4.2.2和4.2.3中所提出的要求。并能在6.2.7中得到印证。

注：建立分析方法通常需要通过反复操作来调整不同的分析参数。

4.2.2 最小重现性

以下测试是为了检查仪器是否运行正常以实现其重现性。

对某元素的质量分数超过1%的均匀样品进行10次强度测量。选择以下光源条件进行分析。每次测量前的光源稳定时间(预燃时间)应至少60 s，采集数据的时间为5 s～20 s之间。每次激发应在新鲜的样品表面上进行，不能重叠。计算该元素10次测量的相对标准偏差，它应该符合特定的分析要求。

注：在这种方法下得到相对标准偏差应该小于等于2%。

4.2.3 检出限

4.2.3.1 概述

各元素的检出限与仪器有关，也和基体有关。因此对不于同仪器和不同氧化层基体，给定分析元素的检出限不是唯一固定的。如果每种分析元素的检测限等于或低于镀层中预计最低质量分数的五分之一，或本国际标准测定范围内，较低质量分数的五分之一，无论哪个值更大，则可认为此检出限是可以接受的。

4.2.3.2 信噪比(SNR，signal-to-noise ratio)方法

第一种方法通常称为信噪比方法。为了计算给定分析物的检测限，应该进行以下步骤：

a) 首先选择一块体材样品作为分析空白。此体材样品的成分组成应和所要分析镀层的基体成分相近。并且，它所含待测元素的质量分数应小于0.1 μg/g。

b) 在所选择的空白样品上激发10次，每次激发都能在10 s内采集到固定分析波长上的发射强度。此强度为分析所需的背景强度。测定背景强度时的光源分析条件应该和分析样品镀层时的条件完全相同。每次测量时，对发射强度定量前，空白样品应有足够充裕的时间进行预燃，以保证得到最为稳定的分析信号。每次激发，要选择未被溅射过的样品表面。

c) 用式(1)计算检出限：

$$D_L = 3 \times \frac{S}{m} \qquad \cdots\cdots(1)$$

式中：

D_L——检出限；

S ——步骤b)中，10次背景强度测量所得到的标准偏差；

m ——进行仪器校准时所得的分析灵敏度，可以表达为发射强度和质量分数的比值。

如果检出限结果不符合要求，应重新进行测量。如果第二次测量的检出限仍然不符合要求，应在分析下一次样品前，找出原因并加以修正。

4.2.3.3 信背比——背景相对标准偏差(SBR-RSDB)方法

第二种方法,不要求空白分析,通常被称为信背比——背景相对标准偏差(SBR-RSDB,signal-to-background ratio-relative standard deviation of the background)方法。步骤如下:

a) 选择一种体材样品,它的基体成分和所要分析的镀层成分相近。其含待测元素的质量分数已知,并大于或等于 0.1%。如果待测元素会产生自吸收现象(见 6.1),则它在此体材中的质量分数可以略高,但不超过 1%。

b) 在所选择的体材样品上激发 3 次,每次激发都能在 10 s 内采集到固定分析波长上的发射强度。光源分析条件应该和分析样品镀层时的条件完全相同。每次测量时,对发射强度定量前,体材样品必须有足够充裕的时间进行预燃,以保证得到最为稳定的分析信号。每次激发,要选择未被溅射过的样品表面。取 3 次激发所得强度值的平均值。

c) 连续激发 10 次样品,每次激发,选择分析峰中不受干扰的区域,宽度约为 0.2 nm,对此区域的峰的强度进行积分,积分时间为 10 s。所得的测量值作为背景强度。光源分析条件和步骤 b)相同。每次激发时,选择未被溅射过的样品表面。计算 10 次测量结果的平均值和相对标准偏差。

d) 用式(2)计算检出限:

$$D_L = \frac{3 \times (M_F \times \sigma_B / 100)}{(S - B)/B} \quad \cdots\cdots(2)$$

式中:

D_L——检出限;

M_F——样品中被分析元素的质量分数;

σ_B ——步骤 c)背景强度的相对标准偏差,%;

B ——步骤 c)中的平均背景强度;

S ——步骤 b)中,峰值强度的平均值。

如果检出限结果不符合要求,应重新进行测量。如果第二次测量的检出限仍然不符合要求,应在分析下一次样品前,找出原因并加以修正。

5 样品制备

根据 ISO 14284 和/或适宜的国家/国际标准,或镀层产品生产商的建议来进行取样。样品的大小应与辉光放电光源相符合,一般为 20 mm～100 mm(直径,宽度或长度)的圆形或块状样品。

用合适的试剂(高纯丙酮或乙醇)清洗样品表面。用惰性气流(氩气或氮气)吹干时应注意不碰到样品表面。湿的样品表面可以用湿软无纤维布轻轻擦拭后再按以上步骤操作。

6 分析步骤

6.1 谱线的选择

对每个待测元素,都有许多谱线可使用。谱线选择应考虑以下几个因素:所用光谱仪的谱线范围,待测元素的浓度范围,谱线的灵敏度,样品中其他元素的谱线干扰。在本标准中所分析的元素均为样品中的主量元素,应注意某些高灵敏谱线(所谓共振线)的自吸收或自蚀现象的发生。自吸收会导致工作曲线高浓度端的非线性化,因此应避免使用严重自吸收的谱线来进行测量。在附录 B 中,推荐了一些恰当的谱线。除了表中所列,只要符合特性,也可使用其他合适的谱线。

6.2 优化辉光放电原子发射光谱仪的系统设置

6.2.1 概述

设置光源参数可以参照仪器商的建议,也可以根据仪器的特定用途来设定。所选择的光源参数要达到以下三个目的:

——足够的能量激发样品的表面,在不使镀层过热的条件下,尽量缩短分析时间;

——良好的弧坑形状,以保证准确的深度剖析;

——在校准和分析过程中保持稳定的发射条件,以达到最佳的分析准确度。

综合考虑这三个目的,优化光源参数。

特别的一点是,根据仪器商提供的流程检查光谱仪的入射狭缝是否调节正确。这样能保证所得到的发射强度在谱线的峰值处,得到最佳的信背比。更多信息可参见 ISO 14707。

6.2.2 直流光源放电参数的设置

6.2.2.1 概述

现代直流放电光谱仪已经能完全控制和测量放电参数(电流、电压和气体压力)。可以通过改变压力参数,控制电流和电压的值(称为自动压力调整系统)。以前的光谱仪没有自动压力调整系统,但仍可以手动调节压力,达到相同的效果。用户将用到以下几种控制方式的一种。

6.2.2.2 恒定的电流和电压方式

设定光源的两个控制参数为电流和电压,以恒定的电流和电压方式控制光源。首先可以设定电流和电压为仪器商推荐的特定值。如果没有推荐值,电压可设定为 700 V,对于直径 2 mm 或 2.5 mm 的阳极,电流设定为 5 mA～10 mA。对于 4 mm 阳极,电流范围为 15 mA～30 mA,7 mm 或 8 mm 阳极的电流范围为 40 mA～100 mA。若事先无经验,建议先将电流设置在推荐范围的中间值。

检测器高压的设置可参见 6.2.4。

调整光源参数可参见 6.2.5,建议先调整电流,如有必要,再调整电压。

调整电压,优化弧坑形状,可参见 6.2.6。这些光源分析条件将被应用于曲线校准和样品分析。

6.2.2.3 恒定的电流和压力方式

设定光源的两个控制参数为电流和气体压力,以恒定的电流方式控制光源。首先可以设定电流为仪器商推荐的特定值。如果没有推荐值,对于直径 2 mm 或 2.5 mm 的阳极,电流选择范围为 5 mA～10 mA。对于 4 mm 阳极,电流选择范围为 15 mA～30 mA,7 mm 或 8 mm 阳极的电流范围为 40 mA～100 mA。若事先无经验,建议先将电流设置在推荐范围的中间值。如果溅射分析一个特定镀层的样品,调节气体压力,直至电压大约维持在 600 V。

检测器高压的设置可参见 6.2.4。

调整光源参数可参见 6.2.5,建议先调整电流,如有必要,再调整气体压力。

调整气体压力,优化弧坑形状,可参见 6.2.6。在溅射分析新样品前,应保证此时的电压参数和前一次分析时的设定值相比,变化幅度不超过 5%。否则,就应重新调节气体压力,直至电压回到设定值。这些光源分析条件将被应用于曲线校准和样品分析。

发射产额会随电流、电压和压力的变化而发生变化。因此在测镀层样品和曲线校准时,应尽可能保证这些参数在同一水平上(参考文献[4])。由于三个参数不可能在测量所有样品时都保持不变,因此可以保持电流和电压恒定,设置压力为可变参数。有一个经验公式可以用于校准电流和电压的变化,此校准已实现软件化(参考文献[4])。它的依据是公式(A.2),谱线强度的校准方法。然而,此校正方法并不是一种标准方法。如果用户使用此光谱软件，必须先保证电压对电流的校准是无效的。

6.2.3 射频光源放电参数的设置

6.2.3.1 概述

目前大多数射频光源是在恒定的功率和气体压力下进行操作的。其他方式如恒定的电压和气体压力、恒定的有效功率和电压等可能会在将来被推广。只要达到6.2.1所列出的三个目的，所有的射频操作模式在标准中都是允许的。以下将分别介绍几种目前常用操作模式的参数设置。

6.2.3.2 恒定的输入功率和气体压力方式

设定光源的两个控制参数为输入功率和气体压力。首先设置输入功率，调节气体压力到仪器商的建议值。如果没有推荐值，以金属样品进行深度剖析的放电参数为参考，将输入功率和气体压力设置在该参考的中间值。在此光源参数下，测量一个铁或钢样品的溅射速率(单位时间内的溅射深度)。调整输入功率，使溅射速率大约为2 μm/min～3 μm/min。

检测器高压的设置可参见6.2.4。

调整光源参数可参见6.2.5，建议先调整输入功率，如有必要，再调整气体压力参数。

调整气体压力参数，优化弧坑形状，可参见6.2.6。

重新测量铁或钢样品的溅射速率，如有必要，需调整输入功率，使溅射速率保持在2 μm/min～3 μm/min。重复调整输入功率和电压值，直至溅射速率和弧坑形状不再发生明显的变化。注意，所使用的输入功率和气体压力参数都由仪器提供。这些光源分析条件将被应用于曲线校准和样品分析。

6.2.3.3 恒定的输入功率和直流偏置电压方式

设定光源的两个控制参数为输入功率和直流偏置电压。首先设定输入功率，调节气体压力，使直流偏置电压达到仪器商的建议值。如果没有推荐值，以金属样品进行深度剖析的放电参数为参考，将输入功率和直流偏置电压设置在该参考的中间值。如果仪器配有压力自动控制系统，就可以自动调整这两项参数。在此光源参数下，测量一个铁或钢样品的溅射速率。调整输入功率，使溅射速率大约为2 μm/min～3 μm/min。

检测器高压的设置可参见6.2.4。

调整光源参数可参见6.2.5，建议先调整输入功率，如有必要，再调整直流偏置电压。

调整直流偏置电压，优化弧坑形状，可参见6.2.6。

重新测量铁或钢样品的溅射速率，如有必要，需调整输入功率，使溅射速率保持在2 μm/min～3 μm/min。可以重复调整输入功率和直流偏置电压，直至溅射速率和弧坑形状不再发生明显的变化。如果一直不能达到理想效果，就必须调整直流偏置电压值。注意，所使用的输入功率和直流偏置电压参数都由仪器提供。这些光源分析条件将被应用于曲线校准和样品分析。

6.2.3.4 恒定的有效功率和射频电压方式

光源的两个控制参数为有效功率和射频电压。有效功率可以定义为输入功率减去反射功率和电功(无功)功率。(电功功率是指样品在真空条件下进行测量时的输入功率)。射频电压定义为在耦合电极下的均方根电压。

设定光源的控制方式为恒定有效功率/恒定射频电压。首先把有效功率设置为仪器商的推荐值。如果没有推荐值，对于直径4 mm的阳极，建议设置射频电压700 V，有效功率范围为10 W～15 W。若事先无经验，建议先将有效功率设在推荐范围的中间值。

检测器高压的设置可参见6.2.4。

调整光源参数可参见6.2.5，建议先调整有效功率，如有必要，再调整射频电压。

调整射频电压，优化弧坑形状，可参见6.2.6。

重新测量铁或钢样品的溅射速率，如有必要，需调整输入功率，使溅射速率保持在 2 μm/min～3 μm/min。可以重复调整输入功率和直流偏置电压值，直至溅射速率和弧坑形状不再发生明显的变化。如果一直不能达到理想效果，就必须调整直流偏置电压值。注意，所使用的输入功率和直流偏置电压参数都由仪器提供。这些光源分析条件将被应用于曲线校准和样品分析。

6.2.4 设定检测器的高压

选择各种镀层的分析样品，在设定的光源参数下进行分析。观察各种分析元素在检测器中的输出信号。调整检测器的高压，使最低质量分数的元素能有足够的灵敏度，同时保证最高质量分数的元素在检测器的最高检测限之内(饱和范围内)。

6.2.5 调整放电参数

对每个样品，进行一次完整的深度剖析，在辉光放电环境中溅射足够长的时间以保证完全除去涂镀层并进入体材物质。观察发射强度与溅射时间的关系(一般被称为定性深度剖析)，确保参数的设置能为镀层至体材的转换过程提供稳定的放电状态。不稳定的发射信号可能是由于样品表面的热力学不稳定造成的，这时就需要进行样品冷却。如果不是这个原因，可通过少量调节仪器的一个控制参数后再次溅射镀层。若仍不能满足，则少量调节另一个仪器参数后再次测量。若有必要，重复该过程直到获得稳定的放电状态。

6.2.6 优化溅射弧坑形状

选择一种黄铜样品(见6.3.2)或覆有锌和/或铝基合金镀层的未知样品进行溅射，溅射深度约为10 μm～20 μm(如果是涂镀层样品的话，溅射深度不超过镀层的厚度)。溅射完毕后，用适合的轮廓仪测量溅射弧坑的形状。在此过程中，重复微调其中的一个放电参数，直至得到最佳(底部平直)弧坑形状。

6.2.7 初步性能试验

保证选择的光源参数足够满足4.2中的最低分析要求，若不能满足，则有必要重复调整光源参数，直至达到要求。

6.3 工作曲线

6.3.1 概述

仪器系统的工作曲线包括每一条谱线和每一个元素分析工作曲线。分析工作曲线可依据附录A中A.2或A.3予以建立。在建立工作曲线时，应知道工作曲线样品的化学成分和溅射速率。

6.3.2 工作曲线样品

6.3.2.1 概述

应尽可能地使用有证标准样品建立工作曲线。由于是根据发射产额来进行定量的，工作曲线样品无须在组成上与涂镀层材料非常接近，但应有可重复(再现)的溅射速率。建议不要使用纯锌或近似纯锌的样品，因为极难获得可重复的、稳定的溅射速率。对于高浓度的准确校准，高纯物质并不是必须的，但它们有利于光谱背景值的测定。在选择工作曲线样品时必须考虑以下两点：

a) 每个分析元素的工作曲线至少需5个样品，浓度覆盖范围从0到所测定的最高质量分数。

b） 样品必须是均质的。

基于以上要求，建议使用以下所述类型的样品。这些样品只是满足最低的要求，还可使用其他合金类型的样品。

6.3.2.2 黄铜样品

选择至少两个黄铜样品，其中锌的质量分数25%～50%，铝的质量分数1%～4%，铅的质量分数1%～4%。

6.3.2.3 锌-铝合金样品

选择至少两个锌-铝合金样品，其中锌的质量分数40%～90%。

6.3.2.4 铁或低合金钢样品

选择至少两个铁或低合金钢样品，其中铁的质量分数大于98%。铁的质量分数可以通过100%减去其他已知元素的质量分数总和而求得。

6.3.2.5 不锈钢样品

选择至少两个不锈钢样品，镍的质量分数10%～40%。

6.3.2.6 镍基合金样品

选择至少一个镍基样品，镍的质量分数大于70%。（由于锌-镍合金的高溅射速率，所以必须选镍的质量分数高于20%的镍基合金样品。工作曲线上的校准点由溅射速率和样品的质量分数确定。）

6.3.2.7 铝-硅合金样品

选择至少一个铝-硅合金样品，硅的质量分数5%～10%。

6.3.2.8 高纯铜样品

选择一个高纯铜样品，其他元素的质量分数低于0.001%。该样品可作为除铜外的其他元素的零点，即使不知道它们确切的质量分数。

6.3.3 验证样品和可选用的标准样品

6.3.3.1 概述

准备验证样品（见6.4）的目的是为了确认分析结果的准确性。建议使用以下几种样品作为验证样品，也可以使用其他合适的样品。这些样品也可附加用于制作工作曲线。

6.3.3.2 电镀锌-镍镀层标准样品

准备一个电镀镀层标准样品，其中镍的质量分数小于20%。依照标准方法如ISO 17925测定其镀层质量（单位面积）和化学组成。

6.3.3.3 电镀锌镀层标准样品

准备一个电镀镀层标准样品，其中锌的质量分数大于30%，铁的质量分数大于5%。依照标准方法如ISO 17925测定其镀层质量（单位面积）和化学组成。

6.3.3.4 锌-铝镀层标准样品

准备至少一个锌-铝镀层标准样品，其中锌的质量分数大于 10%，铝的质量分数大于 5%。依照标准方法如 ISO 17925 测定其镀层质量(单位面积)和化学组成。

注 1：标准样品/标准物质(RM)是一种或多种性能指标足够均匀和稳定的材料或物质，可用作仪器的校准、方法的评定和材料的赋值。

注 2：有证标准样品/有证标准物质(CRM)：附有证书的标准样品，其一种或多种特性值用建立了溯源性的程序定值，使之可溯源到准确复现的、用于表示该特性值的测量单位，而且每个标准值都附有给定置信水平的不确定度。SRM 是由位于美国马里兰州盖瑟斯堡(Gaithersburg)的美国国家标准与技术研究院所发行的有证标准样品。

6.3.4 工作曲线样品溅射速率的测定

溅射速率是指进行辉光放电分析时由于溅射引起的物质剥离速率。相对溅射速率可以理解为，在相同溅射条件下，样品的溅射速率除以标准样品的溅射速率的值。如果样品和标准样品的溅射面积相同，此时，相对溅射速率可以认为等同于单位面积的相对溅射速率。以下进一步叙述了溅射速率的定义。(仪器商也可能提供某些溅射速率的数据。)

a) 如果实验室有条件，可以先测量每个工作曲线样品的密度。对均匀的样品，密度等于它的质量除以它的体积。一个非常合适的方法就是根据阿基米德定律，把样品浸入水中，计算它排开水的体积，以得到样品本身的体积。样品的体积可以由其尺寸来估算，或者依据附录 A 中的描述，由样品的化学组成来计算其密度[参见公式(A.29)]。测量或计算密度的准确性应该优于 5%。

b) 根据仪器商的推荐方法或按特定的要求，处理样品表面。

c) 依据 6.2 中的方法，调节放电参数。

d) 以一定时间溅射样品，使弧坑深度在 20 μm～40 μm 左右，并记录溅射时间。

e) 如果样品表面足够大，可以多次重复步骤 c，记录每个弧坑的溅射时间。

f) 用光学或机械轮廓仪测量每个弧坑的平均深度，至少从越过弧坑中心的不同方向上测定四次。

g) 绝对溅射速率的步骤：
   1) 测量至少一个弧坑的面积；
   2) 计算每一个弧坑的体积，为弧坑面积和弧坑的平均深度的乘积；
   3) 计算溅射质量，为弧坑体积和密度的乘积；
   4) 计算溅射速率，用溅射质量除以溅射时间可得；
   5) 计算多次溅射的平均溅射速率和标准偏差。

h) 相对溅射速率的计算：
   1) 计算每个弧坑单位面积上的溅射质量，为溅射深度和样品密度的乘积；
   2) 计算每个弧坑单位面积上的溅射速率，用单位面积上的溅射质量除以溅射时间可得；
   3) 选择一个参考样品(推荐使用低合金钢或铁样)，按上述方法计算其单位面积上的溅射速率；
   4) 计算每个弧坑的相对溅射速率，用工作曲线样品单位面积上的溅射速率除以参考样品单位面积上的平均溅射速率可得；
   5) 计算多个弧坑的平均相对溅射速率和标准偏差。

用于深度校准的轮廓仪应有优于 5%的准确度。

注：称重溅射前后的样品质量也可以确定溅射掉的样品质量。但是，这种方法需要使用准确度极高的天平，且其不确定度通常劣于弧坑深度测量方法的不确定度。

6.3.5 工作曲线样品发射强度的测定

测定工作曲线样品的过程如下所示：

a) 根据仪器商的提供的说明书处理工作曲线样品的表面。如果没有说明书，67 μm(220 目)的砂纸对体材样品的磨抛通常就足够了。湿磨更为有利，磨后可用酒精清洗，然后用惰性气体吹干，如氩气和氮气。注意别让样品表面接触吹气口。

b) 根据 6.2 调整放电参数。设置预激发时间为 50 s～200 s，积分时间为 5 s～30 s。

c) 测定分析物的发射强度。测定强度的单位并不重要，通常为计数率(cps)或者伏特(V)，每种样品至少测量两次，并计算平均值。

6.3.6 工作曲线常数的计算

依据附录中 A.2 或 A.3 所述的方法，进行工作曲线的相关计算。

注：依赖于光源类型、放电参数控制模式和所选的工作曲线样品，不同基体中一些元素的工作曲线显示出较大的差异。这种差异通常出现在两类基体之间：第一种包括低合金钢、不锈钢和黄铜样品；另一种包括纯铝样品和铝锌合金样品。这种差异已经发现存在于两类基体的样品同时建立工作曲线时。这种差异是发射产额不同的证据，并且显示出与辉光放电等离子体的基体相关变化有很好的对应关系。如果仪器商提供设施和方法减少这种效应，应尽可能地采用。否则，就要从每一条校正曲线，或与分析样品最接近的校准样品中寻找解决方法。这通常不会有太大的难度。例如，当分析铝锌镀层钢样的锌时，可以从工作曲线中排除铜样品。

6.4 工作曲线的确认

6.4.1 概述

在完成工作曲线后，为了确信其准确，必须立刻进行以下过程。此过程称为工作曲线的确认(参见注)。没有必要在每次新样品的分析前进行工作曲线的确认，可以用一种常规的方法对仪器进行漂移校正，参见 6.5。

两种确认方法都在以下两个部分有具体叙述。第一种方法是利用体材标准样品，第二种方法则是利用镀层标准样品进行。由于镀层标准样品较难获得，所以 6.4.3 的确认方法可以选择性进行。

注：确认过程需要提供足够的客观数据，并能满足特殊潜在使用与实际应用的特定需求(参见 ISO 9000:2005 中 3.8.5)。确认方法在 ISO/IEC 17025:2005 的 5.4.5 中有所定义。工作曲线的确认也与之相似。

6.4.2 利用体材标准样品检查分析结果的准确性

a) 根据 6.3.2 选择几个合适的体材标准样品用于确认工作曲线。

b) 在相同的放电参数、相同的预激发和积分时间下，测定这些体材标准样品的发射强度。样品表面应在不同位置至少激发三次。

c) 基于工作曲线，计算每个确认样品中各元素的平均质量分数。

d) 确保在此方式下测得的各元素平均质量分数与已知值一致，差值在合理的数理统计范围内。如果超出统计范围，需要找明原因。必要时，可能需要重复建立工作曲线。

6.4.3 利用镀层标准样品检查分析结果的准确性

a) 根据仪器商提供的说明书，设定深度剖析分析。

b) 分析标准样品时的放电参数必须和建立工作曲线时的相同。

c) 确保溅射足够长的时间以保证完全除去镀层并进入基体。

d) 通过计算,将强度对时间的函数(定性)转化为质量分数对溅射深度的函数(定量)。每次分析完毕,仪器软件会自动完成这一步骤。

e) 计算镀层质量(单位面积),单位为 g/m^2。镀层质量(单位面积)可以依据理论密度或测量密度计算。计算值与指定值之间的偏差不应超过±10%。

f) 计算镀层深度,单位为 μm。计算值与标准样品指定值之间的偏差应在±5%之内。计算值与商品板材化学法测定值之间的偏差应该在±10%之内。

g) 如果可能,用轮廓仪可以一次性地测得镀层深度。如果指定值、计算值、轮廓仪测定值在上述f)的允许范围内达成一致,表明此工作曲线有效。

h) 计算基体和镀层中化学成分的平均质量分数,单位为%。若主量元素(质量分数大于1%)的相对准确度在大多数情况下能小于或等于±5%,则认为此工作曲线有效。

i) 如果确认不成功,重新建立工作曲线。

当曲线调整正确,质量分数和深度坐标的准确性也将得到确定。

6.5 漂移校正和验证

仪器的使用随着时间会使分析结果漂移,即使刚刚完成仪器的工作曲线和确认。因此,在每天或每批次分析未知样品前,有必要验证工作曲线是否依旧可控。如果仪器商没有提供工作曲线验证的步骤,则应执行如下的步骤。

a) 选择几个均匀性良好的样品用于工作曲线的验证。

b) 在相同的放电参数、相同的预激发和积分时间下,测定这些样品的发射强度。至少应在样品表面的不同位置激发2次。

c) 基于工作曲线,计算每个样品中各元素的平均质量分数。

d) 确保在此方式下测得的各元素平均质量分数与已知值一致,差值在合理的数理统计范围内。如果超出统计范围,遵照仪器商的使用说明书,进行漂移校正。

建议在漂移校正后,分析一个验证样品,证实校正后的准确性。

注:验证过程需要提供足够的客观数据,并能满足特定要求。(参见 ISO 9000:2005 中 3.8.4,并与本标准中 6.4.1 的注解比较)

6.6 测试样品的分析

依照 6.3、6.4、6.5 所建立的工作曲线,执行 6.1 和 6.2 步骤,分析测试样品。

7 分析结果的表示

7.1 定量深度剖析

图1是典型的定量深度剖析的结果。

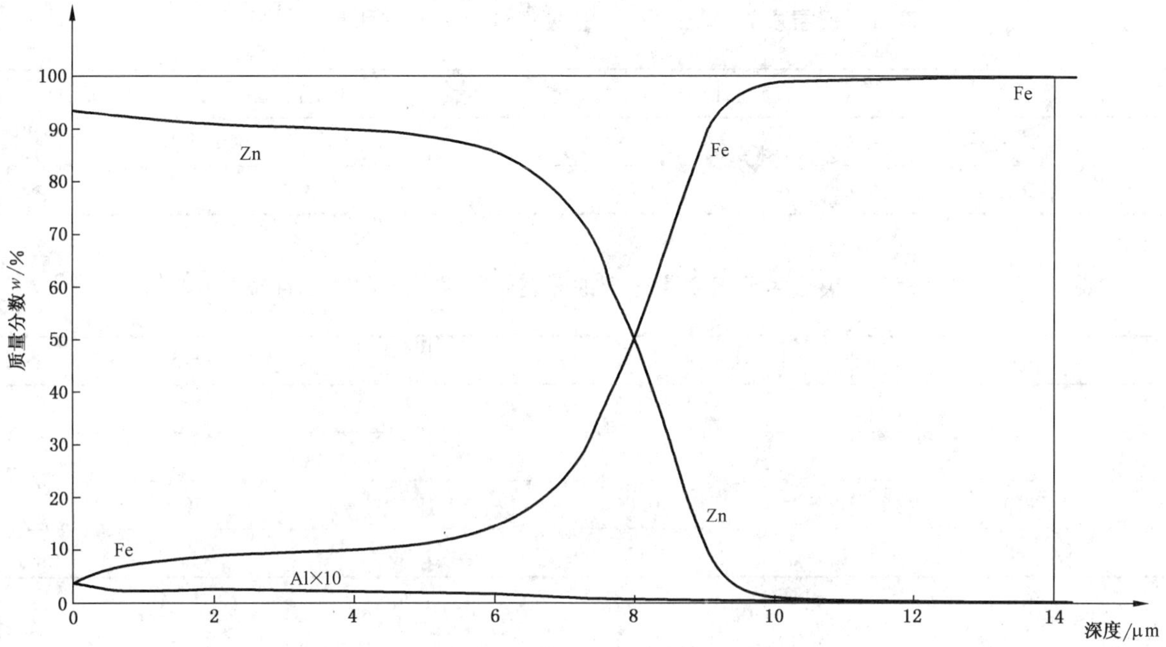

图 1　锌铁合金化热镀锌钢板的定量深度剖析结果

7.2　总镀层质量(单位面积)的测定

A.3 和 A.4 给出了计算每个元素总镀层质量(单位面积)的相关运算法则,总镀层质量(单位面积)的单位用 g/m^2 表示。附录 C 给出了计算步骤。式(A.20)或式(A.27)中 m_{iMj} 对间隔时间的积分可以对应镀层厚度。同时可用 A.5 中的运算法则来进行时间和深度的相互转换。

注:在 $g/m^2/s$ 与 s 的深度剖析关系中,以 s 进行积分计算。实际上,这个过程通常隐含在商品化的仪器软件中。在此情形下,积分计算按照附录 C 中的 C.3.2 执行。

对于主量元素而言,以下给出了测定积分深度的推荐方法。

a)　将镀层中主量元素的质量分数递减至峰值 50% 的深度定义为镀层厚度。峰值是积分开始至 Zn 质量分数为 84% 之间的质量分数最大值。

b)　将镀层中主量元素的质量分数从峰值 84% 递减至峰值 16% 的宽度定义为界面宽度(等同于实际深度分辨率)。

c)　积分深度为镀层厚度和界面宽度之和。

7.3　平均质量分数的测定

通过加和所有元素的镀层质量,将每个元素的镀层质量除以总的镀层质量得到每个元素在镀层中的平均质量分数。

8　精密度

按上述方法进行了共同实验。4 个实验室,测定 7 个元素,每个实验室对每个元素进行 2 次或更多的测定。所用的测试样品和所获得的测试结果参见表 D.1。依据 ISO 5725-2,对测试结果统计处理。按 ISO 5275-1 的要求,在可重复性的条件下进行了 2 次或更多的测定,例如:同一操作者、同一台仪器、相同的操作条件、相同的工作曲线、最小的间隔时间。依据 ISO 5725-6,计算了重复性限。重复性限数据概述于表 1 和表 2,图示结果见附录 D。

注:热镀锌的精密度结果主要由其样品镀层的均匀性决定,和所选的测定方法关联不大。

表 1　镀层质量(单位面积)的重复性标准偏差和重复性限

镀层类型	重复性标准偏差 s_r/(g/m²)	重复性限 $r(=2.8s_r)$/(g/m²)
电镀镀层	0.75	2.1
热镀镀层	4.5	16.0

表 2　镀层中元素质量分数的重复性标准偏差和重复性限

元素的质量分数/%	重复性标准偏差 s_r/%	重复性限 $r(=2.8s_r)$/%
<0.1	0.006	0.017
1	0.03	0.084
10	0.2	0.56
99	1	2.8

9　实验报告

实验报告应包括如下信息：

a)　与样品标识相关的必要信息；

b)　实验室和分析日期；

c)　所采用的分析方法，例如本标准；

d)　分析结果和表达方式；

e)　测定过程中任何异常的现象；

f)　本标准未明确的操作或可选操作，可能对分析结果产生影响。

附 录 A
（规范性附录）
工作曲线常数的计算和深度剖析的定量评价

A.1 符号

A.1.1 本附录使用的符号

a_{ij}	组分 j 中元素 i 的原子分数
A_M	样品 M 的弧坑面积
c_{iM}	样品 M 中元素 i 的质量分数
c_{iMj}	样品 M 组分 j 中元素 i 的质量分数
Δt_j	组分 j 中的时间增量
i	元素
$I_{i\lambda}$	元素 i 波长 λ 谱线的发射强度
j	元素深度分布组分
$M_{j\text{tot}}$	组分 j 中单位面积的总溅射量
ρ_i	纯元素 j 的密度
ρ_j	组分 j 的密度
w_j	元素 j 的原子质量
z_j	组分 j 的厚度

A.1.2 在 A.2 和 A.4 中涉及相对溅射速率的符号

B_λ	波长 λ 谱线的光谱背景，表示为质量分数，%
$B_{\lambda\text{rel}}$	波长 λ 谱线的相对光谱背景，表示为质量分数，%
b_λ	波长 λ 谱线的光谱背景强度
$[c_{iM}\times(q_M/q_{\text{ref}})]_j$	组分 j 中元素 i 的相对元素溅射速率
$k_{i\lambda}$	由反向发射产额除以相对溅射速率得到的常数因子
m_{iMj}	样品 M 组分 j 中元素 i 的平均单位面积溅射量
q_M	单位面积质量损失表示的样品 M 的溅射速率
q_{Mj}	单位面积质量损失表示的组分 j 的溅射速率
q_M/q_{ref}	样品 M 对应工作曲线样品的相对溅射速率
q_{ref}/q_M	样品 M 对应工作曲线样品相对溅射速率的修正因子
$R_{i\lambda}$	元素 i 在谱线 λ 的反向发射产额
$\Re_{i\lambda}$	元素 i 在谱线 λ 的发射产额
$s_{i\lambda}$	非线性度常数

A.1.3 在 A.3 和 A.5 中涉及绝对溅射速率的相关符号

B'_λ	波长 λ 谱线的光谱背景，表达为单位时间质量
$B'_{\lambda\text{rel}}$	波长 λ 谱线的相对光谱背景，表达为单位时间质量
$(c_{iM}\times q'_M)_j$	组分 j 中元素 i 的元素溅射速率

$K'_{i\lambda}$	由反向发射产额除以溅射速率得到的常数因子
M_{iMj}	样品 M 组分 j 中元素 i 的溅射量
Q'_M	样品 M 的溅射速率或质量损失速率
Q'_{Mj}	组分 j 的溅射速率或质量损失速率
$R'_{i\lambda}$	元素 i 在谱线 λ 处的反向发射产额
$\Re_{i\lambda}$	元素 i 在谱线 λ 处的发射产额
$s'_{i\lambda}$	非线性度常数

A.2 用相对溅射速率计算工作曲线常数

采用以下其中一个公式进行校准：

$$c_{iM} \times (q_M/q_{\mathrm{ref}}) = R_{i\lambda} \times I_{i\lambda} - B_\lambda \quad \cdots\cdots (A.1)$$

或

$$c_{iM} = R_{i\lambda} \times I_{i\lambda} \times (q_{\mathrm{ref}}/q_M) - B_\lambda \quad \cdots\cdots (A.2)$$

式中：

c_{iM} ——样品 M 中元素 i 的质量分数；

q_M/q_{ref} ——样品 M 与参考样品的相对溅射速率；

q_M ——单位面积质量损失表示的样品 M 的溅射速率；

q_{ref} ——单位面积质量损失表示的参考样品的溅射速率；

$R_{i\lambda}$ ——元素 i 在谱线 λ 处的反向发射产额(参见注1)；

$I_{i\lambda}$ ——元素 i 在谱线 λ 处的发射强度；

B_λ ——波长 λ 处的光谱背景。它可以是一个固定的参数或者某一复杂函数，以质量分数为单位并由仪器商提供；

$B_{\lambda\mathrm{rel}}$ ——波长 λ 处与光谱背景不同但却相关的因子。见式(A.2)，以质量分数为单位，通常作为背景等效浓度(参见注2)。它可以是一个固定的参数或者某一复杂函数，由仪器商提供；

q_{ref}/q_M ——等同于 $1/(q_M/q_{\mathrm{ref}})$，为溅射速率校正因子。

注1：反向发射产额与发射产额 $\Re_{i\lambda}$ 的关系：

$$R_{i\lambda} = 1/(q_{\mathrm{ref}} \times \Re_{i\lambda}) \quad \cdots\cdots (A.3)$$

其中发射产额可以定义为：

$$\Re_{i\lambda} \equiv (I_{i\lambda} - b_\lambda)/(c_{iM} \times q_M) \quad \cdots\cdots (A.4)$$

b_λ 是波长 λ 处的光谱背景强度。

注2：两种光谱背景的关系如下：

$$B_{\lambda\mathrm{rel}} = (q_{\mathrm{ref}}/q_M) \times B_\lambda \quad \cdots\cdots (A.5)$$

这些公式可以修正成非线性曲线，例如，通过引入二次或更高次的项。为了说明这种非线性校正曲线，二次公式(A.1)和公式(A.2)可以分别转化为：

$$c_{iM} \times (q_M/q_{\mathrm{ref}}) = R_{i\lambda} \times I_{i\lambda} + s_{i\lambda} \times I_{i\lambda}^{\ 2} - B_\lambda \quad \cdots\cdots (A.6)$$

和

$$c_{iM} = R_{i\lambda} \times I_{i\lambda} \times (q_{\mathrm{ref}}/q_M) + s_{i\lambda} \times I_{i\lambda}^{\ 2} \times (q_{\mathrm{ref}}/q_M) - B_{\lambda\mathrm{rel}} \quad \cdots\cdots (A.7)$$

式中：

$s_{i\lambda}$——非线性度常数因子。

实际的工作曲线常数可以先对工作曲线数据做最小二次平方运算，然后通过回归分析得到。

参数 q_{ref} 是工作曲线用标准样品基体材料的单位面积溅射速率，例如低合金钢。对于一些钢铁基体工作曲线样品，其作用是使相对溅射速率与溅射速率的校正因子趋向于一致，并不受等离子体内部环境的影响。

注 3：在式(A.1)和式(A.2)中光谱背景并非真正的常数，但也或多或少受基体的影响，这在 4.2.3.1 中进行了说明。在实际工作中，通常会选取最低测量强度作为每条光谱线的固定背景。

注 4：所有商品化的仪器均规定从分析物元素中扣除额外的背景信号(谱线干扰校正)。只要条件允许，就应该执行这种校正。

A.3 用绝对溅射速率计算工作曲线常数

采用以下其中一个公式进行校准：

$$c_{iM} \times q'_M = R'_{i\lambda} \times I_{i\lambda} - B'_\lambda \qquad \cdots\cdots(A.8)$$

或

$$c_{iM} = R'_{i\lambda} \times I_{i\lambda} / q'_M - B'_{\lambda rel} \qquad \cdots\cdots(A.9)$$

式中：

c_{iM} ——样品 M 中元素 i 的质量分数；

q'_M ——单位面积质量损失表示的样品 M 的溅射速率；

$R'_{i\lambda}$ ——元素 i 在谱线 λ 处的反向发射产额(参见注 1)；

$I_{i\lambda}$ ——元素 i 在谱线 λ 处的发射强度；

B'_λ ——波长 λ 下的光谱背景。它可以是一个固定的参数或者某一复杂函数，以质量分数为单位并由仪器商提供。

$B'_{\lambda rel}$ ——波长 λ 下与光谱背景不同但却相关的因子，见式(A.9)，它也是以质量分数为单位(通常作为背景等效浓度)。它可以是一个固定的参数或者某一复杂函数，由仪器商提供(参见注 2)。

注 1：反向发射产额与发射产额 $\Re'_{i\lambda}$ 的关系：

$$R'_{i\lambda} = 1/\Re'_{i\lambda} \qquad \cdots\cdots(A.10)$$

其中发射产额定义为：

$$\Re'_{i\lambda} \equiv (I_{i\lambda} - b_\lambda)/(c_{iM} \times q'_M) \qquad \cdots\cdots(A.11)$$

b_λ 是背景强度。

注 2：两种光谱背景的关系如下：

$$B'_{\lambda rel} = B'_\lambda / q'_M \qquad \cdots\cdots(A.12)$$

这些公式可以修正成非线性曲线，例如，通过引入二次或更高次的项。为了说明这种非线性校正曲线，二次公式(A.8)和公式(A.9)可以分别转化为：

$$c_{iM} \times q'_M = R'_{i\lambda} \times I_{i\lambda} + s'_{i\lambda} \times I_{i\lambda}{}^2 - B'_{i\lambda} \qquad \cdots\cdots(A.13)$$

和

$$c_{iM} = R'_{i\lambda} \times I_{i\lambda} / q'_M + s'_{i\lambda} \times I_{i\lambda}{}^2 / q'_M - B'_{i\lambda rel} \qquad \cdots\cdots(A.14)$$

其中：

$s'_{i\lambda}$——非线性度常数因子。

实际的工作曲线常数可以先对工作曲线数据做最小二次平方运算，然后通过回归分析得到。

注 3：在式(A.8)和式(A.9)中光谱背景并非真正的常数，但也或多或少受基体的影响，这在 4.2.3.1 中进行了说明。在实际工作中，通常会选取最低测量强度作为每条光谱线的固定背景。

注 4：所有商品化的仪器均规定从分析物元素中扣除额外的背景信号(谱线干扰校正)。只要条件允许，就应该执行这种校正。

A.4 使用相对溅射速率计算质量分数和溅射质量

A.4.1 概述

元素质量分数和溅射质量的计算根据以下不同的运算法则进行，并取决于使用的工作曲线函数。然而，不同计算法则的最终结果应是相等的。

A.4.2 基于相对元素溅射速率的计算

如果使用基于式(A.1)的工作曲线函数建立工作曲线，则必须进行以下计算步骤。

对于做元素深度分布的每一个组分 j 而言，可以通过工作曲线函数计算每一个元素 i 的量$[c_{iM}\times(q_M/q_{\text{ref}})]_j$，也被称为相对元素溅射速率。

假如所有测定元素质量的总和大于被分析材料质量的 98%，就可以用以下的公式来计算样品 M 元素深度分布组分 j 的相对溅射速率$(q_M/q_{\text{ref}})_j$：

$$(q_M/q_{\text{ref}})_j=\sum_i[c_{iM}\times(q_M/q_{\text{ref}})]_j/100 \qquad \text{(A.15)}$$

在组分 j 中元素 i 的质量分数 c_{iMj} 如下：

$$c_{iMj}=[c_{iM}\times(q_m/q_{\text{ref}})]_j/(q_M/q_{\text{ref}})_j \qquad \text{(A.16)}$$

式中的 c_{iMj} 以%表示。

组分 j 总溅射质量(单位面积)M_{jtot} 以及相应的时间增量 Δt_j 的关系如下公式：

$$M_{j\,tot}=q_{\text{ref}}\times(q_M/q_{\text{ref}})_j\times\Delta t_j \qquad \text{(A.17)}$$

A.4.3 基于元素质量分数的计算

如果使用基于式(A.2)的工作曲线函数建立工作曲线，则必须进行以下计算步骤。

假如所有测定元素质量的总和大于被分析材料质量的 98%，就可以用以下的公式来计算样品 M 元素深度分布组分 j 的质量分数 c_{iMj}，并以%表示。

$$c_{iMj}=\frac{(k_{i\lambda}\times I_{i\lambda}-B_{\lambda rel})_j}{\sum_i(k_{i\lambda}\times I_{i\lambda}-B_{\lambda rel})_j}\times 100 \qquad \text{(A.18)}$$

式中的 $k_{i\lambda}$ 等同于 $R_{i\lambda}\times(q_{\text{ref}}/q_M)$

注：式(A.18)包含所有质量分数，其归一化总和等于 100%。

如果使用非线形工作曲线，则式(A.18)中的线性函数应该换成相应的非线性函数。

对于做深度剖析的每一个组分 j，可以用如下的公式计算单位面积溅射速率 q_{Mj}：

$$q_{Mj}=q_{\text{ref}}\times\sum_i(k_{i\lambda}\times I_{i\lambda}-B_{\lambda\text{rel}})/100 \qquad \text{(A.19)}$$

给定了元素深度分布的每一个组分 j 和相对应的时间增量 Δt_j，可以通过以下公式计算元素 i 单位面积的溅射质量 m_{iMj}：

$$m_{iMj}=q_{Mj}\times c_{iMj}\times\Delta t_j/100 \qquad \text{(A.20)}$$

组分 j 的总溅射质量(单位面积)$M_{j\text{tot}}$ 可以通过公式(A.21)得到：

$$M_{j\text{tot}}=\sum_i m_{iMj} \qquad \text{(A.21)}$$

A.5 使用绝对溅射速率计算质量分数和溅射质量

A.5.1 概述

元素质量分数和溅射质量的计算根据以下不同的运算法则进行，并取决于使用的工作曲线函数。

然而，不同计算法则计算的最终结果是相等的。

A.5.2 基于元素溅射速率的运算

如果使用基于式(A.8)的工作曲线函数建立工作曲线，则必须进行以下计算步骤。

对于做元素深度分布的每一个组分 j 而言，可以通过工作曲线函数计算每一个元素 i 的量 $(c_{iM} \times q'_M)_j$，也被称为元素溅射速率。

假如所有测定元素质量的总和大于被分析材料质量的98%，就可以用以下的公式来计算样品 M 元素深度分布组分 j 的溅射速率 q'_{Mj}。

$$q'_{Mj} = \sum_i (c_{iM} \times q'_M)_j / 100 \quad \cdots\cdots\cdots(A.22)$$

样品 M 组分 j 中元素 i 的质量分数 c_{iMj} 如下：

$$c_{iMj} = (c_{iM} \times q'_M)_j / q'_{Mj} \quad \cdots\cdots\cdots(A.23)$$

式中：

c_{iMj} 的数值以%表示。

组分 j 的总溅射质量(单位面积)$M_{j\text{tot}}$ 以及相应的时间增量 Δt_j 的关系如公式(A.24)：

$$M_{j\text{tot}} = q'_{Mj} \times \Delta t_j / A_M \quad \cdots\cdots\cdots(A.24)$$

式中：

A_M——样品 M 上弧坑的面积。

A.5.3 基于元素质量分数的运算

如果使用基于式(A.9)的工作曲线函数建立工作曲线，则必须进行以下计算步骤。

假如所有测定元素质量的总和大于被分析材料质量的98%，就可以用以下的公式来计算样品 M 元素深度分布组分 j 的质量分数 c_{iMj}，并以%表示。

$$c_{iMj} = \frac{(k'_{i\lambda} \times I_{i\lambda} - B'_{\lambda\text{rel}})_j}{\sum_i (k'_{i\lambda} \times I_{i\lambda} - B'_{\lambda\text{rel}})_j} \times 100 \quad \cdots\cdots\cdots(A.25)$$

式中 $k'_{i\lambda}$ 等于 $R'_{i\lambda}/q'_M$。

注：式(A.25)包含所有质量分数，其归一化总和等于100%。

如果使用非线形工作曲线，则式(A.25)中的线性函数应该换成相应的非线性函数。

对于做深度剖析的每一个组分 j，可以用如下的公式计算单位面积溅射速率 q'_{Mj}：

$$q'_{Mj} = \sum_i (k'_{i\lambda} \times I_{i\lambda} - B'_{\lambda\text{rel}}) / 100 \quad \cdots\cdots\cdots(A.26)$$

给定了元素深度分布的每一个组分 j 和相对应的时间增量 Δt_j，可以通过以下公式计算元素 i 的溅射质量 M_{iMj}：

$$M_{iMj} = q'_{Mj} \times c_{iMj} \times \Delta t_j / 100 \quad \cdots\cdots\cdots(A.27)$$

组分 j 的总溅射质量(单位面积)$M_{j\text{tot}}$ 可以通过如下公式得到：

$$M_{j\text{tot}} = \sum_i M_{iMj} / A_M \quad \cdots\cdots\cdots(A.28)$$

A.6 溅射深度的计算

A.6.1 概述

本标准描述的分析方法确定了每一个元素的溅射质量和质量分数。为了测定溅射深度，则必须知道溅射材料的密度。对于本标准所研究的材料，其密度可以通过元素的组成和纯元素的密度计算得到。

计算溅射深度的方法有两种，并都可以被本标准所采用。

A.6.2 基于恒定原子体积的计算

对于深度剖析的每一个组分 j ,用公式(A.29)计算密度 ρ_j：

$$\rho_j = 100 / \sum_i \frac{c_{iMj}}{\rho_i} \quad \cdots\cdots (A.29)$$

式中：

ρ_i——纯元素 i 的密度。

对于每一个深度剖析的组分 j ,用公式(A.30)计算其厚度 z_j：

$$z_j = \frac{M_{j\text{tot}}}{\rho_j} \quad \cdots\cdots (A.30)$$

总的深度可以通过式(A.30)计算各个组分 j 的 z_j 并进行累加得到。尽管并不是很必要,但可以通过计算 $M_{j\text{tot}}/\Delta t_j$. 求得组分 j 的单位面积溅射速率。

A.6.3 基于平均密度的计算

对于每一个深度剖析的组分 j,用公式(A.31)计算每一个元素 i 的原子分数 a_{ij}：

$$a_{ij} = \frac{(c_{iMj}/w_i)}{\sum_i (c_{iMj}/w_i)} \quad \cdots\cdots (A.31)$$

式中 w_i 是元素 i 的原子质量。

对于每一个深度剖析的组分 j,用如下公式计算大致密度 ρ_j：

$$\rho_j = \sum_i a_{ij} \times \rho_i \quad \cdots\cdots (A.32)$$

对于每一个深度剖析的组分 j,用式(A.30)计算厚度 z_j。总的深度可以通过计算各个组分 j 的 z_j 并进行累加得到。

附　录　B
（资料性附录）
测定元素的建议谱线

元素	波长/nm	大致的检测范围/%	备注
Zn	330.26	0.001～100	
Zn	334.50	0.001～100	
Zn	481.053	0.001～100	
Al	172.50	0.1～100	
Al	396.15	0.001～100[a]	自吸收
Ni	231.603	0.01～100	
Ni	341.78	0.001～100[a]	弱自吸收
Ni	349.30	0.005～100[a]	弱自吸收
Pb	202.20	0.001～10	
Pb	405.87	0.005～100	
Sb	206.83	0.005～2	
Si	212.41	未确定	
Si	251.61	未确定	
Si	288.16	0.001～20	
Fe	249.318	0.01～100	
Fe	259.94	0.01～100	
Fe	271.44	0.1～100	
Fe	371.94	0.005～100[a]	弱自吸收
Fe	379.50	0.01～100	
Cu	296.12	0.01～100	
Cu	327.40	0.001～5[a]	强自吸收

[a] 工作曲线非线性。

附 录 C
（资料性附录）
镀层质量（单位面积）的测定

C.1 概述

通过以 g/m²/s 为纵坐标和以 s 为横坐标的定量深度剖析图可以计算出镀层质量（单位面积）。商品化仪器的系统软件中内置了计算单个元素镀层质量（单位面积）的功能。依照所选的计算方法，式（A.16）、式（A.17）或式（A.28），加和每一个镀层组分的镀层质量，得到总的镀层质量。在一些仪器中，通过以质量分数为纵坐标和以深度为横坐标的定量深度剖析图也可以计算出镀层质量（单位面积）。这些计算中一个关键的问题就是镀层深度范围的确定，尤其是给定的元素在镀层和基体中的质量分数显著可观时。对于这些情况，可以推荐以下两种方法。

C.2 方法 1

首先，考察在基体中质量分数比镀层中高的元素。可以通过举例来说明这种元素的处理方法，最简单的例子就是用图 C.1 所示锌铁合金化镀层的例子。在此例子中，Fe 就是需要考察的元素。时间 t_T（当 Fe 元素在基体中开始出现）假定为纵坐标上 Zn 镀层的主元素降低到最大值或平稳值 95％时所对应的时间。在 t_T 之后，可以假定伴随着 Zn 元素的分布轨迹，镀层中的 Fe 元素也相应成比例逐渐降低并最终等于零。因此，在该过渡区内 Fe 元素的积分值等于 Zn 元素在 t_T 时间与 Zn 元素的分布轨迹刚好降至 Zn 元素检测下限对应时间区间内的积分值乘以在 t_T 时间 Fe 对 Zn 的纵坐标比值得到。将该过渡区内镀层中 Fe 元素的镀层质量（单位面积）加上 t_T 时间前 Fe 元素分布的积分值可以得到镀层中总 Fe 元素的镀层质量（单位面积）。

注：对于一些在镀层中没有，但在基体中有的特征检测元素，另一种 t_T 的定义方法也是可以被接受的。在这种情况下，t_T 可以定义为这些元素开始被检测到的时间。例如 Nb、Mo 和 Co 等。

至于在镀层中的质量分数比基体中高的镀层元素，镀层质量（单位面积）可以通过从时间零点到该元素纵坐标值降低到基体特征时的时间区域内曲线的积分得到。

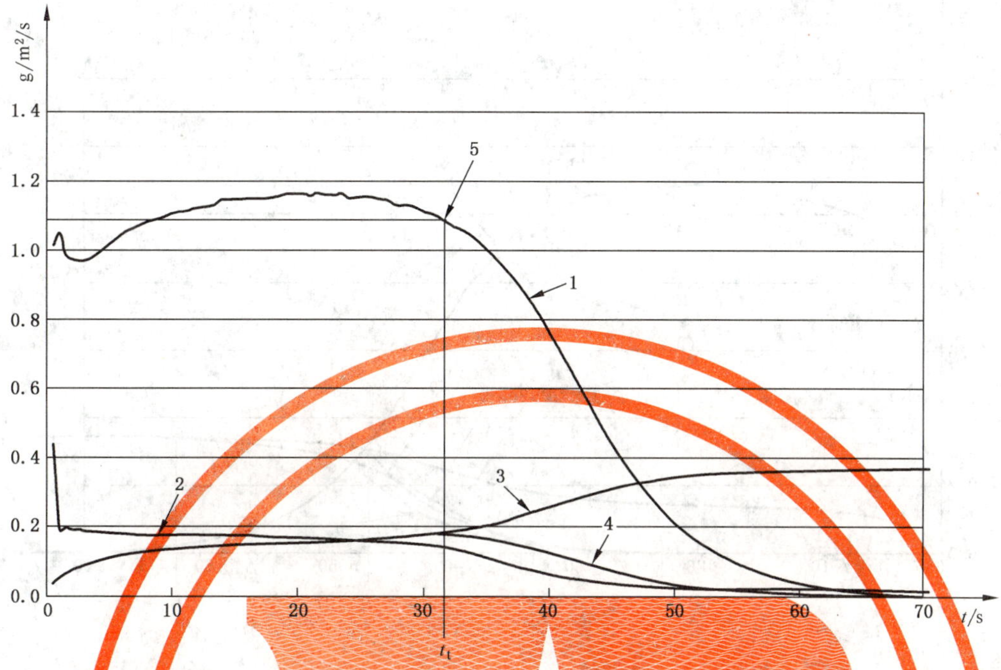

说明：

1——锌；

2——镀层中的铝；

3——铁；

4——镀层中的铁；

5——锌峰值的 95%。

图 C.1 方法 1 分析锌铁合金化热镀锌板的定量深度剖析(s-g/m²/s 关系)

C.3 方法 2

C.3.1 g/m²/s-s 关系下定量剖析的计算方法

和前所述的方法一样，方法 2 也可以通过锌铁合金化热镀锌的例子来进行很好地说明(如图 C.2)。T_s 定义为主要镀层元素 Zn 和 Fe 元素纵坐标值相等所对应的时间。如 7.2 c 所定义，t_L 是与积分深度相关联的时间。Fe 的镀层质量(单位面积)可以通过如下方法进行计算：

$$\text{Fe 的镀层质量(单位面积)}(g/m^2) = Fe_{[0\text{-}ts]} - \alpha \times Zn_{[ts\text{-}tL]}$$

式中：

$Fe_{[0\text{-}ts]}$ ——时间从零到 t_s 区间内 Fe 曲线的积分值；

$Zn_{[ts\text{-}tL]}$——时间从 t_s 到 t_L 区间内 Zn 曲线的积分值；

α ——调整因子。

调整因子 α 通常可以定义为(1-镀层中铁的估计质量分数×2/100)。

当镀层中铁的质量分数接近 10%时，调整因子 α 也可以是 55.847/65.37(=0.854)，考虑到 Fe 和 Zn 元素间原子质量的差异。

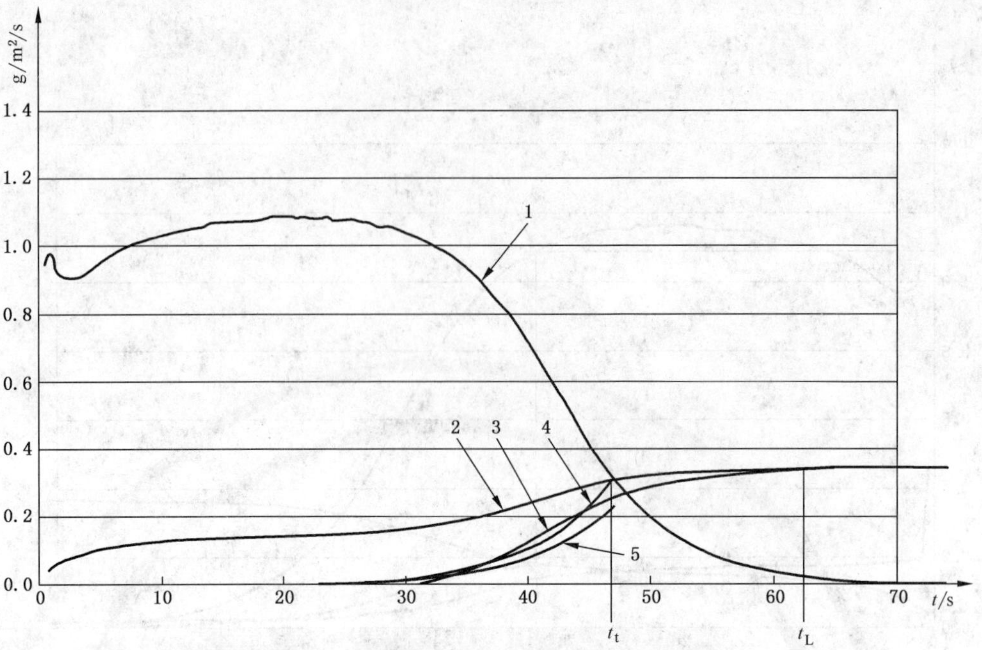

说明：

1——锌；

2——铁；

3——铁减去镀层中的铁；

4——锌的对称线；

5——0.854×锌的对称线。

图 C.2　方法 2 分析锌铁合金化热镀锌板的定量深度剖析(s-g/m²/s 关系)

注：这种计算方法可以等同于从 0 到 t_L 间 Fe 的积分减去镀层中固有的 Fe，如图 C.2 所示。

对于其他一些在基体中质量分数不高的元素，镀层质量(单位面积)可以通过对 0 到 t_L 间的积分得到。

C.3.2　质量分数-深度关系下定量剖析的计算方法

有时，仪器商会提供用于自动计算 Fe 镀层质量(单位面积)的程序，依据以质量分数为单位的纵坐标和以深度为单位(通常是微米)横坐标的深度剖析图，见图 C.3。现以锌铁合金化热镀锌为例，执行以下步骤：

镀层中 Zn 元素质量分数降低至峰值的 84%和 16%时所对应的深度，以及 Zn 元素降低至峰值 50%时的深度。分别将这几个深度标注为 Zn84%、Zn16%和 Zn50%。

将 Zn16%和 Zn84%间的距离定义为界面宽度。

将深度 L 定义为 Zn50%加上界面宽度。

将 Zn 和 Fe 质量分数相等时的深度定义为深度 S。从深度零到 L 对除 Fe 外的所有合金元素进行积分并计算其镀层质量(单位面积)。

从深度零到 S 进行积分计算镀层中 Fe 的总镀层质量。

从深度 S 到深度 L 计算 Zn 的镀层质量。使用对称法以及合适的质量比率，将深度 S 基体侧的 Zn 镀层质量转化为深度 S 镀层侧从基体处开始的 Fe 的等当镀层质量。

通过 Fe 的总镀层质量减去 Fe 的等当镀层质量可计算出 Fe 的镀层质量(单位面积)：

$$\text{Fe 镀层质量(单位面积)}(g/m^2) = Fe_{0\text{-}S} - (\alpha \times Zn_{S\text{-}L})$$

式中：α＝(原子量)$_{Fe}$/(原子量)$_{Zn}$＝55.847/65.37＝0.854。

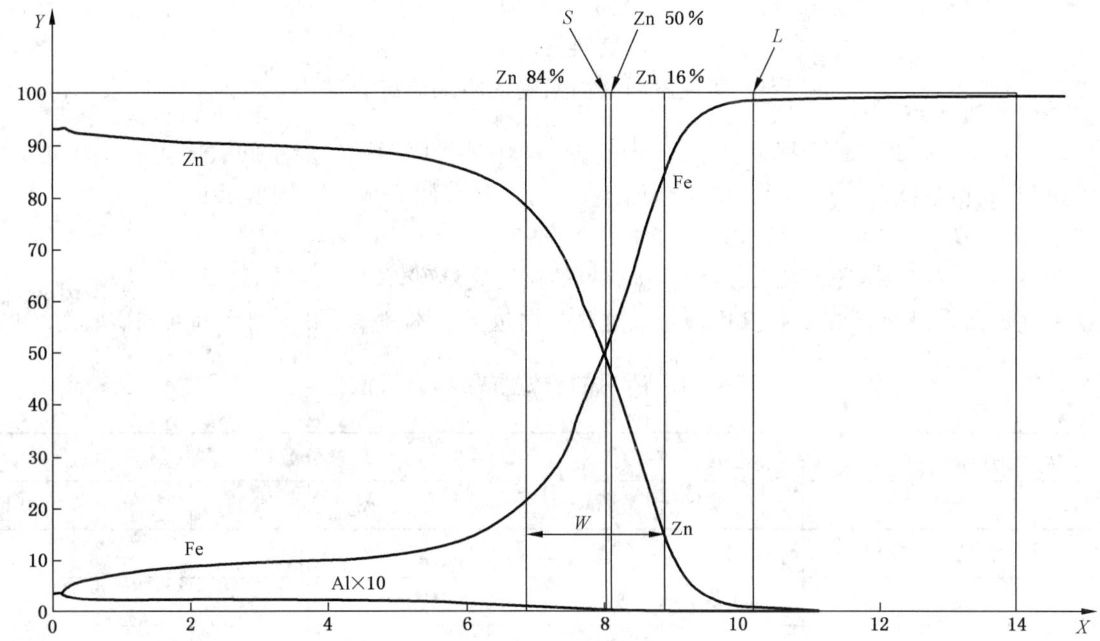

说明：

X 轴——深度/μm；

Y 轴——质量分数/%；

W——界面宽度；

L——锌含量为 50%与界面宽度之和；

S——锌与铁质量分数相等的深度。

图 C.3　方法 2 分析锌铁合金化热镀锌板的定量深度剖析(质量分数-深度关系)

附 录 D
（资料性附录）
实验室间共同实验的附加信息

本标准表1和表2中的数据来自于2001年、2002年进行的国际实验室间共同实验。共同实验的样品为锌和/或铝基合金镀层样品，在3个国家、4个实验室间完成。共同实验的完整结果参见文件N38(修订版)和N55，可从TC 201/SC 8秘书处获得。

表D.1给出了所用测试样品的信息和所获得的镀层质量(单位面积)和元素含量的结果。

精密度数据在图D.1和图D.2中展示。这些数据包括了体材样品和实验室间共同实验的结果。

表 D.1 所用的测试样品和分析值

样品		镀层质量/(g/m^2)	质量分数/%					
编号	镀层类型		Zn	Fe	Al	Ni	Si	Pb
3	锌铁合金化镀层	57	89.1	10.23	0.210			
101	锌铁合金化镀层	49.0	88.3	11.3	0.37			
102	锌铁合金化镀层	50.7	89.5	10.05	0.38			
103	锌铁合金化镀层	49.7	90.6	9.0	0.39			
104	锌铁合金化镀层	53.3	86.6	13.03	0.37			
4	热镀铝锌镀层	91.4	42.6		54.9		1.29	
12	电镀锌镍镀层	17.81	86.2			12.5		
201	热镀锌镀层	113	99.5		0.35			0.11
202	电镀锌镍镀层	44	86.7			13.2		
203	热镀锌镀层	110	94.9		5.1			
204	热镀铝锌镀层	81	45.4		53.2		1.9	

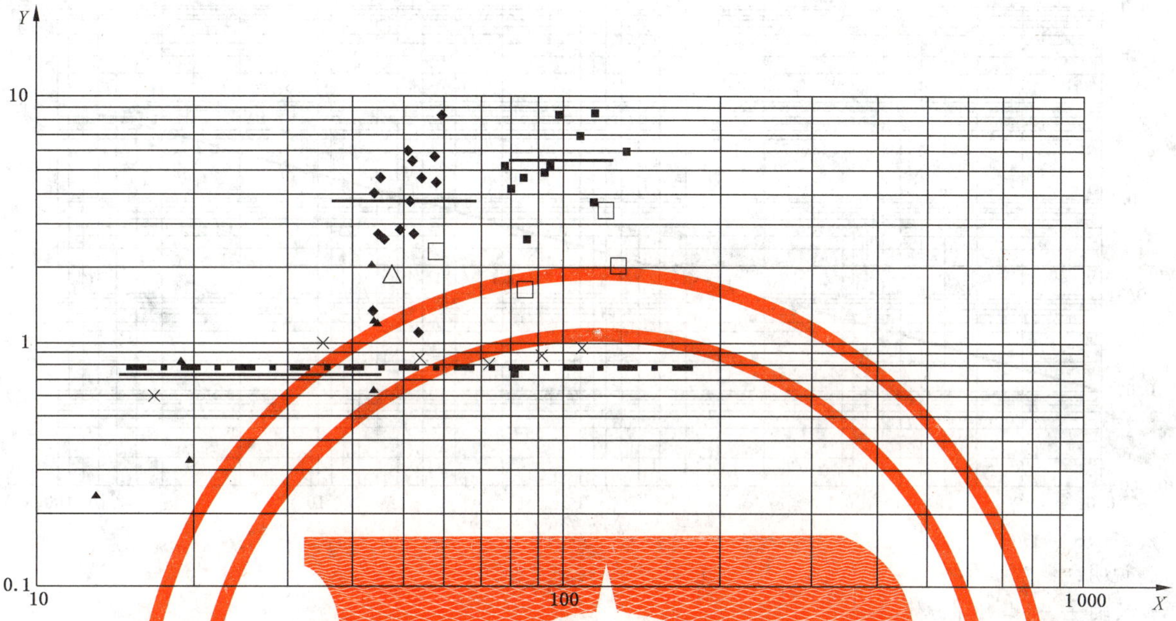

说明：

X 轴——镀层质量(单位面积)/(g/m^2)；

Y 轴——重复性标准偏差/(g/m^2)；

◆——锌铁合金化镀层；

×——体材样品(Zn 基-5％铝)；

■——锌铝合金镀层(热镀，galfan)

□——锌铝合金镀层(ECISS 样品)；

▲——锌镍合金镀层；

△——锌镍合金镀层(ECISS 样品)。

图 D.1 镀层质量(单位面积)与重复性标准偏差的关系

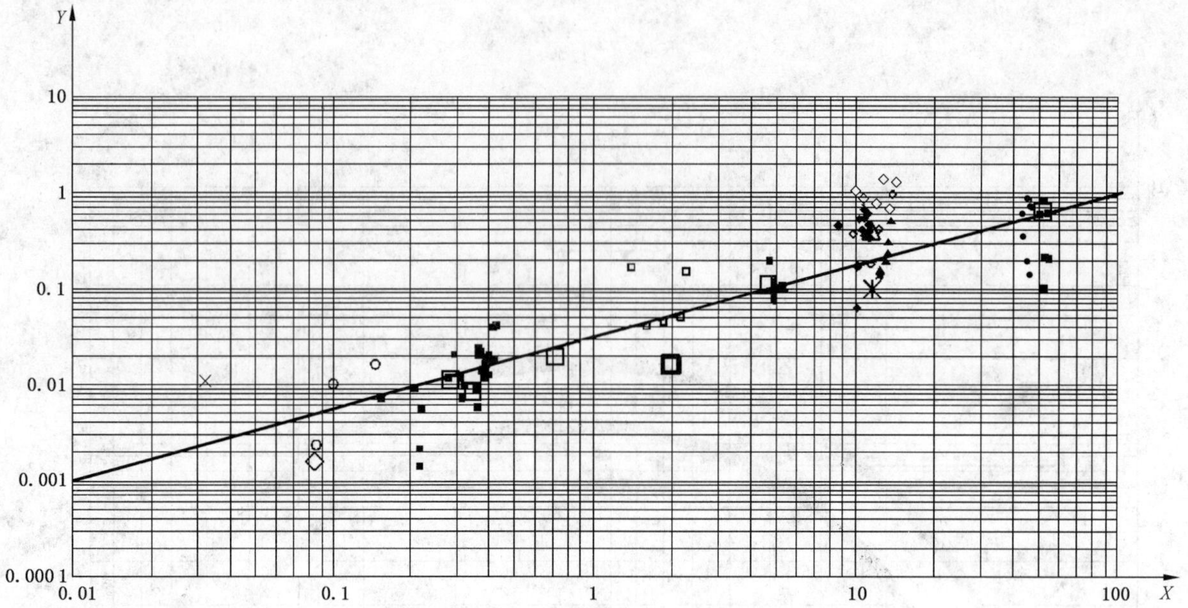

说明：

X 轴——平均质量分数，%；

Y 轴——重复性标准偏差，%；

◆——铁；

■——铝；

▲——镍；

□——硅；

•——锌；

⋇——镍(体材)；

×——硅(体材)；

○——铅；

+——铝(体材)；

◇——铁(不均匀)；

□——铝(ECISS 样品)；

△——镍(ECISS 样品)；

■——硅(ECISS 样品)；

◇——铅(ECISS 样品)。

图 D.2　元素含量与重复性标准偏差的对数关系

参 考 文 献

[1] GRIMM,W. Spectrochim. Acta,23B,443 (1968)

[2] TAKADOUM,J. ,PIRRIN,J. C. ,PONSTOCORBEAU,J. ,BERNERON,R. AND CHARBONNIER,J. C. Surf. Interf. Anal. ,6,174 (1984)

[3] TAKIMOTO,K. ,NISHIZAKA,K. ,SUZUKI,K. AND OHTSUBO,T. Nippon Steel Technical Report 33,28 (1987)

[4] BENGTSON,A. ,EKLUND,A. AND SARIC,A. J. Anal. At. Spectrom. ,5,563 (1991)

[5] NAOUMIDIS,A. ,GUNTUR,D. ,MAZURKIEWICZ,M. ,NICKEL,H. AND FISCHER,W. Proceedings of 3rd User—Meeting "Analytische Glimentladungs—Spektroskopie", p. 138,Jülich (1990)

[6] NELIS,T. Colloq. Spectrosc. Internl. ,York (1993)

[7] PAYLING,R. Spectroscopy,13,36 (1998)

[8] EN 10318,Determination of thickness and chemical composition of zinc-and aluminium-based metallic coatings—Routine method

[9] ISO 5725-1,Accuracy (trueness and precision) of measurement methods and results—Part 1: General principles and definitions

[10] ISO 5725-2,Accuracy (trueness and precision) of measurement methods and results—Part 2: Basic method for the determination of repeatability and reproducibility of a standard measurement method

[11] ISO 5725-6,Accuracy (trueness and precision) of measurement methods and results—Part 6: Use in practice of accuracy values

[12] ISO 9000:2005,Quality management systems—Fundamentals and vocabulary

[13] ISO/IEC 17025:2005,General requirements for the competence of testing and calibration laboratories

ICS 53.020.20
J 80

中华人民共和国国家标准

GB/T 29560—2013

门座起重机

Portal slewing crane

2013-07-19 发布

2014-01-01 实施

中华人民共和国国家质量监督检验检疫总局
中国国家标准化管理委员会 发布

前　言

本标准按照 GB/T 1.1—2009 给出的规则起草。

本标准由中国机械工业联合会提出。

本标准由全国起重机械标准化技术委员会(SAC/TC 227)归口。

本标准负责起草单位:上海振华重工(集团)股份有限公司、北京起重运输机械设计研究院、国家起重运输机械质量监督检验中心。

本标准参加起草单位:大连华锐重工集团股份有限公司、大连博瑞重工有限公司、江苏华澄重工有限公司、江苏港益重工股份有限公司、青岛港(集团)有限公司港机厂、南通中远重工有限公司、天津港股份有限公司。

本标准主要起草人:杨帆、林卫国、周崎、崔振元、俞静华、刘元利、张明海、谢翀、胡卓辉、徐冬、申小强、黄涛、张庆财、刘会议、易应强。

门座起重机

1 范围

本标准规定了额定起重量为3.2 t～500 t的门座起重机(以下简称“起重机”)的术语和定义、型式分类和基本参数、技术要求、试验方法、检验规则、标志、包装、运输及贮存。

本标准适用于以下场所中工作的门座起重机：

a) 港口件杂货、散货、集装箱、成套设备等货物装卸作业用港口门座起重机；

b) 船厂和船坞在修、造船时,结构分段拼装和机电设备安装等作业用船厂门座起重机；

c) 水利电力工程中混凝土吊运、浇筑、水工金属结构件吊装及火力发电工程中机电设备安装等作业用水利电力门座起重机。

对于额定起重量大于500 t的门座起重机以及其他类似场所使用的门座起重机,可参照使用。

本标准不适用于在下列环境中工作的起重机：

——易燃易爆、可燃性粉尘、可燃性气体及腐蚀性气体(盐雾除外)环境；

——核辐射、有毒气体环境；

——吊运熔融或炽热金属的环境。

2 规范性引用文件

下列文件对于本文件的应用是必不可少的。凡是注日期的引用文件,仅注日期的版本适用于本文件。凡是不注日期的引用文件,其最新版本(包括所有的修改单)适用于本文件。

GB/T 324 焊缝符号表示法

GB 755—2008 旋转电机 定额和性能

GB/T 985.1 气焊、焊条电弧焊、气体保护焊和高能束焊的推荐坡口

GB/T 985.2 埋弧焊的推荐坡口

GB/T 1184 形状和位置公差 未注公差值

GB/T 1228 钢结构用高强度大六角头螺栓

GB/T 1229 钢结构用高强度大六角螺母

GB/T 1230 钢结构用高强度垫圈

GB/T 1231 钢结构用高强度大六角头螺栓、大六角螺母、垫圈技术条件

GB/T 1413 系列1集装箱 分类、尺寸和额定质量

GB/T 1800.2 产品几何技术规范(GPS) 极限与配合 第2部分:标准公差等级和孔、轴极限偏差表

GB/T 1801 产品几何技术规范(GPS) 极限与配合 公差带和配合的选择

GB/T 1804 一般公差 未注公差的线性和角度尺寸的公差

GB 2893 安全色

GB/T 3220 集装箱吊具

GB/T 3323 金属熔化焊焊接接头射线照相

GB/T 3632 钢结构用扭剪型高强度螺栓连接副

GB/T 3766 液压系统通用技术条件

GB/T 3811—2008 起重机设计规范

GB/T 4026 人机界面标志标识的基本和安全规则 设备端子和导体终端的标识

GB 4208　外壳防护等级(IP代码)

GB/T 4323　弹性套柱销联轴器

GB/T 4842　氩

GB/T 4942.1　旋转电机整体结构的防护等级(IP代码)　分级

GB/T 5117　非合金钢及细晶粒钢焊条

GB/T 5118　热强钢焊条

GB 5226.2—2002　机械安全　机械电气设备　第32部分:起重机械技术条件

GB/T 5293　埋弧焊用碳钢焊丝和焊剂

GB/T 5905　起重机　试验规范和程序

GB/T 5972　起重机　钢丝绳　保养、维护、安装、检验和报废

GB/T 5975　钢丝绳用压板

GB 6067.1—2010　起重机械安全规程　第1部分:总则

GB/T 6974.1　起重机　术语　第1部分:通用术语

GB/T 6974.10　起重机械名词术语　门座起重机

GB 7251.1　低压成套开关设备和控制设备　第1部分:型式试验和部分型式试验　成套设备

GB/T 7935　液压元件　通用技术条件

GB/T 8110　气体保护电弧焊用碳钢、低合金钢焊丝

GB 8918　重要用途钢丝绳

GB/T 8923.1　涂覆涂料前钢材表面处理　表面清洁度的目视评定　第1部分:未涂覆过的钢材表面和全面清除原有涂层后的钢材表面的锈蚀等级和处理等级

GB/T 9286　色漆和清漆　漆膜的划格试验

GB/T 10051.1～10051.12—2010　起重吊钩

GB/T 10095(所有部分)　圆柱齿轮　精度制

GB/T 10183.1—2010　起重机　车轮及大车和小车轨道公差　第1部分:总则

GB/T 12470　埋弧焊用低合金钢焊丝和焊剂

GB 12602　起重机械超载保护装置

GB/T 13306　标牌

GB/T 13384　机电产品包装通用技术条件

GB 14048.1—2006　低压开关设备和控制设备　第1部分:总则

GB/T 14406—2011　通用门式起重机

GB 15052　起重机　安全标志和危险图形符号　总则

GB/T 17908　起重机和起重机械　技术性能和验收文件

GB/T 19418　钢的弧焊接头　缺陷质量分级指南

GB/T 20118　一般用途钢丝绳

GB 20237　起重冶金和屏蔽电机安全要求

GB/T 20303.1　起重机　司机室　第1部分:总则

GB/T 20303.4　起重机　司机室　第4部分:臂架起重机

GB/T 21457—2008　起重机和相关设备　试验中参数的测量精度要求

GB/T 21971　YZD系列起重用多速三相异步电动机　技术条件

GB/T 21972.1　起重及冶金用变频调速三相异步电动机技术条件　第1部分:YZP系列起重及冶金用变频调速三相异步电动机

GB/T 22414　起重机　速度和时间参数的测量

GB/T 22415　起重机　对试验载荷的要求

GB/T 24809.1　起重机　对机构的要求　第1部分:总则
GB/T 24809.4　起重机　对机构的要求　第4部分:臂架起重机
GB/T 24810.4　起重机　限制器和指示器　第4部分:臂架起重机
GB/T 24811.1—2009　起重机和起重机械　钢丝绳选择　第1部分:总则
GB/T 26103.1　GⅡCL型鼓形齿式联轴器
GB/T 26103.3　GCLD型鼓形齿式联轴器
GB/T 27546　起重机械　滑轮
GB 50171—2012　电气装置安装工程盘、柜及二次回路接线施工及验收规范
GB 50205　钢结构工程施工质量验收规范
HG/T 2537　焊接用二氧化碳
JB/T 2300　回转支承
JB/T 5870　YZR系列起重及冶金用中型高压绕线转子三相异步电动机技术条件
JB/T 5901　十字轴万向联轴器
JB/T 6061　无损检测　焊缝磁粉检测
JB/T 6062　无损检测　焊缝渗透检测
JB/T 6392　起重机车轮
JB/T 6406　电力液压鼓式制动器
JB/T 7017　起重机用液压缓冲器
JB/T 7019　盘式制动器　制动盘
JB/T 7020　电力液压盘式制动器
JB/T 7076　YEZS系列起重用双速锥形转子制动三相异步电动机技术条件
JB/T 7077　YZRE系列起重及冶金用电磁制动绕线转子三相异步电动机技术条件
JB/T 7078　YZRF、YZRG系列起重及冶金用强迫通风型绕线转子三相制异步电动机技术条件
JB/T 7685　电磁鼓式制动器
JB/T 7842　YZR-Z系列起重专用绕线转子三相异步电动机　技术条件
JB/T 8110.1　起重机　弹簧缓冲器
JB/T 8110.2　起重机　橡胶缓冲器
JB/T 8854.2　GⅡCL型、GⅡCLZ型鼓形齿式联轴器
JB/T 8905.1　起重机用三支点减速器
JB/T 8905.2　起重机用底座式减速器
JB/T 8905.3　起重机用立式减速器
JB/T 8905.4　起重机用套装减速器
JB/T 8955　YZR2系列起重及冶金用绕线转子三相异步电动机技术条件
JB/T 9003　起重机三合一减速器
JB/T 9006　起重机　卷筒
JB/T 10104　YZ系列起重及冶金用三相异步电动机技术条件
JB/T 10105　YZR系列起重及冶金用绕线转子三相异步电动机　技术条件
JB/T 10360　YZ2系列起重及冶金用三相异步电动机技术条件
JB/T 10559　起重机械无损检测　钢焊缝超声检测
JB/T 10730　直流起重电磁铁
JB/T 10816　起重机用底座式硬齿面减速器
JB/T 10817　起重机用三支点硬齿面减速器
JB/T 10833　起重机用聚氨酯缓冲器

JB/T 10837　建筑施工机械与设备　三排柱式回转支承
JB/T 10838　建筑施工机械与设备　单排交叉滚柱(锥)式回转支承
JB/T 10839　建筑施工机械与设备　单排球式回转支承
JGJ 82　钢结构高强度螺栓连接技术规程
ISO 11629:2004　起重机　起重机及其部件质量的测量

3　术语和定义

GB/T 6974.1 及 GB/T 6974.10 界定的术语和定义适用于本文件。

4　型式分类和基本参数

4.1　典型型式分类

4.1.1　按照臂架结构型式分为：

a)　刚性拉杆式组合臂架式门座起重机(图 1、图 2、图 3)；
b)　柔性拉索式组合臂架式门座起重机(图 4)；
c)　单臂架式门座起重机(图 5、图 6)。

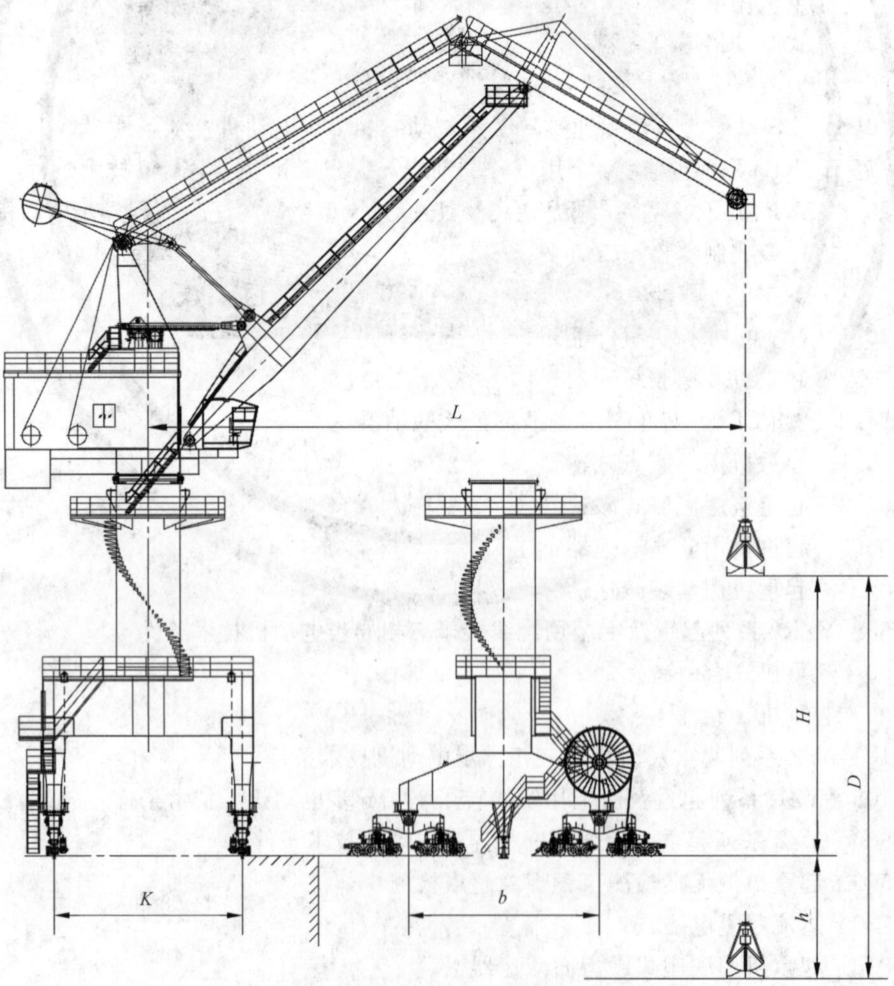

图 1　刚性拉杆式组合臂架门座起重机

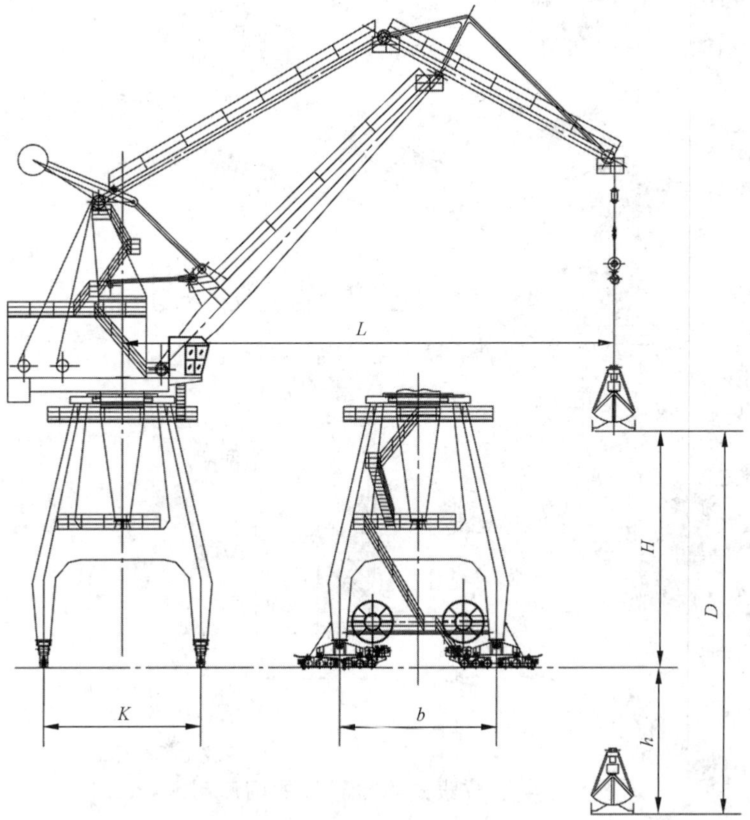

图 2 刚性拉杆式组合臂架门座起重机

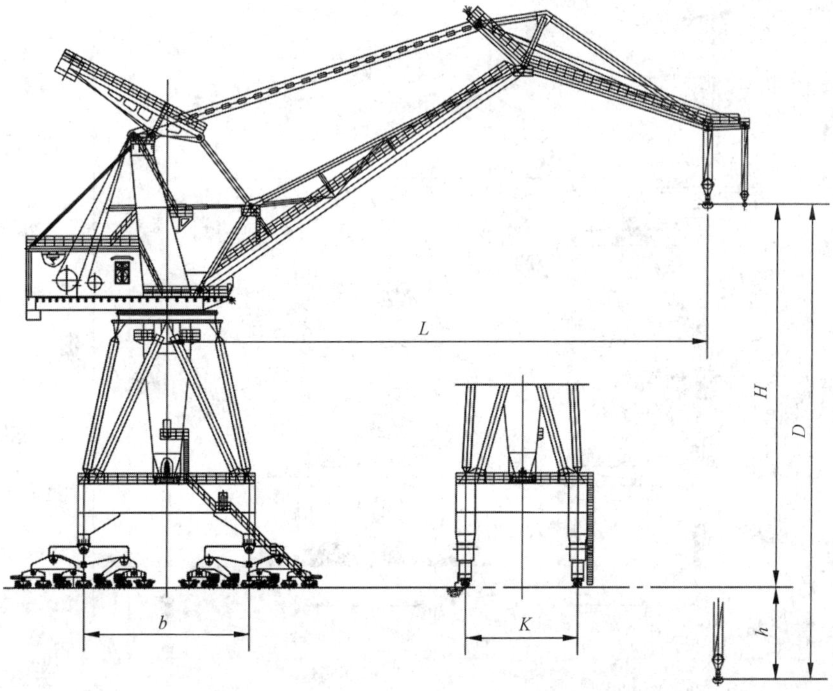

图 3 刚性拉杆式组合臂架门座起重机

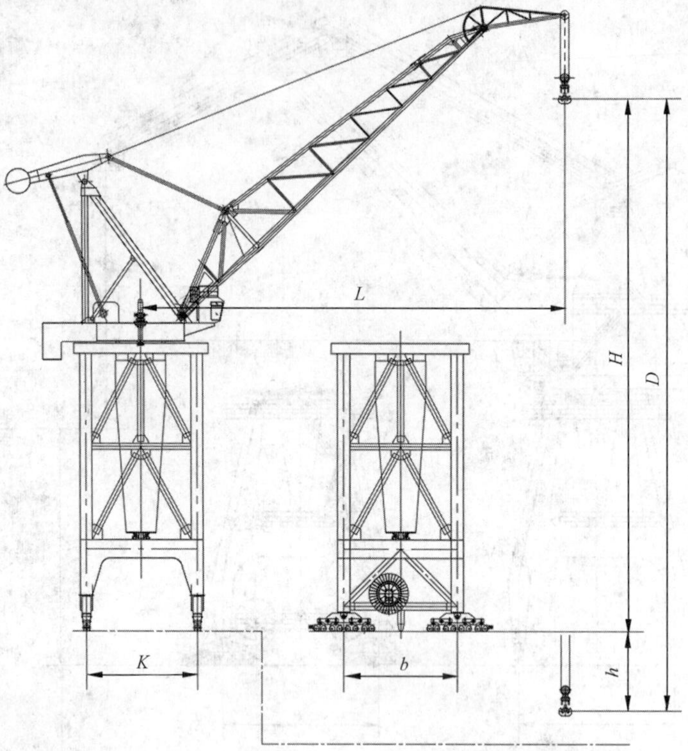

图 4　柔性拉索式组合臂架式门座起重机

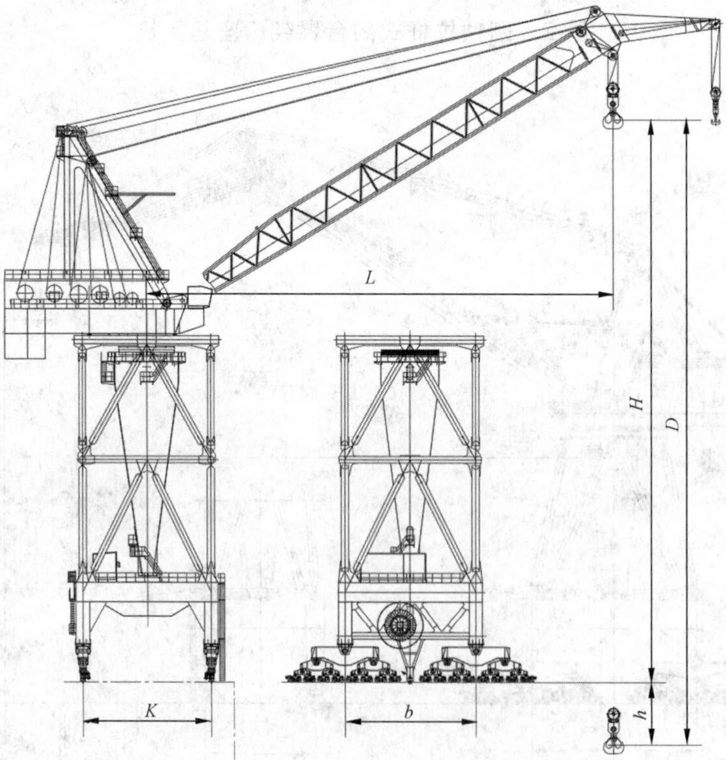

图 5　单臂架式门座起重机

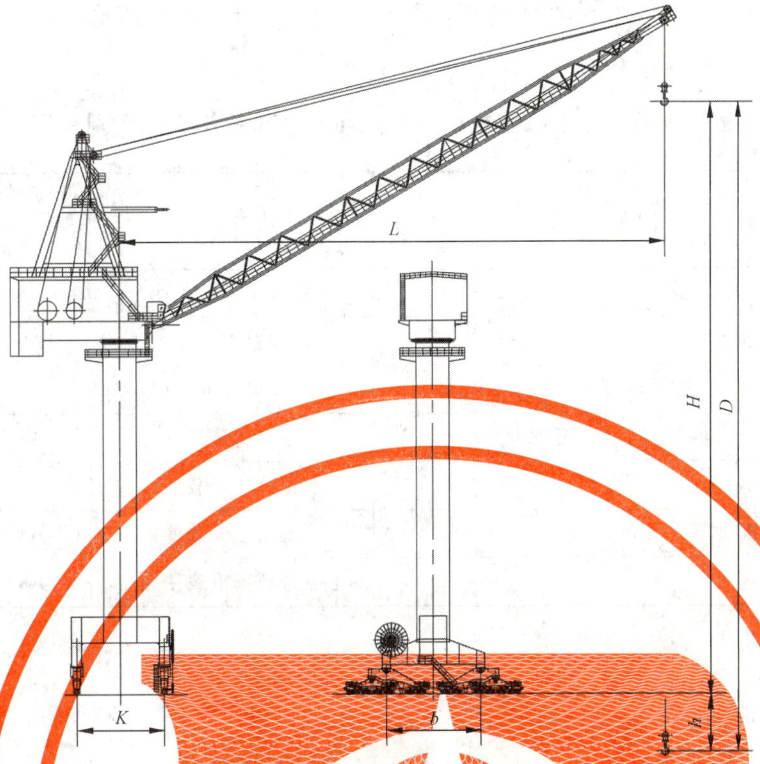

图 6　单臂架式门座起重机

4.1.2　按门架结构型式分为：

a)　圆筒式门座起重机(图 1、图 6)；

b)　交叉式门座起重机(图 2)；

c)　撑杆式门座起重机(图 3、图 5)；

d)　桁架式门座起重机(图 4)。

4.1.3　按回转支承的形式分为：

a)　转盘式回转支承门座起重机(图 1、图 6)；

b)　柱式回转支承门座起重机(图 2、图 3、图 4、图 5)。

4.1.4　按照用途和使用场合分为：

a)　港口门座起重机(图 1、图 2)；

b)　船厂门座起重机(图 3、图 4、图 5)；

c)　水利电力门座起重机(图 6)。

4.2　基本参数

4.2.1　按 GB/T 3811—2008 中 3.2.3 的规定，门座起重机的整机工作级别分为 A1～A8，见表 1。

表 1　门座起重机整机的工作级别

载荷状态级别	载荷谱系数 K_p	使用等级									
		U_0	U_1	U_2	U_3	U_4	U_5	U_6	U_7	U_8	U_9
Q1	$K_p \leqslant 0.125$	A1	A1	A1	A2	A3	A4	A5	A6	A7	A8
Q2	$0.125 < K_p \leqslant 0.250$	A1	A1	A2	A3	A4	A5	A6	A7	A8	A8
Q3	$0.250 < K_p \leqslant 0.500$	A1	A2	A3	A4	A5	A6	A7	A8	A8	A8
Q4	$0.500 < K_p \leqslant 1.000$	A2	A3	A4	A5	A6	A7	A8	A8	A8	A8

4.2.2 按 GB/T 3811—2008 中表 A.3 和 B.3，门座起重机整机工作级别与起重机机构工作级别举例见表 2。

表 2 门座起重机整机工作级别与起重机机构工作级别举例

类 型	取货装置	使用情况	整机级别	工作机构级别			
				H	S	L	T
港口用	吊钩	较频繁中等载荷使用	A6	M5	M5	M4	M3
	吊钩	较频繁重载使用	A7	M7	M6	M5	M4
	抓斗、电磁吸盘、集装箱吊具	较频繁重载使用	A7	M7	M6	M6	M4
	抓斗、电磁吸盘、集装箱吊具	频繁重载使用	A8	M8	M7	M7	M4
船厂用	吊钩	不频繁较轻载使用	A4	M5	M4	M4	M5
水利电力用	吊钩	不频繁较轻载使用	A4	M4	M3	M3	M3
	吊罐	中等频繁重载使用	A6	M6	M5	M5	M4

注：H——起升机构；
S——回转机构；
L——变幅机构；
T——起重机运行机构(纵向)。

4.2.3 门座起重机的额定起重量(G_n)应优先选用表 3 所规定的数值。

表 3 门座起重机额定起重量系列

单位为吨

取物装置		额定起重量 G_n
吊钩	固定吊具	3.2,5,8,10,16,20,25,32,40,50,(56),63,80,(90),100,125,160,200,250,(280),320,400,(450),500
抓斗	可分吊具	3.2,5,8,10,16,20,25,32,40
电磁吸盘	可分吊具	3.2,5,8,10,16,20,25,32,40,50,63
集装箱吊具	可分吊具	25,32,40,50
吊罐	可分吊具	10,20,(30),32

注 1：对于固定吊具，额定起重量中不含吊具自重；对于可分吊具，额定起重量中包含吊具自重。
注 2：设有主、副钩的起重，主、副钩起重量的匹配一般为 3∶1～5∶1。
注 3：表中所列数值为额定起重量常用值，也可按供需双方协商确定。

4.2.4 门座起重机的起升范围(D)应优先选用表 4 所规定的数值。

表 4 门座起重机起升范围系列

单位为米

取货装置	起升范围 D	
	起升高度 H	下降深度 h
吊钩	12,13,15,16,18,19,20,22,25,26,28,30,32,35,45,55,60,65,70,90,95,100	5,8,10,12,15,16,18,20,22,25,30,40,50,60,70

表 4（续）

单位为米

取货装置	起升范围 D	
	起升高度 H	下降深度 h
抓斗 电磁吸盘	12,13,15,16,18,19,20,22,23,24,25,26,28,30	8,10,12,15,16,18,20,22,25
集装箱吊具	12,13,15,16,18,19,20,22,23,24,25	8,10,12,15,16,18,20,22,25
吊罐	12,13,15,16,18,19,20,22,25,26,28,30,32,35,40,55,60,65,70,90,95,100	8,10,12,15,16,18,20,22,25,30,40,50,60,70
注：表中所列数值为起升范围常用值，也可按供需双方协商确定。		

4.2.5 起重机变幅幅度(L)应优先选用表 5 所规定的数值。

表 5 门座起重机变幅幅度系列

单位为米

取货装置	幅度 L	
	最大	最小
吊钩	16,20,22,24,25,28,30,32,33,35,37,38,40,43,45,50,55,60,65,70,75,80,90,100,110,120	8,8.5,9,9.5,10,11,12,14,15,16,18,20,22,24,25,28,30,32,33,35
抓斗 电磁吸盘	16,20,22,24,25,28,30,32,33,35,37,38,40,43,45,50	8,8.5,9,9.5,10,11,12,14,15,16
集装箱吊具	20,22,24,25,28,30,32,33,35,37,38,40,43,45,50	8,8.5,9,9.5,10,11,12,14,15,16
吊罐	16,20,22,24,25,28,30,32,33,35,37,38,40,43,45,50,55,60,65,70,75,80,90,100,110,120	8,8.5,9,9.5,10,11,12,14,15,16,18,20,22,24,25,28,30,32,33,35
注：表中所列数值为幅度常用值，也可按供需双方协商确定。		

4.2.6 起重机轨距(K)、基距(b)及尾部半径(r)应优先选用表 6 所规定的数值。

表 6 门座起重机轨距、基距及尾部半径

单位为米

轨距 K	6,7,8,9,10,10.5,12,13.5,14,15.5,16,20,22
基距 b	8,10,10.5,12,13.5,14,16,20,22
尾部回转半径 r	6,6.5,7,7.5,8,8.5,9,10,12,14,16,20
注：表中所列数值为常用值，也可按供需双方协商确定。	

4.2.7 门座起重机各机构工作速度应优先选用表 7 所规定的数值。

表 7 起重机机构工作速度范围及指标值

机构名称		速度范围及指标值		
		港口用	船厂用	水利电力用
起升速度/(m/min)	范围	10～90	3～30	3～63
	数值	10,20,30,40,45,50,55,60,70,80,90	3,4,5,6,8,10,12,15,16,20,25,30	3,4,5,6,8,10,12,15,16,20,25,30,46,50,63
变幅速度/(m/min)	范围	20～60	3～30	3～30
	数值	20,30,40,45,50,55,60	3,5,8,10,12,15,20,25,30	3,5,8,10,12,15,20,25,30
回转速度/(r/min)	范围	0.5～2	0.1～0.5	0.1～0.75
	数值	0.5,1.0,1.2,1.3,1.4,1.5,1.6,1.8,2.0	0.1,0.15,0.2,0.25,0.3,0.33,0.4,0.5	0.1,0.15,0.2,0.25,0.3,0.33,0.4,0.5,0.75
运行速度/(m/min)	范围	15～35	15～35	15～35
	数值	15,20,25,30,35	15,20,25,30,35	12,15,20,25,30,35

注1：起升速度是指在稳定运行状态下，额定工作载荷的垂直位移速度。

注2：变幅速度是指在稳定运行状态下，额定工作载荷在变幅平面内从最大幅度到最小幅度过程中水平位移的平均速度。

注3：回转速度是指在稳定运行状态下，起重机带额定工作载荷于相应最大幅度处，回转部分的回转转速。回转速度的选取应综合考虑幅度、吨位等因素。推荐满载、大幅度时的回转速度取额定回转速度的0.6倍～0.7倍。

注4：运行速度是指在起重机稳定运行状态下，不带载(港口门座起重机和水利电力门座起重机)或带额定工作载荷(船厂门座起重机)沿水平路径运行的速度。

注5：表中所列数值为速度常用值，亦可按供需双方协商确定。

5 技术要求

5.1 工作环境条件

5.1.1 起重机的电源为三相交流四线制或三相交流五线制，频率为50 Hz/60 Hz，电压不高于10 kV。供电系统在起重机馈电线接入处的电压波动不应超过额定电压的±10%，起重机内部电压损失应符合GB/T 3811—2008中7.8.4.2的规定。

5.1.2 起重机运行轨道的安装应符合以下规定：

a) 起重机轨道的构造公差应符合附录A中表A.1的要求；起重机(大车)轨道的运行公差应符合附录A中表A.2的要求；

b) 港口门座起重机和船厂门座起重机运行轨道宜采用整根钢轨，水利电力门座起重机运行轨道宜采用可拆卸轨道；钢轨的接头应符合GB/T 10183.1—2010中表6钢轨接头构造公差的要求。

5.1.3 起重机运行轨道的接地电阻值不应大于4 Ω。

5.1.4 起重机安装使用地点的海拔一般不应超过1 000 m；超过1 000 m时应按GB/T 3811—2008中

7.7.2.4 的要求修正电动机的输出功率，超过 2 000 m 时应按 GB 14048.1—2006 中附录 B 的要求执行。

5.1.5 起重机工作时的气候条件：

a) 环境温度 −20 ℃～+40 ℃，在 24 h 内的平均温度不应超过 +35 ℃；

b) 环境温度在 +40 ℃的最高温度时，其相对湿度不应超过 50%；在较低温度下可允许较大的湿度(如 +20 ℃时为 90%)；应通过对电气设备作适当的设计，或者在必要场所采用适当的附加设施(如内装加热器、空调器、排水孔等)来避免偶尔性凝露的有害影响；

c) 工作状态计算风压或计算风速按 GB/T 3811—2008 表 15 的规定选取；

d) 非工作状态计算风压或计算风速按 GB/T 3811—2008 表 18 的规定选取。

5.1.6 电动机的运行条件应符合 GB 755—2008 中第 6 章和第 7 章的规定。

5.1.7 电器的正常使用安装和运输条件应符合 GB 14048.1—2006 中第 6 章的规定。

注：超过上述范围规定时，由用户与制造商协商解决。

5.2 基本要求

5.2.1 起重机各机构及其布置、机构部件的构造和功能，应符合 GB/T 24809.1 及 GB/T 24809.4 的规定。起重机的设计、制造应符合 GB/T 3811—2008、GB 6067.1 和本标准的有关规定。

5.2.2 起重机电气设备应符合 GB 5226.2 和本标准的规定。电气传动系统、电气控制系统所涉及的元器件选用、布置以及导线敷设、辅助设施也应符合 GB/T 3811—2008 第 7 章的规定。

5.3 使用性能

5.3.1 起重机的起重能力应达到额定起重量(按工作位置的最小允许臂长和回转半径)。额定起重量规定为：

a) 对于固定式吊具的起重机，其额定起重量是指吊挂在起重机固定吊具上重物的最大质量；

b) 对于可分式吊具的起重机，其额定起重量是指可分吊具的质量与吊挂在起重机可分吊具上重物的最大质量之和。

5.3.2 与起重机使用有关的参数，应符合 4.2 和订货合同中提出的要求。

5.3.3 抓斗应符合所抓取的物料特性要求，抓斗抓满率不应小于 90%。

5.3.4 起重电磁吸盘的拉脱力不应小于所吸物料重量的两倍。

5.3.5 起重机静载试验应符合 6.3.3 的规定。

5.3.6 起重机动载试验应符合 6.3.5 的规定。

5.3.7 起重机稳定性试验应符合 6.3.6 的规定。

5.4 主要性能参数允许偏差

起重机主要性能参数的允许偏差应符合表 8 的规定。

表 8 起重机主要性能参数允许偏差

主要性能参数		允许偏差		
		港口用	船厂用	水利电力用
起升速度	v_n/(m/min)	$\pm 5\% v_n$	$\pm 10\% v_n$	$\pm 5\% v_n$
变幅速度	v_r/(m/min)	$\pm 5\% v_r$	$\pm 10\% v_r$	$\pm 5\% v_r$
回转速度	n/(r/min)	$\pm 5\% n$	$\pm 10\% n$	$\pm 5\% n$

表 8（续）

主要性能参数		允许偏差		
		港口用	船厂用	水利电力用
运行速度	v_k/(m/min)	$\pm 10\% v_k$	$\pm 10\% v_k$	$\pm 10\% v_k$
起升范围	起升高度 H/m	$\pm 1\% H$	$\pm 1\% H$	$+2.5\% H$
	下降深度 h/m	$\pm 1\% h$	$\pm 1\% h$	$+2.5\% h$
幅度	最大幅度 L_{max}/m	$-1.5\% L_{max}$	$L_{max}-0.5$	$-1.5\% L_{max}$
	最小幅度 L_{min}/m	$+1.5\% L_{min}$	$L_{min}+0.5$	$+1.5\% L_{min}$

注 1：起升速度是指在稳定运行状态下，额定工作载荷的垂直位移速度。

注 2：变幅速度是指在稳定运行状态下，在 10 m 高度处的风速不超过 3 m/s 的测试条件下，额定工作载荷在变幅平面内从最大幅度到最小幅度过程中水平位移的平均速度。

注 3：回转速度是指在稳定运行状态下，起重机带额定工作载荷于相应最大幅度处，在 10 m 高度处的风速不超过 3 m/s 的条件下回转部分的回转转速。

注 4：运行速度是指在稳定运行状态下，起重机空载（港口门座起重机和水利电力门座起重机）或带工作载荷（船厂门座起重机），在 10 m 高度处的风速不超过 3 m/s 的条件下沿水平路径运行的速度。

注 5：起升范围是指起升高度与下降深度之和。

5.5 安全与防护

5.5.1 总则

起重机的安全防护应符合 GB 6067.1、GB/T 3811—2008 第 9 章和本标准的相关规定。

5.5.2 起升机构

5.5.2.1 制动器应采用常闭式，制动系统在失电或断电的情况下，制动器仍能制动并支持住载荷。制动系统任何延时制动，均应保证能安全地制动住载荷。

5.5.2.2 制动器安全系数应满足 GB/T 3811—2008 中 6.1.1.3.1.3 的规定。

5.5.2.3 应设置起升高度（上、下）终点限位装置和上、下终点前的减速装置。

5.5.2.4 额定载荷在空中停止后，起升机构再启动时，载荷不应出现瞬时下滑现象。

5.5.2.5 具有起升机构和开闭机构的起重机，计算每个机构的承载和功率时，应考虑载荷在各个机构之间的分配。每个机构的制动器应至少能支持住总起升载荷下降力矩的 125%。起升开闭机构应能对每个制动器都能单独进行测试。

5.5.2.6 钢丝绳的选择应符合 GB/T 24811.1—2009 中第 6 章的规定或符合 GB/T 3811—2008 中表 44 对安全系数的要求。

5.5.2.7 钢丝绳的绳端固定和连接应牢固、可靠、便于检修，并应符合 GB 6067.1—2010 中 4.2.1.5 的规定。

5.5.2.8 当吊钩处于工作位置最低点时，卷筒上缠绕的钢丝绳除固定绳尾的圈数外不应少于 2 圈；当吊钩处于工作位置最高点时，卷筒上还宜留有至少 1 圈的绕绳余量。

5.5.2.9 取物装置（如起重可卸电磁吸盘、可卸抓斗）供电电缆的收放，应保证电缆的受力合理，且在升降过程中电缆不应与起重钢丝绳发生接触、摩擦。

5.5.3 变幅机构

5.5.3.1 制动器的选择应符合 GB/T 3811—2008 中 6.1.4.5 的规定。

5.5.3.2 对于螺杆驱动的变幅机构，其螺杆传动装置应设置防护罩。

5.5.3.3 对于螺杆和齿条等刚性驱动变幅的动臂架起重机，应在变幅齿条和变幅螺杆的末端装设端部止挡防脱装置，以防止臂架在低位置发生坠落；对于钢丝绳牵引变幅的动臂架起重机，应设置防止变幅机构行程开关失灵时臂架向后倾翻的装置。

5.5.3.4 应设置幅度指示器及幅度限位器。

5.5.3.5 对额定起重量不随幅度变化的起重机，应装设起重量限制器，限制器应符合 GB 12602 或 GB/T 24810.4 的规定；对于额定起重量随幅度变化的起重机，应装设起重力矩限制器。

5.5.3.6 采用钢丝绳变幅的起重机，当臂架到达最低位置时，卷筒上缠绕的钢丝绳除固定绳尾的圈数外，对于平衡式钢丝绳变幅机构不应少于 2 圈，对于非平衡式钢丝绳变幅机构宜不少于 3 圈。

5.5.4 回转机构

5.5.4.1 对于有自锁可能的回转机构，应装设极限力矩联轴器。极限力矩联轴器的极限力矩值的计算应符合 GB/T 3811—2008 中 6.1.3.6 的规定。

5.5.4.2 必要时，应装设回转锁定装置。

5.5.4.3 需要限制回转范围时，应装设回转角度限制器。

5.5.4.4 应设有制动器，制动器安全系数的选择应符合 GB/T 3811—2008 中 6.1.3.5 的规定。操纵制动器的脚踏力不宜大于 200 N。

5.5.4.5 当采用液压或机械制动器时，应设置能切断同步电气制动的联锁装置。当回转部分需要锁定时，由最大非工作风载荷形成对回转部分的力矩产生的力应由制动器和机械锁定装置承受；但是，锁定的性能不应依赖这两者的组合。当不设置机械或液压式电动锁定常闭式制动器时，应采用机械式锁定装置（例如销轴或其他嵌合式）来锁定回转运动。

5.5.5 运行机构

5.5.5.1 应设有制动器。制动安全系数的选择应符合 GB/T 3811—2008 中 6.1.2.6 的规定。

5.5.5.2 应设有抗风防滑装置，并应满足工作状态和非工作状态的抗风防滑要求。

5.5.5.3 工作状态下的抗风防滑装置可采用制动器、轮边制动器、夹轨器、顶轨器、压轨器等，其制动与释放动作应考虑与运行机构联锁并应能从控制室内自动进行操作。

5.5.5.4 当工作状态下的抗风制动装置不能满足非工作状态下的抗风防滑要求时，应装设牵揽式、插锁式或其他形式的锚定装置。

5.5.5.5 应设有运行行程限位器、端部止挡、缓冲器、轨道清扫器。

5.5.6 司机室

5.5.6.1 司机室应符合 GB/T 20303.1、GB/T 20303.4 和 GB 6067.1—2010 中 3.5 的规定。

5.5.6.2 应设有门锁、灭火器和电铃或警报器，必要时还应设置通讯装置。

5.5.6.3 司机室内的适当部位至少应留有一个备用插座。

5.5.6.4 应在司机方便操作的地方设置急停开关和接通、断开起重机总电源的开关（照明信号除外）。

5.5.6.5 司机室应具有符合结构要求和操作安全的最大视野。

5.5.7 通道与平台、栏杆、梯子

起重机的通道与平台、栏杆、梯子的设置应符合 GB 6067.1—2010 中 3.6～3.8 的有关规定。

5.5.8 电气保护和联锁保护

5.5.8.1 电气保护

5.5.8.1.1 电动机的保护

电动机应具有如下一种或一种以上的保护功能，具体选用应按电动机及其控制方式确定：

——瞬动或反时限动作的电流保护，其瞬时动作电流整定值应约为电机最大起动电流的1.25倍；

——电机内置热传感元件温控保护；

——热过载保护。

5.5.8.1.2 线路保护

所有外部线路都应具有短路或接地引起的过电流保护功能，在线路发生短路或接地时，瞬时保护装置应能分断线路。对于导线截面较小，外部线路较长的控制线路或辅助线路，当预计接地电流达不到瞬时脱扣电流值时，应增设热脱扣功能，以保证导线不会因接地而引起绝缘烧损。

5.5.8.1.3 错相与缺相保护

起重机应设有错相与缺相保护。

5.5.8.1.4 零位保护

起重机各传动机构应设有零位保护。运行中若因故障或失压停止运行后，重新恢复供电时，机构不应自行动作，应人为将控制器置零位后，机构才能重新启动。

5.5.8.1.5 失压保护

当起重机供电电源中断后，凡涉及安全或不宜自动开启的用电设备均应处于断电状态，避免恢复供电后用电设备自动运行。

5.5.8.1.6 超速保护

对起升机构和非平衡式变幅机构，应设置超速开关，超速开关的整定值取决于控制系统性能和额定下降(增幅)速度，通常为额定下降(增幅)速度的1.10倍～1.40倍。

5.5.8.1.7 换档及脱档保护

起升机构、变幅机构采用换档减速器进行快、慢速切换的，应设置防止在机构运行及带载过程中换档以及脱档的保护装置。

5.5.8.1.8 超载保护

起升机构应设置超载保护。

5.5.8.1.9 限位保护

起重机各机构的运行方向均应设置行程限位保护。

5.5.8.1.10 避雷保护

对于安装在野外且相对周围地面处在较高位置的起重机，应设有避雷装置。

5.5.8.1.11 风速保护

在起重机最高位置处应设置风速测量仪，当风速达到最高工作风速时报警。

5.5.8.2 联锁保护

起重机应设有以下联锁保护：

a) 起重机要求多点操纵时，各操作点之间应相互联锁，保证任一时刻只有一个操作点处于工作状态下，每个操作点均应设置紧急断电装置；
b) 起重机抗风防滑装置、声光报警装置应与运行机构联锁；
c) 回转锁定装置应与回转机构连锁；
d) 集装箱吊具各动作与升降控制应有安全联锁，集装箱离地后禁止吊具转锁转动。

5.5.9 接地与防雷、绝缘电阻

起重机接地与防雷应符合 GB 6067.1—2010 中 8.8 的规定，绝缘电阻应符合 GB 6067.1—2010 中 8.9 的规定。

5.5.10 防护和警示

5.5.10.1 起重机安全防护装置的设置应符合 GB 6067.1—2010 中附录 A.1 的相关规定。

5.5.10.2 起重机上外露的、有伤人可能的旋转零部件，如开式齿轮、联轴器、传动轴等，应装设防护罩；如无加防护罩的可能时，应设安全标志和警示牌。

5.5.10.3 应在起重机的合适位置或工作区域设有明显可见的文字安全警示标志，如"起升物品下方严禁站人"等。在起重机的危险部位，应有安全标志和危险图形符号，安全标志和危险图形符号应符合 GB 2893 和 GB 15052 的规定。

5.5.10.4 起重机上的电气设备中可能触及的带电裸露部分，应有防止触电的防护措施。

5.5.10.5 起重机总高大于 30 m，且周围无高于起重机最高点的建筑物和其他设施，应在其象鼻梁或臂架顶部装设航空障碍灯。在有特殊需求时，可增加机房尾部夜间指示灯。

5.5.10.6 应在起重机上部迎风处安装风速仪，并装设有显示瞬时风速的风速报警器；当风速大于最大工作风速时应能发出报警信号。

5.5.10.7 起重机应有指示总电源分合状况的信号，必要时还应设置故障信号或报警信号。

5.5.10.8 起重机应装设运行声光报警器。

5.5.10.9 安全装置的指示信号或声光报警信号应设置在司机和有关人员视力、听力可及的地方。

5.5.11 噪声

起重机工作时产生的噪声，在无其他外声干扰的情况下，在司机操作位置处测量(闭式司机室关窗)，声压级噪声不应大于 85 dB(A)。

5.6 主要零部件

5.6.1 电动机

5.6.1.1 优先选用符合下列标准的电动机：JB/T 5870、JB/T 7076、JB/T 7077、JB/T 7078、JB/T 7842、JB/T 8955、JB/T 10104、JB/T 10105、JB/T 10360。视需要也可选用符合 GB/T 21972.1 的变频电动机或符合 GB/T 21971 的多速电动机。

5.6.1.2 各机构驱动电动机应符合 GB 755 和各专用电动机的相关标准的技术要求。

5.6.1.3 电动机的容量校验应符合 GB/T 3811 的规定，并保证在额定负载时能安全、可靠地实现启动、加速和运转。

5.6.1.4 电动机的安全性能应符合 GB 20237 的规定。

5.6.1.5 电动机外壳防护包括防止人体触及其内部带电机体或旋转部件，防止外部固体异物或液体进入其内部。外壳防护等级为：

——室内用交直流电动机：防滴式，防护等级不应低于 GB/T 4942.1 中 IP23；

——室外用交直流电动机：全封闭式，防护等级不应低于 GB/T 4942.1 中 IP54。

5.6.2 减速器和齿轮传动

5.6.2.1 应优先选用符合如下标准的减速器：JB/T 8905.1、JB/T 8905.2、JB/T 8905.3、JB/T 8905.4、JB/T 9003、JB/T 10816、JB/T 10817。

5.6.2.2 选用其他减速器时，硬齿面齿轮副的精度不应低于 GB/T 10095(所有部分)中的 6 级，中硬齿面则不应低于 8-8-7 级。

5.6.2.3 如用开式齿轮传动，则齿轮副精度不应低于 GB/T 10095(所有部分)中规定的 9 级。

5.6.3 联轴器

5.6.3.1 鼓形齿式联轴器应符合 GB/T 26103.1、GB/T 26103.3 或 JB/T 8854.2 的规定。

5.6.3.2 弹性套柱销联轴器应符合 GB/T 4323 的规定。

5.6.3.3 十字轴万向联轴器应符合 JB/T 5901 的规定。

5.6.3.4 不宜采用有可能使制动轮(盘)产生浮动的联轴器。

5.6.3.5 起升机构和变幅机构中，应保证联轴器的弹性元件即使损坏也不能发生危险运动。

5.6.3.6 运行机构和回转机构中采用液力联轴器或等效装置以降低启动冲击时，制动系统应安装在液力联轴器的输出端。

5.6.4 制动器

应优先选用符合如下标准的制动器：JB/T 6406、JB/T 7019 、JB/T 7020 、JB/T 7685。

5.6.5 滑轮与卷筒

滑轮应符合 GB/T 27546 的规定。卷筒应符合 JB/T 9006 的规定。

5.6.6 车轮

应优先选用符合 JB/T 6392 规定的车轮。

5.6.7 钢丝绳

5.6.7.1 钢丝绳应符合 GB/T 20118 的要求，优先采用线接触钢丝绳。用于多层卷绕时，应采用符合 GB 8918 的钢丝绳。

5.6.7.2 钢丝绳在卷筒上绳端的固定应符合 GB/T 3811—2008 中 6.3.3.4 和 GB/T 5975 的规定。钢丝绳用压板固定在卷筒上时，每端不应少于 3 块压板；采用长板条固定时，单块压板长度不应少于 6 倍钢丝绳直径；采用楔块固定时，钢丝绳应贴紧楔块的圆弧段并将其楔紧。

5.6.7.3 钢丝绳的保养、维护、安装、检验和报废应符合 GB/T 5972 的规定。

5.6.8 吊钩及其他取物装置

5.6.8.1 锻造吊钩应符合 GB/T 10051.1～10051.12—2010 与 GB 6067.1—2010 中 4.2.2 的规定。

5.6.8.2 吊钩应设置防止钢丝绳脱钩的装置;吊钩组的设计应避免起重机在装卸作业时发生钩挂舱口的问题。
5.6.8.3 抓斗用于抓取粉状物、砂子及粮食物料时,斗口接触处的间隙不应大于 2 mm,除非有特殊的工艺保证斗口不漏料。
5.6.8.4 电磁吸盘应优先采用符合 JB/T 10730 规定的直流起重电磁铁。
5.6.8.5 集装箱吊具应能装卸 GB/T 1413 中规定的集装箱,其转锁的位置尺寸和公差应符合 GB/T 3220 的规定。

5.6.9 缓冲器

应优先选用符合 JB/T 7017、JB/T 8110.1、JB/T 8110.2、JB/T 10833 规定的缓冲器。

5.6.10 润滑系统

5.6.10.1 除具有自润滑功能的轴承外,对其他凡有相对运动的运动副均应进行润滑。起重机应配有润滑图,标明润滑部位、周期、油(脂)牌号,各润滑点应有标志,润滑点的位置应便于安全接近,对起重机应按使用说明书定期润滑。起重机出厂前应对润滑油路各部位逐个检查并确保其畅通。
5.6.10.2 如果采用集中润滑,回转轴承宜设独立的润滑系统。
5.6.10.3 开式齿轮、钢丝绳应按使用说明书定期进行有效润滑。

5.6.11 液压系统及元件

液压系统应符合 GB/T 3766 及 GB 6067.1—2010 第 5 章的规定,液压元件应符合 GB/T 7935 的规定。

5.6.12 回转支承装置

5.6.12.1 回转支承的结构部分应具有足够的强度、刚度、水平度和平面度,具有光滑的支承安装表面,满足回转支承对结构要求。回转支承应有足够的可靠性,承载能力满足起重机回转部分的载荷要求。
5.6.12.2 当采用滚动轴承式回转支承时应达到:
a) 回转支承的技术要求应符合 JB/T 2300、JB/T 10837、JB/T 10838、JB/T 10839 的规定;
b) 连接回转支承与上、下支承环的螺栓应按螺栓制造商和回转支承制造商提供的数据和安装要求进行紧固。

5.6.12.3 当采用转柱式回转支承应达到:
a) 水平轮与转柱的安装应符合表 9 的规定;

表 9 水平轮与转柱的安装允许偏差

单位为毫米

项 目	允许偏差
水平轮轴线与转柱轴线距离 OA、OB、OC、OD、OE、OF 相互之差(图 7)	±3
水平轮轴线在 Y 方向的平行度 $\lvert r_1-r_2\rvert$(图 8)	1
水平轮端面在 X 方向的平行度 $a+b$(图 8)	1

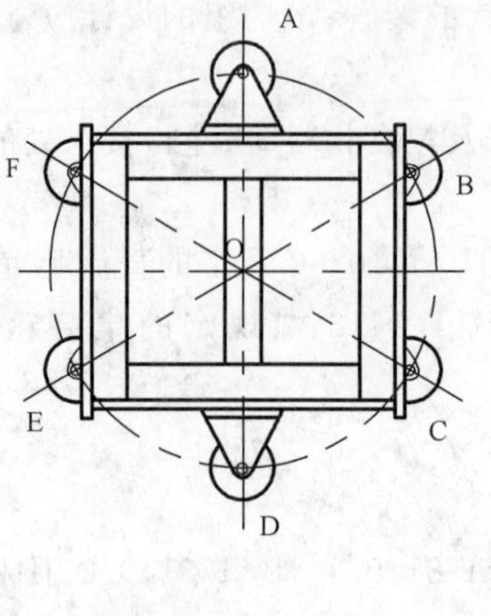

图 7 水平轮轴线与转柱轴线距离

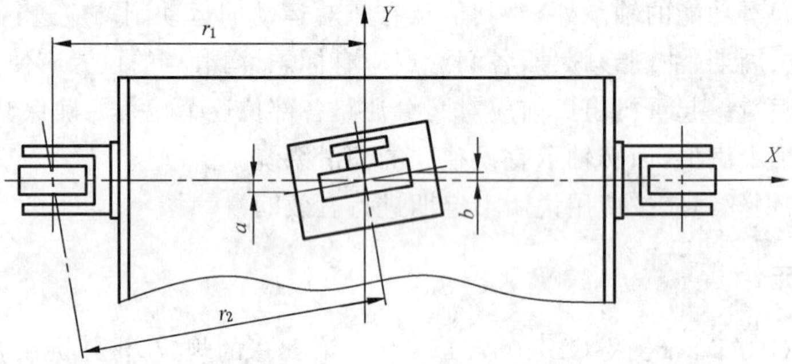

图 8 水平轮在 *X*、*Y* 方向安装偏差示意

b) 安装后的水平轮不应出现上、下窜动现象，并应保证起重机在最大幅度至最小幅度回转时无敲击声或卡阻现象。

5.7 金属结构

5.7.1 材料

5.7.1.1 起重机承载结构件钢材的选择应符合 GB/T 3811—2008 中 5.3 的规定。

5.7.1.2 用于制造起重机的材料，应有材料生产厂或检验机构出具的符合国家(行业)标准的材质证明，对重要构件材料应抽样化验和试验，其化学成分、力学性能应符合相应标准的规定。承载结构的钢材应具有抗拉强度、伸长率、屈服强度和硫、磷含量的合格保证，对焊接结构尚应具有碳含量的合格保证，焊接承载结构以及重要的非焊接承载结构采用的钢材还应具有冷弯试验的合格证。

5.7.2 主要构件联接

5.7.2.1 焊接

5.7.2.1.1 焊条与焊丝的选择应与主体构件材料强度以及焊缝所受载荷类型相适应。手工焊接用焊条应符合 GB/T 5117 或 GB/T 5118 的规定，焊丝应符合 GB/T 5293 或 GB/T 8110 的规定。自动焊接或半自动焊接采用的焊丝和相应的焊剂应符合 GB/T 5293、GB/T 12470 的相关规定。气体保护焊使用的氩气应符合 GB/T 4842 的规定，二氧化碳气体应符合 HG/T 2537 的规定。

5.7.2.1.2 焊缝坡口和接头构造应符合 GB/T 985.1、GB/T 985.2 和 GB/T 324 的规定，连接组装的偏差应符合 GB 50205 的规定。特殊需要的坡口形式和尺寸，可按具体情况规定并在图样上注明。

5.7.2.1.3 所有重要焊缝均应进行外观检查，不应有漏焊、烧穿、裂纹、气孔、未熔合、严重咬边、夹渣、熔瘤、凹坑等影响性能和外观质量的缺陷。

5.7.2.1.4 设计文件规定或外观检查怀疑有裂纹的焊缝，应进行表面探伤。磁粉探伤应符合 JB/T 6061 的规定，渗透探伤应符合 JB/T 6062 的规定。

5.7.2.1.5 全焊透熔化焊焊接接头的焊缝等级按 JB/T 10559 分级，在产品图纸上或工艺文件上应注明焊缝等级，焊缝缺陷的检验应符合下列要求：

a) 1 级焊缝：焊缝表面质量应达到 GB/T 19418 中的“B”级，焊缝内部质量应进行 100% 无损探伤；采用超声波探伤时不应低于 JB/T 10559 中的 1 级，采用射线探伤时应达到 GB/T 3323 中规定的质量等级Ⅱ；

b) 2 级焊缝：焊缝表面质量应达到 GB/T 19418 中的“C”级，焊缝内部质量应按结构材料、板厚等具体情况进行 30%～50% 无损探伤；采用超声波探伤时应达到 JB/T 10559 中的 2 级，采用射线探伤时不应低于 GB/T 3323 中规定的质量等级Ⅲ级；

c) 3 级焊缝：焊缝表面质量应达到 GB/T 19418 中的“D”级，焊缝内部质量可按具体情况进行抽检，采用超声波探伤时应达到 JB/T 10559 中的 3 级，射线探伤不作规定。

5.7.2.2 螺栓连接

5.7.2.2.1 钢结构采用高强度螺栓完成构件间的连接时，其连接接头应符合 JGJ 82 的规定。大六角头高强度螺栓接头所用螺栓、螺母、垫圈及其技术要求应分别符合 GB/T 1228、GB/T 1229、GB/T 1230、GB/T 1231 的规定。扭剪型高强度螺栓接头所用的钢结构用扭剪型高强度螺栓连接副应符合 GB/T 3632 的规定。

5.7.2.2.2 连接结构件的铰制孔用螺栓副，螺栓的力学性能等级不应低于 8.8 级，螺母的力学性能等级不应低于 8 级。螺栓与铰制孔的配合宜采用 GB/T 1801 中 H8/m6。

5.7.3 结构件制造的允许偏差

5.7.3.1 基本焊接结构件制造的形状和位置偏差不应超过表 10 的规定。

表 10 结构件制造允许偏差

单位为毫米

序号	简图	检查项目		允许偏差
1		构件直线度	垂直方向	$f \leqslant L/1\ 500$
	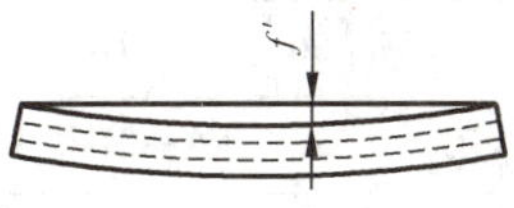		水平方向	$f' \leqslant L/2\ 000$
2	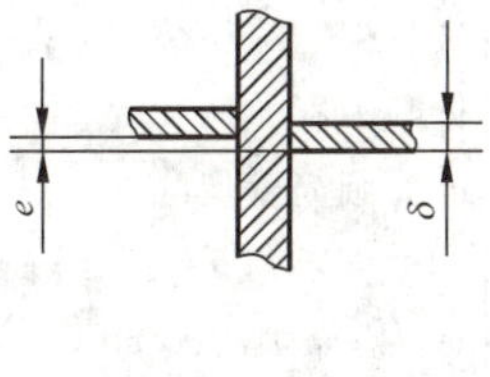	筋板相对错位量		$e \leqslant 0.3\delta$

表 10（续）

单位为毫米

序号	简图	检查项目	允许偏差
3	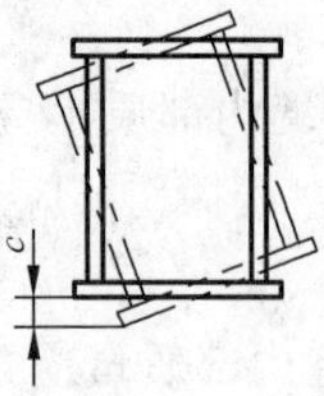	箱形梁、工字梁扭曲度	构件长 $L\leqslant 5\ 000$　$c\leqslant 4$
			$5\ 000<L\leqslant 10\ 000$　$c\leqslant 6$
			$10\ 000<L\leqslant 20\ 000$　$c\leqslant 8$
			$20\ 000<L\leqslant 30\ 000$　$c\leqslant 10$
			$30\ 000<L\leqslant 50\ 000$　$c\leqslant 15$ 式中： L——构件的最长边长度 c——翘曲变形量
4	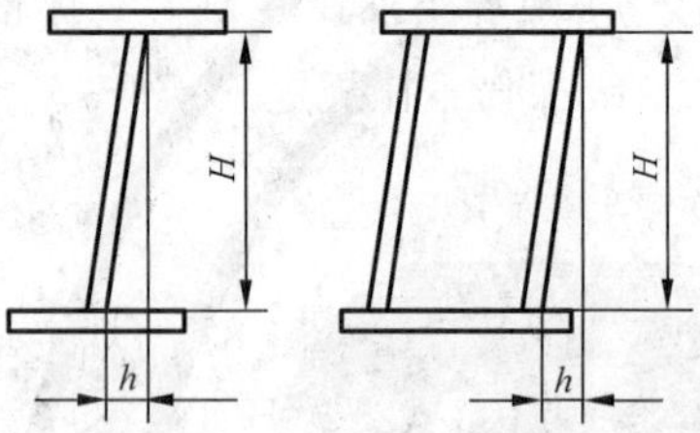	箱形梁、工字梁腹板垂直度	$h\leqslant H/300$ 在筋板或节点处测量
5	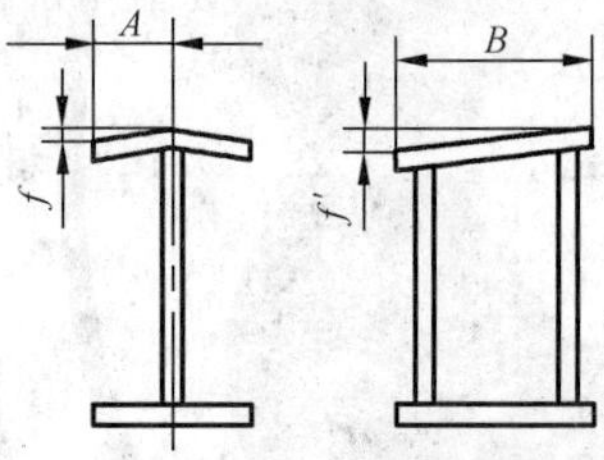	工字梁翼缘板翘曲度 箱形梁上翼缘水平翘曲度	$f'\leqslant A/100$，在筋板处测量$\leqslant 6$ 接口处 $f'\leqslant A/100$
			$f'\leqslant B/200$，在筋板处测量 接口处 $f'\leqslant B/350$
6	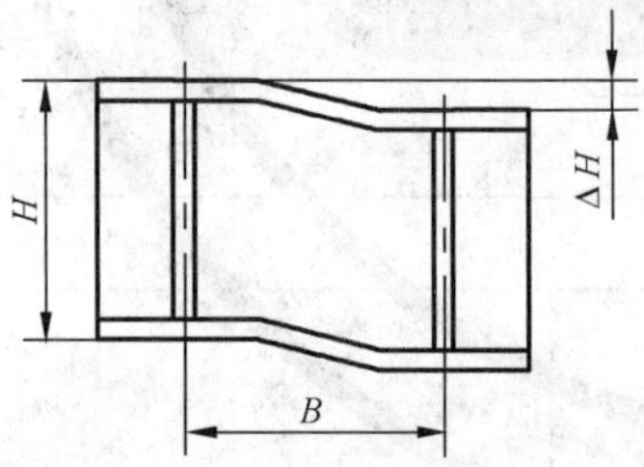	相配梁高度差	$\Delta H\leqslant B/1\ 000$，$\Delta H\leqslant 10$
7	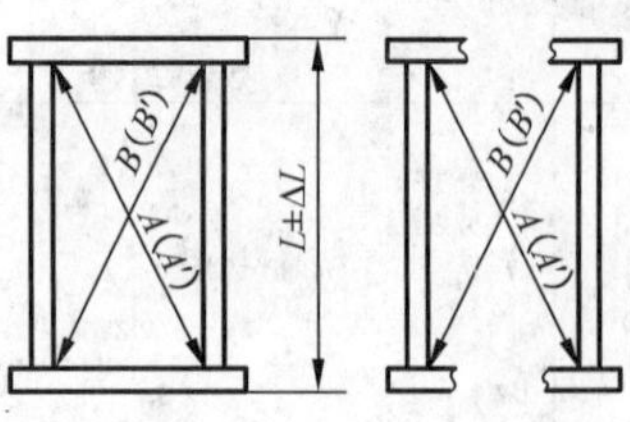	构件尺寸偏差	$L\leqslant 7\ 000$　$\Delta L\leqslant 3$
			$L>7\ 000$　$\Delta L\leqslant 5$
		两对角线长度之差	$L\leqslant 7\ 000$　$\|A-B\|\leqslant 4$
			$L>7\ 000$　$\|A-B\|\leqslant 7$
			关联：$\|A-A'\|\leqslant 1$，$\|B-B'\|\leqslant 1$
8	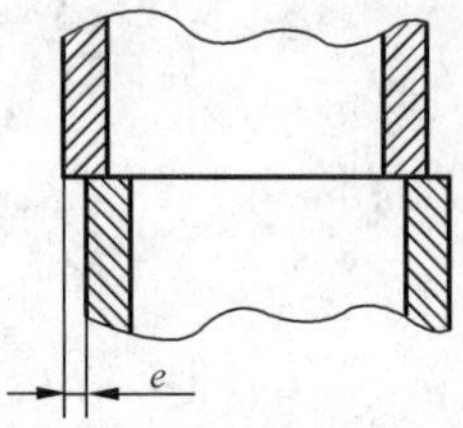	筒体对接厚度错位	$e\leqslant 0.2\delta$ δ 为圆筒壁厚

表 10（续）

单位为毫米

<table>
<tr><th>序号</th><th>简图</th><th>检查项目</th><th colspan="2">允许偏差</th></tr>
<tr><td>8</td><td>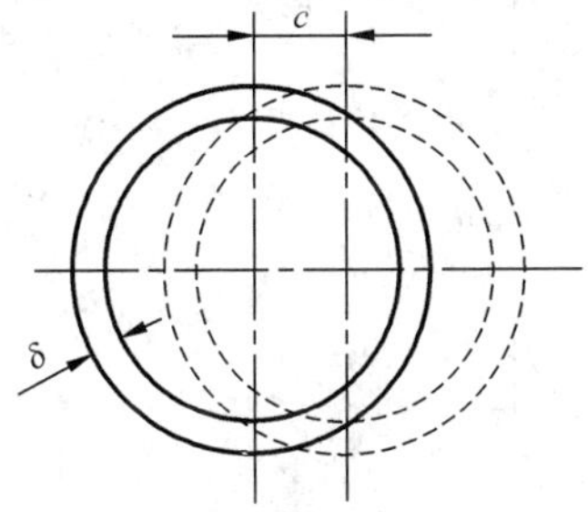</td><td>筒体对接中心偏差</td><td colspan="2">$c \leqslant 0.2\delta$
δ 为圆筒壁厚</td></tr>
<tr><td rowspan="3">9</td><td rowspan="3">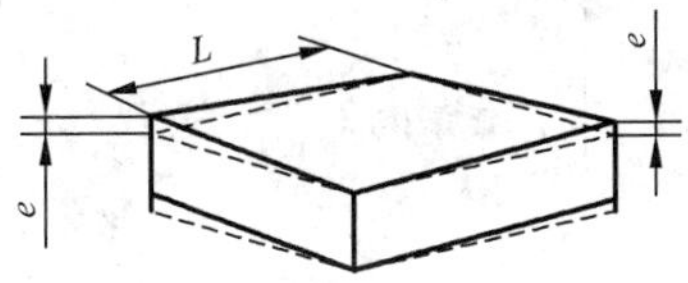</td><td rowspan="3">翘曲变形量</td><td colspan="2">$L \leqslant 2\ 000$：$e \leqslant L/1\ 000+2$</td></tr>
<tr><td colspan="2">$2\ 000 < L \leqslant 5\ 000$：$e \leqslant L/1\ 000+4$</td></tr>
<tr><td colspan="2">$5\ 000 < L \leqslant 150\ 000$：$e \leqslant L/1\ 000+7$</td></tr>
<tr><td rowspan="2">10</td><td rowspan="2">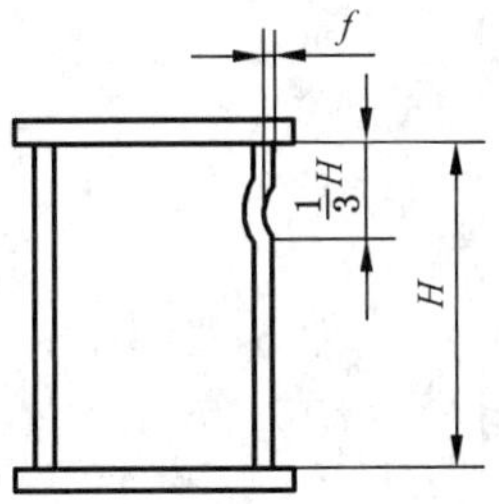</td><td rowspan="2">箱形梁、工字梁腹板平面度</td><td rowspan="2">用 1 m 平尺检查</td><td>在受压 $H/3$ 区域内，且相邻筋板间凹凸不超过一处
$f \leqslant 0.6\delta$</td></tr>
<tr><td>在其余区域内
$f \leqslant \delta/2+H/500$，$f \leqslant 15$</td></tr>
<tr><td rowspan="3">11</td><td rowspan="3">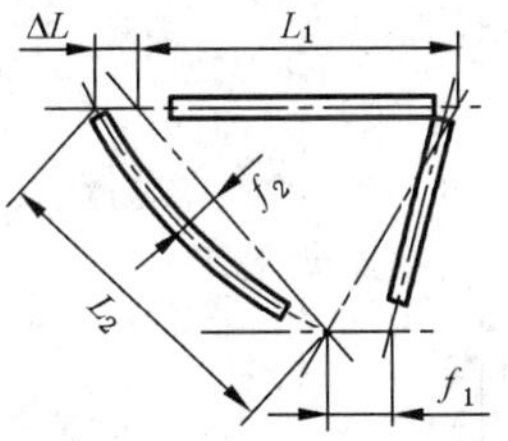</td><td>桁架腹杆轴线对理论轴线偏差</td><td colspan="2">$f_1 \leqslant 5$</td></tr>
<tr><td>腹杆的直线度</td><td colspan="2">$f_2 \leqslant 1.5L_2/1\ 000$ 且 $f_2 \leqslant 5$</td></tr>
<tr><td>桁架节距偏差</td><td colspan="2">$\Delta L \leqslant 3L_1/1\ 000$</td></tr>
<tr><td rowspan="5">12</td><td rowspan="5">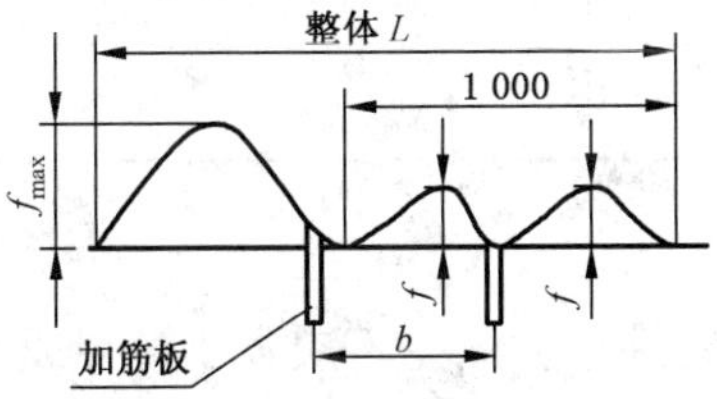</td><td rowspan="5">箱形梁、工字梁翼缘板平面度 1 m 内整体加筋板之间</td><td colspan="2">用 1 m 平尺检查 $f \leqslant 3$</td></tr>
<tr><td colspan="2">整体 $f_{max} \leqslant 1.5L/1\ 000$</td></tr>
<tr><td rowspan="3">加筋板之间</td><td>$b \leqslant 500$　$f' \leqslant 2$</td></tr>
<tr><td>$500 < b \leqslant 2\ 000$　$f' \leqslant b/250$</td></tr>
<tr><td>$b > 2\ 000$　$f' \leqslant 8$</td></tr>
<tr><td rowspan="4">13</td><td rowspan="4">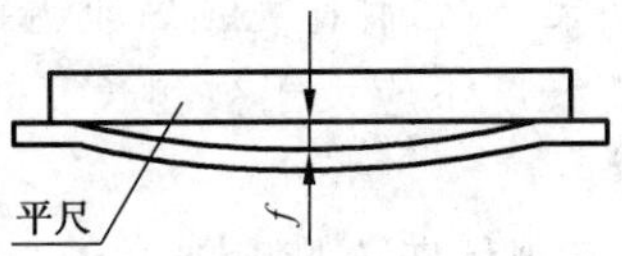</td><td>司机室围壁平面度</td><td rowspan="4">用 1 m 平尺检查</td><td>$f \leqslant 5$</td></tr>
<tr><td>机器房围壁平面度</td><td>$f \leqslant 5$</td></tr>
<tr><td>棚顶平面度</td><td>$f \leqslant 10$</td></tr>
<tr><td>平台平面度</td><td>$f \leqslant 8$</td></tr>
</table>

表 10（续）

单位为毫米

序号	简图	检查项目	允许偏差
14	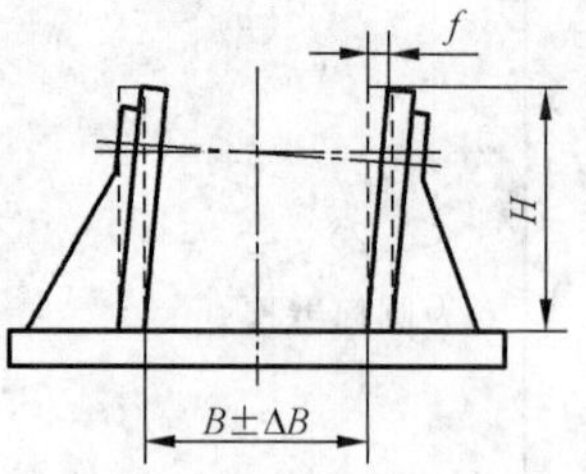	支座耳板垂直度	$f \leqslant H/200$
		支座开档尺寸偏差	$\Delta B \leqslant B/200$
15	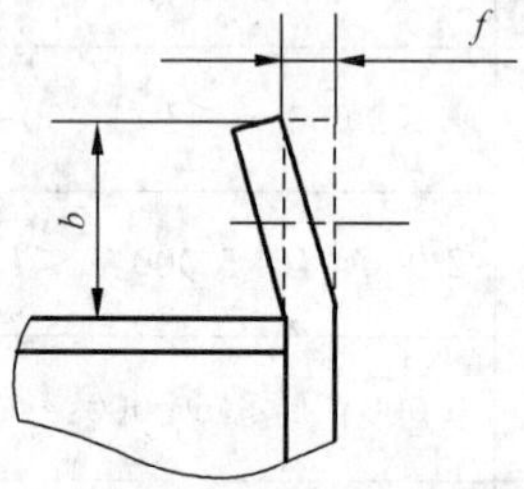	法兰面角变形	$f \leqslant b/30$
16	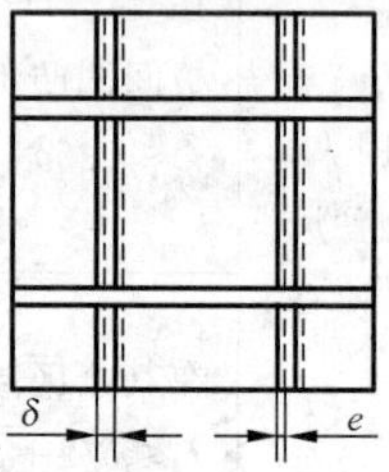	筋板（隔板）相对位置偏差	$e \leqslant \delta/2$
17	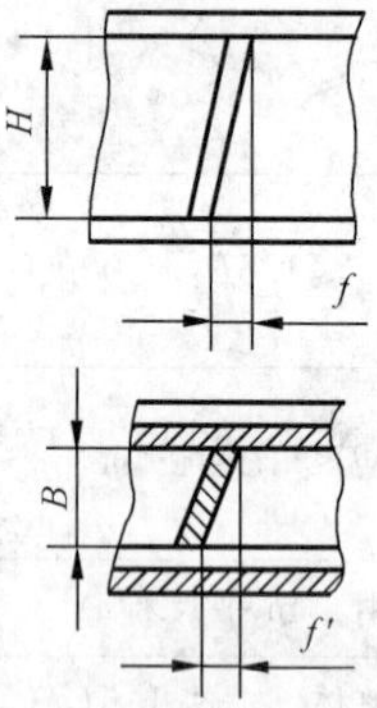	筋板（隔板）对箱形梁（工字梁）腹板或翼缘板的垂直度	$f \leqslant 3H/1\ 000$ $f' \leqslant 3B/1\ 000$

5.7.3.2 制作完工后的结构件的允许偏差应符合以下规定：

a) 箱形梁、工字梁、筒体及其他各类构件焊接成型后的线性尺寸偏差不应大于设计或 GB/T 1804 一般公差的粗糙级所规定的值；

b) 臂架、象鼻架、大拉杆、平衡梁、对重拉杆、上转柱或人字架、转台制作完工后应达到：

- 整体结构轴线在给定平面内（垂直面与水平面）的直线度不应大于被测长度的 1/1 000，并不应超过 20 mm；
- 铰点几何轴线对其结构纵向对称平面的垂直度，对于刚性四连杆臂架系统，不应大于各自铰点几何轴线距离的 1/2 000；对于钢丝绳变幅的臂架系统，不应大于各自铰点几何轴线距离的 1/1 000；

- 同一构件上铰点几何轴线相互间的平行度，对于刚性四连杆臂架系统，不应大于被测铰点间距的 1/1 500；对于钢丝绳变幅的臂架系统，不应大于被测铰点间距的 1/500；
- 同一铰点两轴孔的同轴度不应低于 GB/T 1184 中 10 级；
- 铰点对各自构件纵向中心平面的对称度不应大于被测铰点间距的 1/2 000；非钢丝绳变幅的臂架系统，臂架上变幅铰点偏离臂架纵向平面的距离不应大于 1.5 mm；
- 同一构件上两对铰点几何轴线之距的公差值不应大于轴线之距的 1/3 000，最大不应超过 10 mm；
- 两根成对杆件的铰点相对长度差不应大于 1.5 mm；
- 转台下部与回转支承接触表面的平面度不应大于滚道中心直径的 1/2 500；

c) 门架系统的许用偏差应符合以下要求：

- 转盘式回转支承门座起重机，门架的纵向轴线对水平基准面的垂直度，当采用筒形门架时不应大于 h/1 500，当采用桁架型门架时不应大于 h/500；上支承法兰与回转大轴承接触表面的平面度应为 GB/T 1184 中的 9 级，水平偏斜应控制在 $a \leqslant D/1\ 500$；当支承装置采用支承滚轮时应控制在 $a \leqslant D/1\ 000$，偏差示意图如图 9 所示；

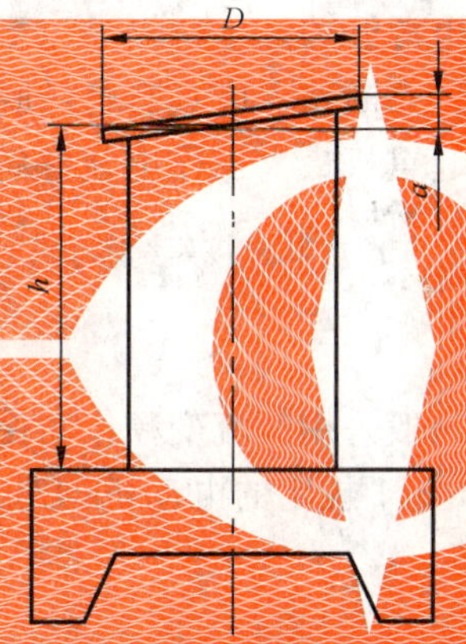

图 9　圆筒形门架垂直度与水平偏斜

- 转柱式回转支承门座起重机中，交叉式门架与撑杆式门架的上支承环水平轮轨道中心和下支承座中心偏差 $e \leqslant h/2\ 000$，且 $e \leqslant 6$ mm；支承座的水平偏斜 $f \leqslant D/1\ 500$。偏差示意图如图 10 所示；

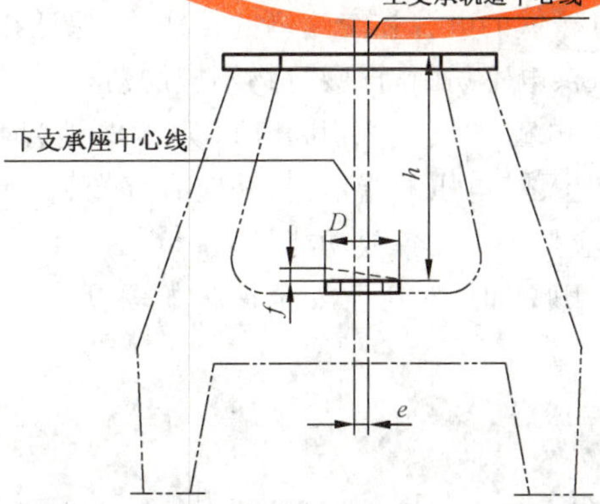

图 10　交叉式门架与撑杆式门架上、下支承中心偏差及下支承座偏差

- 门架支腿轨距(*K*)公差和基距(*b*)公差应符合附录 A 中表 A.3 的要求；
- 转柱结构几何轴线对其底平面的垂直度不应大于被测结构长度的 1/1 500；
- 大针轮制造允许偏差：针销节距公差值应小于±0.25 mm，大针轮节圆直径公差应按 GB/T 1801 规定的 h9 级，大针轮与上支承环滚道同轴度不应低于 GB/T 1184 规定的 9 级。

5.8 电气设备

5.8.1 总则

起重机电气设备应符合 GB/T 3811、GB 5226.2 和本标准的要求。

5.8.2 电源与供电

5.8.2.1 起重机供电电源的容量除应满足 5.1.1 的要求外，对于额定线电压高于 1 000 V 的交流供电系统，其供电线路及保护的设计应符合高压供电有关规定。

5.8.2.2 在电源周期的任意时间，电源中断或零电压持续时间不应超过 3 ms，相继中断间隔时间应大于 1 s。

5.8.2.3 起重机宜装设切断总电源的电源开关。

5.8.2.4 总电源回路应设置总断路器。总断路器应具有电磁脱扣功能，其额定电流应大于起重机额定工作电流，电磁脱扣电流整定值应大于起重机最大工作电流并符合整定要求。总断路器的断弧能力应能断开在起重机上发生的短路电流。

5.8.3 电气设备的选用原则

5.8.3.1 起升、旋转、变幅和运行机构一般采用交流变频传动控制系统。

5.8.3.2 除辅助机构外，应采用符合 5.6.1 规定的电动机，必要时也可采用符合起重机要求的其他类型电动机。

5.8.3.3 选择电阻器时应注意：

a) 接电持续率不同的电动机，宜选用不同参数的起重机标准电阻器；如特殊需要，也可由起重机制造厂自行设计，但应符合 GB/T 3811—2008 中 7.5.1.3 的规定；

b) 起升机构不应选用频敏电阻器；

c) 电阻器应加防护罩，并注意散热需要的空间；室内使用时其防护等级不应低于 GB 4208 中的 IP10，室外使用时不应低于 IP13；

5.8.3.4 当采用按钮盒控制时，控制电压不应大于 250 V。

5.8.3.5 对电磁起重机，起重电磁铁的电源在交流侧的接线，应保证在起重机内部各种事故断电(起重机集电器不断电)时，起重电磁铁供电不切断，即吸持物不应脱落。

5.8.3.6 如果用户要求对起重电磁铁设置备用电源(如蓄电池)时，备用电源支持时间不宜小于 20 min，应同时提供自动充电装置及其电压的指示器，并应有灯光和声响警告装置示警。该电源可接入起升制动器回路，或起升制动器应具有手动释放功能。

5.8.3.7 当选用可编程控制器(PLC)时，对用于安全保护的联锁信号，如极限限位、超速等，应具有直接的继电保护联锁线路。

5.8.4 馈电装置

5.8.4.1 起重机电源的馈电装置一般应采用电缆卷筒(盘)、集电器供电，也可采用滑触线。

5.8.4.2 采用电缆卷筒(盘)应满足以下要求：

a) 应符合 GB/T 3811—2008 中 7.2.2.2.3 的规定；

b) 电缆卷筒(盘)的电缆进出口密封措施应有效,滑环箱防水性能应有效、可靠;
c) 当起重机运行至极限位置时,电缆卷筒(盘)上应至少保留两圈电缆;
d) 电缆卷筒(盘)应装设有效、可靠的导缆器,保证起重机在运行过程中不发生电缆被卡现象;
e) 电缆在卷筒(盘)上的连接应牢固,并保证电气接点不被拉曳;电缆收放速度应与起重机运行速度同步;
f) 力矩电机驱动的电缆卷筒宜装设调压器,调压器的电压待现场试运转后调整,以使电缆收放自如;
g) 电缆卷筒(盘)的安装精度应符合表11的规定;测量方法见图11和表11。

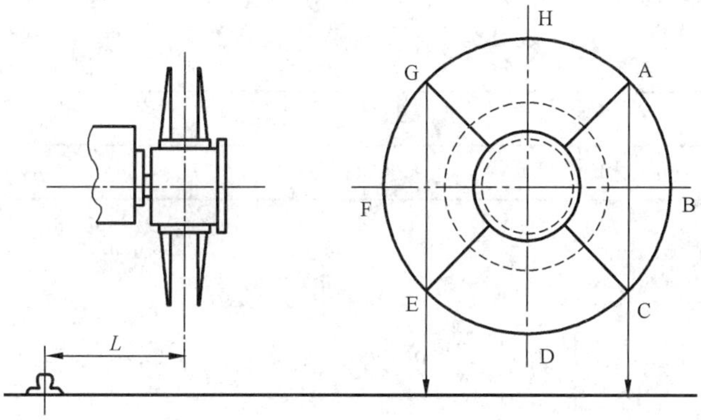

图11 电缆卷筒安装测量

表11 电缆卷筒安装允许偏差

单位为毫米

检查项目	测量方法	允许偏差
电缆卷筒与轨道的平行度	用线锤和钢卷尺测量A～H各点至轨道的垂直距离 L	±2.5

5.8.4.3 集电器应满足以下要求:
a) 应符合GB/T 3811—2008中7.2.2.2.2的规定;
b) 集电滑环和碳刷应满足相应的电压等级和电流容量的要求,每个滑环至少有一对碳刷,碳刷与滑环的接触面积不应小于80%,并接触均匀;集电器的设计应方便维护与检查;
c) 滑环与滑环间的绝缘电阻值不应小于1 MΩ;滑环间最小间隔不应小于12 mm,且爬电距离不低于20 mm,并经耐压试验后无击穿、闪络现象;

5.8.4.4 采用电源滑触线和/或安全滑触线应满足以下要求:
a) 应符合GB/T 3811—2008中7.2.2.2.1的规定;
b) 集电导线、滑触线系统和滑环组件的构造和安装应符合GB 5226.2—2002中13.8.8的规定。

5.8.5 控制柜

5.8.5.1 应选用符合GB 7251.1规定的控制柜。

5.8.5.2 电气室内高压柜和低压柜应分开。

5.8.5.3 控制柜宜采用整体防护式结构,面板带门,并能可靠锁住。可开启的控制柜门应以软导线与接地金属构件可靠地连接。

5.8.5.4 控制柜内应设照明装置,在超过5.1.5所规定的湿度环境中工作的控制柜内应设防潮空间加热器。

5.8.5.5 在无遮蔽的场所安装使用的控制柜应具有防雨、防尘功能。其外壳防护等级不应低于

GB 4208 中的 IP54。

5.8.5.6　控制柜的金属壳内应设保护接地螺钉，并在明显处标志保护接地符号，螺钉应是不小于 M6 的镀锌件或铜质件；若门上有电气元件，应装设专用接地线，门应可靠锁住。

5.8.5.7　控制柜应安装牢固，箱壳和箱柜前面至少要留 400 mm 宽的净空，地面应无障碍物。

5.8.5.8　控制柜内导线不允许中间接头；所有导线端部及接线端子应有与电气原理图和布线图一致的永久性识别标记、编号。

5.8.5.9　500 V 及以下的交直流母线及其分支线，其不同极的裸露载流部分与绝缘的金属体之间的电气间隙和爬电距离应符合表 12 的要求。

表 12　电气间隙与爬电距离

单位为毫米

类　别	电气间隙	爬电距离
控制柜	≥12	≥20

5.8.6　联动控制台

5.8.6.1　联动控制台上的操作手柄应具有零位自锁，主令控制器应操作灵活、档位清楚、工作可靠、零位手感明确。

5.8.6.2　联动控制台上所有按钮、转换开关、指示灯等电气元件的上面或附近均应清晰地标明其用途及操作方向的含义。

5.8.6.3　对于操作手柄，一般选择右手控制起升机构、运行机构，左手控制变幅机构、回转机构。采用手柄控制操作时，机构运动方向应与表 13 规定的手柄方向一致。

表 13　机构运动与手柄控制方向

机　构	运动方向	手柄方向
起升、变幅机构	上升、减幅	向着司机（手柄向后）
	下降、增幅	离开司机（手柄向前）
回转、运行机构	向右回转、运行	手柄向右
	向左回转、运行	手柄向左

5.8.7　电气设备的安装

5.8.7.1　电气设备应安装牢固，在起重机工作过程中，不应发生目测可见的水平移动和垂直跳动。

5.8.7.2　四箱及四箱以下的电阻器可以直接叠装，五箱及六箱叠装时，应考虑加固措施并要求各箱之间的间距不应小于 80 mm，间距过小时应降低容量使用或采取其他相应措施。

5.8.7.3　控制柜的安装应符合 GB 5226.2—2002 中第 12 章和 GB 50171—2012 中第 3 章～第 7 章的规定。终端的标示与标志应符合 GB/T 4026 的规定。

5.8.7.4　安装在电气室内的电气设备，其防护等级可以为 GB 4208 中的 IP 00，此时应有适当的防护措施，如防护栅栏、防护网等。

5.8.8　电线、电缆及其敷设

5.8.8.1　起重机上应采用铜芯、多股导线。电气室、司机室、控制屏、保护箱内的配线，主回路小截面导线与控制回路的导线，可用塑料绝缘导线。港口工作的起重机宜用船用电缆。

5.8.8.2　起重机外部连接用电线电缆截面选择：对于多股单芯导线，截面不应小于 1.5 mm^2；对于多股多芯电缆，截面不应小于 1.0 mm^2；对于电子装置、油压伺服机构、检测与传感元件的连接线，其截面不作规定。

5.8.8.3　不同电压种类和电压等级的电线敷设，应尽量分开。

5.8.8.4　导线的连接和分支点处应设置接线盒，室外接线盒及出线孔的密封装置应能防雨。

5.8.8.5　交流载流 25 A 以上的单芯电线(或电缆)不允许单独穿金属管。

5.8.8.6　传送低电压、低功率的电缆线，不应与动力电缆或不同电压等级的电缆使用同一根多芯电缆(集装箱吊具电缆除外)，必要时还要采用屏蔽电缆。

5.8.8.7　所有导线中均不允许有中间接头。照明线允许在设备附近用过渡端子连接。

5.8.8.8　每一根独立的连续的电缆管，累计的弯曲角度应小于 360°。超过 360°时，需要用分线盒或者三通过渡。硬管的中心弯曲半径应大于所穿电缆允许的最小弯曲半径，并且不小于表 14 所示的弯曲半径。

表 14　电线管最小弯曲半径

单位为毫米

电线管规格	弯曲半径
1/2”	102
3/4”	115
1¼”	185
2”	242
3”	331
4”	407

5.8.8.9　线管或线槽应尽量引接到电气设备附近；在人不易触及的部位，可以使用托架。

5.8.8.10　电缆固定敷设的弯曲半径不应小于 5 倍电缆外径，扁形移动电缆的弯曲半径不应小于 10 倍电缆厚度，圆形移动电缆的弯曲半径不应小于 8 倍电缆外径。

5.8.8.11　接线盒(箱)的内腔，应有足够的引线空间。

5.8.8.12　导线穿过钢管或金属孔、洞处，应有保护措施，以防止导线磨损。电缆允许直接敷设，但在有机械损伤、化学腐蚀、油污浸蚀的地方应有防护措施。

5.8.8.13　导线与端头的连接应采用专用的冷压钳将导线与冷压铜端头压紧，不脱落。

5.8.8.14　线管、线槽、司机室地板下等导线密集的地方，应将导线整理成束，导线的两端应有与电路图或接线图一致的永久性识别标记和线束号。

5.8.8.15　起重机、司机室、电气室和电气设备的进出线孔，线槽和线管的进出线口均应采取防雨措施，且不应积水。

5.8.8.16　保护导线的标识应符合 GB 5226.2—2002 中 14.2.2 的规定。其他导线的标识应符合 GB 5226.2—2002 中 14.2.4 的规定。

5.8.9　照明与信号

5.8.9.1　起重机司机室、机房、电气室内照明的平均照度不应低于 30 lx。起重机转台上或其他位置上应装有足够功率灯具，使起重机作业工作面的直接平均照度应达到 30 lx。起重机各主要通道、扶梯、平台入口处的平均照度不应低于 20 lx。

5.8.9.2　照明、信号的供电应设专用电路，电源应从主断路器(或主刀开关)进线端分接。当主断路器(或主刀开关)断开时，照明、信号电路不应断电。各种照明、信号电路均应设置短路保护。

5.8.9.3 固定式照明装置的电源电压不应超过 220 V,不应用金属结构作为照明线路的回路。可携式照明装置(安全局部照明灯)的电源电压不应超过 50 V,采用交流供电的,不应使用自耦变压器。
5.8.9.4 应用减振型或有减振措施照明灯具,室外照明灯具还应设有防坠落装置。室外和潮湿场所应用防水型照明灯具。

5.9 装配

5.9.1 制动轮和制动盘的安装

制动轮安装后,其径向跳动不应超过表 15 规定的值;制动盘安装后,其端面跳动不应超过表 16 规定的值。

表 15 制动轮径向跳动公差

单位为毫米

制动轮直径	≤100	>100～250	>250～500	>500～800
径向跳动	0.04	0.05	0.06	0.08

表 16 制动盘端面跳动公差

单位为毫米

制动盘直径	≤250	>250 ～500	>500 ～800	>800 ～1 250	>1 250 ～2 000	>2 000 ～3 150	>3 150 ～5 000
端面跳动	0.05	0.06	0.08	0.1	0.12	0.15	0.2

5.9.2 传动链连接件的安装

5.9.2.1 传动链中各部件间的连接,同一轴线的偏斜角不应大于所用联轴器允许的安装误差。
5.9.2.2 装配好的各机构,使末级轴(如卷筒轴)旋转一周的过程中,应转动灵活,不应有卡阻等异常现象。

5.9.3 结构件的安装

5.9.3.1 上转柱与转盘组装后,其臂架下铰点几何轴线与上转柱头部平衡梁支座铰点几何轴线间的平行度不应超过 1/1 000,这两个几何轴线对纵向对称平面的垂直度不应超过其中最大铰点之距的 1/2 000。
5.9.3.2 转盘、水平轮、门架和下转柱组装后,水平轮中心平面到下支承座平面的距离偏差与上支承环滚道中心平面到下支承座平面的距离偏差之差的绝对值,不应大于回转轨道支承板厚度的 1/4;下转柱水平滚轮几何中心与转柱下端面几何中心的连线应与转柱下端面垂直,其垂直度公差值不应大于全长 1/2 000。

5.9.4 起重机车轮的构造公差及运行公差

起重机车轮构造公差见附录 A 中表 A.3;起重机车轮的运行公差见附录 A 中表 A.4。

5.10 涂装

5.10.1 涂装前金属结构件表面处理

涂装前钢构件表面应进行除锈处理。起重机的门架、转台、转柱、臂架、象鼻梁、拉杆、平衡梁等重要结构件应进行喷(抛)丸除锈处理,其质量应达到 GB/T 8923.1 中的 Sa2 $\frac{1}{2}$级;一般构件应达到 Sa2 级或 St2 级(手工除锈)。

5.10.2 涂漆质量

5.10.2.1 起重机面漆应均匀、细致、光亮、完整和色泽一致,不应有粗糙不平、漏漆、错漆、皱纹、针孔及严重流挂等缺陷。

5.10.2.2 在盐雾等腐蚀环境中工作的起重机采用较厚的漆膜厚度,内河船厂门座起重机和水利电力门座起重机漆膜厚度可用较低值;结构外表面漆膜厚度取较高值,结构内部漆膜厚度可取较低值;重要结构漆膜厚度值应较高,次要构件漆膜厚度值可低。具体漆膜厚度按起重机工作环境需要,由供需双方另行约定。

5.10.2.3 漆膜附着力应符合 GB/T 9286 中规定的 1 级质量要求。

5.10.2.4 涂漆颜色按供需双方约定执行。

6 试验方法

6.1 总则

起重机的试验方法应按 GB/T 5905 规定的规范和程序进行。速度和时间参数的测量应符合 GB/T 22414 的规定,测量精度应满足 GB/T 21457 的要求。

6.2 试验条件

6.2.1 试验所需的测试仪器符合要求。

6.2.2 在用户使用地点进行试验,起重机运行轨道的安装应符合 5.1.2 的规定。

6.2.3 试验时,10 m 高度处的风速不应大于 8.3 m/s。

6.2.4 试验场地应平整坚实,起重机工作范围内不应有妨碍起重机回转、变幅、运行动作的障碍物。在试验场周边应设置安全警示标志。

6.2.5 试验载荷应符合 GB/T 22415 的规定。

6.2.6 有特殊要求的起重机可按供需双方约定的条款进行试验。

6.3 整机试验

6.3.1 目测检验

目测检验应包括所有重要部件的规格和/或状态是否符合要求,如:

——各机构、电器系统、液压系统、安全连锁装置、制动器、控制器、照明及信号系统等;

——起重机金属结构及其连接件、梯子、通道、司机室、平台;

——所有防护装置;

——吊钩或其他取物装置及其连接件;

——钢丝绳及其连接件;

——滑轮组及其轴和紧固件、臂架的连接件。

检验时,除了正常维护和检验需要打开的盖子(如限位开关盖)外,不应拆开其他部件。

检验程序还应包括检查 GB/T 17908 中规定的验收文件是否已提交并通过审核。

6.3.2 技术性能参数的测定

6.3.2.1 总则

起重机进行技术性能参数测定时,应按照 GB/T 17908 规定的技术性能进行,并验证起重机的基本参数。

6.3.2.2 几何参数尺寸测定

在空载时测量，以3次测量的算术平均值作为测定数据。测量参数至少应包括轨距、基距、门座(门腿)净空尺寸、尾部回转半径等几何尺寸。

6.3.2.3 质量的测定

起重机及其部件质量的测量应按 ISO 11629:2004 的规定进行。

6.3.2.4 起重机轨道和车轮的构造公差和运行公差

起重机处于空载状态下，测量附录A中表A.1～表A.4规定的起重机轨道和车轮的构造公差和起重机的运行公差。

6.3.2.5 起升范围

测量取物装置从轨面上最高位置下降至轨面下最低位置的垂直距离。

6.3.2.6 幅度

分别测量在最大幅度和最小幅度状态下取物装置垂直中心线至起重机的回转中心线的水平距离。

6.3.2.7 起升速度/下降速度

起重机在稳定运行状态下，起升(下降)额定载荷，测取载荷稳定运行通过10 m行程所需的时间或测取卷筒稳定运转三圈所用时间，以3次测量的算术平均值作为起升(下降)速度，对安装用的船厂和水利电力门座起重机还应测取低速下降速度。

6.3.2.8 回转速度

起重机在稳定运行状态下，起重机带额定工作载荷于相应的最大幅度处以最高回转速度回转，测取回转圈数及相应的回转时间，以3次测量的算术平均值作为回转速度。

6.3.2.9 变幅时间/变幅速度

起重机变幅机构在稳定运行状态下，以额定工作载荷在变幅平面内从最大幅度到最小幅度运行，测量全程运行所需的时间，以3次测量的算术平均值作为变幅时间。用幅度和变幅时间计算出平均速度作为变幅速度。

6.3.2.10 运行速度

起重机在稳定运行状态下，测取空载(港口门座起重机和水利电力门座起重机)或带额定工作载荷(船厂门座起重机)以最高速度沿轨道稳定运行通过10 m行程所需的时间，以3次测量的算术平均值作为运行速度。

6.3.2.11 驱动装置的性能(在试验载荷状态下电动机的电流)

分别在空载和额定载荷工况下以额定速度分别进行起升、回转、变幅、运行动作试验各3次，测取各机构电动机最大启动电流值、稳定电流值、励磁电流值、功率、转速及电压值，以3次测量的算术平均值作为测定值填入附录B的表B.1所示的记录表中。

6.3.3 静载试验

6.3.3.1 静载试验的目的是检验起重机以及各结构件的承载能力。

6.3.3.2 试验应在主要构件承受最大载荷的位置和状态下进行。对于一个状态静载试验不能使起重机的每个主要部件都能承受最大载荷的起重机，应进行附加的静载试验或使这些部件承受所需力的试验。

6.3.3.3 试验载荷为1.25倍相应幅度的额定起重量。试验时，试验载荷应被逐渐地加上去，起升至离地面100 mm～200 mm处，悬空时间不应少于10 min。

6.3.3.4 试验时允许调整起重量限制器、力矩限制器、液压系统安全溢流阀压力，但试验后应调回到设计规定的数值。

6.3.3.5 试验结束后，全面检查起重机，如果未见到裂纹、永久变形、油漆剥落或其他对起重机性能与安全有影响的损坏，连接处也没有出现松动或损坏，则认为试验的结果合格。

6.3.3.6 对采用液压油缸变幅的起重机，静止的起重臂在任何工作位置均不应出现下滑现象。

6.3.4 额定载荷试验

6.3.4.1 额定载荷试验目的是进一步测试起重机的相关功能指标。

6.3.4.2 额定载荷试验的工况见表17。

6.3.4.3 当采用集装箱吊具时，检查吊具工作性能与减摇装置性能应符合设计要求。

6.3.4.4 对带有料斗、带式输送机系统的门座起重机，应进行料斗物料落卸控制与带式输送机满负荷运行试验。试验过程中，物料落卸控制应有效、可靠，带式输送机不应有跑偏现象。

6.3.4.5 在进行表17规定的试验时，应注意设计规定的在不同幅度范围起重机所承受的额定载荷均需按表中的全部内容进行试验。

6.3.4.6 在完成表17规定的试验后，应进行额定载荷下起升、变幅联合动作和起升、回转联合动作试验各3次。试验过程中，起升、变幅制动与起升、回转制动各进行3次。

表17 额定载荷试验工况

序 号	试验工况	一次循环内容	循环次数
1	额定起重量；相应的最大幅度；起重臂摆动平面垂直轨道或平行轨道	试验载荷由地面起升至最大高度（中间制动1次）→下降到地面（中间制动1次）	3
2	额定起重量；相应的最大幅度；起重臂摆动平面平行轨道	试验载荷起升至离地1 m左右→起臂到最小幅度（中间制动1次）→落臂到原位（中间制动1次）→下降到地面	3
3	额定起重量；相应的最大幅度；起重臂摆动平面垂直轨道或平行轨道	试验载荷起升至离地面1 m左右→在作业范围内向左回转360°（中间制动1次）→再向右回转360°（中间制动1次）→下降到地面	3
4[a]	额定起重量；相应的最大幅度；起重臂摆动平面垂直或平行轨道或45°方向	试验载荷起升至地面1 m左右→在作业范围内向前运行大于10 m（中间制动1次）→再向后运行大于10 m（中间制动1次）→下降到地面	3

[a] 仅用于有带载运行要求的门座起重机的额定载荷试验。

6.3.4.7 试验中各机构工作正常，主要结构件、电气元件无异常，整机能够满足设计要求，则试验合格。

6.3.5 动载试验

6.3.5.1 动载试验目的主要是验证起重机各机构和制动器的功能。

6.3.5.2 试验时起重机应按操作规程进行控制，各机构均为中档速度运转。制动器制动力矩在试验前应调整完毕并满足试验要求，各机构的制动器在试验过程中应有效、可靠。

6.3.5.3 动载试验的工况见表 18。

表 18 动载试验工况

序 号	试验工况	一次循环内容	循环次数
1	1.1 倍额定起重量；相应的最大幅度；起重臂摆动平面垂直轨道或平行轨道	试验载荷由地面起升至最大高度(中间制动 1 次)→在作业范围内向左回转 360°(中间制动 1 次)→向右回转 360°(中间制动 1 次)→下降到地面(中间制动 1 次)	3
2	1.1 倍额定起重量；相应的最大幅度；起重臂摆动平面平行轨道	试验载荷起升至离地面 1 m 左右→起臂到最小幅度(中间制动 1 次)→落臂到最大幅度(中间制动 1 次)→下降到地面	3
3[a]	1.1 倍额定起重量；相应的最大幅度；起重臂摆动平面垂直或平行轨道或 45°方向	试验载荷起升至地面 1 m 左右→在作业范围内向前运行大于 10 m(中间制动 1 次)→再向后运行大于 10 m(中间制动 1 次)→下降到地面	3
[a] 仅用于有带载运行要求的门座起重机的额定载荷试验。			

6.3.5.4 试验时，起重机应按照操作手册的规定进行控制，且应注意把加速度、减速度和速度限制在起重机正常工作的范围内。

6.3.5.5 试验中应包括试验载荷在悬挂不动的状态下作上升起动时，不应出现反向动作与下滑现象。

6.3.5.6 在进行表 18 规定的试验时，注意设计规定的在不同幅度范围起重机所承受的额定载荷均需按表中的全部内容进行试验。

6.3.5.7 在完成表 18 规定的循环内容后，应进行试验载荷下起升，变幅联合动作和起升、回转联合动作试验各两次。试验过程中，起升、变幅制动与起升、回转制动各进行两次。

6.3.5.8 试验过程中，各机构应工作正常、无异常响声，动作灵敏、平稳、可靠，安全保护、联锁装置和限位开关的动作应准确、可靠。

6.3.5.9 试验结束后全面检查起重机，如果各部件能完成其功能试验，并在随后的目测检查中未发现机构或结构部件有损坏，且连接处也没有松动或损坏，则认为动载试验的结果合格。

6.3.6 稳定性试验

6.3.6.1 稳定性试验目的是检验起重机抗倾覆的能力。当在起重机吊钩上无冲击地加载时，起重机能够保持稳定，则认为该项试验的结果合格。

6.3.6.2 起重臂处于对整机稳定性最不利位置，慢速起升相应幅度下的试验载荷离地面 100 mm～200 mm 处并稳定不少于 5 min 时间，所有车轮踏面不应离轨顶。

6.3.6.3 稳定性试验载荷为 1.25 倍相应幅度的额定载荷。

7 检验规则

7.1 检验分类

起重机的检验分出厂检验和型式试验。

7.2 出厂检验

7.2.1 每台起重机都应进行出厂检验，检验合格后（包括用户特殊要求检验项目）方可出厂。

7.2.2 出厂检验项目见表19。

7.2.3 制造商应向用户提供起重机《产品合格证明书》和检测报告。

表19 检测项目表

序号	项目名称	出厂检验	型式试验	检验要求	试验方法
1	目测检验	√	√	第5章相关条款	6.3.1
2	带轮缘车轮的起重机轨距 K 的公差	√	√	表A.3序号1及图样	按GB/T 14406—2011中6.2.2
3	无轮缘车轮的起重机轨距K的公差	√	√	表A.3序号2及图样	
4	4轮起重机车轮基距 e 或8轮及8轮以上起重机台车基距 e 的公差	√	√	表A.3序号3及图样	
5	4轮起重机车轮或8轮及8轮以上起重机台车的同位差	√	√	表A.3序号4及图样	
6	导向轮或带轮缘车轮水平偏斜	√	√	表A.3序号5及图样	
7	车轮接触点高度差 Δh_r	√	√	表A.3序号7	
8	水平投影面内车轮中心线倾斜度 φ_r	√	√	表A.3序号6	按GB/T 14406—2011中6.3.3.1
9	水平导向轮在垂直轨道和沿轨道方向上的轴线倾斜度公差 αF 和 βF	√	√	表A.3序号8、9、10	按GB/T 14406—2011中6.3.3.3
10	静载试验	—	√	5.3.5	6.3.3
11	额定载荷试验	—	√	5.3.1	6.3.4
12	起升速度/下降速度	—	√	表7及图样	6.3.2.7
13	起重机运行速度	—	√	表7及图样	6.3.2.10
14	回转速度	—	√	表7及图样	6.3.2.8
15	变幅（俯仰）时间	—	√	图样	6.3.2.9
16	起升范围	—	√	表4及图样	6.3.2.5

表 19（续）

序号	项目名称	出厂检验	型式试验	检验要求	试验方法
17	起重噪声	—	√	5.5.11	按 GB/T 14406—2011 中 6.5
18	验证抓斗抓满率	—	√	5.3.3	按 GB/T 14406—2011 中 6.7
19	验证起重电磁吸盘的吸重能力	—	√	5.3.4	按 GB/T 14406—2011 中 6.8.1
20	动载试验	—	√	5.3.6	6.3.5
21	稳定性试验	—	√	5.3.7	6.3.6
22	漆膜总厚度	√	√	5.10.2.2	按 GB/T 14406—2011 中 6.2.10
23	漆膜附着力	√	√	5.10.2.3	按 GB/T 9286
24	电控设备中各电路的绝缘电阻	√	√	≥1 MΩ	按 GB/T 14406—2011 中 6.6

7.2.4 起重机宜在制造方进行整体或部件的预装，并进行空运转试验，否则应采取有效措施保证各部分在使用现场进行总装的正确性。

7.2.5 组装后各部件应分别进行空运转试验，正反方向运转，各试验累计时间不应少于 5 min。

7.3 型式试验

7.3.1 有下列情况之一时，应进行型式试验：

a) 新产品或老产品转厂生产的试制定型鉴定；

b) 正式生产后，如结构、材料、工艺有较大改变，可能影响产品性能时；

c) 产品停产达一年后恢复生产时；

d) 出厂检验结果与上次型式试验有较大差异时；

e) 国家质量监督机构提出进行型式检验要求时。

7.3.2 如果制造商没有条件进行整机试验，则应到用户使用现场作型式试验。

7.3.3 进行型式试验的起重机，应由制造商的质量检验部门或有资质的质量监督机构按实际与可能进行随机抽样。

7.3.4 型式检验项目见表 19。

8 标志、包装、运输及贮存

8.1 标志

8.1.1 起重机的规格标记应符合下列要求：

a) 应在明显位置永久性地标明额定起重量(或额定起重力矩)；

b) 额定起重量随全幅度范围变化的起重机，应设有明显可见的额定起重量随幅度全程变化的曲线或表格；凡不同幅度段规定有不同额定起重量的，幅度段的划分及各段的额定起重量，均应永久性地标明并明显可见；由制造商提供的操作说明书应能对不同幅度起重量做出更详细说明；

c) 如果起重机配备有多个起升机构，则应分别标明每个起升机构的额定起重量；由制造商提供的操作说明书应指明这些起升机构是否可以同时使用。

8.1.2 应在起重机司机室内或其他合适的明显位置设置起重机标牌，标牌应符合 GB/T 13306 的规定，标牌的内容应至少包括以下内容：

a) 产品型号及名称；

b) 主要性能参数；

c) 产品编号；

d) 出厂日期；

e) 制造商名称；

f) 执行标准代号。

8.2 包装

8.2.1 起重机的包装应符合 GB/T 13384 的有关规定。

8.2.2 需解体的零部件连接处应有清晰的对应性标记和编号，电线接头可书写编号。

8.2.3 每个包装上应标明零部件的名称、编号、重量、吊点位置，并应附有包装清单。

8.2.4 销轴、轴孔、螺纹及外露加工面应作防锈处理并妥善保护，液压管件接口封住，电线接头防水密封。

8.2.5 危险、易碎、防潮等包装箱、件，应分别标明危险、易碎、防潮、放置方向等符号及字样。

8.2.6 各种资料及装箱单、装拆发运单元清单、装拆编号图样等文件应防水封好，放在有标记的适当位置。

8.2.7 起重机出厂时至少应提供下列随行文件：

a) 产品合格证明书；

b) 起重机使用维护说明书；

c) 主要外购配套件的合格证及使用说明书；

d) 起重机总图及各主要部件装配图；

e) 易损件清单；

f) 随机工具及备件清单；

g) 其他。

8.3 运输

8.3.1 产品的运输应符合铁路、公路、航运的有关运输要求。

8.3.2 整体拖运还应满足：

a) 拖运装置应设有制动、转向装置，并符合通用牵引车辆的要求；

b) 起重机的回转部分应锁止，以防机构损坏；

c) 最大载荷应符合道路桥梁限载要求。

8.3.3 长大件和可能会移动的部件，应垫平绑扎牢固，防止变形、移位、碰撞。

8.3.4 各金属结构件在运输过程中应防止变形，必要时应局部临时加固或放置假轴于铰轴轴孔内，若发现明显变形，需复测尺寸及形位公差，合格后方可吊装。

8.3.5 运输过程中应防止碰撞、腐蚀、变形，电器设备、液压设备、电缆、钢丝绳等应采取防雨和防腐措施。

8.4 贮存

8.4.1 长期贮存时，应定期清理、涂漆。裸露的装配面应采取有效的防腐措施，电气系统、塑料零件、橡胶制品应避免日光直晒和油污以防止过早老化。放置在仓库中保管的零部件应注意防潮和避风。

8.4.2 起重机贮存时，应保存有详细档案，存放期间的所有变动情况均应详细记入档案。

附 录 A
（规范性附录）
门座起重机轨道公差和车轮公差

A.1 门座起重机轨道及车轮的容许偏差不应超过表 A.1～表 A.4 所规定的公差值。

A.2 GB/T 10183.1—2010 中第 3 章～第 6 章所规定的术语、定义及测试和适用条件适用于本附录。

表 A.1 门座起重机轨道构造公差

单位为毫米

序号	符号	公差参数 对本表的说明	公差参数 示意图	公差值 港口和船厂用（GB/T 10183.1—2010 表 2 中 2 级公差）	公差值 水利电力用（GB/T 10183.1—2010 表 2 中 4 级公差）
1	A	大车轨道上任一点处，起重机轨道中心之间轨距 K 的公差	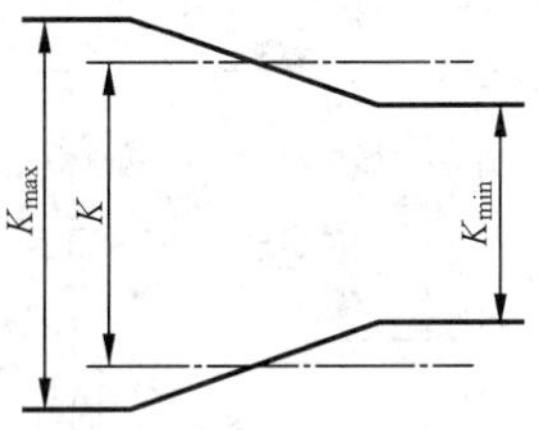 $A=K_{max}-K$ $A=K_{min}-K$	$K\leqslant16$ m 时， ±5； $K>16$ m 时， $\pm[5+0.25(K-16)]$； 极限值为±15 K 单位为 m	$K\leqslant16$ m 时， ±12.5； $K>16$ m 时， $\pm[12.5+0.25(K-16)]$ 极限值为±25 K 单位为 m
2	B	大车轨道全长上任一点处，起重机轨道顶部水平直线度公差	起重机轨道在水平投影面内的位置 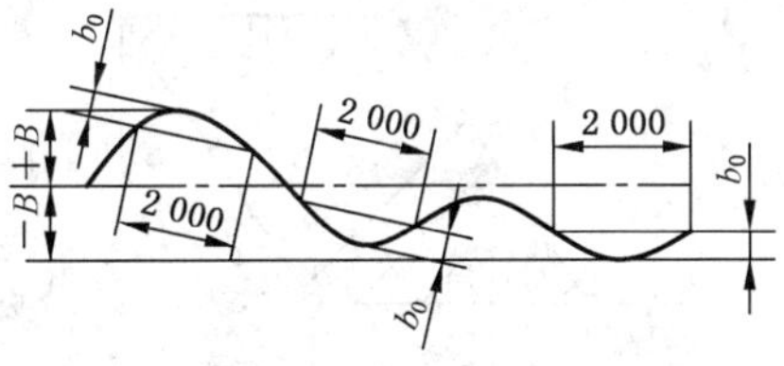 	±10	±40
3	b_0	轨道顶部任一点处 2 000 mm（抽样值）检测长度内的水平直线度公差		1	4
4	C	大车轨道全长上任一点处，起重机轨道中心顶部的直线度公差	起重机轨道顶部（沿轴心线方向） 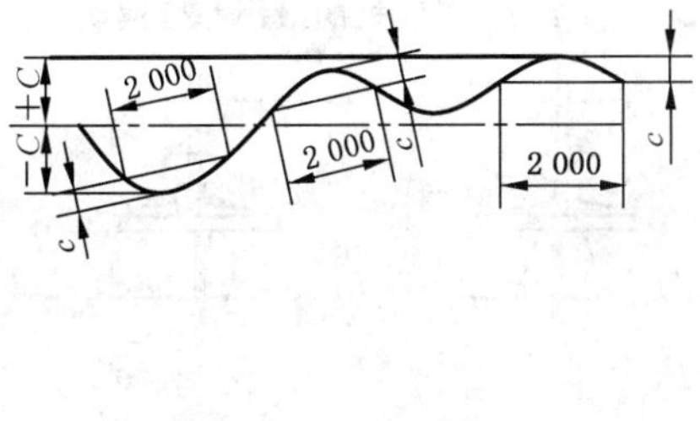 	±10	±40
5	c	起重机轨道顶部任一点处 2 000 mm（抽样值）检测长度内的直线度公差		2	8

表 A.1（续）

单位为毫米

序号	符号	公差参数		公差值	
		对本表的说明	示意图	港口和船厂用（GB/T 10183.1—2010 表 2 中 2 级公差）	水利电力用（GB/T 10183.1—2010 表 2 中 4 级公差）
6	E	大车轨道上任一点处，在与之成直角的方向上，相对应的两轨道测点之间的高度差	起重机大车轨道顶部高低差 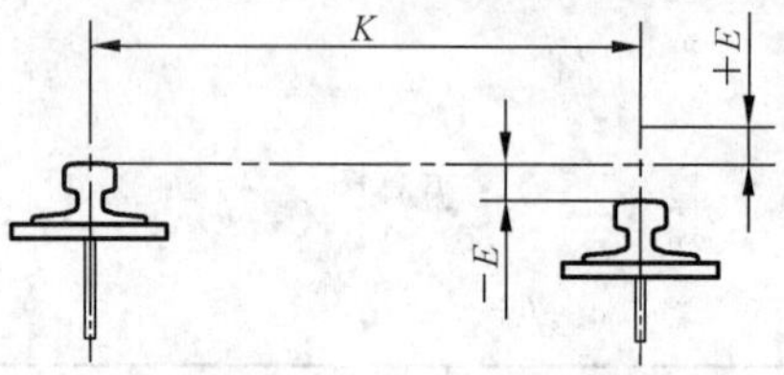 	$\pm 1.0K$， K 单位为 m； 极限值为 ±10	$\pm 4K$， K 单位为 m； 极限值为 ±40
7	F_{max}	大车轨道上垂直于纵向轴线的终端止挡器或缓冲器的平行度公差，符号为∥	在水平投影面内的位置 （符号按 GB/T 1182） 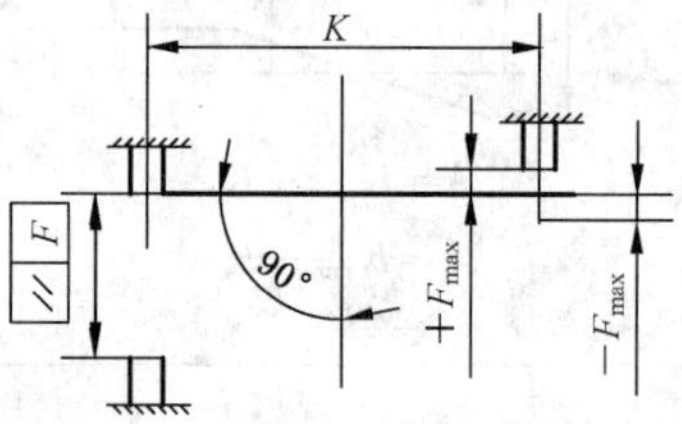 	$\pm 1.0K$； 极限值为 ±10 K 单位为 m 例如：$K=20$ m 时， ±10	$\pm 1.6K$； 极限值为 ±16 K 单位为 m 例如：$K=20$ m 时， ±16
8	Δh_r	大车轨道上任一点处，车轮接触点高度差（平面度）	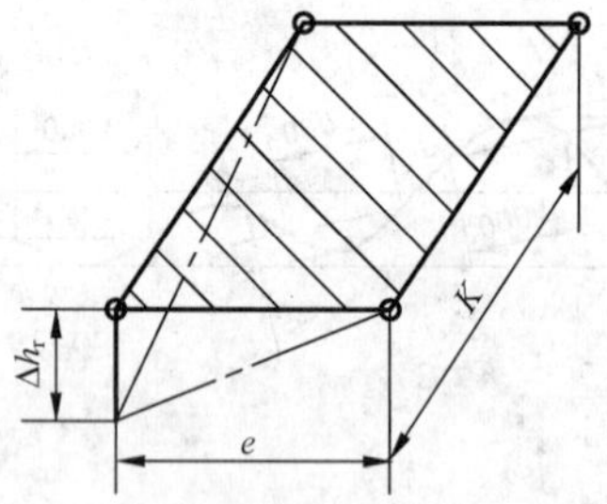 	$1.0K$（或 $1.0e$）， 极限值为 10 e 与 K 单位为 m，选两者中较小者代入	$2.0K$（或 $2.0e$）， 极限值为 20 e 与 K 单位为 m，选两者中较小者代入
9	M	大车轨道上任一点处，轨道中心相对于腹板中心的偏差	t_{min}——腹板的最小厚度 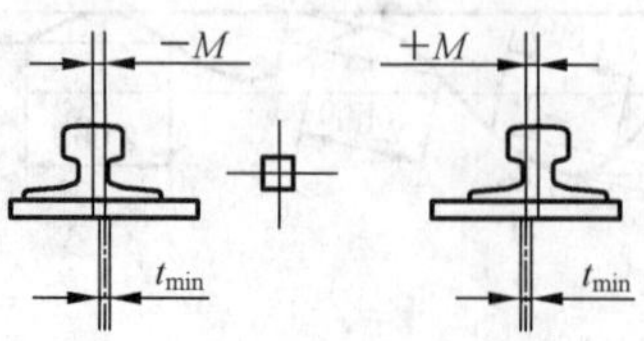 	$\pm 0.5t_{min}$	—

表 A.2 门座起重机轨道运行公差

单位为毫米

序号	符号	公差参数		公差值	
		对本表的说明	示意图	港口和船厂用（GB/T 10183.1—2010 表 7 中 2 级公差）	水利电力用（GB/T 10183.1—2010 表 7 中 4 级公差）
1	A_{w1}	大车轨道上任一点处，起重机钢轨中心之间的轨距公差	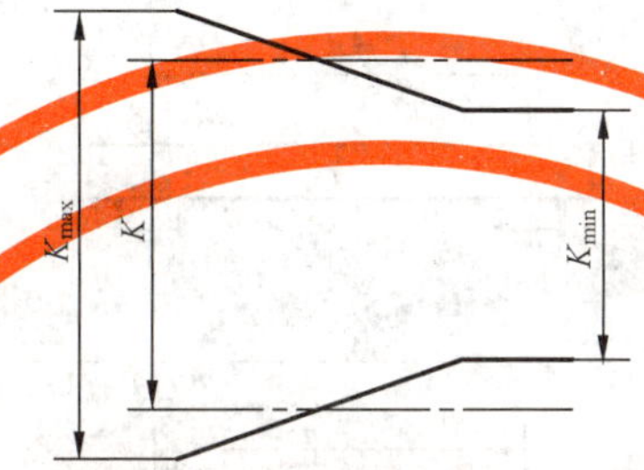 $A_{w1}=K-K_{max}$ $A_{w1}=K-K_{min}$	$K\leqslant16$ m 时，±16； $K>16$ m 时，±[16+0.25 $(K-16)$] K 单位为 m	$K\leqslant16$ m 时，±40； $K>16$ m 时，±[40+0.25 $(K-16)$] K 单位为 m
2	B_{w1}	大车轨道上任一点处，起重机钢轨头部水平直线度公差	起重机钢轨在水平投影面内的位置 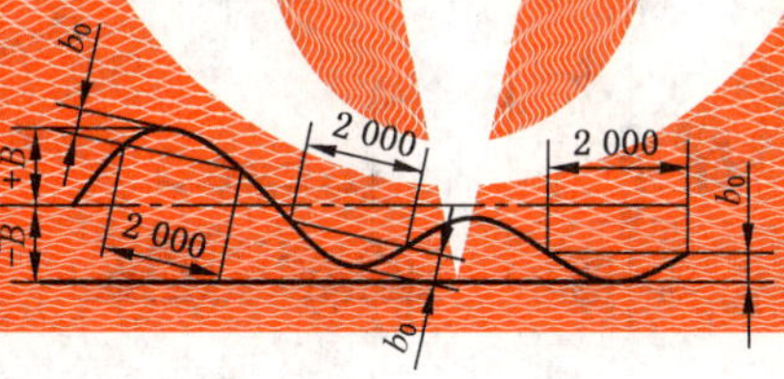	±20	±80
3	E_{w1}	大车轨道上任一点处，在与之成直角的方向上，相对应的两轨道测点之间的高度差	大车轨道高低差 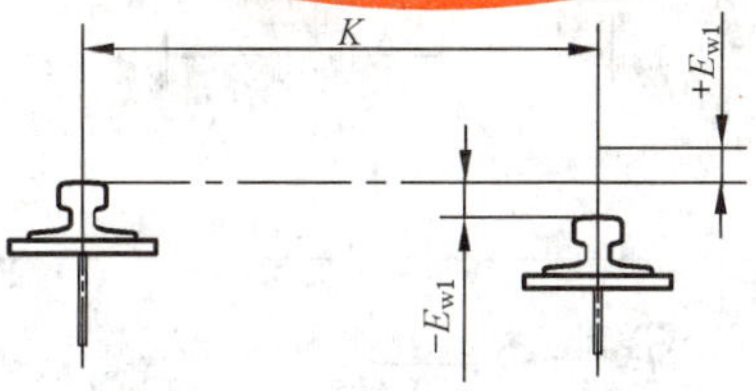	±20	±80

表 A.3　门座起重机车轮构造公差

单位为毫米

序号	符号	公差参数		公差值	
		对本表的说明	示意图	港口和船厂用（GB/T 10183.1—2010 表 4 中 2 级公差）	水利电力用 GB/T 10183.1—2010 表 4 中 4 级公差）
1	A	起重机带轮缘车轮中心之间轨距 K 的公差	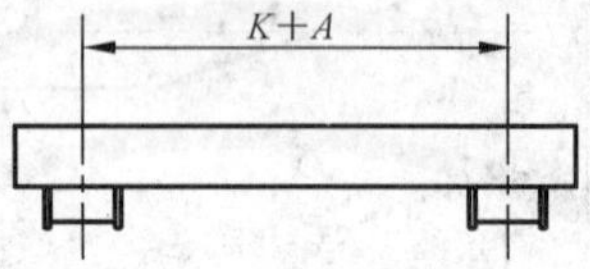	K≤10 m 时，±2.5；K>10 m 时，±[2.5+0.1(K−10)] K 单位为 m	K≤10 m 时，±4；K>10 m 时，±[4+0.1(K−10)] K 单位为 m
2	A	起重机无轮缘车轮中心之间轨距 K 的公差；一侧车轮带导向轮	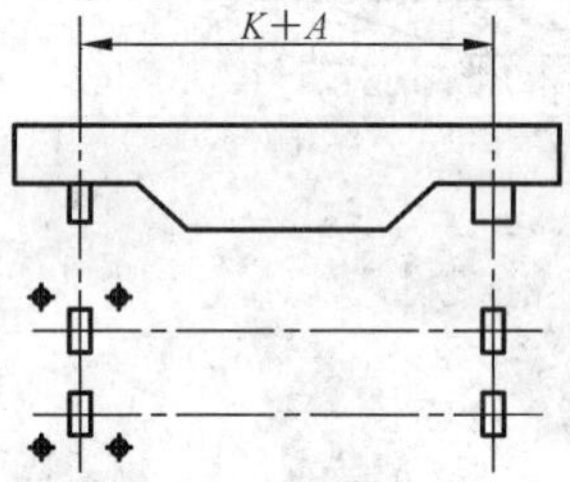	K≤10 m 时，±4；K>10 m 时，±[4+0.1(K−10)] K 单位为 m	K≤10 m 时，±6.3；K>10 m 时，±[6.3+0.1(K−10)] K 单位为 m
3	Δe	4 轮起重机车轮基距 e 或 8 轮及 8 轮以上起重机台车基距 e 的公差	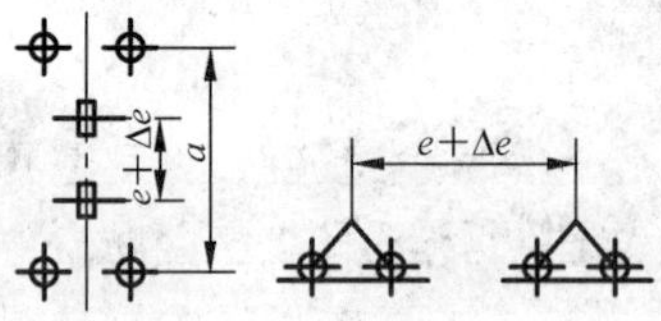	e≤3 m 时，±4；e>3 m 时，±1.25e；e 单位为 m	e≤3 m 时，±6.3；e>3 m 时，±2e；e 单位为 m
4	ΔN	4 轮起重机车轮或 8 轮及 8 轮以上起重机台车的同位差	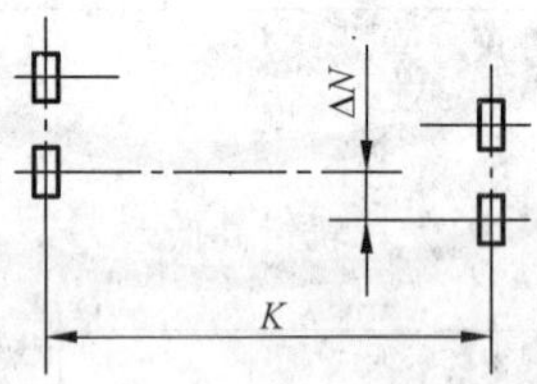	分别驱动：±6.3；一套成对驱动：K≤20 m 时，±2.5；K>20 m 时，±[2.5+0.2(K−20)] K 单位为 m	分别驱动：±10；一套成对驱动：K≤20 m 时，±4；K>20 m 时，±[4+0.2(K−20)] K 单位为 m
5	ΔF	导向轮或带轮缘车轮水平偏斜	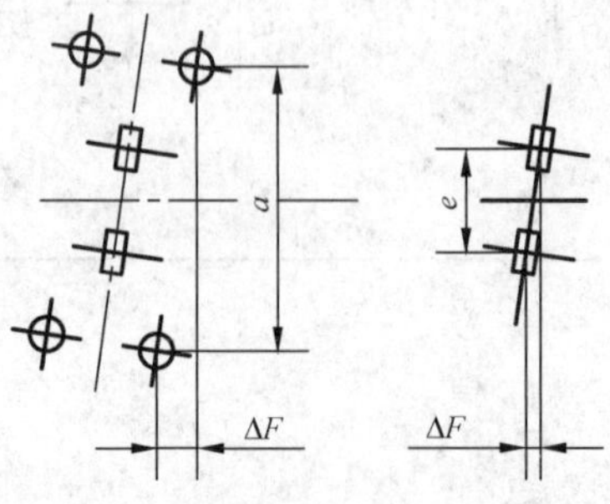	±0.4a，a 单位为 m；±0.5e，e 单位为 m	±0.63a，a 单位为 m；±0.8e，e 单位为 m

表 A.3（续）

单位为毫米

序号	符号	公差参数		公差值	
		对本表的说明	示意图	港口和船厂用（GB/T 10183.1—2010 表 4 中 2 级公差）	水利电力用 GB/T 10183.1—2010 表 4 中 4 级公差）
6	Φ_r	水平投影面内车轮轴心线倾斜度	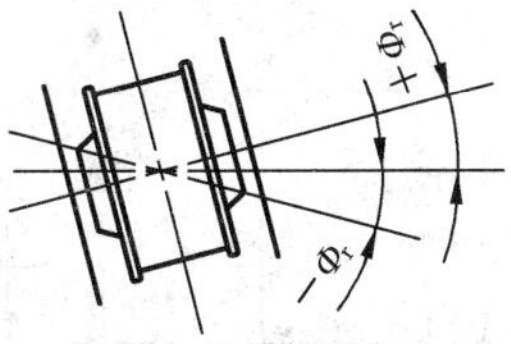	±0.5	±0.8
7	Δh_r	车轮接触点高度公差。 对于给定与轮压有关的结构刚度，车轮接触点高度差应限制在使被动轮平均轮压的变化不超过 5% 的范围内。如果没有进行这一计算，高度公差 Δh_r 按本表规定选用。起重机各车轮接触点的高度差是车轮接触点到由其他 3 个车轮接触点构成的 K，e 平面的最大垂直距离。 对于静定支承的起重机，可采用 $\Delta h_r = 0.4K$。	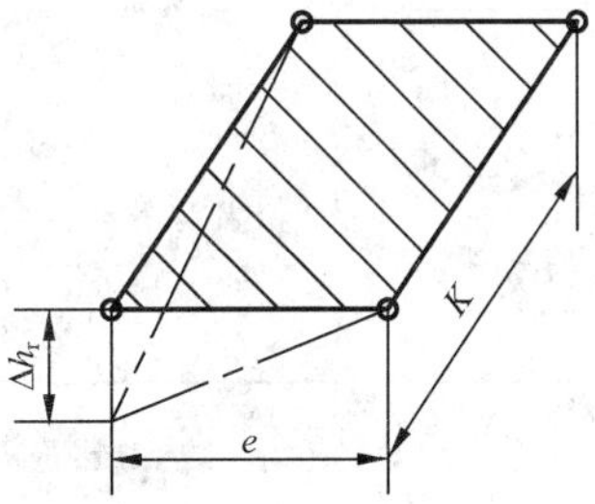	$K \leqslant 10$ m 时，$\leqslant 2.5$； $K > 10$ m 时，$\leqslant [2.5 + 0.1(K-10)]$ K 单位为 m	$K \leqslant 10$ m 时，$\leqslant 4$； $K > 10$ m 时，$\leqslant [4 + 0.1(K-10)]$ K 单位为 m
8	αF	水平导向轮在垂直于大车轨道方向上的轴向平行度公差	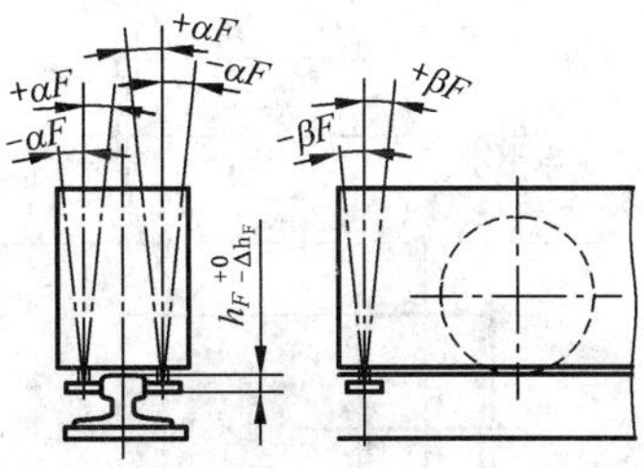	±0.63	±1
9	βF	水平导向轮在沿大车轨道方向上的轴向倾斜度		±0.4	±0.63
10	Δh_F	h_F 的高度公差		$^{+0}_{-1.6}$	$^{+0}_{-4}$

表 A.3（续） 单位为毫米

序号	符号	公差参数：对本表的说明	公差参数：示意图	公差值：港口和船厂用（GB/T 10183.1—2010 表 4 中 2 级公差）	公差值：水利电力用（GB/T 10183.1—2010 表 4 中 4 级公差）
11	F_{max}	终端止挡器或起重机缓冲器垂直于纵向轴线的平行度公差；符号为//	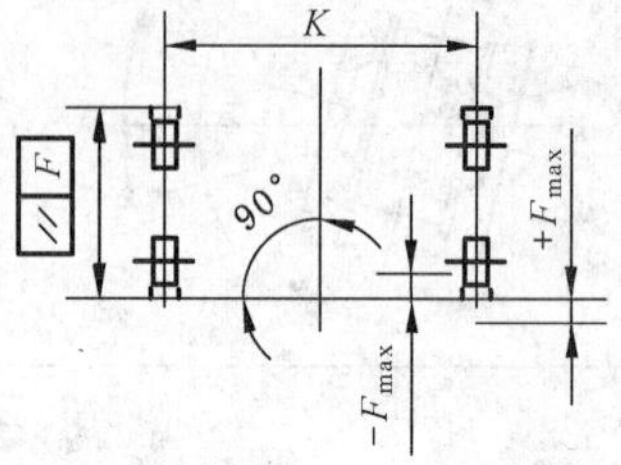	±1.0K，极限值为±10，K 单位为 m	±1.6K，极限值为±16，K 单位为 m

表 A.4 门座起重机车轮运行公差 单位为毫米

序号	符号	公差参数：对本表的说明	公差参数：示意图	公差值：港口和船厂用（GB/T 10183.1—2010 表 7 中 2 级公差）	公差值：水利电力用（GB/T 10183.1—2010 表 7 中 4 级公差）
1	A_{w3}	起重机带轮缘车轮中心之间跨度 K 的公差	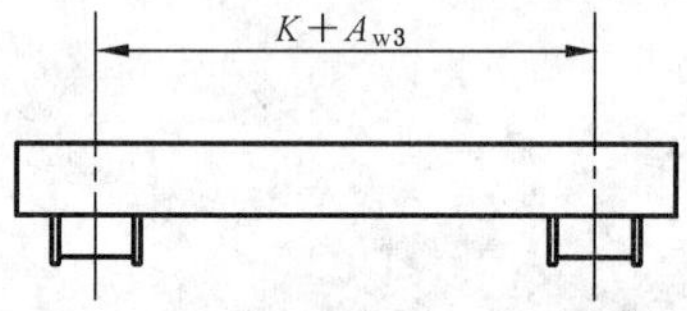	K≤10 m 时，±8；K>10 m 时，±[8+0.2(K−10)] K 单位为 m	K≤10 m 时，±20；K>10 m 时，±[20+0.2(K−10)] K 单位为 m
2	A_{w3}	起重机无轮缘车轮中心之间跨度 K 的公差；一侧车轮带导向轮	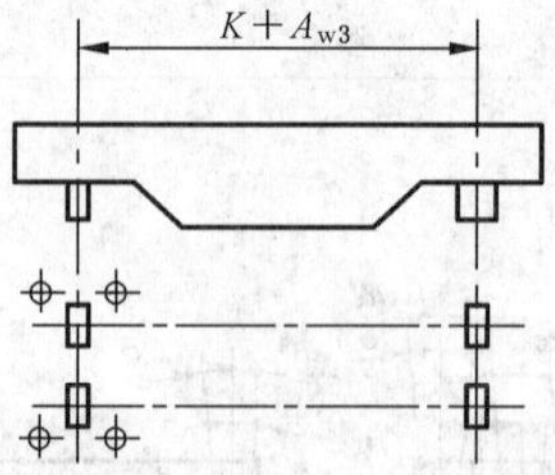	K≤10 m 时，±14；K>10 m 时，±[14+0.2(K−10)] K 单位为 m	K≤10 m 时，±20；K>10 m 时，±[20+0.2(K−10)] K 单位为 m
3	D_{tw3}	起重机单独驱动车轮直径公差	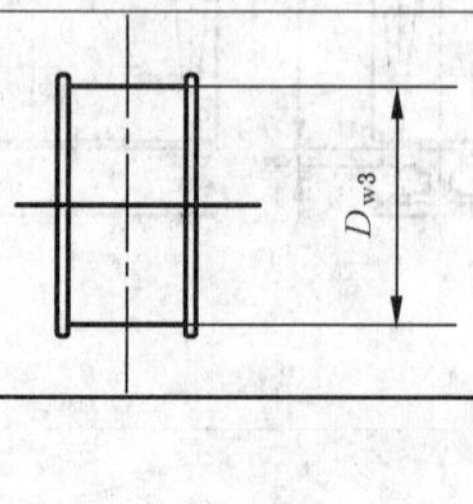	h18 公差按 GB/T 1800.2	
4	D_{tcw3}	起重机成对驱动车轮直径公差		IT13	IT14
				公差按 GB/T 1800.2	

附　录　B
（资料性附录）
试验测试数据记录表

试验用数据记录表参见表 B.1。

表 B.1　电动机电压、电流、功率、转速测试记录表

产品名称：________________　型号：________________

检测地点：________________　检测日期：____年____月____日

天气情况：晴（阴）______风速：______温度：______

被测部件：________________

制造商：________________检测单位：________________

机构名称	电动机型号	负荷/t	电压/V	起动电流/A	稳态电流/A	励磁电流/A	功率/kW	转数/(r/min)

记录人：　　　　　　　　　　检测负责人：

ICS 53.020.20
J 80

中华人民共和国国家标准

GB/T 29561—2013

港口固定式起重机

Fixed-base crane for harbor

2013-07-19 发布 2014-01-01 实施

中华人民共和国国家质量监督检验检疫总局
中国国家标准化管理委员会 发布

前　言

本标准按照 GB/T 1.1—2009 给出的规则起草。

本标准由中国机械工业联合会提出。

本标准由全国起重机械标准化技术委员会(SAC/TC 227)归口。

本标准负责起草单位:上海振华重工(集团)股份有限公司、北京起重运输机械设计研究院、国家起重运输机械质量监督检验中心。

本标准参加起草单位:大连华锐重工集团股份有限公司。

本标准主要起草人:王贇、林卫国、吴富生、崔振元、周洁、俞静华、胡卓辉、王玥、徐冬、申小强。

港口固定式起重机

1 范围

本标准规定了额定起重量为3.2 t～100 t的港口固定式起重机的术语和定义、型式分类与基本参数、技术要求、试验方法、检验规则及标志、包装、运输、贮存。

本标准主要适用于内河港口露天作业的固定式起重机(以下简称“起重机”),其取物装置为吊钩、集装箱吊具、抓斗或起重电磁铁(电磁吸盘),或同时利用其中两种或三种。

对于额定起重量大于100 t的固定式起重机和其他环境下使用的固定式起重机,可参照使用。

本标准不适用于下列作业环境下使用的起重机:

——易燃易爆、可燃性气体、粉尘及有腐蚀性气体环境(盐雾除外);

——核辐射环境、有毒气体环境;

——吊运熔融或炽热金属的环境。

2 规范性引用文件

下列文件对于本文件的应用是必不可少的。凡是注日期的引用文件,仅注日期的版本适用于本文件。凡是不注日期的引用文件,其最新版本(包括所有的修改单)适用于本文件。

GB/T 324 焊缝符号表示法

GB 755—2008 旋转电机 定额和性能

GB/T 985.1 气焊、焊条电弧焊、气体保护焊和高能束焊的推荐坡口

GB/T 985.2 埋弧焊的推荐坡口

GB/T 1228 钢结构用高强度大六角头螺栓

GB/T 1229 钢结构用高强度大六角螺母

GB/T 1230 钢结构用高强度垫圈

GB/T 1231 钢结构用高强度大六角头螺栓、大六角螺母、垫圈技术条件

GB/T 1413 系列1集装箱 分类、尺寸和额定质量

GB/T 1591 低合金高强度结构钢

GB/T 1801 产品几何技术规范(GPS) 极限与配合 公差带和配合的选择

GB 2893 安全色

GB/T 3077 合金结构钢

GB/T 3098.1—2010 紧固件机械性能 螺栓、螺钉和螺柱

GB/T 3098.2—2000 紧固件机械性能 螺母 粗牙螺纹

GB/T 3220 集装箱吊具

GB/T 3323 金属熔化焊焊接接头射线照相

GB/T 3632 钢结构用扭剪型高强度螺栓连接副

GB/T 3766 液压系统通用技术条件

GB/T 3811—2008 起重机设计规范

GB/T 4026 人机界面标志标识的基本和安全规则 设备端子和导体终端的标识

GB 4208 外壳防护等级(IP代码)

GB/T 4323　弹性套柱销联轴器

GB/T 4842　氩

GB/T 4942.1　旋转电机整体结构的防护等级(IP 代码)　分级

GB/T 5117　非合金钢及细晶粒钢焊条

GB/T 5118　热强钢焊条

GB 5226.2—2002　机械安全　机械电气设备　第 32 部分:起重机械技术条件

GB/T 5293　埋弧焊用碳钢焊丝和焊剂

GB/T 5905　起重机　试验规范和程序

GB 6067.1—2010　起重机械安全规程　第 1 部分:总则

GB/T 6974.1　起重机　术语　第 1 部分:通用术语

GB/T 6974.10　起重机械名词术语　门座起重机

GB 7251.1　低压成套开关设备和控制设备　第 1 部分:型式试验和部分型式试验　成套设备

GB/T 7935　液压元件　通用技术条件

GB/T 8110　气体保护电弧焊用碳钢、低合金钢焊丝

GB 8918　重要用途钢丝绳

GB/T 8923.1　涂覆涂料前钢材表面处理　表面清洁度的目视评定　第 1 部分:未涂覆过的钢材表面和全面清除原有涂层后的钢材表面的锈蚀等级和处理等级

GB/T 9286　色漆和清漆漆膜的划格试验

GB/T 10051.1—2010～10051.12—2010　起重吊钩

GB/T 10095(所有部分)　圆柱齿轮　精度制

GB/T 12470　埋弧焊用低合金钢焊丝和焊剂

GB 12602　起重机械超载保护装置

GB/T 13306　标牌

GB/T 13384　机电产品包装通用技术条件

GB 14048.1—2006　低压开关设备和控制设备　第 1 部分:总则

GB/T 14406—2011　通用门式起重机

GB 15052　起重机　安全标志和危险图形符号　总则

GB/T 17908　起重机和起重机械　技术性能和验收文件

GB/T 19418　钢的弧焊接头　缺陷质量分级指南

GB/T 20118　一般用途钢丝绳

GB/T 20303.1　起重机　司机室　第 1 部分:总则

GB/T 20303.4　起重机　司机室　第 4 部分:臂架式起重机

GB/T 21457　起重机和相关设备　试验中参数的测量精度要求

GB/T 21971　YZD 系列起重用多速三相异步电动机　技术条件

GB/T 21972.1　起重及冶金用变频调速三相异步电动机技术条件　第 1 部分:YZP 系列起重及冶金用变频调速三相异步电动机

GB/T 22414　起重机　速度和时间参数的测量

GB/T 24809.1　起重机　对机构的要求　第 1 部分:总则

GB/T 24809.4　起重机　对机构的要求　第 4 部分:臂架起重机

GB/T 24810.4　起重机　限制器和指示器　第 4 部分:臂架起重机

GB/T 24811.1—2009　起重机和起重机械　钢丝绳选择　第 1 部分:总则

GB/T 26103.1—2010　GⅡCL 型鼓形齿式联轴器

GB/T 26103.3—2010　GCLD 型鼓形齿式联轴器

GB/T 27546—2011　起重机械　滑轮
GB/T 29560—2013　门座起重机
GB 50010—2010　混凝土结构设计规范
GB 50171—2012　电气装置安装工程盘、柜及二次回路接线施工及验收规范
GB 50205　钢结构工程施工质量验收规范
HG/T 2537　焊接用二氧化碳
JB/T 2300　回转支承
JB/T 5870　YZR 系列起重及冶金用中型高压绕线转子三相异步电动机技术条件
JB/T 5901　十字轴万向联轴器
JB/T 6061　无损检测　焊缝磁粉检测
JB/T 6062　无损检测　焊缝渗透检测
JB/T 6406　电力液压鼓式制动器
JB/T 7017　起重机用液压缓冲器
JB/T 7019　盘式制动器　制动盘
JB/T 7020　电力液压盘式制动器
JB/T 7076　YEZS 系列起重用双速锥形转子制动三相异步电动机技术条件
JB/T 7077　YZRE 系列起重及冶金用电磁制动绕线转子三相异步电动机技术条件
JB/T 7078　YZRF、YZRG 系列起重及冶金用强迫通风型绕线转子三相制异步电动机技术条件
JB/T 7842　YZR-Z 系列起重专用绕线转子三相异步电动机　技术条件
JB/T 8110.1　起重机　弹簧缓冲器
JB/T 8110.2　起重机　橡胶缓冲器
JB/T 8437　起重机械无线遥控装置
JB/T 8854.2　GⅡCL 型、GⅡCLZ 型鼓形齿式联轴器
JB/T 8905.1　起重机用三支点减速器
JB/T 8905.2　起重机用底座式减速器
JB/T 8905.3　起重机用立式减速器
JB/T 8905.4　起重机用套装减速器
JB/T 8955　YZR2 系列起重及冶金用绕线转子三相异步电动机技术条件
JB/T 9003　起重机三合一减速器
JB/T 10104　YZ 系列起重及冶金用三相异步电动机技术条件
JB/T 10105　YZR 系列起重及冶金用绕线转子三相异步电动机技术条件
JB/T 10360　YZ2 系列起重及冶金用三相异步电动机技术条件
JB/T 10559　起重机械无损检测　钢焊缝超声检测
JB/T 10603　电力液压推动器
JB/T 10730　直流起重电磁铁
JB/T 10816　起重机用底座式硬齿面减速器
JB/T 10817　起重机用三支点硬齿面减速器
JB/T 10833　起重机用聚氨酯缓冲器
JGJ 82　钢结构高强度螺栓连接技术规程
JT/T 733—2008　港口机械钢结构表面防腐涂层技术条件

3 术语和定义

GB/T 6974.1 及 GB/T 6974.10 界定的以及下列术语和定义适用于本文件。

3.1

固定式臂架起重机 fixed-base jib crane

固定在基础或其他静止不动的基座上的臂架起重机。

4 型式分类与基本参数

4.1 典型起重机型式分类

4.1.1 起重机按取物装置分为：

a) 吊钩式起重机；

b) 抓斗式起重机；

c) 电磁式起重机；

d) 集装箱起重机；

e) 两用起重机(电磁＋抓斗、吊钩＋抓斗或吊钩＋电磁)；

f) 三用起重机(吊钩＋可卸的起重电磁铁及可卸的马达抓斗)。

4.1.2 起重机按操纵方式分为：

a) 司机室操纵起重机(司机室内联动台或控制器操作)；

b) 无线遥控操纵起重机(采用遥控器<按键或摇杆式>操作)；

c) 多点操纵起重机(采用司机室和遥控器分别操作)。

4.1.3 常用的起重机型式如图 1、图 2、图 3 和图 4 所示。

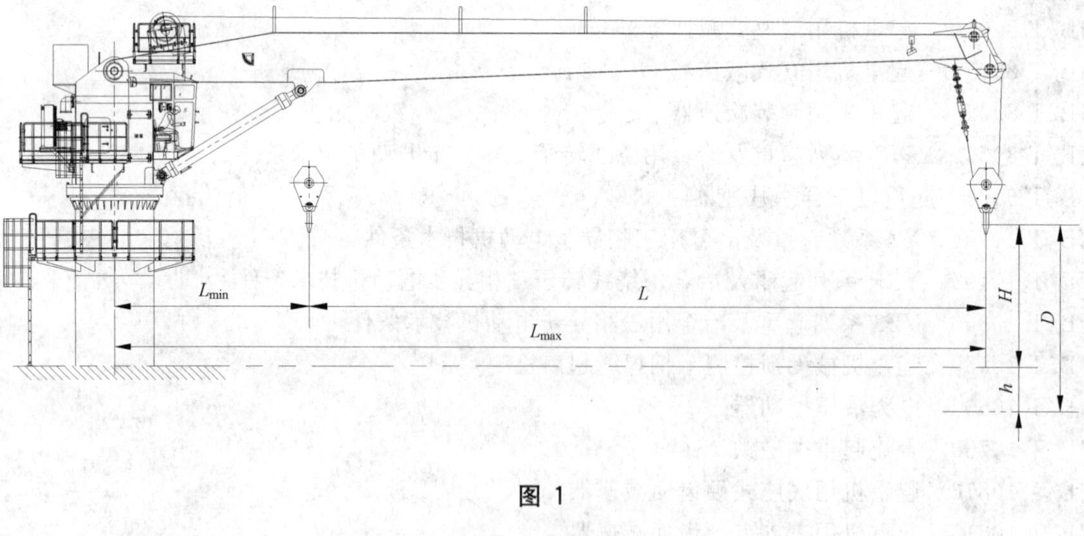

图 1

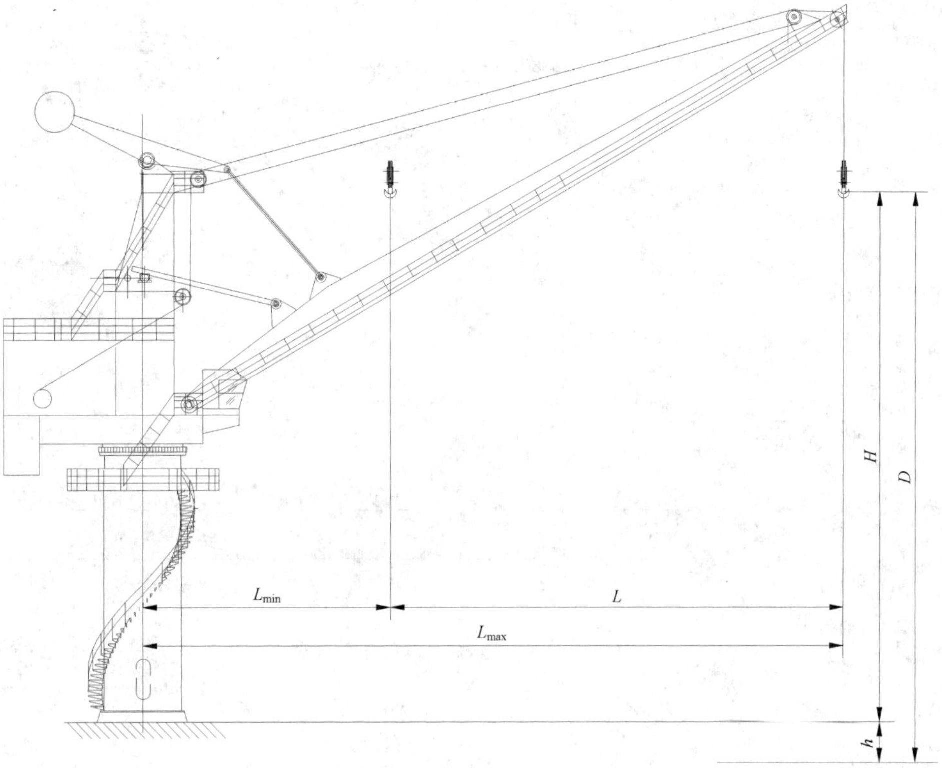

图 2

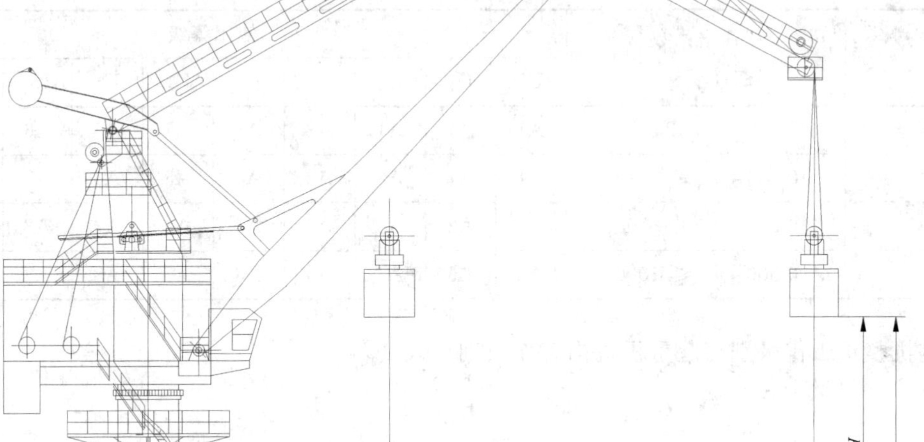

图 3

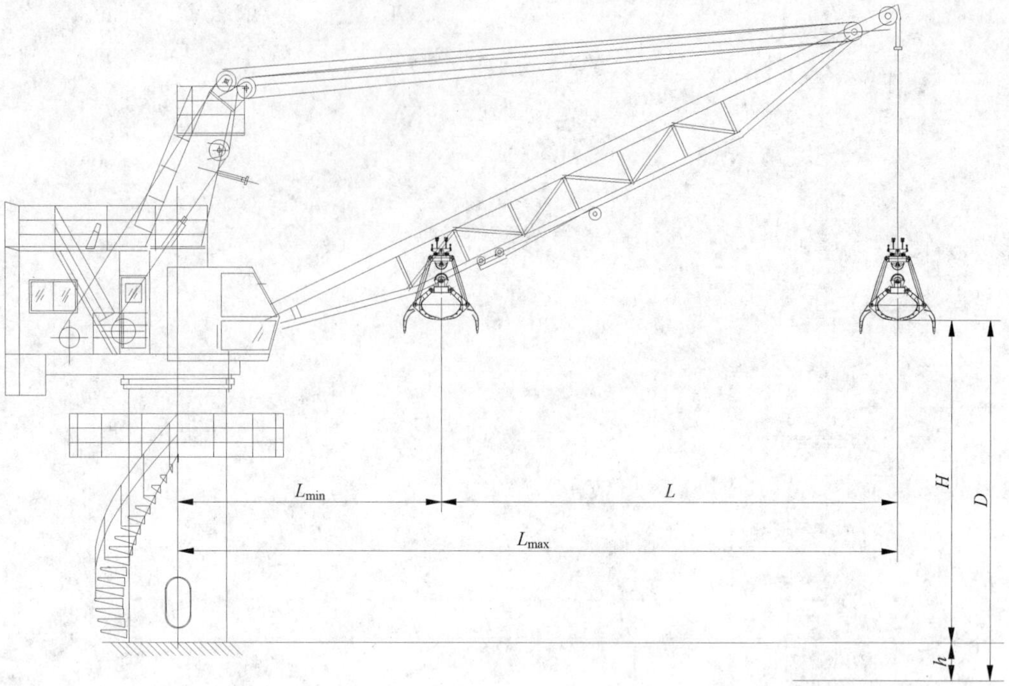

图 4

4.2 基本参数

4.2.1 按 GB/T 3811—2008 中 3.2.3 的规定，起重机整机的工作级别分为 A1～A8，如表 1 所示。

表 1

载荷状态级别	载荷谱系数 K_p	使用等级									
		U_0	U_1	U_2	U_3	U_4	U_5	U_6	U_7	U_8	U_9
Q1	$K_p \leqslant 0.125$	A1	A1	A1	A2	A3	A4	A5	A6	A7	A8
Q2	$0.125 < K_p \leqslant 0.250$	A1	A1	A2	A3	A4	A5	A6	A7	A8	A8
Q3	$0.250 < K_p \leqslant 0.500$	A1	A2	A3	A4	A5	A6	A7	A8	A8	A8
Q4	$0.500 < K_p \leqslant 1.000$	A2	A3	A4	A5	A6	A7	A8	A8	A8	A8

4.2.2 起重机整机工作级别与起重机机构工作级别见表 2。

表 2

序号	取物装置	使用情况	整机级别	工作机构级别		
				起升	变幅	回转
1	吊钩	中等频繁中等载荷使用	A5	M4	M3	M4
2	吊钩	中等频繁重载使用	A6	M6	M4	M5
3	抓斗、电磁吸盘、集装箱吊具	较频繁重载使用	A7	M7	M6	M6
4	抓斗、电磁吸盘、集装箱吊具	频繁重载使用	A8	M8	M7	M7

4.2.3 起重机的额定起重量(G_n)应优先采用表3所给定的值。

表 3

单位为吨

取物装置		额定起重量 G_n
吊钩	固定吊具(不含吊具自重)	3.2,4,5,6.3,8,10,12.5,16,20,25,32,40,50,63,80,100
抓斗	可分吊具(含吊具自重)	4,5,6.3,8,10,12.5,16,20,25,32,40
电磁吸盘	可分吊具(含吊具自重)	5,6.3,8,10,12.5,16,20,25,32,40,50
集装箱吊具	可分吊具(含吊具自重)	5,8,10,16,20,25,32,40,50
注1:当设有主、副钩时,起重量的匹配关系一般为3:1~5:1。 注2:两用、三用起重机的起重量按用户需要进行匹配。		

4.2.4 起重机变幅幅度(L)应优先选用表4所给定的数值。

表 4

单位为米

取物装置	幅度 L	
	最大幅度	最小幅度
吊钩	16,20,22,24,25,28,30,32,33,35,37,38,40,43,45,50,55,60,65,70,75,80,90,100	3.5,4,4.5,5,5.5,6,7,8,9,10,11,12,14,15,16,18,20,22,24,25,28,30,32
抓斗	16,20,22,24,25,28,30,32,33,35,37,38,40,43,45,50	5,5.5,6,7,8,9,10,11,12,14,15,16
电磁吸盘、集装箱吊具	16,20,22,24,25,28,30,32,33,35,37,38,40,43,45,50	5,5.5,6,7,8,9,10,11,12,14,15,16
注:表中所列数值为变幅幅度常用值,也可按供需双方协商确定。		

4.2.5 起重机起升范围(D)应优先选用表5所给定的数值。

表 5

单位为米

取物装置	起升范围 D	
	起升高度 H	下降深度 h
吊钩	12,13,15,16,18,19,20,22,25,26,28,30,32,35,40,55,60,65,70	8,10,12,15,16,18,20,22,25,30,40,50
抓斗	12,13,15,16,18,19,20,22,23,24,25,26,28,30	8,10,12,15,16,18,20,22,25
电磁吸盘、集装箱吊具	12,13,15,16,18,19,20,22,23,24,25	8,10,12,15,16,18,20,22,25
注:表中所列数值为起升范围常用值,也可按供需双方协商确定。		

4.2.6 起重机各机构工作速度,包括起升、变幅、回转,应优先选用表6所给定的数值。

表 6

项目名称	工作速度及指标值		
	起升速度/(m/min)	变幅速度/(m/min)	回转速度/(r/min)[a]
范围	5～60	5～50	0.3～1.5
数值	5,6,8,10,12,15,20,25,30,35,40,45,50,55,60	5,6,8,10,12,15,20,25,30,35,40,45,50	0.3,0.33,0.4,0.5,0.63,0.8,1,1.25,1.5

注：变幅速度是指在稳定运行状态下，额定工作载荷在变幅平面内从最大幅度到最小幅度过程中水平位移的平均速度。

[a] 回转速度考虑到幅度、吨位等因素，可推荐满载、大幅度时，回转速度不大于额定速度的 0.6～0.7 倍。

5 技术要求

5.1 工作环境条件

5.1.1 起重机的电源为三相交流四线制或三相交流五线制，频率为 50 Hz/60 Hz，电压≤10 kV。供电系统在起重机馈电线接入处的电压波动不应超过额定电压的±10%，起重机内部电压损失应符合 GB/T 3811—2008 中 7.8.4.2 的规定。

5.1.2 起重机安装使用地点的海拔一般不应超过 1 000 m；超过 1 000 m 时应按 GB/T 3811—2008 中 7.7.2.4 的要求修正电动机的输出功率，超过 2 000 m 时应按 GB 14048.1—2006 中附录 B 的要求执行。

5.1.3 起重机工作时的气候条件：

a) 环境温度－20 ℃～＋40 ℃，在 24 h 内的平均温度不超过＋35 ℃。

b) 当最高温度为 40 ℃下的相对湿度不超过 50%。在较低温度下可允许较大湿度(如 20 ℃时为 90%)。应通过对电气设备作适当的设计，或者在必要场合采用适当的附加设施(如内装加热器、空调器、排水孔)来避免偶然性凝露的有害影响。

c) 工作状态计算风压或计算风速按 GB/T 3811—2008 表 15 的规定选取。

d) 非工作状态计算风压或计算风速按 GB/T 3811—2008 表 18 的规定选取。

5.1.4 起重机的固定形式和要求：

a) 钢筋混凝土基础平台固定：混凝土基础应符合 GB 50010—2010 的规定。埋置地脚螺栓的构件混凝土强度等级不宜低于 C20。平台的平面度应≤2 mm。

b) 刚性法兰固定：刚性法兰的平面度应≤2 mm。

c) 刚性圆筒对接固定：刚性圆筒的圆柱度应≤3 mm。圆筒对接焊缝应进行 100%UT 检测，达到 JB/T 10559 中的 1 级焊缝。

5.1.5 起重机安装用地脚螺栓应符合以下要求：

——起重机安装用地脚螺栓的保证载荷应符合 GB/T 3098.1 的规定，其连接螺母的保证载荷应符合 GB/T 3098.2 的规定；

——地脚螺栓的预紧力推荐为螺栓屈服极限的 0.7 倍，用测力矩扳手或定力矩扳手控制预紧力；

——埋置的地脚螺栓宜作笼状分布，推荐用法兰圈固定其相对位置，混泥土基础上平面放置一只法兰圈，作为起重机支承圆筒法兰面的安装贴合面；

——起重机吊装到位后应检查安装贴合的平面度，如有间隙可以采用局部垫片充实，拧紧螺栓应在 180°方向对称地连续进行，以保证圆周上的螺栓有相同的预紧力；

——为了保证螺栓连接的可靠性，宜在起重机工作 100 h 和 500 h 后，各检查一次地脚螺栓的预紧力距，以后每工作 1 000 h 以后检查一次。

5.1.6 电动机的运行条件应符合 GB 755—2008 中第 6 章和第 7 章的规定。

5.1.7 电器的正常使用、安装和运输条件应按 GB 14048.1—2006 中第 6 章的规定。

注：超过上述范围规定时，由用户与制造厂协商解决。

5.2 基本要求

5.2.1 起重机各机构及其布置、机构部件的构造和功能，应符合 GB/T 24809.1 及 GB/T 24809.4 的规定。起重机的设计、制造应符合 GB/T 3811、GB 6067.1 和本标准的有关规定。

5.2.2 起重机电气设备应符合 GB 5226.2 和本标准的规定。电气传动系统、电气控制系统所涉及的元器件选用、布置以及导线敷设、辅助设施也均应符合 GB/T 3811—2008 第 7 章的规定。

5.3 使用性能

5.3.1 起重机的起重能力应达到额定起重量（对于幅度可变的起重机，按幅度规定起重机的额定起重量）。额定起重量规定为：

a) 对于固定式吊具的起重机，其额定起重量是指吊挂在起重机固定吊具上重物的最大质量；

b) 对于可分式吊具的起重机，其额定起重量是指可分吊具的质量与吊挂在起重机可分吊具上重物的最大质量之和。

5.3.2 与起重机使用有关的参数，应符合 4.2 或用户在订货合同中提出的要求。

5.3.3 抓斗应符合所抓取的物料特性要求，抓斗抓满率不应小于 90%。

5.3.4 起重电磁吸盘的拉脱力不应小于所吸物料质量重力的两倍。

5.3.5 起重机的静载试验应符合 6.3.5 的规定。

5.3.6 起重机的动载试验应符合 6.3.6 的规定。

5.4 主要性能参数允许偏差

起重机主要性能参数的允许偏差应符合表 7 的规定。

表 7

性能参数	允许偏差
起升高度 H/m	$\pm 1\% H$
下降深度 h/m	$\pm 1\% h$
最大幅度 L_{max}/m	$-1.5\% L_{max}$
最小幅度 L_{min}/m	$+1.5\% L_{min}$
起升速度（满载）v_n/(m/min)	$\pm 5\% v_n$
变幅速度（满载平均速度）v_r/(m/min)	$\pm 5\% v_r$
回转速度（满载回转稳定速度）n/(r/min)	$\pm 5\% n$
尾部回转半径 r/m	$\pm 2\% r$

注 1：起升速度是指在稳定运行状态下，额定工作载荷的垂直位移速度。

注 2：变幅速度是指在稳定运行状态下，在 10 m 高度处的风速不超过 3 m/s 的测试条件下，额定工作载荷在变幅平面内从最大幅度到最小幅度过程中水平位移的平均速度。

注 3：回转速度是指在稳定运行状态下，起重机带额定工作载荷于相应最大幅度处，在 10 m 高度处的风速不超过 3 m/s 的条件下回转部分的回转转速。

注 4：起升范围是指起升高度和下降深度之和。

5.5 安全与防护

5.5.1 总则

起重机的安全与防护应符合 GB 6067.1、GB/T 3811—2008 第 9 章和本标准的相关规定。

5.5.2 起升机构

5.5.2.1 制动器应采用常闭式。制动系统在失电或断电的情况下,制动器仍能制动并支持住载荷。制动系统任何延时制动,均应保证能安全地制动住载荷。

5.5.2.2 制动器安全系数应满足 GB/T 3811—2008 中 6.1.1.3.1.3 的规定。

5.5.2.3 应设置上、下终点限位装置和上、下终点前的减速装置。

5.5.2.4 应安装起重量限制器。限制器应符合 GB 12602 和 GB/T 24810.4 的规定。

5.5.2.5 对吊钩以外的取物装置(如可卸起重电磁吸盘、可卸抓斗)供电电缆的收放速度,应保证电缆受力合理,在升降过程中电缆不应与起重用钢丝绳发生接触、摩擦。

5.5.2.6 当吊钩处于工作位置最低点时,除固定绳尾的圈数外,卷筒上的钢丝绳不应少于 2 圈;当吊钩处于工作位置最高点时,卷筒上还宜留有至少 1 整圈的绕绳余量。

5.5.2.7 具有起升机构和开闭机构的起重机,计算每个机构的承载和功率时,应考虑载荷在各个机构之间的分配。每个机构的制动器应至少能支持住总起升载荷下降力矩的 125%。起升开闭机构应能对每个制动器都能单独进行测试。

5.5.2.8 额定载荷在空中停止后,起升机构再启动时,载荷不应出现瞬时下滑现象。

5.5.2.9 钢丝绳的选择应符合 GB/T 3811—2008 中表 44 对安全系数的要求或 GB/T 24811.1—2009 中第 6 章的规定。

5.5.3 变幅机构

5.5.3.1 制动器应采用常闭式。制动器安全系数的选择应符合 GB/T 3811—2008 中 6.1.4.5 的规定。

5.5.3.2 变幅机构应设置最大工作幅度终端限位装置及到达终端前的减速限位装置和最小工作幅度终端限位装置及到达终端前的减速限位装置。

5.5.3.3 应安装防止吊臂后倾装置,在突发大风或突然卸载时应能防止吊臂向后倾翻。

5.5.3.4 对于采用钢丝绳变幅的起重机,当臂架到达最低位置时,卷筒上缠绕的钢丝绳除固定绳尾的圈数外,对于采用平衡或钢丝绳变幅机构不应少于 2 圈,对于非平衡式钢丝绳变幅机构宜不少于 3 圈。钢丝绳的安全系数同起升机构。

5.5.3.5 应安装从司机位置可读出吊臂角度或幅度的指示器,除非载荷额定值不受变幅幅度的限制。伸缩吊臂应安装从司机位置可读出吊臂长度的指示器和采用起重力距限制器。

5.5.3.6 等载变幅的起重机,应安装起重量限制器;非等载变幅起重机,应安装起重量限制器和起重力矩限制器。

5.5.4 回转机构

5.5.4.1 回转机构应能以可控的加、减速度平稳地起动和停止。

5.5.4.2 对于有自锁可能的回转机构,应装设极限力矩联轴器。极限力矩联轴器的极限力矩值的计算应符合 GB/T 3811—2008 中 6.1.3.6 的规定。

5.5.4.3 必要时,应装设回转锁定装置。

5.5.4.4 需要限制回转范围时,应装设回转角度限制器。

5.5.4.5 应设有制动器，制动器安全系数的选择应符合 GB/T 3811—2008 中 6.1.3.5 的规定。

5.5.4.6 当采用液压或机械制动器时，应设置能切断同步电气制动的联锁装置。当回转部分需要锁定时，由最大非工作风载荷形成对回转部分的力矩产生的力应由制动器和机械锁定装置承受；但是，锁定的性能不应依赖这两者的组合。当不设置机械或液压式电动锁定常闭式制动器时，应采用机械式锁定装置(例如销轴或其他嵌合式)来锁定回转运动。

5.5.5 司机室

5.5.5.1 司机室应符合 GB/T 20303.1、GB/T 20303.4 和 GB 6067.1—2010 中 3.5 的规定。

5.5.5.2 司机室应设有门锁、灭火器和电铃或警报器，必要时还应设置通讯装置。

5.5.5.3 应在司机方便操作的地方设置急停开关和接通、断开起重机总电源的开关(照明信号除外)。

5.5.5.4 司机室应采取保护性接地或接零措施。

5.5.5.5 司机室仪表的布置要使司机能随时观察到仪表盘的数据或指示信号。

5.5.5.6 司机室应具有符合结构要求和操作安全的最大视野。

5.5.5.7 司机室内的适当位置至少应有一个备用插座。

5.5.6 通道与平台、栏杆、梯子

起重机的通道与平台、栏杆、梯子的设置应符合 GB 6067.1—2010 中 3.6～3.8 的规定。

5.5.7 电气保护和联锁

5.5.7.1 电气保护

起重机电气至少应有以下保护：

a) 电动机保护：电动机应具有过电流保护、过热保护、热过载保护这三种保护中的一种或一种以上的保护功能。具体选用应按电动机及其控制方式确定。
b) 线路保护：所有外部线路都应具有短路或接地引起的过电流保护功能，在线路发生短路或接地时，瞬时保护装置应能分断线路。对于导线截面较小，外部线路较长的控制线路或辅助线路，当预计接地电流达不到瞬时脱扣电流值时，应增设热脱扣功能，以保证导线不会因接地而引起绝缘烧损。
c) 失压保护：当供电电源中断后，凡涉及安全及不宜自动开启的用电设备均应处于断电状态，避免恢复供电后用电设备自动运行。
d) 零位保护：起重机各传动机构应设有零位保护。运行中若因故障或失压停止运行后，重新恢复供电时，机构不应自行动作，应人为将控制器置零位后，机构才能重新启动。
e) 错相和缺相保护：当错相和缺相会引起危险时，应设错相和缺相保护。
f) 超速保护：起升和非平衡式变幅机构应设超速开关，超速开关的整定值取决于控制系统性能和额定下降(增幅)速度，通常为额定下降(增幅)速度的 1.10 倍 ～1.40 倍。
g) 超载保护：起升机构均应设超载保护。
h) 避雷保护：对于安装在野外且相对周围地面处在较高位置的起重机，应设有避雷装置。
i) 风速保护：在起重机最高处应设有风速测量仪器，当风速到达最高工作风速时报警。

5.5.7.2 联锁保护

起重机应有以下联锁保护：

a) 起重机要求多点操纵时，各操作点之间应相互联锁，保证任一时刻只有一个操作点处于工作状态，每个操作点均应设置紧急断电装置；

b） 起重机回转机构中的锚定装置应与回转机构联锁；

c） 集装箱吊具各动作与升降控制应有安全联锁，集装箱离地后禁止吊具转锁转动。

5.5.8 接地与防雷、绝缘电阻

起重机接地与防雷应符合 GB 6067.1—2010 中 8.8 的规定，绝缘电阻应符合 GB 6067.1—2010 中 8.9 的规定。

5.5.9 防护和警示

5.5.9.1 起重机安全防护装置的设置应符合 GB 6067.1—2010 中附录 A.1 的相关规定。

5.5.9.2 起重机上外露的、有伤人可能的旋转零部件，如开式齿轮、联轴器、传动轴等，应装设防护罩；如无加防护罩的可能时，应设安全标志和警示牌。

5.5.9.3 应在起重机的合适位置设有明显可见的文字安全警示标志，如"起升物品下方严禁站人"等。在起重机的危险部位，应有安全标志和危险图形符号，安全标志和危险图形符号应符合 GB 2893 和 GB 15052 的规定。

5.5.9.4 当室外起重机的总高度大于 30 m，且周围无高于起重机最高点的建筑物和其他设施，两台起重机之间有可能相碰，或起重机及其结构可能妨碍空运或水运时，应在其端部、顶部装设障碍灯，当交流电源切断后应能自动切换到备用电源。在有特殊需求时，可增加机房尾部夜间指示灯。

5.5.9.5 起重机应有指示总电源分合状况的信号，必要时还应设置故障信号或报警信号。

5.5.9.6 起重机上的电气设备中可能触及的带电裸露部分，应有防止触电的防护措施。

5.5.9.7 应在起重机上部迎风处安装风速仪，并装设有显示瞬时风速的风速报警器；当风速大于最大工作风速时应能发出报警信号。

5.5.9.8 安全装置的指示信号或声光报警信号应设置在司机和有关人员视力、听力可及的地方。

5.5.10 噪声

起重机工作时产生的噪声，在无其他外声干扰的情况下，在司机操作位置处测量(闭式司机室关窗)，声压级噪声不应大于 85 dB(A)。

5.6 主要零部件

5.6.1 电动机

5.6.1.1 应优先选用符合下列标准的电动机：JB/T 5870、JB/T 7076、JB/T 7077、JB/T 7078、JB/T 7842、JB/T 8955、JB/T 10104、JB/T 10105、JB/T 10360。视需要也可选用符合 GB/T 21972.1 的变频电动机或符合 GB/T 21971 的多速电动机。

5.6.1.2 各机构驱动电动机应符合 GB 755 和各专用电动机的相关标准的技术要求。

5.6.1.3 电动机的容量校验应符合 GB/T 3811 的规定，并保证在额定负载时能安全、可靠地实现启动、加速和运转。

5.6.1.4 电动机外壳防护包括防止人体触及其内部带电机体或旋转部件，防止外部固体异物或液体进入其内部。外壳防护等级为：

——室内用交直流电动机：防滴式，防护等级不应低于 GB/T 4942.1 中 IP23；

——室外用交直流电动机：全封闭式，防护等级不应低于 GB/T 4942.1 中 IP54。

5.6.2 钢丝绳

5.6.2.1 钢丝绳应符合 GB/T 20118 的要求，优先采用线接触钢丝绳。用于多层卷绕时，应采用符合

GB 8918 中的钢芯钢丝绳。

5.6.2.2 起升高度较大或起升使用单倍率的起重机,应采用非旋转钢丝绳。采用其他钢丝绳时,应有防止吊具旋转的装置或措施。

5.6.2.3 起升机构和非平衡变幅机构不应使用接长的钢丝绳。

5.6.2.4 钢丝绳绳端的固定和连接应牢固、可靠,便于检修并应符合 GB 6067.1—2010 中 4.2.1.5 的规定。

5.6.3 制动轮和制动盘

5.6.3.1 制动轮上不应有裂纹,成品制动轮的制动面上不应有影响使用性能的铸造缺陷。

5.6.3.2 钢制制动轮的制动面应进行热处理,淬硬层深度不应低于 2 mm,表面硬度为 35HRC～50HRC,深 2 mm 处硬度不应低于 28HRC。

5.6.3.3 制动盘应符合 JB/T 7019 的规定。末级轴(例如卷筒)上制动器的制动盘,不应低于 GB/T 1591中的 Q345B 钢。

5.6.4 制动器

5.6.4.1 制动器选择应符合 GB/T 3811 与 GB 6067.1 的相关规定。

5.6.4.2 电力液压鼓式制动器应符合 JB/T 6406 和 JB/T 10603 的规定。

5.6.4.3 盘式制动器应符合 JB/T 7020 的规定。

5.6.4.4 除 5.6.4.5 的要求外,起升、变幅和回转机构应有停车制动器和动态制动器,可以是采用不同制动方式的同一个制动器。

5.6.4.5 当机构驱动绞车设计成可以通过控制液压泵的排量或直接控制装在绞车上的液压马达的流量来控制各机构的运行速度,并且在以下情况下,可不需要动态制动器:

a) 控制装置不应用软管直接连接到执行元件需控制的油口处;

b) 控制装置需要来自动力源的正压力,在发生控制失灵或失去动力的情况下可自动释放和启动,使绞车或液压泵平稳停止。

5.6.5 联轴器

5.6.5.1 鼓形齿式联轴器应符合 GB/T 26103.1—2010、GB/T 26103.3—2010 或 JB/T 8854.2 的规定。

5.6.5.2 弹性套柱销联轴器应符合 GB/T 4323 的规定。

5.6.5.3 十字轴万向联轴器应符合 JB/T 5901 的规定。

5.6.5.4 不宜采用有可能使制动轮(盘)产生浮动的联轴器。

5.6.5.5 起升机构和变幅机构中,应保证联轴器的弹性元件即使损坏也不能发生危险运动。

5.6.5.6 回转机构中采用液力联轴器或等效装置以降低启动冲击时,制动系统应安装在液力联轴器的输出端。

5.6.6 减速器和齿轮传动

5.6.6.1 应优先选用符合如下标准的减速器:JB/T 8905.1、JB/T 8905.2、JB/T 8905.3、JB/T 8905.4、JB/T 9003、JB/T 10816、JB/T 10817。

5.6.6.2 选用其他减速器时,硬齿面齿轮副的精度不应低于 GB/T 10095(所有部分)中的 6 级,中硬齿面则不应低于 8-8-7 级。

5.6.6.3 如用开式齿轮传动,则齿轮副精度不应低于 GB/T 10095(所有部分)中规定的 9 级。

5.6.7 滑轮和卷筒

5.6.7.1 滑轮、卷筒的卷绕直径尺寸应符合 GB/T 3811—2008 中 6.3.3.1 的规定。

5.6.7.2 滑轮槽底半径允许偏差应符合 GB/T 27546—2011 中表 1 的规定。

5.6.7.3 滑轮应有防止钢丝绳脱出绳槽的装置或结构。在滑轮罩的侧板和圆弧顶板等处与滑轮本体的间隙不应超过钢丝绳公称直径的 0.5 倍。

5.6.7.4 滑轮槽表面应平滑,并且没有会造成钢丝绳损坏的缺陷。

5.6.7.5 滑轮轴承应优先采用单独的油孔逐个进行润滑。自润滑的轴承可不按此要求。

5.6.7.6 滑轮端面对支座的垂直度允许偏差不大于±2 mm。

5.6.7.7 钢丝绳与滑轮槽的偏斜角不应大于 5 度。

5.6.7.8 钢丝绳在卷筒上应排列整齐。钢丝绳绕进或绕出卷筒时:单层缠绕钢丝绳对绳槽的每一侧的偏斜角不应大于 3.5 度;光面卷筒或多层缠绕钢丝绳偏离卷筒轴线垂直平面的角度不应大于 2 度。卷筒上应设有防钢丝绳脱槽装置。

5.6.7.9 多层缠绕的卷筒,应有防止钢丝绳从卷筒端部滑落的凸缘。当钢丝绳全部缠绕在卷筒后,凸缘应超出最外面一层钢丝绳。超出的高度不应小于钢丝绳直径的 1.5 倍。

5.6.8 吊钩

锻造吊钩应符合 GB/T 10051.1～10051.12—2010 与 GB 6067.1—2010 中 4.2.2 的有关规定。

5.6.9 缓冲器

应优先选用符合 JB/T 8110.1、JB/T 8110.2、JB/T 7017、JB/T 10833 规定的缓冲器。

5.6.10 抓斗

选用或设计的抓斗,抓取粉状物、砂子及粮食物料时,抓斗的斗口接触处的间隙不应大于 2 mm。

5.6.11 起重电磁吸盘

应优先采用符合 JB/T 10730 规定的直流起重电磁铁。

5.6.12 集装箱吊具

5.6.12.1 起重机采用的集装箱吊具应能装卸 GB/T 1413 中的 A、C 型国际集装箱,其转锁的位置尺寸和公差不应低于 GB/T 3220 的规定。

5.6.12.2 集装箱吊具转锁加工后,应进行无损探伤检查,不应有裂纹,也不应焊补。

5.6.12.3 订购合同有要求的集装箱吊具离开地面后,应能沿水平平面纵、横轴线回转±3 度,沿垂直中心线回转±5 度。

5.6.12.4 集装箱吊具转锁材料的力学性能不应低于 GB/T 3077 中的 40Cr。

5.6.13 遥控装置

起重机的无线遥控装置应符合 JB/T 8437 的规定。

5.6.14 液压系统及元件

5.6.14.1 液压系统应符合 GB/T 3766 及 GB 6067.1—2010 中第 5 章的规定。液压元件应符合 GB/T 7935 的规定。

5.6.14.2 变幅油缸制造完成后应与集成块上的阀组连接一体后在试验台上,按要求做压力试验和动作试验。

5.6.14.3 保持最大试验压力，此时活塞杆密封处，各集成块、阀组和管接头连接口不应有渗漏现象。

5.6.15 回转支承装置

5.6.15.1 回转支承的结构部分应具有足够的强度、刚度、水平度和平面度，具有光滑的支承安装表面，满足回转支承对结构要求。回转支承应有足够的可靠性，承载能力满足起重机回转部分的载荷要求。

5.6.15.2 滚动轴承式回转支承应符合 JB/T 2300 的要求。

5.6.15.3 回转支承与驱动齿轮运转时应平稳无敲击噪音。

5.6.15.4 回转支承安装时，连接法兰平面偏差不应大于表 8 规定的数值。

表 8

滚道中心圆直径/mm	100 mm 范围内安装法兰平面偏差值/mm	
	单排四点接触式	三排滚柱式
2 000～2 500	0.25	0.17
>2 500～4 000	0.3	0.20
>4 000～6 000	0.4	0.30

5.6.15.5 定柱式回转支承中，上支承中心与下支承水平轨道中心偏差 e 不应大于支承高度 H 的 1/1 500，见图 5。

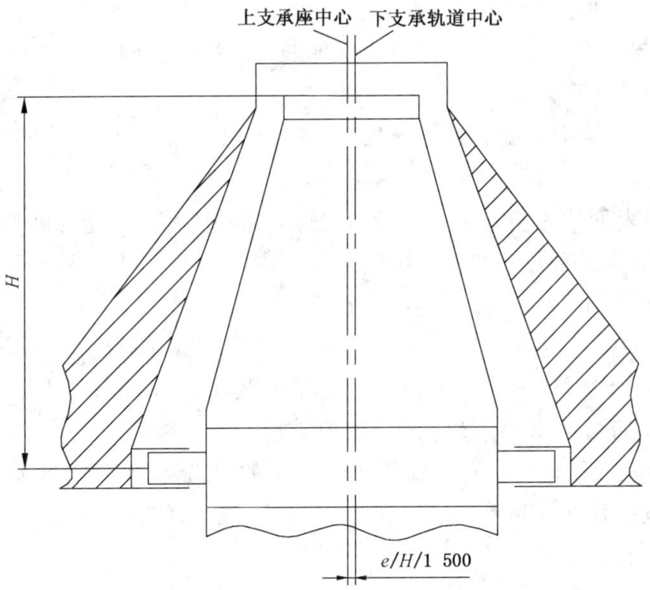

图 5

5.6.16 润滑系统

5.6.16.1 除具有润滑功能的轴承外，对其他有相对运动的运动副均应进行润滑。起重机应配有润滑图，表明润滑部位、周期、油(脂)牌号，各润滑点应有标志，润滑点的位置应便于安全接近，对起重机应按说明书定期润滑。起重机出厂前应对润滑油路各部位逐个检查，并确保其畅通。

5.6.16.2 如果采用集中润滑，回转轴承宜设独立的润滑系统。

5.6.16.3 开式齿轮、钢丝绳应按使用说明书定期进行有效润滑。

5.7 金属结构

5.7.1 材料

5.7.1.1 起重机承载结构件钢材的选择应符合 GB/T 3811—2008 中 5.3 的规定。

5.7.1.2 用于制造起重机的材料，应有材料生产厂或检验机构出具的符合国家(行业)标准的材质证明，对重要构件材料应抽样化验和试验，其化学成分、力学性能应符合相应标准的规定。承载结构的钢材应具有抗拉强度、伸长率、屈服强度和硫、磷含量的合格保证，对焊接结构尚应具有碳含量的合格保证，焊接承载结构以及重要的非焊接承载结构采用的钢材还应具有冷弯试验的合格证。

5.7.2 主要构件联接

5.7.2.1 焊接

5.7.2.1.1 焊条与焊丝的选择应与主体构件材料强度以及焊缝所受载荷类型相适应。手工焊接用焊条应符合 GB/T 5117 或 GB/T 5118 的规定，焊丝应符合 GB/T 5293 或 GB/T 8110 的规定。自动焊接或半自动焊接采用的焊丝和相应的焊剂应符合 GB/T 5293、GB/T 12470 的相关规定。气体保护焊使用的氩气应符合 GB/T 4842 的规定，二氧化碳气体应符合 HG/T 2537 的规定。

5.7.2.1.2 焊缝坡口和接头构造应符合 GB/T 985.1 、GB/T 985.2 和 GB/T 324 的规定，连接组装的偏差应符合 GB 50205 的规定。特殊需要的坡口形式和尺寸，可按具体情况规定并在图样上注明。

5.7.2.1.3 所有重要焊缝均应进行外观检查，不应有漏焊、烧穿、裂纹、气孔、未熔合、严重咬边、夹渣、熔瘤、凹坑等影响性能和外观质量的缺陷。

5.7.2.1.4 设计文件规定或外观检查怀疑有裂纹的焊缝，应进行表面探伤。磁粉探伤应符合JB/T 6061 的规定，渗透探伤应符合 JB/T 6062 的规定。

5.7.2.1.5 全焊透熔化焊焊接接头的焊缝等级按 JB/T 10559 分级，在产品图纸上或工艺文件上应注明焊缝等级，焊缝缺陷的检验应符合下列要求：

a) 1 级焊缝：焊缝表面质量应达到 GB/T 19418 中的“B”级，焊缝内部质量应进行 100%无损探伤。采用超声波探伤时不应低于 JB/T 10559 中的 1 级，采用射线探伤时应达到 GB/T 3323 中规定的质量等级Ⅱ。

b) 2 级焊缝：焊缝表面质量应达到 GB/T 19418 中的“C”级，焊缝内部质量应按结构材料、板厚等具体情况进行 30%～50%无损探伤。采用超声波探伤时应达到 JB/T 10559 中的 2 级，采用射线探伤时不应低于 GB/T 3323 中规定的质量等级Ⅲ级。

c) 3 级焊缝：焊缝表面质量应达到 GB/T 19418 中的“D”级，焊缝内部质量可按具体情况进行抽检，采用超声波探伤时应达到 JB/T 10559 中的 3 级，射线探伤不作规定。

5.7.2.2 螺栓连接

5.7.2.2.1 金属结构采用高强度螺栓完成构件间的连接时，其连接接头应符合 JGJ 82 的规定。大六角头高强度螺栓接头所用螺栓、螺母、垫圈及其技术要求应分别符合 GB/T 1228、GB/T 1229、GB/T 1230、GB/T 1231 的规定。扭剪型高强度螺栓接头所用的钢结构用扭剪型高强度螺栓连接副应符合 GB/T 3632 的规定。

5.7.2.2.2 连接结构件的铰制孔用螺栓副，螺栓的力学性能等级不应低于 8.8 级，螺母的力学性能等级不应低于 8 级。螺栓与铰制孔的配合宜采用 GB/T 1801 中 H8/m6。

5.7.3 结构件制造的允许偏差

结构件制造的允许偏差应符合 GB/T 29560—2013 中 5.7.3 的规定。

5.8 电气设备

5.8.1 总则

起重机电气设备应符合 GB/T 3811、GB 5226.2 和本标准的要求。

5.8.2 电源与供电

5.8.2.1 起重机供电电源的容量除应满足 5.1.1 的要求外，对于额定线电压高于 1 000 V 的交流供电系统，其供电线路及保护的设计应符合高压供电有关规定。

5.8.2.2 在电源周期的任意时间，电源中断或零电压持续时间不应超过 3ms，相继中断间隔时间应大于 1 s。

5.8.2.3 起重机宜装设切断总电源的电源开关。

5.8.2.4 总电源回路应设置总断路器。总断路器应具有电磁脱扣功能，其额定电流应大于起重机额定工作电流，电磁脱扣电流整定值应大于起重机最大工作电流并符合整定要求。总断路器的断弧能力应能断开在起重机上发生的短路电流。

5.8.3 电气设备的选用原则

5.8.3.1 起升、旋转、变幅和运行机构一般采用交流变频传动控制系统。

5.8.3.2 除辅助机构外，应采用符合 5.6.1 中规定的电动机，必要时也可采用符合起重机要求的其他类型电动机。

5.8.3.3 选择电阻器时应注意：

a) 接电持续率不同的电动机，宜选用不同参数的起重机标准电阻器；如特殊需要，也可由起重机制造厂自行设计，但应符合 GB/T 3811—2008 中 7.5.1.3 的规定；

b) 起升机构不应选用频敏电阻器；

c) 电阻器应加防护罩，并注意散热需要的空间；室内使用时其防护等级不应低于 GB 4208 中的 IP10，室外使用时不应低于 IP13。

5.8.3.4 起重机进线处应设隔离开关或熔断器箱。

5.8.3.5 当采用按钮盒控制时，控制电压不应大于 250 V。

5.8.3.6 对电磁起重机，起重电磁铁的电源在交流侧的接线，应保证在起重机内部各种事故断电（起重机集电器不断电）时，起重电磁铁供电不切断，即吸持物不应脱落。

5.8.3.7 如果用户要求对起重电磁铁设置备用电源（如蓄电池）时，备用电源支持时间不宜小于20 min，应同时提供自动充电装置及其电压的指示器，并应有灯光和声响警告装置示警。该电源可接入起升制动器回路，或起升制动器应具有手动释放功能。

5.8.3.8 当选用可编程控制器（PLC）时，对用于安全保护的联锁信号，如极限限位、超速等，应具有直接的继电保护联锁线路。

5.8.4 控制柜

5.8.4.1 应选用符合 GB 7251.1 规定的控制柜。

5.8.4.2 电气室内高压柜和低压柜应分开。

5.8.4.3 控制柜宜采用整体防护式结构，面板带门，并配有门锁。可开启的控制柜门应以软导线与接地金属构件可靠地连接。

5.8.4.4 控制柜内应设照明装置，在超过 5.1.3 所规定的湿度环境中工作的控制柜内应设防潮空间加热器。

5.8.4.5 在无遮蔽的场所安装使用的控制柜应具有防雨、防尘功能。其外壳防护等级不应低于 GB 4208 中的 IP54。

5.8.4.6 控制柜内导线不允许中间接头。所有导线端部及接线端子应有与电气原理图和布线图一致的永久性识别标记、编号。

5.8.4.7 控制柜应牢固安装，在箱壳和箱柜前面至少要留 400 mm 宽的净空，地面应无障碍物。

5.8.4.8 柜内要有明显的接地标志螺钉。接地螺钉应是不小于 M6 的镀锌或铜质件，柜体应用螺栓和底座紧固，不允许用焊接方式与底座联接；若门上有电气元件，应装设专用接地线，门应可靠锁住。

5.8.4.9 500 V 及以下的交直流母线及其分支线，其不同极的裸露载流部分与绝缘的金属体之间的电气间隙和爬电距离应符合表 9 的要求。

表 9

单位为毫米

类别	电气间隙	爬电距离
控制柜	≥12	≥20

5.8.5 联动控制台

5.8.5.1 联动控制台上的操作手柄应具有零位自锁，主令控制器应操作灵活、档位清楚、工作可靠、零位手感明确。

5.8.5.2 联动控制台上所有按钮、转换开关、指示灯等电气元件的上面或附近均应清晰地标明其用途及操作方向的含义。

5.8.5.3 对于操作手柄，一般选择右手控制起升机构，左手控制变幅机构、回转机构。采用手柄控制操作时，机构运动方向应与表 10 规定的手柄方向一致。

表 10

机构	运动方向	手柄方向
起升、变幅机构	上升、减幅	向着司机(手柄向后)
	下降、增幅	离开司机(手柄向前)
回转	向右回转	手柄向右
	向左回转	手柄向左

5.8.6 集电器

5.8.6.1 集电滑环应满足相应的电压等级和电流容量的要求，每个滑环至少有一对电刷，碳刷与滑环的接触面积不应小于 80%，并接触均匀。集电器的设计应方便维护与检查。

5.8.6.2 滑环与滑环间的绝缘电阻值不应小于 1 MΩ。滑环间最小间隔不应小于 12 mm，且爬电距离不应低于 20 mm，并经耐压试验后无击穿、闪络现象。

5.8.7 电气设备的安装

5.8.7.1 电气设备应安装牢固，在起重机工作过程中，不应发生目测可见的水平移动和垂直跳动。

5.8.7.2 四箱及四箱以下的电阻器可以直接叠装，五箱及六箱叠装时，应考虑加固措施并要求各箱之间的间距不应小于 80 mm，间距过小时应降低容量使用或采取其他相应措施。

5.8.7.3 控制柜的安装应符合 GB/T 5226.2—2002 中第 12 章和 GB 50171—2012 中第 3 章～第 7 章的规定。终端的标示与标志应符合 GB/T 4026 的规定。

5.8.7.4 安装在电气室内的电气设备，其防护等级可以为 GB 4208 中的 IP00，但应有适当的防护措施，如防护栏杆，防护网等。

5.8.8 电线、电缆及其敷设

5.8.8.1 起重机上应采用铜芯、多股导线。电气室、司机室、控制屏、保护箱内的配线，主回路小截面导线与控制回路的导线，可用塑料绝缘导线。港口工作的起重机宜用船用电缆。

5.8.8.2 起重机外部连接用电线电缆截面选择：对于多股单芯导线，截面不应小于 1.5 mm^2；对于多股多芯电缆，截面不应小于 1.0 mm^2；对于电子装置、油压伺服机构、检测与传感元件的连接线，其截面不作规定。

5.8.8.3 不同电压种类和电压等级的电线敷设，应尽量分开。

5.8.8.4 导线的连接和分支点处应设置接线盒，室外接线盒及其出线孔的密封装置应能防雨。

5.8.8.5 交流载流 25 A 以上的单芯电线(或电缆)不允许单独穿金属管。

5.8.8.6 传送低电压、低功率的电缆线，不应与动力电缆或不同电压等级的电缆使用同一根多芯电缆(集装箱吊具电缆除外)，必要时还要采用屏蔽电缆。

5.8.8.7 所有导线中均不允许有中间接头。照明线允许在设备附近用过渡端子连接。

5.8.8.8 每一根独立的连续的电缆管，累计的弯曲角度应小于 360°。超过 360°时，需要用分线盒或者三通过渡。硬管的中心弯曲半径应大于所穿电缆允许的最小弯曲半径，并且不小于表 11 所示的弯曲半径。

表 11

电线管规格	弯曲半径/mm
½”	102
¾”	115
1¼”	185
2”	242
3”	331
4”	407

5.8.8.9 线管、线槽或托架应尽量引接到电气设备附近。

5.8.8.10 电缆固定敷设的弯曲半径不应小于 5 倍电缆外径，扁形移动电缆的弯曲半径不应小于 10 倍电缆厚度，圆形移动电缆的弯曲半径不应小于 8 倍电缆外径。

5.8.8.11 接线盒(箱)的内腔，应有足够的引线空间。

5.8.8.12 导线穿过钢管或金属孔、洞处，应有保护措施，以防止导线磨损。电缆允许直接敷设，但在有机械损伤、化学腐蚀、油污浸蚀的地方应有防护措施。

5.8.8.13 导线与端头的连接应采用专用的冷压钳将导线与冷压铜端头压紧，不脱落。

5.8.8.14 线管、线槽、司机室地板下等导线密集的地方，应将导线整理成束，导线的两端应有与电路图或接线图一致的永久性识别标记和线束号。

5.8.8.15 起重机、司机室、电气室和电气设备的进出线孔，线槽和线管的进出线口均应采取防雨措施，且不应积水。

5.8.8.16 控制柜内一律要采用铜质线，导线截面积应符合 GB 5226.2—2002 中 13.6 的规定，每一线端都要牢固地装上线号标识。

5.8.8.17 保护导线的标识应符合 GB 5226.2—2002 中 14.2.2 的规定。

5.8.8.18 其他导线的标识应符合 GB 5226.2—2002 中 14.2.4 的规定。

5.8.9 照明及信号

5.8.9.1 起重机司机室、机房、电气室内照明的平均照度不应低于 30 lx。起重机转台上或其他位置上应装有足够功率灯具，使起重机作业工作面的直接平均照度应达到 30 lx。起重机各主要通道、扶梯、平台入口处的平均照度不应低于 20 lx。

5.8.9.2 照明、信号的供电应设专用电路，电源应从主断路器(或主刀开关)进线端分接。当主断路器(或主刀开关)断开时，照明、信号电路不应断电。各种照明、信号电路均应设置短路保护。

5.8.9.3 固定式照明装置的电源电压不应超过 220 V，不应用金属结构作为照明线路的回路。可携式照明装置(安全局部照明灯)的电源电压不应超过 36 V，采用交流供电的，不应使用自耦变压器。

5.8.9.4 应用减振型或有减振措施照明灯具，室外照明灯具还应设有防坠落装置。室外和潮湿场所应用防水型照明灯具。

5.9 装配

5.9.1 制动轮和制动盘的安装

制动轮安装后，应保证其径向跳动不应超过表 12 规定的值；制动盘安装后，应保证其盘端面跳动不应超过表 13 规定的值。

表 12

制动轮直径/mm	≤100	>100～250	>250～500	>500～800
径向跳动/μm	150	200	250	300

表 13

制动盘直径/mm	≤250	>250～500	>500～800	>800～1 250	>1 250～2 000	>2 000～3 150	>3 150～5 000	>5 000
端面跳动/μm	200	250	300	400	500	600	800	1 000

5.9.2 传动链连接件的安装

5.9.2.1 传动链中各部件间的连接，同一轴线的偏斜角不应大于所用联轴器允许的安装误差。

5.9.2.2 装配好的各机构，使末级轴(如卷筒轴)旋转一周的过程中，应转动灵活，不应有卡阻等异常现象。

5.10 涂装

5.10.1 涂装前的钢材表面处理

基座、立柱、转盘、人字架、臂架系统等重要结构件应进行喷砂或喷(抛)丸除锈处理，达到

GB/T 8923.1中的 Sa2 $\frac{1}{2}$级;其余构件应达到 Sa2 级或 St2 级(手工除锈)。

5.10.2 涂漆质量

5.10.2.1 起重机面漆应均匀、细致、光亮、完整和色泽一致,不应有粗糙不平、漏漆、错漆、皱纹、针孔及严重流挂等缺陷。

5.10.2.2 油漆漆膜厚度应满足 JT/T 733—2008 的要求。也可按起重机工作环境需要,由供需双方另行约定。

5.10.2.3 漆膜附着力应符合 GB/T 9286 中规定的一级质量要求。

5.10.3 涂漆颜色

涂漆颜色按供需双方约定执行。

6 试验方法

6.1 总则

起重机试验应遵循 GB/T 5905 规定的规范和程序。速度和时间参数的测量应符合 GB/T 22414 的规定,测量精度应满足 GB/T 21457 的要求。

6.2 试验条件

6.2.1 在用户使用现场进行试验,试验时 10 m 高度处的风速不应超过 8.3 m/s(30 km/h),但在速度(起升除外)测定时,风速不应超过 3 m/s(10.8 km/h)。

6.2.2 试验场地应平整坚实,起重机工作范围内不应有妨碍起重机回转、变幅动作的障碍物,并应在试验场地周边设置安全警示标志。

6.2.3 润滑油、液压油和冷却液应按使用要求装至工作液面,油的品质应符合设计规定的要求。

6.2.4 试验载荷应准确,其允许偏差为±1%。

6.2.5 有特殊要求的起重机可按订购合同条款进行试验。

6.3 整机试验

6.3.1 目测检验

目测检验应包括所有重要部件的规格和/或状态应符合要求,如下列各项:

——各机构、有关电气设备和液压设备、安全装置、制动器、控制器、照明和信号系统;

——起重机金属结构及其连接件、梯子、通道、司机室和平台;

——所有防护装置;

——吊钩或其他取物装置及其连接件;

——钢丝绳及其固定件;

——滑轮组及其轴和紧固件,臂架的杆件。

检查期间,不必拆开任何部件。但如正常维护和检验需要时,应打开的盖子(如限位开关盖)应包括在内。

目测检验还应包括提交符合 GB/T 17908 规定的全部验收文件,且证明已经过审核。

6.3.2 空载试验

以额定速度分别进行起升、变幅、回转动作试验各 3 次,测取各机构电动机的启动电流值、稳态电流值、励磁电流值、功率、转数、电压值，以 3 次测取的算术平均值作为测定值填入记录表，参见附录 A 的表 A.1。

6.3.3 技术性能参数的测定

6.3.3.1 起升速度/下降速度

起重机以最高速度起升(下降)额定载荷，测取载荷稳定运行通过 10 m 行程所需的时间，或测取卷筒稳定运转 3 圈所用时间，以 3 次测量的算术平均值作为起升(下降)速度。对安装用起重机还应测微速下降速度。

6.3.3.2 回转速度

起重机处于最大幅度位置，额定载荷下起重机以最高回转速度回转，测取回转圈数及相应的回转时间，以 3 次测量的算术平均值作为回转速度。

6.3.3.3 变幅时间

测取额定载荷下，起重机以最高速度在最大幅度和最小幅度范围内全程变幅的时间，以 3 次测量的算术平均值作为变幅时间。

6.3.3.4 起升范围

起重机处于空载条件下，测量取物装置从最高位置下降至最低位置的垂直距离。

6.3.3.5 幅度

起重机处于空载条件下，测量起重机最大幅度与最小幅度。

6.3.3.6 回转范围

若起重机为非全回转型，则还需在起重机处于空载条件下时测量回转工作范围。

6.3.4 额定载荷试验

6.3.4.1 额定载荷试验目的是进一步测试起重机的相关功能指标。

6.3.4.2 额定载荷试验的工况见表 14。

表 14

序号	试验工况	一次循环内容	循环次数
1	额定起重量； 相应的最大幅度	试验载荷由地面起升至最大高度(中间制动 1 次)→下降到地面(中间制动 1 次)	3
2		试验载荷起升至离地 1 m 左右→变幅到最小幅度(中间制动 1 次)→变幅到原位(中间制动 1 次)→下降到地面	3
3		试验载荷起升至离地 1 m 左右→在作业范围内向左回转 360°(中间制动 1 次)→再向右回转 360°(中间制动 1 次)→下降到地面	3
注：回转作业范围若小于 360°时，参考本表序号 3 作全程回转试验。			

6.3.4.3 测取电动机工作时启动电流、稳态电流、励磁电流、功率、转数、电枢电压，以 3 次测取的算术

平均值作为测定值填入记录表 A.1。

6.3.4.4 在完成表 14 规定的试验时，应注意设计规定的在不同幅度范围起重机所承受的额定载荷均需按表中的全部内容进行试验。

6.3.4.5 在完成表 14 规定的试验后，起重机有联合动作要求的，应进行额定载荷下起升、变幅联合动作和起升、回转联合动作试验各 3 次。试验过程中，起升、变幅制动与起升、回转制动各进行 3 次。

6.3.5 静载试验

6.3.5.1 静载试验的目的是检验起重机以及各结构件的承载能力。

6.3.5.2 每个起升机构的静载试验应分别进行，静载试验的载荷为 1.25 倍的额定载荷。若起重机不同幅度下起吊的额定载荷不同，则在不同的幅度下，选取相应的 1.25 倍额定载荷作为试验载荷。

6.3.5.3 将试验载荷逐渐地加上去，起升至离地面 100 mm～200 mm 高度，悬空时间不应少于10 min，注意观察各机构连接处、各支座位置、各主要钢结构是否有异常响声，制动器是否正常制动。

6.3.5.4 试验时允许调整起重量限制器、力矩限制器、液压系统安全溢流阀压力，但试验后应调回到设计规定的数值。

6.3.5.5 试验后，如果未见到裂纹、永久变形、油漆剥落或对起重机的性能与安全有影响的损坏，连接处没有出现松动或损坏，则认为这项试验结果合格。

6.3.6 动载试验

6.3.6.1 动载试验的目的主要是验证起重机各机构和制动器的功能。

6.3.6.2 每个起升机构的动载试验应分别进行，动载试验的载荷为 1.1 倍的额定载荷。若起重机不同幅度下起吊的额定载荷不同，则在不同的幅度下，选取相应的 1.1 倍额定载荷作为试验载荷。

6.3.6.3 试验中应包括试验载荷在悬挂不动的状态下作上升启动时，不应出现反向动作与下滑现象。

6.3.6.4 进行两个机构以上的联合动作试验，各机构应运转正常、传动平稳、测定各项性能参数应符合设计的规定，同时测定电气设备和液压设备的有关数据，并填表记录。

6.3.6.5 分别对起升机构、回转机构、变幅机构(若有)在额定工作速度下进行制动试验，各不少于3 次，检查制动的可靠性。

6.3.6.6 如果各部件能完成其功能试验，并在随后进行的目测检验中没有发现机构或构件有损坏，连接处也没有松动或损坏，则认为这项试验结果合格。

7 检验规则

7.1 检验分类

起重机的检验分出厂检验和型式试验。

7.2 出厂检验

7.2.1 每台起重机都应进行出厂检验，检验合格后(包括用户特殊要求检验项目)方能出厂。

7.2.2 制造商应向用户提供起重机《产品合格证明书》和检测报告。

7.2.3 起重机宜在制造方进行整体或部件的预装，并进行空运转试验，否则应采取有效措施保证各部分在使用现场进行总装的正确性。

7.2.4 组装后各部件应分别进行空运转试验，正反方向运转，各试验累计时间不应少于 5 min。

7.2.5 出厂检验项目见表 15。

表 15

序号	项目名称	出厂检验	型式试验	检验要求	试验方法
1	目测检验	√	√	第5章相关条款	6.3.1
2	空载试验	—	√		6.3.2
3	额定载荷试验	—	√		6.3.4
4	静载试验	—	√	5.3.5	6.3.5
5	起升速度/下降速度	—	√	表7及图样	6.3.3.1
6	回转速度和/或回转范围	—	√	表7及图样	6.3.3.2;6.3.3.6
7	变幅时间	—	√	表7及图样	6.3.3.3
8	起升范围	—	√	表7及图样	6.3.3.4
9	幅度	—	√	表7及图样	6.3.3.5
10	起重机噪声	—	√	5.5.10	按 GB/T 14406—2011 中 6.5
11	验证抓斗抓满率	—	√	5.3.3	按 GB/T 14406—2011 中 6.7
12	验证起重电磁吸盘的吸重能力	—	√	5.3.4	按 GB/T 14406—2011 中 6.8.1
13	动载试验	—	√	5.3.6	6.3.6
14	漆膜总厚度	√	√	5.10.2.2	按 GB/T 14406—2011 中 6.2.10
15	漆膜附着力	√	√	5.10.2.3	按 GB/T 9286
16	电控设备中各电路的绝缘电阻	√	√	5.5.8	按 GB/T 14406—2011 中 6.6

7.3 型式试验

7.3.1 有下列情况之一时,应进行型式检验:

a) 新产品或老产品转厂生产的试制定型鉴定;

b) 正式生产后,如结构、材料、工艺有较大改变,可能影响产品性能时;

c) 产品停产达一年以上后恢复生产时;

d) 出厂检验结果与上次型式检验有较大差异时;

e) 国家质量监督机构提出进行型式检验要求时。

7.3.2 如果制造商没有条件进行整机试验,则应到用户使用现场作型式试验。

7.3.3 进行型式试验的起重机,应由制造商的质量检验部门或有资质的质量监督机构按实际与可能进行随机抽样。

7.3.4 型式试验项目见表 15。

8 标志、包装、运输、贮存

8.1 标志

8.1.1 起重机的规格标记应符合下列要求:

a) 应在明显位置永久性地标明额定起重量(或额定起重力矩)。

b) 额定起重量随全幅度范围变化的起重机,应设有明显可见的额定起重量随幅度全程变化的曲线或表格;凡不同幅度段规定有不同额定起重量的,幅度段的划分及各段的额定起重量,均应永久性地标明并明显可见。由制造商提供的操作说明书应能对不同幅度起重量做出更详细说明。

c) 如果起重机配备有多个起升机构，则应分别标明每个起升机构的额定起重量。由制造商提供的操作说明书应指明这些起升机构是否可以同时使用。

8.1.2 应在起重机或司机室内明显位置设置起重机标牌，标牌应符合 GB/T 13306 的规定，标牌的内容至少应包括以下内容：

a) 产品型号及名称；

b) 主要性能参数；

c) 产品编号；

d) 出厂日期；

e) 制造商名称；

f) 执行标准。

8.2 包装

8.2.1 起重机的包装应符合 GB/T 13384 的有关规定。

8.2.2 需解体的零部件连接处应有清晰的对应性标记和编号，电线接头可书写编号。

8.2.3 每个包装上应标明零部件的名称、编号、重量、吊点位置，并应附有包装清单。

8.2.4 销轴、轴孔、螺纹及外露加工面应作防锈处理并妥善保护，液压管件接口封住，电线接头防水密封。

8.2.5 危险、易碎、防潮等包装箱、件，应分别标明危险、易碎、防潮、放置方向等符号及字样。

8.2.6 各种资料及装箱单、装拆发运单元清单、装拆编号图样等文件应防水封好，放在有标记的适当位置。

8.2.7 起重机出厂时至少应提供以下随行文件：

a) 产品合格证明书；

b) 起重机使用维护说明书；

c) 主要外购件的合格证及使用说明书；

d) 起重机总图及各主要部件装配图；

e) 易损件清单；

f) 随机工具及备件清单；

g) 其他。

8.3 运输

8.3.1 产品的运输应符合铁路、公路、航运的有关运输要求。

8.3.2 整体拖运还应满足：

a) 拖运装置应设有制动、转向装置，并符合通用牵引车辆的要求；

b) 起重机的回转部分应锁止，以防机构损坏；

c) 最大载荷应符合道路桥梁限载要求。

8.3.3 长大件和可能会移动的部件，应垫平绑扎牢固，防止变形、移位、碰撞。

8.3.4 各金属结构件在运输过程中应防止变形，必要时应局部临时加固或放置假轴于铰轴轴孔内，若发现明显变形，需复测尺寸及形位公差，合格后方可吊装。

8.3.5 运输过程中应防止碰撞、腐蚀、变形，电器设备、液压设备、电缆、钢丝绳等应采取防雨和防腐措施。

8.4 贮存

8.4.1 长期贮存时，应定期清理、涂漆。裸露的装配面应采取有效的防腐措施，电气系统、塑料零件、橡胶制品应避免日光直晒和油污以防止过早老化。放置在仓库中保管的零部件应注意防潮和避风。

8.4.2 起重机贮存时，应保存有详细档案，存放期间的所有变动情况均应详细记入档案。

附 录 A
（资料性附录）
试验测试数据记录表

试验用记录表参见表 A.1。

表 A.1 电动机电压、电流、功率、转数测试记录表

产品名称：__________ 型号：__________ 检测地点：__________ 检测日期：______年____月____日 天气情况：__________ 风速：__________ 温度：__________ 被测部件：__________ 制造商：__________ 检测单位：__________								
机构名称	电动机型号	负荷 t	电压 V	起动电流 A	稳态电流 A	励磁电流 A	功率 kW	转数 r/min
记录人：		检测负责人：						

ICS 53.020.30
J 80

中华人民共和国国家标准

GB/T 29562.1—2013

起重机械用电动机能效测试方法 第1部分:YZP系列变频调速三相异步电动机

Energy efficiency test procedures of motors for crane—Part 1: YZP series of variable-frequency adjustable-speed 3-phase asynchronous motors

2013-07-19 发布　　2014-01-01 实施

中华人民共和国国家质量监督检验检疫总局
中国国家标准化管理委员会　发布

前　言

GB/T 29562《起重机械用电动机能效测试方法》分为3个部分：

——第1部分：YZP系列变频调速三相异步电动机；

——第2部分：YZR/YZ系列三相异步电动机；

——第3部分：锥形转子三相异步电动机。

本部分为GB/T 29562的第1部分。

本部分按照GB/T 1.1—2009给出的规则起草。

本部分由中国机械工业联合会提出。

本部分由全国起重机械标准化技术委员会(SAC/TC 227)、全国旋转电机标准化技术委员会(SAC/TC 26)共同归口。

本部分负责起草单位：大连天元电机股份有限公司、北京起重运输机械设计研究院、国家起重运输机械质量监督检验中心。

本部分参加起草单位：无锡新大力电机有限公司。

本部分主要起草人：王建国、王顺亭、杨俊、张春红、王景辉。

起重机械用电动机能效测试方法 第1部分:YZP系列变频调速三相异步电动机

1 范围

GB/T 29562的本部分规定了YZP系列起重及冶金用变频调速三相异步电动机(以下简称“电动机”)的能效测试方法。

本部分适用于YZP系列起重及冶金用变频调速三相异步电动机,凡属本系列电动机所派生的各种系列电动机均可参照执行。

2 规范性引用文件

下列文件对于本文件的应用是必不可少的。凡是注日期的引用文件,仅注日期的版本适用于本文件。凡是不注日期的引用文件,其最新版本(包括所有的修改单)适用于本文件。

GB 755—2008 旋转电机 定额和性能

GB/T 1032—2012 三相异步电动机试验方法

GB/T 21209—2007 变频器供电笼型感应电动机设计和性能导则

GB/T 21972.1 起重及冶金用变频调速三相异步电动机技术条件 第1部分:YZP系列起重及冶金用变频调速三相异步电动机

3 试验条件

3.1 基本要求

电动机技术条件应符合GB/T 21972.1的规定。

3.2 变频器要求

变频器要求如下:

a) 根据GB/T 21209—2007中4.4.2分析结论,变频器采用矢量控制型变频器;

b) 变频器为6脉冲工作变频器;

c) 变频器中设定的启动时间为10 s;

d) 变频器中设定的稳定运行频率为电动机的额定频率;

e) 谐波含量小于5%。

3.3 现场运行条件

现场运行条件应满足GB 755—2008中6.1~6.4的要求。

3.4 试验电源

电源应符合GB/T 1032—2012中4.2的规定。

3.5 测量仪器

测量仪器应符合 GB/T 1032—2012 中 4.3 的规定。

宽频电能表的准确度不应低于 0.5 级(满量程)。

3.6 测量要求

测量要求应符合 GB/T 1032—2012 中 4.3 的规定。

4 试验方法

4.1 试验工况

电动机能效试验应在额定负载下待热稳定之后进行。电动机的基准工作制为 S3-40%,在 1 h 内完成 6 个工作循环,每个工作循环 10 min,额定负载运行 4 min,每个循环均需测定输入电功率和输出机械功率。

4.2 试验环节处理

4.2.1 电能表接入位置

对输入功率 P_1 的测量:将测量仪器接入到变频器输出端,即电动机电源的输入端口。

对风机输入功率 P_F 的测量:将测量仪器接入到风机电源的输入端口。

4.2.2 风机耗能处理

冷却风机的功率作为输入功率的一部分,电动机在额定负载下待热稳定之后,测量风机的输入功率 P_F。

4.3 输入功率测量与计算

4.3.1 输入功率测量

采用三相电能表测量每个工作循环 4 min 负载运行时间内电动机的输入电能,并作记录。输入功率按式(1)计算:

$$P_1 = \frac{Q \times 60}{4} \qquad \cdots\cdots (1)$$

式中:

P_1——输入功率,单位为千瓦(kW);

Q ——每个工作循环负载运行时间内,电动机的输入电能,单位为千瓦小时(kW·h)。

4.3.2 输入功率修正计算

4.3.2.1 定子绕组损耗修正

4.3.2.1.1 定子绕组电阻测量

能效试验断电停机后,应立即测量冷却介质温度 θ_a,并按 GB/T 1032—2012 中 6.6.4.5 的规定测量额定负载热试验后绕组端电阻 R_N。

4.3.2.1.2 定子绕组电阻折算

热试验后,电阻 R_N 折算到基准冷却介质温度为 25 ℃时的定子电阻 R_s,按式(2)计算:

$$R_s = \frac{235 + \theta_N - \theta_a + 25}{235 + \theta_N} \times R_N \qquad \cdots\cdots (2)$$

式中：

R_s——25 ℃时的定子电阻，单位为欧姆(Ω)；

θ_N——额定负载热试验时测得的定子绕组最高温度，单位为摄氏度(℃)；

θ_a——热试验结束时冷却介质温度，单位为摄氏度(℃)；

R_N——额定负载热试验后的定子电阻，单位为欧姆(Ω)。

4.3.2.1.3 **定子绕组损耗计算**

基准冷却介质温度为 25 ℃时的定子绕阻损耗，按式(3)计算：

$$p_{cul s} = 1.5 I_1^2 R_s / 1\ 000 \qquad \cdots\cdots (3)$$

式中：

$p_{cul s}$——25 ℃时的定子绕阻损耗，单位为千瓦(kW)；

I_1——规定负载状态下测得的线电流有效值或计算值，单位为安培(A)。

试验温度下定子绕阻损耗按式(4)计算：

$$p_{cul} = 1.5 I_1^2 R_N / 1\ 000 \qquad \cdots\cdots (4)$$

式中：

p_{cul}——试验温度下定子绕阻损耗，单位为千瓦(kW)。

4.3.2.2 **输入功率计算**

基准冷却介质温度为 25 ℃时的输入功率，按式(5)计算：

$$P_1' = P_1 - p_{cul} + p_{cul s} \qquad \cdots\cdots (5)$$

式中：

P_1'——25 ℃时的输入功率，单位为千瓦(kW)。

4.4 **输出功率修正计算**

4.4.1 **输出功率测量**

使用转矩转速传感器和扭矩测量仪对输出转速 n_i、转矩 T_{di} 进行采样测量，采样时间不大于 0.1 s。每个工作循环的 4 min 负载运行时间内采样 N 个点。

4.4.2 **转矩修正计算**

转矩修正按式(6)计算：

$$T_{di}' = T_{di} + T_c \qquad \cdots\cdots (6)$$

式中：

T_{di}'——修正后的输出转矩瞬时值，单位为牛米(N·m)；

T_{di}——输出转矩瞬时测量值，单位为牛米(N·m)；

T_c——转矩读数修正值(即测功机转矩修正值)，根据 GB/T 1032—2012 中 7.3 的规定求得，单位为牛米(N·m)。

4.4.3 **转速修正计算**

转速修正按式(7)计算：

$$n_i' = \frac{K_1 + \theta_N - \theta_a + 25}{K_1 + \theta_t} \times n_i \qquad \cdots\cdots (7)$$

式中：

n_i' ——转速瞬时修正值，单位为转每分(r/min)；

K_1 ——导体材料在 0 ℃时电阻温度系数的倒数：铜为 235，铝为 225（除非另有规定）；

θ_t ——试验时测得的定子绕组最高温度，单位为摄氏度(℃)；

n_i ——转速瞬时测量值。单位为转每分(r/min)。

4.4.4 输出功率计算

修正后的输出功率按式(8)计算：

$$P_2=\frac{\sum_{i=1}^{N}(T_{di}'\times n_i')}{9\,549\times N} \tag{8}$$

式中：

P_2——修正后的输出功率，单位为千瓦(kW)；

N——采样点数。

4.5 能效确定

电动机能效，取试验中 6 个工作循环的数据，按式(9)计算：

$$\eta=\frac{\sum_{n=1}^{6}P_{2n}}{\sum_{n=1}^{6}(P_{1n}'+P_{Fn})}\times 100\% \tag{9}$$

式中：

η ——电动机能效，%；

P_{2n} ——一个工作循环，修正后的输出功率，单位为千瓦(kW)；

P_{1n}'——一个工作循环，25 ℃时的输入功率，单位为千瓦(kW)；

P_{Fn} ——一个工作循环，冷却风机的输入功率，单位为千瓦(kW)。

ICS 53.020.30
J 80

中华人民共和国国家标准

GB/T 29562.2—2013

起重机械用电动机能效测试方法 第2部分:YZR/YZ系列三相异步电动机

Energy efficiency test procedures of motors for crane—
Part 2: YZR/YZ series 3-phase asynchronous motors

2013-07-19 发布 2014-01-01 实施

中华人民共和国国家质量监督检验检疫总局
中国国家标准化管理委员会 发布

前　言

GB/T 29562《起重机械用电动机能效测试方法》分为3个部分：

——第1部分：YZP系列变频调速三相异步电动机；

——第2部分：YZR/YZ系列三相异步电动机；

——第3部分：锥形转子三相异步电动机。

本部分为GB/T 29562的第2部分。

本部分按照GB/T 1.1—2009给出的规则起草。

本部分由中国机械工业联合会提出。

本部分由全国起重机械标准化技术委员会(SAC/TC 227)、全国旋转电机标准化技术委员会(SAC/TC 26)共同归口。

本部分负责起草单位：大连天元电机股份有限公司、北京起重运输机械设计研究院、国家起重运输机械质量监督检验中心。

本部分参加起草单位：无锡新大力电机有限公司。

本部分主要起草人：梁君声、杨俊、王顺亭、王建国、王景辉。

起重机械用电动机能效测试方法 第2部分:YZR/YZ 系列三相异步电动机

1 范围

GB/T 29562 的本部分规定了 YZR/YZ 系列起重及冶金用绕线/笼型转子三相异步电动机(以下简称“电动机”)的能效测试方法。

本部分适用于 YZR/YZ 系列起重及冶金用绕线/笼型转子三相异步电动机,凡属本系列电动机所派生的各种系列电动机均可参照执行。

2 规范性引用文件

下列文件对于本文件的应用是必不可少的。凡是注日期的引用文件,仅注日期的版本适用于本文件。凡是不注日期的引用文件,其最新版本(包括所有的修改单)适用于本文件。

GB 755—2008 旋转电机 定额和性能

GB/T 1032—2012 三相异步电动机试验方法

JB/T 10104 YZ 系列起重及冶金用三相异步电动机技术条件

JB/T 10105 YZR 系列起重及冶金用绕线转子三相异步电动机技术条件

3 试验条件

3.1 基本要求

YZR 系列电动机应符合 JB/T 10105 的规定。

YZ 系列电动机应符合 JB/T 10104 的规定。

3.2 现场运行条件

现场运行条件应满足 GB 755—2008 中 6.1~6.4 的要求。

3.3 试验电源

电源应符合 GB/T 1032—2012 中 4.2 的规定。

3.4 测量仪器

测量仪器应符合 GB/T 1032—2012 中 4.3 的规定。

3.5 测量要求

测量要求应符合 GB/T 1032—2012 中 4.3 的规定。

4 试验方法

4.1 试验工况

电动机能效试验应在额定负载下待热稳定之后进行。电动机的基准工作制为 S3-40%,在 1 h 内完成6个工作循环，每个工作循环10 min，额定负载运行4 min，每个循环均需测定输入电功率和输出机械功率。

4.2 YZR启动电阻选取

YZR电动机的外接启动电阻，推荐采用铬铁铝电阻。外接启动电阻值(R_{st})应使启动电流的平均值限定在工作制时额定电流的2倍左右。

4.3 输入功率测量与计算

4.3.1 输入功率测量

采用三相电能表测量每个工作循环4 min负载运行时间内电动机的输入电能，并作记录。输入功率按式(1)计算：

$$P_1 = \frac{Q \times 60}{4} \qquad (1)$$

式中：

P_1——输入功率，单位为千瓦(kW)；

Q——每个工作循环负载运行时间内，电动机的输入电能，单位为千瓦小时(kW·h)。

4.3.2 输入功率修正计算

4.3.2.1 定子绕组损耗修正

4.3.2.1.1 定子绕组电阻测量

能效试验断电停机后，应立即测量冷却介质温度θ_a，并按GB/T 1032—2012中6.6.4.5的规定测量额定负载热试验后绕组端电阻R_N。

4.3.2.1.2 定子绕组电阻折算

热试验后，电阻R_N折算到基准冷却介质温度为25 ℃时的定子电阻R_s，按式(2)计算：

$$R_s = \frac{235 + \theta_N - \theta_a + 25}{235 + \theta_N} \times R_N \qquad (2)$$

式中：

R_s——25 ℃时的定子电阻，单位为欧姆(Ω)；

θ_N——额定负载热试验时测得的定子绕组最高温度，单位为摄氏度(℃)；

θ_a——热试验结束时冷却介质温度，单位为摄氏度(℃)；

R_N——额定负载热试验后的定子电阻，单位为欧姆(Ω)。

4.3.2.1.3 定子绕组损耗计算

基准冷却介质温度为25 ℃时的定子绕阻损耗，按式(3)计算：

$$p_{culs} = 1.5\, I_1^2 R_s / 1\,000 \qquad (3)$$

式中：

p_{culs}——25 ℃时的定子绕阻损耗，单位为千瓦(kW)；

I_1——规定负载状态下测得的线电流有效值或计算值，单位为安培(A)。

试验温度下定子绕阻损耗按式(4)计算：

$$p_{cul} = 1.5\, I_1^2 R_N / 1\,000 \qquad (4)$$

式中：

p_{cul}——试验温度下定子绕阻损耗，单位为千瓦(kW)。

4.3.2.2 输入功率计算

基准冷却介质温度为 25 ℃时的输入功率，按式(5)计算：

$$P_1' = P_1 - p_{cul} + p_{culs} \qquad (5)$$

式中：

P_1'—— 25 ℃时的输入功率，单位为千瓦(kW)。

4.4 输出功率修正计算

4.4.1 输出功率测量

使用转矩转速传感器和扭矩测量仪对输出转速 n_i、转矩 T_{di} 进行采样测量，采样时间不大于 0.1 s。每个工作循环的 4 min 负载运行时间内采样 N 个点。

4.4.2 转矩修正计算

转矩修正按式(6)计算：

$$T'_{di} = T_{di} + T_c \qquad (6)$$

式中：

T'_{di}——修正后的输出转矩瞬时值，单位为牛米(N·m)；

T_{di}——输出转矩瞬时测量值，单位为牛米(N·m)；

T_c——转矩读数修正值(即测功机转矩修正值)，根据 GB/T 1032—2012 中 7.3 的规定求得，单位为牛米(N·m)。

4.4.3 转速修正计算

转速修正按式(7)计算：

$$n_i' = \frac{K_1 + \theta_N - \theta_a + 25}{K_1 + \theta_t} \times n_i \qquad (7)$$

式中：

n_i'——转速瞬时修正值，单位为转每分(r/min)；

K_1——导体材料在 0 ℃时电阻温度系数的倒数：铜为 235，铝为 225（除非另有规定）；

θ_t——试验时测得的定子绕组最高温度，单位为摄氏度(℃)；

n_i——转速瞬时测量值，单位为转每分(r/min)。

4.4.4 输出功率计算

修正后的输出功率按式(8)计算：

$$P_2 = \frac{\sum_{i=1}^{N}(T_{di}' \times n_i')}{9\,549 \times N} \qquad (8)$$

式中：

P_2——修正后的输出功率，单位为千瓦(kW)；

N——采样点数。

4.5 能效确定

电动机能效，取试验中 6 个工作循环的数据，按式(9)计算：

$$\eta=\frac{\sum_{n=1}^{6}P_{2n}}{\sum_{n=1}^{6}P_{1n}'}\times 100\% \qquad \cdots\cdots(9)$$

式中：

η —— 电动机能效，%；

P_{2n} ——一个工作循环，修正后的输出功率，单位为千瓦(kW)；

P_{1n}'——一个工作循环，25 ℃时的输入功率，单位为千瓦(kW)。

ICS 53.020.30
J 80

中华人民共和国国家标准

GB/T 29562.3—2013

起重机械用电动机能效测试方法 第3部分:锥形转子三相异步电动机

Energy efficiency test procedures of motors for crane—
Part 3:Conical rotor 3-phase asynchronous motors

2013-07-19 发布　　2014-01-01 实施

中华人民共和国国家质量监督检验检疫总局
中国国家标准化管理委员会　发布

前 言

GB/T 29562《起重机械用电动机能效测试方法》分为3个部分：

——第1部分：YZP系列变频调速三相异步电动机；

——第2部分：YZR/YZ系列三相异步电动机；

——第3部分：锥形转子三相异步电动机。

本部分为GB/T 29562的第3部分。

本部分按照GB/T 1.1—2009给出的规则起草。

本部分由中国机械工业联合会提出。

本部分由全国起重机械标准化技术委员会(SAC/TC 227)、全国旋转电机标准化技术委员会(SAC/TC 26)共同归口。

本部分负责起草单位：南京特种电机厂有限公司、北京起重运输机械设计研究院、国家起重运输机械质量监督检验中心。

本部分参加起草单位：海阳市田力电机有限公司。

本部分主要起草人：孙重远、闫锦锋、张皓琨、胡建兴、姜振田。

起重机械用电动机能效测试方法 第3部分：锥形转子三相异步电动机

1 范围

GB/T 29562的本部分规定了钢丝绳电动葫芦用锥形转子三相异步电动机(以下简称"电动机")的能效测试方法。

本部分适用于钢丝绳电动葫芦用锥形转子三相异步电动机，凡属本系列电动机所派生的各种系列电动机均可参照执行。

2 规范性引用文件

下列文件对于本文件的应用是必不可少的。凡是注日期的引用文件，仅注日期的版本适用于本文件。凡是不注日期的引用文件，其最新版本(包括所有的修改单)适用于本文件。

GB 755—2008 旋转电机 定额和性能

GB/T 1032—2012 三相异步电动机试验方法

JB/T 9008.1 钢丝绳电动葫芦 第1部分：型式与基本参数、技术条件

JB/T 9008.2 钢丝绳电动葫芦 第2部分：试验方法

3 试验条件

3.1 基本要求

电动机应符合JB/T 9008.1和JB/T 9008.2的规定。

3.2 现场运行条件

现场运行条件应满足GB 755—2008中6.1～6.4的要求。

3.3 试验电源

电源应符合GB/T 1032—2012中4.2的规定。

3.4 测量仪器

测量仪器应符合GB/T 1032—2012中4.3的规定。

3.5 测量要求

3.5.1 试验用的转矩转速传感器的标称转矩应不大于被测电动机额定转矩的4倍。

3.5.2 其余测量要求应符合GB/T 1032—2012中4.3的规定。

4 试验方法

4.1 试验工况

4.1.1 给被试电动机加负载的设备，应使被试电动机的启动特性尽可能接近电动机在电动葫芦上的满载启动特性(当使用涡流测功机时，其标称转矩不应大于电动机额定输出转矩的2倍)。

4.1.2 电动机能效试验应在额定负载下待热稳定之后进行。电动机的基准工作制为S4-25%。对于小于7.5 kW电动机的等效启动次数为120次/h(30 s为一个周期，工作7.5 s，停止22.5 s)；对于大于或等于7.5 kW电动机和双速电动机的等效启动次数为90次/h(40 s为一个周期，工作10 s，停止30 s)，按循环周期测定输入电功率和输出机械功率。

4.1.3 热试验应在电动机规定的工作制和等效启动次数下进行，在相隔60min，温升在2℃以内为止(为了缩短试验时间，在试验开始时负载可适当地持续一段时间)。

4.2 输入功率测量与计算

4.2.1 输入功率测量

采用三相电量表测量每个工作循环负载运行时间内电动机消耗的电能，并作记录。输入功率按式(1)计算：

$$P_1 = \frac{W \times 3\,600}{t} \qquad \cdots\cdots (1)$$

式中：

P_1——输入功率，单位为千瓦(kW)；

W——每个工作循环负载运行时间内，电动机消耗的电能，单位为千瓦小时(kW·h)。

t——工作时间：等效启动次数为120次/h时，为7.5，等效启动次数为90次/h时，为10；单位为秒(s)。

4.2.2 输入功率修正计算

4.2.2.1 定子绕组损耗修正

4.2.2.1.1 定子绕组电阻测量

试验断电停机后，应立即测量冷却介质温度 θ_a，并按GB/T 1032—2012中6.6.4.5的规定测量额定负载热试验后绕组端电阻 R_N。

4.2.2.1.2 定子绕组电阻折算

热试验后，电阻 R_N 折算到基准冷却介质温度为25 ℃时的定子电阻 R_s，按式(2)计算：

$$R_s = \frac{235 + \theta_N - \theta_a + 25}{235 + \theta_N} \times R_N \qquad \cdots\cdots (2)$$

式中：

R_s——25 ℃时的定子电阻，单位为欧姆(Ω)；

θ_N——额定负载热试验时测得的定子绕组最高温度，单位为摄氏度(℃)；

θ_a——热试验结束时冷却介质温度，单位为摄氏度(℃)；

R_N——额定负载热试验后的定子电阻，单位为欧姆(Ω)。

4.2.2.1.3 定子绕组损耗计算

基准冷却介质温度为 25 ℃时的定子绕阻损耗,按式(3)计算:

$$p_{\mathrm{cu1s}} = 1.5 I_1^2 R_{\mathrm{s}} \qquad \cdots\cdots(3)$$

式中:

P_{culs}——25 ℃时的定子绕阻损耗,单位为千瓦(kW);

I_1 ——规定负载状态下测得的线电流有效值或计算值,单位为安培(A)。

定子绕阻损耗按式(4)计算:

$$p_{\mathrm{cu1}} = 1.5 I_1^2 R_{\mathrm{N}} \qquad \cdots\cdots(4)$$

式中:

p_{cu1}——试验温度下定子绕阻损耗,单位为千瓦(kW)。

4.2.2.2 输入功率计算

基准冷却介质温度为 25 ℃时的输入功率,按式(5)计算:

$$P'_1 = P_1 - p_{\mathrm{cu1}} + p_{\mathrm{cu1s}} \qquad \cdots\cdots(5)$$

式中:

P'_1——25 ℃时的输入功率,单位为千瓦(kW)。

4.3 输出功率修正计算

4.3.1 输出功率测量

使用转矩转速传感器和扭矩测量仪对输出转速 n_i、转矩 $T_{\mathrm{d}i}$ 进行采样测量,采样时间不大于 0.1 s。每个工作循环的负载运行时间内采样 N 个点。

4.3.2 转矩修正计算

转矩读数修正值 T_{c} 根据 GB/T 1032—2012 中 7.3 的规定求得。转矩修正按式(6)计算:

$$T'_{\mathrm{d}i} = T_{\mathrm{d}i} + T_{\mathrm{c}} \qquad \cdots\cdots(6)$$

式中:

$T'_{\mathrm{d}i}$——修正后的输出转矩瞬时值,单位为牛米(N·m);

$T_{\mathrm{d}i}$——输出转矩瞬时测量值,单位为牛米(N·m);

T_{c} ——转矩读数修正值,单位为牛米(N·m)。

4.3.3 转速修正计算

转速修正按式(7)计算:

$$n'_i = \frac{K_1 + \theta_{\mathrm{N}} - \theta_{\mathrm{a}} + 25}{K_1 + \theta_{\mathrm{t}}} \times n_i \qquad \cdots\cdots(7)$$

式中:

n'_i ——转速瞬时修正值。单位为转每分(r/min);

K_1 ——导体材料在 0 ℃时电阻温度系数的倒数:铜为 235,铝为 225(除非另有规定);

θ_{t} ——试验时测得的定子绕组最高温度,单位为摄氏度(℃);

n_i ——转速瞬时测量值,单位为转每分(r/min)。

4.3.4 输出功率计算

修正后的输出功率按式(8)计算:

$$P_2=\frac{\sum_{i=1}^{N}(T'_{\mathrm{d}i}\times n'_i)}{9\ 549\times N} \qquad (8)$$

式中：

P_2——修正后的输出功率，单位为千瓦(kW)；

N——采样点数。

4.4 能效确定

电动机能效，取试验中10个工作循环的数据，按式(9)计算：

$$\eta=\frac{\sum_{n=1}^{10}P_{2n}}{\sum_{n=1}^{10}P'_{1n}}\times 100\% \qquad (9)$$

式中：

η ——电动机能效，%；

P_{2n}——一个工作循环，修正后的输出功率，单位为千瓦(kW)；

P'_{1n}——一个工作循环，25 ℃时的输入功率，单位为千瓦(kW)。

ICS 79
B 71

中华人民共和国国家标准

GB/T 29563—2013

木材保护管理规范

Management specifications for wood protection

2013-07-19 发布　　2013-09-01 实施

中华人民共和国国家质量监督检验检疫总局
中国国家标准化管理委员会　发布

前　言

本标准按照 GB/T 1.1—2009 给出的规则起草。

本标准由中华人民共和国商务部提出并归口。

本标准起草单位：木材节约发展中心、永港伟方（北京）科技股份有限公司。

本标准主要起草人：陶以明、喻迺秋、马守华、雷得定、张少芳。

木材保护管理规范

1 范围

本标准确立了木材保护管理的相关术语和定义，规定了木材保护的总则、工厂的规划与设计要求以及对工作人员、木材保护设备、保护剂的生产和使用、保护产品的生产经营、检验、使用、储存和废弃物处理的要求。

本标准适用于木材保护产品的生产、销售、使用及管理。

2 规范性引用文件

下列文件对于本文件的应用是必不可少的。凡是注日期的引用文件，仅注日期的版本适用于本文件。凡是不注日期的引用文件，其最新版本(包括所有的修改单)适用于本文件。

GB/T 14019 木材防腐术语

GB/T 17661 锯材干燥设备性能检测方法

GB 22280—2008 防腐木材生产规范

GB/T 22529 废弃木质材料回收利用管理规范

GB/T 29399 木材防虫(蚁)技术规范

GB/T 29406.1 木材防腐工厂安全规范 第1部分：工厂设计

GB/T 29406.2 木材防腐工厂安全规范 第2部分：操作

GB/T 29407 阻燃木材及阻燃人造板生产技术规范

GB 50005 木结构设计规范

GB 50016—2006 建筑设计防火规范

GB 50206—2003 木结构工程施工质量验收规范

GB 50354—2005 建筑内部装修防火施工及验收规范

LY/T 1636 防腐木材的使用分类和要求

SB/T 10383 商用木材及其制品标志

SB/T 10440 真空和(或)压力浸注(处理)用木材防腐设备机组

SB/T 10432 木材防腐剂 铜氨(胺)季铵盐(ACQ)

SB/T 10433 木材防腐剂 铜铬砷(CCA)

SB/T 10434 木材防腐剂 铜硼唑-A型(CBA-A)

SB/T 10435 木材防腐剂 铜唑-B型(CA-B)

3 术语和定义

GB/T 14019 界定的以及下列术语和定义适用于本文件。

3.1

木材保护 wood protection

用物理、化学、生物等技术手段对木材及其制品进行保养、维护或功能性改良，减少或避免因气候因子、生物因子、化学因子、物理因子等侵害，延长使用期，提高使用价值的过程。其内容主要包括木材防腐、防变色、防霉、防虫(蚁)、阻燃、干燥、热处理、尺寸稳定化、增强、染色等。

3.2

木材保护剂　wood protection agents

能够直接用于木材及其制品的表面或深层处理,具有一种或多种木材保护功能的化学或生物制剂。包括木材防腐剂、木材防霉剂、木材防变色剂、木材防虫(蚁)剂、木材阻燃剂、木材尺寸稳定剂、木材增强剂、木材染色剂、涂饰材料等。

3.3

木材保护设备　equipment for wood protection process

用于对木材及其制品保护处理的机械与装置。

3.4

木材保护处理　treatment and process for wood protection

根据木材及其制品的性能和使用环境的要求,采用物理、化学或生物等技术手段,对木材及其木制品进行相应处理(加工)的过程。

3.5

木材保护(处理)工厂　plant for wood protection treatment

用于木材及其制品保护处理的固定场所。包括独立厂区或其他木材生产加工工厂的附属车间等。

3.6

木材保护产品　treated/modified wood products

经过木材保护处理的木材及其制品。

4　总则

4.1　对易受气候因子、物理因子、化学因子、生物因子等侵害而丧失使用性能的木材及其制品,应进行保护处理。

4.2　木材保护应尽量保持木材固有的优良材料性能和环境学特性,最大限度地提高木材附加值,提高木材等级,延长木材使用期限。

4.3　应根据木材及其制品使用环境与要求,进行有效保护。

4.4　木材保护可根据木材的不同性能或用途,选择不同的处理方法。木材保护的基本方法主要有木材防腐、防变色、防霉、防虫(蚁)、阻燃、干燥、热处理、尺寸稳定化、增强、染色和功能性改良处理等,或者兼有其中两项或多项。

4.5　木材保护应符合国家或地方法规和相关标准中对人身安全和环境保护方面的要求。

5　木材保护(处理)工厂的规划与设计

5.1　应根据工厂的生产性质、规模、工艺流程和产品种类进行规划与设计,保证生产的先进性、合理性和经济性。

5.2　应了解厂区地形、地貌、地质、水文和气象资料等,保证最大限度利用天然资源。

5.3　应考虑交通运输条件,做到运距合理、交通便利。

5.4　应考虑本地区城乡总体规划,保证与居民区保持一定距离。

5.5　应考虑环境保护要求,保证污染排放符合国家或地方法规及相关标准规定。

5.6　木材防腐工厂安全设计应符合 GB/T 29406.1 的有关规定。

5.7　阻燃木材及阻燃人造板工厂安全设计可参照 GB/T 29406.1 的有关规定执行。

5.8　工厂的防火防爆设计应符合 GB 50016—2006 的有关规定。

6 木材保护设备

6.1 木材保护设备的设计、生产和使用应符合相应的国家标准或行业标准。

6.2 木材防腐设备机组应符合 SB/T 10440 的有关规定。

6.3 木材干燥设备应符合 GB/T 17661 的有关规定。

7 木材保护工作人员基本条件

7.1 从事木材保护的工作人员，岗前应经相应的专业技术培训。

7.2 从事木材保护产品的质量检验人员，应经专业技术培训。

7.3 直接参加生产的人员，应熟悉和遵守国家有关安全生产、劳动保护、环境保护等方面的法规及行业、企业规章制度、操作规程。

8 木材保护剂的生产和使用

8.1 从事木材保护剂生产经营企业应具备以下基本条件：

——有固定的生产经营场所；

——持有工商行政管理部门核发的营业执照；

——有经过专业培训的专业技术人员；

——生产企业应有符合国家或行业标准的专用设备；

——生产企业应有产品质量检测的设备和人员；

——有符合国家或行业标准或者国家有关规定的仓储设施。

8.2 木材保护剂的生产和使用应符合相应国家标准、行业标准或企业标准要求。

8.3 铜氨(胺)季铵盐(ACQ)木材防腐剂，应符合 SB/T 10432 的要求；铜铬砷(CCA)木材防腐剂应符合 SB/T 10433 的要求；铜硼唑-A 型(CBA-A)木材防腐剂应符合 SB/T 10434 的要求；铜唑-B 型(CA-B)木材防腐剂应符合 SB/T 10435 的要求。

8.4 木材防腐剂、木材阻燃剂、木材改性剂、木材染色剂的使用应考虑处理后的木材及其制品使用环境，对含有害物质的木材防腐剂、木材阻燃剂、木材改性剂的使用应预先做好安全防护，避免对人身和环境造成安全隐患。选用农药作为木材杀虫(蚁)剂时，应执行农药安全使用规定。

9 木材保护产品生产经营

9.1 从事木材保护产品生产经营企业应具备以下基本条件：

——有固定的生产经营场所；

——持有工商行政管理部门核发的营业执照；

——有经过专业培训的专业技术人员；

——生产企业应有符合国家或行业标准的专用设备；

——生产企业应有产品质量检测的设备和人员；

——有符合国家或行业标准或者国家有关规定的仓储设施。

9.2 木材保护产品质量应符合国家、行业或企业标准，并应有符合 SB/T 10383 规定的标志。

9.3 木材防腐产品生产应符合 GB 22280—2008 和 GB/T 29406.2 的有关规定。

9.4 木材防虫(蚁)产品生产应符合 GB/T 29399 的有关规定。

9.5 木材阻燃产品的生产应符合 GB/T 29407 的有关规定。

9.6 其他木材保护产品的生产应符合国家标准、行业标准或企业标准。

9.7 进入市场销售的木材保护产品，应附有检测报告和出厂合格证。

10 木材保护产品的质量检验

10.1 生产企业应有产品质量检验部门或指定专人，对产品进行质量检验。

10.2 生产企业应在生产现场随机抽样按批进行质量验收。

10.3 生产企业应选择有国家资质的木材保护产品质量检测机构对产品质量进行不定期抽检，每年至少一次。

10.4 对在木结构工程中使用的木材保护产品质量验收，应按 GB 50206—2003 中第 7 章的有关规定执行。

11 木材保护产品的使用

11.1 木材保护产品使用者应根据不同使用环境选择使用符合标准的产品。

11.2 使用防腐木材及其制品建设木结构房屋、园林景观、道桥、娱乐设施等与人群直接接触的工程项目，设计和施工应符合 GB 50005 中有关木材防护的有关规定，项目竣工验收后应在使用者最容易看到的部位，设立明显的永久性标志。标志内容应包括设计、施工、验收单位名称；建设年份；木材防腐剂种类；防腐木材供应商；使用注意事项等。

11.3 使用防腐木材应符合 LY/T 1636 的有关规定。

11.4 使用阻燃木材及其制品应符合 GB 50016—2006 中 5.5 和 GB 50354—2005 中第 7 章的规定。

12 木材保护产品储存和废弃物处置

12.1 防腐木材的储存应按 GB 22280—2008 中第 9 章的规定执行。

12.2 阻燃木材及阻燃人造板的储存应符合 GB/T 29407 的有关规定。

12.3 其他木材保护产品的储存应按有关标准执行。

12.4 废弃的防腐木材及其制品应按 GB/T 22529 的有关规定处置。

ICS 67.080.20
B 31

中华人民共和国国家标准

GB/T 29564—2013

苔干

Dried asparagus lettuce

2013-07-19 发布　　　　2013-12-06 实施

中华人民共和国国家质量监督检验检疫总局
中国国家标准化管理委员会　发布

前　言

本标准按照 GB/T 1.1—2009 给出的规则起草。

本标准由安徽省质量技术监督局提出。

本标准由国家标准化管理委员会农轻部归口。

本标准起草单位：亳州市质量技术监督局、安徽良夫面粉集团、安徽省标准化研究院。

本标准主要起草人：锁景坤、唐世军、锁婉媚、张良夫、李晓辉、翁贤敏、刘琴芳、丁昌东、刘建。

苔　　干

1　范围

本标准规定了苔干的术语和定义、要求、试验方法、检验规则以及标志、包装、运输和贮存。

本标准适用于苔干的收购、加工、销售。

2　规范性引用文件

下列文件对于本文件的应用是必不可少的。凡是注日期的引用文件，仅注日期的版本适用于本文件。凡是不注日期的引用文件，其最新版本(包括所有的修改单)适用于本文件。

GB 2760　食品安全国家标准　食品添加剂使用标准

GB 5009.3　食品安全国家标准　食品中水分的测定

GB 5009.4　食品安全国家标准　食品中灰分的测定

GB 7718　食品安全国家标准　预包装食品标签通则

GB/T 8308　茶　酸不溶性灰分测定

GB 14881　食品企业通用卫生规范

JJF 1070　定量包装商品净含量计量检验规则

定量包装商品计量监督管理办法(国家质量监督检验检疫总局 75 号令)

3　术语和定义

下列术语和定义适用于本文件。

3.1

莴笋　asparagus lettuce

莴苣

莴苣笋

青笋

莴菜

菊科(Compositae)莴苣属莴苣种中能形成肉质嫩茎的变种，一二年生草本植物。

3.2

苔干　dried asparagus lettuce

贡菜

响菜

以适于传统苔干加工的莴笋的肉质茎为原料，经去叶、刨皮、划条脱水加工而成的干菜。

3.3

苔条　ribbon asparagus lettuce

莴笋的肉质茎用特制刀具划成的粗细适中均匀的长条状。

3.4

老痂　scab

加工过程中苔条上残留的笋皮。

3.5

白条　white ribbon asparagus lettuce

苔条内侧长条白色海绵状物。

3.6

冻条　freezed asparagus lettuce

受低温冷冻,色泽变黑、组织松软的苔条。

3.7

刨皮　plane

将肉质茎去掉叶片,削掉根部,基部成圆锥形,然后用特制刀具(苔刨)将苔茎的外皮全部削去的过程。

4　要求

4.1　感官要求

感官要求应符合表1的规定。

表1　感官要求

项　目	特级	一级	二级
色　泽	青绿色并有光泽	青绿色并有光泽	淡绿色,允许有少量杂色
滋　味、气　味	气味清香,具有苔干特有的滋味,无异味	气味清香,具有苔干特有的滋味,无异味	气味清香,具有苔干特有的滋味,无异味
形态	长条状,长短一致,粗细适中均匀,肉实肥厚,细嫩脆爽。苔条30 cm以上,无老痂、白条、冻条、机械伤、病虫伤。无杂质,无霉变,无褐变	长条状,长短一致,粗细适中均匀,肉实肥厚,细嫩脆爽。苔条长25 cm以上,老痂条数不得超过3%,白条数不得超过4%,无冻条、机械伤、病虫伤。无杂质、霉变、褐变	长条状,长短基本一致,粗细基本适中均匀,肉质较肥厚。苔条长20 cm以上,老痂条数不得超过5%,白条数不得超过6%,机械伤、病虫伤总数不得超过10%。无杂质,无霉变

4.2　理化指标

理化指标应符合表2的规定。

表2　理化指标

项　目		指　标
水分/%	≤	20.0
总灰分(以干基计)/%	≤	10.0
酸不溶性灰分(以干基计)/%	≤	1.5

4.3 卫生指标

卫生指标按国家相关标准和管理规定执行。

4.4 食品添加剂

4.4.1 食品添加剂质量应符合相应的国家标准和有关规定。
4.4.2 食品添加剂的品种和使用量应符合 GB 2760 的规定。

4.5 生产加工过程

生产加工过程应符合 GB 14881 的规定,不得添加任何着色剂。

4.6 净含量

应符合《定量包装商品计量监督管理办法》的规定。

5 试验方法

5.1 感官检测

产品的色泽、形态应在光线充足、柔和的环境中用目测法检测,气味与滋味用嗅和品尝的方法检测。老痂及白条的检测取样量应不少于 50 条。

5.2 理化指标检测

5.2.1 水分的测定按 GB 5009.3 的规定执行。
5.2.2 总灰分的测定按 GB 5009.4 的规定执行。
5.2.3 酸不溶性灰分的测定按 GB/T 8308 的规定执行。

5.3 净含量

按 JJF 1070 的规定执行。

6 检验规则

6.1 组批

同品种、同等级、同规格、同批生产的产品作为一个批次。

6.2 抽样

随机抽取,所抽样品应为同一批次保质期内产品。抽样基数不得低于 100 个最小包装,总质量不得低于 30 kg。抽取样品不少于 20 个最小包装,质量不低于 2 kg。样品分成两份,一份检验,一份备查。

6.3 检验分类

6.3.1 型式检验

当有下列情况之一时应进行型式检验:

a) 加工工艺、生产条件发生较大变化;
b) 出厂检验与上次型式检验有较大差异;

c) 国家质量监督部门或行业主管部门提出型式检验要求；

d) 合同规定。

6.3.2 交收检验

每批产品交收前都要进行交收检验，交收检验内容包括：净含量、感官、水分、标志和包装，检验合格并附合格证后方可交收。

6.4 判定

检验项目均符合本标准规定的要求，判为产品合格。检验项目有一项或一项以上不符合本标准规定的，允许复检一次，感官和卫生指标不合格不得进行复检。

7 标志、包装、运输和贮存

7.1 标志

按 GB 7718 的规定执行。

7.2 包装

7.2.1 包装材料应符合食品卫生要求和相关标准规定并应采用防潮包装。

7.2.2 按产品的品种、规格包装。

7.3 运输

运输中严禁日晒、雨淋，要防潮，运输工具应清洁卫生，不应与有毒、有害、潮湿物品混装、混运。

7.4 贮存

应在阴凉、干燥、通风条件下贮存，贮存温度宜控制在 15 ℃以下。堆垛下应有防潮垫，严禁与地面直接接触。不能与易燃、易腐蚀、有毒、有害、潮湿物品共同存放。贮存场所应有防鼠、防虫、防尘措施。

ICS 67.080.10
X 24

中华人民共和国国家标准

GB/T 29565—2013

瓜 蒌 籽

Smakegourd seed

2013-07-19 发布 2013-12-06 实施

中华人民共和国国家质量监督检验检疫总局
中国国家标准化管理委员会 发布

前　言

本标准按照 GB/T 1.1—2009 给出的规则起草。

本标准由中国标准化研究院归口。

本标准起草单位：安徽省池州九华野葫芦开发有限公司、安徽省池州市质量技术监督局。

本标准主要起草人：王双喜、王金龙、林邦宜、吴新德、伍先旺、吴培慧、李志成。

瓜　蒌　籽

1　范围

本标准规定了瓜蒌籽的术语和定义、要求、检验方法、检验规则、标签以及包装、运输和贮存等。

本标准适用于未经加工的用作食品原料的瓜蒌籽。

2　规范性引用文件

下列文件对于本文件的应用是必不可少的。凡是注日期的引用文件，仅注日期的版本适用于本文件。凡是不注日期的引用文件，其最新版本（包括所有的修改单）适用于本文件。

GB 2715—2005　粮食卫生标准

GB/T 5009.36—2003　粮食卫生标准的分析方法

GB 5491—1985　粮食、油料检验　扦样、分样法

GB/T 5492—2008　粮油检验　粮食、油料的色泽、气味、口味鉴定

GB/T 5494—2008　粮油检验　粮食、油料的杂质、不完善粒检验

GB/T 5497—1985　粮食、油料检验　水分测定法

GB/T 5519—2008　谷物与豆类　千粒重的测定

GB 7718—2011　食品安全国家标准　预包装食品标签通则

GB/T 17109—2008　粮食销售包装

3　术语和定义

下列术语和定义适用于本文件。

3.1

瓜蒌籽　smakegourd seed

可用于加工休闲食品的栝楼（*Trichosanthes kirilowii* Maxim）和双边栝楼（*T. rosthornii* Harms）的成熟籽粒。

3.2

杂质　foreign matter

通过直径 3.0 mm 圆孔筛层的物质和无食用价值的物质，包括砂土和无食用价值的瓜籽、籽壳、异种子粒及其他杂物。

3.3

不完善粒　unsand kernel

籽粒不完善，但尚有食用价值的籽粒，包括未成熟籽粒、虫蚀粒、病斑粒、破碎粒、发芽粒。

3.4

纯质率　purity

试样除去杂质和不完善粒（不完善粒按折半计）后的质量占试样质量的百分率。

4 要求

4.1 感官要求

感官要求应符合表1规定。

表1 感官要求

项目	指标
色泽	浅棕色至棕褐色
外观	平滑洁净,呈扁平椭圆形,顶端较尖,基部钝圆或较狭,沿边缘有一圈沟纹
气味	富油性,具有本品应有的气味,无霉味和其他异味

4.2 理化要求

理化要求应符合表2规定。

表2 理化要求

项目	等级及要求		
	特级	一级	二级
纯质率/%	≥99	≥97	≥96
千粒重/(g/1 000粒)	≥200	≥ 150	≥100
含水率/%	≤12		

4.3 卫生要求

卫生要求应符合GB 2715—2005的规定。

5 检验方法

5.1 感官检验

按GB/T 5492—2008的规定执行。

5.2 理化检验

5.2.1 纯质率

按GB/T 5494—2008的规定检验出杂质和不完善粒质量,再将测定数值代入式(1)计算出纯质率:

$$A=\frac{m-(m_1+\frac{m_2}{2})}{m}\times 100\% \quad \cdots\cdots(1)$$

式中:

A——纯质率,%;

m——试样质量,单位为克(g);

m_1——杂质质量，单位为克(g)；

m_2——不完善粒质量，单位为克(g)。

5.2.2 含水率的测定

按 GB/T 5497—1985 的规定执行。

5.2.3 千粒重的测定

按 GB/T 5519—2008 的规定执行。

5.3 卫生检验

按 GB/T 5009.36—2003 的规定执行。

6 检验规则

6.1 组批

以同一产地、同一品种、同一成熟期、同一批采摘、同一贮运单元的瓜蒌籽为一组批。

6.2 抽样方法

按 GB 5491—1985 的规定执行。

6.3 检验项目

包括第 4 章规定的全部要求。

6.4 判定规则

6.4.1 检验项目全部合格者判为合格品。

6.4.2 抽检批样品的卫生指标有一项不合格的，则判定该批产品不合格。

6.4.3 抽检批第一次判定不合格的项目，允许从该批中抽取两倍样品进行复检，复检以一次为限，但卫生指标不合格者，不在复检之列。

7 标签

应符合 GB 7718—2011 的规定。

8 包装、运输和贮存

8.1 包装

按 GB/T 17109—2008 的规定执行。

8.2 运输

运输工具应清洁、干燥、有防雨设施，严禁与有害、有异味、有毒物品混装。

8.3 贮存

8.3.1 产品贮存库房应清洁、干燥、通风、无虫鼠害。

8.3.2 严禁与有毒、有异味、发霉、易于传播病虫的物品堆放在一起。

8.3.3 产品堆放时不得直接触地或靠墙,应留有通道。

8.3.4 存放时间半年以上,应置于 4 ℃～10 ℃库房内存放。

ICS 65.100
G 25

中华人民共和国国家标准

GB/T 29566—2013

蚊类对杀虫剂抗药性的生物学测定方法

The bioassay methods for mosquitoes' resistance to insecticides

2013-07-19 发布　　2013-12-06 实施

中华人民共和国国家质量监督检验检疫总局
中国国家标准化管理委员会　发布

前　言

本标准按照 GB/T 1.1—2009 给出的规则起草。

本标准由中国国家标准化管理委员会提出。

本标准由中国检验检疫科学研究院归口。

本标准起草单位：中国检验检疫科学研究院、军事医学科学院疾病预防控制所、中华人民共和国辽宁出入境检验检疫局。

本标准主要起草人：张顺合、杨振洲、慈颖、张乐、石华、王林、史慧勤、张晓龙。

蚊类对杀虫剂抗药性的生物学测定方法

1 范围

本标准规定了蚊类对杀虫剂抗药性的成蚊接触法、幼虫浸液法和区分剂量法三种生物学测定方法。

本标准适用于蚊类对杀虫剂的抗药性监测和群体抗药性程度的测定。

2 术语和定义

下列术语和定义适用于本文件。

2.1

抗药性 resistance to insecticides

蚊种的某些群体对某种杀虫剂的耐受量较该蚊种的敏感群体明显增高的能力。

2.2

半数致死剂量 median lethal dosage

LD_{50}

杀死测试蚊群体中50%的个体所需要的杀虫剂剂量。

2.3

半数致死浓度 median lethal concentration

LC_{50}

杀死测试蚊群体中50%的个体所需要的杀虫剂浓度。

2.4

抗性系数 resistant index

抗性群体的半数致死剂量或半数致死浓度的值(R)与敏感群体的半数致死剂量或半数致死浓度的值(S)二者之比值(R/S)。

2.5

成蚊接触法 contact method

蚊在接触不同剂量杀虫剂处理的表面后，发生中毒或死亡，依据剂量与效应关系得出抗性系数，用以判断成蚊对杀虫剂的抗药性。

2.6

幼虫浸液法 immersion method

将蚊幼虫浸入含有不同浓度杀虫剂的水溶液中，蚊幼虫出现中毒或死亡，依据剂量与效应关系得出抗性系数，用以判断蚊幼虫对杀虫剂的抗药性。

2.7

区分剂量法 diagnostic dosage method

鉴别剂量法

以99.9%敏感群体的致死剂量$LD_{99.9}$或致死浓度$LC_{99.9}$测试该蚊种的其他群体对杀虫剂耐受能力的方法，宜用于蚊虫抗性的初步测定。

3 测定方法

3.1 成蚊接触法

3.1.1 试虫

3.1.1.1 测试蚊

野外采集幼虫,经实验室养殖一代,选择羽化后 4 d 未吸血的雌蚊作为测试对象;将野外捕捉到的雌蚊分成 2 组,分别饲喂小白鼠血和 5%葡萄糖水,以胃血消化处于谢拉氏Ⅲ～Ⅳ期(参见附录 A)或喂糖水饲养 12 h 后的蚊作为测试对象。

3.1.1.2 敏感蚊

实验室常规养殖、未接触过杀虫剂的蚊虫。根据测试蚊的吸血情况,相应选择饲喂小白鼠血后胃血消化处于谢拉氏Ⅲ～Ⅳ期(参见附录 A)雌蚊或羽化后 4d 未吸血的雌蚊作为对照。

3.1.1.3 雌蚊胃血消化期判断

参见附录 A。

3.1.2 养殖和测试环境条件

温度(26±1) ℃;相对湿度(60±10)%;光照周期 L∶D=14 h∶10 h。

3.1.3 器具

测定过程所需器具主要为:

a) 接触筒(WHO 标准筒见图 1);

单位为毫米

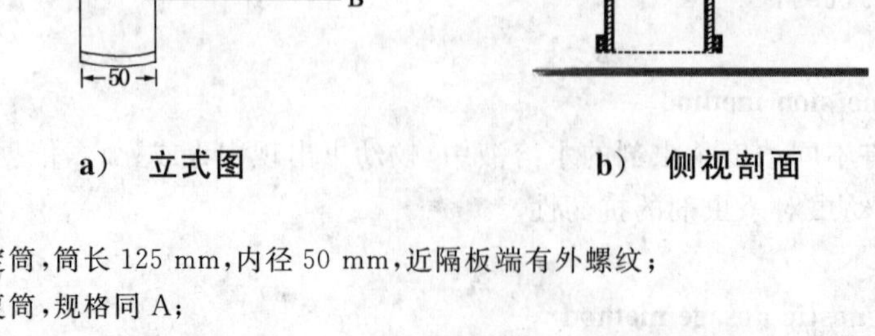

a) 立式图　　　　b) 侧视剖面

说明:

A ——有机玻璃测定筒,筒长 125 mm,内径 50 mm,近隔板端有外螺纹;

B ——有机玻璃恢复筒,规格同 A;

C ——尼龙纱封口;

D ——有机玻璃抽板,长 110 mm,开有直径 35 mm 的圆孔;

E ——白色不透明的有机玻璃方隔板,由上、下两块合并而成。每块隔板长、宽均为 70 mm,厚 5 mm,中间有直径 50 mm的圆孔和高 10 mm 的边圈(有内螺纹)。

图 1 接触筒装置

b） 新华1号滤纸，长160 mm，宽125 mm；

c） 白纸，长140 mm，宽80 mm；

d） 天平（感量为0.000 1 g）；

e） 50 mL具备瓶塞的锥形瓶，100 mL量筒，100 mL刻度烧杯，0.1 mL、1 mL、2 mL、5 mL分度移液管；

f） 吸蚊管；

g） 定时器；

h） 计数器。

3.1.4 试剂和杀虫剂

5%葡萄糖水；白油（医用级）；乙醚（分析纯）；丙酮（分析纯）；测试杀虫剂标准品或经标定的原药。

3.1.5 测定步骤

3.1.5.1 药纸制备的方法

用白油和乙醚按1∶2比例混合制备溶剂，按需要量溶解杀虫剂标准品或经标定的原药，配制成不同浓度的溶液（见附录B）。分别吸取2.14 mL的溶液，均匀滴于不同的滤纸上，制备成接触滤纸，做好杀虫剂及其浓度标记。用溶剂制备对照滤纸。制备成的接触滤纸室温下放置2 h后即可应用，应在6 h内使用完。

3.1.5.2 试虫与药纸的接触方法

用白纸衬贴于恢复筒内壁上1/2～2/3，然后将恢复筒与方隔板连接；用吸蚊管捕捉25只试虫，吹入筒内，关闭隔板；将接触滤纸平展衬贴在接触筒内壁，然后与恢复筒连接；把隔板抽开，将恢复筒内蚊轻吹入接触筒，迅速关闭隔板，将筒平放，开始计算接触时间；接触60 min后，再抽开隔板，将蚊虫吹回恢复筒，关闭隔板，取下接触筒；将恢复筒直立，用浸有5%葡萄糖水的棉花团置于恢复筒一端的尼龙纱网上。

3.1.5.3 恢复观察

接触试验完成后24 h计数对照组和各浓度组的试虫死亡数。凡腹部上翻，6足抽搐，用昆虫针触之不能翻身或爬行者判定为死亡。

3.1.5.4 重复试验

试验重复3次并设对照组。

3.1.6 结果统计

3.1.6.1 测试组有效死亡率范围

死亡率最低浓度组应在5%至20%之间，最高浓度组应该在80%至95%之间。

3.1.6.2 死亡率校正

若对照组死亡率大于20%，应重新测试；若对照组死亡率在5%至20%之间，测试组死亡率用Abbott公式校正，计算按照式（1）进行。

$$M=\frac{A-B}{A}\times 100\% \qquad \cdots\cdots(1)$$

式中：
M ——校正死亡率,%；
A ——对照组试虫存活百分率,%；
B ——处理组试虫存活百分率,%。

3.1.6.3 统计方法

将3次的实验数据进行 χ^2 检验,差异不显著时将3次的实验数据取合并值,按机值分析法计算 LD_{50}(μg/虫)或 LC_{50}(%)值、毒力回归线及其95%可信限。差异显著时($P<0.05$),重做或补充试验。

3.1.6.4 抗性系数计算

抗性系数按照式(2)进行计算。

$$I=\frac{R}{S} \qquad \cdots\cdots(2)$$

式中：
I ——抗性系数；
R——测试群体的 LD_{50}(μg/虫)或 LC_{50}(%)值；
S——敏感群体的 LD_{50}(μg/虫)或 LC_{50}(%)值。

3.2 幼虫浸液法

3.2.1 试虫

3.2.1.1 测试幼虫

野外直接采集卵孵化,用三龄末到四龄初的幼虫作为测试对象;采集幼虫或捕捉成蚊,带回养殖,用子一代(F1)三龄末到四龄初的幼虫作为测试对象。

3.2.1.2 敏感幼虫

选择三龄末到四龄初的幼虫作为对照。

3.2.2 养殖和测试环境条件

同3.1.2。

3.2.3 器具

测定过程所需器具主要为：
a) 天平(感量为0.000 1 g)；
b) 500 mL刻度烧杯(或白瓷碗),50 mL具备瓶塞的锥形瓶,100 mL量筒,100 mL刻度烧杯,0.1 mL、1 mL、2 mL、5 mL分度移液管,2 mL滴管；
c) 吸蚊管；
d) 定时器；
e) 计数器；
f) 尖头镊。

3.2.4 试剂和杀虫剂

丙酮(分析纯);测试杀虫剂标准品或经标定的原药。

3.2.5 测定步骤

3.2.5.1 杀虫剂配制

精确称量杀虫剂标准品或经标定的原药，用丙酮配制成1%或0.1%母液备用，然后按等差或等比浓度梯度从高至低依次用丙酮稀释成5个或7个浓度系列，并做好标记。由低浓度到高浓度分别吸取各浓度药液1 mL，加入盛有199 mL曝气24 h自来水的烧杯或白瓷碗中，用玻璃棒搅匀，在容器上做好标记，备用。

3.2.5.2 试虫选择

在50 mL量杯内加入20 mL～30 mL曝气自来水或洁净的原孳生地水，选择活动正常，完整无损的三龄末到四龄初幼虫，用吸管吸取后移入量杯内，每杯放入25条，补充杯内水量到50 mL。

3.2.5.3 试虫浸液

将量杯内的幼虫连同水分别倒入盛有不同浓度杀虫剂溶液的容器中，再加入12.5 mg实验动物小白鼠饲料(0.5 mg/条×25条)，饲养24 h。对照组的幼虫连同水倒入加有1 mL丙酮的200 mL水溶液的容器中，再加入12.5 mg实验动物小白鼠饲料(0.5mg/条×25条)，饲养24 h。

3.2.5.4 恢复观察

浸液操作完成，在养殖环境条件下观察24 h后计数对照组和各浓度组的试虫数和死亡数。测试中幼虫化蛹，不作为试虫计算。用尖头镊子轻轻触动幼虫头部或尾部呼吸管，如果幼虫不能浮至水面或呈麻痹痉挛状态均判为死亡。

3.2.5.5 重复试验

试验重复3次并设对照。

3.2.6 结果统计

3.2.6.1 测试组有效死亡率范围

死亡率最低浓度组应在5%至20%之间，最高浓度组应该在80%至95%之间。

3.2.6.2 死亡率校正

化蛹率大于10%或对照组的死亡率大于20%，应重新测试；对照组死亡率在5%至20%之间，测试组死亡率用Abbott公式校正，计算按照式(1)进行。

3.2.6.3 统计方法

将3次的实验数据进行χ^2检验，差异不显著时将3次的实验数据取合并值，按机值分析法计算LD_{50}(μg/虫)或LC_{50}(%)值、毒力回归线及其95%可信限。差异显著时($P<0.05$)，重做或补充试验。

3.2.6.4 抗性系数计算

按照式(2)进行计算。

3.3 区分剂量法(鉴别剂量法)

3.3.1 成蚊测定

3.3.1.1 试虫

同 3.1.1 中未吸血雌蚊的选择要求。

3.3.1.2 养殖和测试环境条件

同 3.1.2。

3.3.1.3 器具

同 3.1.3。

3.3.1.4 试剂和杀虫剂

同 3.1.4。

3.3.1.5 测定步骤

按照 3.1.5 和 3.1.6 得出敏感群体的毒力回归方程,求出 $LC_{99.9}$ 或 $LD_{99.9}$ 作为区分剂量;部分杀虫剂区分剂量可参见附录 C。按区分剂量制备杀虫剂接触滤纸,对测试蚊群体进行耐受能力的鉴别,试虫接触滤纸同 3.1.5.2,恢复观察同 3.1.5.3。试验重复 3 次并设对照组。

3.3.1.6 结果统计

将测试的 3 次重复数据进行 χ^2 检验,差异不显著时将 3 次的实验数据取合并值,计算死亡率。差异显著时($P<0.05$),重做或补充试验。

3.3.1.7 抗性分级

测试蚊群体死亡率大于或等于 98%时,为敏感群体(S);死亡率在 80%至 98%(不含)之间,为初步抗性群体(M);死亡率小于或等于 80%,为抗性群体(R)。

3.3.2 幼虫测定

3.3.2.1 试虫

同 3.2.1。

3.3.2.2 养殖和测试环境条件

同 3.1.2。

3.3.2.3 器具

同 3.2.3。

3.3.2.4 试剂和杀虫剂

同 3.2.4。

3.3.2.5 测定步骤

按照 3.2.5 和 3.2.6 得出敏感群体的毒力回归方程，求出 $LD_{99.9}$ 或 $LC_{99.9}$ 作为区分剂量；部分杀虫剂区分剂量可参见附录 C。按区分剂量制备杀虫剂幼虫浸液，对测试蚊幼虫群体进行耐受能力的鉴别。试虫浸液同 3.2.5.3，恢复观察同 3.2.5.4。试验重复 3 次并设对照组。

3.3.2.6 结果统计

将测试的 3 次重复数据进行 χ^2 检验，差异不显著时将 3 次的实验数据取合并值，计算死亡率。差异显著时($P<0.05$)，重做或补充试验。

3.3.2.7 抗性分级

同 3.3.1.7。

附 录 A
（资料性附录）
雌蚊胃血消化期判断

雌蚊胃血消化期判断如图 A.1 所示。

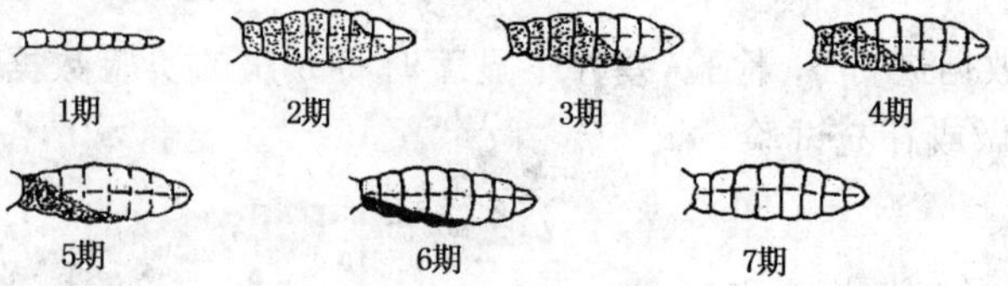

说明：

1 期（谢拉氏Ⅰ期）——饥饿雌蚊，胃空，卵巢未发育；

2 期（谢拉氏Ⅱ期）——腹部充满血，红色，卵巢未发育；

3 期（谢拉氏Ⅲ期）——胃血暗红色，后面有 2～2.5 节腹板和 4～5 节背板无血，为卵巢所占部分；

4 期（谢拉氏Ⅳ期）——胃血变黑，后面有 2.5～3 节腹板和 5～6 节背板无血；

5 期（谢拉氏Ⅴ期）——胃血黑色，后面有 2.5～3.5 节腹板和 6.5～7.5 节背板无血；

6 期（谢拉氏Ⅵ期）——血黑色，仅在腹侧面有少量血；

7 期（谢拉氏Ⅶ期）——血全部消化，卵巢发育成熟。

图 A.1 雌蚊胃血消化期示意图

附 录 B
（规范性附录）
成蚊测定用药纸的剂量换算

成蚊测定用药纸的百分浓度和剂量之间的换算见表 B.1。

表 B.1 滤纸上两种药剂剂量标准对比

白油浓度 %	白油-乙醚混合液浓度 %	剂量 g/m^2
0.125	0.041 25	0.044
0.25	0.082 5	0.089
0.5	0.165	0.178
1	0.33	0.357

附 录 C
（资料性附录）
蚊类对部分杀虫剂抗药性暂定区分剂量/浓度

一些蚊种对部分杀虫剂抗药性暂定区分剂量/浓度见表C.1。

表C.1 蚊类对部分杀虫剂抗药性暂定区分剂量/浓度

<table>
<tr><th>蚊种</th><th>氯菊酯</th><th>溴氰菊酯</th></tr>
<tr><td>中华按蚊(成虫)</td><td rowspan="2">0.2%[a]</td><td rowspan="2">0.01%[b]</td></tr>
<tr><td>嗜人按蚊(成虫)</td></tr>
<tr><td>淡色库蚊(幼虫)</td><td rowspan="2">0.01 mg/L</td><td rowspan="2">0.001 mg/L[c]</td></tr>
<tr><td>致倦库蚊(幼虫)</td></tr>
<tr><td>三带喙库蚊(幼虫)</td><td>0.01 mg/L[c]</td><td>0.001 mg/L[c]</td></tr>
<tr><td>白纹伊蚊(幼虫)</td><td>0.01 mg/L[c]</td><td>0.001 mg/L[c]</td></tr>
<tr><td>埃及伊蚊(幼虫)</td><td>0.01 mg/L[c]</td><td>0.001 mg/L[c]</td></tr>
<tr><td colspan="3">注：成虫的区分浓度是指杀虫剂在白油中的百分浓度，幼虫的区分剂量是指杀虫剂在水中的剂量。</td></tr>
<tr><td colspan="3">[a] 接触时间为1 h。
[b] 接触时间为30 min。
[c] 为WHO所定区分剂量，其余为我国修订补充。</td></tr>
</table>

ICS 65.100
G 25

中华人民共和国国家标准

GB/T 29567—2013

蝇类对杀虫剂抗药性的生物学测定方法 微量点滴法

The bioassay method for flies' resistance to insecticides—Topical application method

2013-07-19 发布 2013-12-06 实施

中华人民共和国国家质量监督检验检疫总局
中国国家标准化管理委员会 发布

前　言

本标准按照 GB/T 1.1—2009 给出的规则起草。

本标准由中国国家标准化管理委员会提出。

本标准由中国检验检疫科学研究院归口。

本标准起草单位：中国检验检疫科学研究院、军事医学科学院疾病预防控制所、中华人民共和国辽宁出入境检验检疫局。

本标准主要起草人：张顺合、杨振洲、王林、张乐、史慧勤、石华、张晓龙、慈颖。

蝇类对杀虫剂抗药性的生物学测定方法 微量点滴法

1 范围

本标准规定了蝇类成虫对杀虫剂抗药性的微量点滴测定方法。

本标准适用于蝇类成虫对触杀型杀虫剂的抗药性监测和群体抗药性程度的测定。

2 术语和定义

下列术语和定义适用于本文件。

2.1

抗药性 resistance to insecticides

某蝇种的某些群体对某种杀虫剂的耐受量较该蝇种的敏感群体明显增高的能力。

2.2

半数致死剂量 median lethal dosage

LD_{50}

杀死测试蝇群体中50%的个体所需要的杀虫剂剂量。

2.3

半数致死浓度 median lethal concentration

LC_{50}

杀死测试蝇群体中50%的个体所需要的杀虫剂浓度。

2.4

抗性系数 resistant index

抗性群体的半数致死剂量或半数致死浓度的值(R)与敏感群体的半数致死剂量或半数致死浓度的值(S)二者之比值(R/S)。

2.5

微量点滴法 topical application method

用微量进样器将一定剂量的杀虫剂直接点滴到测试蝇的中胸背板，依据剂量与效应关系得出抗性系数，用以判断成蝇对杀虫剂的抗药性。

3 测定方法

3.1 试虫

3.1.1 测试蝇

在被测定区域或场所采集测试蝇种的成虫，经实验室养殖1代，选择羽化后第3天～第4天的正常雌蝇。

3.1.2 敏感蝇

实验室养殖的、世代未接触过杀虫剂的同种蝇的群体作为敏感性群体，选择羽化后第3天～第4天的正常雌蝇。

3.2 养殖与测试环境条件

温度(26±1)℃,相对湿度(60±10)%,光周期 L∶D=14h∶10h。

3.3 器具

测定过程所需器具主要有:

a) 天平(感量为 0.000 1 g);

b) 50 mL 具备瓶塞的锥形瓶,1 mL、2 mL、5 mL 分度移液管,1 μL、2 μL 微量进样器;

c) 计数器,3 号昆虫针,恢复容器,饲喂用具,试虫盛放容器,冰排,CO_2 钢瓶。

3.4 试剂和杀虫剂

丙酮(分析纯)、乙醚、白糖、奶粉、测试杀虫剂标准品或经标定的原药。

3.5 测定步骤

3.5.1 测试杀虫剂配制

精确称量杀虫剂标准品或经标定的原药,用丙酮溶解配制成一定浓度(质量浓度)的母液,然后按等差或等比浓度梯度从高至低依次用丙酮稀释成 5 个或 7 个浓度系列,分别装入已标记的锥形瓶内备用。

3.5.2 恢复容器准备

按照 3.5.1 中杀虫剂稀释浓度数和各浓度的重复数准备相应数量的清洁容器,分别标记对照和各浓度组。在容器内为蝇的恢复提供适量饲料和水。

3.5.3 试虫麻醉

将供试蝇用 CO_2 轻度麻醉后,挑选健康雌蝇,每 25 只为一组放在容器中,然后置于冰排上。

3.5.4 微量点滴

3.5.4.1 用微量进样器吸取丙酮,按 1 μL/只的剂量点滴于对照组蝇中胸背板中央。将点滴后的蝇放入恢复容器中,用纱布扎紧容器口。

3.5.4.2 用微量进样器按从低至高的浓度顺序分别吸取药液,对相应的试虫组进行点滴,方法同 3.5.4.1。

3.5.5 恢复观察

3.5.5.1 点滴完成 24 h 后将对照组和各浓度组死虫数计数。

3.5.5.2 死亡判断:凡腹部上翻,6 足抽搐,用昆虫针触之不能翻身或爬行者判定为死亡。

3.5.6 重复实验

同一个实验重复 3 次,并设对照。

3.6 结果统计

3.6.1 测试组有效死亡率范围

死亡率最低浓度组应在 5%至 20%之间,最高浓度组应该在 80%至 95%之间。

3.6.2 死亡率校正

若对照组死亡率大于20%，应重新测试；若对照组死亡率在5%至20%之间，测试组死亡率用Abbott公式校正，计算按照式(1)进行。

$$M=\frac{A-B}{A}\times 100\% \qquad \cdots\cdots(1)$$

式中：

M ——校正死亡率，%；

A ——对照组试虫存活百分率，%；

B ——处理组试虫存活百分率，%。

3.6.3 统计方法

将3次的实验数据进行 χ^2 检验，差异不显著时将3次的实验数据取平均值，按机值分析法计算 LD_{50}(μg/虫)或 LC_{50}(%)值、毒力回归线及其95%可信限。差异显著时($P<0.05$)，重做或补充试验。

3.6.4 抗性系数计算

抗性系数计算按照式(2)进行。

$$I=\frac{R}{S} \qquad \cdots\cdots(2)$$

式中：

I ——抗性系数；

R ——测试群体的 LD_{50}(μg/虫)或 LC_{50}(%)值；

S ——敏感群体的 LD_{50}(μg/虫)或 LC_{50}(%)值。

ICS 67.040
X 00

中华人民共和国国家标准

GB/T 29568—2013

农产品追溯要求　水产品

Traceability requirements for agricultural products—Fish &fishery products

2013-07-19 发布　　　　2013-12-06 实施

中华人民共和国国家质量监督检验检疫总局
中国国家标准化管理委员会　发布

前　言

本标准按照 GB/T 1.1—2009 给出的规则起草。

本标准由中国标准化研究院归口。

本标准起草单位:大连棒棰岛海产股份有限公司、山东东方海洋科技股份有限公司、山东省标准化研究院、浙江省标准化研究院、深圳市华测检测有限公司、上海天际条码技术有限公司、山东省射频识别应用工程技术研究中心有限公司。

本标准主要起草人:刘丽梅、钱恒、王玎、王慧涛、高永超、杨作明、陈自力、王云争、刘春宝、李志凌、邹云宏、陶城、郭冰、周嘉明。

农产品追溯要求　水产品

1　范围

本标准规定了水产品供应链可追溯体系的构建和追溯信息的记录要求。

本标准适用于水产品供应链中各组织可追溯体系的设计和实施。

2　规范性引用文件

下列文件对于本文件的应用是必不可少的。凡是注日期的引用文件，仅注日期的版本适用于本文件。凡是不注日期的引用文件，其最新版本(包括所有的修改单)适用于本文件。

GB/Z 25008—2010　饲料和食品链的可追溯性　体系设计与实施指南

3　术语和定义

GB/Z 25008—2010 界定的以及下列术语和定义适用于本文件。

3.1

接收信息　received data

供应链上的组织在接收追溯单元时从其上游组织获得的信息以及交易本身产生的信息。

3.2

处理信息　processed data

供应链上的组织接收追溯单元后，到将追溯单元输出给下游组织前，对追溯单元进行加工处理过程中产生的信息。

3.3

输出信息　outputed data

供应链上的组织在输出追溯单元时向其下游组织输出的信息以及交易本身产生的信息。

4　追溯体系构建

4.1　水产品供应链上的组织应明确追溯目标(如：确保水产品质量安全)，了解相关法规和政策要求，设计和实施可追溯体系，形成文件加以实施和保持，必要时进行更新。

4.2　水产品可追溯体系的设计应符合 GB/Z 25008—2010 中第 5 章的要求。

4.3　水产品可追溯体系的实施应符合 GB/Z 25008—2010 中第 6 章的要求。

4.4　应建立水产品可追溯体系的内部审核程序，必要时采取适当的纠正措施和(或)预防措施，以保证体系的持续改进。具体应符合 GB/Z 25008—2010 中第 7 章和第 8 章的要求。

5 追溯信息记录

5.1 总要求

5.1.1 组织应确保追溯范围内上、下游组织间信息的有效传递和沟通。

5.1.2 组织应记录基本追溯信息。

5.1.3 组织间应对需要记录的追溯信息达成共识，在实现追溯目标的基础上，宜加强扩展追溯信息的交流与共享。

5.1.4 直接或间接介入水产品供应链中的一个或多个环节的组织应明确记录本环节产生的接收信息、处理信息和输出信息，并保证信息间的有效链接。

5.1.5 组织间应就追溯信息保存期限达成一致，数据文件的保存期应符合法律法规要求并长于水产品的保质期。

5.1.6 若产品涉及流程少于所列环节，组织可依据自身需要，记录所历经环节的追溯信息。若产品涉及流程多于所列环节，需要按照追溯信息不间断原则，将新增流程中的追溯信息予以记录。

5.2 信息划分

5.2.1 当追溯单元由一个组织转移到另一个组织时产生外部追溯信息，外部追溯信息包括接收信息和输出信息。

5.2.2 若追溯单元仅在组织内部各部门之间流动，产生内部追溯信息即处理信息。

5.3 信息记录

5.3.1 外部追溯信息记录要求

接收信息和输出信息记录要求见表1和表2。

表1 接收信息记录要求

外部追溯信息		描述	信息类型	
			基本追溯信息	扩展追溯信息
接收信息	产品标识	追溯单元及本阶段添加物、包装物等名称、批号、数量和规格	★	
	产品来源	追溯单元及本阶段添加物、包装物等供应商名称、地址等联系方式或厂商识别代码	★	
		产品和企业认证情况		★
	质量信息	追溯单元及本阶段添加物、包装物等描述、入库验收检验信息、温度等关键控制点要求、包装类型		★
	交易信息	交易时间、地点	★	
	附加信息	涉及到的其他信息		★
注：★代表该行信息所属类型。				

表 2 输出信息记录要求

外部追溯信息		描述	信息类型	
			基本追溯信息	扩展追溯信息
输出信息	产品标识	追溯单元名称、批号、数量和规格	★	
	产品去向	追溯单元接收方的名称、地址等联系方式或厂商识别代码	★	
		产品和企业认证情况		★
	质量信息	追溯单元描述、出库验收检验信息、温度等关键控制点要求、包装类型		★
	交易信息	交易时间、地点	★	
	附加信息	涉及到的其他信息		★

5.3.2 养殖水产品供应链各环节处理信息记录要求

5.3.2.1 苗种繁育环节

苗种繁育环节处理信息记录要求见表 3。

表 3 苗种繁育环节处理信息记录要求

内部追溯信息		描述	信息类型	
			基本追溯信息	扩展追溯信息
处理信息	鱼卵/苗种标识	名称、原批号、产地、数量与规格、新产生的批号	★	
	孵化信息	孵化池编号、孵化时间、品种、数量	★	
		水温记录、水流量、密度记录、用氧记录、水质信息、检验信息、作业人员		★
	育苗信息	饥饿时间、放养密度、水温、溶氧量、饲料投放量		★
	疫病和用药信息	疫病名称、发病时间、用药类型、用药时间、用药描述、休药期、作业人员		★
	附加信息	涉及到的其他信息		★

5.3.2.2 养殖环节

养殖环节处理信息记录要求见表 4。

表 4 养殖环节处理信息记录要求

内部追溯信息		描 述	信息类型	
			基本追溯信息	扩展追溯信息
处理信息	并批、分批信息	名称、原批号、产地、数量与规格、新产生的批号	★	
	成鱼标识	名称、批号、数量与规格	★	
	养殖场信息	养殖区标识	★	
		环境信息、水质信息、底质信息； 温度、水源、水流、泥土中的化学品和其他物质的浓度及处理信息记录； 相关认证信息		★
	养殖信息	饲料成分、保存、使用		★
		温度记录、养殖天数、平均重量、投喂时间、养殖密度、检验信息、养殖人员		★
	疫病和用药信息	疫病名称、发病时间、用药类型、用药时间、用药描述、休药期、作业人员		★
	附加信息	涉及到的其他信息		★

5.3.2.3 **养殖水产品鲜活运输环节**

养殖水产品鲜活运输环节处理信息记录要求见表 5。

表 5 养殖水产品鲜活运输环节处理信息记录要求

内部追溯信息		描 述	信息类型	
			基本追溯信息	扩展追溯信息
处理信息	产品标识	名称、批号、数量与规格	★	
	质量信息	等级、温度记录、温度控制措施、密度记录、水质情况、运输工具和容器、用药情况		★
	附加信息	涉及到的其他信息		★

5.3.2.4 **养殖水产品加工环节**

养殖水产品加工环节处理信息记录要求见表 6。

表 6 养殖水产品加工环节处理信息记录要求

内部追溯信息		描述	信息类型	
			基本追溯信息	扩展追溯信息
处理信息	并批、分批信息	名称、原批号、产地、数量与规格、新产生的批号	★	
	加工产品标识	名称、批号、数量与规格	★	
	加工设施设备信息	清洁消毒记录		★
	加工信息	车间、生产线编号、生产日期和时间	★	
		卫生控制与检查记录、班组、加工人员、加工过程控制记录、认证信息		★
	附加信息	涉及到的其他信息		★

5.3.2.5 **养殖水产品仓储物流环节**

养殖水产品仓储物流环节处理信息记录要求见表 7。

表 7 养殖水产品仓储物流环节处理信息记录要求

内部追溯信息		描述	信息类型	
			基本追溯信息	扩展追溯信息
处理信息	仓储物流信息	仓库编号、出入库数量、时间、运输工具编号、运输时间	★	
		温度记录、检验信息、运输人员		★
	附加信息	涉及到的其他信息		★

5.3.2.6 **养殖水产品批发环节**

养殖水产品批发环节处理信息记录要求见表 8。

表 8 养殖水产品批发环节处理信息记录要求

内部追溯信息		描述	信息类型	
			基本追溯信息	扩展追溯信息
处理信息	质量信息	温度记录、存储时间、质量检验信息		★
	附加信息	涉及到的其他信息		★

5.3.2.7 **养殖水产品零售和餐饮环节**

养殖水产品零售和餐饮环节处理信息记录要求见表 9。

表9 养殖水产品零售和餐饮环节处理信息记录要求

内部追溯信息		描述	信息类型	
			基本追溯信息	扩展追溯信息
处理信息	质量信息	温度记录、存储时间、质量检验信息		★
	附加信息	涉及到的其他信息		★

5.3.3 捕捞水产品供应链各环节处理信息记录要求

5.3.3.1 捕捞环节

捕捞环节处理信息记录要求见表10。

表10 捕捞环节处理信息记录要求

内部追溯信息		描述	信息类型	
			基本追溯信息	扩展追溯信息
处理信息	捕捞信息	捕捞区域、日期、数量、船只编号	★	
		捕捞方法、捕捞船卫生情况、捕捞人员、捕捞人员健康情况、捕捞船只证件		★
	捕捞产品标识	名称、批号、数量与规格	★	
	质量信息	储存方式、包装方式、保存温度、冷却方法、保鲜用冰(水)质量记录、其他质量控制措施		★
	附加信息	涉及到的其他信息		★

5.3.3.2 捕捞水产品加工环节

捕捞水产品加工环节处理信息要求参见5.3.2.4。

5.3.3.3 捕捞水产品仓储物流环节

捕捞水产品仓储物流环节处理信息要求参见5.3.2.5。

5.3.3.4 捕捞水产品批发环节

捕捞水产品批发环节处理信息要求参见5.3.2.6。

5.3.3.5 捕捞水产品零售和餐饮环节

捕捞水产品零售和餐饮环节处理信息要求参见5.3.2.7。

参 考 文 献

［1］ 中华人民共和国农产品质量安全法.2006 年 11 月 1 日
［2］ 中华人民共和国食品安全法.2009 年 6 月 1 日
［3］ 中华人民共和国食品安全法实施条例.2009 年 7 月 20 日
［4］ GB/T 19538—2004 危害分析与关键控制点(HACCP)体系及其应用指南
［5］ GB/T 22000—2006 食品安全管理体系 食品链中各类组织的要求
［6］ GB/T 22005—2009 饲料和食品链的可追溯性 体系设计与实施的通用原则和基本要求
［7］ ISO/CD 12877:2009 Traceability of fish products—Specification on the information to be recorded in farmed fish distribution chains
［8］ ISO/CD 12875:2009 Traceability of fish products—Specification on the information to be recorded in captured fish distribution chains
［9］ GS1:2009 Global Traceability Standard

ICS 65.020.20
B 05

GB

中华人民共和国国家标准

GB/T 29569—2013

桑蚕原种产地环境要求

Environmental requirements for producing parent eggs of silkworm(*Bombyx mori*)

2013-07-19 发布

2013-12-06 实施

中华人民共和国国家质量监督检验检疫总局
中国国家标准化管理委员会 发布

前　言

本标准按照 GB T 1.1—2009 给出的规则起草。

本标准由中华人民共和国农业部提出。

本标准由全国桑蚕业标准化技术委员会(SAC/TC 437)归口。

本标准起草单位:苏州大学、苏州市蚕桑指导站、江苏省浒关蚕种场、江苏省蚕种管理所、四川省蚕业管理总站、广西壮族自治区蚕业技术推广总站。

本标准主要起草人:司马杨虎、姚新华、徐世清、沈小明、周美莲、吴钢、李兵、王友俊、承建平、陆瑞好、何婀妮、沈卫德、朱伟新、周卫阳、石伟林。

桑蚕原种产地环境要求

1 范围

本标准规定了桑蚕原种生产区域的环境要求和检测方法。

本标准适用于桑蚕原种生产基地和场所的选址、建设及产地保护。

2 规范性引用文件

下列文件对于本文件的应用是必不可少的。凡是注日期的引用文件,仅注日期的版本适用于本文件。凡是不注日期的引用文件,其最新版本(包括所有的修改单)适用于本文件。

GB 3095—2012 环境空气质量标准

GB 3838—2002 地表水环境质量标准

GB 5084—2005 农田灌溉水质标准

GB/T 14848—1993 地下水质量标准

GB 15618—1995 土壤环境质量标准

GB 19179—2003 桑蚕原种

NY/T 1492—2007 桑蚕原种繁育技术规程

3 术语和定义

下列术语和定义适用于本文件。

3.1

原种生产 production of original stain

原种场或品种育成单位通过桑蚕良种繁育程序,繁育供进一步繁殖蚕种使用的基本种子的过程。包括原种繁育、原原种繁育与原原母种繁育三个级别。

3.2

原种 parent eggs

供生产一代杂交种用的蚕种。

[GB 19179—2003,定义 3.1]

3.3

原原种 grandparent egg

供生产原种用的蚕种。

[GB 19179—2003,定义 3.1]

3.4

原原母种 great grandparent egg

用于生产原原种和品种继代的蚕种。

[NY/T 1492—2007,定义 3.1]

3.5

原种生产场所 place for original stain production

原原母种繁育、原原种繁育和原种繁育过程中,蚕种催青、幼虫饲养、种茧保护和蚕蛾产卵的场所。

3.6

原种生产地　area for original stain production

原种生产场所和饲料生产桑园。

4　要求

4.1　基本要求

原种生产地没有危害桑树和家蚕正常生长发育的污染源，并符合 NY/T 1492—2007 中 6.1.1 的规定。

4.2　气象环境要求

气象环境应符合以下要求：

——无霜期≥120 d，≥10 ℃的有效积温在 2 600 ℃以上；

——年降雨量≥700 mm，有灌溉条件保障的对降雨量可不作要求；

——通风良好，便于空气流通；

——原蚕生产期最适温度 25 ℃～30 ℃。

4.3　桑园环境要求

4.3.1　桑园地基本要求

应能满足原种生产对桑园地的要求：

——土地成片的壤土、沙壤土、轻粘土，每片面积不少于 5 hm^2；

——地势较高的平地，坡度≤15°的缓坡地；

——无家蚕微粒子孢子、桑树紫纹羽病菌、桑青枯病菌等蚕桑检疫性病原物存在；

——距离水泥厂、磷肥厂、砖瓦厂、玻璃厂、制药厂、化工厂等直线距离 5 km 以上，原蚕种生产期工厂停产可适当放宽要求；无农药及其他有毒物质残留；

——1 km 范围内无烟草、除虫菊等对蚕有害的作物种植。

4.3.2　土壤环境质量

应能满足桑树正常生长发育：

——桑园土壤环境质量达到 GB 15618—1995 中 3.3 对Ⅱ类土壤环境要求，按 GB 15618—1995 中表 1 的二级标准执行；

——土层深厚≥90 cm；

——pH5.5～8.0；

——有机质含量：壤土≥1.5%，沙壤土≥1.0%，轻粘土≥2.0%；

——含盐量≤0.2%；

——土壤最适含水量为土壤最大持水量的 65%～70%；

——土壤水分＞土壤有效含水量的 1/2。

4.3.3　环境空气质量

4.3.3.1　环境空气质量标准

桑园环境空气质量应达到 GB 3095—2012 中规定的二级标准及以上，能满足桑树正常生长发育。

4.3.3.2 桑园大气污染物浓度限值及要求

桑园及周围方圆 5 km 大气中污染物的浓度限值，按 GB 3095—2012 中表 1、表 2 中的二级标准执行，氟化物浓度按 GB 3095—2012 中表 A.1 中限值执行。

用叶期桑园及周围直线距离 1 km 内无对桑树和家蚕正常生长发育及原蚕产卵有不良影响的其他农药及有毒物质。

4.3.3.3 桑叶各污染物浓度限值及要求

桑叶中氟含量＜30 mg/kg；

桑叶中农药及其他有毒物质含量不得影响桑树和家蚕正常生长发育，不影响原蚕产卵数量和质量。

4.3.4 水环境质量要求

4.3.4.1 地下水质量

原种生产区域地下水质量，应达到 GB/T 14848—1993 中规定的Ⅲ类及其以上，并对桑、蚕生长发育及蚕卵质量无害。

4.3.4.2 地表水环境质量

原种生产区域地表水质量，应达到 GB 3838—2002 中 4.1 规定的Ⅲ类及其以上，并对桑、蚕生长发育及蚕卵质量无害。

4.3.4.3 灌溉水质

桑园灌溉水质，按 GB 5084—2005 的表 1 和表 2 中旱作类标准的规定执行，并对桑、蚕生长发育及蚕卵质量无害。

4.3.4.4 叶面喷施用水水质

不低于地下水Ⅱ类质量标准和地表水Ⅱ类质量标准，按 GB/T 14848—1993 中 4.1、4.2 和 GB 3838—2002 中 4.1 规定的Ⅱ类执行，并对桑、蚕生长发育及蚕卵质量无害。

4.4 原种生产场所环境要求

4.4.1 环境空气

符合 GB 3095—2012 中规定的二级标准，且不含对原蚕正常生长发育及原蚕种生产有害的污染物。

4.4.2 生产用水

包括清洗用水、消毒用水。按 4.3.4.1、4.3.4.2、4.3.4.4 执行。

5 检测

5.1 土壤采样和检测方法

按 GB 15618—1995 中 5.1、5.2 的规定执行。

5.2 环境空气质量检测采样和分析方法

按 GB 3095—2012 中 5.1、5.2、5.3 的规定执行。

GB 3095—2012 中 5.1、5.2、5.3 中未列出的其他对桑、蚕有害的化学因子的检测，按照其相关化学因子检测方法执行。

5.3 地下水水质检测和评价

按 GB/T 14848—1993 中第 5 章、第 6 章的规定执行。

5.4 地表水的评价与检测

按 GB 3838—2002 中表 1 和表 4 的规定执行。

5.5 灌溉水水质的检测

按 GB 5084—2005 中 4.1、4.2 的规定执行。

ICS 65.020
B 10

中华人民共和国国家标准

GB/T 29570—2013

橡胶树叶片营养诊断技术规程

Technical regulations for foliar nutrient diagnosis of rubber tree

2013-07-19 发布　　　　2013-12-06 实施

中华人民共和国国家质量监督检验检疫总局
中国国家标准化管理委员会　发布

前　言

本标准按照 GB/T 1.1—2009 给出的规则起草。

本标准由中华人民共和国农业部提出并归口。

本标准起草单位:中国热带农业科学院橡胶研究所、海南省农垦科学院、云南省热带作物科学研究所。

本标准主要起草人:吴小平、王文斌、罗雪华、郭海超、刘志崴、李春丽。

橡胶树叶片营养诊断技术规程

1 范围

本标准规定了橡胶树叶片营养诊断中叶片样品的采集方法、分析方法以及化学肥料施用量的计算方法。

本标准适用于我国橡胶树主要品种的叶片营养诊断及施肥指导。

2 规范性引用文件

下列文件对于本文件的应用是必不可少的。凡是注日期的引用文件，仅注日期的版本适用于本文件。凡是不注日期的引用文件，其最新版本(包括所有的修改单)适用于本文件。

GB/T 6682—2008 分析实验室用水规格和试验方法

LY/T 1270—1999 森林植物与森林枯枝落叶层全硅、铁、铝、钙、镁、钾、钠、磷、硫、锰、铜、锌的测定

NY/T 53—1987 土壤全氮测定法(半微量开氏法)

NY/T 889—2004 土壤速效钾和缓效钾含量的测定

NY/T 1118 测土配方施肥技术规范

NY/T 1211.6 土壤有机质测定法

3 术语和定义

下列术语和定义适用于本文件。

3.1

橡胶树叶片营养诊断技术 technique of rubber tree foliar nutrient diagnosis

测定橡胶树叶片中养分含量，计算养分间的比值，判断其养分丰缺状况用于指导施肥的技术。

3.2

橡胶树叶片营养诊断指标 index of rubber tree foliar nutrient diagnosis

橡胶树不同营养水平状况下的叶片养分含量及其比值。

3.3

诊断单元 diagnosis unit

进行橡胶树营养诊断的采样、分析及推荐施肥所针对的胶园区域。

3.4

顶蓬叶 top whorl leaves

着生在枝条顶部的一簇叶片。

4 橡胶树叶片采集方法

4.1 诊断单元的划分

4.1.1 以土壤类型、橡胶树品种、树龄、生长状况、施肥管理和割胶制度等基本相同的胶园作为一个诊断单元。

4.1.2　一个诊断单元的适宜面积为 6 hm^2～7 hm^2；诊断单元宜以树位或林段划分，其面积大小取决于胶树、土壤类型的均一程度和工作量的大小。

4.1.3　一个基层管理单位(例如生产队)的橡胶园划分为若干个诊断单元。其步骤是：划分出这个队的土壤类型；在相同的土壤类型上，划分出不同品种的橡胶树；在相同品种的橡胶树里，划分出不同树龄段的橡胶树；再看同一树龄段内橡胶树的生长状况、施肥管理和割胶制度是否一样，如果不一样的则将橡胶树分别划分；最后按 4.1.2 划分诊断单元。

4.2　采样时间

4.2.1　适宜的采样时间为每年的 7 月、8 月或 9 月；在天气晴朗的上午 8 时～11 时采集样品。

4.2.2　不宜在雨天或刚受强风影响后的时间采样。

4.3　采样路线

采样路线依地形而定，在平地或坡度小于 5 °的地方，采用“S”形或“V”形采样路线，也可用“X”形采样路线；在坡度大的或修梯田的林段，在上、中、下的植行中分别按上述方法采样。

4.4　样株的选择

4.4.1　在一个诊断单元内选择 10 株～20 株生长正常的橡胶树作为采样树，采样树应随机均匀分布在该诊断单元内。

4.4.2　风害树、病害树、死皮树、边行树、大量抽叶未稳定树以及堆肥和垃圾旁的橡胶树不宜作为采样株。

4.5　采样部位

幼龄橡胶树采集暴露在阳光下稳定老化的顶蓬叶，成龄橡胶树采集树冠下层主侧枝上稳定老化的顶蓬叶。

4.6　采样数量

在每株样树两侧各采集 1 蓬顶蓬叶，即每株样树采集 2 蓬顶蓬叶；在每蓬叶上取其基部上的 2 片复叶，并将每片复叶两旁的小叶去掉，留下中间的 1 片小叶作为样品；将一个诊断单位所采集的样品叶片合在一起，作为该诊断单元的分析样品。

4.7　标签和送样

4.7.1　每个样品采集完毕后，应立即把标签捆绑在样品上。

4.7.2　标签内容包括样本编号、采集地点、日期、橡胶树品种名称、定植时间、施肥情况、割胶制度和采样人姓名等。

4.7.3　应及时将样品送到实验室处理，并避免样品受到污染。

5　橡胶树叶片样品的化学分析

5.1　叶片样品的处理

5.1.1　将新鲜叶片样品的表面擦拭干净，剪去叶柄、叶尖和病斑等不正常部分，放入烘箱于 100 ℃～110 ℃杀青 15 min～30 min，然后在 70 ℃～80 ℃烘箱中烘干，干燥时间为 4 h～8 h。

5.1.2　如果未能及时处理，样品应悬挂于阴凉通风干燥处晾放，并尽快按 5.1.1 除杀青步骤外的方法进行处理。

5.1.3 将烘干的叶片样品粉碎，使之全部通过孔径为 1 mm 的筛网，连同标签一起装入塑料袋或玻璃瓶中密封保存，以供分析化验用。

5.2 叶片样品中全氮、磷的测定

按附录 A 的规定执行。

5.3 叶片样品中全钾、钙、镁的测定

按附录 B 的规定执行。

6 橡胶树叶片营养诊断指标

6.1 总则

包括我国当前主要橡胶树品种的营养诊断指标（通用指标）。橡胶树叶片养分含量用于衡量各营养元素的丰缺程度，元素间比值用于判断营养元素间的平衡关系。

6.2 营养诊断指标

6.2.1 海南省主要品种橡胶树叶片营养诊断通用指标见表 1。

表 1 海南省主要品种橡胶树叶片营养诊断指标

叶片养分含量/%				元素间比值（正常值）
养分种类	极缺	正常值	很丰富	
氮(N)	<2.9	3.2～3.4	>3.8	氮/磷 14.8～15.2 氮/钾 3.1～3.6 钾/磷 4.3～4.7 钾/钙 1.0～1.5 镁/磷 1.5～2.2 钾/镁 2.4～2.6
磷(P)	<0.18	0.21～0.23	>0.27	
钾(K)	<0.7	0.9～1.1	>1.5	
钙(Ca)	<0.4	0.6～1.0	>1.3	
镁(Mg)	<0.27	0.35～0.45	>0.60	
注 1：叶片养分含量以"%"表示的均为质量分数。 注 2：PR107 叶片氮磷钾诊断指标值按正常值的低限值，GT1 叶片氮磷钾诊断指标值按正常值的高限值。				

6.2.2 云南省主要品种橡胶树叶片营养诊断通用指标见表 2。

表 2 云南省主要品种胶树叶片营养诊断指标

叶片养分含量/%				元素间比值（正常值）
养分种类	极缺	正常值	很丰富	
氮(N)	<3.0	3.3～3.6	>3.8	氮/磷 14.1～14.6 氮/钾 2.8～3.3 钾/磷 4.3～5.0 钾/钙 1.3～1.7 镁/磷 1.5～1.8
磷(P)	<0.20	0.23～0.25	>0.28	
钾(K)	<0.8	1.0～1.3	>1.5	
钙(Ca)	<0.4	0.6～1.0	>1.3	
镁(Mg)	<0.25	0.35～0.45	>0.60	
注 1：叶片养分含量以"%"表示的均为质量分数。 注 2：PR107 叶片氮磷钾诊断指标值按正常值的低限值，GT1 叶片氮磷钾诊断指标值按正常值的高限值。				

6.2.3 广东及其他区域的橡胶树叶片营养诊断指标可参照海南省的橡胶树叶片营养诊断指标。

7 橡胶树营养状况和施肥诊断

7.1 概述

橡胶树是长期作物，其施肥的依据是以叶片养分含量为主，土壤养分含量为辅（胶园土壤养分含量正常值指标见附录C）。将橡胶树叶片样品的测定结果与6.2中营养诊断指标比较，可判别各诊断单元橡胶树的营养状况。

7.2 橡胶树叶片的养分含量诊断

7.2.1 叶片某一养分含量低于正常值指标，表明该诊断单元的橡胶树亏缺该养分，修正的方法是在原施肥种类和施肥量的基础上，增施含有该养分的肥料。

7.2.2 叶片某一养分含量在正常值指标范围内，表明该诊断单元的橡胶树该养分含量正常，继续按原来该养分的施用量进行施肥。

7.2.3 叶片某一养分含量高于正常值指标，表明该诊断单元的橡胶树该养分丰富或过剩，可能存在下面两种情况：

——如果橡胶树的立地土壤中该养分含量丰富（高于正常值指标）或叶片中该养分与其他养分的比值高于正常值，可不施含有该养分的肥料，但需施用含其他养分的肥料来调节，如氮过高时要增施钾肥，磷过高时要增施氮肥，钾过高时要增施氮肥和镁肥，钙、镁过高时要增施钾肥。

——如果橡胶树的立地土壤中该养分含量不高或叶片中该养分与其他养分的比值在正常值范围内，且橡胶树也施用了一定量的含该养分的肥料，则应减少施用含该养分的肥料。

7.3 橡胶树叶片养分间比值高低诊断

7.3.1 如果某一养分与其他养分的比值高于正常值时，可减施或暂时停止施用含该种养分的肥料。

7.3.2 如果某一养分与其他养分的比值低于正常值时，增施含该种养分的肥料。

8 橡胶树施肥量的确定

8.1 某一元素肥料应增或减施的量按式(1)计算：

$$C=\frac{(c_1-c_2)\times c_3\times 2}{c_4\times c_5} \qquad \cdots\cdots(1)$$

式中：

C——单株橡胶树应增或减施某一元素肥料的年用量，单位为千克(kg)；

c_1——橡胶树生长良好、产量正常的营养诊断正常值，%；

c_2——采集的橡胶树叶片样品化学分析值，%；

c_3——单株年抽叶量，广东湛江北部植胶区以6 kg，海南省东、南部植胶区以6 kg～8 kg，中、西部以8 kg～10 kg，云南植胶区以8 kg～10 kg计算；

2——包括橡胶树生长所需养分量的校正系数；

c_4——肥料中该养分含量，%；

c_5——肥料利用率，氮肥以30%～50%、钾肥以50%、磷肥以20%～25%、镁肥以20%计算。

注：单株年抽叶量和肥料利用率可参照当地试验研究确定的结果。

8.2 某一元素肥料的施用量按式(2)计算：

$$F_s=F_a\pm C\pm R \qquad \cdots\cdots(2)$$

式中：

F_s ——单株橡胶树某一元素肥料年施用量，单位为千克(kg)；

F_a ——常规施肥量(某一养分肥料前三年施用的平均值)，单位为千克(kg)；

C ——单株橡胶树应增或减施某一元素肥料的年用量，单位为千克(kg)；

R ——养分不平衡时肥料施用量的调节值，为 0.1 kg ～0.3 kg。

附 录 A
（规范性附录）
叶片中全氮、磷的测定

A.1 叶片样品中全氮、磷测定待测液的制备

A.1.1 测定原理

植物中的氮、磷是以有机态为主。用浓硫酸消煮样品，加 30%过氧化氢以加速有机物的氧化分解，使有机氮和磷转化为铵盐和磷酸盐，可在同一份消煮液中分别测定全氮、磷。

A.1.2 仪器设备

A.1.2.1 可调电炉：1 000 W。

A.1.2.2 消煮管：50 mL。

A.1.3 试剂

所有试剂除注明者外，均为分析纯。分析用水应符合 GB/T 6682—2008 的第 5 章中三级水的规格。

A.1.3.1 浓硫酸(GB/T 625)。

A.1.3.2 30%过氧化氢(GB/T 6684)。

A.1.3.3 氢氧化钠(GB/T 629，化学纯)。

A.1.3.4 10 mol/L 氢氧化钠溶液：称取 400 g 氢氧化钠(A.1.3.3)溶于 1 L 水中。

A.1.4 操作步骤

称取叶片样品 0.06 g～0.1 g(精确至 0.000 1 g)，置于带刻度的 25 mL 消煮管(A.1.2.2)中。先加数滴水湿润样品，然后加 1.5 mL 浓硫酸(A.1.3.1)，轻轻摇匀，瓶口放消化用的特制玻泡(或弯颈漏斗)，在电炉(A.1.2.1)上先用小火消化，待硫酸分解冒大量白烟后再提高温度，但要控制硫酸烟雾回流高度约在管壁的三分之二处。待样品溶液消化到呈棕黑色时取下试管。稍冷后加 30%过氧化氢(A.1.3.2)4 滴～5 滴，边加边摇，继续消化 10 min。消化液如仍有颜色，再加 30%过氧化氢 1 滴～2 滴，继续消化。反复数次，直至消化液无色后，继续消化 20 min。取下，冷却后，用少量水冲洗玻泡或弯颈漏斗，洗液流入消煮管，并加入 15 mL～20 mL 水。待冷至室温后，加水至刻度，摇匀。过滤或放置澄清后供氮、磷的测定。同时做空白试验，以校正试剂误差。

A.2 叶片样品中全氮的测定

吸取 5.00 mL 待测液于半微量蒸馏器中，加 10 mol/L 氢氧化钠(A.1.3.4)溶液 3 mL，然后按 NY/T 53—1987 中 5.3 的规定执行。

A.3 叶片样品中全磷的测定

吸取 2.00 mL～5.00 mL 待测液于 50 mL 容量瓶中，然后按 LY/T 1270—1999 中第 9 章的规定执行。

附　录　B
（规范性附录）
叶片中全钾、钙、镁的测定

B.1　叶片样品中全钾、钙、镁测定待测液的制备

B.1.1　测定原理

将植物样品灼烧，剩下的为钾、钙、镁等不可燃的灰分元素的化合物。然后用稀盐酸溶解灰分中的钾、钙和镁等灰分元素。

B.1.2　仪器设备

B.1.2.1　瓷坩埚：30 mL。
B.1.2.2　高温箱式电炉。
B.1.2.3　普通电炉。

B.1.3　试剂

所有试剂除注明者外，均为分析纯。分析用水应符合 GB/T 6682—2008 的第 5 章中三级水的规格。
B.1.3.1　95%乙醇。
B.1.3.2　盐酸（GB/T 622）。
B.1.3.3　1.6 mol/L 稀盐酸溶液：量取 135 mL 盐酸（B.1.3.2），放入 1 L 容量瓶中，用水稀释至刻度，摇匀。
B.1.3.4　50 g/L 氯化镧溶液：称取 13.4 g 氯化镧（$LaCl_3 \cdot 7H_2O$，光谱纯）溶于 100 mL 水中。

B.1.4　操作步骤

称取叶片样品 0.4 g～0.6 g（精确到 0.000 1 g）于 30 mL 的瓷坩埚（B.1.2.1）中，加 1 mL～2 mL 95%乙醇溶液（B.1.3.1），使样品湿润。然后进行预灰化处理：瓷坩埚放在普通电炉（B.1.2.3）上，坩埚盖子斜放，调节电炉温度，缓缓加热，要避免样品明火燃烧而致微粒喷出。只有在不冒烟后才能增加温度，直到样品呈灰白色为止。

样品经预灰化后放入高温箱式电炉（B.1.2.2）中，加热到 525℃左右，保持 2 h。然后降温至 200℃以下，取出瓷坩埚冷却至室温后用 1mL～2 mL 水湿润灰分，慎防灰分飞溅损失，再加 2 mL 水，然后分次滴加少量 1.6 mol/L 稀盐酸溶液（B.1.3.3）5 mL，加热至沸，使残渣溶解。趁热过滤，并用热水洗瓷坩埚及残余物数次，滤液洗入 100 mL 容量瓶中，冷却后用水定容，摇匀。此待测液可供测定钾、钙、镁用。

B.2　叶片样品中全钾的测定

按 LY/T 1270—1999 中第 7 章的规定执行。

B.3 叶片样品中全钙、镁的测定

吸取待测液 4.00 mL 于 50 mL 容量瓶中，加入 1 mL 50 g/L 氯化镧溶液（B.1.3.4），然后按 LY/T 1270—1999 中 6.2 的规定执行。

附　录　C
（规范性附录）
胶园土壤养分含量正常指标

C.1　胶园土壤养分含量正常指标见表 C.1。

表 C.1　胶园土壤养分含量正常指标（0 cm～20 cm 土层）

有机质/(g/kg)	全氮(N)/(g/kg)	有效磷(P)/(mg/kg)	有效钾(K)/(mg/kg)
20～25	0.8～1.4	5～8	40～60

注 1：土壤有机质测定按 NY/T 1211.6 的规定执行。

注 2：土壤有效磷采用 0.2 mol/L HCl-0.03 mol/L NH_4F 混合提取液提取（土液比为 1∶5，振荡提取时间为 1 min），钼锑抗比色法测定。

注 3：土壤有效钾测定按 NY/T 889—2004 中 3.1 的规定执行。

C.2　在采集橡胶树叶片样本的同时采集土壤样品，一个混合土壤样品应从面积为 6 hm^2～21 hm^2 的橡胶园中采集。

C.3　组成一个土壤样品的各个采样点的土壤性状应一致。

C.4　采样深度分别为 0 cm～20 cm 和 20 cm～40 cm。

C.5　采样点应避开施肥沟、穴等人为因素影响较大的部位。

C.6　样品采集、制备按 NY/T 1118 的规定执行。

ICS 65.020.30
B 05

中华人民共和国国家标准

GB/T 29571—2013

桑蚕天然彩色茧

Natural colored cocoon of silkworm(*Bombyx mori* L.)

2013-07-19 发布　　2013-12-06 实施

中华人民共和国国家质量监督检验检疫总局
中国国家标准化管理委员会　发布

前 言

本标准按照 GB/T 1.1—2009 给出的规则起草。

本标准由中华人民共和国农业部提出。

本标准由全国桑蚕业标准化技术委员会(SAC/TC 437)归口。

本标准起草单位:苏州大学、苏州市蚕桑指导站、鑫缘茧丝绸集团股份有限公司、新沂弥纶丝绸有限公司、吴江市平望镇梅堰蚕业合作有限公司、苏州英宝丝绸有限公司。

本标准主要起草人:徐世清、姚新华、司马杨虎、陈忠立、许健儿、袁红霞、梁海丽、孙道权、王友俊、李兵、戴兴忠、李雪勤、石伟林、胡小芳、牛艳山。

桑蚕天然彩色茧

1 范围

本标准规定了桑蚕天然彩色茧的质量要求、检验方法、检验规则、判定规则、报告和包装储运。

本标准适用于桑蚕天然彩色茧(鲜茧和干茧)的生产和流通。

2 规范性引用文件

下列文件对于本文件的应用是必不可少的。凡是注日期的引用文件,仅注日期的版本适用于本文件。凡是不注日期的引用文件,其最新版本(包括所用的修改单)适用于本文件。

GB/T 191 包装储运图示标志

GB/T 2912.1—2009 纺织品 甲醛的测定 第1部分:游离和水解的甲醛(水萃取法)

GB/T 3979—2008 物体色的测量方法

GB/T 6686—2006 染料分类

GB/T 6687—2006 染料名词术语

GB/T 9111 桑蚕干茧试验方法

GB/T 9176 桑蚕干茧

GB/T 15268 桑蚕鲜茧

GB/T 17592 纺织品 禁用偶氮染料的测定

GB/T 17593.1 纺织品 重金属的测定 第1部分:原子吸收分光光度法

GB/T 17593.3 纺织品 重金属的测定 第3部分:六价铬 分光光度法

GB/T 17593.4 纺织品 重金属的测定 第4部分:砷、汞原子荧光分光光度法

GB/T 18412.1 纺织品 农药残留量的测定 第1部分:77种农药

GB/T 18412.2 纺织品 农药残留量的测定 第2部分:有机氯农药

GB/T 18412.3 纺织品 农药残留量的测定 第3部分:有机磷农药

GB/T 18412.4 纺织品 农药残留量的测定 第4部分:拟除虫菊酯农药

GB/T 18412.6 纺织品 农药残留量的测定 第6部分:苯氧羧酸类农药

GB/T 18412.7 纺织品 农药残留量的测定 第7部分:毒杀芬

GB/T 18414.1 纺织品 含氯苯酚的测定 第1部分:气相色谱-质谱法

GB/T 18414.2 纺织品 含氯苯酚的测定 第2部分:气相色谱法

GB/T 18885—2009 生态纺织品技术要求

JIS L1065 染色织品染料类别鉴定

Oeko-Tex200 检测程序

3 术语和定义

GB/T 9111界定的异色茧术语和定义不适用于本文件,GB/T 9111界定的其他术语和定义,GB/T 9176、GB/T 15268和GB/T 6687—2006界定的以及下列术语和定义适用于本文件。

3.1

天然彩色茧　natural colored cocoon

具有天然遗传色彩的非白色桑蚕茧，其色素是蚕体自身合成或来自饲料植物的非人为添加、注射的天然色素。

3.2

茧壳　cocoon shell

桑蚕茧除去内部蚕蛹和蚕皮后的丝物质部分。

3.3

茧衣　cocoon floss

桑蚕茧外部松散的丝物质部分。

3.4

茧层　cocoon layer

桑蚕茧除去外部茧衣和内部蚕蛹后的茧壳。

3.5

茧色　cocoon color

包括茧壳和茧衣的颜色，或者茧层的颜色。

3.6

色素　pigment

包括着色剂、染料。按来源可分为天然色素和合成色素两类。

3.7

污染茧　polluted cocoon

蚕尿或蔟中污染后形成的茧层发黄或褐色的蚕茧，包括黄斑茧、尿黄茧、夹黄茧、靠黄茧、老黄茧、硬黄茧。

3.8

色度　color intensity

茧层表面的彩色亮度、彩色信号强度。

4　质量要求

4.1　茧色要求

天然彩色茧的全部茧壳，或者除去茧衣后的茧层应是白色以外的相同颜色。

4.2　色素要求

桑蚕天然彩色茧的茧层色素技术要求应符合表1的规定。

表1中合成色素规定的染料的分类按照GB/T 6686—2006执行。

表 1 桑蚕天然彩色茧的色素技术指标

项　　目		单位	要求
天然色素	类黄酮	mg/kg	$a \geq 1\,500.0$；$b \geq 750.0$
	类胡萝卜素	mg/kg	$a \geq 50.0$；$b \geq 5.0$
合成色素	可分解芳香胺染料	mg/kg	不得检出
	致癌染料	mg/kg	不得检出
	致敏染料	mg/kg	不得检出
	酸性染料	mg/kg	不得检出
	活性染料	mg/kg	不得检出
	直接染料	mg/kg	不得检出
	分散染料	mg/kg	不得检出
	还原染料	mg/kg	不得检出
	金属络合染料	mg/kg	不得检出
注：a、b 为要求的限量值。			

4.3 茧丝质要求

天然彩色茧按照茧丝质进行分级：

——鲜茧按照 GB/T 15268 的规定执行；

——干茧按照 GB/T 9176 的规定执行。

4.4 其他要求

桑蚕天然彩色茧茧层的生态纺织品原料检验指标，按照 GB/T 18885—2009 规定执行，检测游离甲醛含量、可萃取的重金属含量、杀虫剂含量、有机锡化合物含量、含氯苯酚含量、有机氯载体含量。

5 检验方法

5.1 蚕茧颜色

天然彩色茧按照下列方法检验茧层颜色：

——取样品蚕茧 100 颗，剥去茧衣后，肉眼判别茧层颜色；

——按照 GB/T 3979—2008 中的方法调查茧层颜色和色度。

5.2 色素测定

5.2.1 总黄酮含量测定

按附录 A 执行。

5.2.2 类胡萝卜素含量测定

按附录 A 执行。

5.2.3 可分解芳香胺染料含量测定

按 GB/T 17592 执行。

5.2.4 致癌染料含量测定

按 Oeko-Tex200 执行。致癌染料的种类见 GB/T 18885—2009 中的 A.1～A.3。

5.2.5 致敏染料含量测定

按 Oeko-Tex200 执行。致敏染料的种类见 GB/T 18885—2009 中的 A.4 。

5.2.6 活性染料测定

按 JIS L1065 和 Oeko-Tex200 执行。

5.2.7 直接染料测定

按 JIS L1065 和 Oeko-Tex200 执行。

5.2.8 分散染料测定

按 JIS L1065 和 Oeko-Tex200 执行。

5.2.9 还原染料测定

按 JIS L1065 和 Oeko-Tex200 执行。

5.2.10 金属络合染料测定

按 JIS L1065 和 Oeko-Tex200 执行。

5.2.11 酸性染料测定

按 JIS L1065 和 Oeko-Tex200 执行。

5.2.12 天然彩色茧的快速鉴别

快速鉴别桑蚕天然彩色茧与化学色素染色蚕茧、桑蚕天然彩色茧与添食化学色素后的彩色蚕茧的方法参见附录 B 。

5.3 茧丝质的检验

5.3.1 鲜茧茧丝质检验

天然彩色茧鲜茧茧丝质的检验流程、操作方法、分级标准及检验结果计算，按照 GB/T 15268 的规定执行。

5.3.2 干茧茧丝质检验

桑蚕天然彩色茧干茧茧丝质的检验方法按照 GB/T 9111 的规定执行，但不调查异色茧。

5.4 生态纺织品指标检验

5.4.1 游离甲醛含量测定

按 GB/T 2912.1—2009 执行。

5.4.2 可萃取的重金属含量测定

天然彩色茧茧层可萃取的重金属含量的测定方法：

——锑、铅、镉、铬、钴、镍、含量测定按 GB/T 17593.1 执行；

——铬(六价)含量测定按 GB/T 17593.3 执行；

——砷、汞含量测定按 GB/T 17593.4 执行。

5.4.3 杀虫剂含量测定

杀虫剂的种类见 GB/T 18885—2009 中的 B.1，各类杀虫剂的含量测定方法：

——有机氯杀虫剂按 GB/T 18412.2 执行；

——有机磷杀虫剂按 GB/T 18412.3 执行；

——除虫菊酯按 GB/T 18412.4 执行；

——苯氧羧酸类农药按 GB/T 18412.6 执行；

——毒杀芬按 GB/T 18412.7 执行；

——其他种类杀虫剂参照 GB/T 18412.1 执行。

5.4.4 有机锡化合物含量测定

按 Oeko-Tex200 执行。

5.4.5 含氯酚含量测定

按 GB/T 18414.1 和 GB/T 18414.2 执行。

5.4.6 有机氯载体含量测定

按 Oeko-Tex200 执行。有机氯载体的种类见 GB/T 18885—2009 中的 D.1。

5.5 包装储运图示检验

天然彩色茧的包装储运图示标志检验，按照 GB/T 191 的规定执行。

6 检验规则

6.1 组批检验批

6.1.1 鲜茧按照每个农户或每个养蚕共育室一次交售的同品种的有色茧为一个检验批。

6.1.2 干茧按照一个庄口为一个检验批。

6.2 抽样方法

6.2.1 鲜茧抽样

鲜茧抽样方法按照 GB/T 15268 的规定执行。鲜茧样品抽取后，纵向划开蚕茧的一侧，蚕茧形态应完好保留，取出茧内蚕蛹或蚕和蜕皮，密封放置，不应进行任何处理。

6.2.2 干茧抽样

干茧抽样方法按照 GB/T 9111 的规定执行。

6.2.3 样品数量

从每个检验批的蚕茧中随机抽取有代表性的样品，试样数量应满足 GB/T 15268 和 GB/T 9111 中全部试验方法的需要。

7 判定规则

7.1 蚕茧颜色

蚕茧颜色的判定分两种情况：

——双方协议或委托方没有要求时，只以肉眼判断茧层颜色，判定同一个检验批内样茧的颜色是否为同一色系的颜色，白色茧和白色茧的污染茧都作为白茧色判定；

——双方协议或委托方要求时，进一步按照 GB/T 3979—2008 中的方法判别茧层颜色与色度。

7.2 蚕茧色素

蚕茧色素的判定标准为：

——如果检测结果中未检出表 1 规定的合成色素，同时天然色素中的其中一项测定值满足表 1 规定的限量值 a，则判定该批蚕茧为合格天然彩色茧；

——如果检测结果中未检出表 1 规定的合成色素，同时天然色素中的两项测定值都满足表 1 规定的限量值 b，则判定该批蚕茧为合格天然彩色茧；

——如果检测结果中未检出表 1 规定的合成色素，但天然色素中的两项测定值都不符合表 1 规定的限量值 b，则判定该批蚕茧为不合格天然彩色茧；

——如果检测结果中检出一种表 1 规定的合成色素，则判定该批蚕茧不是天然彩色茧。

7.3 茧丝质

天然彩色茧只进行茧丝质分级，不作合格与否评判：

——鲜茧茧质检验结果按照 GB/T 15268 分级标准分级；

——干茧茧质检验结果按照 GB/T 9176 分级标准分级。

7.4 其他要求

蚕茧中的甲醛、可萃取的重金属、杀虫剂、含氯苯酚、有机氯载体、有机锡化合物的含量，按照 GB/T 18885—2009规定有一项限量值不合格，则判定该批蚕茧为不合格天然彩色蚕茧。

8 报告

测试报告应包括下列内容：

a) 本标准编号；

b) 来样日期、试验前的贮存方法及试验日期；

c) 样品说明和包装方法；

d) 蚕茧颜色，双方协议或委托方不要求颜色种类和色度检验的不提供按 GB/T 3979—2008 中方法进行测试得出的数据；

e) 是否为天然彩色茧的判定结论；

f) 是否为合格天然彩色茧的判定结论，双方协议或委托方不要求的不提供生态纺织品指标检验数据和天然色素含量数据；

g) 茧质的测试数据，双方协议或委托方不要求进行茧质检验的不提供茧质的测试数据。

9 包装储运

9.1 标签和标志

包装储运图示标志，应符合 GB/T 191 的规定，同时还应符合以下要求：

——天然彩色茧干茧要注明产品名称、产地、庄口名称、生产时间(年度和生产季节)、数量、蚕茧颜色、等级、“防压”和“防潮”等字样或符号；

——天然彩色茧鲜茧要注明桑蚕品种、产地、生产时间(年度和生产季节)、数量、蚕茧颜色、“防堆积”等字样或符号。

9.2 包装

9.2.1 天然彩色茧鲜茧不要求包装。

9.2.2 天然彩色茧干茧包装材料和规格按照 GB/T 9176 执行。

9.3 运输

9.3.1 天然彩色茧鲜茧运输应防止堆积发热，防止淋雨、重压和阳光直射，不能与易挥发或易污染的化学品接触。

9.3.2 天然彩色茧干茧运输应防止淋雨、重压和阳光直射，不能与易挥发或易污染的化学品接触。

9.4 贮存

9.4.1 天然彩色茧鲜茧不宜贮存。

9.4.2 天然彩色茧干茧贮存应符合以下要求：

——茧库温度不高于 30 ℃，相对湿度 55%～75%，防止虫、鼠害和霉变；

——避免阳光照射；

——没有易挥发或易污染的化学品；

——摆放离墙不少于 0.5 m，茧堆高度不超过 2 m；

——上茧、下茧和次茧按照产地、等级分别贮存；

——不同颜色的茧要分别贮存。

附 录 A
（规范性附录）
桑蚕天然彩色茧的天然色素含量测定

A.1 范围

本方法用于桑蚕天然彩色茧天然色素类胡萝卜素和总异黄酮含量的测定。

A.2 材料

同第5章。将待测蚕茧茧层撕成4～5薄层，剪成1 cm^2 左右小块。

A.3 测试试剂

分析纯级化学试剂：70％乙醇（含抗氧剂BHT，体积分数0.01％）；20％（质量浓度）氢氧化钾-甲醇；三氯甲烷；正己烷；乙醚；10％（质量浓度）氯化钠；无水硫酸钠；5％（质量浓度）硝酸钠；10％（质量浓度）硝酸铝；1 mol/L 氢氧化钠。

生化纯级标准品：β-胡萝卜素；芦丁。

A.4 测试仪器

紫外可见分光光度仪；电热恒温鼓风干燥箱；超声波仪。

A.5 试样液制备

取茧层3 000.0 mg，剪碎后加70％乙醇30.0 mL，超声波处理30 min，60 ℃水浴抽提2 h，过滤；滤渣再加70％乙醇20.0 mL，60 ℃水浴抽提2 h，过滤，重复操作一次。合并滤液，40℃避光浓缩至15.0 mL，作试样液。

A.6 标准曲线制作

A.6.1 类胡萝卜素标准曲线制作

以β-胡萝卜素作为标品，三氯甲烷溶解，分别配制成0.0 mg/L～2.0 mg/L浓度等差的标准溶液，浓度级差0.2 mg/L，制作β-胡萝卜素浓度（横坐标轴）与 $A_{452\ \mathrm{nm}}$ 吸光度值（纵坐标轴）标准曲线。

A.6.2 黄酮标准曲线制作

用芦丁作为标品，70％乙醇溶解，配制成0.0 mg/L～100.0 mg/L浓度等差的标准溶液，浓度级差10.0 mg/L，制作芦丁浓度（横坐标轴）与 $A_{510\ \mathrm{nm}}$ 吸光度值（纵坐标轴）标准曲线。

A.7 测试步骤

A.7.1 类胡萝卜素含量测定

a) 类胡萝卜素含量的测定按照下列步骤进行：

——取试样液 1 000.0 μL,加 5.0 mL 正己烷：乙醚萃取液(体积比 2：1),充分混匀,静置分层,取上层液；

——下层液继续萃取至无色,合并萃取液；

——加 5.0 mL 10%(质量浓度)氯化钠洗 5 次；

——上层液加入无水硫酸钠,避光静置 1 h；

——转移上层色素液,50 ℃避光干燥过夜；

——加入三氯甲烷定容至 5 000.0 μL,用分光光度仪测定 445 nm 处吸光度；

——以三氯甲烷为空白对照；

——对照类胡萝卜素标准曲线,求出测定液的类胡萝卜素浓度 c_1；

b) 样品的类胡萝卜素含量按照式(A.1)计算：

$$w_{B1} = c_1 \times 25 \qquad \text{(A.1)}$$

式中：

w_{B1}——样品的类胡萝卜素含量,以类胡萝卜素与茧层(鲜重)质量分数表示,单位为毫克每千克(mg/kg)；

c_1 ——测定液的类胡萝卜素浓度,单位为毫克每升(mg/L)；

25 ——换算系数,单位为升每千克(L/kg)。

A.7.2 黄酮类色素测定

a) 黄酮类色素含量测定按照下列步骤进行：

——取试样液 500.0 μL,加 300 μL 5%(质量浓度)硝酸钠；

——静置 5 min 后加入 300.0 μL 10%(质量浓度)硝酸铝；

——静置 6 min 后加入 4.0 mL 1 mol/L 氢氧化钠；

——加 70%乙醇定容至 10.0 mL,混匀后静置 10 min；

——测定 510 nm 波长处吸光度；

——以同样处理的重蒸水为空白对照；

——对照黄酮标准曲线,求出测定液的黄酮浓度 c_2；

b) 样品的黄酮类物质含量按照式(A.2)计算：

$$\omega_{B2} = c_2 \times 100 \qquad \text{(A.2)}$$

式中：

ω_{B2} ——样品的黄酮类物质含量,以黄酮类物质与茧层(鲜重)质量分数表示,单位为毫克每千克(mg/kg)；

c_2 ——测定液的黄酮类物质浓度,单位为毫克每升(mg/L)；

100 ——换算系数,单位为升每千克(L/kg)。

附 录 B
（资料性附录）
桑蚕天然彩色茧的快速鉴别方法

B.1 范围

本方法用于桑蚕天然彩色茧的快速鉴别。

B.2 材料

同第 5 章。测试前将待测蚕茧茧层撕成 4～5 薄层，剪成 2 cm^2 左右小块。

B.3 测试试剂

25％的分析纯盐酸溶液。

B.4 测试温度

宜用 15 ℃～40 ℃。

B.5 步骤

B.5.1 测试试剂处理

在 20 mL 的玻璃试管内加入 5 mL 的测试试剂。

B.5.2 样品处理

将 2 块被检样品在该玻璃试管内浸泡于检验试剂中。

B.5.3 观察颜色变化

B.5.3.1 红黄色系的被检样品

在 60 s～80 s 样品颜色变为紫色，试剂颜色成为紫色溶液的，则为化学酸性染料染色的茧；样品褪色，试剂颜色成为淡色或无色溶液的，则为天然彩色茧。

在 80 s 后样品的颜色加深，试剂颜色成为比样品颜色更深的同色溶液的，则为活性化学染料染色的茧；样品褪色，试剂颜色成为淡色或无色溶液的，则为天然彩色茧。

在样品浸入测试液 10 s～15 s，样品处于胶状固体状态下立即终止反应，快速用水冲洗，若样品已经无色的，则为天然色素染色的茧；样品为较原色稍淡的同色系颜色的，则为天然彩色茧。

B.5.3.2 绿色系的被检样品

在 60 s 后样品颜色变为紫色，试剂颜色成为紫色溶液的，则为化学酸性染料染色的茧；样品颜色变淡或基本不变,试剂颜色成为与原色接近的绿色溶液的,则为天然彩色茧。

在 60 s 内样品的颜色加深,试剂颜色成为比样品颜色更深的同色溶液的,则为活性化学染料染色的茧;样品颜色变淡或基本不变,试剂颜色成为与原色接近的绿色溶液的,则为天然彩色茧。

ICS 67.080.10
B 31

中华人民共和国国家标准

GB/T 29572—2013

桑椹(桑果)

Mulberry fruit

2013-07-19 发布 2013-12-06 实施

中华人民共和国国家质量监督检验检疫总局
中国国家标准化管理委员会 发布

前言

本标准按照 GB/T 1.1—2009 给出的规则起草。

本标准由中华人民共和国农业部提出。

本标准由全国桑蚕业标准化技术委员会(SAC/TC 437)归口。

本标准起草单位:苏州大学、苏州市蚕桑指导站、吴江市平望镇欣农蚕业合作社。

本标准主要起草人:陆小平、沈卫德、姚新华、李兵、朱伟新、许健儿、王友俊、何婀妮、李雪勤、石伟林。

桑 椹（桑 果）

1 范围

本标准规定了无公害食品桑椹的术语和定义、要求、采收和分级处理、检验方法、抽样方法、判定规则、标志以及包装、运输和贮存。

本标准适用于无公害食用鲜果——桑椹(桑果)的生产和流通。

2 规范性引用文件

下列文件对于本文件的应用是必不可少的，凡是注日期的引用文件，仅注日期的版本适用于本文件。凡是不注日期的引用文件，其最新版本(包括所有的修改单)适用于本文件。

GB 2763—2012 食品安全国家标准 食品中农药最大残留限量

GB/T 5009.146—2008 植物性食品中有机氯和拟除虫菊酯类农药多种残留的测定

GB/T 5009.218—2008 水果和蔬菜中多种农药残留量的测定

GB/T 8210—2011 柑桔鲜果检验方法

GB/T 8855—2008 新鲜水果和蔬菜 取样方法

3 术语和定义

下列术语和定义适用于本文件。

3.1

桑椹 mulberry fruit

桑果

桑树的果穗。

3.2

单果 simple fruit

由花被和子房构成的小果。

3.3

缺陷果 defect fruit

存在刺伤、碰伤、压伤、病虫危害、药斑、泥土污染等一种或多种缺陷单果的果穗。

3.4

果穗 fruits grown in clusters

聚生于花轴上的许多单果。

3.5

异常外部水分 abnormal external moisture

果实经雨淋或用水冲洗后表面残留的水分；或果实从冷库或冷藏车中取出，由于温差而形成的冷凝水。

3.6

容许度 tolerance

同一检验批次中，不同级别的桑椹允许存在的最大限度(不同级别中不符合规定的桑椹允许存在的最大限度),用不符合规定的果穗数占被检果穗数的百分比表示。

4 要求

4.1 感官要求

4.1.1 果形

果穗形态整齐,具该品种特征,各单果无干瘪现象。

4.1.2 色泽

具该品种成熟果实特征色泽:紫黑色、紫色、紫红色、红色、米白色。

4.1.3 果面

果面新鲜光洁,无刺伤、虫伤、擦伤、碰压伤、病斑及腐烂现象。

4.1.4 缺陷果容许度

同批次样品中缺陷果不超过5%。

4.2 理化指标及等级要求

根据感官指标将新鲜桑椹划分为2个等级。质量要求应符合表1的要求。

表1 新鲜桑椹等级及其规格

内容		一级	二级
桑椹质量		紫色、紫红、红色椹≥3.0 g, 米白色椹≥1.0 g, 且大小开差≤5%	紫色、紫红、红色椹≥0.8 g, 米白色椹≥0.5 g,且大小开差≤10%
可溶性固形物/%		≥10.0	≥9.0
酸度(pH计测定)		3.5~6.0	
可食用期限/h	室温存放	≤24	
	低温存放 (4 ℃~10 ℃)	≤36	
缺陷单果率/%	虫伤、碰压伤	≤6	≤10
	药斑	无	
	病果	无	
验收容许度		≤5%的次级果	
杂质		无肉眼可见的外来杂质	

4.3 安全卫生指标

桑椹的安全卫生指标应符合GB 2763—2012的规定。

5 采收和分级处理

5.1 采收时期

不同品种的桑椹应分批采收。果皮充分着色为采收的最好时期；选择晴天采收；宜在温度低的早上及傍晚采收，避免在雨天采果。

5.2 采收方法

采摘时戴符合卫生要求的薄膜手套，手指轻拨果柄，直接采落在洁净卫生的果篮或包装盒中。采摘时要轻采轻放，尽量避免擦伤果面；从果篮中转移时要轻拿轻放，以免碰伤果穗。

5.3 分级

桑椹采收时不摘伤果、畸形果、特小果和病虫果，按果实大小分别装篮，分级标准按表1规定执行。

6 检验方法

6.1 感官要求

用目测法检测。

6.2 检验批次

同一生产基地、同品种、同等级、同一包装日期的桑椹为一个检验批次。

6.3 可溶性固形物含量

按 GB/T 8210—2011 规定执行。

6.4 酸度

采用 pH 计测定时，随机抽取 20 个桑椹（果穗），挤出汁液，用 2 层纱布过滤，滤液收集于干净的小烧杯中，用 pH 计测定滤液的 pH 值。

6.5 桑椹质量

采用感度为 1/100 g 的天平测定被抽检桑椹的质量，并按式(1)计算出单个桑椹的平均质量(X)。

$$X=\frac{X_1+X_2+\cdots+X_n}{n} \qquad \cdots\cdots(1)$$

式中：

X ——桑椹的平均质量，单位为克(g)；

X_n——第 n 个桑椹的质量，单位为克(g)；

n ——所检桑椹的个数，单位为个。

6.6 缺陷单果率检验时，随机抽取 10 个桑椹统计缺陷单果的数量，并按式(2)计算出缺陷单果率(Y)。

$$Y=\frac{Y_1+Y_2+\cdots+Y_n}{n}\times 100\% \qquad \cdots\cdots(2)$$

式中：

Y ——缺陷单果率，%；

Y_n——第 n 个桑椹的缺陷单果数，单位为个；

n ——所检桑椹的单果个数,单位为个。

6.7 安全卫生指标

测定按 GB/T 5009.146—2008 和 GB/T 5009.218—2008 规定执行。

7 抽样方法

桑椹的取样方法按 GB/T 8855—2008 规定执行。以一个检验批次为一个抽样批次。抽取的样品应具有代表性,应在全批货物的不同部位随机抽取,样品的检验结果适用于整个检验批次。抽样数量按表 2 规定随机取样。

表 2 抽检样品的取样数量

批量货物中同类包装产品的盒数	抽样盒数
≤100	5
101～300	7
301～500	9
501～1 000	10
≥1 000	≥15

8 判定规则

8.1 感官要求的总不合格品百分率不超过 5%,理化指标不合格项不超过 2 项,且安全卫生指标均为合格,则该批产品判为合格。

8.2 感官要求的总不合格品百分率超过 5%,或理化指标不合格项超过 2 项,或安全卫生指标有 1 项不合格,或标志不合格,则该批产品判为不合格。

8.3 卫生安全指标出现不合格时,允许另取 1 份样品复检,若仍不合格,则判该项指标不合格;若复检合格,则需再取 1 份样品做第 2 次复检,以第 2 次复检结果为准。

8.4 对包装、缺陷果容许度检验不合格者,允许生产单位进行整改后申请复检。

8.5 当一个桑椹(果穗)中缺陷单果率超过表 1 的标准,则该椹判定为缺陷果。

9 标志

9.1 桑椹的销售和运输包装应标注无公害食品标志。

9.2 桑椹的包装容器和材料应符合卫生标准,且注明产品名称、净含量、等级、产地、采收日期、包装日期、生产单位及详址等,标志上的字迹应清晰、完整、准确。

10 包装、运输和贮存

10.1 包装

10.1.1 桑椹包装场地应通风、防潮、防晒、防雨,干净整洁,无污染物,不能存放有毒、有异味物品。

10.1.2 包装箱、盒的结构应牢固适用,且干燥,洁净卫生,无霉变、污染。

10.2 运输

10.2.1 运输应做到快装、快运、快卸。严禁日晒雨淋，装卸、搬运时要轻拿轻放。

10.2.2 运输工具应清洁、干燥、无异味。

10.3 贮存

桑椹应随采、随装、随运、随销。不能立即销售的应置洁净、凉爽、有防虫和防鼠设施的地方存放。常温下贮放时间不超过 24 h；或低温(4 ℃～10 ℃)下贮放时间不超过 36 h。

ICS 65.020.20
B 05

中华人民共和国国家标准

GB/T 29573—2013

热带亚热带桑树栽培管理技术规程

Technical regulations for planting and management of mulberry tree in the tropical and subtropical zones

2013-07-19 发布　　　　2013-12-06 实施

中华人民共和国国家质量监督检验检疫总局
中国国家标准化管理委员会　发布

前　言

本标准按照 GB/T 1.1—2009 给出的规则起草。

本标准由中华人民共和国农业部提出。

本标准由全国桑蚕业标准化技术委员会(SAC/TC 437)归口。

本标准起草单位:广东省罗定市质量技术监督局、广东省农科院蚕业与农产品加工研究所、广西壮族自治区蚕业技术推广总站。

本标准主要起草人:吴伟杏、罗国庆、祁广军、吴福泉、朱方容、李玉泉、彭碧权、区植生、李凯明。

热带亚热带桑树栽培管理技术规程

1 范围

本标准规定了热带亚热带桑树的栽培管理技术规范,包括桑苗繁育、桑园建设、管理与收获等规范。

本标准适用于海南、广东、广西、云南、福建、湖南和江西省南部等地处热带、亚热带地区的丝茧育桑园。

2 规范性引用文件

下列文件对于本文件的应用是必不可少的。凡是注日期的引用文件,仅注日期的版本适用于本文件。凡是不注日期的引用文件,其最新版本(包括所有的修改单)适用于本文件。

GB 19173 桑树种子和苗木

GB/T 19177 桑树种子和苗木检验规程

NY/T 1027 桑园用药技术规程

3 术语和定义

下列术语和定义适用于本文件。

3.1

袋接 pocket grafting

把接穗接到砧木根基部的嫁接方式。

3.2

接穗 scion or budwood

用来嫁接的枝条或芽。

3.3

砧木 rootstock

被接的茎或根。

3.4

根接 root grafting

把砧木的根基部接到接穗的嫁接方式。

3.5

嫁接体 graft combination

把接穗接合到砧木上的嫁接组合。

3.6

撒播 broadcast sowing

把桑种子均匀撒到畦面上的播种形式。

3.7

条播 line seeding

把桑种子均匀撒到播种沟的播种形式。

3.8

叶位 leaf order

以顶芽已开的小叶为第一叶序顺数桑叶所处的位置。

4 品种选择

选用适合热带、亚热带地区推广的桑树品种,质量符合 GB 19173 的要求。

5 桑苗繁育

5.1 苗圃地选择

选择地势平坦、灌溉与排水方便、土壤肥沃、土层较厚、土质松软的砂质壤土或壤土作苗圃地。前作没有青枯病、紫纹羽病、根结线虫等病虫害。

5.2 苗圃地整备

平整土地,清除杂草,翻耕,起畦,充分碎土并轻轻压实,减少土壤间隙。

5.3 杂交桑苗繁育

5.3.1 播种适期

春播在 3 月下旬至 5 月上旬;秋播在 8 月下旬至 10 月中旬。

5.3.2 播种方法

有撒播或条播。撒播每 667 m^2 用种子 1.0 kg～1.5 kg,条播每 667 m^2 用种子 0.5 kg～0.7 kg。播后盖 0.5 cm～1 cm 厚细土,盖上稻草、麦秆或阙草等,淋水并保持土壤湿润。当幼苗长出 2 片真叶时,逐步分批揭开覆盖物。

5.3.3 苗期管理

及时灌溉与排水,避免干旱或水涝,幼苗期及时除草。幼苗长出 4 片～7 片真叶时,用 0.2%～0.3% 尿素液喷淋,以后每隔 10 d～15 d 施肥 1 次。

5.3.4 病虫害防治

播种时注意防治蚂蚁等害虫;幼苗期注意防治蜗牛、地老虎等害虫及立枯病、猝倒病等病害。

5.3.5 出圃

桑苗达到 GB 19173 的质量要求,可分批起苗出圃,起苗时尽量保持根系完整、根部枝干不受损伤。

5.3.6 分级

按 GB 19173 和 GB/T 19177 标准进行分级。

5.4 嫁接苗繁育

5.4.1 嫁接适期

宜在 12 月至次年 2 月,也可在 7 月～8 月。

5.4.2 接穗和砧木准备

5.4.2.1 接穗准备

选用品种纯正、成熟适度、桑芽饱满、无病虫害的枝条，在桑芽萌发前采集，用塑料薄膜包扎，置于温度 5 ℃～10 ℃、相对湿度 70%的环境中保存备用。

5.4.2.2 砧木苗准备

采集新鲜、木质化程度较高、根系完整、无病虫害的实生桑苗木，分级捆扎，置于温度 5 ℃～10 ℃、相对湿度 70%的环境中保存备用。

5.4.3 嫁接方法

5.4.3.1 袋接法

在枝条芽的背面往下 0.7 cm～1 cm 处削约 3 cm 的斜面，在斜面两侧稍削露出形成层，在芽的上方 0.5 cm 处平剪枝段得到接穗；选粗度适当的砧木苗根，剪成平滑斜面，捏开剪口，使皮层与木质部分离成袋状，将接穗先端斜面向外对着砧木袋口皮层紧贴插入袋内，保持皮层完好。

5.4.3.2 根接法

剪取有 2 个～3 个健壮芽的穗条，在其下端芽的背面 0.7 cm～1 cm 处削成 45 °斜面；剪取砧木苗根，正反面各削一刀成 0.7 cm～1 cm 的尖斜面，捏开接穗斜面先端皮层成袋状，把砧木插入袋内，使接穗与砧木紧贴，保持皮层完好。

5.4.3.3 嫁接体预处理

以 50 株～70 株嫁接体为一包，用干净塑料薄膜捆扎包装，置于室内阴凉处 7 d～10 d，其间开包换气 2 次～3 次；也可将嫁接体埋于沙床，保持沙床湿润。

5.4.4 育苗与管理

5.4.4.1 嫁接体栽植

与畦向垂直开种植沟，行距 25 cm～30 cm，株距 8 cm～10 cm。栽植时将嫁接体倾斜摆放，顶端整齐，覆土至嫁接体顶端的芽为宜，栽植后立即浇水并用地膜覆盖，保持土壤湿润。

5.4.4.2 水肥管理

植后保持苗圃地湿润，嫁接体长出 2 片叶后揭去薄膜，并及时除草。桑苗长出 5 片真叶时，施液肥，每 667 m^2 用尿素 5 kg 或相应含氮量的速效氮肥，以后根据苗木生长情况及时追肥。

5.4.4.3 病虫害防治

注意防治桑白绢病等病虫害。

5.4.5 出圃

按 GB 19173 和 GB/T 19177 标准分级出圃。

5.5 扦插苗繁殖

5.5.1 插穗准备

每条插穗留4个～5个芽或留长度15 cm～20 cm,芽尖方向一致,30条～50条扎成一捆。

5.5.2 预处理

插穗基部可用发根剂处理,清水冲洗,埋在干净的沙床上10 d～20 d。

5.5.3 种植及苗期管理

按5.4.4执行。

6 桑园建设

6.1 桑园规划

选择远离工业污染和烟草种植区、适合桑树生长的土地,相对集中,连片种植。

6.2 土地整备

翻耕平整土地,开种植沟,施足基肥。

6.3 种植适期

12月～次年3月。

6.4 种植密度

广东、广西、海南等地区,密植桑园每667 m^2 种植4 000株～6 000株,株距17 cm～20 cm,行距65 cm～83 cm。云南、福建、湖南、江西南部等地区每667 m^2 种植1 500株～2 500株,株距27 cm～37 cm,行距100 cm～120 cm。

6.5 新桑管理

种植后浇定根水,2 d内进行植株剪定,留杆高度5 cm～10 cm。保持土壤湿润,排水防渍。发现缺株,及时补植。新桑发芽后,施0.5%的尿素液或同等含氮量的速效肥料液1次,以后追施肥1次～2次。

7 桑园管理与收获

7.1 施肥

按测土配方施肥。根据肥料种类与特点,采取埋施、撒施或喷施。冬期施足有机肥;春期施催芽肥,每收获1次～2次桑叶施肥1次。施肥15 d后才采桑养蚕。

7.2 桑园排灌

保持桑园土壤适宜的含水量,缺水时及时灌溉,积水时及时排水。

7.3 桑园翻耕与除草

剪伐后除草和清园，冬期翻耕桑园。

7.4 病虫害防治

按 NY/T 1027 执行。桑青枯病防治实行桑苗检疫、轮作、土壤消毒和选用抗病品种等防治措施。桑花叶病防治采用冬伐剪留 30 cm～60 cm 下半年生枝条的措施，抑制桑花叶病的发生。

7.5 桑叶收获

7.5.1 片叶收获

全年片叶收获，每隔 20 d～30 d 收获 1 次。期间进行冬伐和夏伐，更新枝条。

7.5.2 条桑收获

7.5.2.1 冬根刈法

冬期进行根刈。春期第 1 批养蚕每株选留 4 条～5 条健壮枝，摘除弱枝，收获选留枝第 7 叶位以下叶片；第 2 批养蚕继续摘片叶并摘除顶芽；第 3 批养蚕在离枝条基部 50 cm～60 cm 处剪伐，收获上部条桑。以后根据桑园的水肥条件采用在新枝条基部留 2 个～3 个芽剪伐或适当降枝剪伐的方式收获横枝桑。

7.5.2.2 冬留低中干法

冬期剪留主干 30 cm～50 cm，翌年每批养蚕均从新枝条基部留 2 个～3 个芽剪伐新枝条。

ICS 65.020.01
B 16

中华人民共和国国家标准

GB/T 29574—2013

大阿米芹检疫鉴定方法

Detection and identification of *Ammi majus* L.

2013-07-19 发布　　2013-12-06 实施

中华人民共和国国家质量监督检验检疫总局
中国国家标准化管理委员会　发布

前言

本标准按照 GB/T 1.1—2009 给出的规则起草。

本标准由全国植物检疫标准化技术委员会(SAC/TC 271)提出并归口。

本标准起草单位:中华人民共和国福建出入境检验检疫局、中华人民共和国江苏出入境检验检疫局、中华人民共和国厦门出入境检验检疫局、中华人民共和国广东出入境检验检疫局。

本标准主要起草人:虞赟、郭琼霞、沈建国、伏建国、黄可辉、王宏毅、吴海荣、林阳武、林金成、周卫川。

大阿米芹检疫鉴定方法

1 范围

本标准规定了大阿米芹(*Ammi majus* L.)的实验室检测及其形态特征鉴定方法。

本标准适用于大阿米芹的植株和果实的检疫鉴定。

2 术语和定义

下列术语和定义适用于本文件。

2.1

分果瓣 mericarp

由多心皮发育而成,成熟时彼此分离的果瓣,每果瓣内含种子一粒。

2.2

双悬果 cremocarp

由2心皮的下位子房发育而成,果熟时,分离成2个悬垂的小坚果,分悬于中央的果柄上,双悬果为伞形科植物所特有。

2.3

心皮柄 carpophore

为花托在心皮之间的细长延伸,作为中轴。

2.4

合生面 commissure

双悬果两分果瓣的接合面。

2.5

伞形花序 umbel

花轴缩短,大多数花着生在花轴的顶端。每朵花有近于等长的花柄,从一个花序梗顶部伸出多个花梗近等长的花,整个花序形如伞。

2.6

复伞形花序 compound umbel

伞形花序的每一伞梗再生出一个伞形花序,即二回伞形花序,以此类推有三回乃至多回伞形花序。凡此都称作复伞形花序。

2.7

头状花序 capitulum

花无梗,密集着生于极度缩短而膨大的花轴上,呈头状,常具总苞。

2.8

主棱 main rib

每一分果瓣背面纵向突起的肋条。

2.9

油管 vitta

主棱间的果皮内贮有挥发性油的内分泌管道。

3 大阿米芹基本信息

中文名：大阿米芹。

中文别名：阿米、雪珠花。

学名：*Ammi majus* L.，1753。

异名：*Apium ammi* Crantz，1767，*Selinum ammoides* E. H. Krause，1904。

属伞形科 Umbelliferae，阿米芹属 *Ammi* L.。

4 方法原理

将现场采集和实验室检测中发现的疑似大阿米芹的植株、籽实，通过肉眼、放大镜或体视显微镜观察，根据本标准描述的鉴定特征，按系统分类学方法进行判定。

5 仪器和器具

5.1 仪器

体视显微镜(带目镜测微尺或镜台测微尺)、电子天平、电动筛或套筛。

5.2 器具

放大镜、解剖刀、解剖针、镊子、指形管、培养皿、白瓷盘、棉花、样品袋、标本夹、标签、记录纸、标本瓶、标本盒、防虫剂、樟脑精、干燥剂。

6 实验室检测鉴定

6.1 样品制备

将现场检疫抽取的送检样品充分混匀，制成平均样品。采用四分法，取平均样品的二分之一至四分之三(较少样品时)作为检验样品，其余的作为保存样品贴标签保存，称取并记录检验样品的质量。送检样品不足 1.0 kg 的全检。

6.2 过筛检验

根据检验样品个体的大小确定套筛的规格，按照孔径从大到小依次套上套筛并加上筛底，将检验样品倒入最上层的套筛内，盖上筛盖，以回旋法过筛，或用电动筛振荡，使样品充分分离。把过筛的筛上物和筛下物分别倒入白瓷盘内，用镊子挑捡杂草籽，放置于培养皿内，于体视显微镜下观察。检验样品个体大于大阿米芹果实的主要检查筛下物；检验样品个体小于大阿米芹果实的主要检查筛上物。混杂于粮食、种子等植物及植物产品中的大阿米芹果实，一般在套筛孔径为 1.0 mm 以上的筛上物中获得。

6.3 鉴定方法

6.3.1 目测鉴定

用肉眼或借助放大镜将检出的杂草籽进行分类，挑出疑似大阿米芹籽实。

6.3.2 镜检鉴定

6.3.2.1 直接观察

将疑似杂草籽置于体视显微镜下，观察其果实表面的形态特征，依据阿米芹属植株形态特征、大阿米芹及其近似种的种子分种检索表（参见附录 A）、大阿米芹果实表面形态特征，对疑似杂草进行种类鉴定。

6.3.2.2 解剖观察

从外观上难于鉴别时，可采用解剖法，将疑似杂草种籽置于体视显微镜下，用解剖刀和解剖针，对其进行解剖，观察种子切面、种胚的形状、颜色及大小等特征并鉴定。

7 鉴定特征

7.1 阿米芹属

7.1.1 基本生物学特性

一年生或二年生草本植物。分布于地中海地区。

7.1.2 植株形态特征

7.1.2.1 根

直根细长。

7.1.2.2 茎

茎直立，具分枝。

7.1.2.3 叶

叶片 1 回～3 回羽状分裂或三出分裂，末回裂片线形或细线形。

7.1.2.4 花

小总苞片羽状分裂；萼片极小或不明显；花瓣白色或黄色，边缘花瓣增大，倒心形或深 2 裂，有不等长的裂片，基部收缩成短爪；花两性；花柱基短圆锥形，边缘略显波状；花柱近端外弯，柱头头状。

7.1.2.5 果实

果实为双悬果，卵形或长卵圆形，两侧略压扁，合生面狭窄，光滑无毛；分果瓣果棱丝线形，明显地较棱槽窄，横切面圆五角形，每棱槽内油管 1 条，合生面油管 2 条；胚乳的横切面半圆形，合生面近于平直；心皮柄不裂或分裂达基部。

7.2 大阿米芹

7.2.1 基本生物学特性

一年生草本，高 80 cm～100 cm。植株带有强辛辣气味。

7.2.2 植株形态特征

7.2.2.1 根

直根细长(参见附录B中的图B.1)。

7.2.2.2 茎

茎直立,有分枝,枝细长(参见附录B中的图B.1)。

7.2.2.3 叶

叶灰绿色,轮廓长圆形,三出式3回羽状分裂,羽片各式,下部羽片椭圆形或长圆形,中部羽片披针形,上部羽片线形,末回裂片披针形,顶端钝或尖,基部楔形,长10 mm～15 mm,宽5 mm～20 mm,边缘有刚毛状细锯齿;叶柄长3 cm～13 cm;茎生叶2回羽状分裂,裂片卵形或长圆形,上部叶裂片狭窄披针形,裂片全缘或3裂,有狭窄叶鞘(参见附录B中的图B.1)。

7.2.2.4 花

伞形花序有梗,长8 cm～14 cm,直径约10 cm;总苞片多数,3裂或羽状分裂或全缘,狭窄,长过伞辐;伞辐20条～60条,开花时纤细,长2 cm～8 cm,内侧有粗毛,开花期开展,结实期稍收缩;小总苞片多数,线形,渐尖或线状披针形,开展或花后反卷;小伞形花序有多数花,花萼片小,花瓣5枚,白色,雄蕊5枚,雌蕊1枚,子房下位,2室,花柄丝线状,长短不等;花柱较花柱基为长,叉开(参见附录B中的图B.1)。

7.2.2.5 果实

果实为双悬果,长圆形至矩圆形,长2.2 mm～3.0 mm,宽0.8 mm～1.0 mm。分果瓣2个,侧面扁压,椭圆状矩形,平凸状,略弯曲;暗褐色。表面颗粒状粗糙;背面隆起,具5条淡黄色纵棱,棱间有暗褐色隆起纵脊;腹面稍弯入,中央具纵沟,心皮柄2裂达基部。果顶端具喙状柱头残基;基部钝圆。大阿米芹果实的形态特征图参见附录B中的图B.2。

7.3 大阿米芹与阿米芹的区别

7.3.1 植株

阿米芹 *Ammi visnaga*(L.)Lam. 基生叶与茎生叶近同形,开花期,伞辐开展或直立;结实期,伞辐直立,紧贴并变硬。大阿米芹叶片各式,开花期及结实期伞辐均开展。阿米芹的植株形态特征参见附录B中的图B.1及附录C。

7.3.2 果实

阿米芹的果实较光滑,分果瓣卵形或长卵圆形,分果瓣长1.8 mm～2.0 mm,宽0.8 mm～1.0 mm,心皮柄不裂,分果瓣背面明显隆起。而大阿米芹的果实较粗糙,分果瓣长圆形,分果瓣长2.2 mm～3.0 mm,宽0.8 mm～1.0 mm,心皮柄2裂达基部,分果瓣背面隆起不明显。阿米芹果实的形态特征图参见附录B中的图B.3。

8 结果判定

以完整植株或成熟种子的形态特征为检疫鉴定的依据,符合7.2.2描述的可鉴定为大阿米芹

Ammi majus L.。

9 标本和样品保存与处理

9.1 保存方法

9.1.1 标本保存

将鉴定检出的大阿米芹植株压制成干标本，将鉴定检出的大阿米芹籽实装入指形管或标本瓶内，加以标识，注明编号、中文名称、学名、科别、产地、货物名称、进出境日期，经手人签字后妥善保存。

9.1.2 样品保存

保存样品按编号、中文名称、产地、货物名称、进出境日期分别存放，并由经手人标识确认和样品管理员登记后，妥善保存。

9.2 保存时间

含有大阿米芹的样品，妥善保存至少6个月。

9.3 处理

保存期满后，含有大阿米芹的样品应作灭活处理。

附 录 A
(资料性附录)
大阿米芹及其近似种的种子分种检索表

1. 双悬果近圆形
  2. 分果瓣背面无纵棱,具不规则的瘤状突起及5条不甚明显的近平行细凹纹 …………………………………………………………………………………………… 幅花芹(*Bifora radians* MB.)
  2. 分果瓣背面具纵棱
    3. 棱间有隆起的网状脉纹 ………………………………… 积雪草[*Centella asiatica*(L.)Urban]
    3. 棱间无网状脉纹
      4. 分果瓣背面具3条主棱,4条次棱 ………………………… 欧洲防风(*Pastinaca sative* L.)
      4. 分果瓣背面具5条主棱
        5. 棱间深凹
          6. 分果瓣半阔椭圆形 ……………………………… 蛇床子[*Cnidium monnieri*(L.)Cusson]
          6. 分果瓣半卵形 ………………………………………………… 泽芹(*Sium suave* Walt.)
        5. 棱间不深凹
          7. 分果瓣长2.5 mm~3.0 mm,宽2.0 mm,横切面五棱状等腰三角形 ……………………………………………………………………… 水芹[*Oenathe javanica*(Bl.)DC.]
          7. 分果瓣长1.5 mm~2.2 mm,宽1.6 mm~2.0 mm,横切面矩圆形…………………………………………………………………………… 毒芹(*Cicuta virosa* L.)
1. 双悬果长椭圆形
  8. 分果瓣顶端具扁而直的2.0 mm~7.0 mm长喙 ………… 牧人针(*Scandix pecten-veneris* L.)
  8. 分果瓣顶端具短喙
    9. 分果瓣背面具3条纵棱
      10. 分果瓣背面纵棱着生斜向上内弯曲的钩状皮刺 ………………………………………………………………… 破子草[*Torilis japonica*(Houtt.)DC.]
      10. 分果瓣背面纵棱平滑无皮刺 …………………… 鸭儿芹(*Cryptotaenia japonica* Hassk.)
    9. 分果瓣背面具4条~7条纵棱
      11. 分果瓣纵棱具刺
        12. 分果瓣背面纵棱7条,棱之间无小棱 …………… 宽叶高加利(*Caucalis latifolia* L.)
        12. 分果瓣背面纵棱4条,棱之间具小棱
          13. 小棱具刺 ……………………………………………… 胡萝卜(*Daucus carota* L.)
          13. 小棱无刺 ……………………………………… 窃衣[*Torilis scabra*(Thunb.)DC.]
      11. 分果瓣纵棱无刺
        14. 分果瓣背面具4条纵棱,长约8.5 mm ……………………………………………………………………… 硬毛细叶芹(*Chaerophyllum hispidum* L.)
        14. 分果瓣背面具5条~7条纵棱
          15. 分果瓣较大,长4.2 mm~5.0 mm ………… 茴香(*Foeniculum vulgare* Mill.)
          15. 分果瓣较小,长在3.0 mm以下
            16. 分果瓣横切面面包形,周缘波浪状 ………………………………………………… 皱叶欧芹[*Petroselinum crispum*(Mill.)Mansfeld.]
            16. 分果瓣横切面五角形

17. 分果瓣长 2.2 mm～3.0 mm，宽 0.8 mm～1.0 mm，心皮柄 2 裂达基部
…………………………………………… 大阿米芹（*Ammi majus* L.）

17. 分果瓣长 1.8 mm～2.0 mm，宽 0.8 mm～1.0 mm，心皮柄不裂
………………………………………… 阿米芹［*Ammi visnaga*（L.）Lam.］

附 录 B
（资料性附录）
大阿米芹及阿米芹植株形态特征图

大阿米芹及阿米芹植株形态特征见图 B.1～图 B.3。

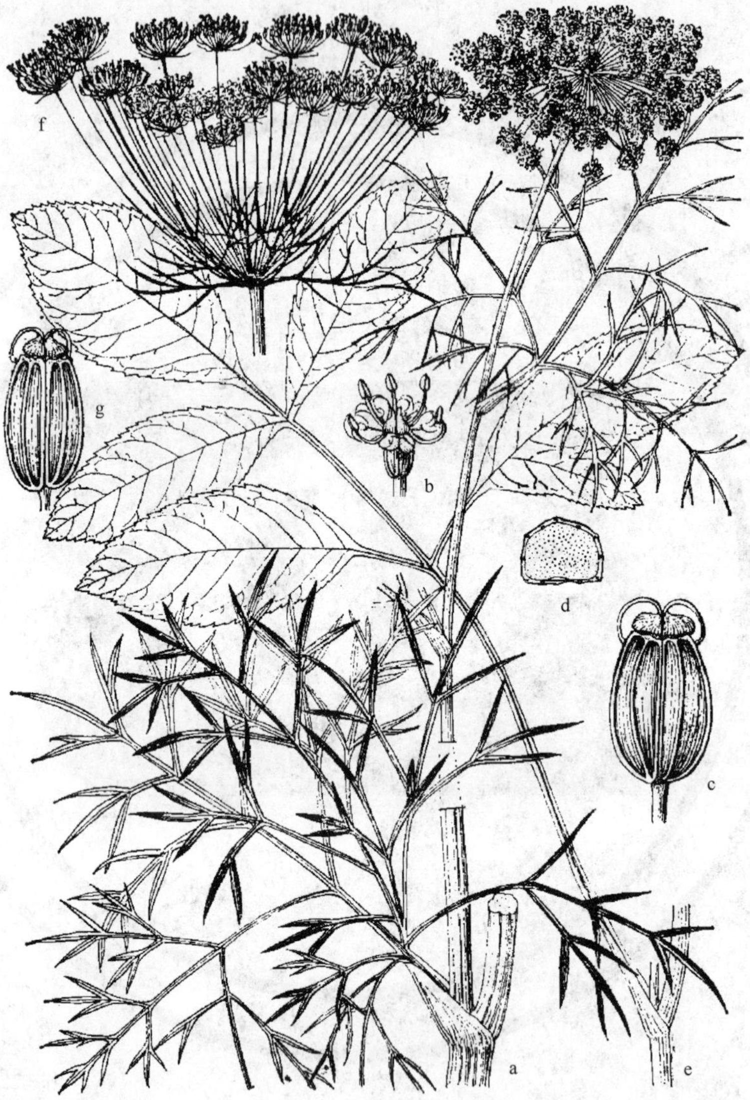

说明：
a——阿米芹叶；
b——阿米芹花；
c——阿米芹双悬果；
d——阿米芹分果瓣横切面；
e——大阿米芹叶；
f——大阿米芹花；
g——大阿米芹双悬果。

注：引自《中国植物志》。

图 B.1 阿米芹及大阿米芹植株形态特征比较图

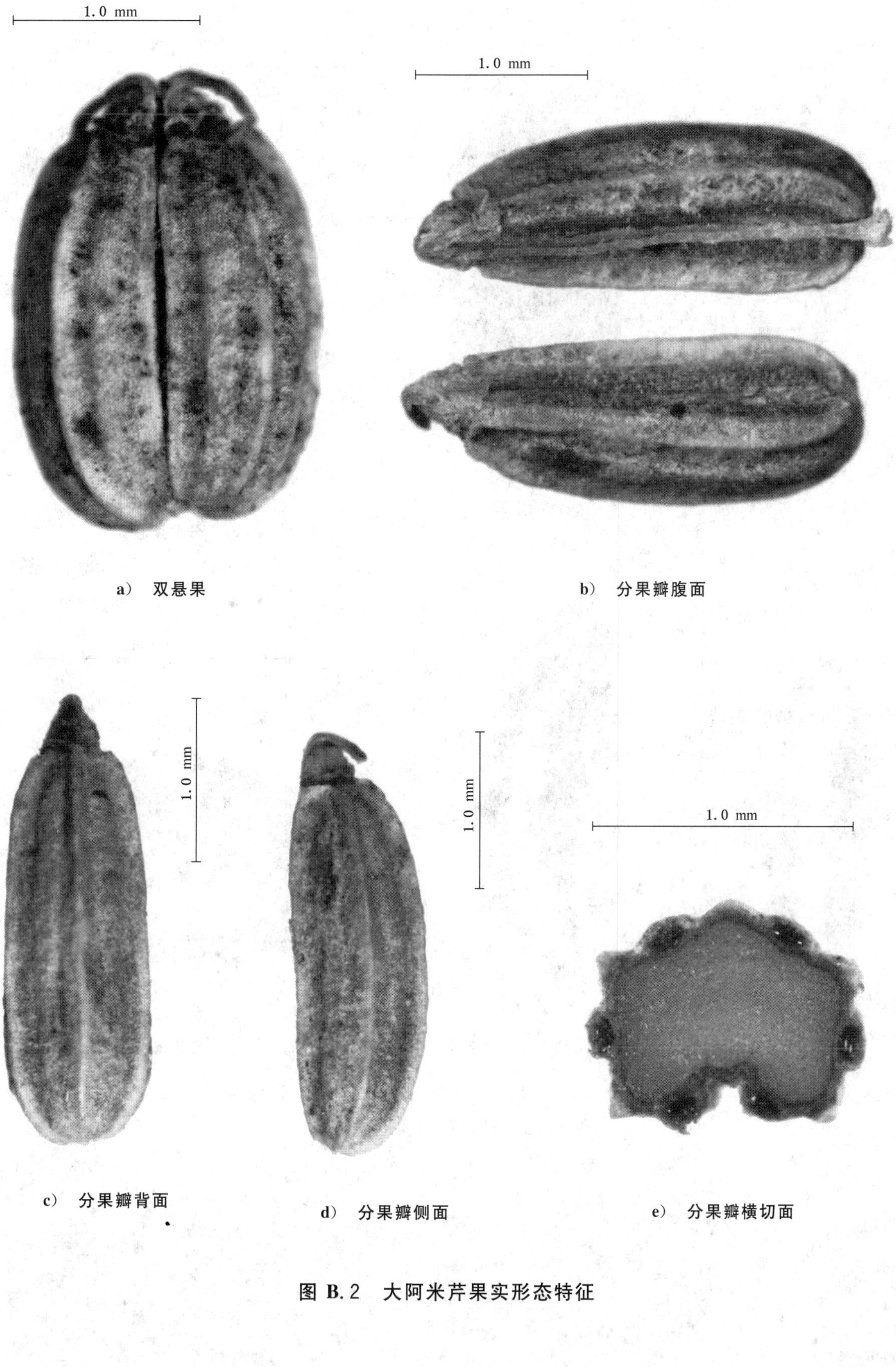

图 B.2 大阿米芹果实形态特征

a） 双悬果

b） 分果瓣腹面

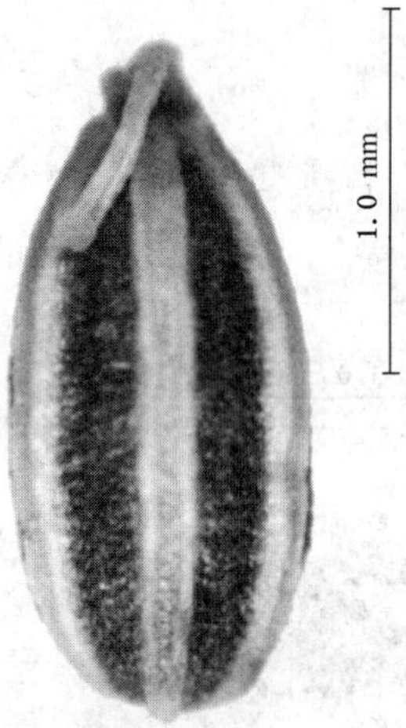

c） 分果瓣背面

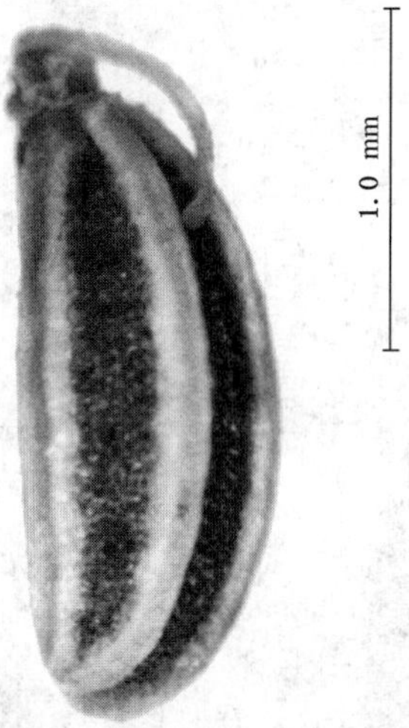

d） 分果瓣侧面

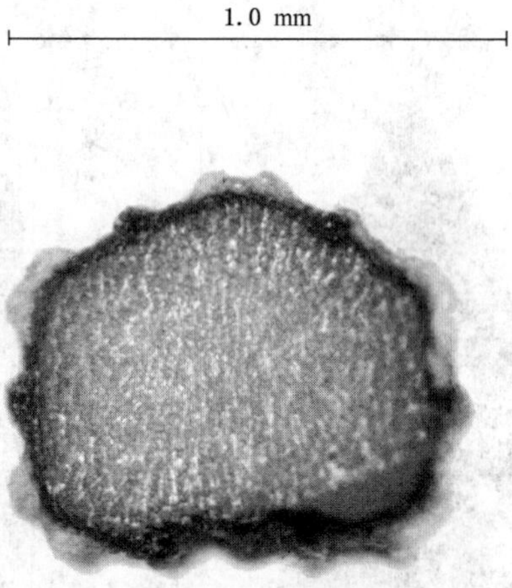

e） 分果瓣横切面

图 B.3 阿米芹果实形态特征

附 录 C
（资料性附录）
阿米芹植株形态特征

两年生草木。

茎：茎直立，圆形，具条纹和分枝，可高达 1.0 m。

叶：基生叶羽状分裂，茎上部叶 2～3 回羽状分裂，末回裂片纤细，线形，全缘，叉开，顶端呈刚毛状，长 2.0 cm～3.0 cm，宽 0.5 mm～1.0 mm；叶柄长 10.0 cm。

花：伞形花序具长梗，直径 6.0 cm～10.0 cm；总苞片多数，1～2 回羽状分裂，与伞辐等长或较长；伞辐多数，60～150 条，纤细，不等长，长 2 cm～5 cm，开花期开展，结实期粗硬，紧缩，着生于盘状花托上；小总苞片多数，钻形，尖锐，不裂，与小伞形花序等长，小伞形花序有花多数；花柄与花、果等长或稍长；花瓣白色，长 1.0 mm～1.5 mm；萼片细小，明显。

果：果实光滑，分果瓣卵形或长卵圆形，长 2.0 mm～2.5 mm，宽 1.5 mm；心皮柄不裂。

ICS 65.020.01
B 16

中华人民共和国国家标准

GB/T 29575—2013

法国野燕麦检疫鉴定方法

Detection and identification of *Avena ludoviciana* Durieu

2013-07-19 发布　　　　2013-12-06 实施

中华人民共和国国家质量监督检验检疫总局
中国国家标准化管理委员会　发布

前言

本标准按照 GB/T 1.1—2009 给出的规则起草。

本标准由全国植物检疫标准化技术委员会(SAC/TC 271)提出并归口。

本标准起草单位:中华人民共和国江苏出入境检验检疫局、中华人民共和国北京出入境检验检疫局、中华人民共和国深圳出入境检验检疫局。

本标准主要起草人:张强、孙旻旻、杜国兴、伏建国、康林、吕玉峰、陈正桥、吴立平、周培。

法国野燕麦检疫鉴定方法

1 范围

本标准规定了法国野燕麦 *Avena ludoviciana* Durieu 的实验室检测与其形态特征鉴定方法。

本标准适用于法国野燕麦的检疫鉴定。

2 术语和定义

下列术语和定义适用于本文件。

2.1

小穗 spikelet

为禾本科花序的构成单位,每个小穗由一至多朵小花,并连同基端由内、外颖片所组成。

2.2

小花(带稃颖果) floret

禾本科的花(籽实)连同包被其外的内、外稃。

2.3

颖 glume

禾本科小穗基部的苞片。共两枚,下面一枚为第一颖(外颖),上面一枚为第二颖(内颖)。

2.4

稃 millet

禾本科小穗上花的苞片。共两枚,下面一枚为外稃,上面一枚为内稃。

2.5

颖果 caryopsis

禾本科的果实,除少数例外,均同子房壁(果皮)结合在一起,通常也叫谷粒。

3 法国野燕麦基本信息

中文名:法国野燕麦。

中文别名:长颖燕麦;冬性野燕麦。

学名:*Avena ludoviciana* Durieu.1855。

英文名:Winter Wild Oat。

属单子叶植物纲 Liliopsida,禾本目 Poales,禾本科 Poaceae,燕麦族 Aveneae,燕麦属 *Avena* L.。

多以小穗、小花(带稃颖果)的形式混杂于进出口原粮、植物种子及其他产品中并随之调运而传播。

法国野燕麦的其他信息参见附录 A。

4 方法原理

将现场和实验室检测中发现的疑似法国野燕麦的植株、果实或种子通过肉眼、放大镜与体视显微镜观察,根据形态特征与基本生物学信息(参见附录 A~附录 C),按系统分类学方法,鉴定其生物学种类。

5 仪器和用具

5.1 仪器设备

体视显微镜(目镜测微尺或镜台测微尺)、电子天平(感量 0.001 kg,0.001 g)、电动筛或套筛。

5.2 试验用具

扩大镜、解剖刀、解剖针、镊子、指形管、培养皿、白瓷盘、标签、标本瓶等。

6 实验室检测鉴定

6.1 植物样品的检测

观察植物样品,检查其根、茎、叶、花、果实的形态特征进行鉴定。

6.2 原粮和种子的检测

6.2.1 样品制备

将现场检疫抽取的送检样品充分混匀,制成平均样品。采用四分法,视样品多少取平均样品的二分之一至四分之三(较少样品量时)作为试验样品,称取质量并记录,每份试验样品不少于 1.0 kg,剩余的平均样品加贴标签作为保留样品保存。送检样品不足 1.0 kg 的全部检验。

6.2.2 过筛检测

根据样品种子的大小确定不同规格套筛,根据孔筛的孔径从大到小依次套上规格筛和底筛,将适量检验样品倒入规格筛的上层内,盖上筛盖,用回旋法过筛,每筛旋转 15 次～20 次,或用电动振筛机(旋转速率 100 r/mim～150 r/min),把过筛的筛上物和筛下物分别倒入白瓷盘内,用镊子挑捡杂草籽,并放置于培养皿内,以备镜检鉴定。混杂于植物原粮和植物种子中的法国野燕麦小花的籽实,一般在孔筛直径为 2.5 mm 以上的筛上物中获得。当样品量少时,也可将全部样品放入白瓷盘中进行人工挑检。

6.3 鉴定方法

6.3.1 目测鉴定

用肉眼或借助放大镜将挑捡的杂草籽实进行分类,挑取燕麦属杂草籽实。

6.3.2 镜检鉴定

将疑似杂草籽置于体视显微镜下,观察小穗、小穗轴、小花的内、外稃和外稃上的芒等形态特征,并依据法国野燕麦小花的外表形态特征进行鉴定。

6.3.3 解剖观察

当小花的内、外稃等外部主要特征不明显或已被磨损,从外观上难于鉴别时,可采用解剖法从其内部形态和结构来区别鉴定。方法是:将小花放在体视显微镜的镜台上,垫上已备好的棉花,用解剖刀和解剖针,对其籽实进行解剖和镜检,观察稃片内颖果、胚及籽实横切面等的形态特征。

7 鉴定特征

7.1 燕麦属的形态特征

小穗含两至数朵小花，结成疏散的圆锥花序；颖大而膜质，近相等，多脉；外稃硬，顶部二齿裂，背部常有膝曲扭转的长芒(有时缺)；果实与内外稃分离或为其所包裹。

7.2 法国野燕麦的形态特征

7.2.1 基本生物学特性

一年生草本。

7.2.2 植株

7.2.2.1 茎

直立，光滑无毛，高 50 cm～100 cm，直径 3.0 mm～5.0 mm。

7.2.2.2 叶

叶鞘松弛，光滑无毛或下部被柔毛，常长于节间；叶舌膜质，钝圆，顶端齿裂，长 3.0 mm～5.0 mm；叶片扁平，长 20 cm～30 cm，宽达 15.0 mm，下面光滑或粗糙，上面疏被柔毛。

7.2.2.3 花序

圆锥花序大，展开，长 30 cm～50 cm，具多数小穗，分枝纤细，具棱角，粗糙，下垂。

7.2.2.4 小穗

具两颖；颖片卵状披针形，质地较薄，长于小穗，具 11 条脉。小穗成熟时整个小穗自颖苞之上脱落，内含 2 朵～5 朵小花。小穗特征参见附录 B 中的图 B.1、图 B.2。

7.2.2.5 小花

外稃窄卵状披针形，具 7 脉，顶端二齿裂，背面被白色或浅褐色硬毛，近基部毛密较长；芒自外稃背面中部以下伸出，芒长可达 45.0 mm，膝曲扭曲。外稃大部分内卷紧包着内稃；内稃具 2 脊，其背后有一段小穗轴。基盘密生褐色长髭毛。小花特征参见附录 B 中的图 B.3。

7.2.2.6 颖果

长椭圆形，长 5.0 mm～9.0 mm，宽 1.6 mm～2.5 mm。顶端钝圆，具白色茸毛，背面拱圆，腹面扁平，中间有条细纵沟，果皮呈浅黄色或淡褐色，表面被柔毛；胚椭圆形，约占果体的三分之一。颖果特征参见附录 B 中的图 B.4。

7.3 法国野燕麦与不实野燕麦、野燕麦的区别

法国野燕麦与不实野燕麦 *Avena sterilis* L.、野燕麦 *Avena fatua* L.的主要形态特征比较参见附录 C 中的表 C.1。

8 结果评定

以植株和种子的形态特征为鉴定依据，符合7.2描述的形态特征，鉴定为法国野燕麦 *Avena ludoviciana* Durieu。

9 标本和样品的保存与处理

9.1 标本保存

将鉴定为法国野燕麦的植株压制成标本；鉴定为法国野燕麦的种子装入标本瓶，并加以标识，注明编号、中文名称、学名、科别、产地、货物名称、进出境日期，经手人签字后妥善保存。

9.2 样品保存与处理

含有法国野燕麦的样品，妥善保存至少6个月，保存期满后，样品应作灭活处理。

附 录 A
（资料性附录）
法国野燕麦其他信息

A.1 异名

根据相关文献及《中国植物志》的记载，法国野燕麦最早由 Durieu 于 1855 年定名后，其名称和分类地位多次变更，具体如下：

a) *Arena ludoviciana* Durieu，Acta Soc.Linn.Bordeaux 20：41.1855；

b) *Avena sterilis* subsp.*ludoviciana*（Durieu）Nyman，Conspectus florae europaeae：seu Enumeratio methodica plantarum phanerogamarum Europae indigenarum，indicatio distributionis geographicae singularum etc.810.1882；

c) *Avena sterilis* subsp.*ludoviciana*（Durieu）Gillet & Magne Gillet，Nouv.Fl.Franc.3：532.1875；

d) *Avena fatua* var.*ludoviciana*（Durieu）Fiori，Flora Analitica d'Italia 1：72.1908；

e) *Avena sativa* var.*ludoviciana*（Durieu）Fiori，Nuova Flora Analitica d'Italia 1：109.1923.

尽管其分类地位和学名多次变更，但目前《中国植物志》及很多发表的文章仍将其学名定为：*Avena ludoviciana* Durieu，《中华人民共和国进境植物检疫性有害生物名录》也采用了该学名。

A.2 分布

法国野燕麦原产地中海地区。现分布于日本、缅甸、印度、巴基斯坦、斯里兰卡、阿富汗、阿拉伯半岛、以色列、黎巴嫩、俄罗斯、肯尼亚、马耳他、摩洛哥、南非、埃及、埃塞俄比亚、突尼斯、俄罗斯高加索地区、土耳其、法国、希腊、意大利、葡萄牙、英格兰、阿尔及利亚、西班牙、阿根廷、秘鲁、乌拉圭、厄瓜多尔、哥斯达黎加、美国、墨西哥、巴西、澳大利亚、新西兰等 30 多个国家和地区。

A.3 危害

法国野燕麦为一年生草本，是农田和牧场恶性杂草。

附　录　B
（资料性附录）
法国野燕麦形态特征图

法国野燕麦形态特征见图 B.1～图 B.4。

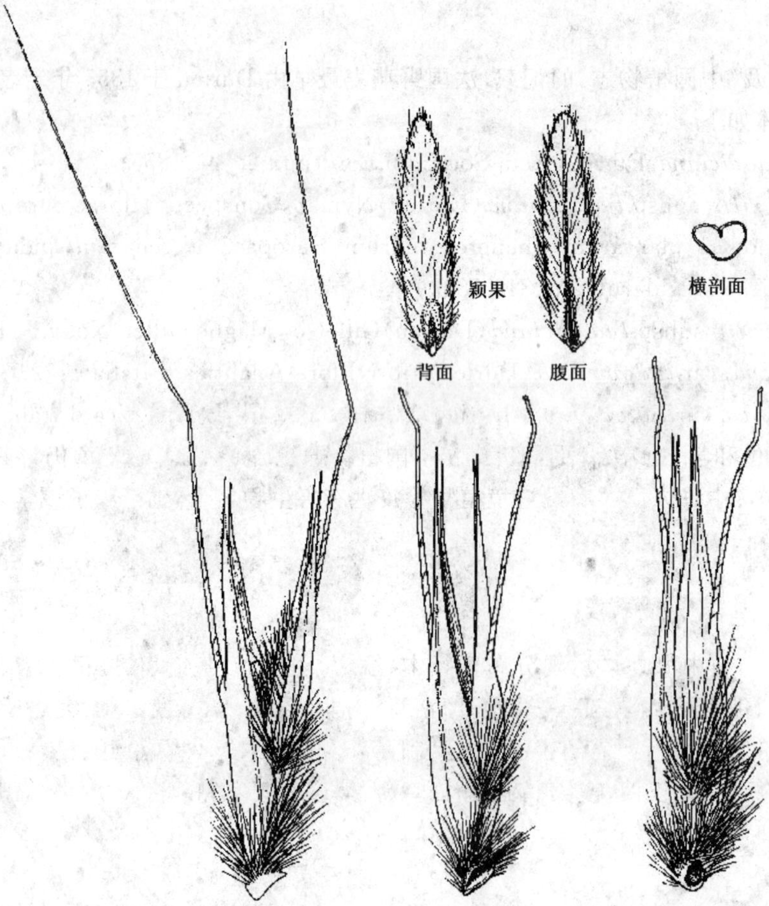

注：引自于张则恭、郭琼霞编著的《杂草种子鉴定图说》。

图 B.1　形态特征图(3×)

说明：

a ——小穗；

b,c——颖果。

注：引自于郭琼霞编著的《杂草种子彩色鉴定图鉴》。

图 B.2 小穗及颖果形态特征图

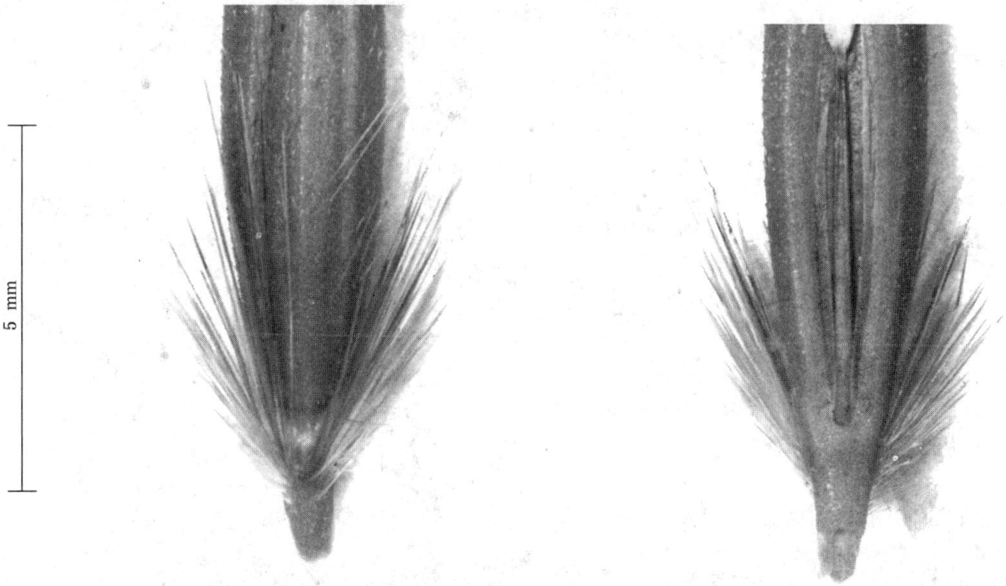

a） 小花背面观　　**b） 小花腹面观**

图 B.3 小花基部形态特征图

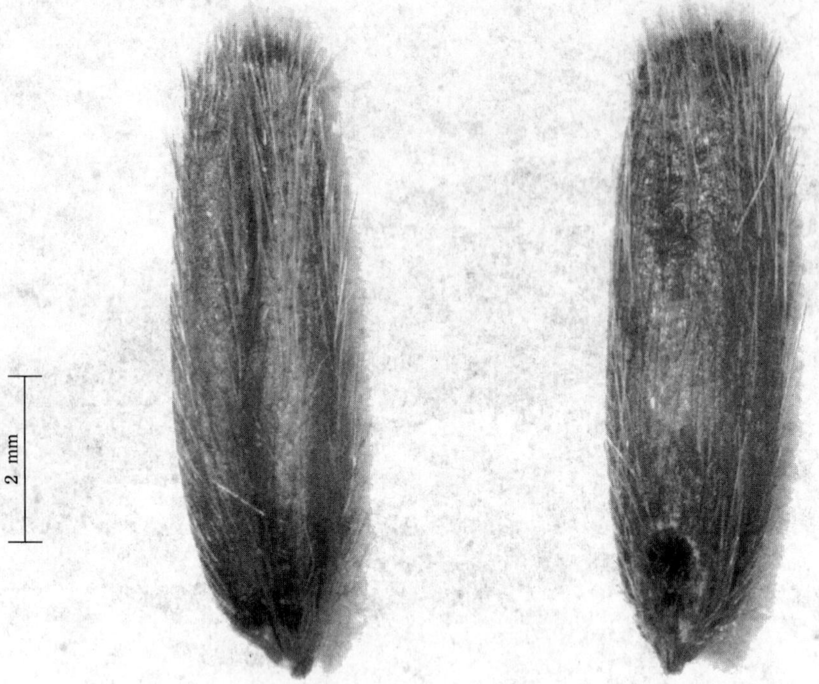

a） 颖果背面观　　　　b） 颖果腹面观

图 B.4　颖果形态特征图

附 录 C
(资料性附录)
法国野燕麦与不实野燕麦、野燕麦的主要形态特征比较

法国野燕麦与不实野燕麦、野燕麦的主要形态特征比较见表 C.1。

表 C.1 法国野燕麦与不实野燕麦、野燕麦的主要形态特征比较

形态性状	法国野燕麦 *Avena ludoviciana* Dur.	不实野燕麦 *Avena sterilis* L.	野燕麦 *Avena fatra* L.
小穗脱落方式	颖苞之上,仅基部小花之下;整个小穗一同脱落	颖苞之上,仅基部小花之下;整个小穗一同脱落	颖苞之上和小花之间;小花经常单个脱落
每小穗含有的小花数	2~3	3~5	2~3
小穗长	25.0 mm~30.0 mm	30.0 mm~50.0 mm	18.0 mm~25.0 mm
颖片长	25.0 mm~30.0 mm	30.0 mm~50.0 mm	25.0 mm 以下
颖片脉数	7~9	9~11	7~9
外稃长	18.0 mm~25.0 mm	25.0 mm~33.0 mm	20.0 mm 以下
芒长	30.0 mm~60.0 mm	60.0 mm~90.0 mm	25.0 mm~40.0 mm
芒着生部位	外稃背面中部以上	外稃中下部伸出	外稃背面中部稍下方
小花长度	通常比野燕麦长,15.0 mm~40.0 mm(一般 20.0 mm~25.0 mm)	25.0 mm~30.0 mm	通常比法国野燕麦短,14.0 mm~20.0 mm
小花基部髯毛	密生褐色长髯毛长达 7.5 mm	密生黄色或棕黄色的髯毛,斜截	密生淡棕色或白色的髯毛,凹陷、斜截长达 5.5 mm
颖果形状	长椭圆形	椭圆形	狭长椭圆形
胚	椭圆形	近三角状卵形	长棱状椭圆形

ICS 65.020.01
B 16

中华人民共和国国家标准

GB/T 29576—2013

非洲大蜗牛检疫鉴定方法

Detection and identification of *Achatina fulica* Bowdich

2013-07-19 发布　　2013-12-06 实施

中华人民共和国国家质量监督检验检疫总局
中国国家标准化管理委员会　发布

前　言

本标准按照 GB/T 1.1—2009 给出的规则起草。

本标准由全国植物检疫标准化委员会(SAC/TC 271)提出并归口。

本标准起草单位:中华人民共和国福建出入境检验检疫局、中华人民共和国海南出入境检验检疫局、中华人民共和国深圳出入境检验检疫局。

本标准主要起草人:周卫川、李伟东、郑腾、张伯强、肖琼、王武军、陈枝楠。

非洲大蜗牛检疫鉴定方法

1 范围

本标准规定了非洲大蜗牛 *Achatina fulica* Bowdich 的检疫鉴定方法。

本标准适用于非洲大蜗牛的检疫鉴定。

2 术语和定义

下列术语和定义适用于本文件。

2.1

贝壳 shell

蜗牛的保护器官，为一螺旋形结构。贝壳可分为螺旋部和体螺层：螺旋部为内脏器官盘存之处，通常可分为几个螺层；体螺层为贝壳的最后一个螺层，一般较大，容纳头部和足部。贝壳的形状和结构变化极其复杂，是分类的基本依据。

2.2

膜厣 epiphragm

蜗牛分泌的一种与壳口同样大小和形状的乳白色不透明粘液膜，用以封闭壳口。

2.3

腹足 ventral muscular foot

蜗牛的爬行器官，足腺位于其上，分泌无色粘液。腹足的形态常因种类和生活环境不同而异。

2.4

齿舌 radular teeth

软体动物特有的摄食器官，位于口腔底部，由横列的角质齿组成，似锉刀状。齿舌上小齿的形状和数目，在不同种类间各异，为鉴定种类的重要特征之一。小齿组成横排，许多排小齿构成齿舌。每一横排有中央齿一个，左右侧齿一对或数对，边缘有缘齿一对或多对。

2.5

颚片 jaw

由外皮厚化而成，坚固，位于口腔前部。因种类不同，颚片的形状、构造和大小均不同，故也是分类上的重要依据之一。

3 非洲大蜗牛基本信息

中文别名：褐云玛瑙螺。

学名：*A. fulica* Bowdich。

属于软体动物门 Mollusca，腹足纲 Gastropoda，柄眼目 Stylommatophora，玛瑙螺科 Achatinidae，玛瑙螺属 *Achatina*。

非洲大蜗牛昼伏夜出，常隐藏在人们难以发现的地方，易于传播。其传播特点是不需要特定的寄主，凡接触的物品均可传播。

非洲大蜗牛的其他信息参见附录 A。

4 方法原理

根据非洲大蜗牛的形态特征和危害状，在检疫现场肉眼观察，取得样本，室内测量与观察，根据形态特征对种类进行判定。

5 用具和药品

5.1 用具

体视显微镜、放大镜、手电筒、塑料自封袋、广口标本瓶、4 mm孔径筛、小铁铲、游标卡尺、搪瓷盘、培养皿、镊子、剪刀、解剖刀、标签。

5.2 药品

75%乙醇、5%甲醛、硫酸镁。

6 现场检测

对来自疫区的运输工具和货物实施重点查验。仔细检查运输工具、木质包装物、未经加工的植物性材料等是否有蜗牛附着其上，非洲大蜗牛昼伏夜出，尤其要注意阴暗蔽光处的检查，用手电筒仔细寻找蜗牛的行迹。非洲大蜗牛爬行过后，会留下银灰色的丝带状粘液痕迹，这是判定是否有蜗牛污染的重要依据。发现蜗牛标本，随时装入塑料自封袋或标本瓶带回实验室做进一步的检验鉴定。发现盆景等携带土壤或其他细碎衬垫材料时，需过筛检查是否有卵或幼螺。

7 实验室鉴定

7.1 测量观察

用游标卡尺测量蜗牛贝壳的壳高和壳宽、卵粒长和宽。用肉眼或放大镜或体视显微镜仔细观察卵和螺的形态特征。

7.2 玛瑙螺属 *Achatina* 鉴定特征

贝壳呈长卵圆形，具有圆锥形的螺旋部，胚螺层2～3个，圆锥形，光滑；壳口呈卵圆形。壳轴下面呈截断状。肺相当粗壮，肺脉管无大的分枝，但具有稠密的侧枝；颚片具有稠密的螺纹；齿舌中板窄，侧板具有大的尖角，并有一外齿尖。在缘齿上无特殊的内齿尖。阴茎无独特的鞘。牵引肌是一条右触角肌。卵小且多。

7.3 非洲大蜗牛 *A. fulica* 鉴定特征

7.3.1 卵

卵粒(参见附录B中图B.1)圆形或椭圆形，有石灰质的外壳，色泽乳白色或淡黄色，卵粒长4.5 mm～6.5 mm，宽4.0 mm～5.0 mm。

7.3.2 贝壳

7.3.2.1 成螺

成螺(参见附录B中图B.2)贝壳大型，壳质稍厚，有光泽，呈长卵圆形。壳高130 mm，壳宽54 mm。

有6.5～8个螺层，各螺层增长缓慢，螺旋部呈圆锥形，体螺层膨大，其高度约为壳高的四分之三。壳顶尖，缝合线深，壳面为黄或深黄底色，带焦褐色雾状花纹，胚壳一般呈玉白色，其他各螺层有断续的棕色条纹，生长线粗而明显。壳内为淡紫色或蓝白色。体螺层上的螺纹不明显，各螺层的螺纹与生长线交错。壳口呈卵圆形，口缘简单、完整，外唇薄而锋利，易碎，内唇贴覆于体螺层上，形成“S”形的蓝白色胼胝部。轴缘外折，无脐孔。

7.3.2.2 幼螺

幼螺(参见附录B中图B.1)贝壳个体较小，壳质薄，易碎，形态特征与成螺贝壳基本一致。

7.3.3 螺体

螺体(参见附录B中图B.3)足部肌肉发达，背面呈暗棕黑色，蹠面呈灰黄色，粘液无色。螺体色泽变化很大，一般为黑褐色，但也有白色且能稳定遗传的变异品种，螺体色泽不能作为鉴定的依据。其齿舌结构为：中央齿1枚，侧齿27枚，缘齿35枚，侧齿有3个齿尖。幼螺螺体在外部形态上与成螺无多大差异。

7.3.4 膜厣

幼螺和成螺均无厣，将该螺置于无食物和水分的环境中，则会进入休眠形成膜厣。膜厣的内缘成“＜”形，外缘成弓形，轮廓与外套领的形状相吻合。

8 结果评定

以贝壳形态为基本鉴定依据，螺体和膜厣形态为辅助鉴定特征，并注意与近似种鉴别(参见附录C)，符合7.3.2或同时符合7.3.2、7.3.3、7.3.4形态特征的蜗牛鉴定为非洲大蜗牛*A. fulica* Bowdich。单独查获的卵粒符合7.3.1形态特征，需通过孵化和饲养试验，做进一步的鉴定。

9 标本处理和保存

9.1 标本处理

将蜗牛置于盛满水的瓶中，盖上瓶盖，进行闷杀，蜗牛在慢慢窒息的死亡过程中，逐渐伸展身体；或逐渐加入少量硫酸镁，进行麻醉闷杀。

将闷杀后伸展的蜗牛标本置于5%的甲醛溶液中浸泡1 d～2 d，然后在75%的乙醇溶液中固定，每隔1 d～2 d换1次乙醇溶液，共换3～4次，便可长期保存于75%的乙醇溶液中。

9.2 保存时间

经处理后的标本，至少妥善保存6个月。

附　录　A
（资料性附录）
非洲大蜗牛境外分布区

非洲大蜗牛在境外分布于以下地区：

a）太平洋地区：萨摩亚群岛、圣诞岛、马里亚纳群岛、波尼西亚群岛、关岛、新西兰、巴布亚新几内亚、努瓦阿图、新喀里多尼亚、玛丽安娜岛北部、社会群岛、小笠原群岛、新赫布里群岛、沙捞越、帝文岛、爪哇、加里曼丹、图瓦卢、马绍尔群岛；

b）亚洲：印度、安达曼群岛、尼科巴群岛、西孟加拉湾、菲律宾、印度尼西亚、马来西亚、马尔代夫、新加坡、斯里兰卡、缅甸、越南、泰国、柬埔塞、老挝、土耳其；

c）北美洲：美国（夏威夷、佛罗利达、加利福尼亚，但已有报导称佛罗利达和加利福尼亚已铲除了该螺）；

d）中美洲：危地马拉、马提尼克岛；

e）南美洲：巴西；

f）非洲：科特迪瓦、摩洛哥、马达加斯加、毛里求斯、留尼汪、塞舌尔、坦桑尼亚、科摩罗群岛、奔巴岛加纳。

附 录 B
（资料性附录）
非洲大蜗牛形态特征

非洲大蜗牛形态特征见图 B.1～图 B.3。

图 B.1 非洲大蜗牛生活史(卵和各龄期的贝壳形态)

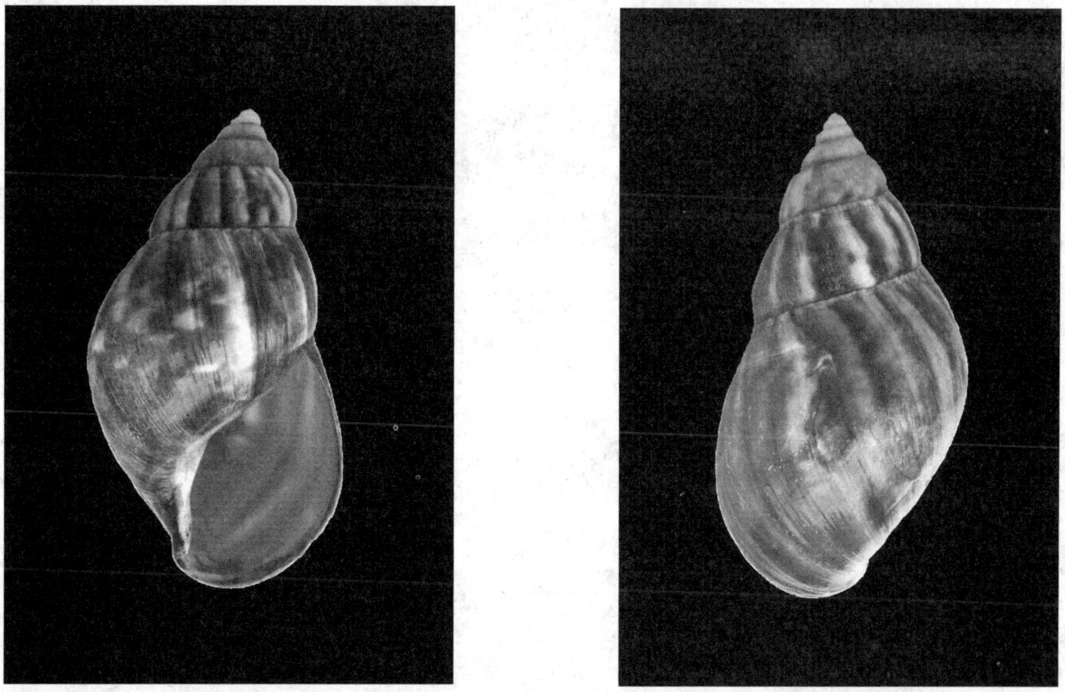

a) 贝壳正侧面观　　　　b) 贝壳背侧面观

图 B.2 非洲大蜗牛成螺贝壳形态

图 B.3　非洲大蜗牛成螺形态

附　录　C
（资料性附录）
非洲大蜗牛与近似种的鉴别

非洲大蜗牛与近似种鉴别特征比较见表 C.1。

表 C.1　非洲大蜗牛与近似种鉴别特征比较

特征	虎斑玛瑙螺 *A. achatina*	非洲大蜗牛 *A. fulica*	边缘玛瑙螺 *A. marginata*
螺层数	7～8.5	6.5～8	7
壳面斑纹	壳面具有 Z 字形火红色斑纹，轴缘玖瑰红色	壳面具有褐色及白色斑纹，轴缘灰褐色	壳面具有黑色斑纹，轴缘白色
壳顶螺旋部	壳顶螺旋部淡褐色	壳顶螺旋部淡白色	壳顶螺旋部粉红色
壳高×壳宽	170 mm×95 mm	130 mm×54 mm	150 mm×75 mm

ICS 65.020.01
B 16

中华人民共和国国家标准

GB/T 29577—2013

腐烂茎线虫检疫鉴定方法

Detection and identification of *Ditylenchus destructor* Thorne

2013-07-19 发布 2013-12-06 实施

中华人民共和国国家质量监督检验检疫总局
中国国家标准化管理委员会 发布

前言

本标准按照 GB/T 1.1—2009 给出的规则起草。

本标准由全国植物检疫标准化技术委员会(SAC/TC 271)提出并归口。

本标准起草单位:中华人民共和国北京出入境检验检疫局、中华人民共和国深圳出入境检验检疫局。

本标准主要起草人:江丽辉、李一农、汪万春、李芳荣、赵汗青、吕玉峰、韩晶、龙海、高文娜、边勇。

腐烂茎线虫检疫鉴定方法

1 范围

本标准规定了腐烂茎线虫(*Ditylenchus destructor* Thorne)的检疫鉴定方法。

本标准适用于蔬菜和花卉的块茎、鳞茎、球茎等根茎部分,其他寄主植物种子、茎、叶及栽培介质中腐烂茎线虫的检疫和鉴定。

2 规范性引用文件

下列文件对于本文件的应用是必不可少的。凡是注日期的引用文件,仅注日期的版本适用于本文件。凡是不注日期的引用文件,其最新版本(包括所有的修改单)适用于本文件。

SN/T 1141—2002 鳞球茎茎线虫检疫鉴定方法

SN/T 1157 进出境植物苗木检疫规程

SN/T 1158 进出境植物盆景检疫规程

SN/T 2122 进出境植物及植物产品检疫抽样

3 腐烂茎线虫基本信息

中文名:腐烂茎线虫;马铃薯腐烂茎线虫。

英文名:potato rot nematode;tuber rot nematode。

学　名:*Ditylenchus destructor* Thorne,1945。

腐烂茎线虫隶属于线虫门 Nematoda (Rudolphi,1808) Lankester,1877,侧尾腺纲 Secernentea von Linstow,1905、垫刃目 Tylenchida Thorne,1949、粒线虫科 Anguinidae Nicoll,1935(1926),茎线虫属 *Ditylenchus* Filipjev,1936。

腐烂茎线虫主要通过寄主植物的块芭、鳞茎、球茎及栽培介质进行远距离传播。

腐烂茎线虫的其他信息参见附录 A。

4 方法原理

采集疑似寄主植物材料进行线虫分离,用显微镜观察分离到的线虫,依据腐烂茎线虫的雌虫和雄虫的形态学特征进行形态学鉴定,双重 PCR 分子生物学检测方法是腐烂茎线虫的重要辅助鉴定手段。

5 仪器用具

5.1 仪器

生物显微镜(100×～1 000×)、体视显微镜(10×～80×,具透射光源)、冰箱、电热恒温箱、PCR 仪、电泳仪、凝胶成像系统、低速离心机(1 000 r/min～5 000 r/min)、纯水仪。

5.2 用具

改进型漏斗分离器、移液器(10 μL、25 μL、100 μL、1 000 μL);其他用具参见 SN/T 1141—2002 中

的第3章所列的用具。

6 试剂

6.1 形态学鉴定用试剂

参见SN/T 1141—2002中的第4章所列试剂。

6.2 分子检测试剂

WLB(500 mmol/L 氯化钾、10 mmol/L Tris-盐酸、pH8.0、15 mmol/L 氯化镁、1.0 mmol/L DTT、4.5% 吐温20)、蛋白酶K(600 mg/mL)、10×PCR缓冲液(−20 ℃保存)、25 mmol/L 氯化钙溶液(−20 ℃保存)、dNTP(10 mmol/L)、*Taq* 酶(5U/μL,−20 ℃保存)、6×载样缓冲液、TAE或TBE电泳缓冲液、琼脂糖、溴酚蓝载样缓冲液(6×TAE缓冲液,60%甘油,0.3%溴酚蓝;4 ℃保存)、溴化乙锭(EB,避光保存)、DNA ladder marker(−20 ℃保存)、DNA凝胶回收试剂盒(室温保存)、EcoR Ⅰ酶(−20 ℃保存)、大肠杆菌DH5α感受态细胞(−70 ℃保存)、质粒提取试剂盒(室温保存)。

7 现场检测

7.1 检查

对植物进行检查,注意植物地上部分是否有生长不良,叶色失绿、黄化,植株矮化等症状;块茎、鳞茎、球根等是否有干腐、变黑等症状。收集上述有为害症状的可疑植物材料及其夹带的介质或土壤,做好记录,写上标签,带回实验室检验。

7.2 抽样

应有针对性地抽取具有可疑症状的样品,分别用塑料袋装好,加贴标识;带回实验室后,打开袋口透气,适当保温,放在20 ℃～25 ℃室内待检。

对于无可疑症状的样品则按要求随机抽样,具体抽样比例按照SN/T 1157、SN/T 1158和SN/T 2122中的规定进行抽样。

8 实验室检验

8.1 线虫分离

采用两种方法进行分离:浅盘分离法按照SN/T 1141—2002中B.2中对对线虫分离的要求进行,改进型漏斗法参见附录B。

8.2 标本制作

见SN/T 1141—2002中的附录C。

8.3 显微观察、描述和测计

在显微镜下,对线虫进行形态观察、描述和测计。

8.4 分子生物学检测

对形态特征观察可疑的线虫进行双重PCR分子生物学检测(见附录C)。

9 形态学鉴定

9.1 茎线虫属形态鉴定特征

9.1.1 总则

茎线虫属的雌虫和雄虫,其尾形非常相似,呈长圆锥形到近柱形,偶尔丝状,多数 c'(尾长÷肛门或泄殖腔处体宽)为 4～7,寄主不形成虫瘿。

9.1.2 雌虫

9.1.2.1 体表特征

虫体一般较纤细,略弯曲,长 0.6 mm～1.5 mm,表皮有很细的环纹,侧区有 4～6 条侧线。

9.1.2.2 内部特征

口针细小,多数长度为 7 μm～11 μm;中食道球有或无瓣,偶尔无明显的中食道球,峡部与后食道腺之间无缢缩,后食道腺短或长,不覆盖、短覆盖或长覆盖肠。

9.1.2.3 生殖系统特征

雌虫单生殖腺、前伸,卵巢短或长,有时伸达食道区或转折,卵母细胞一行至两行排列,子宫柱状部有四排细胞(每排四个细胞)。有后阴子宫囊,且与虫体中线垂直。

9.1.3 雄虫

雄虫体表特征和消化系统特征与雌虫相似。雄虫精巢不转折,精细胞大(通常直径 3 μm～5 μm),交合伞延伸至尾长的 1/4～3/4 处,从不伸达尾顶端。交合刺窄细,基部宽大,其上具特殊的突起。

9.2 腐烂茎线虫形态鉴定特征

9.2.1 雌虫

9.2.1.1 体表特征

温热杀死固定后的虫体略呈弓形向腹弯曲,有细微的环纹,体宽约 1 μm,侧线六条,在虫体两端渐减为两条;唇区低平,略缢缩,唇区框架进行程度较高,侧器孔位于侧唇片。

9.2.1.2 内部特征

口针长度常约为 10 μm～14 μm,针锥常占口针长度的 45%～50%;口针基部球清晰、圆形,前表面向后斜。中食道球纺锤形,肌肉发达,有瓣,食道狭部窄,神经环包围处开始膨大为棒状的食道腺体;食道腺延伸、从背面稍覆盖肠的前端一小段(偶尔缢缩);偶然亦能见到后食道腺分枝(叉)。排泄孔位于食道腺位置;半月体刚好在排泄孔前方。

9.2.1.3 生殖系统特征

阴门清晰、横裂，位于虫体后部，成熟雌虫的阴唇略隆起，阴门裂与体轴线垂直，阴门宽度占4个体环。卵巢发达、前伸、达食道腺基部，前端卵原细胞双行排列。卵长椭圆形，长度约为体宽1.5倍。后阴子宫囊大，延伸至肛阴距2/3～4/5。直肠和肛门明显，尾长约为肛门部体宽的3倍～5倍。尾锥形，稍向腹部弯曲，末端窄圆。

9.2.2 雄虫

虫体比雌虫短而细，前部形态与雌虫相似，经热杀死后体直或向腹面弯曲成弓形。尾比雌虫的尾部略窄，且末端尖圆；单精巢前伸，前端可达食道腺基部。泄殖腔隆起，交合伞起始于交合刺前端水平处，向后延伸达尾长3/4；交合刺成对，长24 μm～27 μm，向腹面弯曲，前端膨大具指状突；引带短、简单。

9.3 腐烂茎线虫形态特征图

参见附录D。

9.4 测计值

表1列出了腐烂茎线虫雌虫和雄虫形态测计值。

表1 腐烂茎线虫形态测计值

数据来源		*L* mm	*a*	*b*	*c*	*V*	*T*	*St* μm	*N* 条
Thorne (1945)	雌虫	0.81～1.40	30～35	8～10	15～20	78～83			
	雄虫	0.80～1.30	34～40	7～8	12～16		73～80		
Goody (1952)	雌虫	0.69～1.89	19～49	4～12	9～30	73～90			237
	雄虫	0.76～1.35	24～50	4～11	11～21		40～84		231
Brzesk (1991)	雌虫	0.69～1.89	18～49	4～12	14～20	77～84		10～13	
	雄虫	0.63～1.35	24～50	4～11	11～21			10～12	

注：
N ——测计的线虫样本数目；
L ——虫体体长(单位为μm或mm，头端至尾端的长度，不包括尾尖突)；
St ——口针长度(单位为μm)；
a ——体长/最大体宽；
b ——体长/虫体前端至食道腺与肠连接处的距离；
c ——体长/尾长；
T ——泄殖腔开口至精巢末端的距离×100/体长；
V ——虫体前端至阴门的距离×100/体长。

9.5 腐烂茎线虫与两种近似种的区别

表2列出了腐烂茎线虫与其他两种常见的茎线虫的形态区别对照。

表 2 茎线虫属三种常见线虫的主要形态区别对照表

项目	种别		
	腐烂茎线虫 *Ditylenchus destructor*	鳞球茎茎线虫 *D. dipsaci*	蘑菇茎线虫 *D. myceliophagus*
侵染部位	主要是地下部分,偶见地上部分	地上和地下部分	蘑菇菌丝
寄生专化性	高等植物和真菌	专性寄生高等植物	真菌
是否产生线虫毛	不产生	产生	不产生
侧线数目	6	4	6
食道与肠覆盖程度	覆盖	不覆盖	覆盖
交合刺有无指状突起	有	无	不详
尾部末端形状	钝尖	锐尖	钝尖
卵原细胞排列情况	双行或多行	单行	单行
卵的平均长度	与虫体宽相近	虫体宽的 2 倍~3 倍	约虫体宽的 2 倍
后阴子宫囊与肛阴距比	2/3	1/2	1/2
中食道球形状	纺锤形	纺锤形	纺锤形

10 结果判定

符合 9.2 中描述的形态特征的线虫,可鉴定为腐烂茎线虫;或者符合第 9 章形态特征的疑似线虫,经 8.4 中的分子生物学检测,采用通用引物扩增获得的 PCR 产物分别约为 940 bp(A 型腐烂茎线虫)和 1 100 bp(B 型腐烂茎线虫),经特异性引物扩增的特异性片段约为 252 bp(A 型腐烂茎线虫)和 485 bp(B 型腐烂茎线虫),阴性对照无产物时,也可判定检测的线虫是腐烂茎线虫。

11 样品保存

11.1 植物材料保存

对已经检出带有腐烂茎线虫的植物材料、土壤或栽培介质等,经登记后,要保存在低温干燥、防鼠防虫处,并注明样品编号、截获日期、截获地点、截获人、寄主名称、运输工具名称、来源国等,样品需至少保存一年,有特殊要求可适当延长保存期。

11.2 线虫标本保存

11.2.1 线虫样本的保存

如果鉴定为腐烂茎线虫,经线虫固定液固定后置于有 4% 甲醛溶液的指形管内,在 4 ℃冰箱内长期保存,并标上样品编号、制作时间和制作人等相关信息。

11.2.2 玻片标本和实验数据的保存

经杀死固定后的线虫，可制作成线虫永久玻片标本，保存相关的特征描述及测量数据、绘图或照片；同时，应保存相关分子生物学鉴定的文件化试验结果，如：鉴定结果所依据的凝胶照片。

附　录　A
（资料性附录）
腐烂茎线虫其他信息

A.1　地理分布

EPPO 地区：阿尔巴尼亚、奥地利、白俄罗斯、比利时、保加利亚、捷克共和国、爱沙尼亚、法国、德国、希腊、匈牙利、爱尔兰、拉托维亚、立陶宛、卢森堡、荷兰、挪威、波兰、罗马尼亚、俄罗斯（欧洲部分）、斯洛伐克、西班牙、瑞典、瑞士、土耳其、英国。

亚洲：阿塞拜疆、中国（辽宁、吉林、河北、江苏、安徽、河南、山东等）、伊朗、孟加拉国、日本、哈萨克斯坦、沙特阿拉伯、塔吉克斯坦、土耳其和乌兹别克斯坦。

非洲：南非。

北美洲：加拿大、墨西哥和美国（阿肯色、加利福尼亚、夏威夷、爱达荷、印地安那、新泽西、北卡罗莱纳、俄勒冈、弗吉尼亚、华盛顿、西弗吉尼亚和威斯康星州）。

南美洲：厄瓜多尔。

大洋洲：澳大利亚（新南威尔士、维多利亚、南澳大利亚、西澳大利亚、塔斯马尼亚州局部分布）、新西兰（仅危害蛇麻草）。

A.2　寄主范围

腐烂茎线虫的寄主范围很广，能够寄生于包括马铃薯在内的大约120多种作物和杂草、40个属70余种真菌中。

A.2.1　寄主植物

腐烂茎线虫危害的主要寄主植物有以下种类：马铃薯（*Solanum tuberosum* L.）、鸢尾（*Iris* spp.）、郁金香（*Tulipa gesneriana* L.）、风信子（*Hyacinthus orientalis*）、唐菖蒲（*Gladiolus hybridus* Hort.）、大丽花（*Dihlia pinnata*）、巢菜属（*Neottopteris* spp.）、甜菜（*Beta vulgaris*）、胡萝卜（*Daucus carota* spp. *Sativus*）、欧芹（*Petroselinum crispum*）、红车轴草（*Trifolium pratense* L.）、白车轴草（*Trifolium repens* Linn.）、杂种车轴草（*Trifolium hybridum* L.）、洋葱（*Allium cepa*）、大蒜（*Allium porrum*）、芹菜（*Apium graveolens* L.）、黄瓜（*Cucumis sativus* L.）、西葫芦（*Cucurbita pepo* L.）、大豆[*Glycine max* （L）Merr.]、鹰嘴豆（*Cicer arietium* L.）、花生（*Arachis hypogaea*）、紫苜蓿（*Medicago sativa*）、蚕豆（*Vicia faba* Linn.）、向日葵（*Helianthus annuus*）、大黄属（*Rheum* spp.）、蛇麻草属（*Mumulus* spp.）、甘薯（*Ipomoea batatas* Lam.）、番茄（*Solanum lycopersicum*）、烟草（*Nicotiana tabacum* L.）、甘蔗（*Saccharum officenarum* L.）、大麦（*Hordeum vulgare*）、小麦（*Triticum aestivum* L.）等。

A.2.2　寄主真菌

在无高等植物存在时，腐烂茎线虫能在真菌菌丝上繁殖，真菌寄主包括蘑菇属（*Agaricus* spp.）、交链孢属（*Alternaria* spp.）、密环菌属（*Armillaria* spp.）、葡萄孢属（*Botrytis* spp.）、头霉孢属（*Cephalosporium* spp.）、柱孢属（*Cylindrocarpon* spp.）、曲霉属（*Aspergillus* spp.）、镰孢属（*Fusarium* spp.）、青霉属（*Penicillium* spp.）、茎点属（*Phoma* spp.）、棘壳孢属（*Pyrenochaeta* spp.）、木霉属（*Trichoderma* spp.）、轮枝菌属（*Ver-*

ticillium spp.)等。

A.3 危害症状

腐烂茎线虫是一种迁移性植物内寄生线虫。腐烂茎线虫主要侵染植物的地下部分，极少危害植物的地上部分。引起茎的矮化、增厚和分叉，引起叶的矮化、卷曲和失绿(如在马铃薯上)。线虫通过寄主的匍匐茎或块茎的皮孔和薯眼进入，早期的症状是表皮下面有一小的白色斑点，去皮后肉眼可见。此后随着侵染部位的扩大，融合成淡褐色病变，病变部位含有干的颗粒状组织，在表皮下可见。随着侵染的发展，组织变干、皱缩，表皮龟裂、变薄。内部组织逐渐变黑，通常有真菌、细菌、螨类等其他生物的次生侵染，该线虫则在病组织和健康组织交界处聚集。有病的块茎在贮藏期皱缩，表现干腐症状。危害甘薯块茎的症状与危害马铃薯块根的症状相似。被侵染的大丽菊球茎亦表现相似的症状。鸢尾和郁金香受侵染通常从基部开始，渐渐向上扩展至肉质的鳞茎，导致灰白色至黑色的病变；严重时根系变黑，叶片发育差，叶尖成黄色。

A.4 生物学

腐烂茎线虫的发育和繁殖温度为 5 ℃～34 ℃，最适温度为 20 ℃～27 ℃，在 20 ℃～24 ℃条件下完成生活史需要 20 d～26 d。该线虫仅可在土壤中作短距离移动，不能远距离自然传播，灌溉水也可携带线虫在田间传播。主要随被污染了的植物材料及其他寄主植物的种子、植物组织和地下器官(球茎、鳞茎、根茎等)作远距离的传播、扩散，受该线虫污染了的土壤是另一传播途径。

附 录 B
（资料性附录）
腐烂茎线虫分离方法

改进型漏斗法分离腐烂茎线虫，融合了浅盘法和传统漏斗法各自的优点，在提高漏斗法分离效率的同时，又解决了浅盘法一定要使用套筛而使植物组织等杂物经常堵塞400目筛的筛孔的问题。

改进型漏斗法分离装置，由一只较大并类似于贝曼漏斗的玻璃或有机玻璃作为外壳，上部装置则与浅盘装置相似（见图B.1）。

将线虫滤纸或1～2层卫生纸平放在筛盘筛网上，用水淋湿滤纸边缘与筛盘结合部分；将待分离线虫的样品放置其上；从筛盘下部的空隙中将水注入分离器中，以淹没供分离的材料为止；在约15 ℃～25 ℃下放置24 h～48 h后，打开止水夹，用离心管接取约5 mL的水样；静置20 min左右或1 500 r/min离心3 min，吸去离心管内上层清液后，即获得浓度较高的线虫水悬浮液。

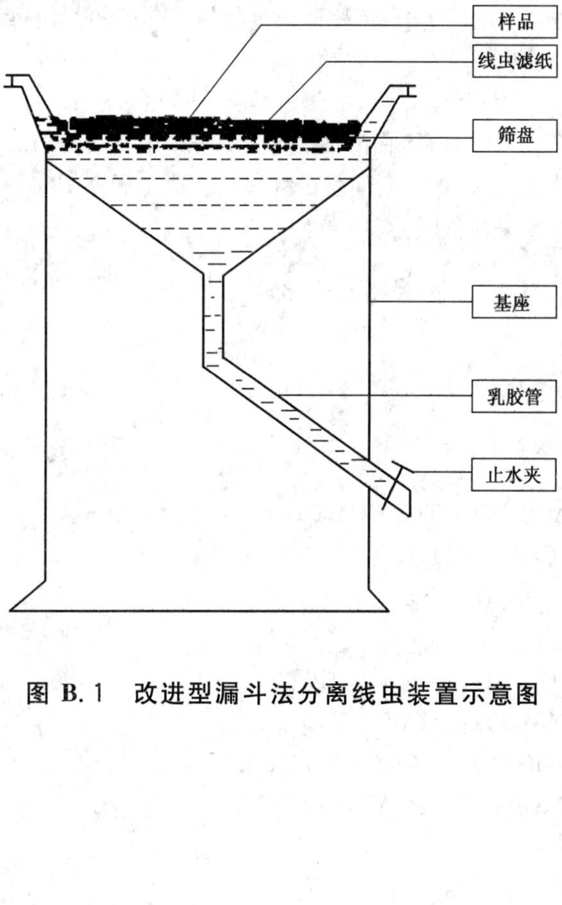

图B.1 改进型漏斗法分离线虫装置示意图

附 录 C
（规范性附录）
双重 PCR 分子生物学检测流程

C.1 DNA 提取

C.1.1 洗涤线虫

用线虫挑针挑取腐烂茎线虫若干条，放入去离子水中洗涤 3 次，备用。

C.1.2 切割线虫

在洁净的载玻片上加 20 μL 去离子水，挑入 10 条经过洗涤的线虫，用解剖刀将每条线虫切成 3～4 段，用移液器将含有切开虫体的去离子水 10 μL 转移至灭过菌的 200 μL 的离心管中。

C.1.3 DNA 提取

在上述管中加入 8 μL WLB 和 2 μL 蛋白酶 K 溶液，于－20 ℃冷冻 30 min 以上，转入 PCR 仪，65 ℃条件下保温 1 h～2 h，95 ℃条件下保温 10 min，使蛋白酶失活。取出后于 13 000 r/min 离心 1 min，取其上清液用于 PCR 扩增或者于－20 ℃保存备用。

C.2 PCR 检测

C.2.1 引物

C.2.1.1 通用引物

rDNA1：5'-TTGATTACGTCCCTGCCCTTT-3'；
rDNA2：5'-TTTCACTCGCCGTTACTAAGG-3'。

C.2.1.2 特异性引物

DdS1：5'-TCGTAGATCGATGAAGAACGC-3'；
DdS2：5'-ATTATCTCGAGTGGGAGCGC-3'；
DdL1：5'-TTGTGTTTGCTGGTGCGCTTGT-3'；
DdL2：5'-GAGTGAGAGCGATGTCAACATTG-3'。

C.2.1.3 内标

D3A：5'-GACCCGTCTTGAAACACGGA-3'；
D3B：5'-TCGGAAGGAACCAGCTACTA-3'。

C.2.2 rDNA-ITS 区的 PCR 扩增

选取通用引物 rDNA1 和 rDNA2，用来 PCR 扩增腐烂茎线虫 rDNA 中的 5.8S、ITS1 和 ITS2 全序列以及 18S、28S 部分序列。

反应体系：5 μL 10×PCR 缓冲液（含 Mg^{2+} 离子），4 μL dNTP，2 条引物各 1.5 μL（20 μmol/L），2U *Taq* 酶以及 5 μL DNA 粗提上清液，最后加去离子水补足 50 μL。

PCR 扩增条件：95 ℃预变性 4 min；94 ℃变性 45 s，50 ℃退火 30 s，72 ℃延伸 2 min，共 35 个循环；72 ℃保温 10 min；于 4 ℃保存。

C.2.3 电泳

取 5 μL 扩增产物，加 1 μL 6×载样缓冲液在 1.0%琼脂糖凝胶上电泳，然后用凝胶成像仪观察。

C.2.4 测序

选用 DNA 凝胶回收试剂盒进行回收纯化 PCR 扩增产物，将其连接到 pGEM-T easy，转化到大肠杆菌 DH 5α 感受态细胞；用质粒提取试剂盒提取重组质粒后，经 EcoR I 酶切和 PCR 检测后，进行双向测序。

C.3 特异性引物双重 PCR 扩增检测

C.3.1 A 型特异性引物的检测

C.3.1.1 A 型特异性引物 PCR 扩增

反应体系：取灭菌的离心管，依次加入 25 μL 10×PCR 缓冲液（含 Mg^{2+} 离子），2 μL dNTP，引物 DdS1、DdS2 各 0.7 μL（20 μmol/L），1U *Taq* 酶以及 3 μL DNA 粗提上清液作模板，最后加去离子水补足 25 μL，设阴性对照。

PCR 反应条件：94 ℃预变性 2 min；94 ℃变性 30 s，55 ℃退火 30 s，72 ℃延伸 45 s，共 35 个循环；72 ℃保温 8 min；于 4 ℃保存。

电泳检查：取 5 μL 扩增产物，加 1 μL 6×载样缓冲液在 2.0%琼脂糖凝胶上电泳，然后用凝胶成像仪观察。

C.3.1.2 A 型特异性引物双重 PCR 扩增

反应体系：取灭菌的 Eppendorf 管，依次加入 25 μL 10×PCR 缓冲液（含 Mg^{2+} 离子），2 μL dNTP，引物 D3A、D3B、DdS1、DdS2（浓度均为 20 μmol/L）各 0.5 μL，1U *Taq* 酶以及 3 μL DNA 粗提上清液，最后加去离子水补足 25 μL；扩增程序及电泳检查同 C.3.1。

C.3.2 B 型特异性引物的检测

分别作 B 型特异性引物的 PCR 扩增、双重 PCR 扩增，方法步骤同 C.3.1，将引物 DdS1 和 DdS2 换成 DdL1 和 DdL2 即可。

附 录 D
（资料性附录）
腐烂茎线虫形态特征

腐烂茎线虫形态特征见图 D.1、图 D.2。

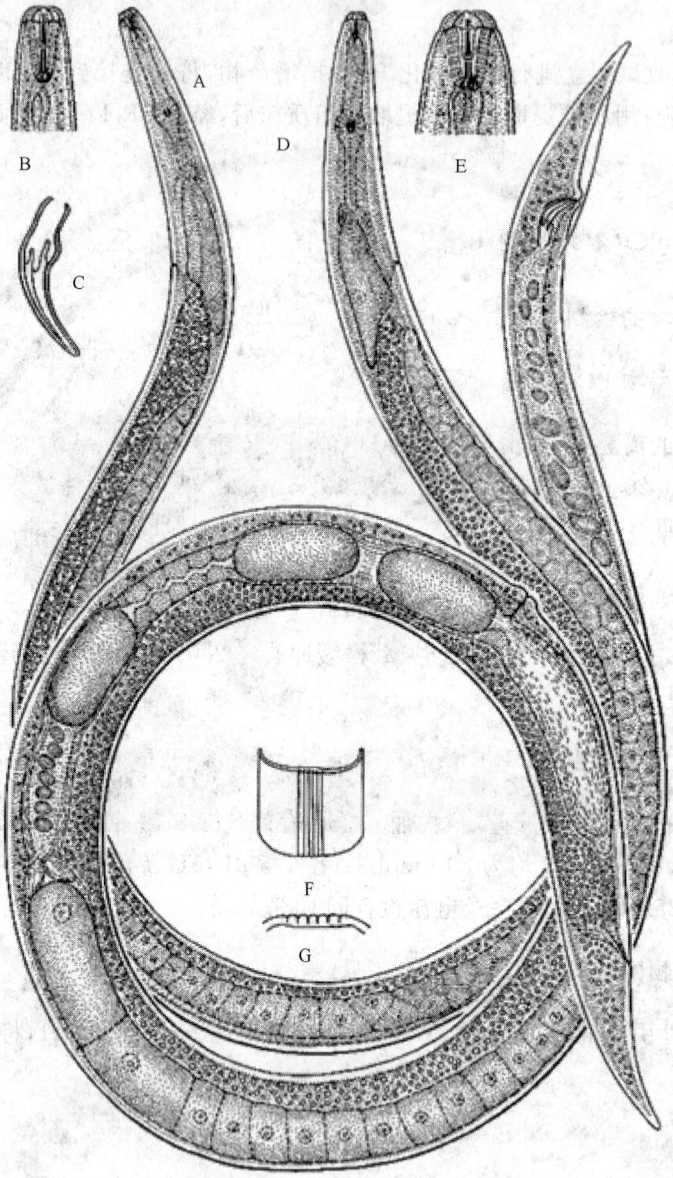

说明：
A——雄虫整体；
B——雄虫头部；
C——雄虫交合刺；
D——雌虫整体；
E——雌虫头部；
F——雌虫体中部侧区；
G——雌虫侧区横切面。
注：该图引自 Hooper，1973。

图 D.1　腐烂茎线虫形态特征图

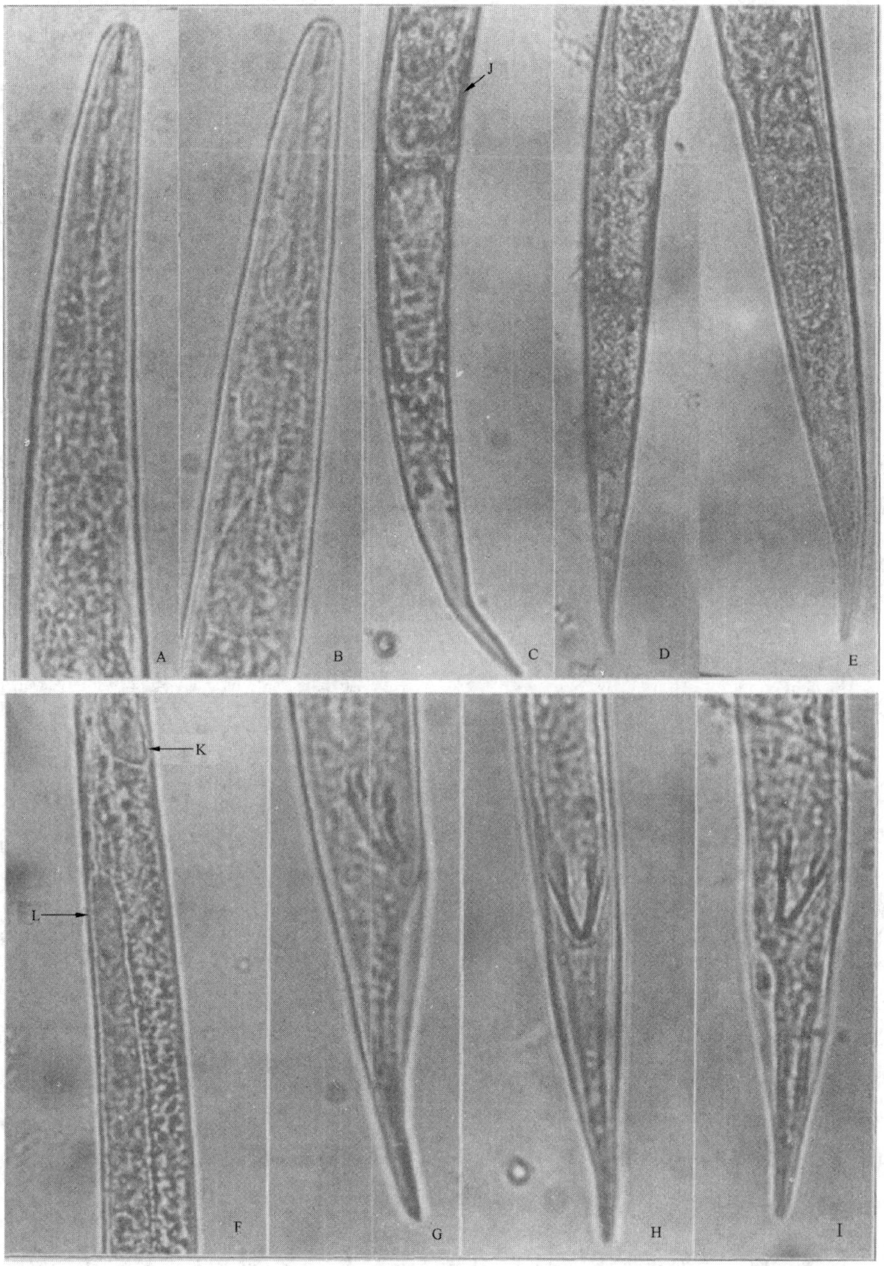

说明：

A ——雌虫虫体前端；
B ——雄虫虫体前端；
C,D,E ——雌虫虫体后部；
F ——雌虫卵巢前部；
G ——雄虫尾部侧面观；
H,I ——雄虫交合伞和交合刺；
J ——卵；
K ——雌虫食道腺；
L ——雌虫卵巢前部。

注：该图引自张绍升等，2006。

图 D.2 倍率 1 000×的显微镜下的腐烂茎线虫形态结构图

ICS 65.020.01
B 16

中华人民共和国国家标准

GB/T 29578—2013

甘蔗白色条纹病菌检疫鉴定方法

Detection and identification of *Xanthomonas albilineans* (Ashby) Dowson

2013-07-19 发布　　2013-12-06 实施

中华人民共和国国家质量监督检验检疫总局
中国国家标准化管理委员会　发布

前　言

本标准按照 GB/T 1.1—2009 给出的规则起草。

本标准由全国植物检疫标准化技术委员会(SAC/TC 271)提出并归口。

本标准起草单位:中华人民共和国天津出入境检验检疫局、重庆大学。

本标准主要起草人:刘鹏、刘跃庭、崔铁军、王中康、廖芳、张裕君、冯洁、黄国明。

甘蔗白色条纹病菌检疫鉴定方法

1 范围

本标准规定了甘蔗白色条纹病菌的检疫鉴定方法。

本标准适用于甘蔗蔗苗、茎秆等植物材料中甘蔗白色条纹病的检疫和鉴定。

2 规范性引用文件

下列文件对于本文件的应用是必不可少的。凡是注日期的引用文件，仅注日期的版本适用于本文件。凡是不注日期的引用文件，其最新版本(包括所有的修改单)适用于本文件。

GB/T 4789.28 食品卫生微生物学检验 染色法、培养基和试剂

SN/T 1193 基因检验实验室技术要求

SN/T 2122 进出境植物及植物产品检疫抽样

3 甘蔗白色条纹病菌基本信息

中文名：甘蔗白色条纹病菌。

学名：*Xanthomonas albilineans*(Ashby)Dowson。

病害英文名：sugarcane leaf scald disease。

属细菌界 Bacteria，变形细菌门 Proteobacteria，γ-变形细菌纲 Gammaproteobacteria，黄单胞菌目 Xanthomonodales，黄单胞菌科 Xanthomonodaceae，黄单胞菌属 *Xanthomonas*。

主要靠感病株和机械传播；被感染的种蔗是该病传播的主要方式，削刀(包括装载机械化切刀)也是一个重要的传播源。夹风雨、啮齿动物以及甲虫、蝗虫、叶蝉和甘蔗螟虫等害虫也是甘蔗白色条纹病的传播途径。

甘蔗白色条纹病菌的其他基本信息参见附录 A。

4 方法原理

依据甘蔗白色条纹病菌在寄主植物上造成的病害症状特征，以及该病原菌的生物学特性、生理生化特性、分子生物学特性和致病性特征等进行检测鉴定。

5 仪器用具

电子天平(感量 0.000 1 g)、恒温培养箱、恒温振荡培养箱、高压灭菌器、超净工作台、生物显微镜、高速冷冻离心机(12 000 r/min)、掌上离心机、纯水仪、恒温水浴锅、BIOLOG 细菌自动鉴定系统、细菌微量生化鉴定管、低温冰箱、PCR 仪、电泳仪、凝胶成像仪、真空冷冻干燥机、培养皿(直径 90 mm)、可调式微量进样器(10 μL、100 μL、200 μL、1 000 μL、)、研钵、离心管(1.5 mL)、PCR 管(0.2 μL)、一次性注射器(2 mL)等。

6 试剂和培养基

6.1 试剂

酵母膏、蛋白胨、蔗糖、硫酸镁($MgSO_4 \cdot 7H_2O$)、磷酸氢二钾(K_2HPO_4)琼脂粉、氯化镁($MgCl_2$)、dNTPs(dATP、dTTP、dCTP、dGTP)、*Taq* Polymerase、乙二胺四乙酸(EDTA)、三羟甲基氨基甲烷(Tris)、盐酸(HCl)、冰乙酸($C_2H_4O_2$)、溴化乙锭($C_{21}H_{20}N_3Br$)、琼脂糖、DNA Marker 等。

除另有规定外，所有试剂均为分析纯，所有试验用水均为灭菌双蒸水。

6.2 培养基

YSP 培养基、523 培养基，配制方法见附录 B。

7 检疫鉴定方法及步骤

7.1 现场检疫

甘蔗种植园的病害调查或进出境甘蔗样品的现场检疫中，若发现甘蔗植物叶片出现与叶脉平行的白色细长条纹，有的白色组织中有很小的红褐色斑点或很浅的红线，或出现红色坏死条纹，有的严重的植株叶片呈现白色枯萎症状(详见附录 A 中描述)，应取甘蔗基部茎秆(地上部分)2 节～4 节带回实验室做进一步分离鉴定。在进出境检疫中，对于没有症状的甘蔗样品，同样取茎基部部分，取样方法和步骤参照 SN/T 2122。

7.2 病原菌分离

将甘蔗茎秆表面清洗后，用 75%酒精擦拭消毒。用灭菌的刀具横切茎秆，观察横断面是否有菌脓渗出。若没有发现菌脓，则用灭菌手术刀切取茎秆内部组织小块若干，放入灭菌的研钵中将组织液研出，吸取 1 mL 组织液加入 1.5 mL 离心管中，8 000 r/min 离心 10 min，弃去上清液后将沉淀用 1 mL 无菌水稀释，该稀释液 1 mL 再进行系列浓度的稀释，稀释倍数分别为 10 倍，100 倍，1 000 倍，10 000 倍，100 000 倍(取 5 个 PCR 管，分别加入 0.9 mL 无菌水，从稀释液开始，浓度由高到低依次加入 0.1 mL 无菌水)。将每个浓度的稀释液在 YSP 培养基平板(直径 90 mm)上进行涂布，20 μL/平板，每个浓度做 3 个平板。

若发现茎秆断面有渗出的菌脓，可直接用接种环蘸取并在 YSP 培养基平板上划线分离。每份样品做不少于 3 个平板即可。

将涂布或划线分离的 YSP 培养基平板置于 30 ℃恒温培养箱中进行培养。

7.3 培养筛选

经涂布或划线分离的 YSP 培养基平板在 30 ℃条件下培养 48 h～72 h 后观察是否有直径达到 1 mm 左右、黄色或浅黄色、光亮、平滑、圆整的可疑菌落产生。

挑取可疑单菌落进行分离纯化，之后再转接 2 次进行纯化。

对纯化的可疑菌落进行 7.5～7.7 步骤的检测。

若未发现可疑菌落则判定该样品检验结果为未检出甘蔗白色条纹病菌。

7.4 革兰氏染色

检测方法和步骤参照 GB/T 4789.28。

7.5 生化指标测定

应用细菌微量生化鉴定管对可疑菌株进行以下 12 项生化指标的检测：果糖、阿拉伯糖、半乳糖、甘露糖、山梨醇、木糖、木糖醇、纤维糖、麦芽糖、甘露醇、鼠李糖、酒石酸盐。

或应用 BIOLOG 细菌自动鉴定系统进行鉴定。

7.6 分子生物学测定

分子生物学检测中安全措施方面的要求参照 SN/T 1193。

分子生物学测定的具体试验方法和试剂配制见附录 B。采用特异性引物 XAF1/XAR1 对可疑菌株进行 PCR 检测，用甘蔗白色条纹病菌标准菌株作阳性对照，用黄单胞属非甘蔗白色条纹病菌的植物病原细菌作阴性对照，用水作空白对照，进行 PCR 扩增，扩增产物进行电泳分析。在阳性对照扩增片段大小为 600 bp 的单带，且阴性对照和空白对照未有扩增条带的前提下，可疑菌株扩增结果与阳性对照一致，可判定分子生物学检测结果为阳性。

7.7 致病性测定

用甘蔗感病品种(新台糖 16 号、粤糖 65 等)植株进行致病性测定，接种方法采用注射接种方法，试验设置阴性(无菌生理盐水接种)和阳性对照。温度为白天 32 ℃，晚间 26 ℃，光照 12 h，相对湿度为 70%。

应用温室中培养的 1 月龄蔗苗，取在 523 培养基上培养 24 h 的菌株，用无菌生理盐水配制细菌悬浮液(10^8 CFU/mL)，用注射器将菌悬液注入蔗苗茎秆基部约 0.5 mL。接种 5 d～7 d 后观察症状，顶端叶片是否有白色条纹或叶片的白化枯萎症状是否出现。

8 结果判定

分离纯化得到的细菌菌株同时符合以下五个方面的检测结果，则可以判定检出甘蔗白色条纹病菌。

a) 在 YSP 培养基上的菌落特征与 7.3 中描述相符。
b) 革兰氏染色结果为阴性杆菌。
c) 生化指标测定中，果糖、阿拉伯糖、半乳糖、甘露糖、山梨醇、木糖检测结果为阳性。木糖醇、纤维糖、麦芽糖、甘露醇、鼠李糖、酒石酸盐检测结果为阴性。或经 BIOLOG 细菌自动鉴定系统检测判定为甘蔗白色条纹病菌。
d) 分子生物学检测结果为阳性。
e) 致病性检测表现典型症状。

9 样品保存

检出甘蔗白色条纹病菌的样品至少保存 6 个月，以备复检、谈判和仲裁；保存期满后，需经灭菌后方可处理。

10 菌种保存

分离并最终鉴定为甘蔗白色条纹病菌的菌株应转接到 523 试管斜面上，经登记和经手人签字后置于 4 ℃低温冰箱中保存，30 d～60 d 转接一次，以防止病菌死亡，以备复核、谈判和仲裁。必要时将菌株用真空冷冻干燥机冻干后长期保存。

附 录 A
（资料性附录）
甘蔗白色条纹病菌的其他信息

A.1 分布

贝宁、布基纳法索、喀麦隆、加纳、肯尼亚、象牙海岸、马达加斯加、马拉维、毛里求斯、摩洛哥、莫桑比克、多米尼加、尼日利亚、留尼汪、南非、斯威尔兰、多宁、坦桑尼亚、刚果、津巴布韦、扎伊尔、缅甸、柬埔寨、印度、印度尼西亚、日本、巴基斯坦、菲律宾、伊拉克、斯里兰卡、泰国、越南、澳大利亚、斐济、夏威夷、墨西哥、美国、巴巴多斯、古巴、格林纳达、瓜德罗普、危地马拉、牙买加、马提尼克、巴拿马、波多黎各、圣基茨、圣卢西亚、圣文森特、特立尼达和多巴哥、阿根廷、巴西、乌拉圭、圭亚那、苏里南、巴拉圭、委内瑞拉、中国（台湾、江西、广东、福建）。

A.2 寄主范围

甘蔗（*Sacchaeru officinarum*）、玉米（*Zea mays*）、象草（*Pennisetum purpureum*）等。

A.3 危害

甘蔗白色条纹病也称甘蔗叶灼病，属系统性病害，由于蔗茎维管束被病菌粘液淤塞，影响水分运输，致使甘蔗叶片的条纹坏死，在干旱季节会发生整株的突然枯萎死亡。该病害常为潜伏侵染，细菌获得机会活跃时，才呈现外表病征，有慢性型和急性型，潜伏期不表现症状。

急性型症状：典型特征是茎杆突然萎缩枯死，而不表现其他的任何症状。有时从茎杆基部或节间侧生叶片具有典型的细长条斑的边鞘。

慢性型症状：病初叶片出现 1 mm～2 mm 宽的与叶脉平行的白色细长条纹，其数目、长度不一，或细小，或整片叶变白，变白程度亦不尽相同，有的白中略带浅黄，有些在白色组织中有很小的红褐色斑点或很浅的红线，后期部分条纹变成红色坏死。条纹常常沿中脉背面延伸或扩展至叶鞘周围呈现紫色色调，蔗株生长点受抑制，易抽侧芽。此外，慢性期的症状还包括尖端焦枯内卷成直立的枯鞘，叶缘部分或全部坏死，并从生出典型叶片症状的再生蔗苗。白条病诱发的褪绿症状和白化苗容易混淆影响诊断。然而白条病往往部分变色，存在红色坏死点，症状交界处不规则、波纹状，部分褪绿区域常常位于叶片中段。白化症常常在栽植 3 月～6 月后叶片呈现白化。

A.4 生物学特性

甘蔗白色条纹病（sugarcane leaf scald disease）是甘蔗上重要的检疫性细菌病害，主要危害甘蔗的维管束组织，属系统性病害，由于蔗茎维管束被病菌粘液淤塞，影响水分运输，致使甘蔗叶片的条纹坏死，严重时可造成整株枯萎死亡。干旱、水浸和低温等环境因素能提高该病严重度。菌体杆状，(0.3～0.4)μm×(0.8～1.4)μm；单生或成链，极生单鞭毛，革兰氏染色阴性，最适生长温度为 25 ℃，最高为 35 ℃。在营养琼脂上不能生长：在 2%蔗糖、1%蛋白胨琼脂或类似的培养基上生长缓慢，YSP 琼脂上 3 d 出现菌落。菌落黄色或浅黄色，光亮，平滑，圆整；过氧化氢酶阳性，精氨酸水解酶阳性，VP 试验阳性，磷酸盐还原反应阴性；只能在氯化钠浓度低于 0.5%的培养基中生长，生长需要谷氨酸和维生素 B_1，不水解明胶、淀粉和蛋白酶，不产生吲哚，不产生硫化氢；可以利用果糖、海藻糖、阿拉伯糖、半乳糖、葡萄糖、菊粉、乳糖、甘露糖、蜜二糖、蜜三糖、山梨(糖)醇、蔗糖、木糖；不能利用木糖醇、纤维二糖、麦芽糖、甲基葡萄糖甙、甘露醇、鼠李糖、水杨苷、酒石酸盐和安息香酸盐。对新生霉素、青霉素G、甲氧苯青霉素及多粘菌素相对不敏感。

附 录 B
（规范性附录）
培养基配制和 PCR 检测方法

B.1 培养基配制

B.1.1 YSP 培养基

酵母膏 5 g，蛋白胨 10 g，蔗糖 20 g，琼脂粉 15 g，蒸馏水 1 000 mL。121 ℃湿热灭菌 20 min。

B.1.2 523 培养基

蛋白胨 8 g，酵母膏 4 g，硫酸镁（$MgSO_4 \cdot 7H_2O$）0.3 g，蔗糖 10 g，磷酸氢二钾（K_2HPO_4）2 g，琼脂粉 18 g，蒸馏水 1 000 mL。调整 pH 值至 7.0～7.1，121 ℃湿热灭菌 20 min。

B.2 试剂配制

B.2.1 TAE 电泳缓冲液（50×储存液，pH 值约 8.5）

242 g Tris 碱，57.1 mL 冰乙酸，37.5 g $Na_2EDTA \cdot 2H_2O$，加水至 1 L。

B.2.2 TE 缓冲液

10 mmol/L Tris·Cl，pH8.0；1 mmol/L EDTA，pH8.0。

B.3 PCR 反应模板制备

可直接用培养的菌株稀释成菌悬液（$>10^7$ CFU/mL）作为 PCR 反应模板；也可按《精编分子生物学实验指南》中的方法提取细菌基因组 DNA，提取后可用 TE 缓冲液溶解，－20 ℃保存。

B.4 定性 PCR 检测

B.4.1 PCR 检测引物序列

XAF1：5'-CCTGGTGATGACGTGGGTT-3'
XAR1：5'-CGATCAGCGATGCACGCAGT-3'
（扩增产物 600 bp）

B.4.2 PCR 反应体系（30 μL）

10×PCR 缓冲液	3 μL
dNTP(2.5 mmol/L)	1.2 μL
引物 P1(10 mmol/L)	1 μL
引物 P2(10 mmol/L)	1 μL
Taq(5 U/μL)	0.2 μL
双蒸水	22.6 μL

DNA 模板　　　　　　1 μL

B.4.3　PCR 反应程序

94 ℃/3 min;94 ℃/30 s;58 ℃/30 s;72 ℃/40 s;38 次循环;72 ℃/5 min;4 ℃保存。

B.4.4　PCR 扩增产物的检测

1%～1.5%的琼脂糖凝胶电泳,在凝胶成像仪下进行分析并拍照,记录试验结果。

ICS 65.020.01
B 16

中华人民共和国国家标准

GB/T 29579—2013

红棕象甲检疫鉴定方法

Detection and identification of *Rhynchophorus ferrugineus*(Oliver)

2013-07-19 发布　　2013-12-06 实施

中华人民共和国国家质量监督检验检疫总局
中国国家标准化管理委员会　发布

前言

本标准按照 GB/T 1.1—2009 给出的规则起草。

本标准由全国植物检疫标准化技术委员会(SAC/TC 271)提出并归口。

本标准起草单位：中华人民共和国海南出入境检验检疫局。

本标准主要起草人：林明光、李伟东、敖苏、刘福秀、韩玉春、刘荣英。

红棕象甲检疫鉴定方法

1 范围

本标准规定了红棕象甲 *Rhynchophorus ferrugineus*(Oliver)的检疫鉴定方法。

本标准适用于寄主植物及其产品检验检疫中对红棕象甲的检疫鉴定。

2 术语和定义

下列术语和定义适用于本文件。

2.1

喙 rostrum

任何延长的口器或头部前方延伸的部分。

2.2

外咽缝 gular suture

外咽片两侧的沟,是次后头沟的延伸部,对称或在中央合并为一条。

2.3

假4节 pseudotetramerous

跗节共有5节,但第4节退化缩小,隐藏在第3节与第5节之间,很不容易看出。

2.4

臀板 pygidium

腹部末节的背板。

2.5

阳茎 aedeagus

为插入器主要组成部分,常为骨化管状。

2.6

内阳茎 endophallus

位于阳茎端部的内陷腔室,射精管开口于内。

2.7

阳茎基 tegmen

雄虫阳茎基部的骨片。

2.8

内唇 epipharynx

幼虫口器上唇的内侧(即外露面的反面),具有感觉器官。

2.9

感觉孔 sensory pores

幼虫内唇上具有感觉功能的孔状器官。

2.10

鼻板 nasal plate

喙端部背面圆弧状延伸的部分,后缘被一行刻点分开。

3 红棕象甲基本信息

中文名：红棕象甲。

学名：*Rhynchophorus ferrugineus*（Oliver）。

属鞘翅目 Coleoptera、象虫科 Curculionidae、棕榈象属 *Rhynchophorus* Herbst。

主要通过进口或国内调运棕榈科寄主植物、种苗进行远距离传播。

该属已知种类 9 种，其中 6 种主要为害棕榈科植物。

红棕象甲的其他信息参见附录 A。

4 方法原理

观察红棕象甲各虫态样本，根据形态特征进行鉴定。

5 仪器、用具和试剂

5.1 仪器

双目解剖镜、显微镜、生化培养箱、恒温干燥箱。

5.2 用具

测微尺、白瓷盘、磨口广口瓶、烧杯、酒精灯、指形管、量筒、普通天平、培养皿、昆虫针、解剖针、载玻片、盖玻片、标签、镊子、剪刀、三级台。

5.3 试剂

10％氢氧化钠溶液、75％酒精、甘油、二甲苯、加拿大树胶。

6 实验室检疫

6.1 标本预处理

6.1.1 雄成虫外生殖器封片制备

将雄虫腹部取下，在 10％氢氧化钠溶液中浸泡 24 h，或者 10％氢氧化钠溶液煮 5 min，溶解掉肌肉后用清水冲洗，进行外生殖器解剖，小心将阳茎及其基板取出，然后放置于不同浓度酒精逐级脱水，脱水后放入二甲苯进行透明处理，最后用加拿大树胶封片保存。

6.1.2 幼虫内唇封片制备

将头部取下，投入 10％氢氧化钠溶液内浸泡 24 h，或 10％氢氧化钠煮 5 min，然后在蒸馏水中洗 1 次～2 次，在双目解剖镜下，将连成一块的上唇—唇基—后唇基骨片取出，剔净着生的肌肉，注意不损坏上唇附属构造。然后投入 75％酒精内固定 1 h，逐级脱水，转入二甲苯透明处理 30 min～60 min，即可用加拿大树胶封藏。

6.2 镜检

将成虫、幼虫或蛹标本置于体视显微镜下观察其形态特征，将雄成虫外生殖器封片或幼虫内唇封片置于生物显微镜下观察。

7 鉴定特征

7.1 象虫科鉴定特征

7.1.1 额和颊向前延伸形成明显的喙,口器位于喙的顶端。

7.1.2 触角膝状,其末端三节膨大呈棒状。

7.1.3 前足基节窝闭式。

7.1.4 可见腹板5节,第1、第2腹板愈合。

7.1.5 幼虫身体柔软,肥胖而弯曲,无足。

7.2 棕榈象甲属鉴定特征

7.2.1 喙为圆柱形,雄虫喙具瘤突或刚毛。

7.2.2 外咽缝通常明显,狭或宽;上鄂端部卵圆形至具4尖齿突。

7.2.3 前胸后方通常宽圆、卵圆或稍突出,小盾片长,基部宽,长度为鞘翅的五分之一至四分之一。

7.2.4 鞘翅宽于前胸,基部稍凸起,前后面较凸起,鞘翅长度约为度2.5倍~3倍,具5条~6条深的行纹和3条以上的行纹痕迹。

7.2.5 前、中足腿节腹面不强烈弯曲;第三跗节宽大,其腹面六分之一或全面具刚毛。

7.3 红棕象甲鉴定特征

7.3.1 成虫主要形态特征(参见图B.1~图B.6)

7.3.1.1 外形

雄虫体长19 mm~42 mm,宽8 mm~16 mm,呈长卵形;通常为红棕色至黑色,鞘翅边缘(尤其侧缘和基缘)和接缝黑色,鞘翅深红色至黑色,有光泽或稍具软毛,身体腹面黑红相间;足颜色比体浅,基节和转节黑色,腿节末端和胫节末端黑色,跗节黑褐色;触角柄节和索节黑褐色,棒节红褐色;前胸背板黑斑变化不一。雌虫体长26 mm~40 mm,宽10 mm~16 mm;颜色及外形近似雄虫,但其臀板较狭,端部略尖。

7.3.1.2 喙

雄虫的喙通常为红棕色至黑色,常红棕色;长度接近前胸背板五分之四;侧面观,喙直,基部宽,光滑或具细刻点,背面观,末端或近末端的稠密直立刚毛伸至或超过喙长的二分之一,末达触角窝;喙基部中央具一圆形浅凹,自此向端部具一条中纵脊。雌虫的喙相对细长,无刚毛,末端稍弯曲。

7.3.1.3 口器

褐色,约为喙基部宽度的二分之一,上鄂端部具3个尖齿,端齿和亚端齿距离宽;亚颏端部平截,弧形凹入,具纵贯全长的狭长中纵沟;外咽缝在基部狭,向后呈长卵形扩宽。

7.3.1.4 触角

触角着生于喙基部侧面的触角窝;触角窝深而宽,弧形,两侧上弯;柄节直,棒状,其长度超过索节和棒节长度之和,或者等于喙长的二分之一。索节分为6节,棒节大,红褐色,宽三角形,背面和腹面具数根刚毛,绵毛区内面具8根~15根刚毛。

7.3.1.5 前胸

前胸背板前窄后宽，端缘近于平截，略内凹，后缘明显呈弧形拱出。小盾片红棕色或黑色，楔形，后端略尖锐，其长度为鞘翅的四分之一。前胸背板斑纹变化不一。

7.3.1.6 足

腿节和胫节外缘常具刻点；前足基节圆球形，间距宽；中足基节覆盖红褐色软毛；前足腿节与中足腿节等长，但短于后足腿节；前足胫节与后足胫节等长，长于中足胫节；跗节假四节，第 1 跗节是第 2 跗节 2 倍，稍短于第 3 跗节；第 3 跗节腹面具红棕色刚毛；第 5 跗节长度是前 4 节长度总和，腹侧面具 9 根～12 根刚毛。

7.3.1.7 鞘翅

光滑或稍具软毛，两侧略呈弧形，向端部渐狭，端部近平截，外缘刻点，具 5 条深的行纹，侧面具 4 条行纹痕迹；鞘翅长度是其宽度的 2.33 倍。

7.3.1.8 腹部

第 1 腹节长度等于第 3、第 4 腹节的长度之和，远短于第 2 腹节。臂板常红棕色，但也可能红棕色至暗褐色变化。

7.3.1.9 雄性外生殖器

阳茎基背裂片三角形，前端尖锐，延伸至阳茎基长度的三分之二；后端突凹入而分叉。阳茎基背面裂缝长度不足背裂片和背面缝之间连续区域长度的二分之一，背面和侧面刚毛小。腹面骨片后端平截，向外缘逐弯曲，侧面具刚毛，骨片间膜质区域矩形。阳茎基板宽，扇形，一些个体小的标本，阳茎基板圆形。阳茎基突厚，向前端渐细。背脊二分叉，未伸达阳茎基板长度的二分之一，如阳茎基板圆形，背脊不分叉伸达阳茎基板后端。背面观，阳茎基骨片末端明显凹入，延伸至阳茎基板四分之三处。腹面观，阳茎基骨片卵圆形至三角形，延伸达阳茎基板长度三分之二。阳茎端部狭卵形，侧臂细小，与阳茎突相汇合。阳茎膜孔前端稍尖，两缘从前端加宽至阳茎约三分之二处，然后突然收窄，再扩宽，后缘宽凹陷。肛板细长，前端退化。阳茎腔后端宽卵形，下方具两个骨化板，伸达至阳茎突约二分之一。

7.3.2 幼虫主要形态特征(参见图 B.7、图 B.8)

7.3.2.1 外形

梨形，无足，乳白色或黄白色；体稍弯曲，头壳黄褐色或亮黑褐色，老熟幼虫长度 36 mm～50 mm，宽 15 mm～19 mm。

7.3.2.2 口器

上唇侧面具长刚毛 22 根；内唇感觉孔靠近刚毛 2，而远离刚毛 1，与刚毛 1 的间距不足与刚毛 2 间距的 2 倍，内唇前方两侧具扩大的部分；下鄂叶背面具二分叉的刚毛和三分叉的刚毛。

7.3.2.3 腹部

腹部第 8 节背片前方背面具 4 根刚毛。

7.3.3 蛹主要形态特征(参见图 B.9、图 B.10)

7.3.3.1 外形

长约 40 mm,宽约 16 mm;四周包围植物纤维编织的茧。

7.3.3.2 喙

具 2 对～4 对着生于瘤突上的刚毛。

7.3.3.3 胸部

前胸背板具 2 对或 3 对刚毛;中胸背板具 1 对刚毛。

8 结果判定

以成虫、幼虫或蛹的形态特征及其近缘种分类检索表(参见附录 C)为依据,符合上述形态特征以及描述的确定为红棕象甲。

9 标本保存

成虫标本采用针插风干保存,并注意防虫蛀、防潮湿和霉变;幼虫和蛹浸泡前放入开水内煮 1 min～2 min 至虫体直硬后,用酒精-甘油保存液保存。

附 录 A
（资料性附录）
红棕象甲的其他信息

A.1 寄主植物

A.1.1 棕榈科植物(Arecaceae)

槟榔 *Areca catechu* Linn.
桄榔 *Arenga pinnata*(Wurmf.)Merr.
扇叶糖棕 *Borassus flabellifer* Linn.
梅氏省藤 *Calamus merrillii* Becc.
鱼尾葵 *Caryota cumingii* Lodd. ex Mart.
大山鱼尾葵 *C. maxima* Blume
椰子 *cocos nucifera* Linn.
吕宋糖棕 *Corypha utan* Lam.(syn. *C. gebanga*,*C. elata*)
油棕 *Elaeis guineensis* Jacq.
裂叶蒲葵 *Livistona decipiens* Becc.
蒲葵 *L. chinensis*(Jacq.)
西谷椰子 *Metroxylon sagu* Rottb.
刺椰子 *Oncosperma horridum*(Griff.)
尼邦刺椰子 *O. tigillarium*(Jack)
王棕 *Oreodoxa regia* Kunth.
加纳利海枣 *Phoenix canariensis* Hort. ex chabaud
海枣 *P. dactylifera* Linn.
中东海枣 *P. sylvestris*(Linn.)
伞形蓑棕 *Sabal umbraculifera*(Jacq.)
棕榈 *Trachycarpus fortunei*(Hook.)
华盛顿棕 *Washingtonia* sp.

A.1.2 龙舌兰科植物(Agavaceae)

美洲龙舌兰 *Agave Americana* Linn.

A.1.3 禾本科植物(Poaceae)

甘蔗 *Saccharum officinarum* Linn.

A.2 生物学特性

雌成虫产卵于寄生植物叶腋间、茎干伤口或裂缝处，幼虫孵出后随即钻入树干内，钻食柔软组织，树干纤维被咬断且残留在虫道内，严重时可使茎干成为空壳；当幼虫钻食生长点时，初期使心叶残缺不全，最终使生长点腐烂，造成植株死亡。该成虫寿命 2 月～3 月，幼虫期平均 55 d，预蛹期 3 d～6 d，蛹期

13 d～17 d,单雌平均产卵量300粒左右。

A.3 在国外的地理分布

A.3.1 欧洲及地中海地区

塞浦路斯、法国、希腊、以色列、意大利、约旦、西班牙、土耳其。

A.3.2 亚洲

巴林、孟加拉、柬埔寨、印度、印度尼西亚、伊拉克、伊朗、日本、科威特、老挝、马来西亚、缅甸、阿曼、巴基斯坦、菲律宾、卡塔尔、沙特阿拉伯、新加坡、斯里兰卡、叙利亚、泰国、职拉伯联合酋长国、越南。

A.3.3 非洲

埃及。

A.3.4 大洋洲

澳大利亚、巴布亚新几内亚、所罗门群岛、西萨摩亚。

附　录　B
（资料性附录）
红棕象甲形态特征图

红棕象甲形态特征见图 B.1～图 B.10。

图 B.1　成虫

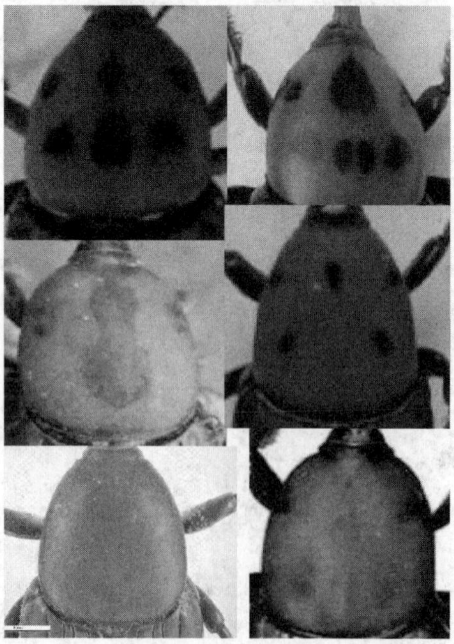

图 B.2　成虫前胸背板部黑色斑纹变化

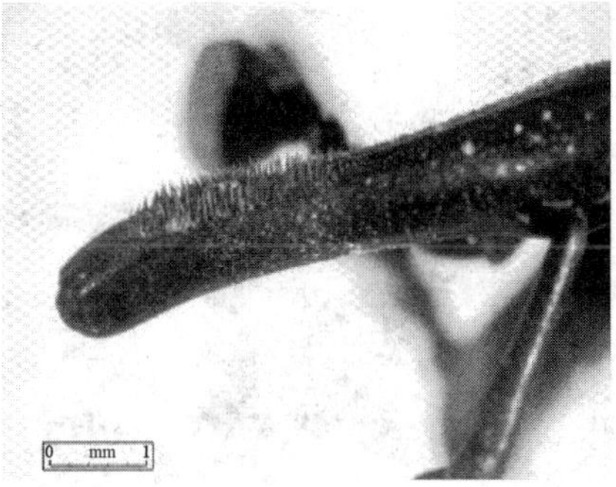

a） ♂喙侧面

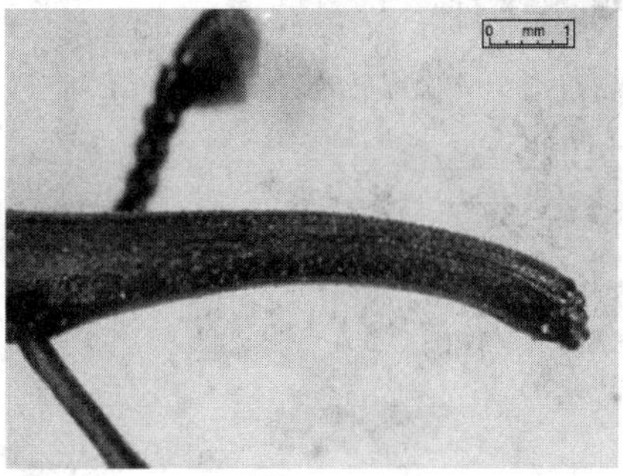

b） ♀喙侧面

图 B.3 喙

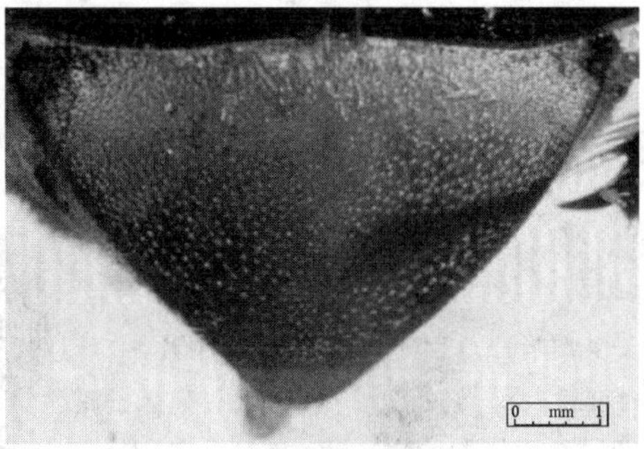

a） 臀板刻点

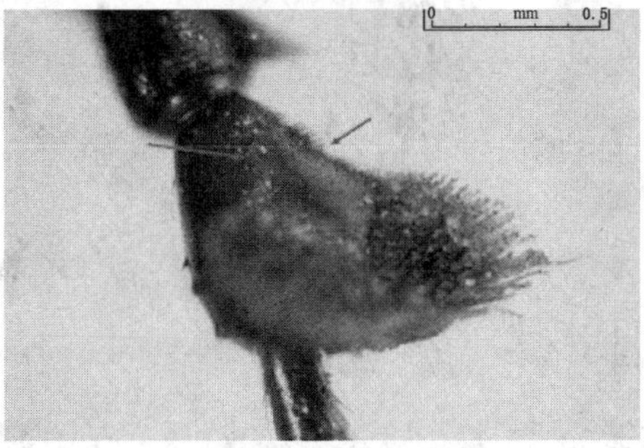

b） 第3跗节刚毛

图 B.4 臀板及第3跗节

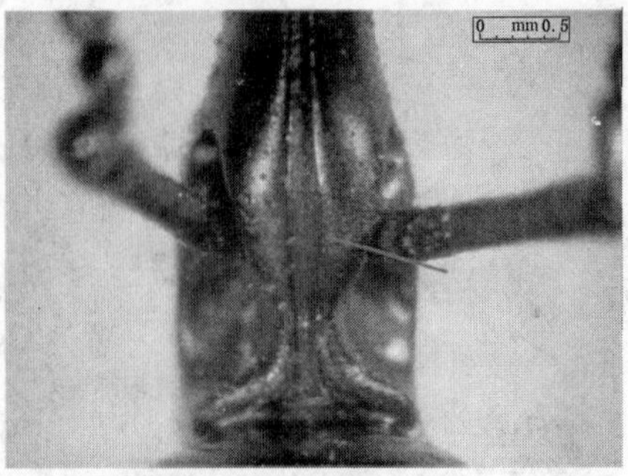

a） 外咽缝

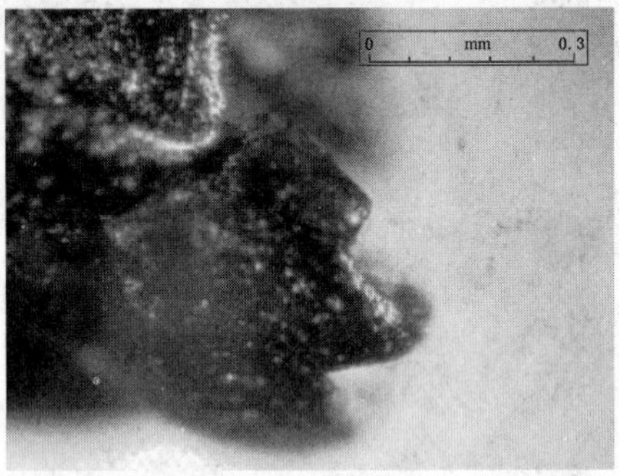

b） 上颚端部

图 B.5 口器

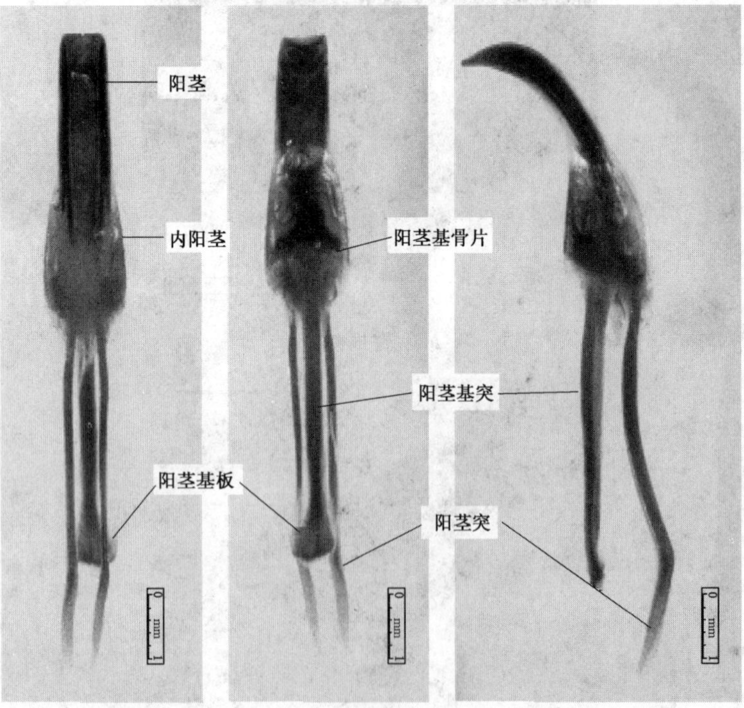

a） 侧面　　b） 腹面　　c） 背面

图 B.6 雄虫外生殖器

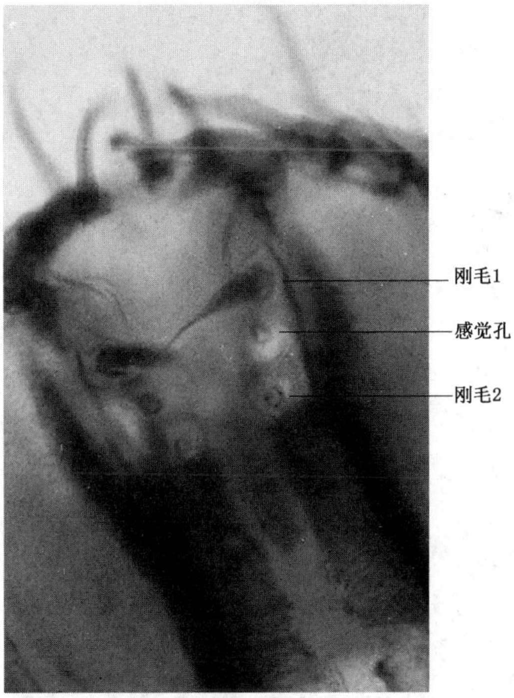

图 B.7 幼虫内唇

图 B.8 幼虫

图 B.9　茧

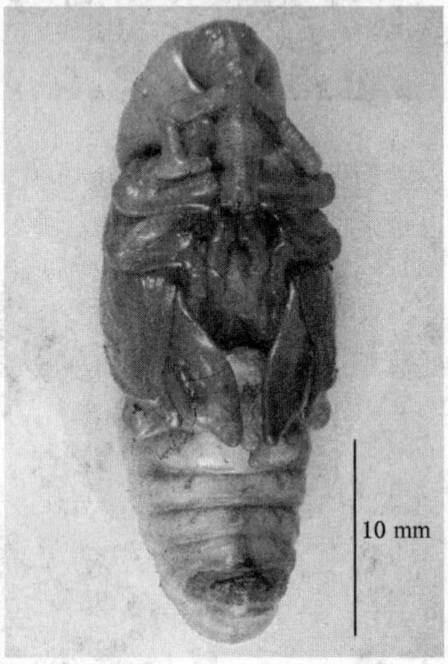

图 B.10　蛹腹面观

附　录　C
（资料性附录）
红棕象甲同属近缘种的检索表

C.1　成虫检索表

1. 上颚端部圆形或者卵圆形……………………………………………………………………… 2
   上颚端部具齿……………………………………………………………………………………… 4
2. 无鼻板；跗节第3节腹面六分之一；前胸背板后部卵形；外咽缝狭；喙端部腹面不凸起，略侧扁或者圆筒形，且基部背面不凸起或呈卵形；亚颏端部平……………………………………………… 3
   具鼻板，明显圆；跗节第3节腹面三分之一，具刚毛；前胸背板近方形，后部宽圆；外咽缝宽；喙端部腹面强烈凸起，侧扁，基部背面凸起，呈卵形；亚颏端部卵形（分布：非洲）……………………………………… 四角棕榈象 *R. quadrangulus* Quedenfeldt
3. 前足胫节扁平，端部具两个宽叶；中、后足端部平截；前胸背板两侧弧形扩宽，前端渐狭缩；喙方形，略侧扁，端部背面凹或者槽状；亚颏端部平凹；上颚端部狭卵形；雄虫喙密生直立的刚毛（分布：南美）………………………………………… 里氏棕榈象 *R. ritcheri* Wattanapongsiri
   前足胫节不扁平；中、后足端部不平截；前胸背板两侧直，前端渐狭缩；喙圆筒形，端部卵形或者略凸；亚颏端深凹入；上颚端部宽卵形；雄虫喙背面无刚毛，具瘤突（分布：美洲）…………………………………………… 深红棕榈象 *R. cruentatus*(Fabricius)
4. 前胸背板基部突出；外咽缝狭；触角窝腹面间距狭；喙尖端背面具槽或者近平截；眼间距等于或小于喙基部宽的三分之一……………………………………………………………………… 5
   前胸背板基部卵形或者宽圆形（图B.1），外咽缝宽；触角窝腹面间距宽；喙尖端无槽而呈卵形；眼间距不小于喙基部宽的三分之一……………………………………………………………… 6
5. 上颚端部具3个明显尖齿；喙腹面在触角窝之间平滑，无刚毛；中、后足胫节在端钩基部背面具明显的刺；臀板背面平坦；跗节第3节腹面几乎完全覆盖刚毛；亚颏端部略内凹且具3个尖齿；触角细小；小盾片后面突出甚尖；身体铁锈色且具黑斑（分布：亚洲）……………… 黑斑棕榈象 *R. distinctus* Watt
   上颚端部具两个宽叶突；喙腹面在触角窝之间起皱且具几根细长的刚毛；中、后足胫节无端刺；臀板背面凸；跗节第3节腹面的一半具刚毛；亚颏端部卵形；触角粗；小盾片后面突出但不尖；身体完全黑色（分布：中、南美洲，西印度群岛）……………………………… 棕榈象甲 *R. palmarum*(Linnaeus)
6. 臀板光滑；跗节第3节腹面两侧无刚毛列；眼间距接近喙基部宽的三分之一；前胸背板基部宽圆，常具两条纵贯全长的红色纵带；小盾片向后突出甚狭（分布：热带非洲）………………………………………… 紫棕象甲 *R. phoenicis*(Fabricius)
   臀板具刻点[图B.4a)]；跗节第3节腹面两侧各具1列刚毛[图B.4b)]；前胸背板基部卵形或者宽卵形，常具1条宽的红色的纵带，或者两条短小的红色纵带，或者几个斑点；小盾片向后稍突出……… 7
7. 外咽缝自基部宽度一致；上颚端部具4个齿；亚颏端部平截，中央具1个三角形凹陷；体黑色，前胸背板上面常具狭窄短小的红色纵带（分布：印度尼西亚、巴布亚新几内亚、所罗门群岛）　　　　　　　　　　二线棕榈象 *R. bilineatus*(Montrouzier)
   外咽缝在基部狭，向后长卵形扩宽[图B.5a)]；上颚端部具3个齿[图B.5b)]；亚颏端部平截，弧形凹入，具纵贯全长的狭长的中纵沟；身体黑色或铁锈色，前胸背板常具1条宽的红色纵带或斑点（分布：EPPO地区、亚洲、澳洲）……………………………… 红棕象甲 *R. ferrugineus*(Oliver)

C.2 幼虫检索表

1. 内唇感觉孔靠近刚毛 2 而远离刚毛 1；上唇侧面具 16 根～22 根刚毛…………………………………… 2
内唇感觉孔在刚毛 1 与刚毛 2 中间或者接近中间，上唇侧面具 24 根～30 根刚毛 …………………… 3
2. 上唇侧面具 16 根短刚毛；内唇感觉孔与刚毛 1 间距几乎是与刚毛 2 间距的 3 倍；腹部第 8 节背片前方背面无刚毛；内唇前方两侧无扩大的部分；下颚叶背面具二分叉的刚毛 …………………………………………………………… 深红棕榈象甲 R. *cruentatus*(Fabricius)
上唇侧面具长刚毛 22 根；内唇感觉孔与刚毛 1 间距不到与刚毛 2 间距的两倍；腹部第 8 节背片前方背面具 4 根刚毛；内唇前方两侧具扩大的部分；下颚叶背面具二分叉的刚毛和三分叉的刚毛 ………………………………………………………………… 红棕象甲 *R. ferrugineus*(Oliver)
3. 上颚具齿或 2 叶状；内唇前方宽大；下颚叶背面具 26 根～27 根刚毛 …………………………………………………………………… 棕榈象甲 *R. palmarum*(Linnaeus)
上颚无齿，不分叶；内唇前方狭或者细而尖；下颚叶背面具 18 根～20 根刚毛 …………………… 4
4. 上唇侧面具 30 根刚毛；下颚叶背面具 20 根刚毛；上颚粗大，甚厚而粗壮；腹部第 8 背片背面前、后方各具 2 根刚毛 ……………………………………………………… 紫棕象甲 *R. phoenicis*(Fabricius)
上唇侧面具 24 根刚毛；下颚叶背面具 18 根刚毛；上颚小，不粗壮；腹部第 8 背片背面前、后方无刚毛 ………………………………………………………… 二线棕榈象甲 *R. bilineatus*(Montrouzier)

C.3 蛹检索表

1. 前胸背板具两对或者 3 对刚毛；中胸背板具 1 对刚毛，喙具 2 到 4 对着生于瘤突上的刚毛 ………………………………………………………………… 红棕象甲 *R. ferrugineus*(Oliver)
前胸背板和中胸背板无刚毛……………………………………………………………………………… 2
2. 喙背面具 7 对着生于瘤突上的刚毛；后胸背板无刚毛 …………… 紫棕榈象 *R. phoenicis*(Fabricius)
喙背面具 3 对或者更少刚毛；后胸背板常具 1 对刚毛 ………………………………………………… 3
3. 喙背面具 1 对刚毛，并且在触角着生处之间具隆起的瘤突 …… 深红棕榈象 *R. cruentatus*(Fabricius)
喙背面具 3 对着生于瘤突上的刚毛，2 对位于喙基部的瘤突 …… 棕榈象甲 *R. palmarum*(Linnaeus)

ICS 17.040.30
N 13

中华人民共和国国家标准

GB/T 29580—2013

时间法集中空调分户计量装置

Time-based cost-allocation device for central air-conditioning

2013-07-19 发布　　2014-03-01 实施

中华人民共和国国家质量监督检验检疫总局
中国国家标准化管理委员会　发布

前　言

本标准按照GB/T 1.1—2009给出的规则起草。

本标准由中华人民共和国住房和城乡建设部提出。

本标准由全国暖通空调及净化设备标准化技术委员会(SAC/TC 143)归口。

本标准负责起草单位:广东艾科技术股份有限公司、佛山市南海区标准化研究与促进中心。

本标准参加起草单位:仲恺农业工程学院、广州大学、华南理工大学、清华大学、湖南大学、山东建筑大学、中国建筑设计研究院、中国建筑西南设计研究院有限公司、中国建筑科学研究院、北京市建筑设计研究院、上海建筑设计研究院有限公司、上海现代建筑设计(集团)有限公司、广东省建筑设计研究院、山东省建筑设计研究院、机械工业第六设计研究院、中国建筑业协会智能建筑专业委员会、中国自动化学会智能建筑与楼宇自控专业委员会、广东省建筑科学研究院、广东西屋康达空调有限公司、北京高力国际物业服务有限公司、北京戴德梁行物业管理有限公司。

本标准主要起草人:杨从新、常文飞、钱路平、彭兆斌、李飞龙、庞啟雄、丁力行、徐晓宁、刘金平、耿望阳、刘兰斌、张国强、方肇洪、宋孝春、戎向阳、宋业辉、徐宏庆、寿炜炜、赵济安、廖坚卫、于晓明、高洪澜、郭维钧、李翠萍、黄久松、王启华、杨仕超、余鹏、蔡湛文、朱明、马凤岐。

时间法集中空调分户计量装置

1 范围

本标准规定了时间法集中空调分户计量装置(以下简称装置)的术语和定义、要求、试验方法、检验规则、标志、运输和贮存

本标准适用于通过计算集中空调系统的末端设备通断控制的运行时间,来进行分户计量的装置。

2 规范性引用文件

下列文件对于本文件的应用是必不可少的。凡是注日期的引用文件,仅注日期的版本适用于本文件。凡是不注日期的引用文件,其最新版本(包括所有的修改单)适用于本文件。

GB/T 191 包装储运图示标志

GB/T 2423.1 电工电子产品环境试验 第2部分:试验方法 试验A:低温

GB/T 2423.2 电工电子产品环境试验 第2部分:试验方法 试验B:高温

GB 4793.1 测量、控制和实验室用电气设备的安全要求 第1部分:通用要求

GB/T 6388 运输包装收发货标志

GB/T 6587—2012 电子测量仪器 通用规范

GB/T 9969 工业产品使用说明书 总则

GB/T 17626.4—2008 电磁兼容 试验和测量技术 电快速瞬变脉冲群抗扰度试验

GB/T 17626.5—2008 电磁兼容 试验和测量技术 浪涌(冲击)抗扰度试验

GB/T 17626.8—2008 电磁兼容 试验和测量技术 工频磁场抗扰度试验

GB/T 17626.11—2008 电磁兼容 试验和测量技术 电压暂降、短时中断和电压变化的抗扰度试验

3 术语和定义

下列术语和定义适用于本文件。

3.1

时间法分户计量 time-based cost-allocation

以集中空调末端设备通断控制的当量时间为依据对冷(热)用量分摊的方法。

3.2

时间法集中空调分户计量装置 time-based cost-allocation device for central air-conditioning system

在集中空调系统正常运行时,采集末端设备的开关状态、风速状态和运行时间等信息,计算不同风速下热交换累积时间的装置。分户计量装置包括数据采集、传输和处理等功能模块。

末端设备 terminal

在集中空调系统中的风机盘管、组合式空调器、地暖盘管等热交换设备。

3.3

热交换时间 heat transmission time

在制冷(热)系统正常运行的情况下,末端设备在热交换状况下的累积运行时间。

3.4

当量时间　equivalent time

将末端设备不同的换热功率下的热交换时间折算为统一功率下的时间量。

3.5

采集器　sampler

对末端设备热交换时间进行采集并存储的装置单元，按末端设备的配套电控阀门的数量分为无阀、有阀(单阀或双阀)采集器，还可分为带温控和不带温控功能的采集器。

4　要求

4.1　一般要求

4.1.1　末端设备的热交换功率应由末端设备企业或业主提供，提供的数据应真实。

4.1.2　装置应有数据存储、显示、查询功能。

4.1.3　装置应为每个末端设备配置独立的采集器。

4.1.4　装置结构示意图参见附录A，分户计量装置计费方法可参见附录B。

4.2　外观

装置外壳、标牌、接线柱等应无明显的擦伤和变形，外壳部分的文字、数字和符号应清晰，无玷污残缺。装置应具有人机操作界面，按键时应响应良好，显示无缺画、重影、模糊等不良现象。

4.3　功能

4.3.1　采集功能

装置应对末端设备热交换时间进行采集存储。

4.3.2　通信功能

装置应具有与计算机进行上行通信功能。

4.3.3　地址设置功能

装置应对采集器设置通信地址编码。

4.3.4　断电数据保存功能

在断电后，装置应保存断电前的数据。

4.3.5　联动功能

根据冷热源状态(温度、流量、设备启停等)，装置应具有是否计时的联动功能。

4.3.6　显示功能

装置应具有热交换时间的显示功能。

4.3.7　管理软件

生产厂家应提供必要的管理软件，管理软件的功能可参见附录C。

4.4 计时误差

装置的计时误差不应超过±1.0%。

4.5 安全要求

装置的安全要求应符合 GB 4793.1 的有关规定。

4.6 电磁兼容

4.6.1 电快速瞬变脉冲群抗扰度

按 GB/T 17626.4—2008 中 2 级进行试验时,装置应能正常工作。

4.6.2 浪涌(冲击)抗扰度

按 GB/T 17626.5—2008 中 2 级进行试验时,装置应能正常工作。

4.6.3 工频磁场抗扰度

按 GB/T 17626.8—2008 中 2 级进行试验时,装置应能正常工作。

4.6.4 电压暂降、短时中断和电压变化的抗扰度

按 GB/T 17626.11—2008 中 2 类进行试验时,装置应能正常工作。

4.7 环境适应性

4.7.1 高温

装置在 55 ℃±2 ℃的温度下连续工作 24 h 应无异常。

4.7.2 低温

装置在－10 ℃±2 ℃的温度下连续工作 24 h 应无异常。

4.7.3 振动

按照 5.7.3 进行振动试验后,装置应能正常工作。

4.7.4 冲击

按照 5.7.4 进行冲击试验后,装置应能正常工作。

5 试验方法

5.1 试验条件

试验条件应符合以下规定:

a) 环境温度为 15 ℃～35 ℃。相对湿度为 45%～75%;

b) 试验电源电压为 AC 220 V±22 V,频率 50 Hz±1 Hz;

c) 除地磁场外,应无其他外磁场影响。

5.2 外观检验

外观检验采用目测方式。

5.3 功能试验

5.3.1 采集功能试验

5.3.1.1 试验装置

用开关模拟末端设备的控制状态，用指示灯模拟末端设备的运行状态，有阀分户计量装置见图1，无阀分户计量装置见图2。装置的具体接线方法参考厂家的相关产品说明书。

5.3.1.2 试验步骤

按表1或表2所示，将装置设定为表中的任一状态组合，由计算机采集装置的状态信息和运行时间，如此循环测试10次，检查状态信息是否与末端设备的运行信息一致。

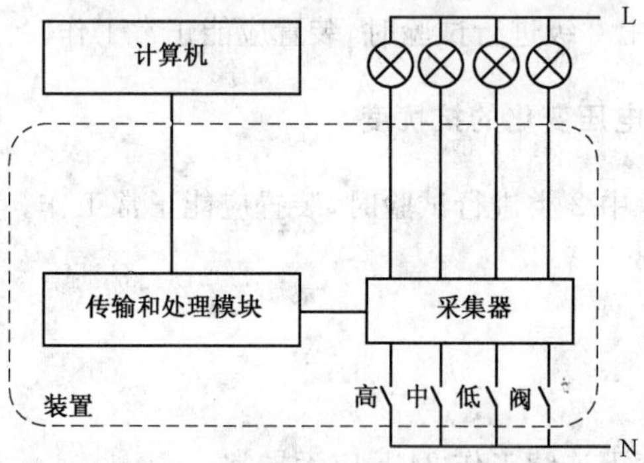

图1 有阀分户计量装置采集功能模拟试验示意图

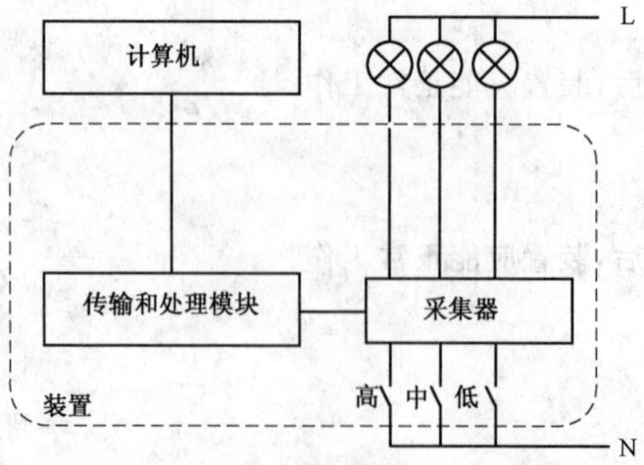

图2 无阀分户计量装置采集功能模拟试验示意图

表 1　有阀分户计量装置试验条件开关组合

末端设备运行状态	开关状态			
	高挡	中挡	低挡	阀门
阀开/高挡	开	关	关	开
阀开/中挡	关	开	关	开
阀开/低挡	关	关	开	开
阀关/高挡	开	关	关	关
阀关/中挡	关	开	关	关
阀关/低挡	关	关	开	关
阀关/关	关	关	关	关

表 2　无阀分户计量装置试验条件开关组合

末端设备运行状态	开　关　状　态		
	高挡	中挡	低挡
高挡	开	关	关
中挡	关	开	关
低挡	关	关	开
关	关	关	关

5.3.2　通信功能试验

按图 3 所示，由计算机连续采集采集器的状态信息，采集次数为 10 次。检查计算机是否正确收到装置上传的信号。

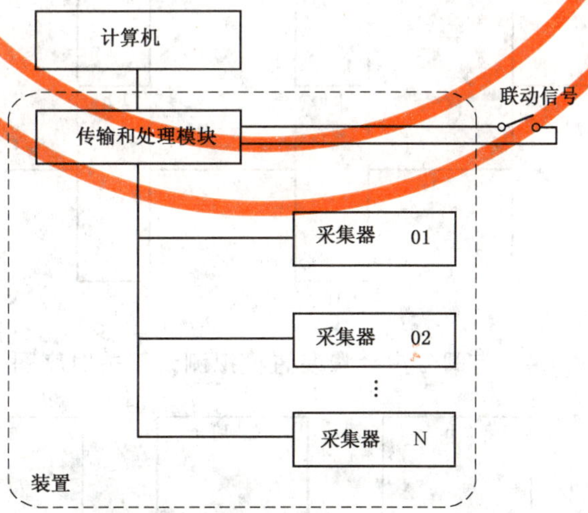

图 3　通信功能模拟试验示意图

5.3.3 地址设置功能试验

按产品说明书设置装置内采集器与传输模块地址码，按5.3.2进行试验，检查装置应正常上传数据。

5.3.4 断电数据保存功能试验

按图1或图2所示，在装置正常工作的状态下连续工作5 min，记录末端设备运行时间，然后切断供电电源，1 min后重新通电并立即检查记录测试情况，重复试验10次。由装置读出的运行时间应与断电前保持一致。

5.3.5 联动功能试验

将装置按5.3.2进行试验，改变联动信号的状态，如此循环测试10次，由计算机检查装置的计时状态，应按照指令改变。

5.3.6 显示功能试验

将装置通电后，目测检查其显示内容，应符合4.3.6的规定。

5.3.7 管理软件试验

按图1或图2所示，运行管理软件，管理软件功能参见附录C，检查软件所监测到的状态，应与实际工况一致。

5.4 计时误差试验

5.4.1 有阀分户计量装置计时误差试验

按图1所示连接装置，记录装置内采集器的高挡累计运行时间（T_1）。按图4所示的开关时序图接通或关闭高挡和阀门的电源，用秒表记录高挡和阀门同时接通的时间。试验完成后，记录采集器的高挡累计运行时间（T_2）和秒表记录的累计运行时间（T_0）。

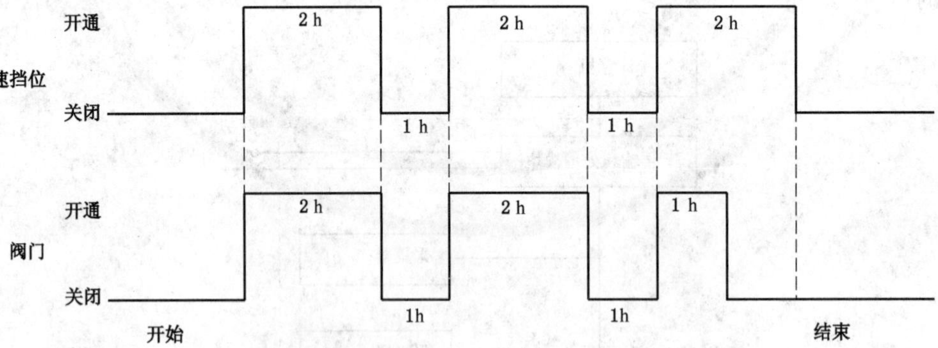

图4 有阀分户计量装置模拟测试开关时序图

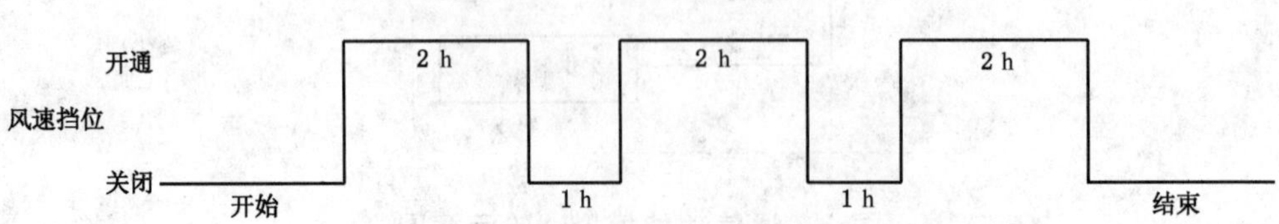

图5 无阀分户计量装置模拟测试开关时序图

5.4.2 无阀分户计量装置计时误差试验

按图2所示连接装置，记录装置内采集器的高挡累计运行时间(T_1)。按图5所示的开关时序图接通或关闭高挡的电源，用秒表记录高挡接通的时间。试验完成后，记录采集器的高挡累计运行时间(T_2)和秒表记录的累计运行时间(T_0)。

5.4.3 计时误差的计算

按式(1)计算出高挡风速状态下的计时误差。然后按以上方法测量中挡风速状态和低挡风速状态下的相对计时误差，结果应符合4.4的要求。

$$\delta=\frac{(T_2-T_1)-T_0}{T_0}\times 100\% \qquad \cdots\cdots(1)$$

式中：

δ ——计时误差，%；

T_0——秒表测得的在测挡位的累计运行时间，单位为分(min)；

T_1——启动测试前，采集器在测挡位的累计运行时间，单位为分(min)；

T_2——结束测试后，采集器在测挡位的累计运行时间，单位为分(min)。

5.5 安全试验

装置的安全试验应按GB 4793.1的有关规定进行。

5.6 电磁兼容试验

5.6.1 电快速瞬变脉冲群抗扰度试验

装置应按GB/T 17626.4—2008的规定进行试验，试验等级为2级。

5.6.2 浪涌(冲击)抗扰度试验

装置应按GB/T 17626.5—2008的规定进行试验，试验等级为2级。

5.6.3 工频磁场抗扰度试验

装置应按GB/T 17626.8—2008的规定进行试验，试验等级为2级。

5.6.4 电压暂降、短时中断和电压变化的抗扰度试验

装置应按GB/T 17626.11—2008的规定进行试验，试验类别为2类。

5.7 环境适应性试验

5.7.1 高温试验

装置应按GB/T 2423.2的规定进行试验，试验温度为55 ℃±2 ℃，试验时间为24 h。

5.7.2 低温试验

装置应按GB/T 2423.1的规定进行试验，试验温度为−10 ℃±2 ℃，试验时间为24 h。

5.7.3 振动试验

装置的振动试验应按GB/T 6587—2012中的振动试验组别第Ⅱ组进行。

5.7.4 冲击试验

装置的冲击试验应按 GB/T 6587—2012 中的冲击试验组别第Ⅱ组进行。

6 检验规则

6.1 检验分类

产品检验分为出厂检验和型式检验。

6.2 出厂检验

6.2.1 每套装置经出厂检验合格并附有产品合格证方可出厂。
6.2.2 出厂检验项目见表 3。
6.2.3 出厂检验中出现任意一项不符合要求或出现故障时,则判定该产品为不合格。

6.3 型式检验

6.3.1 有下列情况之一时应进行型式检验:

a) 新产品试制定型时;
b) 正式生产后,如结构、材料、工艺有较大改变,可能影响产品性能时;
c) 产品停产 1 年以上,恢复再生产时;
d) 出厂检验结果与上次型式检验结果有较大差异时;
e) 连续 3 年正常生产时;
f) 国家质量监督部门提出型式检验要求时。

6.3.2 型式检验项目见表 3。
6.3.3 型式检验中,如有任何一项不符合要求时,则判定该次型式检验不合格。

表 3 检验项目

序号	项目	出厂检验	型式检验	技术要求	试验方法
1	外观	√	√	4.2	5.2
2	功能要求	√	√	4.3	5.3
3	计时误差	√	√	4.4	5.4
4	安全要求		√	4.5	5.5
5	电磁兼容		√	4.6	5.6
6	环境适应性		√	4.7	5.7
注:"√"表示在该类检验中应进行的项目。					

7 标志、运输和贮存

7.1 标志

7.1.1 产品标志

产品上应有如下标志:

a） 制造厂名称或商标；

b） 产品型号及名称。

7.1.2 产品合格证

产品合格证上应有如下标志：

a） 制造厂名称或商标；

b） 产品型号及名称；

c） 检验日期；

d） 检验员代号；

e） 执行标准号。

7.1.3 包装标志

产品的运输包装上应有如下标志：

a） 制造厂名称及地址；

b） 产品名称及型号；

c） 毛重或净重，kg；

d） 箱体外形尺寸：长×宽×高；

e） 符合 GB/T 191 和 GB/T 6388 要求的包装储运图示标志及运输包装收发货标志。

7.1.4 使用说明书

使用说明书应符合 GB/T 9969 的规定，并标出以下内容：

a） 制造厂名称、地址及商标；

b） 产品名称及型号；

c） 产品主要技术参数；

d） 结构特征与工作原理；

e） 使用、操作和注意事项；

f） 故障分析与排除；

g） 执行标准号。

7.2 运输

运输时应轻放轻卸，按箱子箭头标志堆放，避免激烈震动、撞击和日晒雨淋。

7.3 贮存

产品应贮存在通风干燥的仓库内，周围无腐蚀性气体，切忌靠近水源和热源。

附 录 A
（资料性附录）
时间法集中空调分户计量装置结构

图 A.1 中点画线内部分为时间法集中空调分户计量装置示意图。

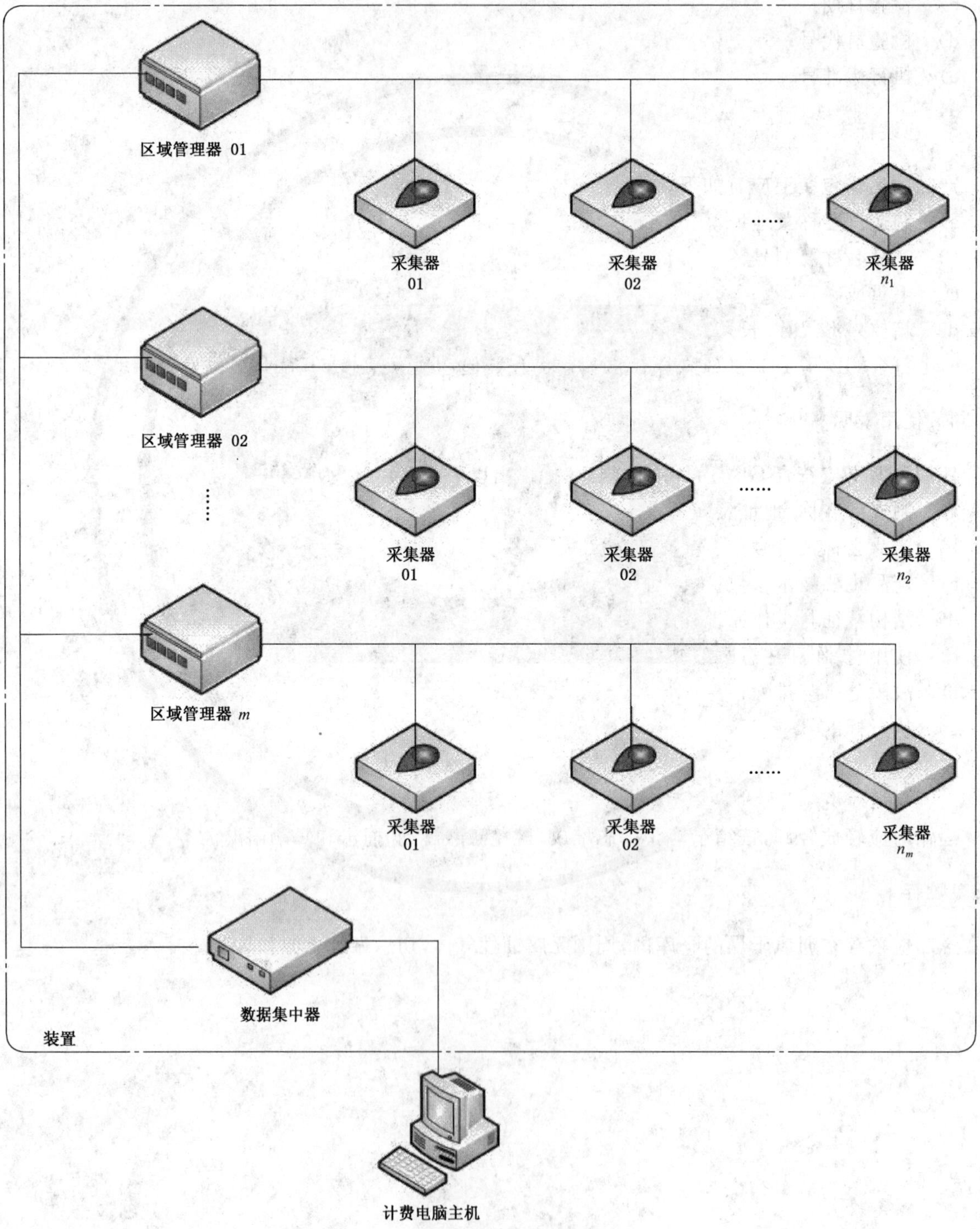

图 A.1 计量装置示意图

附　录　B
（资料性附录）
时间法集中空调分户计量装置计费方法

B.1　计费方法

时间法集中空调分户计量装置检测末端设备热交换时间，然后根据当量时间进行冷、热总费用分摊。

计费公式：基本费用＋（某户当量时间÷总当量时间）×待摊费用总额

B.2　基本费用

按面积大小收取的费用。

B.3　当量时间

当量时间按式（B.1）计算：

$$T=\sum_{i=1}^{n}K_i\times T_i \qquad \text{(B.1)}$$

式中：

T——当量时间，单位为分（min）；

K_i——末端设备某挡位下的额定热交换功率与基准功率之比，无量纲；

T_i——与 K_i 对应的挡位累计热交换时间，单位为分（min）；

i——某一风速挡位；

n——风速挡位总数。

附 录 C
(资料性附录)
时间法集中空调分户计量装置管理软件

C.1 基本功能

C.1.1 基本数据(如操作员、仪表信息、用户信息等)管理维护、软件运行日志记录。

C.1.2 多级管理权限。

C.1.3 数据备份与恢复、数据防篡改安全措施。

C.1.4 设备运行状态实时监控、记录和报警。

C.1.5 分时段计费、欠费提醒和远程控制。

C.1.6 统计分析、报表打印。

C.1.7 集成接口规范(ODBC、OPC 等)。

C.2 辅助管理功能

C.2.1 远程查询功能

用户远程查询用量。

C.2.2 辅助评估功能

C.2.2.1 固定资产成本、管理成本、用能成本等的核算。

C.2.2.2 按面积与按用量两种收费模式对比分析。

ICS 65.020.01
B 16

中华人民共和国国家标准

GB/T 29581—2013

胡椒叶斑病菌检疫鉴定方法

Detection and identification of *Xanthomonas axonopodis* pv. *betlicola* (Patel et al.) Vauterin et al.

2013-07-19 发布　　2013-12-06 实施

中华人民共和国国家质量监督检验检疫总局
中国国家标准化管理委员会　发布

前　言

本标准按照 GB/T 1.1—2009 给出的规则起草。

本标准由全国植物检疫标准化技术委员会(SAC/TC 271)提出并归口。

本标准起草单位:中华人民共和国海南出入境检验检疫局、中华人民共和国深圳出入境检验检疫局、中华人民共和国广东出入境检验检疫局。

本标准主要起草人:刘福秀、冯黎霞、龙海、李伟东、凌杏园、韩玉春、周先超。

胡椒叶斑病菌检疫鉴定方法

1 范围

本标准规定了胡椒叶斑病菌(*Xanthomonas axonopodis* pv.*betlicola*)的检疫和鉴定方法。

本标准适用于植物苗木等繁殖材料及组织中胡椒叶斑病菌的检疫和鉴定。

2 规范性引用文件

下列文件对于本文件的应用是必不可少的。凡是注日期的引用文件,仅注日期的版本适用于本文件。凡是不注日期的引用文件,其最新版本(包括所有的修改单)适用于本文件。

GB/T 4789.28—2003 食品卫生微生物学检验 染色法、培养基和试剂

3 胡椒叶斑病菌基本信息

中文名:胡椒叶斑病菌(胡椒细菌性叶斑病菌;地毯草黄单胞杆菌蒌叶致病变种)。

学名:*Xanthomonas axonopodis* pv.*betlicola*(Patel, Kulkarni & Dhande 1951) Vauterin, Hoste, Kersters & Swings 1995。

异名:*Xanthomonas campestris* pv.*betlicola* (Patel, Kulkarni & Dhande 1951) Dye 1978。

病害英文名:bacterial leaf spot of pepper、pepper bacterial leaf spot。

属原核生物界 Procaryotes、变形细菌门 Proteobacteria、γ-变形细菌纲 Gammaproteobacteria、黄单胞菌目 Xanthomonadales、黄单胞菌科 Xanthomonadaceae、黄单胞菌属 *Xanthomonas*、地毯草黄单胞杆菌 *Xanthomonas axonopodis*。

胡椒叶斑病菌的其他信息参见附录 A。

4 方法原理

根据胡椒叶斑病菌的寄主范围、培养性状、生理生化特性和所致病害的症状特点,采用病原菌的分离、病菌培养性状观察、生理生化特性检测以及致病性测定等方法进行检测和鉴定。

5 试剂与培养基

5.1 试剂

无菌水、琼脂、酵母提取物、蛋白胨、葡萄糖、营养琼脂、牛肉膏、氯化钠、氢氧化钠。

果糖、木糖、半乳糖、乳糖、麦芽糖、甘露醇、海藻糖、甘油、水杨苷、蔗糖、山梨糖、鼠李糖、棉子糖、肌醇、草酸钠、β-羟基丁酸钠、琥珀酸钠、苹果酸、乳酸钠、柠檬酸钠、酒石酸钠、*DL*-精氨酸明胶、石蕊牛奶。

5.2 培养基

病菌分离采用 NGA 培养基(见附录 B),病菌增殖采用营养琼脂培养基(见附录 B)。

6 仪器和用具

天平、搅拌器、冰箱(4 ℃±2 ℃;－80 ℃)、无菌(新)塑料封口袋、脱脂棉、石棉铁丝网、高压灭菌锅、培养箱(29 ℃±1 ℃;或其他可以控制温度的暗室)、无菌昆虫针、紫外灯、小型离心机、酸度计(或精密pH试纸)、超净工作台等。

7 检测与鉴定

7.1 现场检疫

7.1.1 感官检查

仔细检查,观察典型症状或可疑症状(参见附录A)。感病组织表面可能有菌脓。

7.1.2 样品抽取

发现可疑植株,切取受害部位或将整棵植株取回实验室检验。

7.2 室内检测与鉴定

7.2.1 病原菌分离

取小块病组织用无菌水冲洗后放入0.5 mL～2.0 mL无菌水中,观察是否有细菌溢出。如果有喷菌现象,则用接种环挑取喷出的菌液,在NGA培养基(参见附录B)上划线分离。如没有喷菌现象,则用灭菌玻棒将病组织研碎,在室温下浸泡15 min～20 min,用接种环挑取组织液在NGA培养基上划线分离。看不到症状的情况下,用无菌水洗涤病组织(病组织为叶片时,洗涤量应在10片以上),洗涤液离心浓缩后做适当稀释,在NGA培养基上划线分离。划线细菌在28 ℃～30 ℃下黑暗培养。至少设2个重复。3 d后即可观察所产生的菌落。如果发现可疑的菌落应该及时使用NGA培养基进一步纯化培养观察,并进行后续试验。

7.2.2 菌落形态观察

配制表1所列9种培养基,并按表1所列培养条件培养待检菌株,其中1是必需的,2～9可选。

表1 胡椒叶斑病菌在不同培养基上的培养性状

序号	培养基	培养条件	典型培养性状
1	营养琼脂	28 ℃～30 ℃下培养7 d	菌落圆形,黄色,有光泽,全缘,稍隆起,粘稠
2	牛肉膏胨培养液	28 ℃～30 ℃下振荡培养24 h或静止培养7 d	培养液轻度浑浊,无液面生长,沉淀物不明显
3	牛肉膏胨琼脂平面	28 ℃～30 ℃下培养7 d	菌落圆形,直径1 mm～2 mm,表面光滑,闪光,边缘完整,乳酪状,低度凸起,半透明或不透明,乳白带浅黄色
4	酵母膏胨培养液	28 ℃～30 ℃下振荡培养24 h或静止培养7 d	培养液轻度浑浊,无液面生长,沉淀物不明显
5	牛肉膏胨酵母葡萄糖培养液	28 ℃～30 ℃下振荡培养24 h或静止培养7 d	培养液中度浑浊,液面生长环状,沉淀物少量

表 1（续）

序号	培养基	培养条件	典型培养性状
6	牛肉膏胨酵母葡萄糖琼脂斜面	28 ℃～30 ℃下培养 7 d	菌苔均为线状，快速生长，乳酪状，不粘稠，乳白带浅黄色，培养基不变色
7	牛肉膏胨酵母葡萄糖琼脂平板	28 ℃～30 ℃下培养 7 d	菌落圆形，直径 3 mm～5 mm，表面光滑，闪光，边缘完整，乳酪状，低度凸起，半透明或不透明，乳白带浅黄色
8	牛肉膏胨琼脂斜面	28 ℃～30 ℃下培养 7 d	菌苔均为线状，中度生长，乳酪状，不粘稠，乳白带浅黄色，培养基不变色
9	酵母膏胨琼脂斜面	28 ℃～30 ℃下培养 7 d	菌苔均为线状，中度生长，乳酪状，不粘稠，乳白带浅黄色，培养基不变色

发现典型菌落的结果判为阳性，同时记录可疑菌落数，并进行后续试验。如没有发现典型的菌落，结果判为阴性。

7.2.3 革兰氏染色

革兰氏染色按 GB/T 4789.28—2003 中 2.2 的规定进行试验。观察革兰氏染色反应的试验结果和菌体形态。

胡椒叶斑病菌革兰氏染色呈阴性反应。典型菌体短杆状，末端圆形，大小为(0.4 μm～0.7 μm)×(1.0 μm～2.4 μm)，单个或成双排列，有 3～5 个的短链。无芽孢，无荚膜，有运动性，鞭毛为单根极生。

革兰氏染色呈阴性反应，且观察到菌体典型形态的结果判为阳性，并进行后续试验。如革兰氏染色反应呈阳性，或革兰氏染色反应呈阴性但没有观察到菌体典型形态，结果判为阴性。

7.2.4 生理生化特性测定

将上述分离的等检细菌用微量生化反应管进行生理生化特性测定。以 *X.axonopodis* pv.*betlicola* 阳性菌株做对照，每个测定项目设 3 个重复。生理生化特性测定结果与附录 C 结果一致判定为阳性，并进行致病性测定。否则判为阴性。

7.3 致病性测定

7.3.1 针刺接种

采用平板划线法在营养琼脂培养基平板上纯化刚分离的待测细菌，在 28 ℃～30 ℃温度下培养 2 d～4 d，移出单个菌落后进一步扩大繁殖。取待测细菌在营养琼脂培养基上培养 24 h～48 h，用灭菌的昆虫针蘸取菌落，在胡椒苗嫩叶背面进行刺伤接种(Pan-niyur 系列品种或其他品种都行，国内主栽品种都感病)。每个菌株接种 3 片叶。接种标准的阳性菌株作为阳性对照，同时接种非致病菌和无菌水作为阴性对照。接种后的植株置放于人工气候箱，在 28 ℃～30 ℃温度下，先在 100%相对湿度下保湿 24 h～48 h，然后在 80%左右的相对湿度下，每天在 7 000 lx～10 000 lx 下光照培养 16 h，黑暗下培养 8 h。接种 5 d～7 d 后，观察是否出现水渍状角形病斑，每天观察一次，接种后 30 d 不表现症状的视为不发病。试验重复 3 次。

用喷雾法接种于胡椒或蒌叶叶片上也能产能水渍状多角形病斑。

7.3.2 病菌再分离

按 7.2.1 的方法对 7.3.1 中发病的植株进行病菌再分离，能得到 7.2.2 描述的纯培养判为阳性，否则判为阴性。

8 结果评定

没有发现典型的菌落，即菌落形态观察结果为阴性，判定为未检出胡椒叶斑病菌。

革兰氏染色呈阳性反应，即革兰氏染色结果为阴性，判定为未检出胡椒叶斑病菌。

生理生化特性测定结果与附录 C 结果不一致，即生理生化特性测定结果为阴性，判定为未检出胡椒叶斑病菌。

致病性测定试验中，接种后没有出现典型症状，或出现了典型症状但没有从接种后发病的组织中再分离到与原接种物相同的病原菌，即致病性测定结果为阴性，判定为未检出胡椒叶斑病菌。

菌落形态观察结果、革兰氏染色结果、生理生化特性测定结果和致病性测定结果四者均为阳性，判定为检出胡椒叶斑病菌。

9 样品和菌种保存

9.1 样品保存

样品(包括健康和发病的植株或组织)拍照后均应制成干标本，经登记和签字后置于 4 ℃冰箱或阴凉干燥、防虫防鼠处妥善保存。对鉴定为胡椒叶斑病菌的样品至少应保存 6 个月，以备复检、谈判和仲裁，样品保存期满后，需经灭菌处理。

9.2 菌种保存

从样品中分离并鉴定为胡椒叶斑病菌的新鲜菌种在营养琼脂培养基上 28 ℃～30 ℃培养 24 h 后，用灭菌的昆虫针刮取细菌，放入装有无菌水的玻璃管中，封口后经登记和签字，置于室温或 4 ℃冰箱中保存；或用真空干燥机制成冻干粉置于－20 ℃以下低温冰箱保存。对欲废弃的菌种应做灭菌处理。

附　录　A
（资料性附录）
胡椒叶斑病菌的其他信息

A.1　地理分布

柬埔寨、马来西亚、印度、孟加拉国、新西兰、巴西。

A.2　寄主植物

自然寄主：胡椒（*Piper nigrum*）、假蒟（*Piper sarmentosum*）、海南蒟（*Piper hainanense*）、蒌叶（*Piper betle*）、假高粱（*Sorghum halepense*）、柠檬（*Citrus limonum*）等。

接种寄主：菜豆（*Phaseolus vulgaris*）等。

A.3　症状特点

胡椒叶斑病菌（*Xanthomonas axonopodis* pv.*betlicola*）可侵染蔓、枝、叶、花序及果穗，但主要侵害叶片。

感病的叶片初为透明状的侵染点，随后扩大成多角形病斑，数天后，病斑中间呈褐色，外缘有黄晕，叶背病健交界处呈水渍状，雨天或湿度大时，常见有细菌溢脓，成一层明胶状薄膜。高温干旱期，病斑多在植株下层叶边缘和叶尖发生。

蔓枝一般在节上或伤口感染，初为紫褐色，随后干枯脱节。

花序及果穗一般先从穗的末端感病，病部呈紫黑色、易脱落。

A.4　传播方式

该病菌主要通过伤口和自然孔口侵入寄主，侵染来源一是带病种苗，二是病株的残枝落叶，病菌在病组织中可存活 1 个月以上，三是野生杂草。病菌靠雨水、露水、风、昆虫及农事操作等近距离传播，带病的种苗和病残体可作远距离的传播。

附 录 B
（规范性附录）
培养基的配制

B.1 淋病奈瑟菌培养基(NGA)

淋病奈瑟菌培养基的配方见表 B.1。

表 B.1 淋病奈瑟菌培养基的配方

成　　分	配方比例
酵母提取物	3.0 g
蛋白胨	5.0 g
葡萄糖	2.5 g
琼脂	16.0 g
蒸馏水	1.0 L

按培养基配方比例依次准确地称取酵母提取物、蛋白胨、葡萄糖放入烧杯中。蛋白胨很易吸潮，在称取时动作要迅速。在烧杯中加入约 800 mL 蒸馏水，用搅拌器搅拌，待药品完全溶解后，将称好的琼脂放入已溶解的药品溶液中，再加热溶化，在琼脂溶化的过程中，需不断搅拌，以防琼脂糊底。最后补足水分至 1 000 mL，再分装，103.43 kPa (121 ℃)灭菌 15 min。

B.2 营养琼脂培养基

营养琼脂培养基的配方见表 B.2。

表 B.2 营养琼脂培养基的配方

成　　分	配方比例
营养琼脂	41 g
蒸馏水	1 000 mL

称取 41 g 营养琼脂干燥粉末加入 1 000 mL 冷蒸馏水中混合放置 10 min，隔石棉铁丝网微火煮沸使其完全溶解，分装，103.43 kPa (121 ℃)灭菌 15 min。

B.3 牛肉膏胨培养基

牛肉膏胨培养基的配方见表 B.3。

表 B.3　牛肉膏胨培养基的配方

成　　分	配方比例
牛肉膏	3.0 g
蛋白胨	10.0 g
氯化钠	5.0 g
琼脂(配制固体培养基时加入)	20.0 g
蒸馏水	1 000 mL
pH 值:7.0～7.2	

准确称取各种成分,一些不易称量的成分如牛肉膏,可用玻璃棒取出放硫酸纸上称量,然后连同硫酸纸一起放入烧杯中,向烧杯内加入所需的水量,将牛肉膏用水洗下后,取出硫酸纸弃去,加热搅拌全溶后稍放冷。用酸度计或精密 pH 试纸测定其 pH 值,并用 10% 氢氧化钠溶液调至所需 pH 值,必要时用滤纸或脱脂棉过滤,一般比要求的 pH 高出 0.2,因为高压蒸汽灭菌后,pH 常降低。分装,103.43 kPa (121 ℃)灭菌 15 min。

B.4　牛肉膏胨酵母葡萄糖培养基

牛肉膏胨酵母葡萄糖培养基的配方见表 B.4。

表 B.4　牛肉膏胨酵母葡萄糖培养基的配方

成　　分	配方比例
牛肉膏	1.5 g
蛋白胨	5.0 g
氯化钠	3.5 g
磷酸氢二钾	3.68 g
磷酸二氢钾	1.32 g
琼脂(配制固体培养基时加入)	20.0 g
蒸馏水	1 000 mL
pH 值:7.0～7.2	

配制方法同 B.3。

附 录 C
（资料性附录）
胡椒叶斑病生理生化特性

C.1 生理生化特性

胡椒叶斑病菌（*Xanthomonas axonopodis* pv.*betlicola*）耐盐度 2%，初始生长 pH 值为 5.6～8.5。可以在 5 ℃～37 ℃±1 ℃生长，不能在 41 ℃±1 ℃生长。触酶反应呈阳性，氧化酶阴性。产氨，产硫化氢，不产吲哚，水解淀粉，明胶液化，不还原硝酸盐，M.R.和 V.P.反应阴性，石蕊牛奶产碱和胨化（详见表 C.1）。

表 C.1 胡椒叶斑病菌（*X. axonopodis* pv.*betlicola*）生理生化特性

初始生长 pH 值		鉴别性生长温度			耐盐度/%	触酶	氧化酶	氨	硫化氢	吲哚	淀粉水解	液化明胶平板	硝酸盐还原	M.R.	V.P.	石蕊牛奶
最高	最低	5℃	37 ℃±1 ℃	41 ℃±1 ℃												
5.6	8.5	W	+	−	2	+	−	+	+	−	+	+	−	−	−	b.p.

注：b. 表示产碱，p. 表示胨化，+表示正反应，−表示负反应，W 表示弱反应。

C.2 碳、氮源利用情况

该菌能利用琥珀酸盐、苹果酸、乳酸盐、柠檬酸盐作唯一碳源，并呈碱性反应。不能利用草酸盐、酒石酸盐、β-羟基丁酸盐和精氨酸作唯一碳源（详见表 C.2）。

表 C.2 对有机酸和氨基酸作为唯一碳源的利用特性

草酸钠	β-羟基丁酸钠	琥珀酸钠	苹果酸	乳酸钠	柠檬酸钠	酒石酸钠	DL-精氨酸
−	−	+	+	+	+	−	−

注：+表示生长，−表示不生长。

C.3 碳水化合物发酵

该菌葡萄糖氧化产酸不产气，果糖、木糖、半乳糖、乳糖、麦芽糖、甘露醇、海藻糖和甘油产酸不产气。

水杨苷不产酸不产气，但能生长。蔗糖、山梨糖、鼠李糖、棉子糖、肌醇不产酸不产气(详见表 C.3)。

表 C.3 碳水化合物发酵特性

葡萄糖	果糖	木糖	半乳糖	乳糖	麦芽糖	蔗糖	甘露糖	山梨糖	海藻糖	鼠李糖	棉子糖	肌醇	甘油	水杨苷
A	A	A	A	A	A	A	A	—	A	—	—	—	A	＋和－
注：A 表示产酸，－表示不产酸不产气，＋表示生长。														

ICS 65.020.01
B 16

GB

中华人民共和国国家标准

GB/T 29582—2013

花生矮化病毒检疫鉴定方法

Detection and identification of peanut stunt virus

2013-07-19 发布　　　　2013-12-06 实施

中华人民共和国国家质量监督检验检疫总局
中国国家标准化管理委员会　发布

前言

本标准按照GB/T 1.1—2009给出的规则起草。

本标准由全国植物检疫标准化技术委员会(SAC/TC 271)提出并归口。

本标准起草单位:中华人民共和国上海出入境检验检疫局、中华人民共和国深圳出入境检验检疫局、中华人民共和国厦门出入境检验检疫局。

本标准主要起草人:于翠、杨翠云、印丽萍、郑耘、廖富荣、郑建中、易建平。

花生矮化病毒检疫鉴定方法

1 范围

本标准规定了花生矮化病毒检疫鉴定方法。

本标准适用于活体植物材料，包括无性繁殖材料、组培苗、种子和苗木中花生矮化病毒的检测。

2 规范性引用文件

下列文件对于本文件的应用是必不可少的。凡是注日期的引用文件，仅注日期的版本适用于本文件。凡是不注日期的引用文件，其最新版本（包括所有的修改单）适用于本文件。

SN/T 1840 植物病毒免疫电镜检测方法

SN/T 2122 进出境植物及植物产品检疫抽样

3 花生矮化病毒基本信息

中文名：花生矮化病毒。

英文名：Peanut stunt virus。

异 名：groundnut stunt virus；peanut stunt cucumovirus；robinia mosaic virus；clover blotch virus；peanut common mosaic virus。

缩 写：PSV。

属雀麦花叶病毒科 Bromoviridae，黄瓜花叶病毒属 *Cucumovirus*。

花生矮化病毒的其他信息参见附录 A。

4 方法原理

利用基于抗原抗体反应的双抗夹心酶联免疫吸附测定（double antibody sandwich enzyme-linked immunosorbent assay，DAS-ELISA）、体外反转录和体外 DNA 合成技术的反转录聚合酶链式反应（reverse transcription polymerase chain reaction，RT-PCR）进行检测鉴定。

5 仪器设备、设施、用具和试剂

5.1 仪器

PCR 仪、超净工作台、电子天平（0.001 g）、电泳仪、电泳槽、凝胶成像系统、电子透射显微镜、水浴锅、高速冷冻离心机、−80 ℃超低温冰箱、高压灭菌锅、制冰机、微波炉、涡旋振荡器。

5.2 设施

隔离温室（10 ℃～30 ℃）。

5.3 用具

可调式微量移液器（2 μL、10 μL、100 μL、200 μL、1 000 μL、5 000 μL）及相应的无 RNase 吸头、无 RNase 离心管、PCR 管和研钵等。

5.4 试剂

病毒检测试剂盒、Trizol、焦碳酸二乙酯(DEPC)、液氮、三氯甲烷、异戊醇、异丙醇、乙醇、β-巯基乙醇、AMV 反转录酶、*Taq* DNA 聚合酶、DNA 分子标记、溴化乙锭、琼脂糖、溴酚蓝等。血清学和分子生物学试剂配制参见附录 B。

注：除有特殊说明外，所有试验用试剂均为分析纯或生化试剂。

6 检测

PSV 的症状根据寄主植物和病毒株系的不同而变化，自然感染的植物症状是持久的。在花生(*Arachis hypogaea Linn.*)上有不同程度的矮化、节间缩短、叶片变小、轻斑驳、豆荚畸形。在菜豆(*Phaseolus vulgaris Linn.*)上，小三叶表现褪绿斑驳和花叶，而有些栽培种的小三叶变长，不能长成正常的叶片；烟草(*Nicotiana tabccum Linn.*)，表面严重的斑驳，整株植物褪绿，或有褪绿斑并有橡树叶状的叶片；羽扇豆(*Lupinus micranthus Guss.*)，叶片、花器畸形，植株矮化。当寄主植物表现症状时，可根据症状采样；当寄主植物无症状时，则可以按 SN/T 2122 中规定的抽样方法进行。

7 鉴定

7.1 鉴定流程

有多种方法可对 PSV 进行检测鉴定。免疫电镜是一种快速方法，但是仅能对少量病毒含量高的样品进行检测，且需要透射电镜这样的贵重仪器。PT-PCR 作为单一方法能够快速灵敏地进行检测，但是需要实验室人员具备相当的专业技能。ELISA 方法是一种快速、简单易学且需试验设备最少的方法，但是某些株系由于血清学关系远而可能被漏检。通常初筛时，根据样品量的多少选择 ELISA 或 RT-PCR 方法。具体操作流程可参照图 1。鉴定样品是否带毒应两种或两种以上的方法相互验证。

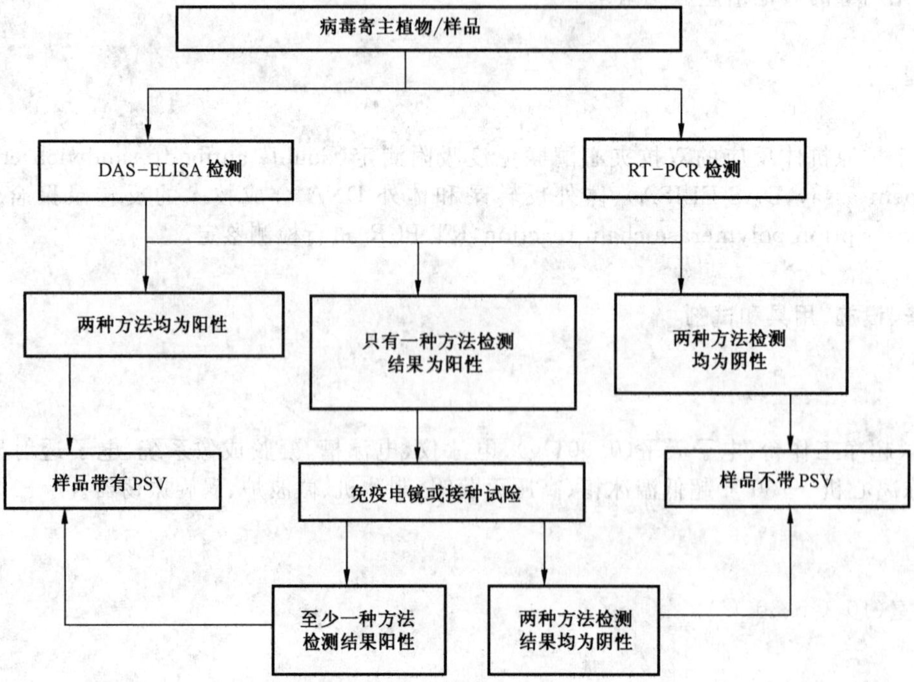

图 1 PSV 鉴定流程图

7.2 双抗体酶联免疫吸附测定方法(DAS-ELISA)

对种苗叶片或由种子催生长出的第一对真叶研磨,并按植物组织重量和抽提缓冲液 1∶10 的比例稀释,制备的汁液分别盛装于离心管中,低速离心后吸取上清液待用于 ELISA 检测。具体检测步骤见附录 C。

7.3 RT-PCR 检测

植株叶片或种子液氮研细,取 0.1 g 用于提取植物总 RNA。RT-PCR 具体操作步骤见附录 D。

7.4 生物学检测

在室温(20 ℃～25 ℃)条件下,栽种于检疫隔离温室中的昆诺藜或苋色藜、菜豆、普通烟、豇豆、番茄等鉴别寄主植物第一对真叶长出后可作为指示植物用于摩擦接种。对经 DAS-ELISA 或 RT-PCR 检测阳性的植株或种子,加入适量接种缓冲液研磨成汁液后接种指示植物。当任意一种指示植物出现如下描述症状时,即可判定接种成功:

a) 苋色藜或昆诺藜(*Chenopdium amaranticolor*,*C. quinoa*):接种叶出现褪绿斑,后系统叶出现褪绿斑和花叶;
b) 菜豆(*Phaseolus vulgaris Linn*):褪绿或局部坏死斑,系统褪绿花叶或仅有花叶症状(不同栽培种上的症状也不同);
c) 普通烟(*N. tabacum*):接种叶上有直径 5 mm～10 mm 的线黄绿色环,系统感染的新叶上有褪绿区;
d) 豇豆(*Vigna unguiculata*):第一叶接种后的 4 d～5 d 产生褪绿斑,2 d～3 d 后小三叶表现脉明和向上束起;
e) 番茄(*Lycopersicon esculentum Linn*):表现为类似感染黄瓜花叶病毒或番茄不孕病毒所引起的蕨叶的叶片呈带状。

7.5 免疫电镜检测

按照 SN/T 1840 中的方法进行电镜观察病毒粒子形态。在免疫电镜下如观察到直径为 29 nm 的病毒球状粒子,即可判定免疫电镜结果阳性。

8 结果判定

当 DAS-ELISA 结果阳性,且同时 7.3、7.4 或 7.5 中任一结果为阳性时,可判定样品携带有花生矮化病毒;当 RT-PCR 结果阳性,且同时 7.2、7.4 或 7.5 中任一结果为阳性时,也可判定样品携带有花生矮化病毒。

9 样品与记录结果保存

9.1 经检验确定携带花生矮化病毒的样品应保存在适合的条件下以备复核。如种子保存在干燥条件下,其他情况取试验样品保存在－20 ℃冰箱中,有条件的保存在－80 ℃冰箱中更好。做好登记和标记工作。

9.2 记录包括:样品来源、种类,取样人员,试验的时间、地点、方法和结果,检验检疫员的签字等。酶联免疫吸附测定法检测应有酶联板反应的数值,生物学测定应有鉴别寄主的症状照片,RT-PCR 检测应有电泳结果照片及序列测定分析。

附 录 A
（资料性附录）
花生矮化病毒其他信息

A.1 寄主范围

PSV 自然侵染大豆、花生、菜豆、刺槐、烟草、豌豆以及三叶草等多种豆科牧草。

A.2 为害症状

PSV 影响寄主植物的整个生长期。典型症状为节间缩短、叶片变小、褪绿、畸形；在某种程度上，中期感染的症状与番茄斑萎病毒属引起的症状相似。早期感染的植株几乎不产生种子或种子不明显。PSV 的症状根据主寄植物和病毒株系的不同而变化。自然感染的植物的症状是持久的。

A.3 分布地区

欧洲：法国、匈牙利、意大利、波兰、西班牙。

亚洲：印度，日本，朝鲜半岛，中国的河北、山东、河南、江苏等省。

非洲：摩洛哥、苏丹。

美洲：美国。

A.4 传播方式

A.4.1 介体传播

PSV 可由蚜虫以非持久性方式传播。介体的获毒时间不到 1 min，传毒时间不到 1 min，无潜伏期，病毒不传给幼蚜。在试验条件下易摩擦接种。

A.4.2 种子传毒

可通过花生种子传给下一代植株，PSV 从花生的种子传给幼苗的百分率低（大约 0.1%）。大豆是否可种传该病毒，目前还无定论，有报道种传率可达 3%～4%，也有报道不种传。尚无其他植物种子传播 PSV 的报道。

A.4.3 其他传染源

在美国，病毒可在白三叶草、烟草、菜豆上越冬，这几种植物是感染源。

A.5 粒体形态

PSV 粒体为等轴对称二十面体，直径 29 nm。

A.6 基因组

PSV 基因组为三分体基因组，每个病毒粒子包裹有单分子的 RNA_1 或 RNA_2，或者 RNA_3 和 RNA_4。存在广泛的株系分化现象，根据分子遗传亲缘关系将 PSV 划分为三个亚组。

附　录　B
（资料性附录）
试剂配置

B.1　10×PBST 缓冲液(pH7.4)

氯化钠($NaCl$)	80 g
磷酸二氢钾(KH_2PO_4)	2 g
磷酸氢二钠(Na_2HPO_4)	11.5 g
氯化钾(KCl)	2 g
吐温-20(Tween-20)	5 mL

溶于 900 mL 的蒸馏水中，用浓盐酸(HCl)调节 pH 至 7.4，并定容至 1 000 mL。

B.2　样品抽提缓冲液(pH7.4)

亚硫酸钠(Na_2SO_3)	1.3 g
聚乙烯基吡咯烷酮 (PVP)	20 g
叠氮钠(NaN_3)	0.2 g
吐温-20(Tween-20)	20 mL

溶于 900 mL 的 1×PBST 中，用浓盐酸(HCl)调节 pH 至 7.4，定容至 1 000 mL。

B.3　包被抗体缓冲液(pH9.6)

碳酸钠(Na_2CO_3)	1.59 g
碳酸氢钠($NaHCO_3$)	2.93 g

溶解于 900 mL 蒸馏水中，用浓盐酸(HCl)调节 pH 至 9.6，并定容至 1 000 mL。

B.4　酶标抗体缓冲液(pH7.4)

1×PBST 缓冲液	800 mL
牛血清白蛋白(BSA)	2 g
PVP(相对分子质量 24 000～40 000)	20 g

用无菌蒸馏水定容至 1 000 mL。

B.5　底物(ρNPP)缓冲液(pH9.8)

二乙醇胺	97 mL
叠氮钠(NaN_3)	0.2 g

溶解于 600 mL 的无菌蒸馏水中，用浓盐酸(HCl)调节 pH 至 9.8，然后用蒸馏水定容至 1 000 mL。

B.6 反应终止液

氢氧化钠(NaOH)120 g 溶于 1 000 mL 的无菌蒸馏水中,浓度 3 mol/L。

B.7 电泳缓冲液 TAE(50×)

三羟甲基氨基甲烷(Tris)	242 g
冰乙酸	52.1 mL
乙二胺四乙酸二钠(EDTA,0.5 mol/L)	100 mL

用时加蒸馏水稀释至 1×TAE。

B.8 溴化乙锭(EB)溶液(10 μg/μL)

溴化乙锭	20 mg
灭菌去离子水	20 mL

附 录 C
（规范性附录）
双抗体酶联免疫吸附测定方法(DAS-ELISA)

C.1 检测

C.1.1 根据检测需要将适量的孔条放于酶联板架上,包括2个阳性对照孔、2个阴性对照孔、2个空白对照孔和多个待检测样品孔。待测样品孔重复两次。

C.1.2 每孔加入100 μL的PSV的包被抗体溶液,封口膜包好,37 ℃孵育2 h～4 h(或4 ℃冰箱过夜)。

C.1.3 将酶联板孔中溶液控干,用200 μL的1×PBST洗涤液洗涤酶联板3次,每次3 min,然后在干净毛巾或滤纸上扣干。

C.1.4 将100 μL制备的待测样品溶液加入到设计的待检测孔中,对照孔中也各加入100 μL相应的阴性对照、阳性对照和空白对照。封口膜包好,37 ℃孵育2 h～3 h(或4 ℃冰箱过夜)。

C.1.5 洗涤,步骤同C.1.3。

C.1.6 用酶标抗体稀释缓冲液按照要求稀释酶标抗体,每孔加入100 μL酶标抗体溶液,封口膜包好,并于37 ℃孵育2 h～4 h。

C.1.7 洗涤,步骤同C.1.3。

C.1.8 将ρNPP溶于底物缓冲液中,使最终浓度为1 mg/mL。每孔加入100 μL配好的底物溶液,室温孵育0.5 h～2 h。必要时每孔加入50 μL的3 mol/L氢氧化钠溶液终止反应。

C.1.9 酶标仪405 nm波长下检测各孔的吸收值并记录。

C.2 结果判定

C.2.1 质量控制要求:缓冲液孔和阴性对照孔的OD_{405}值小于0.15,阴性对照孔的OD_{405}值小于0.05时,按0.05计算。阳性对照有明显的颜色反应,孔的重复性以样品OD值的平行允许率控制,按照式(C.1)进行计算:

$$P=\frac{OD_1-OD_2}{(OD_1+OD_2)\times 1/2}\times 100\% \qquad \text{(C.1)}$$

式中:

P ——平行允许率;

OD_1——重复样品1的OD值;

OD_2——重复样品2的OD值。

当重复检测样品OD值平行允许率(P)小于20%时,判定检测结果有效。

C.2.2 若满足不了C.2.1的质量要求,则不能进行结果判定。

C.2.3 在满足了C.2.1的质量要求后,则按如下原则作出判定:

样品OD_{405}/阴性对照OD_{405}值明显大于2,结果判定为阳性;

样品OD_{405}/阴性对照OD_{405}值在阈值附近,判为可疑样品,需重做一次或者用其他方法进行验证;

样品OD_{405}/阴性对照OD_{405}值明显小于2,判为阴性。

附 录 D
（规范性附录）
RT-PCR 检测方法

D.1 植物总 RNA 提取

D.1.1 取 0.1 g 样品，液氮研细，加入 1 mL Trizol，混匀，倒入 1.5 mL 离心管中。

D.1.2 加入 0.2 mL 三氯甲烷，猛烈振荡 15 s，4℃ 11 000 r/min 离心 10 min，小心吸取上层无色水相到新离心管中。

D.1.3 加入等体积异丙醇，混匀，－20 ℃静置 10 min，4 ℃ 12 000 r/min 离心 15 min，保留沉淀。

D.1.4 加入 1 mL 75%冷乙醇，悬浮沉淀，4 ℃8 000 r/min 离心 10 min，干燥沉淀。

D.1.5 加入 30 μL DEPC-H_2O，溶解沉淀（必要时，55 ℃～60 ℃水浴 10 min，加速溶解），存于－80 ℃备用。

注：或者按照商品 RNA 提取试剂盒进行操作。

D.2 引物序列

正向引物 PSV-1F：5'GCTCATGCTAGAGAGCTCCG3'；反向引物 PSV-1R：5'GAAGGGAT-TCGCTGATGCTC3'。扩增片断长度约 550 bp。

D.3 反转录

利用提取的 RNA 在 PCR 管中进行反转录。首先加入 3 μL 模板 RNA，1 μL 下游引物（20 μmol/L），8 μL 水混合后 70 ℃温育 5 min；立即置于冰上，2 min 后加入 4 μL AMV 缓冲液、1 μL dNTP（10 mmol/L）、1 μL AMV 反转录酶（10U/μL）、1 μL RNA 酶抑制剂（40U/μL），42 ℃反应 1 h。也可采用 RT-PCR 一步法试剂盒，操作步骤按使用说明进行。

注：如不立即进行 PCR 扩增，应将逆转录产物置于－20 ℃保存。

D.4 核酸扩增

PCR 反应体系见表 D.1，每个样品设 2 个平行处理。反应体系中各试剂的量可根据具体情况或不同的反应总体积进行适当调整。检测时以含花生矮化病毒材料的 cDNA 或含有花生矮化病毒目标片断的质粒作为阳性对照，以健康植物材料作为阴性对照，以水代替模板作为空白对照。

表 D.1 RT-PCR 反应体系

名称	储存液浓度	终浓度	加样量/μL
PCR 缓冲液	×10	×1	2.5
dNTP	2.5 mmol/L	200 μmol/L	2
上游引物	10 μmol/L	0.2 μmol/L	0.5
下游引物	10 μmol/L	0.2 μmol/L	0.5

表 D.1（续）

名称	储存液浓度	终浓度	加样量/μL
Taq 酶	5 U/μL	0.05 U/μL	0.25
cDNA	—	—	1.5
无菌水	—	—	17.75
总体积	—	—	25

D.4.1 PCR 反应循环参数：

普通 PCR 反应参数见表 D.2，不同仪器可根据仪器要求将反应参数作适当调整。

表 D.2 普通 RT-PCR 反应参数

变性	扩增条件	循环次数	延伸
94 ℃ 4 min	94 ℃，30 s	30	72 ℃，10 min
	58 ℃，30 s		
	72 ℃，45 s		

D.4.2 PCR 扩增产物的电泳检测

用电泳缓冲液（1×TAE）配制 2.0%的琼脂糖凝胶（55 ℃～60 ℃时加入溴化乙锭至终浓度为 0.5 μg/mL，也可在电泳后进行染色）。在电泳槽中加入电泳缓冲液，使液面刚刚没过凝胶。将 9 μL PCR 扩增产物，加 1 μL 10×上样缓冲液上样。恒压（5 V/cm～6 V/cm）电泳 40 min～50 min。凝胶成像系统中观察电泳结果，拍照并记录结果。

D.5 结果判定

如果阴性对照和空白对照未出现条带，阳性对照出现预期大小的条带，样品未出现预期大小的条带，则可判定样品为花生矮化病毒阴性。

如果阴性对照和空白对照未出现条带，阳性对照出现预期大小的条带，样品出现预期大小条带，可通过测序的方式进一步确认。如果 PCR 产物序列与花生矮化病毒的序列同源，则可判定样品为花生矮化病毒阳性，若序列不同源，则可判定样品为花生矮化病毒阴性。也可通过荧光 PCR 的方式进一步确认。

ICS 65.020.01
B 16

中华人民共和国国家标准

GB/T 29583—2013

黄顶菊检疫鉴定方法

Detection and identification of *Flaveria bidentis* (L.) Kuntze

2013-07-19 发布

2013-12-06 实施

中华人民共和国国家质量监督检验检疫总局
中国国家标准化管理委员会
发布

前　言

本标准按照 GB/T 1.1—2009 给出的规则起草。

本标准由全国植物检疫标准化技术委员会(SAC/TC 271)提出并归口。

本标准起草单位:中华人民共和国福建出入境检验检疫局、中华人民共和国云南出入境检验检疫局、中国检验检疫科学研究院、中华人民共和国厦门出入境检验检疫局、中华人民共和国河北出入境检验检疫局。

本标准主要起草人:郭琼霞、黄可辉、刘忠善、范晓虹、吴媛、万顺崇、王念武、虞赟、陈艳、林阳武。

黄顶菊检疫鉴定方法

1 范围

本标准规定了黄顶菊[*Flaveria bidentis* (L.) Kuntze]的实验室检测及其形态特征鉴定方法。

本标准适用于黄顶菊的植株和瘦果的检疫鉴定。

2 术语和定义

下列术语和定义适用于本文件。

2.1

头状花序 capitulum

花无梗,密集着生于极度缩短而膨大的花轴上,呈头状,常具总苞。

2.2

舌状花 ligulate floret

头状花序外圈瓣状物,具舌状花冠的小花。

2.3

管状花 tubular floret

头状花序中央的小花,花冠呈筒状。

2.4

总苞 involucre

包围花或花簇基部的一轮苞片。

2.5

总苞片 phyllary

菊科植物总苞基部的一种叶状或鳞片状结构的苞片,或菊科总苞的一枚苞片。

2.6

瘦果 achene

由一个、两个或三个心皮组成的单室果实,不开裂,内含种子一粒,果皮与种皮分离,种子仅在一点与子房壁相连;菊科植物的果实大多数是由两个心皮组成的瘦果。

2.6.1

心花果 disc achene

头状花序的中间部分产生的瘦果,见于菊科植物。

2.6.2

边花果 ray achene

头状花序的边缘部分产生的瘦果,见于菊科植物。

2.7

果脐 hilum

果实成熟时,由果柄上脱落下来留下的一个痕迹。

3 黄顶菊基本信息

中文名:黄顶菊。

中文别名：二齿黄菊。

学名：*Flaveria bidentis*(L.)Kuntze,1898。

异名：*Ethulia bidentis* L.,1767。

属菊科 Compositae,黄菊属 *Flaveria* Juss.。

4 方法原理

将现场采集和实验室检测中发现的疑似黄顶菊的植株、瘦果,通过肉眼、放大镜或体视显微镜观察,根据本标准描述的鉴定特征,按系统分类学方法进行判定。

5 仪器和器具

5.1 仪器

体视显微镜(带目镜测微尺或镜台测微尺)、电子天平、电动筛或套筛。

5.2 器具

放大镜、解剖刀、解剖针、镊子、指形管、培养皿、白瓷盘、棉花、样品袋、标本夹、标签、记录纸、标本瓶、标本盒、防虫剂、樟脑精、干燥剂。

6 实验室检测鉴定

6.1 样品制备

将现场检疫抽取的送检样品充分混匀,制成平均样品。采用四分法,取平均样品的二分之一至四分之三(较少样品时)作为检验样品,其余的作为保存样品贴标签保存,称取并记录检验样品的质量。送检样品不足 1.0 kg 的全检。

6.2 过筛检测

根据检验样品个体的大小确定套筛的规格,按照孔径从大到小依次套上套筛并加上筛底,将检验样品倒入最上层的套筛内,盖上筛盖,以回旋法过筛,或用电动筛振荡,使样品充分分离。把过筛的筛上物和筛下物分别倒入白瓷盘内,用镊子挑捡杂草籽,并放置于培养皿内于体视显微镜下观察。检验样品个体大于黄顶菊瘦果的主要检查筛下物;检验样品个体小于黄顶菊瘦果的主要检查筛上物。混杂于粮食、种子等植物及植物产品中的黄顶菊瘦果,一般在套筛孔径为 0.7 mm～2.5 mm 的检验样品中获得。

6.3 实验室鉴定

6.3.1 目测鉴定

用肉眼或借助放大镜将检出的杂草籽进行分类,挑出疑似黄菊属籽实。

6.3.2 镜检鉴定

6.3.2.1 直接观察

将疑似杂草籽置于体视显微镜下,观察其瘦果和种子表面的形态特征,并依据黄顶菊瘦果和种子表面形态特征及黄顶菊及其近似种分种检索表(参见附录 A)对疑似杂草进行种类鉴定。

6.3.2.2 解剖观察

从外观上难于鉴别时,可采用解剖法,将疑似杂草种籽置于体视显微镜下,用解剖刀或解剖针,对其进行解剖,观察种子切面、种胚的形状、颜色及大小等特征并鉴定。

7 鉴定特征

7.1 黄菊属

7.1.1 基本生物学特性

一年生或多年生草本,稀灌木,高5.0 cm~200.0 cm,少数可达400.0 cm。本属共有21种,主要分布于北美南部。

7.1.2 植株形态特征

7.1.2.1 根

主根直立,须根多数。

7.1.2.2 茎

茎直立疏散或横卧,常紫红色,或淡灰绿色,无毛或密被短柔毛。

7.1.2.3 叶

叶对生或交互对生,常基部连合,具柄或无柄;叶片线形、披针形、长圆状卵形、卵形、椭圆形,或倒卵形,长2.0 cm~15.0 cm,宽0.2 cm~5.0 cm,无毛或具短柔毛,全缘或具锯齿。

7.1.2.4 花

头状花序在枝顶聚集成平顶形的伞房状或近球形的复合花序;总苞近圆柱状或角状,总苞片2枚~6枚,卵形、船形、长圆形或披针形,具外苞片1枚~2枚,较短,稀缺;花序托较小,无托片或具刚毛;舌状花1朵~2朵,花冠黄色,稀缺,雌性可育;管状花1朵~15朵,花冠黄色,5齿裂,两性可育;花柱分枝顶端钝。

7.1.2.5 果实

果实为瘦果,黑色,长圆形或线状长圆形,具纵肋10条。无冠毛,或透明的鳞片状冠毛2枚~4枚。

7.1.2.6 种子

种子单生,与果实同形;横切面椭圆形,胚大而直生,灰白色;无胚乳。

7.2 黄顶菊

7.2.1 基本生物学特性

一年生草本。植株高10.0 cm~250.0 cm。

7.2.2 植株形态特征

7.2.2.1 根

主根直立,须根多数(参见附录B中的图B.1)。

7.2.22 茎

茎直立,茎直径可达1.5 cm,茎具数条纵沟槽;茎下部木质,常带紫色,无毛或被微绒毛(参见附录B中的图B.1)。

7.2.2.3 叶

单叶交互对生,叶片披针状椭圆形,亮绿色,长3.0 cm~15.0 cm,宽1.0 cm~3.5 cm;叶片基生三出脉,脉纹上面较凹,背面较凸,无毛或密被短柔毛;叶片边缘具锯齿或刺状锯齿;下部叶具0.3 cm~1.5 cm长的叶柄,叶柄基部近于合生,上部叶无柄或近无柄;对生叶的基部均可长出小分枝,与主干形成三叉式(参见附录B中的图B.1)。

7.2.2.4 花

头状花序多位于主枝及分枝顶端,密集成蝎尾状聚伞花序;总苞长椭圆形,具棱,长约5.0 mm,黄绿色;总苞片3枚~4枚,苞片卵状椭圆形,内凹,先端圆或钝;外苞片小,1枚~2枚,长椭圆状披针形。边缘小花为舌状花,花冠较短,长1.0 mm~2.0 mm,黄白色,舌片不突出或微突出于闭合的小苞片外,直立,斜卵形,先端尖,长约1.0 mm或更短;心花为管状花,3枚~8枚,花冠长约2.3 mm,冠筒长约0.8 mm,檐部长约0.8 mm,漏斗状,裂片长约0.5 mm,先端尖;花药长约1.0 mm(参见附录B中的图B.1)。

7.2.2.5 果实

果实为瘦果,黑色,稍扁,倒披针形或近棒状,无冠毛,果实上部稍宽,中下部渐窄,基部较尖;果实表面具10条纵棱,棱间较平,面上具细小的点状突起;直径可达0.7 mm~0.8 mm;边花果长约2.5 mm,较大,心花果约2.0 mm,较小;果脐位于果实的基部,小果脐外围可见淡黄色的附属物。黄顶菊瘦果形态特征参见附录B中的图B.2。

7.2.2.6 种子

种子单生,与果实同形;横切面椭圆形,周边纵棱可见;胚直立、乳白色、无胚乳。

8 结果判定

以完整植株或成熟种子的形态特征为检疫鉴定的依据,符合7.2.2描述的可鉴定为黄顶菊*Flaveria bidentis*(L.)Kuntze。

9 标本和样品的保存与处理

9.1 保存方法

9.1.1 标本保存

将鉴定检出的黄顶菊植株压制成干标本,将鉴定检出的黄顶菊种子装入指形管或标本瓶内,加以标识,注明编号、中文名称、学名、科别、产地、货物名称、进出境日期,经手人签字后妥善保存。

9.1.2 样品保存

保存样品按编号、中文名称、产地、进出境日期分别存放,并由经手人标识确认和样品管理员登记后,妥善保存。

9.2 保存时间

含有黄顶菊的样品,妥善保存至少6个月。

9.3 处理

保存期满后,含有黄顶菊的样品应作灭活处理。

附 录 A
（资料性附录）
黄顶菊及其近似种分种检索表

1. 瘦果具冠毛……………………………………………………………………………………… 2
1. 瘦果冠毛缺失…………………………………………………………………………………… 3
2. 叶片抱茎，宽 4.0 cm～5.0 cm ……………………………………… *Flaveria chloraefolia*
2. 叶柄基部近于合生………………………………………………………… *Flaveria mcdougallii*
3. 瘦果位于花托上的多刚毛的团伞状花序………………………………………………………… 4
3. 花托外露………………………………………………………………………………………… 5
4. 瘦果长约 2.0 mm～2.6 mm ………………………………………………… *Flaveria trinervia*
4. 瘦果长约 2.3 mm～4.5 mm ……………………………………………… *Flaveria australasica*
5. 一年生植物……………………………………………………………………………………… 6
5. 多年生植物 …………………………………………………………………………………… 11
6. 花序顶端紧密簇生形成团伞状花序…………………………………………………………… 7
6. 花序顶端松散丛生形成花序…………………………………………………………………… 8
7. 舌片不突出，长约 1.0 mm 或更短 …………………………………………… *Flaveria bidentis*
7. 舌片长 1.5 mm～2.5 mm ……………………………………………………… *Flaveria campestris*
8. 舌片长短于 2.0 mm …………………………………………………………………………… 9
8. 舌片长大于 3.0 mm ………………………………………………………………………… 10
9. 圆盘形花冠喉部成狭窄漏斗状 ……………………………………………… *Flaveria palmeri*
9. 圆盘形花冠喉部成宽大漏斗状或钟状 …………………………………… *Flaveria intermedia*
10. 盘花 1 枚～3 枚；瘦果长约 1.3 mm～2.2 mm ……………………………… *Flaveria anomola*
10. 盘花 5 枚～10 枚；瘦果长约 1.0 mm ………………………………… *Flaveria ramosissima*
11. 总苞片 3 枚～4 枚 …………………………………………………………………………… 12
11. 总苞片通常 5 个以上………………………………………………………………………… 16
12. 舌片缺失……………………………………………………………………………………… 13
12. 具舌片………………………………………………………………………………………… 14
13. 头状花序紧密聚集 ……………………………………………………… *Flaveria pringlei*
13. 头状花序松散排列于圆锥状花序顶部 ………………………………… *Flaveria cronquistii*
14. 植株上部密被短柔毛………………………………………………………… *Flaveria vaginata*
14. 植株上部无毛………………………………………………………………………………… 15
15. 小花 5 朵～7 朵 ……………………………………………………… *Flaveria angustifolia*
15. 小花 3 朵 ………………………………………………………………… *Flaveria robusta*
16. 舌片缺失……………………………………………………………………………………… 17
16. 具舌片………………………………………………………………………………………… 18
17. 植株密被软毛 …………………………………………………………… *Flaveria pubescens*
17. 植株无毛或具少量软毛 ……………………………………………… *Flaveria oppositifolia*
18. 管状花 10 朵～15 朵或略少一些 …………………………………………………………… 19
18. 管状花 5 朵～8 朵 …………………………………………………………………………… 20

19. 管状花 5 朵～10 朵 …………………………………………………………… *Flaveria brownii*

19. 管状花 9 朵～14 朵 …………………………………………………………… *Flaveria floridana*

20. 总苞片 5 朵～6 朵，线状或长椭圆形 ………………………………………… *Flaveria linearis*

20. 总苞片 4 朵～5 朵，线状 ……………………………………………………… *Flaveria sonorensis*

附　录　B
（资料性附录）
黄顶菊形态特征图

黄顶菊形态特征见图 B.1、图 B.2。

a）植株

b）茎杆

c）对生叶

d）叶片

图 B.1　植珠形态特征

e） 花枝

f） 花序

g） 总苞

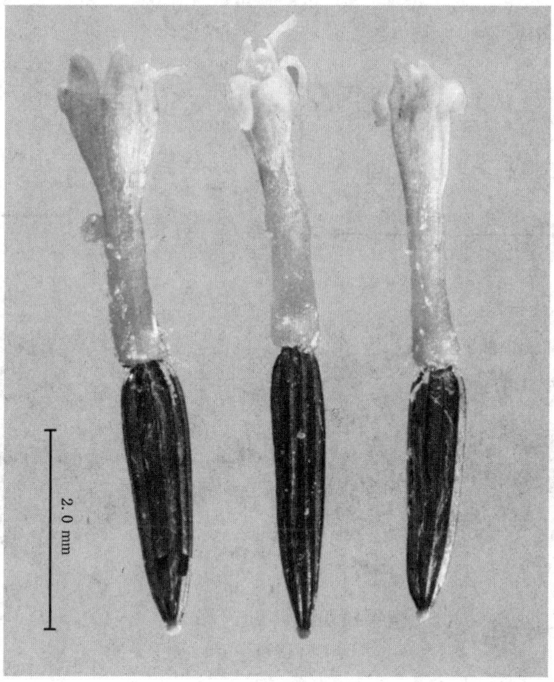

h） 管状花

图 B.1（续）

a) 瘦果

b) 瘦果纵切面

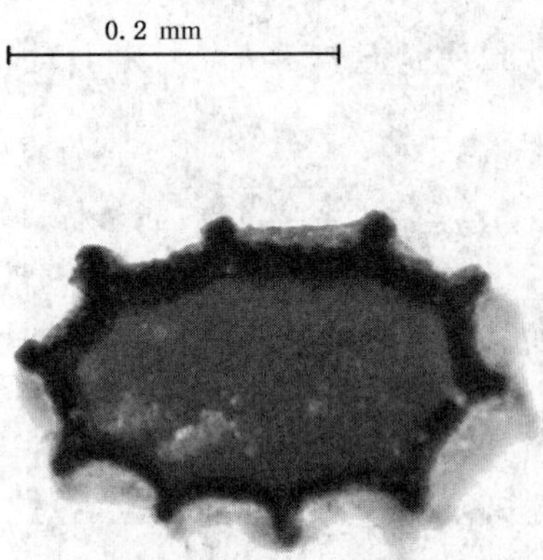

c) 瘦果横切面

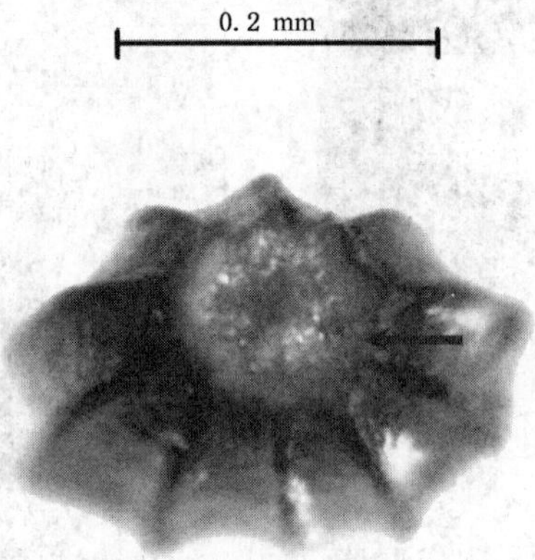

d) 瘦果顶面观

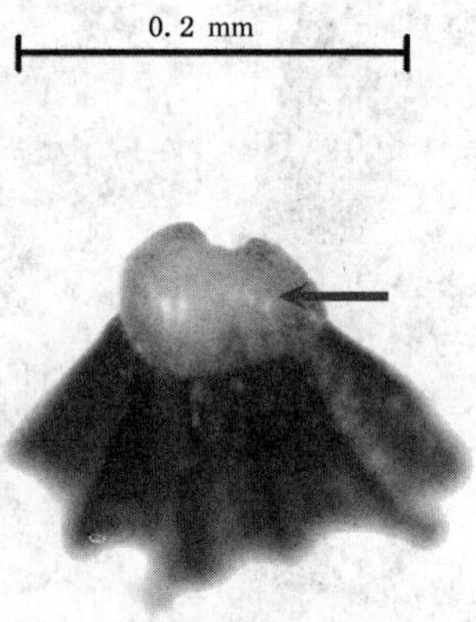

e) 瘦果果脐

图 B.2 瘦果形态特征

ICS 65.020.01
B 16

中华人民共和国国家标准

GB/T 29584—2013

黄瓜黑星病菌检疫鉴定方法

Detection and identification of *Cladosporium cucumerinum* Ell. et Arthur

2013-07-19 发布　　2013-12-06 实施

中华人民共和国国家质量监督检验检疫总局
中国国家标准化管理委员会　发布

前　言

本标准按照 GB/T 1.1—2009 给出的规则起草。

本标准由全国植物检疫标准化技术委员会(SAC/TC 271)提出并归口。

本标准起草单位:中华人民共和国内蒙古出入境检验检疫局、中华人民共和国厦门出入境检验检疫局、中华人民共和国湖北出入境检验检疫局。

本标准主要起草人:杨永生、罗志萍、吕国忠、陈青、敖威华、郭铁筝、尹凤民、张永宏、朱子平、白桦、李刚。

黄瓜黑星病菌检疫鉴定方法

1 范围

本标准规定了黄瓜黑星病菌 *Cladosporium cucumerinum* Ell. et Arthur 以植株症状、病原菌形态特征为依据的检疫鉴定方法。

本标准适用于黄瓜及其他葫芦科植物的种子、秧苗上黄瓜黑星病菌的检疫和鉴定。

2 规范性引用文件

下列文件对于本文件的应用是必不可少的。凡是注日期的引用文件，仅注日期的版本适用于本文件。凡是不注日期的引用文件，其最新版本(包括所有的修改单)适用于本文件。

SN/T 1157 进出境植物苗木检疫规程

SN/T 1809 进出境植物种子检疫规程

3 黄瓜黑星病菌基本信息

中文名称：黄瓜黑星病菌。

学名：*Cladosporium cucumerinum* Ell. et Arthur 1889。

异名：*Scolecotrichum melophthorum* Prill. & Delacr 1891；

Macnosporium melophthorum Postrup 1893；

Cladosporium cucumeris Frank 1893；

Cladosporium scabies Cooke 1903。

病害英文名：cucumber scab。

属于真菌界 Fungi，有丝分裂孢子真菌 Mitosporic fungi。该病菌的有性型为子囊菌门球腔菌科 Mycosphaerellaceae、球腔菌属 *Mycosphaerella* Johanson。在传统分类上，该菌属于半知菌亚门 Deuteromycotina、丝孢纲 Hyphomycetes、丝孢目 Hyphomycetales、暗色孢科 Dematiaceae、枝孢属 *Cladosporium*。

黄瓜黑星病菌的其他信息参见附录 A。

4 方法原理

通过现场检查植株症状、实验室检验，利用病原菌在寄主植株上的症状、病原菌的形态学特征、致病性测定等依据进行鉴定。

5 仪器及用具

5.1 体视解剖镜。

5.2 生物显微镜。

5.3 高压灭菌锅。

5.4 生物培养箱。
5.5 超净工作台。
5.6 pH 计。
5.7 电子天平。
5.8 冰箱。
5.9 培养皿、镊子、解剖刀、载玻片、盖玻片、酒精灯。

6 试剂和培养基

6.1 次氯酸钠。
6.2 葡萄糖。
6.3 琼脂。
6.4 酒精。
6.5 PDA 培养基:马铃薯 200 g,葡萄糖 20 g,琼脂 17 g～20 g。马铃薯切块煮沸 10 min,纱布过滤,加入葡萄糖、琼脂,pH 值至 6～8,加水定容至 1 000 mL,121 ℃高压灭菌 20 min,分装备用。

7 现场检测

7.1 现场植株症状检查

按照 SN/T 1157 规定执行。

现场检查中根据黄瓜黑星病在秧苗、瓜条下的症状,将具有典型症状及疑似症状的叶片、茎蔓、果实用塑料袋装好,加贴标识后送实验室进行病原菌分离和鉴定。

7.2 种子抽样

按照 SN/T 1809 规定执行。

8 实验室检测

8.1 植株病组织检测

从现场检疫中采集的感病植物组织上挑取灰黑绿色霉层或用刀片于叶背病斑处刮取病菌子实体,移于载玻片中央的水滴中,盖上盖玻片,进行显微镜检观察。

8.2 种子检测

8.2.1 PDA 培养基培养法

取试验样品种子 400 粒,经 3%～5%次氯酸钠消毒 5 min～15 min,将以上处理的种子按每皿 10 粒～15 粒摆放于 PDA 平板上,置于 20 ℃～22 ℃恒温箱中培养 7 d～11 d,待长出菌落后,挑选典型菌株,接种在 PDA 培养基上进行纯化培养,待形成子实体后进行显微镜检观察。

8.2.2 致病性测定

选用黄瓜感病品种(如津杂 2 号)在温室培养至长出两片真叶的幼苗,将待测菌株制备成孢子悬浮液(浓度为 2×10^6 个孢子/mL),采用喷雾接种法接种黄瓜幼苗,罩上塑料袋保湿过夜,在 20 ℃～22 ℃条件下孵育 7 d～14 d,进行症状检查,并对病原菌进行显微镜检观察。

9 鉴定特征

9.1 植株症状特征

9.1.1 叶片症状

叶片受害初期为近圆形褪绿色小斑点,后扩展成直径 2 mm～3 mm 黄白色圆形病斑,后期病斑易呈星状开裂穿孔,孔洞边缘锯齿状,周围叶组织扭皱;病斑具黄白色晕圈,后期不明显。

叶脉上病斑一般为长纺锤形,后形成木栓化组织龟裂。

9.1.2 茎、叶柄、果柄、卷须症状

茎、叶柄、果柄处初呈水浸状暗绿色梭形病斑,大小不等,最长可达 4 cm 左右,淡黄褐色,中间开裂下陷、龟裂,少数病斑开裂深度可达 2 mm～3 mm。发病初期,病斑处有透明分泌物,后变为琥珀色胶状物,胶状物脱落后,病斑龟裂成疮痂状。空气湿度大时,病斑长出灰黑绿色霉层。

卷须顶端及中间易被侵染,病斑长梭形,受害部分变为褐色或黑褐色,呈成段萎蔫,直至整个卷须干枯,失去功能。

9.1.3 果实症状

瓜条被害病斑龟裂成疮痂状,果实畸形,病斑凹陷一般深 2 mm～3 mm,最深可达 5 mm,病瓜一般不腐烂。病斑处溢出半透明胶状物,后变为琥珀色。空气湿度大时,病斑上长出灰黑绿色霉层。(参见附录 B 中的图 B.1)

9.2 病原菌特征

9.2.1 培养性状

PDA 培养基上菌落为圆形、平展、绒状、灰黑绿色。菌丝白色至灰色,具分隔,具分枝。菌丝白色至灰色、有时卷曲。菌落背面为绿黑色。

9.2.2 形态特征

分生孢子梗细长,单生或丛生,淡褐色至褐色,基部常膨大,顶部或近顶部有少量分枝,大小平均为(76 μm～380 μm)×(3.2 μm～5 μm)。分生孢子芽殖,串生,形成分枝的长链,淡褐色至褐色,椭圆形或柠檬形,多数单胞、少数具一隔,分隔处略缢缩。光滑或具微刺,大小差异很大,单胞孢子大小平均为(3.8 μm～23.5 μm)×(2.5 μm～6 μm);双胞孢子大小平均为(4 μm～25 μm)×(2 μm～6 μm)(参见附录 B 中的图 B.2)。

10 结果判定

植株症状符合 9.1 的特征,其染病组织上分离的病原菌形态特征符合 9.2 中的描述;种子在 PDA 培养基上培养的病原菌特征符合 9.2 中的描述,经致病性测定植株表现症状符合 9.1 的病原菌均可判定为黄瓜黑星病菌(黄瓜黑星病菌及近似种类的分类检索表参见附录 C、形态特征图参见附录 D)。

11 菌种保藏

分离并鉴定的菌株需转接在 PDA 培养基的斜面上，待斜面表面布满菌丝后，置于 4 ℃冰箱保存。有条件可进行冷冻干燥保藏菌种。保存期满后灭活处理。

附　录　A
（资料性附录）
黄瓜黑星病菌其他信息

A.1　分布

亚洲：日本、中国、土库曼斯坦、巴基斯坦、吉尔吉斯斯坦、泰国、印度、柬埔寨、哈萨克斯坦、塞浦路斯、格鲁吉亚、阿塞拜疆、乌兹别克斯坦。

欧洲：丹麦、西班牙、荷兰、意大利、德国、捷克、斯洛伐克、奥地利、瑞士、瑞典、罗马尼亚、法国、波兰、爱尔兰、英国、比利时、前南斯拉夫、卢森堡、俄罗斯、匈牙利、芬兰、爱沙尼亚、拉脱维亚、乌克兰、立陶宛、挪威、保加利亚。

美洲：哥斯达黎加、巴拿马、萨尔瓦多、危地马拉、加拿大、墨西哥、美国、阿根廷、哥伦比亚。

大洋洲：澳大利亚、新西兰、新喀里多尼亚。

非洲：南非、摩洛哥、毛里求斯、津巴布韦、肯尼亚、马拉维。

A.2　寄主

黄瓜 *Cucumis sativus* L.、笋瓜 *Cucumis maxima* Duch.、葫芦 *Lagenaria siceraria*（Molina）Standl、丝瓜 *Luffa cylindrica*（L.）Roem、苦瓜 *Momordica charantia* L. 和其他葫芦科植物。

附 录 B
（资料性附录）
黄瓜黑星病植株症状照片及病原菌形态特征图

黄瓜黑星病植株症状照片及病原菌形态特征见图 B.1、图 B.2。

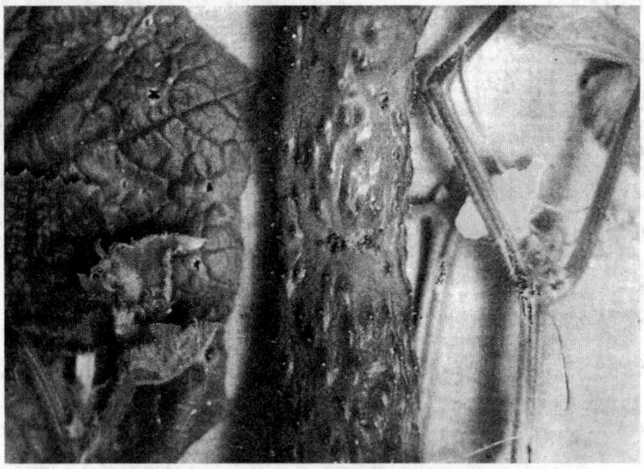

图 B.1 黄瓜黑星病植株症状照片

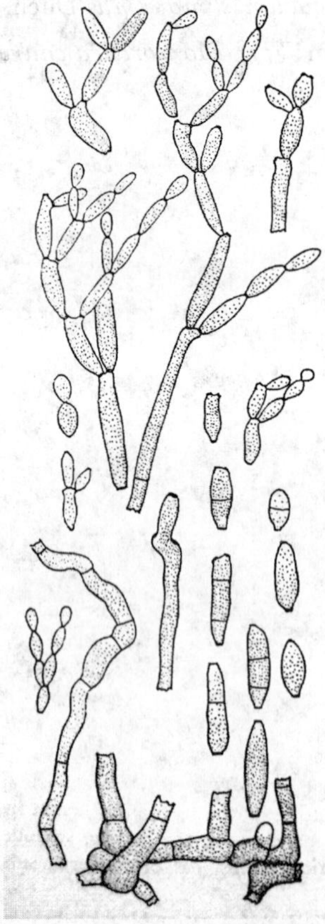

图 B.2 黄瓜黑星病病原菌形态特征图[1]

1） 引自 Ellis M.B.1971。

附 录 C
（资料性附录）
黄瓜黑星病菌及近似种类的分类检索表[2)]

1. 分生孢子痕明显 …………………………………………………………………… 2
1. 分生孢子痕不明显 …………………………………………………… *Amorphotheca resinae*
  2. 分生孢子梗的柄坚硬，具黑团孢霉属（*Periconia*）状孢子头 ……… *Cladosporium chlorocephalum*
  2. 分生孢子梗其他特征 ……………………………………………………………… 3
3. 分生孢子多数 40 μm～50 μm×12 μm～15 μm，具小刺 …………………… *Mycosphaerella dianthi*
3. 分生孢子多数 40 μm～60 μm×17 μm～22 μm，具小刺 ……………… *Mycosphaerella macrospora*
3. 分生孢子较小，光滑或具小疣 ……………………………………………………… 4
  4. 分生孢子梗常具有末端和中间膨大（节状） ……………………………………… 5
  4. 分生孢子梗不呈节状 ……………………………………………………………… 9
5. 分生孢子多数宽 3 μm～6 μm，分生孢子梗常长 500 μm ……………… *Cladosporium oxysporum*
5. 分生孢子多数宽 6 μm 或更宽，分生孢子梗短小 ………………………………… 6
  6. 分生孢子多数宽 6 μm～8 μm …………………………………………………… 7
  6. 分生孢子多数宽 7 μm～10 μm …………………………………………………… 8
7. 分孢子光滑，常在隔膜处缢缩 ……………………………………… *Cladosporium colocasiae*
7. 分生孢子密被疣 …………………………………………………… *Cladosporium herbarum*
  8. 气生菌丝呈螺旋状缠绕 …………………………………………… *Cladosporium variabile*
  8. 气生菌丝不呈螺旋状 ……………………………………………… *Cladosporium macrocarpum*
9. 分生孢子多数呈球形或近球形，直径 3 μm～4.5 μm …………… *Cladosporium sphaerospermum*
9. 分生孢子不呈球形或近球形 ……………………………………………………… 10
  10. 分生孢子常具 3 个厚和暗色横隔膜 ………………………………… *Cladosporium spongiosum*
  10. 分生孢子有隔膜时也不呈明显厚和暗色 ………………………………………… 11
11. 寄生在李属 *Prunus* 植物上 ………………………………………………… *Venturia carpophila*
11. 寄生在芭蕉属 *Musa* 植物上 ……………………………………………… *Cladosporium musae*
11. 寄生在香瓜属 *Cucumis* 和其他葫芦科植物上 ……………………… *Cladosporium cucumerinum*
11. 腐生，有些菌株为寄生 ……………………………………………… *Cladosporium cladosporioides*

2） 引自 Ellis M. B. 1971。

附 录 D
（资料性附录）
黄瓜黑星病菌近似种类形态特征图

黄瓜黑星病菌近似种类形态特征见图 D.1～图 D.6。

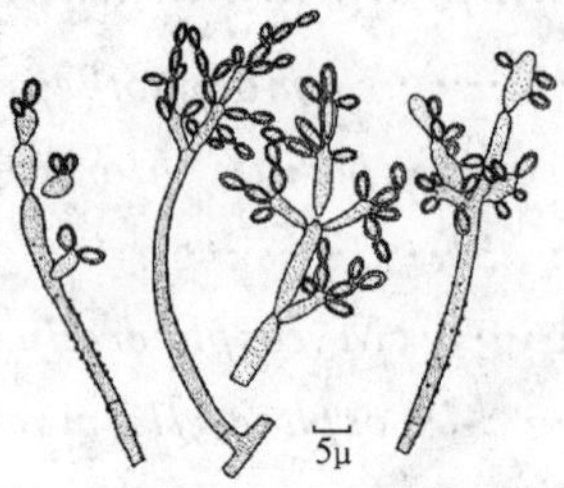

a） *Amorphotheca resinae*

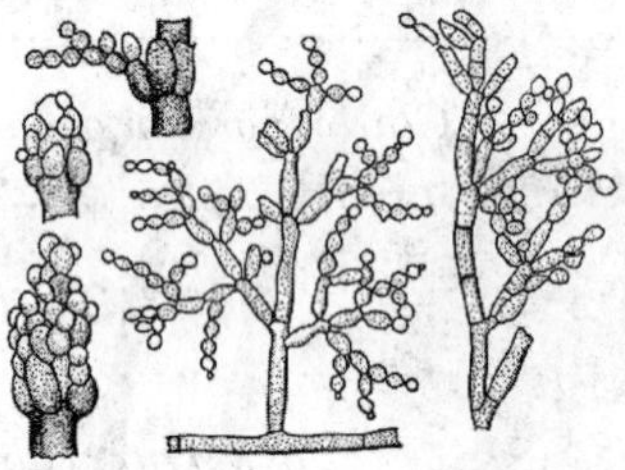

b） *Cladosporium chlorocephalum*

图 D.1 *Amorphotheca resinae*、*Cladosporium chlorocephalum* 形态特征图

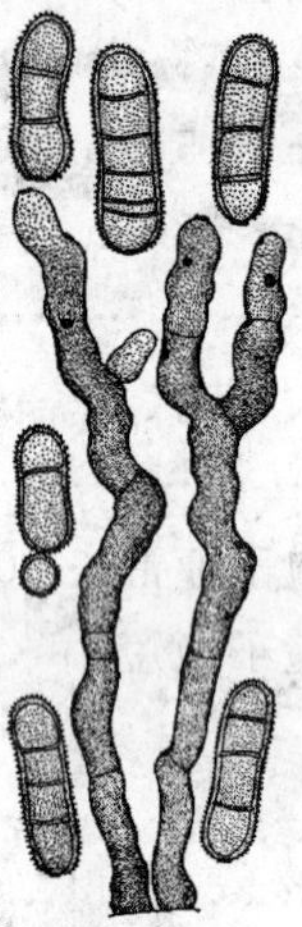

a） *Mycosphaerella dianthi*

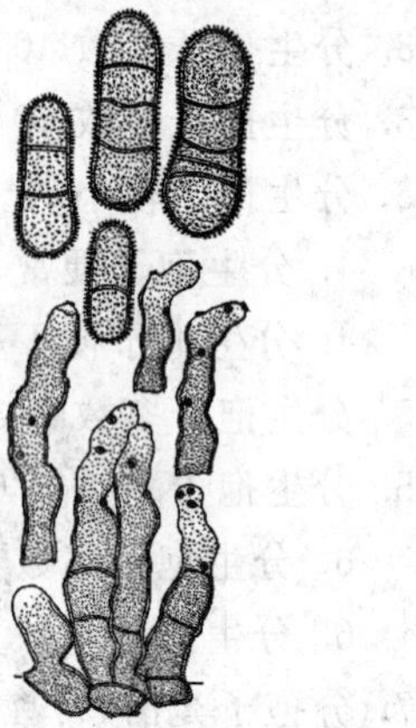

b） *Mycosphaerella macrospora*

图 D.2 *Mycosphaerella dianthi*、*Mycosphaerella macrospora* 形态特征图

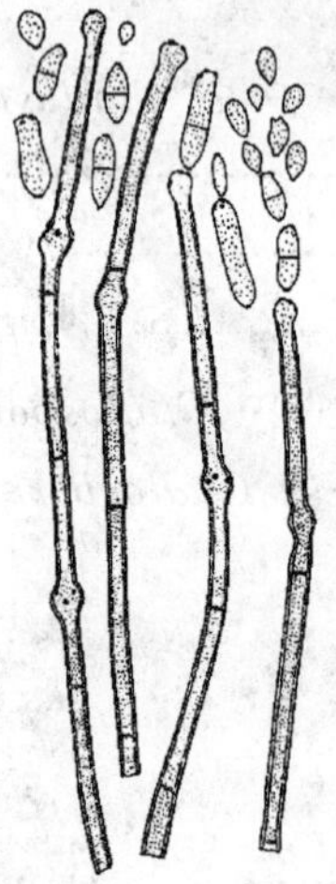

a） *Cladosporium oxysporum*

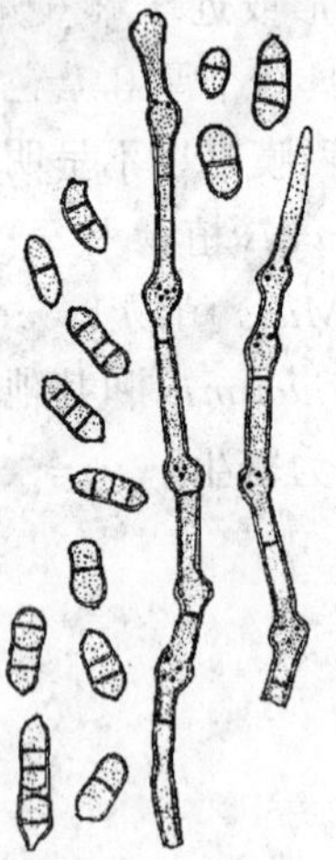

b） *Cladosporium colocasiae*

图 D.3 *Cladosporium oxysporum*、*Cladosporium colocasiae* 形态特征图

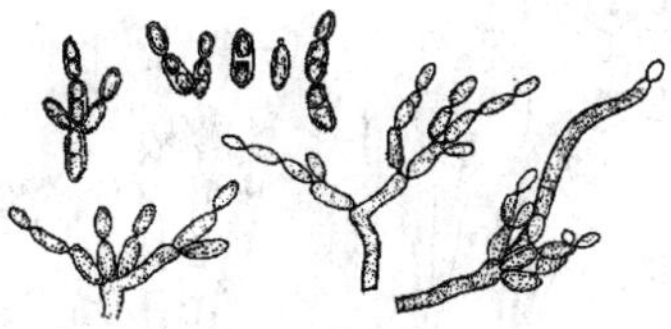

a） *Cladosporium herbarum*

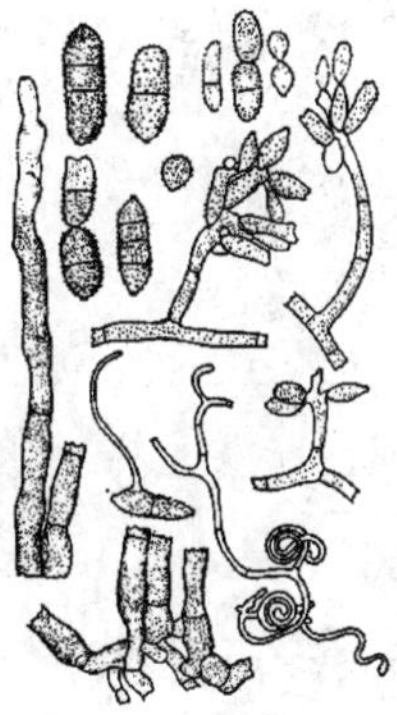

b） *Cladosporium variabile*

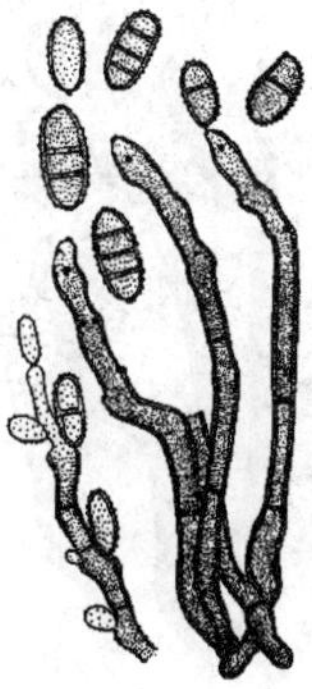

c） *Cladosporium macrocarpum*

图 D.4 *Cladosporium herbarum*、*Cladosporium variabile* 和 *Cladosporium macrocarpum* 形态特征图

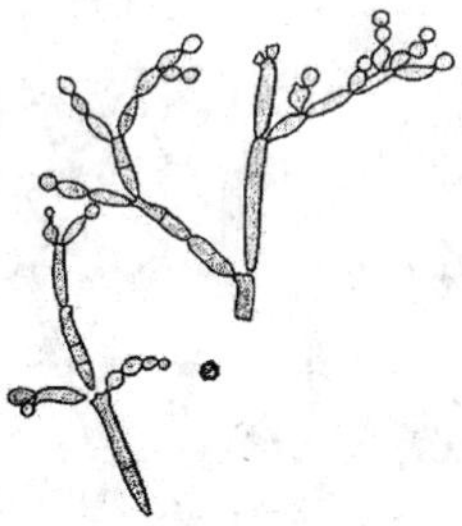

a） *Cladosporium sphaerospermum*

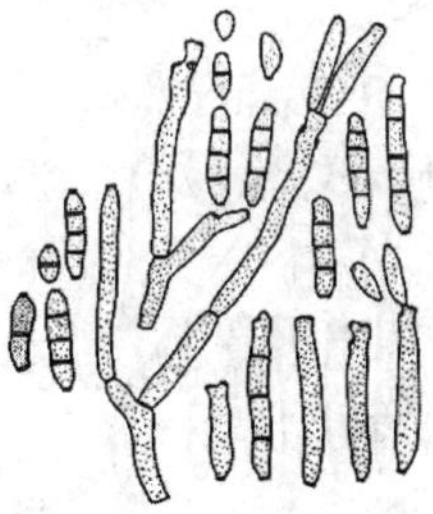

b） *Cladosporium spongiosum*

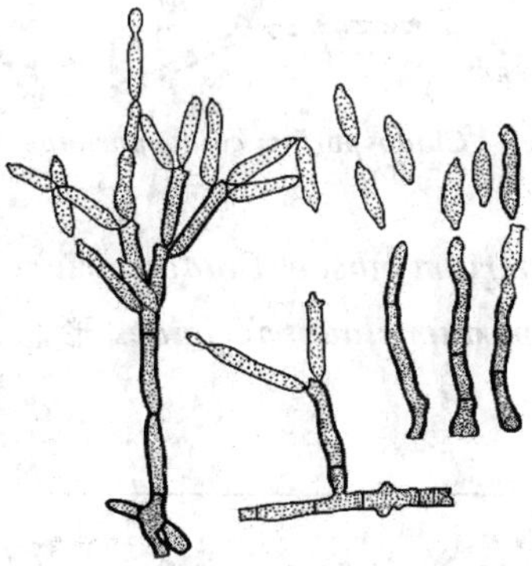

c） *Venturia carpophila*

图 D.5 *Cladosporium sphaerospermum*、*Cladosporium spongiosum* 和 *Venturia carpophila* 形态特征图

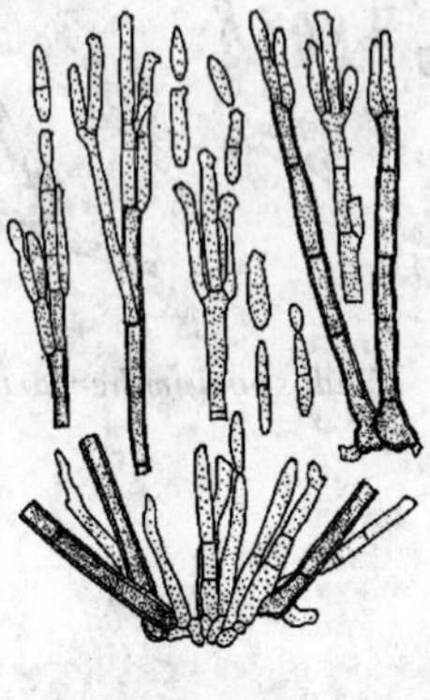

a) *Cladosporium musae*

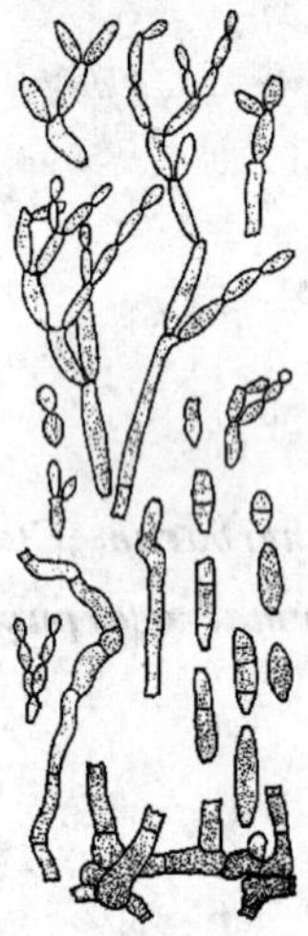

b) *Cladosporium cucumerinum*

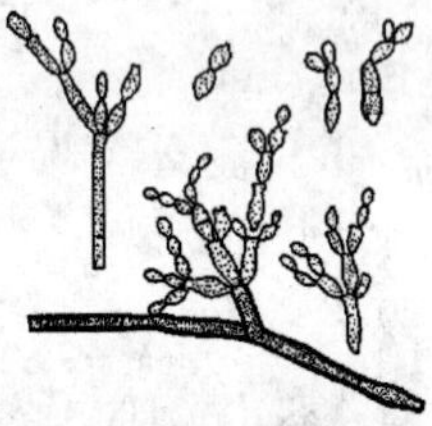

c) *Cladosporium cladosporioides*

图 D.6 *Cladosporium musae*、*Cladosporium cucumerinum* 和 *Cladosporium cladosporioides* 形态特征图

ICS 65.020.01
B 16

中华人民共和国国家标准

GB/T 29585—2013

剪股颖粒线虫检疫鉴定方法

Detection and identification of *Anguina agrostis* (Steinbuch) Filipjev

2013-07-19 发布　　2013-12-06 实施

中华人民共和国国家质量监督检验检疫总局
中国国家标准化管理委员会　发布

前　言

本标准按照 GB/T 1.1—2009 给出的规则起草。

本标准由全国植物检疫标准化技术委员会(SAC/TC 271)提出并归口。

本标准起草单位:中华人民共和国天津出入境检验检疫局、中华人民共和国青岛出入境检验检疫局。

本标准主要起草人:王金成、杨秀丽、崔铁军、张治宇、刘鹏、廖芳、张裕君、牛春敬。

剪股颖粒线虫检疫鉴定方法

1 范围

本标准规定了剪股颖粒线虫的检疫和鉴定方法。

本标准适用于草籽及其他植物材料中剪股颖粒线虫的检疫及其鉴定。

2 规范性引用文件

下列文件对于本文件的应用是必不可少的。凡是注日期的引用文件,仅注日期的版本适用于本文件。凡是不注日期的引用文件,其最新版本(包括所有的修改单)适用于本文件。

SN/T 2122 进出境植物及植物产品检疫抽样

3 剪股颖粒线虫基本信息

中文名称:剪股颖粒线虫。

英文名称:bentgrass nematode。

学名:*Anguina agrostis* (Steinbuch,1799) Filipjev,1936。

分类地位:线虫门(Nematoda)、侧尾腺纲(Secernentea)、垫刃目(Tylenchida Thorne, 1949)、粒线虫科[Anguinidae Nicoll, 1935 (1926)]、粒线虫属(*Anguina* Scopoli, 1777)。

带虫种子、虫瘿、植物病残组织是剪股颖粒线虫传播的主要载体。

剪股颖粒线虫的其他信息参见附录A。

4 方法原理

现场检测获取样本,通过显微镜观察和分子生物学方法获取形态和核酸信息鉴定特征,进行鉴定。

5 仪器、用具

5.1 仪器:显微镜(100×~1 000×,具有目镜测微尺或绘图仪、图像捕获装置、测量软件)、体视显微镜(10×~80×,具透射光源)、冰箱、PCR仪、电泳仪、凝胶成像系统、低速离心机(1 000 r/min~5 000 r/min)、纯水仪。

5.2 用具:线虫挑针、载玻片、盖玻片、酒精灯、移液器(1 000 μL、100 μL、10 μL、2.5 μL)、钟面皿(ϕ7 cm、ϕ9 cm)、培养皿(ϕ7 cm、ϕ9 cm)、浅盘、套筛(400 目、500 目)、改进的贝尔曼漏斗、加热板、打孔器、解剖刀。

6 试剂

除非另有说明,在分析中仅使用确认为分析纯的试剂或双蒸水。

6.1 玻片封固剂、4%甲醛溶液、石蜡。

6.2 10×PCR缓冲液(－20 ℃保存)、25 mmol/L 氯化镁(－20 ℃保存)、2.5 mmol/L dNTP's(－20 ℃保存)、5 U/μL *Taq* 酶(－20 ℃保存)、TAE 或 TBE电泳缓冲液、琼脂糖、溴酚蓝载样缓冲液(6×TAE 缓冲液、60%甘油、0.3%溴酚蓝,4 ℃保存)、溴化乙锭(EB,避光保存)、DNA ladder marker(－20 ℃保存)。
6.3 剪股颖粒线虫 rDNA-ITS 质粒克隆(－20 ℃保存)。

7 现场检测

7.1 抽样

按照 SN/T 2122 抽取进出境的草籽、植物样品。

7.2 外观症状的检查和取样

剪股颖粒线虫主要侵染植物的花序,被寄生的小花的颖片、外稃和内稃显著伸长,其内的子房变成雪茄状的虫瘿;虫瘿开始形成时为绿色,后变为褐色。收集上述可疑的草籽、植物材料带回实验室检验。

8 实验室检验

8.1 线虫分离

8.1.1 浅盘和漏斗法:直接分离待检样品,室温(25 ℃左右)条件下分离 12 h～24 h,可获得线虫。
8.1.2 人工筛检虫瘿:对于草籽,除浅盘和漏斗法直接分离样品外,可根据剪股颖粒线虫危害寄主引起的症状特点人工挑拣虫瘿,获得虫瘿后,在清水中浸泡 1 h～2 h,体视显微镜下挑针轻压,也可获得线虫。

8.2 显微观察、摄影和测量

在体视显微镜下挑取线虫若干条制成临时玻片在显微镜下镜检,观察线虫的形态结构。同时对线虫进行拍照、测量。当虫量足够时,拍摄测量的雌虫、雄虫或幼虫数目应在 15 条以上。

8.3 分子生物学检测

对形态学观察可疑的线虫幼虫应进行分子生物学检测。

9 鉴定与检测

9.1 形态学鉴定

9.1.1 粒线虫属形态鉴定特征

成熟雌虫肥大,体型中等到大,长 1 mm～2.7 mm,呈螺旋形。中食道球有瓣;后食道腺膨大,与狭部之间连续或缢缩,通常覆盖肠,偶尔不覆盖肠。雌虫卵巢前部转折,卵母细胞围绕一中轴多行排列,子宫柱状部由多行不规则细胞排列构成。雄虫精原细胞多行排列;有引带;交合伞亚端生,长但不伸到尾端。一般在寄主植物地上部形成虫瘿。

9.1.2 剪股颖粒线虫形态鉴定特征

9.1.2.1 雌虫:虫体粗壮,经热杀死后向腹面卷曲成螺旋形,角质膜表面环纹细,在成虫的虫体上难于观察到侧带区。唇区低平,缢缩。垫刃型食道,食道前体部圆柱形,中部略膨大,与中食道球连接处稍缢缩;狭部短而窄;后食道腺发达,梨形,不呈明显耳叶状,不覆盖肠的前端或稍覆盖。前生殖腺发达,卵巢常折叠2次,卵母细胞围绕一中柱轴状多行排列,受精囊长梨形,与输卵管连接处稍缢缩分开,子宫内常有多个卵同时存在。后阴子宫囊的长度为肛阴距的一半,内充满精子。尾锥形,尾端锐尖。

9.1.2.2　雄虫:虫体比雌虫短而细,经热杀死后一般呈弓形。精巢常回折1次,精母细胞多行排列。交合刺比小麦粒线虫 *A. tritici* 的纤细,近端部向腹面折或不折,引带细线形。交合伞亚端生。尾端锐尖。

9.1.2.3　2龄幼虫:除生殖系统未发育及虫体较小外,其余形态结构与成虫相似。

9.1.2.4　近似种:小麦粒线虫 *A. tritici*。两者的区别是:小麦粒线虫尾端钝圆,交合刺中部明显增粗,基端头状突腹折,引带槽状,寄生小麦和燕麦;而剪股颖粒线虫则是尾端尖,交合刺中部仅略增粗,基端头状突不腹折或略腹折,引带细线状,寄生牧草。

9.1.3　剪股颖粒线虫形态特征图

参见附录B。

9.1.4　剪股颖粒线虫测计值

见表1。

表1　剪股颖粒线虫形态测量数据

测量项目和参数	剪股颖分离物			早熟禾和假梯草分离物		
	雌虫	雄虫	2龄幼虫	雌虫	雄虫	2龄幼虫
L/mm	1.39～2.60	1.05～1.45	0.55～0.82	2.52～4.14	1.54～2.31	0.81～1.25
a	13.8～25.4	23.8～30.0	47.2～65.0	21.8～30.7	21.6～34.4	43.5～71.0
b	12.6～28.7	6.5～8.9	3.2～4.5	10.3～26.5	6.8～11.6	4.0～6.1
c	25.2～43.0	21.5～28.4	11.7～20.0	28.8～48.9	20.4～32.7	12.1～15.4
V	87～92	—	—	90～92	—	—
口针/μm	10～12	10～12	10	10～12	10～12	10
交合刺/μm	—	25～32	—	—	30～37	—
引带/μm	—	10～13	—	—	13～15	—

注:L:线虫体长;a:体长/最大体宽;b:体长/虫体前端至食道腺与肠连接处的距离;c:体长/尾长;
V:虫体前端至阴门的距离×100/体长。

9.2　分子生物学检测

见附录C。

10　结果判定

符合9.1形态特征的粒线虫成虫,可判定为剪股颖粒线虫;符合9.1形态特征的粒线虫幼虫,经9.2特异引物扩增获得的PCR产物约为500 bp,同时阳性对照的PCR产物约为500 bp,空白对照无PCR产物时,也可判定待检线虫为剪股颖粒线虫。

11 样品保存

11.1 如果鉴定结果为剪股颖粒线虫，则将剩余的线虫杀死，置于4%甲醛固定液中或制成永久玻片长期保存。

11.2 对已经鉴定出带有剪股颖粒线虫的植物材料，保存在低温干燥、防鼠防虫处，并注明样品编号、截获日期、截获人、寄主名称、运输工具、输出国名等。样品保存期为1年，有特殊需求保存期可适当延长，以备复验、谈判和仲裁。保存期满，经灭活后妥善处理。

附 录 A
（资料性附录）
剪股颖粒线虫的其他信息

A.1 地理分布

中国（内蒙古局部）、爱沙尼亚、德国、俄罗斯、法国、芬兰、格鲁吉亚、荷兰、瑞典、乌克兰、英国、南非、澳大利亚、新西兰、加拿大、美国（太平洋沿岸）。

A.2 寄主植物

A.2.1 剪股颖属草类：细弱剪股颖 *Agrostis tenuis*、小糠草 *A. alba*、绒毛剪股颖 *A. canina*、糙叶剪股颖 *A. exarata*、匍匐剪股颖 *A. palustris*、匍茎剪股颖 *A. stolonifera* 等。

A.2.2 其他禾本科牧草和杂草：*Apera spicaventi*、*Arcatagrostis latifolia*、野牛草 *Buchloe dactyloides*、加拿大拂子茅 *Calamagrostis canadensis*、兰斯多夫拂子茅 *C. langsdorfii*、*Digraphis arundinasea*、羊茅 *Festuca ovina*、紫羊茅 *F. rubra*、芒麦草 *Hordeum jubatum*、*Koeleria glauca*、黑麦草 *Lolium perenne*、假梯牧草 *Phleum phleoides*、高原早熟禾 *Poa alpina*、早熟禾 *P. annua*、六月禾 *P. pratensis*、海滨碱草 *Puccinellia*、*maritima*、*Sporobolus brockmanii*、黄三毛草 *Trisetum flavescens* 等。

A.3 危害症状

剪股颖粒线虫主要侵染植物的花序，被寄生的小花的颖片、外稃和内稃显著伸长，其内的子房变成雪茄状的虫瘿。虫瘿开始形成时为绿色，后期变为紫褐色，长约 4 mm ～5 mm，而正常的颖果长约 1 mm。被线虫寄生的花的浆片、花柱以及花的其他部分发育均受到抑制。

A.4 生物学

剪股颖粒线虫每年发生 1 代，完成 1 代大约需要 3 周～4 周。2 龄幼虫只有侵入正在发育的花序，才能在子房内发育成成虫。每条雌虫可产卵 1 000 余粒。在干燥的虫瘿内，该线虫以休眠 2 龄幼虫虫态可存活 10 年。

附 录 B
（资料性附录）
剪股颖粒线虫形态特征图

剪股颖粒线虫形态特征见图 B.1。

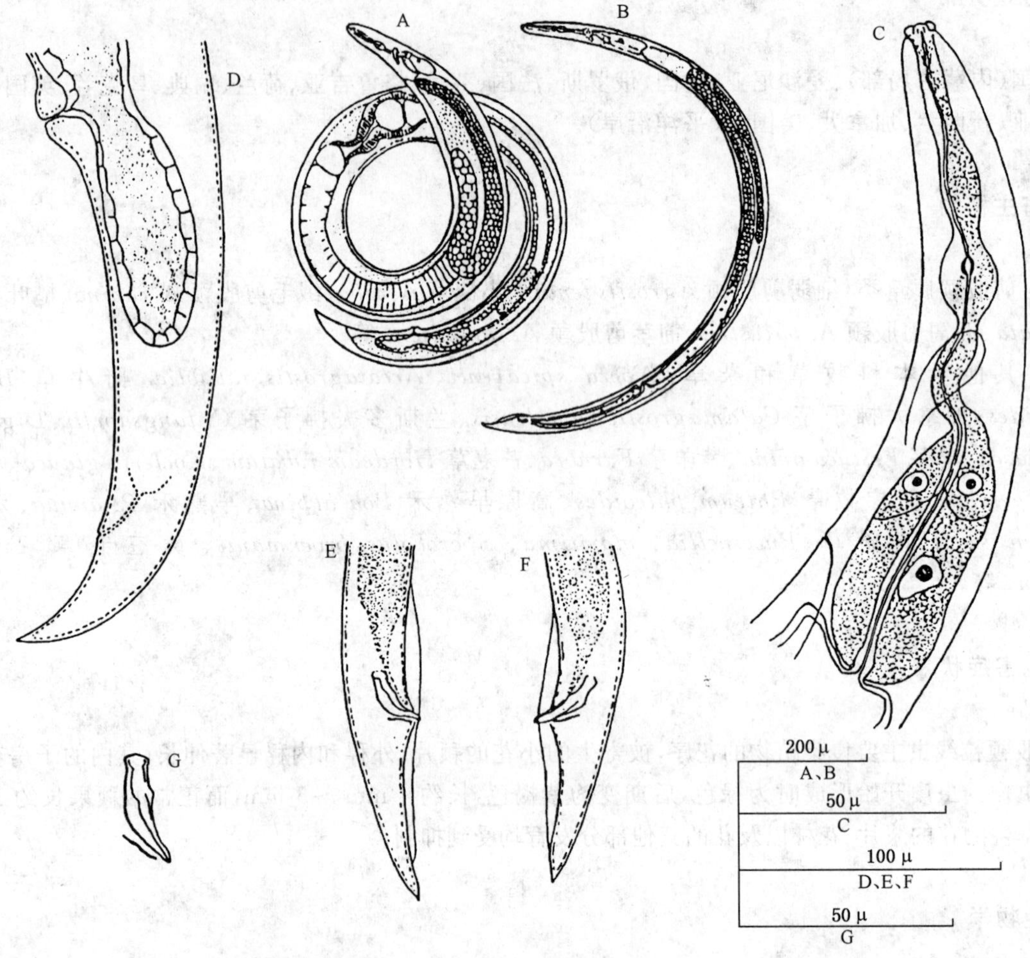

说明：

A ——雌虫；

B ——雄虫；

C ——雌虫食道区；

D ——雌虫尾；

E,F——雄虫尾；

G ——交合刺和引带。

注：图 B.1 引自 T. Goodey，1930。

图 B.1 剪股颖粒线虫 ***Anguina agrostis***

附　录　C
（规范性附录）
分子生物学检测流程

C.1　DNA 提取

剪股颖粒线虫 DNA 的提取方法如下。也可以使用实验室成熟稳定的 DNA 提取方法或市售 DNA 提取试剂盒提取。

C.1.1　洗涤线虫

用挑针挑取活体粒线虫(*Anguina*)幼虫若干条,放入去离子水中洗涤 3 次,备用。

C.1.2　切割线虫

在洁净的载玻片上加 10 μL 去离子水,挑入 3～5 条经过洗涤的线虫,用解剖刀将每条线虫切成 2 段～3 段,连同 8 μL 去离子水吸入到 200 μL 的离心管中。

C.1.3　DNA 提取

在上述管中加入 1.0 μL 10×PCR-缓冲液、1.0 μL 蛋白酶 K(1 000 μg/mL)后放冰箱中低温(−20 ℃)冷冻至少 30 min。将冷冻后的线虫取出,迅速放入 PCR 仪中,65 ℃条件下保温 1 h～2 h,95 ℃条件下保温 10 min,即获得线虫的 DNA 模板。

C.2　常规 PCR 检测

C.2.1　引物

上游引物 AgrF:5'-CATTCTTACAGCCAATAGTCTG-3'。
下游引物 AgrR:5'-TGACTCTAGCGGAGTATCG-3'。

C.2.2　PCR 扩增

C.2.2.1　根据表 C.1 将线虫的 DNA 模板及相关试剂加入 200 μL 的 PCR 管中。

表 C.1　常规 PCR 反应体系(50 μL)

溶液用量	终浓度
5 μL 10×PCR-缓冲液	1×PCR-缓冲液
4 μL 25 mmol/L 氯化镁	2.0 mmol/L 氯化镁
2 μL 2.5 mmol/L dNTP's	0.1 mmol/L dNTP's
2 μL 10 pmol/μL AgrF	0.4 μmol/L　AgrF
2 μL 10 pmol/μL　AgrR	0.4 μmol/L　AgrR
0.4 μL 5 U/μL *Taq*-酶	2 U *Taq*-酶
8 μL DNA 模板	
去离子水 26.6 μL	

C.2.2.2 按照如下 PCR 反应程序进行扩增：94 ℃，4 min；94 ℃，40 s，58 ℃，40 s，72 ℃，90 s，40 个循环；72 ℃，5 min；4 ℃保存。以剪股颖粒线虫 rDNA-ITS 质粒克隆作为阳性对照，以灭菌的去离子水作空白对照。

C.3 电泳

制作 1.5%的琼脂糖胶，取 PCR 反应产物 5 μL，加入 1 μL 溴酚蓝载样缓冲液（6×TAE 缓冲液，60%甘油，0.3%溴酚蓝；4 ℃保存），充分混匀后移入胶孔。样品的两侧分别加入 100 bp DNA ladder Marker，100 V 电压下电泳（10 V/cm）。

C.4 凝胶成像

将电泳后的凝胶小心地转移到 1 μg/mL EB 溶液中染色 30 min，再将胶块小心地转移到凝胶成像系统中，观察是否有 500 bp 的目标片段，拍照保存。

ICS 65.020.01
B 16

中华人民共和国国家标准

GB/T 29586—2013

苹果绵蚜检疫鉴定方法

Detection and identification of *Eriosoma lanigerum*(Hausmann)

2013-07-19 发布　　2013-12-06 实施

中华人民共和国国家质量监督检验检疫总局
中国国家标准化管理委员会　发布

前　言

本标准按照 GB/T 1.1—2009 给出的规则起草。

本标准由全国植物检疫标准化技术委员会(SAC/TC 271)提出并归口。

本标准起草单位:中华人民共和国河南出入境检验检疫局、中国农业科学院郑州果树研究所、焦作林业科学研究所。

本标准主要起草人:赵忠懿、乔晓亮、陈汉杰、宗靖、赵自成、韩英、张金勇、董英谦。

苹果绵蚜检疫鉴定方法

1 范围

本标准规定了苹果绵蚜 *Eriosoma lanigerum*(Hausmann)的检疫鉴定,以有翅孤雌蚜和无翅孤雌蚜的形态学特征作为依据,明确了样品采集、标本制作、检疫鉴定、标本保存的方法。

本标准适用于苹果、苹果属苗木及其他植物材料携带苹果绵蚜的检疫鉴定。

2 术语和定义

下列术语和定义适用于本文件。

2.1

体长　body length

从额的前缘到尾片顶端的长度。

2.2

体宽　body width

腹部最宽的宽度。

2.3

孤雌蚜　viviparous female

在蚜虫生活周期中的孤雌生殖时期产生,包括有翅孤雌蚜和无翅孤雌蚜。在有寄主转换的种类中,有翅孤雌蚜可在原生寄主和次生寄主之间转移。

2.4

感觉圈　sensorium

蚜虫触角上着生的感触器官,其形状有圆形、椭圆形或环形等。在其触角端节(第六节)鞭部与基部交界处和倒第 2 节各有一个感觉圈,称为初生感觉圈,其他称为次生感觉圈。

2.5

尾片　cauda

腹部末节背片的延长,由第九腹节特化而成,形状多异,其上有微刺组成的瓦纹,常有数根到数十根或长或短的毛。

2.6

尾板　anal plate

尾片之下为肛门,其下为腹部末节的腹片,称为尾板。

2.7

生殖片　gonapophyses

位于生殖孔的前方,生殖片(或生殖板)一般有前毛 2 根,后毛大都超过 10 根。

2.8

腹管　siphunculus

位于腹部背面第 5 节或第 6 节或两节之间,是体壁上伸出的一个管子,有多种形状,基部同体壁相连。

2.9

蜡腺 wax gland

虫体背部真皮细胞间常散布有可分泌蜡粉、蜡丝的腺体。

2.10

蜡片 wax plate

蚜虫腺体分泌在体表形成的片状物。

3 苹果绵蚜基本信息

中文名：苹果绵蚜。

中文别名：白色蚜虫、赤蚜、绵蚜。

学名：*Eriosoma lanigerum*（Hausmann）。

属同翅目 Homoptera，蚜总科 Aphidoidea，瘿绵蚜科 Pemphigidae，绵蚜亚科 Eriosomatinae，绵蚜属 *Eriosoma*。

苹果绵蚜可随调运苹果、苹果属植物苗木、植株、接穗以及果筐、果箱等包装物进行远距离传播扩散。

苹果绵蚜的其他基本信息参见附录 A。

4 方法原理

根据苹果绵蚜有翅孤雌蚜和无翅孤雌蚜的形态学特征，采集虫体完整或形态学特征完好的蚜虫，用体视显微镜和生物显微镜观察蚜虫的外形、触角、喙、腹部、足等，根据形态特征进行判定。

5 仪器、用具及试剂

5.1 仪器

体视显微镜、生物显微镜。

5.2 用具

测微尺、放大镜、昆虫针、解剖针、小毛笔、剪刀、镊子、枝剪、指形管、样品袋、培养皿、标签、载玻片、盖玻片、磨口瓶。

5.3 试剂

75%酒精、无水酒精、二甲苯、加拿大树胶、氢氧化钾、品红、丁香油。

6 检测鉴定

6.1 现场检测

在检疫现场，检查苗木、接穗、果实及果筐、果箱等包装物是否有虫体；观察苹果属苗木、砧木、接穗和根部是否膨大成瘤、破裂，或苹果的萼洼及梗洼部分是否有为害症状，根据为害症状检查芽接处、嫩梢基部、嫩芽、叶腋、伤口愈合处、粗皮裂缝、顶芽、卷叶虫为害部位和其他有缝隙隐蔽处、果实梗洼和萼洼以及根部，找到虫体进行采集（参见附录 B）。要求鉴定用样品完整，形态学特征完好。

现场检疫发现的虫体直接用小毛笔刷入盛有75%酒精的小瓶或指形管中，并在小瓶或指形管上贴上标签。现场发现为害症状的，也可取被害苹果或用枝剪剪下膨大成瘤枝条等放入样品袋中封好，在样品袋上贴上标签，带回实验室收集虫体标本。

6.2 标本制作

按附录C规定的方法进行制作。

6.3 鉴定方法

将蚜虫标本分别放在体视显微镜和生物显微镜下，观察其外形、触角、喙、腹部、足等形态特征。

6.4 形态特征

6.4.1 绵蚜属 *Eriosoma* 的形态特征

额瘤不显，复眼有眼瘤，突出。有翅孤雌蚜触角6节，触角节Ⅲ明显长于Ⅳ＋Ⅴ＋Ⅵ，次生感觉圈环状。前翅翅痣大，中脉一次分支。无翅孤雌蚜(第二寄主)有四排蜡片。成蚜足有跗节2节。腹管环状。尾片圆小，尾板圆大。

6.4.2 苹果绵蚜无翅孤雌蚜的形态特征(参见附录D)

6.4.2.1 外形

体卵圆形，体长1.70 mm～2.10 mm，体宽0.93 mm～1.30 mm。活体黄褐色至红褐色，体背有大量白色长蜡毛。玻片标本淡色，头部顶端稍骨化，无斑纹，由3个小眼组成复眼。触角、足、尾片及生殖板灰黑色，腹管黑色。体表光滑，头顶部有圆突纹，中额呈弧形。

6.4.2.2 触角

触角粗短，有微瓦纹；全长0.31 mm，为体长0.16倍，节Ⅲ长0.07 mm，节Ⅰ～Ⅵ长度比例：50，54，100，53，78，78＋15；各节有短毛2根～4根，节Ⅲ毛长为该节直径0.39倍。

6.4.2.3 喙

喙粗，端部达后足基节，节Ⅵ＋Ⅴ长为基宽1.90倍，为后足跗节Ⅱ 1.70倍，有次生刚毛6根～8根，端部短毛4根。

6.4.2.4 腹部

腹部背片Ⅷ有微瓦纹。气门不规则圆形、关闭，气门片突起，骨化黑褐色。体背蜡腺明显，呈花瓣形，每蜡片含5个～15个蜡胞。腹部背片Ⅰ～Ⅶ各有中、侧、缘蜡片1对，Ⅷ有中蜡片1对；腹部背片Ⅰ～Ⅷ毛数：12根，18根，16根，18根，12根，8根，6根，4根，各排列一行，各毛长稍长于触角节Ⅲ直径。腹管半环形，围绕腹管有短毛11根～16根。尾片馒状，小于尾板，有微刺突瓦纹，有1对短刚毛。尾板末端圆形，有短刚毛38根～48根。生殖突骨化有毛12根～16根。

6.4.2.5 足

足短粗，光滑毛少，后足股节长0.21 mm，长为该节直径3.50倍，为触角全长0.68倍；后足胫节长0.26 mm，为体长0.14倍，毛长为该节直径0.90倍；跗节Ⅰ毛序：3，3，2。

6.4.3 苹果绵蚜有翅孤雌蚜的形态特征(参见附录D、附录E)

6.4.3.1 外形

体椭圆形,体长2.30 mm～2.50 mm,体宽0.90 mm～0.97 mm,活体头部、胸部黑色,腹部橄榄绿色,全身被白粉,腹部有白色长蜡丝。玻片标本头部、胸部黑色,腹部淡色;触角、腹管、尾片、尾板和足各节均黑色。

6.4.3.2 触角

触角6节,全长0.75 mm,为体长0.31倍,有小刺突横纹,节Ⅲ长0.35 mm,节Ⅰ～Ⅵ长度比例:13,14,100,30,30,19+5;节Ⅲ有短毛7根～10根,其他各节有毛3根或4根,节Ⅲ毛长为该节直径1/6;节Ⅴ、Ⅵ有圆形原生感觉圈各1个,节Ⅲ～Ⅵ各有环形次生感觉圈17个～18个,3个～5个,3个或4个,2个。

6.4.3.3 喙

喙端部不达后足基节,节Ⅳ+Ⅴ尖细,长为基宽2.20倍,为后足跗节Ⅱ 1.40倍。

6.4.3.4 腹部

腹部背片Ⅰ～Ⅶ均有深色中、侧、缘小蜡片,节Ⅷ有1对中蜡片。腹部背面毛稍长于腹面毛。节间斑不显。前翅中脉2分叉。腹管环形,黑色,环基稍骨化,端径与尾片约等长,围绕腹管有短毛11根～15根。尾片有短硬毛1对。尾板有毛32根～34根。

6.4.3.5 足

后足股节长0.41 mm,为触角节Ⅲ 1.20倍;后足胫节长0.70 mm,为体长0.29倍,毛长为该节直径0.68倍。

其他特征与无翅孤雌蚜相似(绵蚜属的有翅孤雌蚜分种检索表参见附录E)。

7 结果判定

以无翅孤雌蚜或有翅孤雌蚜的形态特征为鉴定依据,符合6.4.2或6.4.3的可以判定为苹果绵蚜 *Eriosoma lanigerum*(Hausmann)。以寄主、为害症状、传播方式、生物学特性为参考。

8 标本保存

8.1 浸泡标本保存

将鉴定出的苹果绵蚜虫体放在盛有75%酒精的小瓶或指形管里,用橡皮塞盖好并加以标识,注明编号、中文名称、学名、科别、产地、货物名称、进出口日期,经手人签字后妥善保存6个月以上。

8.2 玻片标本保存

将鉴定出的苹果绵蚜玻片标本加以标识,注明编号、中文名称、学名、科别、产地、货物名称、进出口日期,经手人签字后放在标本盒里妥善保存6个月以上。

附 录 A
(资料性附录)
苹果绵蚜其他信息

A.1 分布

A.1.1 国外分布

苹果绵蚜原产于北美东部，后传播到世界70余个国家和地区。

亚洲：阿拉伯、巴基斯坦、朝鲜、黎巴嫩、缅甸、孟加拉国、尼泊尔、日本、塞浦路斯、沙特阿拉伯、斯里兰卡、土耳其、锡金、叙利亚、伊拉克、伊朗、以色列、印度、约旦。

欧洲：阿尔巴尼亚、爱尔兰、安道尔、奥地利、保加利亚、比利时、波兰、丹麦、德国、俄罗斯、法国、芬兰、荷兰、捷克、罗马尼亚、马耳他、摩尔多瓦、挪威、葡萄牙、前南斯拉夫、瑞典、瑞士、斯洛伐克、乌克兰、西班牙、希腊、匈牙利、意大利、英国。

非洲：阿尔及尼亚、埃及、埃塞俄比亚、安哥拉、津巴布韦、肯尼亚、利比亚、留尼汪、马达加斯加、摩洛哥、南非、突尼斯；大洋洲：澳大利亚、新西兰。

北美洲：加拿大、美国、墨西哥。

南美洲：阿根廷、巴西、秘鲁、玻利维亚、厄瓜多尔、哥伦比亚、委内瑞拉、智利、乌拉圭。

A.1.2 国内分布

我国在河北、河南、湖北、江苏、辽宁、宁夏、天津、山东、陕西、山西、西藏和云南等省区局部也有发生。

A.2 多型和多态现象

苹果绵蚜的生活周期为全周期型，有多型和多态现象。有卵、干母、孤雌蚜(有翅孤雌蚜和无翅孤雌蚜)、雌性蚜、雄性蚜、若蚜等型，有的型有多态现象。

A.3 寄主

苹果 *Malus pumila*、山荆子 *M. baccata*、花红 *M. asiatica*、海棠果 *M. prunifolia* 等多种苹果属果树。也有报道为害山楂 *Crataegus pinnatifida*、梨属 *Pyrus* spp. 和栒子属 *Cotoneaster* spp. 植物。在美国以美洲榆 *Ulmus americana* 为原生寄主。

A.4 危害

一般在管理粗放、树干病虫害严重以及修剪不当、树体通风透光差的果园发生较重，主要危害枝干和根。

在枝干上主要群集在伤口(病虫伤口、剪锯口)、老皮裂缝、新梢叶腋、短果枝、果柄和果实的梗洼、萼洼处。在根部主要危害裸露的或浅土中的根，或地下10 cm～90 cm深处的根系，最深可达2 m以下，诱发根瘤。在美洲，该虫对植物根部的危害大于对地上部分的危害。

枝干或根被害后，初期形成平滑而圆的瘤状突起，严重时肿瘤累累，受害侧根不能再生须根并逐渐腐烂。有些肿瘤破裂后造成大小深浅不同的伤口更利于苹果绵蚜继续为害，并且容易诱发苹果腐烂病和苹果透翅蛾等病虫害的发生。叶柄被害后变成黑褐色，叶片因光合作用受损而提前脱落。果实梗洼、萼洼处受害时，果柄变为黑褐色，果实发育不良，果个小，着色差，并易脱落。

植株被害后，既损失大量养分，又影响养分和水分的吸收和输导，树势生长衰弱，缩短树龄，花芽分化少，结果少，产量、质量显著降低，抗寒、抗旱能力下降，造成很大的经济损失。

附 录 B
（资料性附录）
苹果绵蚜为害症状图

苹果绵蚜为害症状见图 B.1。

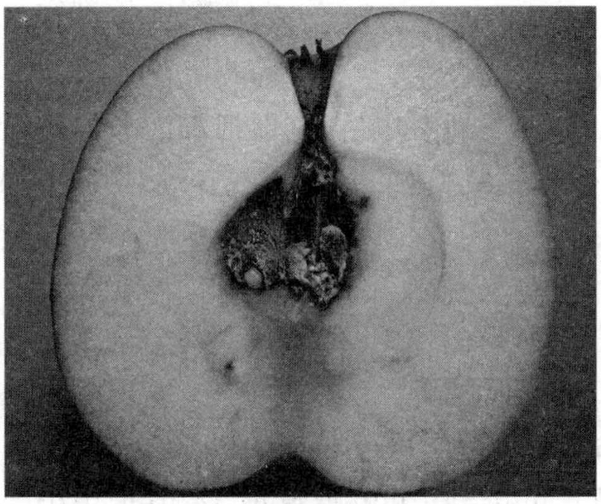

a）苹果解剖症状图

b）苹果树嫩枝症状图

c）苹果树枝症状图

d）苹果树干症状图

e）苹果树干基部症状图

f）苹果树根部症状图

注：a)引自梁帆，b)、c)、d)、f)引自上海外来入侵昆虫资料库。

图 B.1　苹果绵蚜为害症状图

附 录 C
（规范性附录）
苹果绵蚜标本制作

C.1 浸泡标本制作

现场收集到盛有75%酒精的小瓶或指形管里的标本，带回到室内后，立即把浸泡标本的小瓶或指形管的盖子换成棉花塞，然后将小瓶或指形管放在开水杯中水浴1次～2次，开水凉后再换上橡皮塞有待进行检疫鉴定。

C.2 玻片标本制作

采用加拿大胶封闭法：取75%酒精水浴加热处理后的苹果绵蚜虫体标本，用"0"号昆虫针在蚜虫胸部腹面刺穿1孔～2孔，再用10%氢氧化钾液水浴加热3 min～10 min或浸泡12 h，再用小毛笔压一下，用小钩勾出残余内容物，在蒸馏水中清洗一、两次。再用品红染色(或用5%酸性复红液染色30 min～60 min)，然后用水和酒精先后清洗多余的颜色。再移入无水酒精二甲苯混合液(1∶1)，用小毛笔除去污物。

制片时，把清洁的载玻片摆正，在中央滴数滴丁香油，用小镊夹放4只蚜虫标本，整理好姿势，用吸水纸吸干擦去丁香油，再加滴加拿大胶数滴，使扩散到与盖玻片面积等大，再用镊子夹住清洁的盖玻片，从蚜虫的后部方向先接触液面，然后向前徐徐盖下。然后放到40 ℃～50 ℃恒温箱内烘烤2 d～3 d就可干透有待进行检疫鉴定。

附 录 D
（资料性附录）
苹果绵蚜形态特征

苹果绵蚜形态特征见图 D.1、图 D.2。

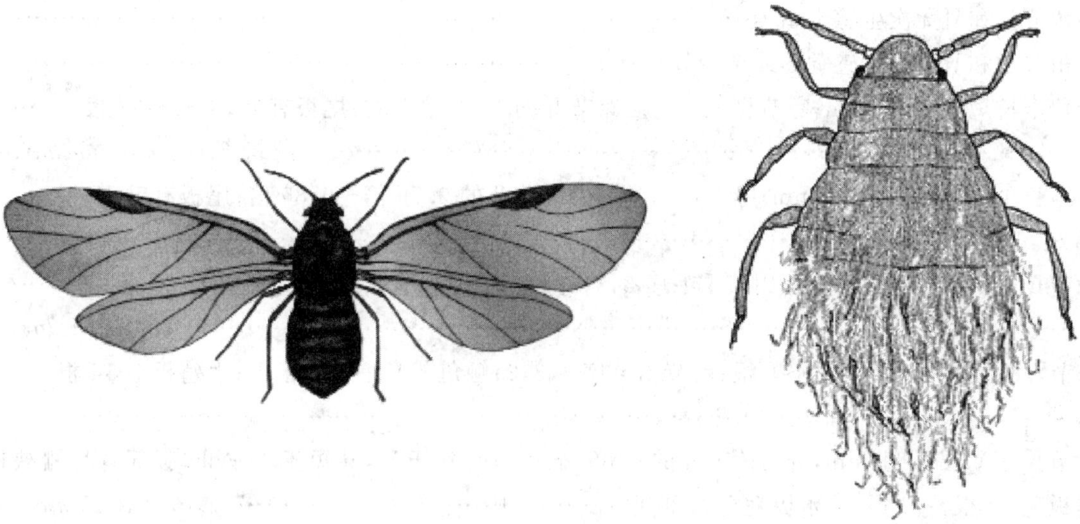

a）有翅孤雌蚜　　b）无翅孤雌蚜

注：引自上海外来入侵昆虫资料库。

图 D.1　苹果绵蚜孤雌蚜

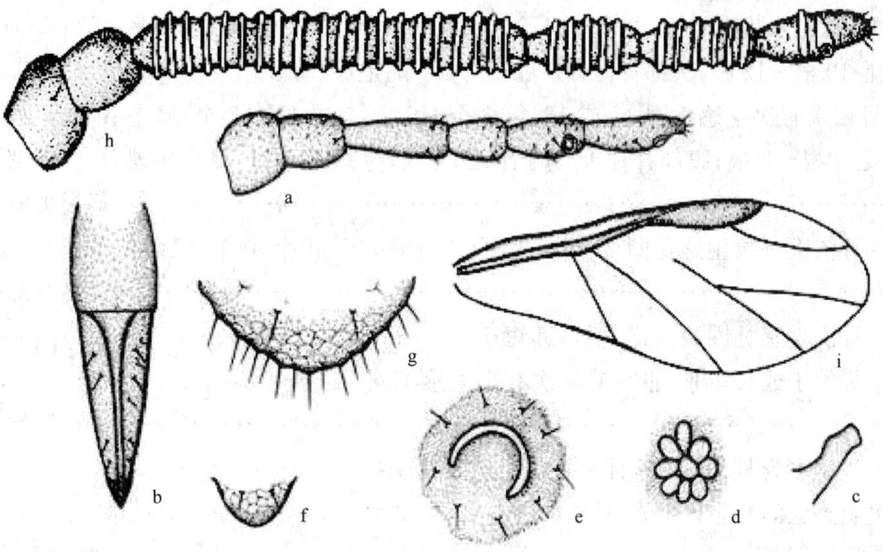

说明：

a——无翅孤雌蚜触角；
b——无翅孤雌蚜喙节Ⅳ+Ⅴ；
c——无翅孤雌蚜中胸腹岔；
d——无翅孤雌蚜蜡片；
e——无翅孤雌蚜腹管；
f——无翅孤雌蚜尾片；
g——无翅孤雌蚜尾板；
h——有翅孤雌蚜触角；
i——有翅孤雌蚜前翅。

注：仿乔格侠。

图 D.2　苹果绵蚜形态特征

附 录 E
（资料性附录）
绵蚜属（*Eirosoma* Leach）分种检索表

有翅孤雌蚜

1. 触角节Ⅴ和Ⅵ无次生感觉圈 …………………………………………………………………………… 2
 触角节Ⅴ和Ⅵ有次生感觉圈或至少节Ⅴ有1个 ………………………………………………………… 5
2. 触角全长短于1.00 mm；喙节Ⅳ＋Ⅴ为后跗节Ⅱ的1.00倍左右；尾板有毛31根～37根 …………
 ………………………………………………………………… 安绵蚜 *Eirosoma anncharlotteae*
 触角长1.12 mm～1.23 mm；喙节Ⅳ＋Ⅴ为后跗节Ⅱ的0.79倍～0.86倍；尾板有毛12根～28根 ……………………………………………………………………………………………………… 3
3. 喙节Ⅳ＋Ⅴ有次生毛12根；跗节Ⅰ毛序3,3,3；触角节Ⅴ＋Ⅵ长于Ⅳ；生殖板毛32根 …………
 ………………………………………………………………………… 土贵绵蚜 *E. togrogum*
 喙节Ⅳ＋Ⅴ有次生毛4根～6根；跗节Ⅰ毛序3,3,2；触角节Ⅴ＋Ⅵ短于Ⅳ；生殖板毛14根～20根 ……………………………………………………………………………………………………… 4
4. 喙节Ⅳ＋Ⅴ长0.11 mm，为后跗节Ⅱ的0.86；触角节Ⅵ长于Ⅴ，甚短于Ⅰ＋Ⅱ；腹部背片Ⅷ缺蜡腺；尾板毛12根～14根；生殖板毛至少20根 …………………………………… 盛冈绵蚜 *E. moriokense*
 喙节Ⅳ＋Ⅴ长0.13 mm，为后跗节Ⅱ的0.79倍；触角节Ⅵ约等于Ⅴ或Ⅰ＋Ⅱ；腹部背片Ⅷ有蜡胞群；尾板毛18根～28根；生殖板毛14根～16根 ……………………………………… 山榆绵蚜 *E. ulmi*
5. 触角节Ⅴ、Ⅵ均有次生感觉圈 ……………………………………………………………………… 6
 触角节Ⅵ无次生感觉圈，节Ⅴ有1个或2个 ………………………………………………………… 7
6. 触角节Ⅲ-Ⅵ依次有次生感觉圈22个～24个，5个，5个～7个，1个或2个；喙节Ⅳ＋Ⅴ为后跗节Ⅱ1.10倍，有次生毛10根～12根；头部背面有蜡腺1对；跗节Ⅰ毛序：3,3,3 ……… 榆绵蚜 *E. dilanuginosum*
 触角节Ⅲ-Ⅵ依次有次生感觉圈17或18个，3个～5个，3或4个，2个；喙节Ⅳ＋Ⅴ为后跗节Ⅱ1.70倍，有次生毛6根～8根；腹部背片Ⅰ～Ⅶ各有中、侧、缘蜡片1对，Ⅶ有中蜡片1对；跗节Ⅰ毛序：3,3,2 ………………………………………………………………………… 苹果绵蚜 *E. lanigerum*
7. 触角节Ⅲ～Ⅵ依次有次生感觉圈27个～32个，5个～8个，1个，0个；触角长于1.00 mm ………
 ……………………………………………………………………………… 乌苏绵蚜 *E. usuensis*
 触角节Ⅲ～Ⅵ次生感觉圈数别样，触角远短于1.00 mm ……………………………………………… 8
8. 触角节Ⅴ＋Ⅵ等于或长于Ⅲ，Ⅲ～Ⅵ依次有次生感觉圈11个～13个，2个，0个～1个，0个 ………
 ……………………………………………………………………………… 杨氏绵蚜 *E. usuensis*
 触角节Ⅴ＋Ⅵ至多为Ⅲ的0.80，Ⅲ～Ⅵ次生感觉圈别样 ………………………………………… 9
9. 触角节Ⅴ次生感觉圈0个～2个，Ⅵ端部为基部0.32倍，原生感觉圈无睫；背片Ⅶ有毛10对；尾板毛24根，生殖板毛18根 …………………………………………………… 短角绵蚜 *E. antennieurfum*
 触角节Ⅴ次生感觉圈0个或1个，Ⅵ端部为基部0.40倍以上，原生感觉圈有睫；背片Ⅶ有毛4对～7对；尾板、生殖板毛数别样 …………………………………………………………………… 10
10. 尾板有毛12根～14根，生殖板毛13根；触角节Ⅰ～Ⅵ长度比例：15,15,100,22,24,19＋8 ………
 ………………………………………………………………………… 多室绵蚜 *E. multilocularis*
 尾板毛与生殖毛数及触角节Ⅰ～Ⅵ长度别样 ……………………………………………………… 11
11. 腹部背片Ⅶ有毛5对～7对；尾板毛16根～20根，生殖板毛15根～17根；触角节Ⅰ～Ⅵ长度比例：

15,14,100,32,34,24+11 ………………………………………………………………… 蜡绵蚜 *E. cerum*

腹部背片Ⅶ有毛3对~4对;尾板毛10根,生殖板毛16根~18根;触角节Ⅰ~Ⅵ长度比例:16,15,100,31,40,28+12 ………………………………………………………………… 日本绵蚜 *E. japonicum*

注:引自《中国动物志》(昆虫纲 第十四卷 同翅目)。

ICS 65.020.01
B 16

中华人民共和国国家标准

GB/T 29587—2013

松疱锈病菌检疫鉴定方法

Detection and identification of *Cronartium ribicola* J. C. Fisch.

2013-07-19 发布　　2013-12-06 实施

中华人民共和国国家质量监督检验检疫总局
中国国家标准化管理委员会　发布

前　言

本标准按照 GB/T 1.1—2009 给出的规则起草。

本标准由全国植物检疫标准化技术委员会(SAC/TC 271)提出并归口。

本标准起草单位：中华人民共和国北京出入境检验检疫局、四川省森林病虫防治检疫总站、北京林业大学、中华人民共和国天津出入境检验检疫局、中华人民共和国深圳出入境检验检疫局、中华人民共和国山东出入境检验检疫局、中华人民共和国云南出入境检验检疫局。

本标准主要起草人：高文娜、杨佐忠、贺伟、韩晶、吕玉峰、汪万春、周琦、廖芳、邓丛良、江丽辉、边勇、梁新苗、李建光、程颖慧、王颖、吴兴海、丁元明、李旻。

松疱锈病菌检疫鉴定方法

1 范围

本标准规定了松疱锈病菌(*Cronartium ribicola* J.C.Fisch.)的检疫鉴定以病原菌的形态特征及在寄主植物上的症状作为依据,明确了现场检疫、病原菌分离、镜检鉴定、样品保存的方法。

本标准适用于松属 *Pinus* spp.的单维管束松亚属寄主植物中松疱锈病菌的检疫鉴定。

2 规范性引用文件

下列文件对于本文件的应用是必不可少的。凡是注日期的引用文件,仅注日期的版本适用于本文件。凡是不注日期的引用文件,其最新版本(包括所有的修改单)适用于本文件。

SN/T 1126 进出境木材检疫规程

SN/T 1157 进出境植物苗木检疫规程

3 术语和定义

下列术语和定义适用于本文件。

3.1

单维管束松亚属 Subgen.*Strobus*

针叶基部的叶鞘早落,鳞叶不延下生长,针叶内具一条维管束,木材材性较软,结构均匀,强度较小,早材带至晚材带渐变,木射线管胞内壁上无锯齿,晚材细胞切向壁上具缘纹孔显著,木射线细胞水平壁纹孔明显、端壁常具节状加厚。

3.2

双维管束松亚属 Subgen.*Pinus*

针叶基部的叶鞘宿存,鳞叶下延生长,针叶内具两条维管束,球果种鳞的鳞脐均生于鳞盾的中央,木材材性较硬,结构不均匀,强度较大,松脂较多,早材带至晚材带通常急变,木射线管胞内壁上具有深或浅的锯齿,晚材管胞切向壁上具缘纹孔或有或无,木射线细胞水平壁纹孔缺如或稀少。

4 松疱锈病菌基本信息

中文名:松疱锈病菌,又称白松疱锈病菌、茶藨生柱锈菌。

学名:*Cronartium ribicola* J. C Fisch.1872。

异名:*Peridermium strobe* Kleb。

病害中文名:松疱锈病,又称白松疱锈病、五针松疱锈病、华山松疱锈病、红松疱锈病。

病害英文名:soft-pine stem blister rust、white-pine blister rust、white-pine stem rust、korean-pine stem rust

属于担子菌亚门 Basidiomycotina、冬孢菌纲 Teliomycetes、锈菌目 Uredinales、栅锈菌科 Melampsoraceae、柱锈菌属 *Cronartium*。

该病原菌主要通过苗木引种栽植、带皮原木贸易运输进行远距离传播和蔓延。

松疱锈病菌的其他信息参见附录A。

5 方法原理

观察松疱锈病菌在寄主植物上的症状,显微观察病原菌的形态特征,进行检测鉴定。

6 器材和试剂

6.1 器材

生物数码显微镜(带数码成像系统)、目(物)镜测微尺、试剂瓶、刀片、镊子、洗瓶、量筒、量杯、载玻片、盖玻片、放大镜、枝剪、手套、木工斧(电锯)、照相机、样品袋、标签、采样凭证等。

6.2 试剂

蒸馏水、中性树胶等。

7 检测

7.1 取样

在检疫过程中,根据不同样品类型,分别按照SN/T 1157或SN/T 1126中的方法进行。

7.2 松属寄主症状检查

重点检查松属植株枝干部是否有流脂、皮层肿大、破裂并从裂缝中生出黄白色至橘黄色的锈孢子器(疱囊)或散发出大量锈黄色的锈孢子;感病枝、干皮层可见初期呈白色后变橘黄色泪滴状"蜜滴"(即性孢子液),"蜜滴"消失后皮下可见"血迹"状斑(参见附录A、附录B)。挑取观察到可疑症状的样品,送实验室作进一步检验鉴定。

8 鉴定

对于有可疑症状的样品,在有症状部位挑取孢子在显微镜下观察测量,并记录特征数据。

9 病原菌孢子形态鉴定特征

9.1 性孢子器和性孢子

性孢子器黄白色或橘黄色,平展于松树皮层中。性孢子无色,鸭梨形,单细胞,大小为(2.4 μm～4.5 μm)×(1.8 μm～2.5 μm)。

9.2 锈孢子器和锈孢子

锈孢子器由无色梭形细胞组成的疱囊状或圆柱状包膜所包裹,初期为黄白色,后变为橘黄色,生于枝干皮层外,高4.0 μm～6.0 mm,短径3.0 μm～5.0 mm,长径4.0 μm～40.0 mm。单个锈孢子锈黄色,成堆时为橘黄色,球形或卵圆形,大小为(22.8 μm～33.6 μm)×(14.4 μm～28.8 μm),表面生柱状疣突,疣上有5层～7层环纹,并有一与疣突顶部共处同一球面的平滑区。

10 结果判定

如果松树寄主症状检查结果符合7.2的描述，病原菌孢子形态观察结果符合9.1、9.2的鉴定特征，且符合柱锈属 *Cronartium* 分种检索表(参见附录C)对茶藨生柱锈菌的描述，可判定检测样品携带松疱锈病菌 *Cronartium ribicola*；反之，则非松疱锈病菌。

11 样品保存与结果记录

保存样品经登记和经手人签字后妥善保存。对检出松疱锈病菌的样品应制备永久玻片并干燥后保存，以备复核，该类样品保存期满后，需销毁处理。

试验记录应包括：样品来源、种类、时间；检验试验的时间、地点、方法和结果；经手人、试验人员和审核人员的签字；寄主的症状照片等。上述资料应归档并妥善保存。

附 录 A
（资料性附录）
松疱锈病菌的其他信息

A.1 形态特征

性孢子器于秋季(8 月～9 月)生于枝干皮层，成泪滴状，蜜黄色，口感有甜味而有“蜜滴”之称。初期为白色，2 d～3 d 后渐变成黄色或黄褐色，6 d～8 d 后干枯，留下“血迹”状斑点。3 月～5 月后在上一年产生“蜜滴”的松树病部产生具疱膜的黄色囊状锈孢子器，内含大量锈孢子，以后多年可持续产生锈孢子器。疱囊成熟后呈橘黄色，破裂，散出粉状锈孢子，最后留下膜状白色包被，并逐渐散落消失。

A.2 寄主范围

病原菌的性孢子和锈孢子阶段寄主有红松 *Pinus koraiensis*、华山松 *P.armandii*、西伯利亚红松 *P.sibirica*、偃松 *P. pumila*、台湾五针松 *P. morrisonicola*、乔松 *P. griffithii*、海南五针松 *P. fenzeliana*、瑞士石松 *P.cembra*、北美乔松 *P.strobus*、山白松 *P.monticola*、美国白皮松 *P.albicaulis*、巴尔夫氏松 *P.balfouriana*、柔松 *P.flexilis*、墨西哥白松 *P.ayacahuite*、恰帕松 *P.chiapensis* 和糖松 *P.lambertiana* 等松属中单维松树。

A.3 对寄主的危害情况

病害发生在单维松枝干皮部，不危害木质部。该病先在侧枝基部发病，然后向干皮扩展，有时枝干同时发病。发病部位常在地上 150 cm 以内的枝干上。

A.4 地理分布

日本、韩国、朝鲜、菲律宾、巴基斯坦、尼泊尔、伊朗、印度、比利时、芬兰、俄罗斯、前南斯拉夫、瑞士、瑞典、西班牙、罗马尼亚、波兰、挪威、荷兰、意大利、爱尔兰、匈牙利、德国、法国、丹麦、斯洛伐克、捷克、英国、奥地利、美国、加拿大、中国(辽宁省、四川省、云南省和陕西部分地区)。

A.5 生物学特性

锈孢子萌发的最适温度为 19 ℃～21 ℃，最适湿度为 90 %以上，在散射光下萌发最好，黑暗条件次之，直射光下最差。在 0.5 %琼脂膜上萌发最好。锈孢子具 1 ～4(6)个芽孔，但只有其中之一为优势生长，先端可有分支。

附 录 B
（资料性附录）
松疱锈病菌病原形态图

松疱锈病菌病原形态见图 B.1～图 B.6。

图 B.1 红松疱锈病

图 B.2 五针松疱锈病

图 B.3 五针松疱锈病病状

图 B.4　华山松疱锈病(锈孢子器脱落后的病斑)

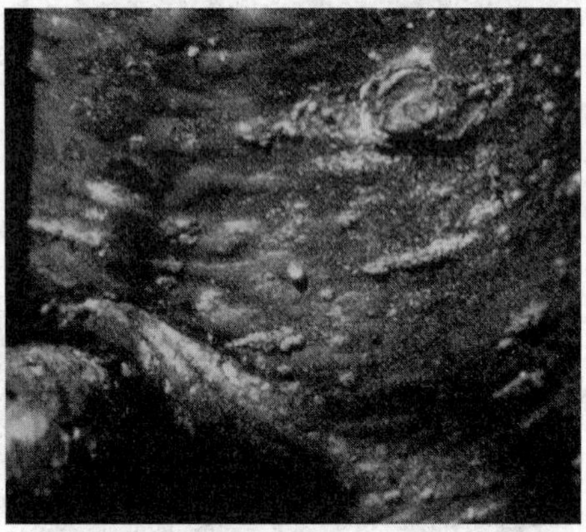

图 B.5　蜜滴

图 B.6　锈孢子(3 000 倍)

注：图 B.1、图 B.4 由贺伟提供；图 B.2、图 B.3、图 B.5、图 B.6 由杨佐忠提供。

附　录　C
（资料性附录）
柱锈属 *Cronartium* 分种检索表

1\. 单维管束松亚属寄生 …………………………………………………… 2

双维管束松亚属寄生 …………………………………………………… 3

2\. 单叶松和食用松寄生 ……………………………………… 西方柱锈菌 *C.occidentale*

五针松寄生 ……………………………………………… 茶藨生柱锈菌 *C.ribicola*

3\. 生枝干上 …………………………………………………………… 4

生球果上 …………………………………………………………… 10

4\. 病部皮层坏死形成溃疡 ……………………………………………… 5

病部皮层不坏死，木质部增生形成木质瘿瘤 ……………………………… 9

5\. 锈孢子表面无光滑区 ………………………………………………… 6

锈孢子表面有光滑区 ………………………………………………… 7

6\. 锈孢子梨形至棒形 ……………………………………… 云兰柱锈菌 *C.comandrae*

锈孢子长椭圆形 ………………………………… 阿巴拉契亚柱锈菌 *C.appalachianum*

7\. 病部木质部增生形成纵向隆起带 ……………………… 香蕨柱锈菌 *C.comptoniae*

病部皮层增生略肥大呈长梭形 ………………………………………… 9

8\. 锈孢子表面有明显的光滑区；分布北美洲 ……………… 类鞘孢柱锈菌 *C.coleosporioides*

锈孢子表面有近似的光滑区；分布欧洲和亚洲 ……………… 柔软柱锈菌 *C.flaccidum*

9\. 瘿瘤球形，半球形 ……………………………………… 栎柱锈菌 *C.quercuum*

瘿瘤梭形 ……………………………… 栎柱锈菌梭型专化型 *C.quercuum f.sp.fusiforme*

10\. 锈孢子器半埋于寄主组织中；分布美国东南部 ……………… 球果柱锈菌 *C.strobilianum*

锈孢子器完全突出寄主表面；也可危害小枝形成髓质瘤；分布美国南部至中美洲 ……………… 椎型柱锈菌 *C.conigenum*

ICS 65.020.01
B 16

中华人民共和国国家标准

GB/T 29588—2013

松针褐斑病菌检疫鉴定方法

Detection and identification of *Mycosphaerella dearnessii* Barr.

2013-07-19 发布　　2013-12-06 实施

中华人民共和国国家质量监督检验检疫总局
中国国家标准化管理委员会　发布

前 言

本标准按照 GB/T 1.1—2009 给出的规则起草。

本标准由全国植物检疫标准化技术委员会(SAC/TC 271)提出并归口。

本标准起草单位:中华人民共和国安徽出入境检验检疫局、中华人民共和国昆山出入境检验检疫局。

本标准主要起草人:姚剑、廖太林、温劲松、郑海松、李刚、余晓峰、张萍、李百胜、李云飞、孙娟娟、方元炜、戴雷、于立繁。

松针褐斑病菌检疫鉴定方法

1 范围

本标准规定了松针褐斑病菌的检疫鉴定方法。

本标准适用于松属(*Pinus*)苗木、枝叶中松针褐斑病菌的检疫和鉴定。

2 规范性引用文件

下列文件对于本文件的应用是必不可少的。凡是注日期的引用文件,仅注日期的版本适用于本文件。凡是不注日期的引用文件,其最新版本(包括所有的修改单)适用于本文件。

SN/T 2122 进出境植物及植物产品检疫抽样

3 松针褐斑病菌基本信息

中文名:松针褐斑病菌。

学名:*Mycosphaerella dearnessii* Barr。

异名:*Scirrhia acicola* (Dearness) Siggers,*Systremma acicola* (Dearness) Wolf & Barbour。

属真菌界 Fungi,子囊菌亚门 Ascomycota,腔菌纲 Loculoascomycetes,座囊菌目 Dothideales,座囊菌科 Dothideaceae,球腔菌属 *Mycosphaerella*。其无性型为半知菌亚门 Deuteromycotina,腔孢纲 Coelomycetes,黑盘孢目 Melanconiales,黑盘孢科 Melanconiaceae,座盘孢属 *Lecanosticta* 中的 *Lecanosticta acicola*(Thümen) Sydow et Petrak[异名:*Lecanosticta pini* Sydow, *Septoria acicola* (Thümen) Saccardo]。

松针褐斑病菌以子实体和病斑组织中的菌丝体在树上病叶或落地病叶上越冬,其有性型偶见于凋落的针叶上。

松针褐斑病菌的其他信息参见附录 A。

4 方法原理

经现场查验、取样后,实验室用显微镜等仪器设备进行检测,根据其危害症状、形态学特征进行结果判定。

5 仪器及用具

5.1 仪器

显微镜,超净工作台,恒温箱,高压灭菌锅。

5.2 用具

解剖刀,剪刀,镊子,放大镜。

6 试剂和培养基

6.1 试剂

2%次氯酸钠,70%酒精。

6.2 培养基

PDA 培养基。

7 现场检验

7.1 抽样方法

按 SN/T 2122 进行抽样。

7.2 现场查验

搜集并检查针叶是否有褪色小斑点或呈三段不同颜色的段斑,即上段褐色枯死,中段褐色、绿色相间,下段为绿色。进一步观察针叶两面表皮下叶肉组织中,有无块状或纽扣状、长度为 1 mm 左右的圆形或近似圆形的黑色小点。凋落的松针上是否有黑色、不规则分布的症状。将疑似感病样品带回实验室作进一步检验。

8 实验室检验

8.1 切片检验

选取带黑色小点针叶,用剪刀剪取带有黑色、圆形或近似圆形斑点的针叶组织(约 5 mm)切片,从中选择薄而带有完整黑色小点部分的切片,用移植环移于载玻片中央的水滴中,在显微镜下观察分生孢子盘、分生孢子梗以及分生孢子特征或病原菌有性型相关症状。

如针叶病斑无子实体或子实体未成熟,可将有病针叶在 25 ℃～30 ℃条件下保湿培养,待长出子实体并成熟后再做切片镜检。时间约需 20 d。

8.2 分离培养

在典型病斑中切取小块病组织,在 70 %酒精中浸 30 s,或用 2 %次氯酸钠消毒 60 s,用无菌水冲洗 3 次后置于 PDA 平板上,25 ℃恒温培养。观察菌落生长性状,12 d 后镜检。

8.3 形态观察

从菌落中挑取少许培养物,以水作浮载剂,制成玻片,在显微镜下观察。如为松针褐斑病菌的无性型,则可观察到分生孢子盘、分生孢子梗和分生孢子。详细记录并测量分生孢子梗和分生孢子大小。

9 鉴定特征

9.1 病菌形态特征

无性型[*Lecanosticta acicola* (Thümen) Sydow et Petrak]分生孢子盘在针叶表皮下的叶肉组织中,块状或纽扣状,黑色,高 75 μm～225 μm,宽 100 μm～275 μm,长度变化大,可达 1 mm 以上,上方平

展或呈浅盘状。分生孢子梗无色至灰褐色，不分枝，(15 μm～25 μm)×3 μm。分生孢子梭形至长形，直或不规则弯曲，两端较狭窄，先端钝尖，下端平截，无色至暗褐色，1 个～6 个隔膜，多数 3 隔，(24.5 μm～ 51.0 μm)×(3.4 μm～6.3 μm)，平均 37.9 μm× 4.2 μm。马尾松针叶上产生的分生孢子略短而肥，不同寄主针叶上产生的分生孢子与分离培养的稍有差异。

有性型(*Mycosphaerella dearnessii* Barr)子囊座散生，线形，生于表皮下后突出，使寄主表皮开裂拱起高于针叶表面 30 μm～50 μm；黑色，多腔，(400 μm～850 μm)×(120 μm～250 μm)，偶见单腔，腔壁由假薄壁组织构成。子囊腔通常 12 个以上排成一列或三列，球形或烧瓶形，(60 μm～70 μm)×(50 μm～65 μm)，有孔口，有缘丝，无侧丝。子囊双层壁，含 8 个孢子，无色，囊状或圆筒状，(30 μm～55 μm)×(6.5 μm～10.5 μm)，顶端圆。子囊孢子呈一行或不规则两行，无色，一分隔，长圆形或楔形，一端圆，一端梭形，(7.5 μm～12.5 μm)×(2 μm～3 μm)，典型的具四油滴。精子器阶段属 *Asteromella* 型，子座单腔或多腔，精子近无色至灰绿色，(2 μm～ 4 μm)×(0.8 μm～1.3 μm)，杆状(参见附录 B)。

9.2 培养性状

在 PDA 培养基上，菌丝生长良好。组织分离 4 d 可见白色菌落，10 d 后菌落底部淡褐色，开始形成黑色隆起子座，12 d 以后子座出现具油漆光泽的分生孢子堆，16 d 以后菌落直径达 6 mm～10 mm。

9.3 与松针红斑病菌 *Dothistroma pini* Hulbary 的区别

松针红斑病菌分生孢子无色，壁薄光滑，在 PDA 培养基上培养产生红色素和红色晶体，在松针上引起带红色的病斑。*Lecanosticta acicola* 分生孢子为茶褐色或烟褐色，壁厚，上布黑色疣状突起，在 PDA 培养基上不产生红色素和红色晶体，松针上病斑为褐色而不是红色。

10 结果判定

如症状与描述症状吻合，且切片或分离培养观察的病菌形态特征与描述的病原有性型或无性型的特征相符，即可鉴定为松针褐斑病菌。

11 样品、菌种保藏

分离菌转接在 PDA 培养基斜面上，待斜面表面长满菌丝后，置于 4 ℃保存，定期转接。有条件可进行冷冻干燥保存。

检出病菌的样品妥善保存 6 个月。保存期满灭活处理。

附 录 A
（资料性附录）
松针褐斑病菌的分布

松针褐斑病菌分布于以下地区：

a） 欧洲：法国、德国、瑞士、前南斯拉夫、格鲁吉亚。

b） 北美洲：加拿大、墨西哥、美国。

c） 中美洲以及加勒比海地区：伯利兹、哥斯达黎加、古巴、危地马拉、洪都拉斯、牙买加。

d） 南美洲：哥伦比亚。

e） 亚洲：中国（河北、辽宁、吉林、江苏、浙江、安徽、福建、江西、山东、河南、湖南、广东、广西）。

f） 非洲：南非。

附 录 B
（资料性附录）
症状及病原菌形态特征

松针褐斑病病状见图 B.1、图 B.2，病原菌形态特征见图 B.3、图 B.4。

图 B.1 松针褐斑病感病症状

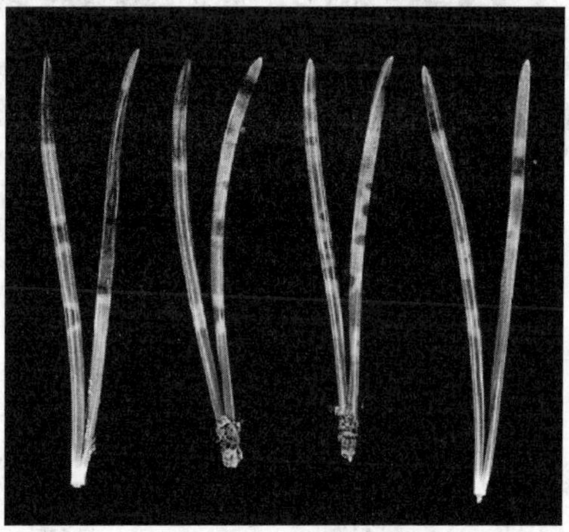

图 B.2 松针褐斑病病叶病斑

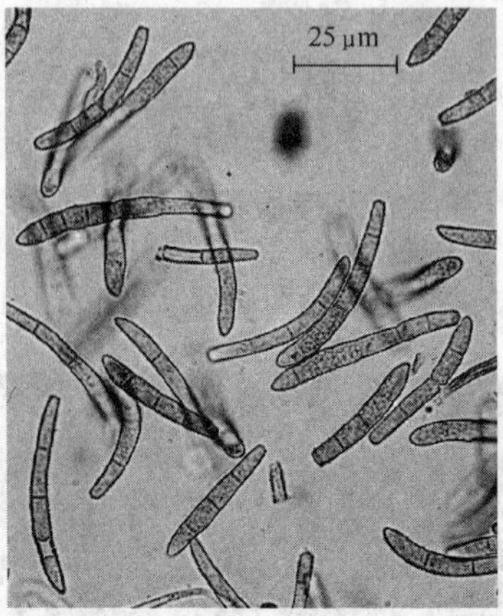

图 B.3 松针褐斑病菌分生孢子

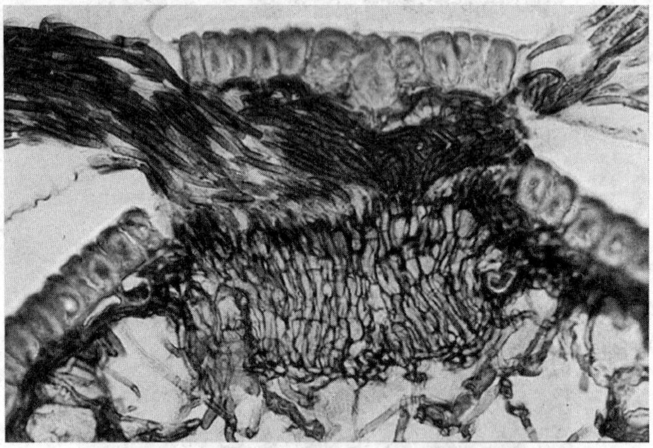

图 B.4 松针褐斑病菌分生孢子盘

ICS 65.020.01
B 16

中华人民共和国国家标准

GB/T 29589—2013

香菜腐烂病菌检疫鉴定方法

Detection and identification of *Mycocentrospora acerina*（Hartig）Deighton

2013-07-19 发布　　　　2013-12-06 实施

中华人民共和国国家质量监督检验检疫总局
中国国家标准化管理委员会　发布

前　言

本标准按照 GB/T 1.1—2009 给出的规则起草。

本标准由全国植物检疫标准化技术委员会(SAC/TC 271)提出并归口。

本标准起草单位:中华人民共和国北京出入境检验检疫局、中华人民共和国山东出入境检验检疫局、云南农业大学。

本标准主要起草人:种焱、王英超、邵秀玲、赵汗青、庞国兴、江丽辉、李建勇、刘云国、高文娜、刘云龙、纪瑛、何永宏。

香菜腐烂病菌检疫鉴定方法

1 范围

本标准规定了香菜腐烂病菌的检疫鉴定方法。

本标准适用于香菜、胡萝卜、元葱、杜鹃花等经济作物和观赏植物中香菜腐烂病菌的检疫和鉴定。

2 规范性引用文件

下列文件对于本文件的应用是必不可少的。凡是注日期的引用文件,仅注日期的版本适用于本文件。凡是不注日期的引用文件,其最新版本(包括所有的修改单)适用于本文件。

SN/T 1157 进出境植物苗木检疫规程

SN/T 1809 进出境植物种子检疫规程

3 香菜腐烂病菌基本信息

中文名:香菜腐烂病菌。

学名:*Mycocentrospora acerina* (Hartig) Deighton,1972。

异名:*Cercospora acerina* Hartig,1880;*Cercospora ohlsenii* Neergaard,1942;*Ansatospora macrospore* Newhall,1944。

病害英文名:caraway stem rot。

属于真菌界 Fungi,半知菌亚门 Deuteromycotina,丝孢纲 Hyphomycetes,丝孢目 Hyphomycetales,暗色菌科 Dematiaceae,菌刺孢属 *Mycocentrospora*。

通过感病种子远距离传播。

香菜腐烂病菌的其他信息参见附录 A。

4 方法原理

经现场查验,实验室分离培养,根据病原菌的形态特征、生物学特性,结合寄主范围进行结果判定。

5 仪器

5.1 生物显微镜(具油镜镜头)、具透射光源的体视显微镜(最大放大倍数不低于 50×)。

5.2 超净工作台。

5.3 电子天平。

5.4 光照恒温培养箱。

5.5 酒精灯。

5.6 高压灭菌器。

5.7 培养皿。

5.8 医用注射器(10 mL)及针头(18 号)。

5.9 医用手术剪、镊子。

5.10 烧杯(500 mL)。

5.11 试管(直径12 mm)。

5.12 载玻片、盖玻片。

5.13 量筒(500 mL)。

5.14 无色透明塑料袋。

5.15 血球计数器。

6 主要试剂

蒸馏水、PDA培养基、1%次氯酸钠或70%乙醇。

7 现场检测

7.1 抽样方法

棋盘式、五点式或随机抽样。

7.2 抽样数量

7.2.1 种子

对来自香菜腐烂病菌发生国家和地区(参见附录A)的香菜、胡萝卜、芹菜等植物种子按SN/T 1809进行抽样。

7.2.2 整株植物或插枝

对芹菜、胡萝卜、杜鹃花等经济作物和观赏植物按SN/T 1157进行抽样。

7.3 症状检查

对芹菜、胡萝卜、杜鹃花等经济作物和观赏植物或插枝,注意检查植株茎部上是否有腐烂和茎秆枯萎死亡等症状,对于种子观察是否有腐烂等症状;收集上述可疑植物材料等一并带回实验室检验。

8 实验室检测

8.1 分生孢子的直接镜检观察

对于有腐烂和茎秆枯萎死亡等症状的芹菜、胡萝卜、杜鹃花等经济作物和观赏植物或插枝,以及有腐烂等症状的种子,直接挑取症状上的霉状物镜检观察。单孢分离获得纯培养。

8.2 种子上病菌的分离和纯化

种子在1%次氯酸钠(有效浓度)中浸泡10 min,然后倒去多余的溶液。后用无菌水洗3~4次。每个培养皿中放三张9.0 cm滤纸,并用无菌水浸透,倒去多余的水。在无菌条件下,在每个培养皿的滤纸上均匀地摆放10~50粒种子,种子之间的距离最少应有20 mm,间隔要均匀,一般每批次最少做400粒种子。20 ℃下,12 h的黑暗与12 h近紫外光照交替培养8 d~10 d。培养皿在光管下约25 cm处,不要重叠。用肉眼或在解剖镜下挑取可疑菌落,获得纯培养。

8.3 植株上病菌的分离和纯化

选取可疑病斑，用1%次氯酸钠或70%乙醇表面消毒30 s左右，用无菌解剖刀在样品病健交界处挑取2 mm×2 mm病健交界组织若干块，将组织置于1%次氯酸钠或70%乙醇处理的无菌平皿中5 min～10 min，移入无菌水中洗三次，最后放置于PDA培养基(直径:7.5 cm)平板上，每平板放置5点，重复放置三块平板，20 ℃～25 ℃下培养2 d～4 d后用灭菌挑针挑取组织块边缘的菌丝，将其转移至PDA上纯化3次获得纯培养。

8.4 病原鉴定

8.1、8.2和8.3获得的纯培养，在温度为20 ℃、室内光照条件下培养病原菌，观察其菌落形态、颜色、色素，采用菌块切割保湿培养方法(见附录B)诱导分生孢子产生，观测其孢子大小、着生方式以及附属丝的有无，综合以上进行鉴定。

8.5 致病性测定

按照附录B的方法进行接种试验。

9 鉴定特征

9.1 形态特征

9.1.1 镜检观察

将有症状病斑的种子和植株放在显微镜下观察分生孢子和分生孢子梗：分生孢子梗短菌丝状，上部屈膝状，并具有宽而平的孢痕，淡色，通常不分枝，多无隔膜，少数具有1～2个隔膜，单生或3～5根丛生，(18 μm～65 μm)×(4 μm～10 μm)。分生孢子单生、顶侧生，倒棍棒形，具长喙，长喙基部平截，淡褐色，(49 μm～260 μm)×(6 μm～15 μm)，4～24个隔膜，隔膜处微突起(参见附录C)。少数孢子具有一个从基部细胞侧生出的刺状附属丝，(25 μm～150 μm)×(2 μm～3 μm)。未发现有性阶段。

9.1.2 培养观察

在PDA培养基上培养，菌丝宽4 μm～7 μm，后期菌丝胞壁加厚，形成念珠状串生的褐色厚垣孢子，厚垣孢子长椭圆形或矩圆形，(15 μm～30 μm)×(15 μm～20 μm)。在人工培养基上不易产生分生孢子，采用菌块切割保湿培养方法可获得分生孢子。

9.2 培养特征

在PDA培养基上培养，在全黑暗的条件下菌丝的生长速度最快，其颜色最初呈白色，以后逐渐变成黑色，无玫瑰红色素的产生。光照条件下菌落初期无色，48 h后变为紫红色或玫瑰红色，色素可扩散到基质里，随菌龄增长菌落中央变为灰色直至最后变为黑色。

9.3 致病性测定

9.3.1 番茄症状：病斑初期水渍状，后变为浅褐色，病斑近圆形，随后病斑合并腐烂。叶柄和枝柄受害呈暗褐色水渍状缢缩，病斑长梭形，脱落；茎秆受害后病斑变褐折垂。病斑表面生稀疏白色霉层。

9.3.2 胡萝卜接种症状：初期水渍状，后变为浅褐色，最后变为黑色。

9.3.3 致病菌的再分离和鉴定：用接种发病的叶片作常规病组织分离，获得的分离菌与原接种菌形态特征相同。镜检观察在患病组织上可产生较多的分生孢子，特征与8.1描述的特征一致。

10 结果判定

如现场检疫症状、分离物的形态特征、培养特征、致病性特征及再分离菌株的形态特征与7.3、第9章所述鉴定特征吻合，可判定为香菜腐烂病菌。

11 菌种的保存

分离并最终鉴定为香菜腐烂病菌的菌株应转接到试管斜面上，经登记和经手人签字后置于4 ℃左右冰箱中保存，并定期(30 d～60 d)转管，防止因斜面干燥而造成病原菌死亡。菌株至少需保存6个月，保存期满后，需经灭菌处理。

附 录 A
(资料性附录)
香菜腐烂病菌相关资料

A.1 致病性

在低温高湿条件下引起蔬菜和观赏植物病害,如胡萝卜根腐病、芹菜冠腐病、欧防风溃疡病、报春花根腐病等。

A.2 地理分布

A.2.1 亚洲:日本、印度尼西亚、中国(辽宁省新宾县、清原县、凤城县、桓仁县、本溪县和云南省文山州)。

A.2.2 欧洲:法国、丹麦、荷兰、挪威、英国、德国、奥地利、保加利亚、捷克。

A.2.3 大洋洲:澳大利亚、新西兰。

A.2.4 北美洲:美国、加拿大。

A.3 寄主范围

香菜腐烂病菌的寄主范围相当广泛,寄主植物已达25科50属61种,其中自然感病寄主16科27属32种。涉及经济价值较高的经济作物和观赏植物有:伞形科中的胡萝卜(*Daucus carrot*)、芹菜(*Apium graveolens*)、欧防风(*Pastinaca sativa*)、香菜(*Herba Coriandri*),百合科的洋葱(*Allium cepa*),茄科的番茄(*Lycopersicon esculentum*),豆科的菜豆(*Phaseolus vulgaris*),藜科的甜菜(*Beta vulgaris*),十字花科的花椰菜(*Brassica oleracea*),菊科的莴苣(*Lactvca saiva*)、矢车菊(*Centaurea cyanus*)、翠菊(*Callistephus chinensis*),秋海棠科的四季海棠(*Begonia semperflorens*),报春花科的报春花(*Primula malacoides*)、仙客来(*Cyclamen persicum*),天竺葵(*Pelargonium graveolens*),杜鹃花(*Rhododendron simsii*),麝香石竹(*Dianthus caryophyllus*),三色紫罗兰(*Matthiola incana*),德国鸢尾(*Iris germanica*),钓钟柳(*Penstemon barbatus*),紫盆花(*Scabiosa atropurpurea*),风铃草(*Campanula medium*),辽细辛(*Asarum heterotropoides* var. *mandshuricum*),汉城细辛(*Asarum sieboldii var. seoulense*),三七(*Panax notoginseng*)。此外该菌还可寄生于人的面部和胞囊线虫卵内。

A.4 生物学特征

香菜腐烂病菌是一种在低温高湿条件下易于侵染的病原菌,侵染的最低温度为亚冰点温度(−0.7 ℃),最高30 ℃,最适温度为15 ℃~20 ℃。菌丝生长最适温度为17 ℃,pH范围为4~10,最适6.5。直射光、散射光和灯光均可产生色素,菌丝产生的色素与光照时间以及强度成正比。

A.5 传播方式

香菜腐烂病菌是一种土传病害,其厚垣孢子具较强抗逆性,能够在土壤中至少存活2年,是该菌主要的侵染源。分生孢子和菌丝也可在病残体上越冬,成为发病的初侵染源。伤口是该病菌侵染的主要途径。

附　录　B
（规范性附录）
香菜腐烂病菌致病性测定方法及步骤

B.1　接种物的准备

用无菌水收集在PDA平板培养7 d的菌落上的厚垣孢子，或采用菌块切割保湿培养方法获得分生孢子，并配成10^5～10^6个/mL以上的孢子悬浮液。或者取在PDA平板上培养4 d～5 d的菌落边缘的菌丝块做接种菌丝。

B.2　菌块切割保湿培养法

将培养7 d的菌落用0.5 cm的打孔器将其切割成菌块，置于放有无菌水和滤纸的培养皿中，18 ℃光照培养，诱导分生孢子产生。

B.3　接种方法

采用致伤接种方法接种番茄叶片或胡萝卜块茎或其他寄主植物。喷雾孢子悬浮液接种，或菌丝接种（用无菌水保湿）。用孢子或菌丝接种的，均喷无菌水或无菌培养基于刺伤部位作为对照。供试寄主或离体叶片或胡萝卜在20 ℃、明暗交替各12 h条件下保湿48 h后观察叶片或胡萝卜发病症状。

附 录 C
（资料性附录）
香菜腐烂病菌形态特征图

香菜腐烂病菌形态特征见图 C.1。

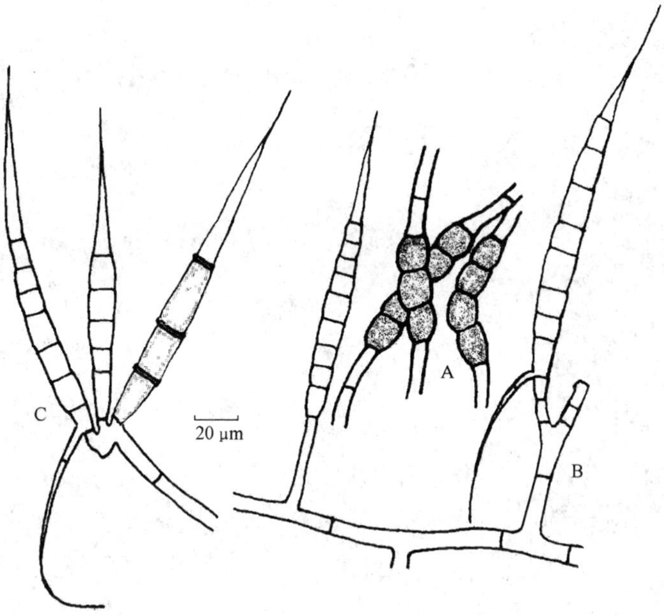

说明：

A ——厚垣孢子；

B ——分生孢子梗；

C ——分生孢子和基部侧生的刺状附属丝。

注：仿 Ellis M B.1976。

图 C.1 香菜腐烂病菌形态特征图

ICS 03.120.10
A 00

中华人民共和国国家标准

GB/T 29590—2013

企业现场管理准则

Criteria for field management in enterprise

2013-06-09 发布

2013-12-01 实施

中华人民共和国国家质量监督检验检疫总局
中国国家标准化管理委员会 发布

前 言

本标准按照 GB/T 1.1—2009 给出的规则起草。

本标准由中国质量协会提出。

本标准由全国质量管理和质量保证标准化技术委员会(SAC/TC 151)归口。

本标准起草单位:中国质量协会、中国标准化研究院、北京信息科技大学、首都经济贸易大学、海尔集团公司、空军装备部航空工厂管理部、三一集团公司、中国太平洋财产保险股份有限公司、中国石油集团东北炼化工程有限公司、青建集团股份公司、北京中质卓越咨询中心、中国建筑业协会工程质量管理分会。

本标准主要起草人:戚维明、吕青、田武、王璐、刘宇、陈立平、赵海峰、张德华、郑四德、蒋之春、夏晓军、齐静、续元飞、李菲。

引　言

0.1　总则

为引导企业实施有效和持续的现场管理，建立优质、高效、安全、规范的现场管理系统，提高企业在产品和服务的质量、成本、交付能力等各方面的绩效水平，从而更好地满足顾客和相关方需求，增强企业的核心竞争力，特制定本标准。

本标准提出了现场管理基本理念，详细规定了现场管理要求，是企业开展现场管理工作的主要依据。附录部分是组织实施现场管理准则的指导性文件。根据不同行业的特点，提供了现场管理准则的实施指南。附录A为企业现场管理准则制造业实施指南；附录B为企业现场管理准则服务业实施指南；附录C为企业现场管理准则建筑业实施指南。

0.2　基本理念

企业现场管理准则的核心是用全面质量管理的思想和方法提升现场管理活动的整体运行质量，实现以顾客为中心，提升效率和效能，优化节拍、节省时间、节约资源（“一心”“二效”“三节”）。其基本理念为：

——顾客导向。企业应以顾客为中心，充分识别顾客的需求和期望，关注顾客需求和期望的变化，提升现场满足顾客需求和期望的能力。

——系统协调。企业的领导者应促进现场实现系统化的管理，确保现场管理过程与企业整体战略运行协调一致。

——员工素质。增强员工质量意识，提高员工现场管理技能和创新能力，激发员工参与现场管理热情。

——效率提升。采用科学适宜方法，对现场管理过程进行有效控制，减少流程中的浪费，提升现场管理效率。

——持续改善。对现场进行分析评价，不断优化流程，实现顾客满意。

——现场和谐。营造诚信和谐、相互协作、安全健康、资源节约和环境保护的现场氛围，促进企业的可持续发展。

0.3　框架图

企业现场管理准则框架图如图1所示：

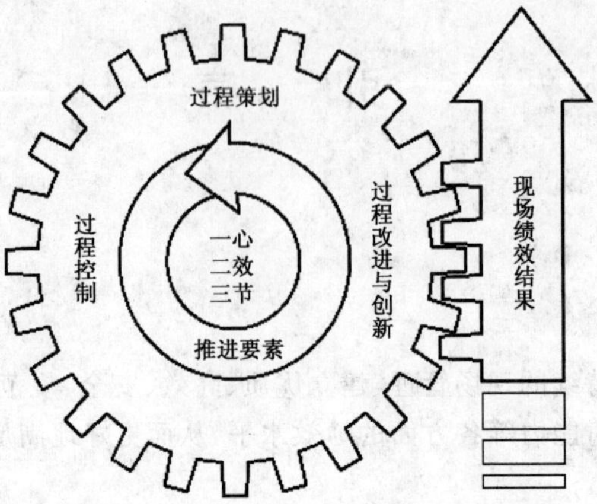

图1 企业现场管理准则框架图

企业现场管理准则

1 范围

本标准提出了企业现场管理的基本理念,规定了企业现场管理的基本要求。

本标准适用于各类企业的现场管理。

本标准附录A为企业现场管理准则制造业实施指南、附录B为企业现场管理准则服务业实施指南、附录C为企业现场管理准则建筑业实施指南。

2 规范性引用文件

下列文件对于本文件的应用是必不可少的。凡是注日期的引用文件,仅注日期的版本适用于本文件。凡是不注日期的引用文件,其最新版本(包括所有的修改单)适用于本文件。

GB/T 19000 质量管理体系 基础和术语

GB/T 19030 质量工程 术语

3 术语和定义

GB/T 19000界定的以及下列术语和定义适用于本文件。

3.1

现场 field

提供生产和服务的场所。

3.2

现场管理 field management

对现场进行的计划、组织、指挥、协调、控制和改进的活动。

3.3

效能 effectiveness

实现目标所显示的能力和所获得的效果及效益的综合反映。

4 要求

4.1 推进要素

4.1.1 领导作用

高层领导应在提高企业的现场管理水平中发挥首要作用。为现场管理配置所需资源,对于现场减少浪费、提高效率、降低成本等目标提出要求,并承诺在现场管理中遵循以顾客为中心,提升效率和效能,节省时间、节约资源和优化节拍(“一心”“二效”“三节”),为企业营造良好的开展现场管理工作的环境。

4.1.2 战略秉承

企业的现场管理应与企业的使命、愿景、发展战略以及价值观相一致,采用系统和与企业管理实际相协调的管理方法，将战略和战略实施计划相关要求展开。

4.1.3 组织保证

企业应该建立系统的管理机制，确保组织职能与现场管理需求相匹配，实现作业现场与企业整体组织结构协调一致。

4.1.4 员工素质

4.1.4.1 员工意识

企业应采用与管理实际相协调的管理方法和形式，增强现场员工的质量意识，激励员工主动参与现场管理工作，实现现场管理的持续改进与创新。

4.1.4.2 员工技能

企业应根据现场管理的要求，识别现场员工的能力需求，通过与企业管理实际相协调的方法，提升现场员工的技能。

4.2 过程

4.2.1 过程策划

4.2.1.1 过程要求确定

企业应运用系统和与企业管理实际相协调的管理方法，识别、分析并确定现场管理的要求，这些要求源于顾客、供应商、员工、股东、社会等各相关方，包括产品设计输出，以及相关法律法规和标准，保证与现场管理过程的有效衔接。

应将过程的要求转化为明确的现场管理指标，包括质量、效率、履约、成本、员工素质、安全、环保和资源利用等方面的内容。

4.2.1.2 过程设计

企业应根据确定的现场管理过程要求，识别现场管理要素及资源，采用系统的技术和管理方法，对现场管理过程进行设计，形成管理规范。

4.2.2 过程控制

4.2.2.1 过程实施

企业应根据过程设计的输出结果，配置资源，选择与企业管理实际相协调的管理方法，对现场管理过程中涉及的各要素进行系统管理。运用质量管理方法工具，持续提升产品和服务质量，降低成本，提升效率。确保现场管理过程的质量、效率、成本、安全、环保等方面能够协调一致，实现均衡、灵活、高效的现场管理过程。

4.2.2.2 过程测量与监控

企业通过完善的信息采集、统计和分析系统，对现场管理过程进行有效测量与监控，并及时纠偏，确保过程信息有效应用于管理决策，实现现场管理过程稳定、高效运行。

4.2.3 过程改进与创新

企业应建立系统的现场管理过程改进机制。运用与企业管理实际相协调的技术和方法，对现场管理过程的效率和效能进行评价、分析与改进，确保过程持续优化。企业应识别现场管理创新机会，确定创新目标，实施创新活动，评价和固化创新成果。

4.3 结果

4.3.1 质量

企业应描述现场输出的质量满足过程要求的结果，包括内外部顾客满意程度和投诉情况等相关结果。

4.3.2 效率与效能

企业应描述现场涉及的流程、设备、材料、人员作业等方面的管理效率和效能结果，包括外包过程、供应链衔接等结果。

4.3.3 履约

企业应描述现场计划执行、关键节点、现场输出产品的履约结果，以及对最终产品履约的影响。

4.3.4 员工素质

企业应描述与现场员工职业生涯发展相协调的员工培训、参与现场管理、技能提升等素质成长结果。

4.3.5 成本

企业应描述现场成本控制结果，如：生产成本、服务成本以及质量成本等。

4.3.6 安全

企业应描述现场安全管理结果，包括人身安全、设备安全、消防安全等。

4.3.7 环保与资源利用

企业应描述现场的环境保护、节能减排、资源再利用等管理结果。

附　录　A
（资料性附录）
企业现场管理准则制造业实施指南

本实施指南用于指导企业依据准则要求开展制造业现场管理工作。

A.1　推进要素

A.1.1　领导作用

A.1.1.1　总则

高层领导在提高企业现场管理水平过程中发挥首要作用，贯彻“一心”“二效”“三节”，明确目标、配置资源、营造氛围。

A.1.1.2　明确目标

高层领导根据企业的经营方针和战略规划，明确现场管理的目标，这些目标包括提升质量、减少浪费、提高效率、降低成本等方面的内容；针对确立的现场管理目标，制定明确、具体的现场管理要求并承诺实现。

A.1.1.3　配置资源

为保证现场管理工作有效开展，高层领导为现场管理活动提供必要的人力、物资以及资金等各种资源的支持。

A.1.1.4　营造氛围

高层领导在营造现场管理氛围中发挥主要作用。通过学习、会议、网络、刊物、看板等多种形式向员工传达现场管理的重要性。通过企业文化建设和绩效激励机制，鼓励员工积极参与现场管理活动。主动深入现场，针对现场管理的问题，与员工共同提出改进建议。

A.1.2　战略秉承

企业现场管理的目标、规划和要求与其使命、愿景、发展战略及价值观协调一致。系统地采用目标管理或平衡计分卡等方法，将战略目标层层分解到现场管理相关的业务流程中。确定现场关键绩效指标，并确保指标能够涵盖现场管理的各个方面，包括：质量、成本、交期、安全、环保等。

A.1.3　组织保证

A.1.3.1　总则

企业为保证其职能与现场管理需求相匹配，以及实现作业现场与企业整体的运行协调一致，建立系统的管理机制并确保其有效运行。系统的现场管理机制内容包括：设立现场管理组织机构，构建现场管理运行机制，建立现场管理授权和激励机制。

A.1.3.2　设立现场管理组织机构

根据企业整体组织结构，考虑适宜的管理幅度和管理层次，以及现场作业特点设立现场管理组织结构，如职能型、项目型、矩阵型、复合型等，并赋予现场管理的职权、目标和任务，明确组织机构中各岗位人员的职责，确保组织职能与现场管理需求相匹配。

A.1.3.3　构建现场管理运行机制

在确定的现场管理组织机构中，通过建立系统的现场管理制度，明确组织机构的功能以及各岗位的相互关系，以及规定现场管理中与人、财、物相关各项活动的基本准则和运行方式。同时，确定现场管理过程的范围、权责、顺序和相互作用。

A.1.3.4　建立现场管理授权和激励机制

企业在现场管理中充分应用授权管理，建立激励机制，包括：精神激励、薪酬激励、晋升激励，构建良好的员工关系和沟通渠道，激发企业中全体员工参与现场管理的积极性和主动性。

A.1.4　员工素质

A.1.4.1　员工意识

企业采用适当的方法和形式，激发员工主动参与现场管理活动的热情，如合理化建议、质量管理小组(QC 小组)、管理创新等。通过展板、成果发布会等途径，充分展示和分享员工参与现场管理和持续改进与创新的成果，增强员工积极、自主参与现场管理和改进的意识，提升员工发现问题、分析问题和解决问题的能力。

A.1.4.2　员工技能

企业根据现场管理的要求，识别对于现场员工的能力需求。采用系统的方法，有目的地提升现场员工的技能和素质，确保现场管理目标的实现。

a)　明确现场管理对不同层次人员能力的要求和各层次人员需要具备的现场管理知识，包括作业管理、技术管理、物料管理、设备管理、安全环境管理、质量控制与改进、工业工程(IE)等。对现场各操作岗位明确具体的岗位技能、资格要求。
b)　根据现场岗位技能要求，配备必要的培训资源。对员工的技能进行系统的评估，建立员工技能档案，制定员工培训计划；建立企业内部所需的师资队伍；结合企业的实际案例，编写各类、各级的现场管理培训教材。
c)　有计划地开展现场员工的培训工作。建立培训记录、培训效果跟踪制度以及培训评价系统。结合培训评价结果和员工业绩提升的需求，不断完善教育培训体系。
d)　为提高现场作业效能，鼓励员工一专多能，采用交叉培训、定期轮岗等多种方式进行培训。
e)　设立员工职业发展通道，为跨序列发展的员工提供机会，鼓励并帮助员工制定和实现个人职业生涯发展规划。

A.2　过程

A.2.1　过程策划

A.2.1.1　过程要求的确定

a)　系统运用适宜的方法，充分识别来自顾客和各相关方的需求，分析各类需求与现场各项管理活动之间的关系，将需求转化为现场管理过程相对应的要求和指标，明确各现场管理指标的监控流程，形成系统化的现场管理指标体系。常用的需求识别和指标分析的管理工具包括平衡计分卡、质量功能展开(QFD)、狩野模型(KANO)等。

b) 现场管理的指标体系要涵盖各项现场管理业务流程并协调一致，包括但不限于质量管理、计划管理、设备管理、安全管理、作业人员管理、原材料和在制品管理等。

A.2.1.2 过程设计

根据确定的过程要求，包括产品设计开发的技术参数、图样等输出结果，以及企业现有的资源和技术水平等，对现场过程进行设计。

a) 根据市场的需求和产品制造工艺的特点，选择适宜的生产组织方式，如流水线生产、单元化生产、混合式生产等。

b) 针对现场涉及的各项管理活动，对实现各项现场管理目标所涉及的管理要素和所需资源进行识别。采用适当的方法，设计出完整的现场作业组织结构、管理流程、作业标准、现场布局和信息管理系统，保证过程运行的稳定、高效、协调一致性和灵活性。

——现场布局。根据产品生产工艺、设备、人员等特点，设计合理的现场布局。现场布局应有利于现场物流的顺畅，生产组织的灵活，人员作业的安全。按照工艺仿真测算的工序及设备节拍，生产线平衡情况，合理配置人力、设备等资源，设计出满足生产节拍需求的工艺和人员布局。对于大批量规模化生产可采用流水线布局；对于多品种小批量生产可采用柔性生产模式，如U型布局，在实施过程中，应不断优化现场布局，如进行单元内部生产线及整个生产线平衡计算，调整总体节拍和效率。现场布局应考虑灵活应对市场变化，可采用快速换型(SMED)、设备柔性改造等方法。

——现场作业组织结构。根据产品的需求、作业的特点和员工的能力，设计合理的现场作业组织结构。如以设备为对象、以零件为对象设置工作中心。现场的组织结构需要有利于人员、设备效能的发挥，能够保证产品质量的稳定性，实现现场管理过程的灵活性。

——现场管理流程。针对现场涉及的各项管理活动，均需要制定清晰明确的流程和制度。现场管理流程需要明确各项管理活动的目标、程序、工作方法，并配备需要的资源。例如：生产计划、工艺纪律、质量控制、工装夹具、计量器具等管理流程。

——现场作业标准。为现场管理的各项作业制定明确的标准，包括生产工艺、产品图纸、作业方法、设备操作、监控规程、安全环保规程等。

——信息管理系统。针对现场信息的来源和信息使用的需求，设计完善的现场信息管理系统，实现对现场信息及时准确地采集、传递、统计、分析，为决策提供有效依据。

c) 在现场管理过程的设计中，采用适当的方法，识别并减少流程中的各种浪费，包括但不限于使用价值流图等方法。

d) 在现场管理过程的设计中，采用适当的方法，识别过程存在的潜在风险，并采取相应的措施实现预防性管理，包括但不限于使用防差错方法、失效模式分析等方法

A.2.2 过程控制

A.2.2.1 过程实施

企业根据过程设计的结果，从“人、机、料、法、环”各方面配置资源，有效实施现场管理过程。在各项现场管理活动中，通过正确地选择和使用管理工具方法，以标准化、精细化、可视化、柔性化、信息化为路径，不断提升现场的作业效率和产品质量，保证过程的稳定性和灵活性。

a) 5S和目视化管理

——建立系统的5S(5S：整理、整顿、清扫、清洁和素养，依照GB/T 19030)活动推进机制，通过规范现场、现物，营造干净、整洁、舒适、有序的工作环境，培养员工良好的工作习惯。

——制定系统的现场目视化的内容和标准，确保作业现场的状态和信息能够及时传递。目视

化包括但不限于规章制度与工作标准公开化；生产任务与完成情况图表化；视觉显示信号标准化；生产作业控制手段的形象直观与使用方便化；物品的码放和运送的数量标准化；人员分类着装与挂牌制度；色彩的标准化管理等，实现现场中的任何异常能够及时被发现并解决。

b) 现场作业人员管理

——现场作业人员上岗前经过系统的培训、实践、考核三个阶段，合格后方可上岗。

——通过轮岗等方式，增强员工的作业能力，优化现场多能工的比例，为实现现场作业的灵活性奠定基础。

——现场作业人员掌握基本的现场管理改进方法，包括但不限于质量管理新老七种工具等分析方法。

——建立完善的班组管理机制，提升班组的执行能力和改善能力，营造和谐的班组氛围。

c) 现场文件管理

——制定系统的现场文件管理流程，包括制定、发布、培训、保存和更新。

——现场文件包括但不限于生产图样、生产组织文件、工艺标准、作业指导书等。

——现场的所有岗位和工作流程均需要制定标准作业指导书。标准作业指导书中，体现关键的质量控制点、风险点和经验教训。标准作业指导书的基本要素包括：作业顺序、作业时间、关键质量控制点和安全点等；关键工序的指导书要图文并茂。

——作业指导书等文件要持续完善。根据作业实际，对相关文件进行适时修订，确保充分、有效、适宜。

d) 设备管理

——结合现场的作业组织特点，系统地开展设备全员生产维护（TPM）活动，提升设备综合效率。

——制定科学的设备分类原则，系统地对作业现场的设备进行分类。

——制定系统的设备日常维护流程，包括但不限于点检流程、维修流程等；结合作业现场和设备特点，制定设备更新改善计划和设备节能降耗改善方案。

——建立设备故障分析系统，能够采用科学的方法（例如：故障树分析）对设备故障进行深入分析，采取措施，降低设备的故障率，减少故障时间，提高设备可利用率。

——开展设备预防性维护，使用科学的方法[例如：失效模式与影响分析（FMEA）]识别设备的潜在风险，并制定相应的控制方案；依据设备的历史数据，制定合理的设备周期性维护计划和备件库存计划。

e) 过程质量控制

——制定产品质量检查方案，包括：成品、半成品质量检查方案，不合格品处理方案，部件监控方案等。

——制定过程质量控制方案，包括：定义关键工序和质量监控参数，建立关键质量数据收集系统，建立过程异常处理方案及预防机制。

——系统地使用统计过程控制方法，通过信息技术手段，建立实时的过程质量监控系统，收集完整的过程质量数据。通过及时的数据分析处理，评估过程能力，对过程进行持续改进。

f) 现场原材料和在制品管理

——建立作业现场原材料及在制品的管理机制，确保现场的库存合理，包括原材料和在制品的库存控制原则、原材料的领用程序、危险原材料控制程序。

——优化作业现场的物流路线，减少搬运。

——能够通过系统的方法对作业现场的原材料和在制品的库存及流转进行监控。通过现场准时化物流配送等方式，减少库存资金占用。做好存储过程的养护，减少浪费，提高原材料的利用率。

——对原材料供应体系进行系统的管理，确保与现场作业协调匹配。

g) 生产计划管理

——根据市场需求的特点、生产能力、供应商的供给能力和企业内部的需求，确定生产计划制定的原则，并制定均衡的生产计划。

——通过信息技术的手段，准确地向现场传递生产计划指令。

——在作业现场，能够采取适当的方法，监控生产计划的完成情况，对异常进行及时的处理。

h) 安全与环境管理

——参照环境管理体系(GB/T 24001)和职业健康安全管理体系(GB/T 28001)的要求，实施现场安全与环境管理。

——创造符合人体工学要求的作业条件，能够通过各种方法，不断减少员工的劳动强度、提高劳动效率、减少安全隐患，包括但不限于工装的“小改小革”、调整工作台高度、减少动作浪费的设计等。

——投入必要的资源，不断优化工艺，减少生产过程中的污染排放和能源消耗。

——建立激励制度，对改善环境及技改项目给予鼓励，创造良好的工作环境。

i) 资源利用

——结合作业过程的特点，不断对生产工艺、流程进行优化，以减少资源损耗。对于重大损耗项目，设立专项实施改进。

——建立能源消耗控制流程，结合现场的特点，开发能源循环使用的方法；针对废弃的设备和材料，设计循环再利用的方案。

——将能源损耗纳入现场的绩效管理体系，提出明确的节能降耗的目标。

A.2.2.2 过程测量与监控

a) 过程测量、监控

企业采用适宜的方法对现场管理整体过程进行监控，并在适当时进行测量，确保过程实现所策划的结果，实现有效的过程控制。

——识别需要监视和测量的过程，规定各部门在过程监视和测量中的职责，制定完整的现场过程监控流程图，并对监控点的分布进行规划设计；根据实际情况，考虑监视和测量的类型与程度。

——确定监视和测量的项目、方法、频次和判定准则，在每一监控点上制定相应的作业指导书，作业指导书将监控的质量特性和监控项目以图文和数值的形式表现出来。

——保持过程监视和测量的记录以及采取措施的记录；确保过程信息得到传递，传递能满足相关方要求。

b) 过程异常处理

建立异常处理程序，规定异常情况控制以及处置的有关职责和权限，确保过程异常情况得到及时有效的控制和处理，以防止其非预期的发生。

A.2.3 过程改进与创新

a) 过程改进

通过对现场管理过程产品质量、成本、交期、人员技能、设备、效率、过程能力等结果评价现场的适宜性和有效性，制定改进计划并组织实施。可以采用合理化建议、标杆对比、QC小组、六西格玛等方法，并将改进结果及时纳入相应的现场管理体系。

b) 过程创新

根据产品的发展趋势和顾客需求变化等，识别现场管理变革性的创新机会。确定创新目标，采取头脑风暴、创新提案等活动方式，激发现场员工的创新能力和热情，实施创新活动。对创新成果进行评价，将可为现场带来收益的创新成果固化并应用到现场管理中。

A.3 结果

A.3.1 总则

现场管理的结果包括质量、效率、成本、交付等方面的内容。结果数据应包括以下几方面的内容，但具体的指标依据现场实际的特点设定，以证实现场管理的适宜性和有效性，并确定在何处可以持续改进现场管理。本实施指南中的指标仅供参考。在适当时，提供与竞争对手或标杆的对比数据，以反映企业在相关方面的行业地位、竞争优势和存在的差距。

A.3.2 质量

企业描述现场输出的质量满足过程要求的结果，例如：

a) 过程质量

过程能力指数、返工率、产品直通率、产品一次交验合格率、原材料合格率等。

b) 产品质量

产品合格率、顾客退货率、产品早期故障率、产品返修率、内外部顾客满意度等。

A.3.3 效率与效能

企业描述现场涉及的流程、设备、材料、人员作业等方面的管理效率和效能结果。例如：生产周期，生产线平衡率，原材料供应及时率、配套计划按时完成率，设备综合效率(OEE)、平均故障间隔时间(MTBF)、平均故障修复时间(MTTR)指标，工时效率、劳动生产率、工序流转周期等。

A.3.4 履约

企业描述现场计划执行、关键节点、现场输出产品的履约结果，以及对最终产品履约的影响，例如：产品准时交付率、生产计划按时完成率、生产时序完成率等。

A.3.5 员工素质

企业描述与现场员工职业生涯发展相协调的员工培训、参与现场管理、技能提升等素质成长结果，例如：

a) 培训

培训计划完成率、培训满意度、培训有效性结果(与现场效率提升相匹配)等；

b) 技能

技能工比例、多能工比例、人岗匹配率、作业误操作率等；

c) 改进与创新

合理化建议参与率、人均合理化建议件数、QC 小组活动参与率等；

d) 员工士气

员工满意度、员工离职率等。

A.3.6 成本

企业描述现场成本控制结果，例如：库存(含半成品、备件)成本、生产成本、质量成本等。

A.3.7 安全

企业描述现场安全管理结果，例如：千人死亡率、千人负伤率、现场安全违章率、可记录事故数量和事故征候数量、连续安全生产天数、职业病发病数、职业性有害因素检测点(噪声、粉尘等)达标率、特种设备按期校验率、应急预案演练参与率等。

A.3.8 环保与资源利用

企业描述现场的环境保护、节能减排、资源再利用等管理结果，例如：废弃物处理结果、资源循环利用结果、节能降耗结果、污染物综合排放合格率、危险废弃物转移结果等。

附　录　B
（资料性附录）
企业现场管理准则服务业实施指南

本实施指南用于指导企业依据准则要求开展服务业现场管理工作。

本实施指南中的服务业侧重于顾客直接参与到服务提供过程，并对最终服务质量产生直接影响的行业（例如：通信、邮政、零售、金融、客运、餐饮等行业的营业场所）。顾客很少或不直接参与到服务提供过程的行业（例如：港口装卸、物流等行业的作业现场），其现场管理过程可参考制造业现场管理准则实施指南中的相应内容。

B.1　推进要素

B.1.1　领导作用

B.1.1.1　总则

高层领导在提高企业现场管理水平过程中发挥首要作用，贯彻“一心”“二效”“三节”，明确目标、配置资源、营造氛围。

B.1.1.2　明确目标

高层领导根据企业的经营方针和战略规划，明确服务现场管理的目标，这些目标应包括：加强与顾客互动、优化服务接触界面、增强顾客体验、提升服务质量、增强顾客满意度和忠诚度、减少浪费、提高服务效率、降低服务成本等方面的内容；针对确立的服务现场管理的目标，制定明确、具体的服务现场管理要求并承诺实现。

B.1.1.3　配置资源

为保证服务现场管理有效开展，高层领导提供必要的人力、物资以及资金等各种资源的支持。

B.1.1.4　营造氛围

高层领导在营造服务现场管理氛围中发挥主要作用。通过学习、会议、网络、刊物、看板等多种形式向员工传达顾客和服务现场管理的重要性。通过企业文化建设和绩效激励机制，增强员工主动服务意识，鼓励员工积极参与服务现场管理活动。高层领导主动深入服务现场，针对现场管理的问题，与员工共同提出改进建议。

B.1.2　战略秉承

企业服务现场管理的目标、规划和要求与其使命、愿景、发展战略及价值观协调一致。系统地采用目标管理或平衡计分卡等方法，将战略目标层层分解到现场管理相关的服务流程中。确定服务现场关键绩效指标，并确保指标能够涵盖现场管理的各个方面，包括：质量、效率、履约、成本、员工素质、安全、环保和资源利用等。

B.1.3　组织保证

B.1.3.1　总则

企业为保证其职能与服务现场管理需求相匹配，以及实现服务现场与企业整体的运行协调一致，建立系统的管理机制并确保其有效运行。内容包括:设立服务现场管理组织机构,构建服务现场管理运行机制,建立服务现场管理授权和激励机制。

B.1.3.2　设立服务现场管理组织机构

根据企业整体组织结构,考虑适宜的管理幅度和管理层次,以及服务现场特点,设立服务现场管理组织结构,如职能型、项目型、矩阵型、复合型等,并赋予服务现场管理的职权、目标和任务,明确组织机构中各岗位人员的职责,确保组织职能与服务现场管理需求相匹配。

B.1.3.3　构建服务现场管理运行机制

在确定的服务现场管理组织机构中,通过建立系统的服务现场管理制度,明确组织机构的功能以及各岗位的相互关系,以及规定服务现场管理中与人、财、物相关各项活动的基本准则和运行方式,确定服务现场管理过程的范围、权责、顺序和相互作用。

B.1.3.4　建立服务现场管理授权和激励机制

企业在服务现场管理中充分应用授权管理,建立激励机制。通过明确授权范围,按管理层级确定授权内容、数额等超过岗位管理职责的特殊管理权限,增强服务灵活性、提升服务效率;通过精神激励、薪酬激励、晋升激励,构建良好的员工关系和沟通渠道,激发企业中全体员工参与服务现场管理的积极性和主动性。

B.1.4　员工素质

B.1.4.1　员工意识

企业激发员工顾客至上、主动服务的意识,自觉改善服务方法,优化服务过程,不断提升服务价值。采用适当的方法和形式,激发员工主动参与服务现场改进的热情和意识,如合理化建议、质量管理小组、管理创新等。通过展板、成果发布会等途径,充分展示和分享员工参与现场管理和持续改进与创新的成果,增强员工素质和技能,提高员工发现问题、分析问题和解决问题的能力。

B.1.4.2　员工技能

企业根据服务现场管理的要求,识别对于服务现场员工的能力需求。采用系统的方法,有目的地提升服务现场员工的技能和素质,确保服务现场管理目标的实现。

a) 明确服务现场各岗位人员需要具备的能力、岗位服务技能、资格要求。明确各层次服务人员需要掌握的服务现场管理知识,包括服务规范、顾客沟通技巧、服务设施、安全环境管理、服务质量控制与改进等。
b) 根据服务现场岗位技能要求,配备必要的培训资源。对员工的技能进行系统的评估,建立员工技能档案,制定员工培训计划;建立企业内部所需的师资队伍;结合企业的实际案例,编写各类、各级的服务现场管理培训教材。
c) 有计划地开展服务现场员工的培训工作。建立培训记录、培训效果跟踪制度以及培训评价系统。结合培训评价结果和员工业绩提升的需求,不断完善教育培训体系。
d) 为提高现场服务效能,鼓励员工一专多能,采用交叉培训、定期轮岗等多种方式进行培训。
e) 设立员工职业发展通道,为跨序列发展的员工提供机会,鼓励并帮助员工制定和实现个人职业生涯发展规划。

B.2 服务过程管理

B.2.1 服务过程策划

B.2.1.1 服务需求识别

a) 企业根据市场的特点、服务产品的特性和服务提供能力，对服务现场进行明确定位。确定服务现场提供的服务产品，识别现场的核心服务和辅助性服务。

b) 根据现场提供服务产品的内容和特性，确定服务现场的目标顾客群体。系统地分析目标顾客群体的特征，包括但不限于顾客的类别(例如：年龄、性别、文化背景等)、顾客的行为习惯(例如：消费习惯、偏好、顾客价值)等方面的信息。

c) 识别目标顾客群体的需求和服务期望。根据目标顾客群体的特征，识别并分析来自目标顾客对于服务产品和服务提供过程的显性需求和隐性需求(对于提供差异化服务的过程，可以按顾客类别分析需求)，以及顾客对于服务的期望。适当时，需要对与服务现场提供相似服务产品的竞争对手进行调查研究，确保服务现场能够提供满足或超越顾客期望的服务。

d) 确定现场的服务要求。系统运用适宜的方法，根据服务方案，将顾客各类需求和服务期望转化为现场服务提供过程中与顾客各接触界面活动的服务要求，包括但不限于服务产品、服务提供过程、服务人员、服务设施、服务环境等方面的要求。对于可量化的服务要求，转化为明确的服务现场管理指标，并明确指标的数据收集统计方法，形成系统的服务现场管理指标体系。常用的需求识别和指标分析的管理工具包括问卷调查、焦点小组、平衡计分卡、质量功能展开、狩野模型等。

e) 服务现场需要明确服务前台和服务后台之间的接口，并确定各接口间的服务要求，确保服务现场各流程顺畅、协调一致的运行。

B.2.1.2 服务设计

根据服务要求和现场服务能力，对服务过程进行设计。

a) 服务规范设计

根据服务需求，制定明确清晰的服务规范。服务规范需要确保提供的服务产品能够满足顾客的要求和期望，并与服务营销宣传的内容保持一致。服务规范体现可操作性、可实现性和可测量性，与服务现场人员、服务设施能力等相匹配。现场员工充分理解规范要求的目的和宗旨，便于规范的准确执行。

b) 服务提供过程设计

对服务提供过程涉及的各项现场管理活动，制定清晰明确的管理流程和标准，明确现场各项活动的目标、工作程序、工作方法和活动间接口，实现服务规范的要求。确保服务提供过程中，在与顾客发生接触的各个环节，能够满足顾客的要求，不断提升顾客的感知价值。服务提供过程中涉及的管理活动，包括但不限于业务咨询、业务办理、服务质量评价、顾客投诉处理、服务补救、服务评价等。

c) 服务过程质量控制设计

采用适当的方法(例如：服务蓝图)，识别现场服务过程中影响服务质量的关键活动，包括服务过程中容易造成服务失败的环节。设计相应的流程和方法(例如：防差错)，对服务过程中的关键活动和潜在风险点进行控制，并建立相应的服务质量评价方法，确保服务规范和顾客需求的实现。

d) 服务现场环境布局设计

根据服务规范和顾客的需求，设计合理的现场布局，创造安全、良好的服务环境，方便顾客进入服务场所，识别和接受服务，并满足节能环保的要求。

——现场布局保证顾客的便利性、舒适性和安全性，包括但不限于顾客行动路线、顾客等候区域、业务办理区域、顾客自助服务区域、产品陈列展示及顾客体验区域、员工后台工作区域，以及选择适宜的色彩、光线等环境要素。

——服务现场的设施配置，能够满足服务规范和服务提供规范的实现；对于顾客直接使用的设施，确保使用的安全性和便利性。

——服务现场布局的设计，与企业品牌价值传递、客户体验、产品宣传等方面的工作协调一致。

e) 服务现场人员配置

根据服务产品的特性、服务规范和顾客的需求，合理地配置现场服务人员结构。服务现场的组织结构有利于人员、服务设施效能的发挥，保证服务质量的稳定性，及时准确了解服务现场顾客的需求变化情况，不断提升顾客服务响应的及时性和灵活性。

f) 服务现场信息管理系统配置

针对服务现场信息的来源和信息使用的需求，设计完善的现场信息管理系统，实现对现场信息及时准确的采集、传递、统计、分析，为顾客服务提供有效支持，为决策提供有效依据。

g) 在服务的设计过程中，采用适当的方法，不断对服务流程进行优化，提升服务过程的效率和质量，包括但不限于使用价值流图、流程穿越等方法。

B.2.2 服务提供过程

B.2.2.1 服务提供

企业根据服务过程策划的结果，为顾客提供优质的服务，并在各项服务活动中，正确选择和使用管理工具方法，不断提升服务效率，增强顾客的满意度和忠诚度。

a) 服务人员管理

——现场员工上岗前经过系统的培训、实践、考核三个阶段，合格后方可上岗；

——通过轮岗、培训等方式，增加员工对于现场服务流程和服务产品的了解，优化现场多技能员工(例如:综合柜员)的比例，不断增强现场服务的灵活性，满足提升服务效率、效能的需要；

——员工掌握基本的现场管理改进方法，包括但不限于质量管理新老七种工具、5S 等质量工具方法；

——建立完善的服务现场团队管理机制，提升团队的执行能力和改善能力；根据现场员工的特点，采用适当的方式，如现场员工心情看板等方式，及时了解员工的情绪和状态，主动进行调节，营造和谐的氛围。

b) 服务计划管理

——根据顾客需求的特点(如客流分布)、现场服务提供能力、服务设施利用情况等，确定服务现场资源配置原则和调节程序、依据，包括但不限于服务现场排班、服务现场窗口开窗数量等，有效履行服务承诺；

——服务现场的资源配置，需要与服务营销计划、顾客沟通计划等内容协调一致；

——在服务现场通过适当的方法，及时掌握服务现场的情况，如顾客流量、等候时间、业务办理时间等信息，对服务现场资源(包括服务前台和服务后台)进行动态的调整，保证现场服务的及时性和灵活性；

——服务现场通过适当的方法和措施，引导顾客的需求，如选择闲时来办理业务，实现顾客需求和服务提供能力之间的匹配；

——在现场服务提供能力不足时，需要采取相应的措施(例如:进行业务预处理、向顾客告知真实状况等)，缩短业务办理时间，减少顾客抱怨。

c) 服务现场可视化

——在现场将有关服务产品、服务流程、服务承诺等方面的信息，利用简明便于理解的形式，清晰准确地传递给顾客；

——根据服务现场布局和环境的特点，系统地设计服务现场的各类标识，便于顾客安全、及时、准确地接受服务提供；

——在员工工作区域，将服务效率、服务质量等方面信息进行展示，便于员工和管理人员及时了解现场的绩效和存在的问题，并使问题得到及时解决；

——将可视化融入到服务现场的各项活动中，营造安全、明朗、舒适的环境。

d) 文件管理

——制定系统的现场文件管理流程，包括文件的制定、发布、培训、保存和更新；

——现场的文件包括但不限于服务规范、服务提供规范、服务质量控制流程等，现场的所有岗位的工作均有相应的文件进行规范；

——针对不同类型的顾客，现场需要制定个性化的服务规范和流程，满足顾客多样化的需求；

——根据顾客需求和服务手段的变化，对各类服务文件进行适时修订，确保充分、有效、适宜。

e) 服务过程质量控制

——制定完善的服务过程质量监督检查方案：包括服务前台、服务后台质量检查方案，在监督检查过程中可以采用远程监控、神秘顾客等方法；

——制定系统的服务过程质量控制方案：包括识别关键服务环节，并确定质量监控参数，如顾客等候时长、业务办理差错率等，建立关键质量数据收集系统，建立过程异常处理方案及预防机制；

——系统地使用统计过程控制方法，通过信息技术手段，建立实时的过程质量监控系统，收集完整的过程质量数据。通过及时的数据分析处理，评估过程能力，对过程进行持续改进。

f) 服务设施管理

——制定科学的分类原则，系统地对服务现场的设施进行分类；

——制定系统的服务设施日常维护流程，包括但不限于点检流程、维护流程等；

——结合服务现场和设备特点，制定设施更新改善计划和设施节能降耗改善方案；

——建立故障分析系统，能够采用科学的方法对设施故障进行深入分析，采取措施，降低设施的故障率及故障时间；

——开展预防性维护，使用科学的方法(例如：FMEA)识别设施的潜在风险，并制定相应的控制方案；依据设施的历史数据，制定合理的设备周期性维护计划和备件库存计划；

——为顾客使用的自助服务设施提供简单易懂的操作指南，根据顾客使用的反馈信息，不断优化自助服务设施的功能，提高设施的利用率。

g) 服务现场抱怨与投诉处理

——建立完善的顾客投诉处理流程，明示投诉处理第一责任人和投诉处理周期，制定清晰的顾客投诉处理反馈途径，及时解决顾客的问题，挽留顾客，提高顾客的忠诚度；

——服务现场建立清晰的授权机制，确保顾客的抱怨与投诉在第一时间得到解决；

——建立完善的顾客抱怨投诉信息收集系统，并定期分析相关数据，对服务流程和服务产品进行持续改进。关注顾客抱怨，及时化解顾客不满，识别改进机会，建立良好的顾客关系，不断提升顾客的满意度。

h) 顾客关系维系

——采用适当的方法，收集前往服务现场顾客的准确信息，包括但不限于顾客联络方式、顾客类型、消费行为习惯等信息；

——服务现场结合产品和服务流程的特点，定期分析顾客消费行为数据，为服务产品和流程的

优化,提供准确信息;

——针对不同类型顾客,制定个性化的现场服务策略,满足顾客差异化的需求,不断增强顾客的忠诚度和满意度。

i) 服务现场应急管理

——识别并分析服务现场潜在风险事件,包括但不限于安全事件、公众事件等,根据风险的类别,采取适当的措施,降低风险发生的可能性;

——针对服务现场存在的潜在危机事件,制定完善的应急预案,明确相关负责人和处理流程,并定期在现场组织演练;

——建立完善的现场服务补救机制,对顾客利益造成损害的事件,进行及时的补救,减少顾客的抱怨;

——建立异常处理程序,规定异常情况控制以及处置的有关职责和权限,确保过程异常情况得到及时有效的控制和处理,以防止其非预期的发生。

j) 安全与环境管理

——参照环境管理体系(GB/T 24001)和职业健康安全管理体系(GB/T 28001)的要求,实施现场安全与环境管理;

——创造符合人体工学要求的工作条件,能够通过各种方法,不断减少员工的劳动强度、提高劳动效率、减少安全隐患,包括但不限于调整工作台高度、减少动作浪费的设计等;

——根据服务现场的特点,识别发生公共安全事件的潜在风险,制定相应的应急预案,并定期演练。

k) 资源利用

——针对废弃的服务产品,设计循环再利用的方案;

——在服务现场向顾客传递能源节约和资源再利用的理念和方法;

——结合服务现场的特点,选择适当的现场节能降耗方案,包括但不限于空调温度的控制、电梯使用的调配等。

B.2.2.2 服务测量与监控

企业采用适宜的方法对服务过程进行监控,并在适当时进行测量,确保服务现场提供的服务实现所策划的结果,达到有效的过程控制。

a) 识别需要监视和测量的过程,规定各部门在过程监视和测量中的职责,制定完整的现场过程监控流程图,并对监控点的分布进行规划设计;根据实际情况,考虑监视和测量的类型与程度;

b) 确定监视和测量的项目、方法、频次和判定准则,在每一监控点上制定相应的作业指导书,作业指导书将监控的质量特性和监控项目以图文和数值的形式表现出来;

c) 在服务现场,采用适当的方法(如:服务评价器),及时收集顾客对服务过程评价的信息,并进行系统分析;

d) 保持过程监视和测量的记录以及采取措施的记录;确保过程信息得到传递,传递能满足相关方要求。

B.2.3 服务改进与创新

a) 服务改进

通过对现场管理过程服务质量、成本、服务速度、人员技能、服务设施、效率等结果评价现场的适宜性和有效性,制定改进计划并组织实施。可以采用合理化建议、标杆对比、QC小组、六西格玛等方法,并将改进结果及时纳入相应的现场管理体系。

b) 服务创新

根据顾客需求变化和产品的发展趋势等,识别现场管理变革性的创新机会。确定创新目标,采取头脑风暴、创新提案等活动方式,激发现场员工的创新能力和热情,实施创新活动。对创新成果进行评价,将可为现场带来收益的创新成果固化并应用到现场管理中。

B.3 服务结果

B.3.1 总则

现场管理的结果包括质量、效率、成本、交付等方面的内容。结果数据应包括以下几方面的内容,但具体的指标依据现场实际的特点设定,以证实现场管理的适宜性和有效性,并确定在何处可以持续改进现场管理。本实施指南中的指标仅供参考。在适当时,提供与竞争对手或标杆的对比数据,以反映企业在相关方面的行业地位、竞争优势和存在的差距。

B.3.2 质量

企业描述现场输出的质量满足过程要求的结果,例如:顾客满意度、顾客忠诚度、顾客流失率、顾客投诉率、产品退货率(适用于提供实物产品的服务现场)等。

B.3.3 效率与效能

企业描述现场涉及的流程、设施、人员作业等方面的管理效率和效能结果,例如:顾客等候时间,服务速度,投诉处理及时率、投诉处理周期、投诉处理一次解决率,服务设施利用率、服务设施故障率,单位营业面积产出(适用于有此类要求的服务现场)等。

B.3.4 履约

企业描述服务现场计划执行、服务承诺的履约结果,例如:服务承诺达成率、准时交付率等。

B.3.5 员工素质

企业描述与现场员工职业生涯发展相协调的员工培训、参与现场管理、技能提升等素质成长结果,例如:

a) 培训

培训计划完成率、培训满意度、培训有效性结果(与现场效率提升相匹配)等;

b) 技能

技能工比例、多能工比例、人岗匹配率等;

c) 改进与创新

合理化建议参与率、人均合理化建议件数、QC 小组活动参与率等;

d) 员工士气

员工满意度、员工流失率等。

B.3.6 成本

企业描述现场成本控制结果,例如:服务成本、质量成本、库存成本等。

B.3.7 安全

企业描述现场安全管理结果，例如：服务现场安全事故数量、连续安全生产天数、特种设备按期校验率、服务现场安防设施按期检测率、现场应急演练按时完成率等。

B.3.8 环保与资源利用

企业描述现场的环境保护、节能减排、资源再利用等管理结果，例如：废弃物处理结果、资源循环利用结果、服务现场节能降耗结果等。

附 录 C
（资料性附录）
企业现场管理准则建筑业实施指南

本实施指南用于指导企业依据准则要求开展施工项目现场管理工作。

C.1 推进要素

C.1.1 领导作用

C.1.1.1 总则

高层领导在提高企业现场管理水平过程中发挥首要作用，贯彻“一心”“二效”“三节”，明确目标、配置资源、营造氛围。

C.1.1.2 明确目标

高层领导根据企业的经营方针和战略规划，明确施工项目现场管理的目标，这些目标包括提升质量、保证安全、减少浪费、提高效率、降低成本、四节一保（节材、节水、节能、节地、环境保护）等方面的内容；针对确立的现场管理的目标，制定明确、具体的现场管理要求并承诺实现。

项目经理结合项目实际和相关规范要求，组织团队建立健全项目管理制度，制定措施并严格组织实施。

C.1.1.3 配置资源

为保证现场管理有效开展，高层领导为现场管理活动提供相适应的人力、物资、技术以及资金等各种资源的支持。

C.1.1.4 营造氛围

高层领导在营造现场管理氛围中发挥主要作用。营造授权、主动参与、创新、快速反应、学习、诚信守法、重视安全等良好的内部环境，健全工程项目施工管理制度和项目管理责任制。通过学习、会议、网络、刊物等多种形式向员工传达现场管理的重要性。通过企业文化建设和绩效激励机制，鼓励员工积极参与现场管理活动。主动深入现场，针对现场管理的问题，与员工共同提出改进建议。

C.1.2 战略秉承

企业现场管理的目标、规划和要求与其使命、愿景、发展战略及价值观协调一致。采用目标管理或平衡计分卡等系统方法，将战略目标层层分解到现场管理相关的业务流程中。确定现场关键绩效指标，并确保指标能够涵盖现场管理的各个方面，包括：质量、成本、工期、安全、环保等。

项目部采取灵活多样的方式，向相关方传递、沟通企业文化，营造和谐氛围。通过项目部文化的建设，促进企业品牌价值持续提升。

C.1.3 组织保证

C.1.3.1 总则

企业为保证其职能与现场管理需求相匹配，以及实现施工现场与企业整体的运行协调一致，应建立系统的管理机制并确保其有效运行。系统的现场管理机制内容包括:设立现场管理组织机构,构建现场管理运行机制,建立现场管理授权和激励机制。

C.1.3.2 设立现场管理组织机构

根据企业整体结构,考虑适宜的管理幅度和管理层次,以及现场作业特点设立现场管理组织结构,并赋予现场管理的职权、目标和任务,明确组织机构中各岗位人员的职责,确保组织职能与现场管理需求相匹配。

C.1.3.3 构建现场管理运行机制

在确定的现场管理组织机构中,通过建立系统的现场管理制度,明确组织机构的功能以及各岗位的相互关系,以及规定现场管理中与人、财、物相关各项活动的基本准则和运行方式。同时,应确定现场管理过程的范围、权责、顺序和相互作用。

C.1.3.4 建立现场管理授权和激励机制

企业在现场管理中充分应用授权管理,建立激励机制,包括:精神激励、薪酬激励、晋升激励,构建良好的员工关系和沟通渠道,激发企业中全体员工参与现场管理的积极性和主动性。

C.1.4 员工素质

C.1.4.1 员工意识

企业采用适当的方法和形式,激发员工主动参与现场管理活动的热情,如合理化建议、QC小组、管理创新等。通过展板、成果发布会等途径,充分展示和分享员工参与现场管理和持续改进与创新的成果,增强质量意识和改进意识,提升员工发现问题、分析问题和解决问题的能力。

C.1.4.2 员工技能

企业根据现场管理的要求,识别对于现场员工的能力需求。采用系统的方法,有目的地提升现场员工的技能和素质,确保现场管理目标的实现。

a) 明确现场管理对不同层次、岗位人员能力的要求和各层次人员需要具备的现场管理知识,包括进度管理、技术管理、材料管理、设备管理、安全与绿色施工管理、质量控制与改进等。对现场各操作岗位明确具体的岗位技能、资格要求。
b) 根据现场岗位技能要求,配备必要的培训资源。对员工的技能进行系统的评估,建立员工技能档案,制定员工培训计划;建立企业内部所需的师资队伍;结合实际案例,编写各类、各级的现场管理培训教材。
c) 采用多种培训方式,有计划地开展现场员工的培训工作。建立培训记录、培训效果跟踪制度以及培训评价系统。结合培训评价结果和员工业绩提升的需求,不断完善教育培训体系。
d) 设立员工职业发展通道,为现场员工的发展提供机会,鼓励并帮助员工制定和实现个人职业生涯发展规划。

C.2 施工过程管理

C.2.1 施工过程策划

C.2.1.1 施工要求的确定

a) 系统运用适宜的方法,充分识别顾客和各相关方对施工项目管理的要求,这些要求包括但不限于：

——顾客及合同的要求；

——国家法律、法规、标准中获取的有关要求；

——企业战略目标对项目管理的要求；

——质量、环境、安全、职业健康等各项管理体系对施工项目的要求；

——设计图纸及相关技术、规范的要求；

——同行业竞争对手及标杆可借鉴的最佳实践要求；

——来自员工、供应商、社会等各相关方的要求。

b) 分析各类要求与施工现场各项管理活动之间的关系。将相应要求转化为与施工现场管理过程相对应的要求和指标，明确各现场管理指标的监控流程，形成系统化的现场管理指标体系。

c) 现场管理的指标体系要涵盖施工现场各项管理活动，包括但不限于质量管理、进度管理、设备管理、安全与绿色施工管理、作业人员管理、原材料管理、成本管理、劳务及分包管理等管理活动。

C.2.1.2 施工过程设计

根据确定的施工要求，应用单元设计、计算机模拟、甘特图、网络图、过程决策程序图(PDPC)等方法，对施工过程进行设计。结合施工作业现场的实际状况，不断对施工方案进行深化和优化设计。

a) 针对施工现场涉及的各项管理活动，对实现各项现场管理目标所涉及的管理流程进行设计，并对所需资源进行配置。

——施工现场平面布置。根据施工现场的自然条件和施工过程不同阶段的特点，包括设备特点、施工工艺特点、施工人员特点、自然气候特点等，设计合理的现场布局。现场需要对施工作业面、半成品加工区、材料堆放区、生活区等进行系统的规划。施工现场布局有利于现场原材料运送的顺畅，施工机械器具使用的便利，现场作业人员的安全，充分利用现场的空间。保证施工现场水、电、气、通讯等临时设施的稳定性。

——施工现场人员结构。根据施工的要求，建立完善的项目管理构架，并配置具有相应资质的项目管理人员。项目管理人员的配置需要满足质量、安全、技术、设备、成本、原材料、环保、资料等方面工作的要求。根据施工过程不同阶段的要求，对现场作业人员需求进行系统的规划，结合施工人员的技能、素质等方面的特点，建立适宜的现场作业人员管理机制。

——专项活动实施计划。针对现场涉及的各项管理活动，分析各分部、分项工程和专项施工阶段的特点和难点，制定明确的各阶段专项活动实施计划。专项实施计划明确各项管理活动的目标、程序、工作方法及异常的识别和纠偏方法，并配备需要的资源。例如：进度控制、质量控制、成本控制、安全控制、技术控制、专项施工等实施计划。

——施工现场作业标准。为施工过程的各项作业制定明确的标准，包括施工工艺、图纸、样板、交叉作业、施工工法、设备操作、安全环保、质量控制、文明施工等方面的内容，并建立系统的交底流程。

——信息管理系统。系统识别施工现场各类信息来源及信息使用需求，设计完善的现场信息管理系统，实现对现场信息及时准确的采集、传递、统计、分析，为决策提供有效依据。

b) 在施工过程的设计中，采用适当的方法，识别并预测施工过程中可能形成的各种浪费，并建立相应的控制方案。

c) 在施工过程的设计中，采用适当的方法，识别存在于合同、成本、资金、结算、进度、质量、安全、设备等方面的潜在风险，进行风险评估，制定风险防范措施，建立风险预警机制，实施应急响应预案，实现施工全过程风险因素监测与预防性管理，包括但不限于使用系统分解法、流程图法、头脑风暴法、德尔菲法、防差错方法、失效模式分析等方法。

d) 施工过程设计的结果形成文件,并在实施前批准。施工过程设计的结果按规定得到发包方或监理方的认可。

C.2.2 施工过程控制

C.2.2.1 施工过程实施

项目部结合施工过程的特点,制定具体实施计划。按规定向监理方或发包方进行报审、报验,灵活、科学地选择和使用相应的管理工具方法对过程进行控制。

a) 现场原材料(现场材料、构配件、工程设备)管理

——运用适宜的管理工具和方法,实施过程控制与管理。包括:按规定对进场的物资进行检验(复试);原辅材料的标识、储存、发放符合要求;明确易燃易爆、危险化学品管理办法。

——制定科学、合理的现场材料存贮量。明确各类材料的领用程序和各施工工序材料的用量,对现场材料的使用情况和存储情况进行实时监控。

——对材料、周转材料及构配件进场验收,对现场储存、使用实施控制(含不合格品的处置),提高材料的使用率。

——采用适当方法,对易混淆原材料进行区分,避免原材料的错用。

b) 过程质量控制

——运用动态控制原理进行质量控制,制定完整的各分项工程质量控制方案和工程质量检查方案。

——识别关键施工过程和工序,确定质量控制点的监控指标,建立相应质量数据收集系统。通过利用控制图等方法,监控质量数据的变化趋势,及时识别人员、原材料、施工工艺等方面的异常并纠正,确保施工质量的稳定性。

——对关键工序、隐蔽工程、半成品、施工过程中的难点以及顾客关注的重点,通过样板引路等方式,分析并总结重要的施工过程控制要素、作业方法和作业技巧,实现施工质量的一致性。

——作业过程中严格执行自检、互检和专检(三检制)。施工作业组要按相应的检验批质量验收记录要求组织自检验收;专检人员按照相应质量验收规范要求,对相应分项工程、隐蔽工程等各检验项目进行质量检验评定,检验合格方可进入下道工序施工;在施工过程中上下道工序、各专业交接及各分包单位之间按照相关规定要组织交接检验,未经交接双方确认不能进行工序移交。

——项目现场严格按照监理要求,对需旁站监理的工序和部位及时通报。要按照见证取样计划,配合取样和送检。

——建立系统的设计变更管理流程,确保变更的内容及时传递到施工作业现场。

——必要时,需要采取防护措施,对项目已完成部分进行保护。

——必要时,对关键部位的施工设置可视化的信息系统,进行全过程的监控。

c) 施工计划管理

——根据施工的要求制定进度计划,合理配置和整合资源,使施工现场资源得到均衡合理的利用。

——运用网络图、甘特图等方式,识别关键线路,并利用赢得值等方法对影响工期实现的重要因素进行分析确认,并采取相应的措施进行控制,确保工期按时完成。

——定期跟踪检查、收集实际进度数据,进行对比分析,并对控制措施进行评估。

——向施工人员进行进度交底,保证工期。

d) 安全环境管理

根据风险预防要求和项目特点,完善安全环保体系建设,营造现场文明施工环境,确保节能减排控

制达标。包括:落实安全环保生产责任制;识别施工现场的环境因素、危险源,应用适宜方法消除风险源或降低风险等级;制定并执行相应的控制措施和应急预案;进入现场各级人员的安全教育得到有效落实;按规定投入和使用安全环保费用,安全环保防护设施、器具配置符合要求;能够创造规范、整洁、安全的现场工作环境,污染物排放达标;安全检查得到落实;推行节能、节地、节水、节材和环境保护(四节一保),绿色施工成效显著。

e) 文件管理

——制定系统的现场文件管理流程,包括制定、发布、保存和更新。

——现场文件包括但不限于图纸、施工组织文件、施工工艺、操作规程等。

——持续完善操作规程等文件。根据作业实际,对相关文件进行适时修订,确保充分、有效、适宜。

f) 施工作业人员管理

——项目按照劳动力配置计划选择满足能力要求的现场作业人员,特殊岗位、特种作业人员需要持证上岗。

——现场作业人员上岗前经过系统的培训(包括技术、质量、安全方面的内容)、实践、考核三个阶段,合格后方可上岗。

——在适当情况下,鼓励具备一定素质、技能的施工作业人员积极参加 QC 小组、技术革新等活动。

——根据施工作业人员的特点,建立现场的人员管理方法,明确早会、班会等会议的流程和主要内容。有条件的项目,积极开展班组建设活动,促进施工人员技能的不断提升。

——结合项目部自身特点,开展各类业余文化活动,增强施工作业人员的凝聚力,保持施工队伍的稳定性。

g) 技术管理

——编制施工组织设计和施工方案时,能够积极推广应用新技术和新方法,优化和深化施工方案,实现节能减排和低成本施工。

——规范技术交底管理流程。采用清晰、简明的方式(如:图文并茂的交底文件、三维软件等)进行交底,便于施工人员掌握关键技术要领。适当时,需要对技术交底的有效性进行评估。

——积极开展科技开发和工法立项管理,结合项目特点,组织并有效实施。

——技术资料积累与工程进度同步,运用信息化手段,提高技术管理的效率。

h) 设备、施工机具管理

——施工现场建立系统的设备管理程序,并建立设备台账,确保设备、施工机具的配备、验收、安装调试、使用维护等全过程管理得到控制。

——根据不同施工阶段的特点,制定合理的设备进场计划,提升设备的利用效率,降低设备使用成本。

——建立完善的设备点检流程和日常维护流程,保证施工现场具备满足要求的设备故障维修能力和备件供给能力。

——确保测量设备按时完成校准和日常维护。

——结合设备特点,制定并执行设备节能降耗改善方案。

——对发包方提供的设备明确贮存、保管、标识、搬运、防护和发放等管理要求。

——对租赁的大型设备供应商进行分级管理和招标选择。

i) 5S 和目视化管理

——施工现场结合项目的特点,建立系统的现场 5S 活动推进机制,依据作业现场的特点,制定明确的现场 5S 管理标准。

——制定系统的现场目视化内容和标准，确保作业现场的状态和信息能够及时传递。目视化包括但不限于规章制度与工作标准公开化、施工进度与完成情况图表化、视觉显示信号标准化、作业控制手段的形象化与使用便利化、物品的码放标准化、人员分类着装与挂牌制度、色彩的标准化管理等，实现现场中的任何异常能够及时被发现并解决。

j) 财务管理

——为项目运行提供充足的资金保障，严格资金收入与支出及资金使用管理，有效控制资金风险。

——按照成本控制计划严格实施成本控制，有效实施标价分离、成本关键节点控制和成本风险防范措施。

——建立各分部、分项工程目标成本，针对成本控制风险制定相应的风险防范措施。

——通过工程成本分析及时调整施工组织和工艺，降低工程成本。

——建立成本激励机制，运用适宜的管理工具和方法，确保财务、成本控制有效。

k) 分包管理

——根据项目特点评价、选择专业劳务队伍，依法订立分包合同，在施工前进行分包工程施工和服务要求的交底，审核分包方编制的施工或服务方案，对其提供的施工或服务条件进行确认，监督、指导分包方的过程实施。

——按时支付劳务工资。

——与专业及劳务队伍共同成长，持续提升专业队伍和劳务队伍等战略合作伙伴的综合能力。

l) 合约和预结算管理

——对合同的订立、实施、控制和综合评价进行管理。严格合同评审控制，对合同实施作出总体安排，对合同交底、合同跟踪与诊断、合同变更管理和索赔、合同终止与评价进行管理。

——在合同执行过程中，及时进行工程洽商、变更、签证和预结算，按照项目预结算程序及时进行预结算。

——运用适宜的管理工具和方法，实施合同履约管理，并进行整理、分析、改进，为后续工程提供指导。

m) 采购管理

对施工所需的生产材料、设备及施工机具和专业或劳务分包服务的采购管理实施控制。运用适宜的管理工具和方法，对采购过程控制与管理，提升过程效率，确保实现采购成本最小化。包括：建立完善的供应商和分包商选择、评价及再评价的管理体系；合理安排各类采购计划，确保采购信息准确、完整；采用招标、询价或其他适宜方式有效控制采购实施；对于重要物资材料、设备供应商进行实地考察，并采取措施进行重点监控；采购产品在检验、运输、移交和保管过程中，遵守质量、职业健康安全和环境管理要求；建立完善的供应链管理信息系统，及时准确地反馈供应链信息，对过程进行及时调整。

C.2.2.2 施工过程测量与监控

a) 过程和产品测量与监控

企业采用适宜的方法对现场管理过程进行监控，并在适当时进行测量，确保过程实现所策划的结果，实现有效的过程控制。

——识别需要监视和测量的过程，规定各部门在过程监视和测量中的职责，制定完整的现场过程监控流程图，并对监控点的分布进行规划设计；根据实际情况，考虑监视和测量的类型与程度。

——确定监视、测量、检验和试验的项目、方法、频次和判定准则，包括原材料、半成品和成品，在每一监控点上制定相应的作业指导书，作业指导书将监控的质量特性和监控项目以图文和数值的形式表现出来。

——保持过程监视和测量的记录以及采取措施的记录；确保过程信息真实、准确并得到传递，传递能满足相关方要求。

b） 过程异常处理

建立异常处理程序，规定异常情况控制以及处置的有关职责和权限，确保过程异常情况得到及时有效的控制和处理，以防止其非预期的发生。

C.2.3 施工过程改进与创新

a） 过程改进

通过对施工管理过程质量、成本、交期、人员技能、效率、安全等结果评价现场的适宜性和有效性，制定改进计划并组织实施。可采用合理化建议、标杆对比、QC小组等方法，并将改进成果及时纳入相应的现场管理体系。

b） 过程创新

企业建立项目创新管理机制，识别重大改进的机会，开展技术和管理创新的立项，包括工法立项、新技术研发、管理创新课题等，确定创新目标，制定创新方案，配置充分资源，并组织实施。

企业定期总结改进与创新的成果，及时固化成企业技术标准、作业指导书、工法、论文、专利管理标准等，纳入知识库管理，实现知识的共享。

C.3 结果

C.3.1 总则

现场管理的结果包括质量、效率、成本、交付等方面的内容。结果数据应包括以下几方面的内容，但具体的指标依据现场实际的特点设定，以证实现场管理的适宜性和有效性，并确定在何处可以持续改进现场管理。本实施指南中的指标仅供参考。在适当时，提供与竞争对手或标杆的对比数据，以反映企业在相关方面的行业地位、竞争优势和存在的差距。

C.3.2 质量

企业描述现场输出的质量满足过程要求的结果，例如：

a） 产品质量

检验批合格率、分项工程一次验收合格率、分部工程合格率、单位工程合格率，同时设计、同时施工、同时投入使用（三同时）验收结果；

b） 策划质量

项目策划质量、图纸会审质量、施工组织设计编制质量、施工方案编制质量、优化和深化设计程度、技术交底编制及执行情况；

c） 过程质量

"三检制"落实程度，质监部门抽查结果，质量事故结果、质量损失率，项目监理结果、监理报审报验完成率、监理通知整改落实率、项目监理满意度；

d） 其他

项目监理结果，顾客质量投诉处理结果，新技术、新材料、新设备、新工艺应用程度、"建设部十项新技术"（混凝土技术、钢结构技术、绿色施工技术等）应用结果，技术资料及时性和完整程度，信息化推行程度，工法立项结果，科技开发立项结果，科技推广立项结果，专利，原材料合格率等。

C.3.3 效率与效能

企业描述现场涉及的流程、设备、材料、人员作业等方面的管理效率和效能结果，例如：机械设备完好率、机械设备利用率、机械设备维修计划完成率、测量设备校验按时完成率、预结算及时性、工程签证及时性、施工计划执行(完成)率、全员劳动生产率、项目赢利能力(利润率)等。

C.3.4 履约

企业描述现场计划执行、关键节点、现场输出产品的履约结果，以及对最终产品履约的影响，例如：合同履约率、分部工期履约率、计划执行率等。

C.3.5 员工素质

企业描述与现场员工职业生涯发展相协调的员工培训、参与现场管理、技能提升等素质成长结果，例如：

a） 培训

人均培训学时、培训计划完成率、培训满意度、培训有效性结果(与现场效率提升相匹配)、员工职业生涯管理等；

b） 技能

技能工比例、多能工比例、持证上岗率、人岗匹配率等；

c） 改进与创新

合理化建议参与率、人均合理化建议件数、QC 小组活动参与率等；

d） 员工士气

员工满意度等。

C.3.6 成本

企业描述现场成本控制结果，例如：项目成本目标完成率、标准成本降低率，质量损失成本，物资采购成本降低率等。

C.3.7 安全

企业描述现场安全管理结果，例如：安全措施费占工程造价的比重、安全检查落实程度、死亡事故数、千人负伤率、特殊工种持证上岗率、工人入场教育落实率、分项工程安全技术交底落实率、安全资料及时性及完整程度，特种设备按期校验率，应急预案演练按时完成率等。

C.3.8 环保与资源利用

企业描述现场的环境保护、节能减排、资源再利用等管理结果，例如：噪声、扬尘、废水、固体废弃物等污染物排放达标率，废旧物资回收或重复利用程度，节能减排推广结果，万元产值能耗，绿色施工结果。

参 考 文 献

［1］ GB/T 24001—2004 环境管理体系 要求及使用指南

［2］ GB/T 28001—2011 职业健康安全管理体系 要求

［3］ GB/T 19580—2012 卓越绩效评价准则

ICS 71.100.99
B 72

中华人民共和国国家标准

GB/T 29591—2013

湿地松松香

Gum rosin from *Pinus.elliottii* Engelm

2013-07-19 发布　　2013-12-09 实施

中华人民共和国国家质量监督检验检疫总局
中国国家标准化管理委员会　发布

前　言

本标准按照 GB/T 1.1—2009 给出的规则起草。

本标准由国家林业局提出并归口。

本标准起草单位：中国林业科学研究院林产化学工业研究所、广东科茂林产化工股份有限公司。

本标准主要起草人：高宏、商士斌、曾广建、饶小平。

湿地松松香

1 范围

本标准规定了湿地松松香的定义、要求、试验方法、检验规则以及标志、包装、运输和贮存。

本标准适用于第3章所定义的湿地松松香，主要用于胶黏剂、涂料、油墨、造纸等多个领域。

2 规范性引用文件

下列文件对于本文件的应用是必不可少的。凡是注日期的引用文件，仅注日期的版本适用于本文件。凡是不注日期的引用文件，其最新版本(包括所有的修改单)适用于本文件。

GB/T 8145 脂松香

GB/T 8146 松香试验方法

LY/T 1145 松香包装桶

3 术语和定义

下列术语和定义适用于本文件。

3.1

湿地松松香 gum rosin from *Pinus. elliottii* Engelm

从湿地松(*Pinus. elliottii* Engelm)活立木采集的松脂经过蒸馏加工蒸出松节油后得到的，主要化学成分是多种一元树脂酸的混合物，分子式为 $C_{20}H_{30}O_2$。

4 要求

湿地松松香分为特级、一级、二级、三级、四级、五级，共计六个级别。各级湿地松松香的技术指标符合表1的规定。

表1 各级湿地松松香技术指标

项目		特级	一级	二级	三级	四级	五级
外观		透明					
颜色		微黄	淡黄	黄色	深黄	黄棕	黄红
软化点(环球法)/℃	≥	76.0		75.0		74.0	
酸值/(mg/g)	≥	165.0		164.0		163.0	
不皂化物/%	≤	8.0		8.0		9.0	
乙醇不溶物/%	≤	0.030		0.030		0.040	
灰分/%	≤	0.020		0.030		0.040	
湿地松松香颜色应符合松香色度标准块的颜色要求。							

5 试验方法

各项指标均按 GB/T 8146 的规定进行试验。

6 检验规则

6.1 检验分类

产品检验分出厂检验和型式检验：

a） 出厂检验

产品应经生产企业质检部门检验合格，并附有产品质量合格证方可出厂。出厂检验项目为：外观、颜色、软化点、酸值。

b） 型式检验

型式检验包括表 1 所列的全部检验项目。

有下列情况之一时，应进行型式检验：

1） 当原辅材料及生产工艺发生较大变动时；

2） 长期停产恢复生产时；

3） 正常生产时，每半年检验不少于一次。

6.2 批次划分

连续生产时，每 24 小时生产的产品为一批次；间歇生产时，每一釜的产品为一批次。

6.3 取样方法

按照 GB/T 8145 的取样方法进行取样。

6.4 定级

根据各项指标全部符合同一级别来定级，如果检验结果有一项指标不符合本标准中同一级别要求时，则用低一级指标判定，直至完全符合。

6.5 结果判定

6.5.1 根据各项技术指标都符合的级别来判定。如果检验结果有一项指标不符合本标准中同一级别要求时，加倍抽样复测，如果仍不符合要求，判为不合格。

6.5.2 数值处理按照修约值比较法。

7 标志、包装、运输和贮存

7.1 标志

7.1.1 包装上应有明显而牢固的标志，其内容为：产品名称、等级、标准编号、生产日期、批号、毛质量、净含量、生产企业名称及地址、产地。

7.1.2 出口产品的标志按出口要求进行标识。

7.2 包装

7.2.1 湿地松松香包装桶，应符合 LY/T 1145 的要求。

7.2.2 湿地松松香的其他包装由供需双方商定。

7.3 运输

湿地松松香在运输过程中应防止进水、污染和激烈碰撞，应保持包装的完好性。

7.4 贮存

湿地松松香宜存放在室内阴凉干燥处，不可靠近火源。

ICS 83.180
G 38

中华人民共和国国家标准

GB/T 29592—2013

建筑胶黏剂挥发性有机化合物(VOC)及醛类化合物释放量的测定方法

Determination of the emission of volatile organic compounds and aldehydes of adhesives for building products

2013-07-19 发布 2013-12-01 实施

中华人民共和国国家质量监督检验检疫总局
中国国家标准化管理委员会 发布

前　言

本标准按照GB/T 1.1—2009的给出的规则起草。

本标准由中国石油和化学工业联合会提出。

本标准由全国胶黏剂标准化技术委员会(SAC/TC 185)归口。

本标准起草单位:上海橡胶制品研究所、中国林业科学研究院木材工业研究所、中国建筑材料检验认证中心有限公司、国家人造板与木竹制品质量监督检验中心。

本标准主要起草人:任一萍、邹谨芬、崔金华、龙玲。

建筑胶黏剂挥发性有机化合物(VOC)及醛类化合物释放量的测定方法

1 范围

本标准规定了采用小气候箱法测定建筑胶黏剂挥发性有机化合物(VOC)及醛类化合物释放量的试验方法。

本标准适用于建筑胶黏剂挥发性有机化合物(VOC)及醛类化合物释放量的测定。

2 规范性引用文件

下列文件对于本文件的应用是必不可少的。凡是注日期的引用文件,仅注日期的版本适用于本文件。凡是不注日期的引用文件,其最新版本(包括所有的修改单)适用于本文件。

GB/T 6682 分析实验室用水规格和试验方法

GB/T 17657 人造板及饰面人造板理化性能试验方法

GB/T 20740 胶黏剂取样

ISO 16000-3 室内空气 第3部分:甲醛和其他羰基化合物的测定 主动采样法(Indoor air—Part 3: Determination of formaldehyde and other carbonyl compounds—Active sampling method)

ISO 16000-6 室内空气 第6部分:Tenax TA 吸附剂主动采样、热解吸和 MS/FID 气相色谱法测定室内和气候箱空气中挥发性有机化合物(Indoor air—Part 6: Determination of volatile organic compounds in indoor and test chamber air by active sampling on Tenax TA sorbent, Thermal desorption and gas chromatography using MS/FID)

ISO 16017-1 室内环境和工作环境空气 吸附管/热解吸/毛细管气相色谱法采集和分析挥发性有机化合物 第1部分:泵采样(Indoor ambient and workplace air—Sampling and analysis of volatile organic compounds by sorbent tube/thermal desorption/capillary gas chromatography—Part 1: Pumped sampling)

3 术语和定义

下列术语和定义适用于本文件。

3.1

建筑胶黏剂 adhesives for building products

把同种或不同种建筑材料表面连接在一起的媒介物质。

3.2

小气候箱 small chamber

用于测试建筑用品释放的 VOC、甲醛和其他羰基化合物,操作参数可调的设备,容积为 50 L～1 000 L(包括 50 L 和 1 000 L)。

3.3

小气候箱出口浓度 small chamber outlet concentration

试样放入气候箱后,某特定试验时间由气候箱出口处测得的目标 VOC、甲醛和其他羰基化合物的释放浓度，即采样期间由小气候箱出口空气中所获得由试样释放的目标 VOC、甲醛或其他羰基化合物的质量与采样体积的比值。

3.4

气候箱容积　volume of the chamber

无负荷时气候箱内总的容积

3.5

试样承载率　sample loading factor

试样涂刷样品总表面积与气候箱容积之比。

3.6

试样　test specimen

表面涂有被测样品的不锈钢片或玻璃片，其涂布样品的表面积之和符合小气候箱测试其挥发物的承载率。

3.7

陈放时间　curing term

从试样完成制作至试样放置于小气候箱内开始试验间试样放置的时间。

3.8

逸出时间　elapsed period

从开始试验的时间点至开始采集空气的时间点间挥发物逸出的时间段。

3.9

空气流动率　air flow rate

单位时间内进入小气候箱内的空气体积。

3.10

空气置换率　air exchange rate

每小时通过气候箱的空气体积与气候箱容积之比。

3.11

额定时间常数　nominal time constant

空气置换率的倒数。

3.12

面积气流率　area specific air flow rate

试样表面单位面积内的气流率。

3.13

空气流速　air velocity

气候箱中表面附近的空气速度。

3.14

局部流速　local age of air

空气从气候箱入口到达箱内特定点时所需的时间。

3.15

背景浓度　background concentration

小气候箱内未放入试样，只输入清洁空气时箱内的气体浓度值。

3.16

过程空白值　travel blank

为了确认在没有测试样时取样管自身及其在打开、闭合、运输过程中可能被污染时的 VOC、甲醛及其醛类化合物的体积。

3.17

回收率 recovery

一定时间内流出气候箱的空气中目标VOC、甲醛和其他羰基化合物的量，与进入气候箱的空气中的目标VOC、甲醛和其他羰基化合物的质量的比值，以百分数表示。

注：回收率提供了整个方法精确度的信息。

3.18

挥发性有机化合物 volatile organic compounds VOC

测试试样释放的，并由气候箱出口空气中检测到的所有有机化合物。

产品中选择和分析的VOC称为“目标挥发性有机化合物”(记为目标VOC)，如甲苯、二甲苯(邻、间、对)、对-二氯苯、乙苯、苯乙烯和正十四烷等单体。

3.19

总挥发性有机化合物 total volatile organic compounds；TVOC

非极性色谱柱分离、气相色谱检测的保留时间在正己烷至正十六烷(包括正己烷和正十六烷)之间的有机化合物总和。根据峰面积，以甲苯的响应因子计算。

注1：TVOC的计算与出口空气中VOC浓度求和过程相似。

注2：在使用GC/MS时，以总离子流(TIC)分析TVOC。

3.20

羰基化合物 carbonyl compounds

由测试试样释放，并由气候箱出口空气中检测到的所有醛、酮类化合物(又称醛酮类化合物)。至少包括甲醛、乙醛、丙烯醛、丙酮、苯甲醛、丁醛、戊醛、2,5-二甲基苯甲醛、丁烯醛、异戊醛、丙醛、己醛、邻-甲苯甲醛、对-甲苯甲醛和间-甲苯甲醛等。

3.21

释放因子 emission factor；EF

试验开始后，单位样品、单位时间内测试试样释放的目标VOC、甲醛和其他羰基化合物的质量。

4 取样

胶黏剂取样按GB/T 20740规定操作。

5 试验设备

5.1 小气候箱系统

小气候箱系统应符合附录A的规定。

5.2 恒流气体采样器

具有两路抽气系统，分别配置流量控制器，流量范围分别为0～500 mL/min和0～3 000 mL/min，流量稳定可调。

5.3 分析仪器

5.3.1 配有火焰离子化检测器的气相色谱仪(GC/FID)及质量选择检测器的气相色谱-质谱联用仪(GC/MSD)；

5.3.2 配有如二极管阵列检测器或紫外检测器等的高效液相色谱仪(HPLC)；

5.3.3 能与5.3.1的仪器联用的热脱附装置；

5.3.4 分光光度计。

6 试样制备

6.1 试样制作

按照下面所述来制作试样。

a) 通常试样是在标准环境下，温度为 23 ℃±2.0 ℃，在不锈钢板或玻璃板的表面均匀地涂布样品。样品的涂布量为 300 g/m^2±15 g/m^2。

注 1：用淀粉系胶黏剂粘贴或固定壁纸涂布量为 180 g/m^2±10 g/m^2，为了胶黏剂表面的固化或者是维持胶黏剂形状，样品的标准涂布量为 130 g/m^2～180 g/m^2。

注 2：如遇到不能在标准状态下制作试样的情况，要在报告书中记录下作业地点的温度。但是不能在超过 28 ℃的环境下制作试样。

注 3：使用刷子或带篦子的抹刀等工具涂布样品时要尽可能的在短时间内完成。试样的制作时间不能超过 5 min。

注 4：作为制作试样使用的不锈钢板或玻璃板需要事先采用离子交换水洗涤干净，并在 200℃(最好为 280℃或更高的温度)下干燥一晚待用。

b) 样品的涂布面积由与 7.1e)中与样品承载率的关系来决定。

c) 要尽量在没有可以吸附的化学污染物质的清洁环境下制作试样，尤其是从其他的试样中释放出的化学物质。

注 5：希望在可以通风的恒温恒湿房间或者是有空调的室内制作试样，以避免受到可能的 VOC 挥发源影响。

6.2 试样(表面)的固化

通常用于样品测试制作的试样要确保在 23 ℃±2.0 ℃下在 60 min～24 h 的时间段内固化。固化时间段要足以使胶黏剂表面固化并维持胶黏剂表面形状并且可以稳定 VOC 的排放状态，避免胶黏剂从试样上脱落下来。试样在固化阶段的环境尽可能保持环境清洁，避免试样吸附化学污染物质，特别要注意从其他的试样中挥发出的化学物质。

注 1：不能确保试样在标准状态下固化时，固化环境的温度要记录在报告书中。固化过程中若温度发生变化，则要记录最高温度和最低温度值。但是，固化期间温度不能超过 28 ℃。

注 2：试样在固化过程中，试样允许接触气流，例如，允许试样在风速为 0.3 m/s 的气流下固化，但是要避免试样受到其他 VOC 挥发源的影响。

注 3：试样的固化时间要选择可以使胶黏剂表面固化或是维持胶黏剂形状的时间，范围在 6.2 所示的固化时间段内。

7 试验条件

7.1 标准试验条件

标准试验条件如下：

a) 温度：23 ℃～28 ℃；

b) 相对湿度：(50±5)%；

c) 小气候箱浓度：通常小气候箱内有机化合物的浓度应在推荐值(见本条款注)以下；

注 1：甲醛为 100 $\mu g/m^3$，甲苯为 260 $\mu g/m^3$，二甲苯为 870 $\mu g/m^3$，二氯苯为 240 $\mu g/m^3$，乙基苯为 3 800 $\mu g/m^3$，苯乙烯为 220 $\mu g/m^3$。

d) 空气置换率：0.5 次/h±0.05 次/h；

e) 承载率：1 m^2/m^3。

注 2：在有特殊要求的情况下，也可以超越上述承载率范围。

7.2 背景浓度测试

待气候箱达到预定试验条件，按 7.5 采集一定量的气候箱出口空气，并按 7.6 进行分析。气候箱 TVOC、单体的背景浓度应分别满足≤ 20 $\mu g/m^3$、≤ 2 $\mu g/m^3$ 的要求。

注：空白采集管浓度必须足够低，不含有目标物。

7.3 试样的放置

试样沿着小气候箱内的气流方向放置，若用 2 个试样，这两个试样要平行放置，也可用合适的夹具固定。

注：试样的放置要尽可能快的进行，以确保混入空气的量达到最小。

7.4 采样时间

原则上，在试验开始后的第 1 天(24 h)，3 天(72 h)，7 天，(14±1)天和(28±2)天进行空气采样，其他指定时间也可进行空气采样。

注 1：试验过程的选择基于测试目的。

注 2：如进行释放衰减研究，试验开始 28 天以后仍可继续采样。

注 3：如果测试浓度低于定量限，可以结束试验。

7.5 空气采样

气候箱内温度和相对湿度稳定 8 h 后方可进行采样。

7.5.1 甲醛的采样

气候箱出口空气中甲醛的采样按 GB/T 17657 甲醛采标规定执行。

7.5.2 VOC 的采样

将恒流采样器与 Tenax TA 吸附管连接，吸附管采样端与气候箱采样口连接，使用恒流采样器采集气候箱出口空气中的 VOC。采样流量、采样时间根据箱内 VOC 浓度确定。

7.5.3 羰基化合物的采样

将恒流采样器与 2,4-二硝基苯肼(DNPH)吸附管链接，吸附管进样端与气候箱采样口连接采集气候箱出口空气中的羰基化合物。采样流量、采样时间根据箱内羰基化合物浓度确定。

注 1：采样时应避免吸附剂的穿透现象。如无法预测吸附剂是否被穿透或气候箱出口浓度，采样时应将两个采样管串联，按式(1)确认吸附剂是否穿透，当式(1)计算结果≥95%，可视为无穿透现象发生。

$$\frac{C_1}{C_1 + C_2} \times 100 \geqslant 95(\%) \qquad \cdots\cdots(1)$$

式中：

C_1——前端吸附管中目标化合物的分析浓度，单位为微克每立方米($\mu g/m^3$)；

C_2——后端吸附管中目标化合物的分析浓度，单位为微克每立方米($\mu g/m^3$)。

注 2：Tenax T A、DNPH 吸附管的采样描述参见 ISO 16000-3，ISO 16017-1 和 ISO 16000-6。

注 3：对于内装 200 mg 的 Tenax TA 吸附管，通常其采样流量为 50 mL/min～200 mL/min，最大采样量不超过 10 L；对于内装 75 μg DNPH 的吸附管，通常其采样流量为 200 mL/min～300 mL/min，采样量为 5 L 左右。

7.6 采集样的分析

7.6.1 甲醛的分析

按 GB/T 17657 中规定条款进行。

7.6.2 VOC 分析

按 ISO 16017-1 和 ISO 16000-6 的规定进行。参见附录 B。

7.6.3 羰基化合物的分析

按 ISO 16000-3 的规定进行。参见附录 C。

注：甲醛除外。

8 结果计算与表示

释放量可以用释放浓度或释放因子表示。

8.1 释放浓度计算与表示

试验时间为 t 时，挥发性有机化合物如目标 VOC、TVOC、甲醛和其他羰基化合物 x 的释放浓度($C_{x,t}$)计算与表示方式参见附录 B 中 B.5.3 和附录 C 中 C.5.3。

8.2 释放因子计算与表示

根据产品特性，可选用体积释放因子、面积释放因子、长度释放因子或单元释放因子表征试验结果。

试验时间为 t 时，挥发性有机化合物体积释放因子、面积释放因子、长度释放因子或单元释放因子与释放浓度($C_{x,t}$)、空气交换率(n)、产品负载率(L)关系如式(2)～式(5)所示。

$$EF_{x,a,t}=\frac{C_{x,t}\times Q}{A}=\frac{C_{x,t}\times nV}{A}=C_{x,t}\times q=C_{x,t}\times\frac{n}{L} \quad\cdots\cdots(2)$$

$$EF_{x,l,t}=\frac{C_{x,t}\times Q}{l} \quad\cdots\cdots(3)$$

$$EF_{x,v,t}=\frac{C_{x,t}\times Q}{V_1} \quad\cdots\cdots(4)$$

$$EF_{x,u,t}=\frac{C_{x,t}\times Q}{u} \quad\cdots\cdots(5)$$

式中：

$EF_{x,a,t}$——试验时间为 t 时，挥发性有机化合物如目标 VOC、TVOC、甲醛和其他羰基化合物 x 的面积释放因子，单位为微克每平方米小时[$\mu g/(m^2 \cdot h)$]；

$C_{x,t}$——试验时间为 t 时，挥发性有机化合物如目标 VOC、TVOC、甲醛和其他羰基化合物 x 的释放浓度，单位为微克每立方米($\mu g/m^3$)；

A——测试试样可释放有机化合物的表面积，单位为平方米(m^2)；

Q——小型气候箱的换气量，单位为立方米每小时(m^3/h)；

n——小型气候箱的空气交换率，单位为次每小时(次/h)；

V——小型气候箱的空气体积，单位为立方米(m^3)；

q——小型气候箱的中测试试样的单位面积换气量；单位为立方米每平方米小时[$m^3/(m^2 \cdot h)$]；

L——小型气候箱的中测试试样的面积装载率(产品面积负载率)，单位为平方米每立方米(m^2/m^3)；

$EF_{x,l,t}$——试验时间为 t 时，挥发性有机化合物如目标 VOC、TVOC、甲醛和其他羰基化合物 x 的长度释放因子，单位为微克每米小时[$\mu g/(m \cdot h)$]；

l——小型气候箱中测试的试样长度，单位为米(m)；

$EF_{x,v,t}$——试验时间为 t 时，挥发性有机化合物如目标 VOC、TVOC、甲醛和其他羰基化合物 x 的

体积释放因子,单位为微克每立方米小时[μg/(m^3·h)];

V_1 ——小型气候箱中测试试样的体积,单位为立方米(m^3);

$EF_{x,u,t}$——试验时间为 t 时,挥发性有机化合物如目标 VOC、TVOC 甲醛和其他羰基化合物 x 的单元释放因子,单位为微克每数量单元小时[μg/(数量单元·h)];

u ——小型气候箱中测试试样的数目,单位为数量单元;

注:释放因子也可通过时间-浓度曲线或浓度-时间数据的衰减模型计算获得。

9 测试报告

测试报告应包括下列信息:

a) 测试实验室:
——实验室名称和地址;
——负责人姓名。

b) 样品描述:
——产品类型(和商标名);
——试样抽样方法(例如,随机选择);产品历史(生产日期、批次、到达实验室日期、拆封时间和测试试样准备)。

c) 结果:
——试验开始后指定时间的目标 VOC、甲醛和其他羰基化合物,和/或 TVOC 的释放浓度或释放因子。

d) 测试条件:
——气候箱测试条件(温度、相对空气湿度、空气交换率等);
——测试试样面积和负载率;
——释放 VOC、甲醛和其他羰基化合物的采样情况(吸附剂、采样体积、试样放入气候箱后的采样过程和次数);

e) 设备:
——设备和程序的信息(气候箱、密封材料或密封装置、背景浓度、分析仪器等)。

附 录 A
（规范性附录）
小气候箱系统

A.1 小气候箱系统组成

小气候箱系统由以下部分组成：
——小气候箱体；
——测试试样密封装置；
——清洁空气供给装置；
——温度和湿度控制装置；
——空气流量计及流量控制装置；
——炉箱。

A.1.1 空气采样装置

图 A.1 为小气候箱装置示意图，其性能和要求应符合 A.1.1～A.3.5 要求。

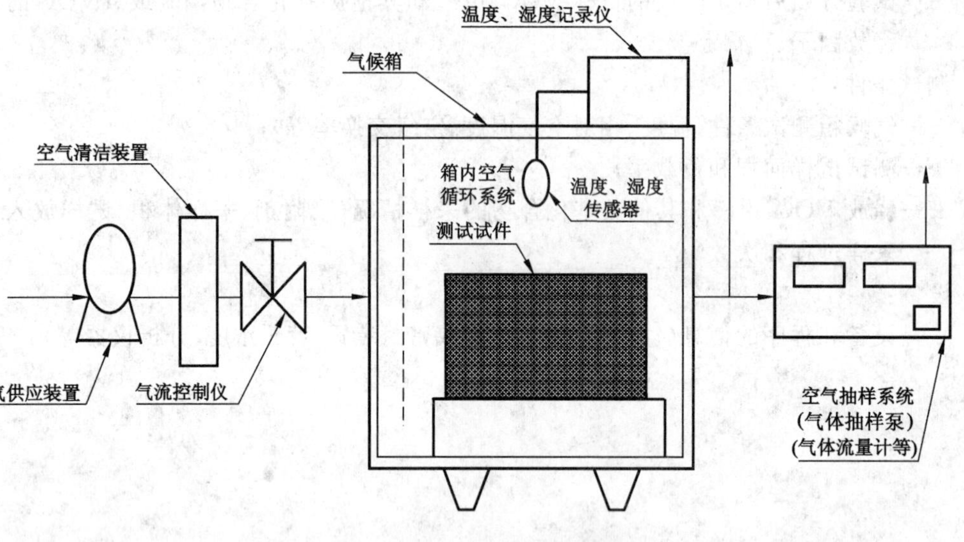

图 A.1 小气候箱系统组成

A.1.1.1 规格与材料

气候箱容积为 50 L～1 000 L(包括 50 L 和 1 000 L)。内壁材料为不锈钢或玻璃。气候箱应易于拆分、清洗和热处理。

混合装置如风扇和密封材料可采用其他低释放和低吸附材料，采用其他材料时须证明不会增加气候箱的背景浓度。

A.1.1.2 气密性

为防止箱内、外空气的自由交换，避免实验室环境空气对试验结果产生影响，小气候箱应具有良好的气密性，通常在微正压条件下工作。

A.1.1.3 流量控制与箱内气流混合

采用如电子质量流量控制装置以保证换气量连续控制在某一恒定值。气候箱设计时应采用空气循环装置确保箱内空气充分混合,技术要求见A.3.4。

A.1.2 清洁空气供给装置

采用清洁空气发生系统或清洁空气钢瓶供气避免气候箱系统背景浓度的增加。

A.1.3 温度和湿度控制装置

将气候箱置于一定温度条件下特定区域中,监控箱内温度。通过调整清洁空气供给装置的湿度,控制气候箱内的相对湿度,应避免水蒸气在箱内、箱壁上冷凝及水的喷射。

须采用独立的温度、湿度控制系统连续监控温度和相对湿度。

A.1.4 气体流量计及流量控制装置

在适当部位安装质量流量计及控制装置有效控制气候箱内的换气量,换气量以箱出口处流量为准。

A.1.5 空气采样装置

通常在气候箱交换空气出口处采集分析空气,当在箱其他位置设置采样口采样时,须保证所采集的空气与出口处空气相同。

采样时,换气量保持稳定不变,采样流量应小于进气流量。

当在交换空气排放管道上设置支管采样时,采样管与箱之间的连接距离尽可能短,连接管温度应与气候箱的温度保持一致,交换空气排放管道、连接管应采用低吸附材料,如聚四氟乙烯等。

注1:气候箱排放气体应与实验室环境相隔离。

注2:可采用多通道采样管进行平行采样。

A.1.6 炉箱

炉箱用于热解吸气候箱内壁可能吸附的挥发性有机化合物。

A.2 气候箱技术要求

——有效容积:公称值±5%;

——温度:范围23 ℃~28 ℃,偏差±1 ℃;

——相对湿度:50%,偏差 ±5%;

——箱内压力:微正压10 Pa±5 Pa;

——空气交换率:0.5次/h~1.5次/h、偏差±5%;

——背景浓度:气候箱与交换气体产生的总背景浓度为单体含量≤2 μg/m³、TVOC含量≤20 μg/m³;

——回收率:甲苯和正十二烷的平均回收率不小于80%;

——泄漏率:1 000 Pa条件下其泄露率小于气候箱容积的0.5%/min或不大于交换气体量的5%;

——表面风速:试样表面风速为0.1 m/s ~ 0.3 m/s;

——空气交换系数:不小于90%。

A.3 测试条件的验证

A.3.1 测试条件控制

应连续显示和记录温度、相对湿度和空气交换量，其控制精密度如下：

——温度：±0.5 ℃；

——相对空气湿度：±3%；

——空气交换量：±3%。

A.3.2 小气候箱的气密性

至少每年检查一次小气候箱的气密性，可采用压力降法、出口与入口处流量对比或示踪气体法。

A.3.3 空气交换量

采用示踪气体每年至少一次定期检查空气交换量。

注：当使用气体流量计在箱出口处测量空气交换量时，仪器的压阻会降低气候箱出口流量。

A.3.4 小气候箱中空气交换系数

测定空气交换系数时。可使用测试试样或与测试试样相同尺寸的惰性材料，如玻璃板、不锈钢板等。

方法1，浓度递增法：将适量的恒定浓度、流量的示踪气体均匀混入气候箱进口空气气流中，测量气候箱出口空气中示踪气体浓度随时间的变化关系。由气候箱出口浓度和时间曲线计算空气交换系数。

方法2，浓度递减法：将示踪气体源置于箱中，以清洁空气为载气，用箱内风扇将示踪气体分散均匀，测量气候箱出口空气中示踪气体浓度随时间的变化关系，由气候箱出口浓度和时间曲线计算出空气交换系数。

由名义空气交换时间(τ_n)和平均空气交换时间($\bar{\tau}$)可计算气候箱的空气交换系数(η)。η、τ_n、浓度递增法和浓度递增法中$\bar{\tau}$分别见式(A.1)～(A.4)：

空气交换系数 η 按式(A.1)计算：

$$\eta = \tau_n/\bar{\tau} \times 100\% \qquad \cdots\cdots (A.1)$$

式中：

η——空气交换系数，%；

τ_n——名义交换时间，单位为小时(h)；

$\bar{\tau}$——平均空气交换时间，单位为小时(h)。

名义空气交换时间 τ_n 按式(A.2)计算：

$$\tau_n = V/Q \qquad \cdots\cdots (A.2)$$

式中：

τ_n——名义交换时间，单位为小时(h)；

V——小气候箱的空气体积，单位为立方米(m^3)；

Q——小气候箱的换气量，单位为立方米每小时(m^3/h)；

浓度递增法中平均空气交换时间($\bar{\tau}$)按式(A.3)计算：

$$\bar{\tau} = \frac{Q}{V}\int_0^{\infty} t\left(1 - \frac{C_e(t)}{C_s}\right) dt \qquad \cdots\cdots (A.3)$$

式中：

$\bar{\tau}$ ——平均空气交换时间，单位为小时(h)；

Q ——小气候箱的换气量，单位为立方米每小时(m^3/h)；

V ——小气候箱的空气体积，单位为立方米(m^3)；

t ——试验时间，单位为小时(h)；

$C_e(t)$——一定时间(t)时小气候箱出口空气中示踪气体浓度，单位为微克每立方米($\mu g/m^3$)；

C_s ——试验开始后示踪气体达到充分平衡时的平衡浓度，单位为微克每立方米($\mu g/m^3$)。

浓度递减法中平均空气交换时间($\bar{\tau}$)按式(A.4)计算：

$$\bar{\tau}=\frac{Q}{V}\int_0^{\infty} t\,\frac{C_e(t)}{C(0)}\mathrm{d}t \qquad \cdots\cdots(\text{A.4})$$

式中：

$\bar{\tau}$ ——平均空气交换时间，单位为小时(h)；

Q ——小气候箱的换气量，单位为立方米每小时(m^3/h)；

V ——小气候箱的空气体积，单位为立方米(m^3)；

t ——试验时间，单位为小时(h)；

$C_e(t)$——一定时间(t)时小气候箱出口空气中示踪气体浓度，单位为微克每立方米($\mu g/m^3$)；

$C(0)$ ——示踪气体初始浓度，单位为微克每立方米($\mu g/m^3$)。

A.3.5 回收率

将释放恒定且已知浓度甲苯和正十二烷气体的标准释放源置于气候箱中，实验开始后 72 h 由气候箱出口浓度确定甲苯和正十二烷的回收率。也可使用目标 VOC、甲醛和其他羰基化合物标准释放源测定回收率。

回收率测定时，释放源产生的目标物浓度应与测试试样的目标物释放浓度相似。

回收率测定时，可将两个或多个箱串联测试，通过出口浓度和入口气体浓度比较计算出平均回收率。

附 录 B
（资料性附录）
挥发性有机化合物测定

B.1 方法原理

Tenax TA 吸附管主动采集一定体积的小气候箱出口空气，出口空气中挥发性有机化合物组分被捕集在吸附剂中，被捕集的挥发性有机化合物经热脱附解析、再以色谱柱分离，氢火焰离子化检测器（FID）或质量检测器（MSD）测定。

B.2 材料和试剂

B.2.1 Tenax TA 吸附管：规格通常为 ϕ6 mm×89 mm，内装 200 mg 粒径为 180 μm～250 μm（60 目～80 目）Tenax TA 吸附剂的不锈钢或玻璃管，使用前采用惰性气体（如氮气）高温净化，最高净化温度不得高于 320 ℃以防止吸附剂分解，净化时间不少于 30 min，净化后或使用前应检查其无干扰色谱峰存在。

B.2.2 标准样品：苯、甲苯、邻-二甲苯、间-二甲苯、对-二甲苯、对-二氯苯、乙苯、苯乙烯和正十四烷，以及其他目标物单体。

注：也可使用气体标样。

B.2.3 试剂：甲醇或二氯甲烷等，色谱纯。

B.2.4 标准溶液储备液：移取少量甲醇于 100 mL 棕色容量瓶中，减量法分别称取 0.2 g（精确至 0.2 mg）标准样品（B.2.2）于容量瓶中，用甲醇稀释至刻度。

注：该标准溶液储备液在 0 ℃～4 ℃的冰箱中密闭保存，有效期为 4 周。

B.2.5 标准工作溶液：移取适量上述标准溶液储备液（B.2.4）于 100 mL 棕色容量瓶中，以甲醇稀释至刻度，使标准工作溶液的浓度分别为 1 000 μg/mL、500 μg/mL、200 μg/mL、50 μg/mL 和 10 μg/mL。分装于 2 mL 具塞样品瓶待用。

注：该标准工作溶液在 0 ℃～4 ℃的冰箱中密闭保存，有效期为 2 周。

B.2.6 微量进样针：容量为 1 μL、5 μL、500 μL。

B.2.7 棕色容量瓶：容量为 10 mL、100 mL。

B.2.8 具塞样品瓶：容量为 2 mL。

B.2.9 载气：氦气、氮气，纯度大于 99.999%。

B.2.10 燃烧气：氢气，纯度大于 99.999%。

B.3 仪器和设备

B.3.1 气相色谱质谱联用仪：配有离子化火焰检测器（FID）和质量选择检测器（MSD）。

B.3.2 热脱附装置：能对采样管进行热脱附，脱附后的气体可进入毛细管色谱柱。其脱附温度、时间、气体流速可调。

注：当使用质量选择检测器（MSD）时，应使用具有出口分流的热脱附装置。

B.3.3 热老化装置：能在惰性气体条件下（如氮气）对吸附管进行热净化。净化温度、时间、气体流量可调，通常温度可控制范围为：（室温＋10 ℃）～350 ℃，控温精度 ±1 ℃。

B.3.4 电子气体流量计：最大流量 500 mL/min，精度±5%。

B.3.5 恒流大气采样器:流量范围为 0～500 mL/min,精度±5%。

B.3.6 分析天平:精度为 0.000 2 g。

B.4 试验步骤

B.4.1 VOCs 的采样

将恒流采样器与 Tenax TA 吸附管连接,吸附管进样端与气候箱采样口连接,采集气候箱出口空气中的 VOCs。同时将一支与采样管同运输、储存条件的吸附管在采样现场打开管套后,略待片刻,再管套,用于测定采运空白浓度。

对于内装 200 mg 吸附剂 Tenax TA 的吸附管,通常最大采样量为 10 L,采样流量为 50 mL/s～200 mL/min。首次采样时应串联一支吸附管以确认是否被穿透。

B.4.2 标准样品吸附管的制备

室温状态下,调节热老化装置氮气流量为 50 mL/s～ 100 mL/min,将净化好的吸附管采样端用连接软管与热老化装置出气端相连,用 1 μL 微量进样针分别吸取 1 μL 的标准工作溶液(B.2.5),由连接管微孔处缓慢注入吸附管吸附剂表面,载气吹扫 5 min ～ 6 min 后,立即戴上管套,置于铝制金属盒中保存。

注:采用内标法时,可在注入标准工作溶液后,再注入 1 μL ～ 2 μL 内标溶液。

B.4.3 分析测试条件

由于测试结果取决于所使用的仪器,因此不可能给出分析条件的普遍参数。采用下列操作条件已被证明对测试是合适的。

B.4.3.1 热脱附装置分析条件如下:

a) 采样管热脱附温度:250 ℃～280 ℃;
b) 采样管热脱附时间:5 min～15 min;
c) 脱附气体流量:30 mL/min～50 mL/min;
d) 捕集管捕集温度:－30 ℃～－10 ℃;
e) 捕集管加热速率:40 ℃/s;
f) 捕集管热脱附温度:280 ℃～300 ℃;
g) 捕集管热脱附时间:5 min～10 min;
h) 传输线温度:220 ℃～250 ℃;
i) 分流比:根据样品实际浓度确定采样管和捕集管之间以及捕集管和毛细管色谱柱之间的分流比。

B.4.3.2 GC-FID 分析条件如下:

a) 毛细管色谱柱:极性指数小于 10,柱长 50 m～60 m,内径 0.25 mm,膜厚 0.25 μm,或其相当者;
b) 色谱柱温度:40 ℃(1min) $\xrightarrow{5\ ℃/min}$ 100 ℃ $\xrightarrow{10\ ℃/min}$ 250 ℃(10 min)
c) 检测器温度:250 ℃;
d) 载气:高纯氦。

B.4.3.3 GC-MS 分析条件如下:

a) 毛细管色谱柱:极性指数小于 10,柱长 50 m～60 m,内径 0.25 mm,膜厚 0.25 μm;
b) 色谱柱温度:40 ℃(1 min) $\xrightarrow{5\ ℃/min}$ 100 ℃ $\xrightarrow{10\ ℃/min}$ 250 ℃(10 min);

c) 色谱质谱接口温度:250 ℃;

d) 质量扫描范围和方式:扫描范围为 25 μ~350 u,扫描方式为全扫描;

e) 载气:高纯氦;

f) 电离能量:70 eV;

g) 离子源(EI)温度:250 ℃。

B.4.4 分析测试

按上述条件设置热脱附装置和色谱工作参数,确认系统无干扰后,依次放入标准样品吸附管、采运空白浓度吸附管和样品吸附管进行测试。应对色谱峰逐一识别,根据保留时间定性,峰面积定量。如保留时间定性有疑问时,应根据质谱图定性。

B.5 数据处理

B.5.1 线性校准方程

根据标准样品吸附管中各有机化合物单体的质量及相应色谱峰面积,通过最小二乘法拟合得到线性校准方程见式(B.1),其线性相关系数 γ^2 应大于 0.995。

$$A_{ci} = K_{ci} \times m_{ci} + b_{ci} \qquad \text{(B.1)}$$

式中:

A_{ci}——标准样品吸附管中单体 i 的色谱峰面积;

K_{ci}——单体 i 的线性校准方程的斜率;

m_{ci}——标准样品吸附管中单体 i 的质量,单位为微克(μg);

b_{ci}——单体 i 的线性校准方程在 Y 轴上的截距。

注:截距 b_{ci} 应尽可能小。

B.5.2 吸附管解析量的计算

B.5.2.1 目标单体解析量的计算

吸附管中苯、甲苯、二甲苯等目标单体的解析量按式(B.2)计算:

$$M_{ci,t} = (A'_{ci,t} - b_{ci}) / K_{ci} \qquad \text{(B.2)}$$

式中:

$M_{ci,t}$——试验时间为 t 时,吸附管中苯、甲苯、二甲苯等目标单体 i 的解析量,单位为微克(μg);

$A'_{ci,t}$——试验时间为 t 时,吸附管中苯、甲苯、二甲苯等目标单体 i 的色谱峰面积;

b_{ci}——苯、甲苯、二甲苯等目标单体 i 线性校准方程在 Y 轴上的截距;

K_{ci}——苯、甲苯、二甲苯等目标单体 i 线性校准方程的斜率。

B.5.2.2 总挥发性有机化合物解析量的计算

除苯、甲苯、二甲苯等目标单体外,其他挥发性有机化合物单体的解析量按甲苯的线性校准方程按式(B.1)计算,总挥发性有化合物按式(B.3)计算:

$$M_{cT,t} = \sum M_{ck,t} + \sum M_{ci,t} \qquad \text{(B.3)}$$

式中:

$M_{cT,t}$——试验时间为 t 时,总挥发性有机化合物的解析量,单位为微克(μg);

$M_{ck,t}$——试验时间为 t 时,除目标单体外其他单体的解析量,单位为微克(μg);

$M_{ci,t}$——试验时间为 t 时,苯、甲苯、二甲苯等目标单体的解析量,单位为微克(μg)。

B.5.3 释放浓度的计算

B.5.3.1 目标单体释放浓度的计算

苯、甲苯、二甲苯等目标单体的释放浓度的按式(B.4)计算

$$C_{i,t}=\frac{M_{ci,t}-M_{ib,t}}{V_t}=C_{ci,t}-C_{ib,t} \quad \cdots\cdots(B.4)$$

式中：

$C_{ci,t}$ ——试验时间为 t 时，苯、甲苯、二甲苯等目标单体 i 释放浓度，单位为毫克每立方米(mg/m^3)；

$M_{ci,t}$ ——试验时间为 t 时，样品管中苯、甲苯、二甲苯等目标单体 i 的解析量，单位为微克(μg)；

$M_{ib,t}$ ——试验时间为 t 时，采运空白浓度中苯、甲苯、二甲苯等目标单体 i 的解析量，单位为微克(μg)；

V_t ——试验时间为 t 时的采样体积，单位为升(L)；

$C_{ib,t}$ ——试验时间为 t 时，采运空白浓度中苯、甲苯、二甲苯等目标单体 i 释放浓度，单位为毫克每立方米(mg/m^3)。

B.5.3.2 总挥发性有机化合物的释放浓度

总挥发性有机化合物的释放浓度按式(B.5)计算：

$$C_{T,t}=\frac{\sum M_{ck,t}-\sum M_{kb,t}}{V_t}+\frac{\sum M_{ci,t}-\sum M_{ib,t}}{V_t}=\sum C_{k,t}+\sum C_{i,t} \quad \cdots\cdots(B.5)$$

式中：

$C_{T,t}$——试验时间为 t 时，总挥发性有机化合物的释放浓度，单位为毫克每立方米(mg/m^3)；

$M_{ck,t}$——试验时间为 t 时，样品管中除目标单体外，其他单体的解析量，单位为微克(μg)；

$M_{kb,t}$——试验时间为 t 时，采运空白浓度中其他单体的解析量，单位为微克(μg)；

$M_{ci,t}$——试验时间为 t 时，样品管中苯、甲苯、二甲苯等目标单体的解析量，单位为微克(μg)；

$M_{ib,t}$——试验时间为 t 时，采运空白浓度中苯、甲苯、二甲苯等目标单体的解析量，单位为微克(μg)；

V_t ——试验时间为 t 时的采样体积，单位为升(L)；

$C_{k,t}$——试验时间为 t 时，除目标单体外其他挥发性有机化合物单体的释放浓度，单位为毫克每立方米(mg/m^3)；

$C_{i,t}$——试验时间为 t 时，苯、甲苯、二甲苯等目标单体的释放浓度，单位为毫克每立方米(mg/m^3)。

附 录 C
(资料性附录)
醛酮类化合物组分测定

C.1 方法原理

2,4-二硝基苯肼(DNPH)的硅胶吸附管主动采集一定体积的气候箱出口空气,出口空气中醛酮类化合物组分与吸附管 DNPH 反应(见图 C.1),生成稳定的衍生化合物 2,4-二硝基苯腙,用乙腈洗脱后,反相液相色谱柱分离,配有紫外检测器或二级阵列管检测器高效液相色谱仪测定,外标法定量。

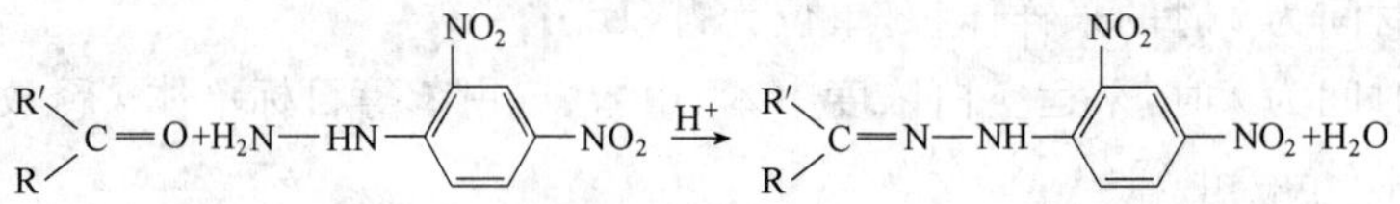

羰基化合物
(醛或酮)

2,4-二硝基苯肼
(DNPH)

2,4-二硝基苯腙

说明:

R——烷基或芳香基团(酮),或氢原子(醛);

R′——烷基或芳香基团(酮)。

图 C.1 醛酮类化合物反应式

C.2 试剂和材料

C.2.1 除非另有说明,所用试剂均为色谱纯,所用水至少达到 GB/T 6682 规定的三级水。

C.2.2 DNPH 衍生化采样管:管内至少填充有 350 mg 以 2,4-二硝基苯肼(DNPH)涂覆的硅胶,2,4-二硝基苯肼的含量不低于硅胶质量的 0.29 %,其衍生化采样管对甲醛的衍生化能力不低于 75 μg;空白管中各醛酮类单体的含量应小于 0.15 μg。

C.2.3 乙腈(C_2H_3N):HPLC 级。

C.2.4 醛酮类单体-DNPH 衍生物的单组份液体标准品:各单组份液体标准品中醛酮类单体的浓度至少大于 15 μg/mL,乙腈为溶剂。

C.2.5 14 种醛酮类单体-DNPH 衍生物见表 C.1。

表 C.1 典型醛酮类单体及其 DNPH 衍生物

序号	醛酮类单体				醛酮类-DNPH 衍生物	CAS 号	相对分子质量
	中文名称	英文名称	CAS 号	相对分子质量			
1	乙醛	Acetaldehyde	75-07-0	44	乙醛-DNPH	1019-57-4	224
2	丙烯醛	Acrolein	107-02-8	56	丙烯醛-DNPH	888-54-0	236
3	丙酮	Acetone	67-64-1	58	丙酮-DNPH	1567-89-1	238
4	丙醛	Propionaldehyde	123-38-6	58	丙醛-DNPH	725-00-8	238
5	丁烯醛	Crotonaldehyde	4170-30-3	70	丁烯醛-DNPH	1527-96-4	250

表 C.1(续)

序号	醛酮类单体				醛酮类-DNPH 衍生物	CAS 号	相对分子质量
	中文名称	英文名称	CAS 号	相对分子质量			
6	丁醛	Butyraldehyde	123-72-8	72	丁醛-DNPH	1527-98-6	252
7	苯甲醛	Benzaldehyde	100-52-7	106	苯甲醛-DNPH	1157-84-2	286
8	异戊醛	Isovaleraldehyde	590-86-3	86	异戊醛-DNPH	2256-01-1	266
9	戊醛	Valeraldehyde	110-62-3	86	戊醛-DNPH	2057-84-3	266
10	邻-甲苯甲醛	o-Tolualdehyde	529-20-4	120	邻-甲苯甲醛-DNPH	1773-44-0	300
11	间-甲苯甲醛	m-Tolualdehyde	620-23-5	120	间-甲苯甲醛-DNPH	2880-05-9	300
12	对-甲苯甲醛	p-Tolualdehyde	104-87-0	120	对-甲苯甲醛-DNPH	2571-00-8	300
13	己醛	Hexaldehyde	66-25-1	100	己醛-DNPH	1527-97-5	280
14	2,5-二甲基苯甲醛	2,5-Dimethyl benzaldehyde	5779-94-2	134	2,5-二甲基苯甲醛-DNPH	152477-96-8	314

C.2.6 醛酮类单体-DNPH 衍生物的标准工作溶液:分别移取适量醛酮类单体-DNPH 衍生物标准品(C.2.3)于 5 mL 棕色容量瓶中,以乙腈(C.2.2)稀释至刻度,使各醛酮类单体的标准工作溶液浓度分别为 10 μg/mL、4 μg/mL、1 μg/mL、0.4 μg/mL 和 0.1 μg/mL,分装于 2 mL 样品瓶中,具塞待用。

C.3 仪器和设备

C.3.1 高效液相色谱仪:配有紫外检测器或二级管阵列检测。

C.3.2 微量进样器:10 μL、50 μL。

C.3.3 移液管:5 mL、10 mL。

C.3.4 注射器:5 mL。

C.3.5 具塞样品瓶:2 mL、4 mL。

C.3.6 棕色容量瓶:5 mL。

C.4 分析步骤

C.4.1 醛酮类化合物的采样

将恒流采样器与 DNPH 衍生化采样管连接,衍生化采样管另一端与气候箱采样口连接采集气候箱出口空气中的醛酮类化合物。

通常最大采样量为 5 L,采样流量为 50 mL/min~200 mL/min。首次采样时应串联一支衍生化采样管以确认是否被穿透。

C.4.2 醛酮类衍生物的洗脱

用 5 mL 注射器吸取 2 mL~3 mL 的乙腈溶剂,注入 DNPH 衍生化采样管中,将羰基衍生物与未反应的 DNPH 洗脱至 5 mL 的棕色容量瓶中,用乙腈稀释至刻度,装于 2 mL 样品瓶中,具塞待测。洗脱时,溶剂乙腈的流向应与采样时的气流方向相同,以防采样管中颗粒物随洗脱液流出。

注:通常一支干燥的采样管的乙腈保留体积一般不超过 1mL。

C.4.3 分析测试条件

由于测试结果取决于所使用的仪器,因此不可能给出分析条件的普遍参数。采用下列操作条件已被证明对测试是合适的。

a) 色谱柱:ZORBAX ODS-C18,5 μm,4.6 mm×250 mm 或相当者;

b) 流速:1.0 mL/min;

c) 柱温:35 ℃;

d) 检测波长:360 nm;

e) 进样量:25 μL;

f) 流动相:乙腈(A)和水(B);

g) 洗脱:恒流洗脱或程序洗脱(表 C.2)。

表 C.2 HPLC 梯度洗脱程序

时间/min	流动相 A/%	流动相 B/%
0	60	40
20	75	25
30	60	40

C.4.4 分析测试

按上述条件设置高效液相色谱工作参数,确认系统无干扰后,依次放入标准工作溶液、醛酮类衍生物的洗脱液进行测试。根据保留时间定性,峰面积或峰高定量。14 种典型醛酮类-DNPH 衍生物色谱流出图见图 C.2。

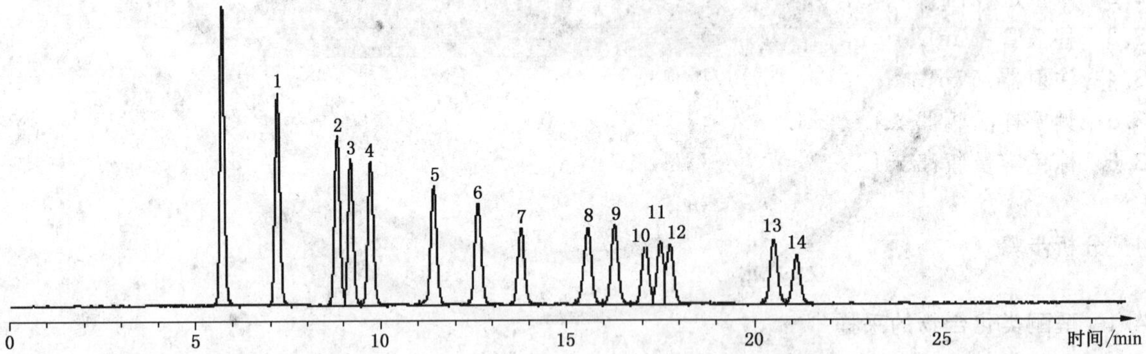

说明:

1——乙醛-DNPH;
2——丙烯醛-DNPH;
3——丙酮-DNPH;
4——丙醛-DNPH;
5——丁烯醛-DNPH;
6——丁醛-DNPH;
7——苯甲醛-DNPH;
8——异戊醛-DNPH;
9——戊醛-DNPH;
10——邻-甲苯甲醛-DNPH;
11——间-甲苯甲醛-DNPH;
12——对-甲苯甲醛-DNPH;
13——己醛-DNPH;
14——2,5-二甲基苯甲醛-DNPH。

图 C.2 典型醛酮类-DNPH 衍生物色谱流出图

C.5 结果的计算

C.5.1 线性校准方程

根据标准工作溶液中(C.2.4)醛酮类单体的质量及相应衍生物色谱峰面积，通过最小二乘法拟合得到线性校准方程见式(C.1)，其线性相关系数 γ^2 应大于 0.999。

$$A_{hj}=K_{hj}\times m_{hj}+b_{hj} \qquad \cdots\cdots(C.1)$$

式中：

A_{hj}——标准工作溶液中醛酮类化合物衍生物 j 的峰面积；

K_{hj}——醛酮类化合物中单体 j 线性校准方程的斜率；

m_{hj}——标准工作溶液中醛酮类化合物中单体 j 的质量，单位为微克(μg)；

b_{hj}——醛酮类化合物中单体 j 线性校准方程在 Y 轴上的截距。

注：截距尽可能小。

C.5.2 羰基类化合物(醛酮)衍生物洗脱量的计算

C.5.2.1 目标单体洗脱量的计算

试验时间为 t 时，衍生化采样管中乙醛、丙酮、丙醛等目标单体的洗脱量按式(C.2)计算：

$$M_{hj,t}=(A'_{hj,t}-b_{hj})/K_{hj} \qquad \cdots\cdots(C.2)$$

式中：

$M_{hj,t}$——试验时间为 t 时，乙醛、丙酮、丙醛等目标单体 j 的质量，单位为微克(μg)；

$A'_{hj,t}$——试验时间为 t 时，乙醛、丙酮、丙醛等目标单体 j 衍生物的的色谱峰面积；

b_{hj}——单体 j 线性校准方程在 Y 轴上的截距；

K_{hj}——单体 j 线性校准方程的斜率。

C.5.2.2 总羰基类化合物洗脱量的计算

试验时间为 t 时，衍生化采样管中总醛酮类化合物洗脱量按式(C.3)计算：

$$M_{h,t}=\sum M_{hj,t} \qquad \cdots\cdots(C.3)$$

式中：

$M_{h,t}$——试验时间为 t 时，衍生化采样管中总醛酮类化合物解析量，单位为微克(μg)；

$M_{hj,t}$——试验时间为 t 时，衍生化采样管中总醛酮类化合物单体 i 的解析量，单位为微克(μg)。

C.5.3 总醛酮类化合物释放浓度的计算

C.5.3.1 醛酮类单体释放浓度的计算

乙醛、丙酮、丙醛等目标单体释放浓度按式(C.4)计算：

$$C_{hj,t}=\frac{M_{hj,t}}{V_{h,t}} \qquad \cdots\cdots(C.4)$$

式中：

$C_{hj,t}$——试验时间为 t 时，乙醛、丙酮、丙醛等目标单体 j 释放浓度，单位为毫克每立方米(mg/m³)；

$M_{hi,t}$——试验时间为 t 时，衍生化采样管中总醛酮类化合物单体 j 的洗脱量，单位为微克(μg)；

$V_{h,t}$——试验时间为 t 时的采样体积，单位为升(L)。

C.5.3.2 总醛酮类化合物释放浓度的计算

总醛酮类化合物释放浓度按式(C.5)计算：

$$C_{h,t}=\frac{M_{h,t}}{V_{h,t}} \quad \cdots\cdots\cdots\cdots\cdots\cdots(C.5)$$

式中：

$C_{h,t}$ ——试验时间为 t 时，总醛酮类化合物的释放浓度，单位为毫克每立方米（mg/m^3）；

$M_{h,t}$ ——试验时间为 t 时，总醛酮类化合物的洗脱量，单位为微克（μg）；

$V_{h,t}$ ——试验时间为 t 时的采样体积，单位为升（L）。

ICS 83.180
G 39

中华人民共和国国家标准

GB/T 29593—2013

表面保护用牛皮纸胶黏带

Kraft paper adhesive tape for surface protection

2013-07-19 发布

2013-12-01 实施

中华人民共和国国家质量监督检验检疫总局
中国国家标准化管理委员会 发布

前　言

本标准按照 GB/T 1.1—2009 给出的原则起草。

本标准由中国石油和化学工业联合会提出。

本标准由全国胶黏剂标准化技术委员会(SAC/TC 185)归口。

本标准起草单位:广东达美新材料有限公司、上海橡胶制品研究所、中国胶粘剂工业协会、暨南大学。

本标准主要起草人:唐承明、姚海林、柯跃虎、林志丹。

表面保护用牛皮纸胶黏带

1 范围

本标准规定了表面保护用牛皮纸胶黏带的分类与标记、要求、试验方法、检验规则、标志、包装、运输及贮存。

本标准适用于以牛皮纸为基材，正面涂布胶黏剂，背面涂布防粘和(或)防水材料，主要用于塑料板材、家具板材、装饰材料等表面保护用的卷状牛皮纸胶黏带。

2 规范性引用文件

下列文件对于本文件的应用是必不可少的。凡是注日期的引用文件，仅注日期的版本适用于本文件。凡是不注日期的引用文件，其最新版本(包括所有的修改单)适用于本文件。

GB/T 451.1 纸和纸板尺寸及偏斜度的测定

GB/T 455 纸和纸板撕裂度的测定

GB/T 462 纸、纸板和纸浆 分析试样水分的测定

GB/T 2792 压敏胶黏带 180°剥离强度试验方法

GB/T 4851 压敏胶黏带持黏性试验方法

GB/T 4852 压敏胶黏带初黏性试验方法(滚球法)

GB/T 7134 浇铸型工业有机玻璃板材

GB/T 12914 纸和纸板 抗张强度的测定

GB/T 22865 牛皮纸

SN/T 2003.3—2006 电子电气产品中铅、汞、镉、铬、溴的测定 第1部分:X射线荧光光谱定量筛选法

3 分类与标记

3.1 分类

按涂胶前牛皮纸定量分为:40 g/m²、45 g/m²、50 g/m²、70 g/m² 四种;

按牛皮纸颜色不同分为原色(代号为“A”)、有色(代号为“B”)两种;

按黏性不同分为低黏(代号为“L”)、中黏(代号为“M”)、高黏(代号为“H”)三种。

3.2 标记

产品按以下方式命名:

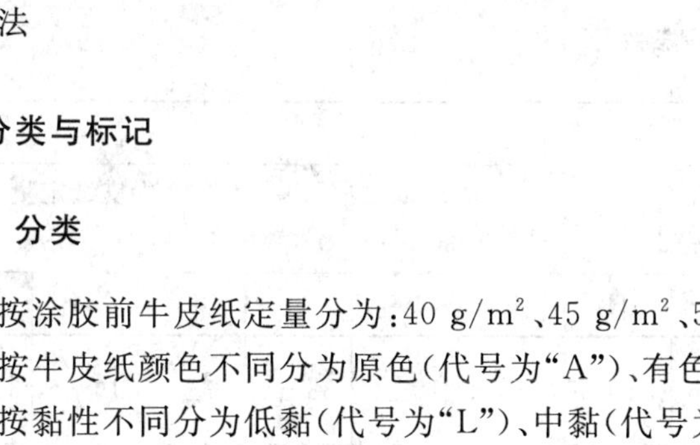

示例：MP40A-L 表示牛皮纸定量为 40 g/m²、颜色为原色的低黏性表面保护用牛皮纸胶黏带。

4 外观及技术要求

4.1 牛皮纸要求

牛皮纸应符合 GB/T 22865 中一等品或以上要求。

4.2 成品外观要求

纸面平整，无明显折痕、凹陷、斑点、杂色等缺陷；胶面无凸起的胶块、胶粒；两侧平整，色泽均匀，接头数不大于 1 个。

注：接头处应有明显标记。

4.3 管芯要求

管芯内径为(76±1)mm；管芯无向内凹陷、变形，无分层(纸管)。

4.4 成品宽度偏差

宽度偏差应在±5 mm。

4.5 成品长度偏差

长度偏差应在−0，+5m。

4.6 成品物理性能

4.6.1 黏性

应符合表 1 要求。

表 1 黏性要求

项目	指标											
	牛皮纸定量 40 g/m²			牛皮纸定量 45 g/m²			牛皮纸定量 50 g/m²			牛皮纸定量 70 g/m²		
	L	M	H	L	M	H	L	M	H	L	M	H
180°剥离强度/(N/m)	9±4	20±6	35±8	8±4	19±6	34±8	7±4	18±6	33±8	6±3	16±6	33±10
初黏性，钢球号 ≥	3	4	5	3	4	5	3	4	5	3	4	5
持黏性/min ≥	240	360	480	240	360	480	240	360	480	240	360	480

4.6.2 其他性能

应符合表 2 要求。

表 2 其他性能

项目		指标			
		牛皮纸定量 40 g/m^2	牛皮纸定量 45 g/m^2	牛皮纸定量 50 g/m^2	牛皮纸定量 70 g/m^2
抗张强度/(kN/m)	横向	≥2.0	≥2.5	≥3.0	≥4.0
	纵向	≥2.5	≥3.0	≥3.5	≥5.0
撕裂度/mN	横向	≥280	≥300	≥320	≥360
	纵向	≥260	≥280	≥300	≥340
防黏效果		不允许有块状纸撕起，或者测试位置不允许有超过 60% 面积的纸纤维撕起			
防水效果		水滴不散开和不渗透的时间≥40 min			
水分/%		7.5±1.5			
湿热老化试验前后，胶迁移与可剥离性		能正常剥离，剥离后，被贴表面无残留			
撕贴性能		粘贴后表面无起皱、翘边，粘贴牢固，不出现因粘贴力过强而无法正常剥离现象			

4.7 有害物质限量

无污物和刺激性气味。应用于有害物质有规定的场合，重金属含量应符合表 3 要求。

表 3 有害物质限量

项　目	在各均质物质中的最大允许质量分数/%
Pb(铅)	0.1
Hg(汞)	0.1
Cd(镉)	0.01
Cr^{6+}[铬(六价)]	0.1
PBB(多溴联苯)	0.1
PBDE(多溴联苯醚)	0.1

5 试验方法

5.1 外观检测

从抽样中先目测接头数。然后沿整个宽度方向取一圈，在自然光下距样品 0.5 m 目测，配合手感进行，色泽检验应取样品与标样在上述条件下目测。

5.2 管芯检测

于管芯的圆周方向大致均匀取三个测量点，用游标卡尺检测内径，任何一个检测结果值超出公差范围则为不合格；目测是否有变形、分层等。

5.3 宽度偏差检测

按 GB/T 451.1 规定进行。

5.4 长度偏差检测

用精度小于 2 mm 的钢直尺或卷尺测量；也可用自动复卷机测量，但自动复卷机应用参照 GB/T 6673 规定的方法测量的牛皮纸作校验。

5.5 180°剥离强度检测

按 GB/T 2792 规定进行，测试基材为符合 GB/T 7134 的有机玻璃板材(以下相同)。

5.6 初黏性检测

按 GB/T 4852 中第 7 章的要求进行。

5.7 持黏性检测

按 GB/T 4851 规定进行。

5.8 抗张强度检测

按 GB/T 12914 规定进行。

5.9 撕裂度检测

按 GB/T 455 规定进行。

5.10 防黏效果检测(适应于背面涂防黏剂的产品)

于成品上沿宽度方向割取两层宽度＞15 cm 的样品，胶面向下平放于台面，揭掉面层，用 180°剥离强度为(250±30)N/m，宽度为 4 cm～6 cm 的胶黏带，沿样品长度方向贴于胶带背面上，用 2 kg 重压轮自重往返滚压三次，在温度为(23±2)℃，相对湿度为(65±5)%条件下放置 10 min，用＞90°的角度，以约 600 mm/min 的速度剥离胶黏带，目测是否有块状纸或纸纤维撕起。

5.11 防水效果检测(适应于背面涂防水材料的产品)

于成品上沿宽度方向割取两层宽度＞15 cm 的样品，胶面向下平放于台面，揭掉面层，取自来水用胶头滴管于试样上每间隔约 10 cm 滴一滴水珠于胶带背面，目测水滴是否有散开或渗透。

5.12 水分检测

按 GB/T 462 规定进行。

5.13 胶迁移与可剥离性检测(湿热老化前)

从成品中割取三层，裁长约 300 mm、宽约 200 mm 的样品，取中间一层贴于洁净的有机玻璃板上，用 2 kg 重压轮自重往返滚压三次，在温度为(23±2)℃，相对湿度为(65±5)%条件下放置 24 h，以约 600 mm/min 的速度剥离试样，目测是否能正常剥离及有无残留。

5.14 湿热老化检测

按 5.13 制备试样，将试样置于温度为(65±5)℃，相对湿度为(80±5)%试验箱，试验 24 h 后取出，在温度为(23±2)℃，相对湿度为(65±5)%条件下静置 30 min，以约 600 mm/min 的速度剥离试样，目测是否能正常剥离及有无残留。

5.15 撕贴性能检测

取长约300 mm、宽约200 mm的有机玻璃板材3块，用脱脂棉及酒精清洁板材表面，在温度为(23±2)℃，相对湿度为(65±5)%条件下放置10 min；沿成品宽度方向的两端及中间各取一块样品，平贴于板材上，用2 kg重压轮自重往返滚压三次，在温度为(23±2)℃，相对湿度为(65±5)%的环境下放置24 h(试样不得受压)，目测有无起皱、翘边，然后以约600 mm/min的速度剥离试样，目测是否能正常剥离。

5.16 有毒物质含量检测

按照SN/T 2003.3—2006规定进行。

6 检验规则

6.1 组批

以同一规格、同一批号包装好的产品为一批，每批不超过30卷。

6.2 出厂检验

6.2.1 抽样：每批产品随机抽取10卷进行检验。

6.2.2 检验项目为外观、管芯、宽度、防粘效果(或防水效果)、水分及180°剥离强度。

6.2.3 检验中如有不合格项，可自同批产品中加倍抽样，进行复检，复检时只检测不合格项。若复检后仍有不合格项，则判该批产品不合格。

6.3 型式检验

6.3.1 抽样：在出厂检验合格的产品中随机抽样品5卷进行。

6.3.2 检验项目为全部项目。

6.3.3 正常生产时每半年至少进行一次型式检验。

有下列情况之一，应进行型式检验：

a) 新产品投产时；

b) 产品配方、生产工艺及原材料有较大改变，可能影响产品质量时；

c) 停产三个月以上恢复生产时；

d) 出厂检验结果与上次型式检验结果有较大差异时；

e) 国家质量监督机构或客户提出要求时。

6.3.4 型式检验结果如有不合格，允许加倍抽样复检不合格项目，如仍不合格，则判该次型式检验不合格。

7 标志、包装、运输和贮存

7.1 标志

7.1.1 销售包装应有下列标志：

a) 产品名称、规格；

b) 生产日期(或批号)、保质期；

c) 生产厂名或厂址；

d) 产品合格证。

7.1.2 运输包装应有下列标志：

a) 产品名称；
b) 装箱数量和单件净重；
c) 毛重和箱体尺寸；
d) 生产日期(或批号)、保质期；
e) 生产厂名和厂址；
f) 堆码极限、怕雨标志；
g) 本标准号。

7.2 包装

内用一层薄膜包裹，两端多余部分膜卷好塞入纸管内，两端加胶塞，外层用瓦楞纸包裹，两端加封纸盖，用胶带缠牢。特殊包装形式和装箱要求，按供货合同规定。

7.3 运输

产品在运输过程中应使用有篷且洁净的运输工具，避免雨雪淋袭、曝晒或撞击。

7.4 贮存

7.4.1 产品应贮存于干燥、通风、远离火源的库房内，避免阳光直接照射，贮存温度以－5 ℃～40 ℃，相对湿度40％～65％为宜。严禁与有毒、有腐蚀性、有挥发性溶剂一同堆放。

7.4.2 在符合上述包装、贮运条件下，产品自生产之日起计保质期为六个月。超过保质期的产品经检验合格仍可使用。

ICS 83.180
G 39

中华人民共和国国家标准

GB/T 29594—2013

可再分散性乳胶粉

Redispersible polymer powder

2013-07-19 发布 2013-12-01 实施

中华人民共和国国家质量监督检验检疫总局
中国国家标准化管理委员会 发布

前言

本标准按照 GB/T 1.1—2009 给出的规则起草。

本标准由中国石油和化学工业联合会提出。

本标准由全国胶粘剂标准化技术委员会(SAC/TC 185)归口。

本标准起草单位:山西三维集团股份有限公司。

本标准参加起草单位:安徽皖维高新材料股份有限公司、中国石化集团四川维尼纶厂、北京东方石油化工有限公司有机化工厂。

本标准主要起草人:张建平、滕朝晖、贾亚丽、郭淑芳、刘秀兰、李霞、蒲利均。

可再分散性乳胶粉

1 范围

本标准规定了可再分散性乳胶粉的分类、要求、试验方法、检验规则、标志、包装、运输、贮存及安全等。

本标准适用于乙酸乙烯酯均聚、乙酸乙烯酯和叔碳酸乙烯酯共聚、乙酸乙烯酯和乙烯共聚的高分子聚合物乳液,经喷雾干燥制得的粉状产品。该产品主要用于干混砂浆改性。

2 规范性引用文件

下列文件对于本文件的应用是必不可少的。凡是注日期的引用文件,仅注日期的版本适用于本文件。凡是不注日期的引用文件,其最新版本(包括所有的修改单)适用于本文件。

GB/T 191 包装储运图示标志

GB/T 6678 化工产品采样总则

GB/T 6679 固体化工产品采样通则

GB/T 6682 分析实验室用水规格和试验方法(ISO 3696:1987,MOD)

GB/T 7531 有机化工产品灼烧残渣的测定

GB/T 8170 数值修约规则与极限数值的表示和判定

GB/T 8325 聚合物和共聚物水分散体 pH 值测定方法

GB/T 11175—2002 合成树脂乳液试验方法

GB/T 19077.1 粒度分析 激光衍射法 第1部分:通则

GB/T 19466.2—2004 塑料 差示扫描量热法(DSC) 第2部分:玻璃化转变温度的测定

GB/T 20316.1—2009 普通磨料 堆积密度的测定 第1部分:粗磨粒

3 术语和定义

下列术语和定义适用于本文件。

3.1

可再分散性乳胶粉 redispersible polymer powder;RDP

由聚合物乳液通过加入保护胶体等物质,经喷雾干燥而成,以水作为分散介质可再形成乳液,具有可再分散性的聚合物粉末。

3.2

拉伸强度 tensile strength

试样在拉伸过程中所受的最大拉伸应力,以 MPa 为单位。

3.3

断裂伸长率 elongation at break

试样拉伸至断裂时的伸长百分率。

4 分类

可再分散性乳胶粉以反应主体材料类型分为以下三类，见表1。

表1 可再分散性乳胶粉类型

分类代号	反应主体材料类型
RDPⅠ	乙酸乙烯酯均聚乳液
RDPⅡ	乙酸乙烯酯和叔碳酸乙烯酯共聚乳液
RDPⅢ	乙酸乙烯酯和乙烯共聚乳液

5 要求

可再分散性乳胶粉应符合表2要求。

表2 可再分散性乳胶粉技术要求

项　目		指　标		
		RDPⅠ	RDPⅡ	RDPⅢ
外观		白色或微黄色粉末、无结块		
堆积密度/(g/L)		300～500	300～600	
不挥发物含量/%	≥	98.0		
灼烧残渣/%	≤	13.0		
平均粒径 D50/μm	≤	100		
pH 值		5.0～9.0		
最低成膜温度/℃		$M\pm2$		
玻璃化温度 T_g/℃		$N\pm3$		
拉伸强度/MPa	≥	10.0	6.0	5.0
断裂伸长率/%	≥	8	200	300
注：M 和 N 由各生产厂家根据产品性能情况确定相应值。				

6 试验方法

6.1 外观

取适量样品置于清洁、干燥的白瓷盘中，在自然光线下目测观察样品。

6.2 堆积密度

按照 GB/T 20316.1—2009 进行测定。单位以 g/L 计。

6.3 不挥发物含量

按 GB/T 11175—2002 中 5.2 的规定进行。

6.4 灼烧残渣

按照 GB/T 7531 的规定进行。其中：称样量为 3 g(精确至 0.000 1 g)，灼烧温度(900±25)℃，灼烧时间为 1 h。

6.5 平均粒径

按照 GB/T 19077.1 规定进行。其中：激光粒度分布仪要求：最小量程范围：0.5 μm～300 μm，中位径重复性误差小于 3%。样品的分散方式：干分散。

6.6 pH 值

取三个试样，每个试样称取 10 g 溶于 40 mL 蒸馏水中形成水分散体。本标准所使用的水，在没有其他说明时，均符合 GB/T 6682 的三级水要求，其他按照 GB/T 8325 的规定进行。

6.7 最低成膜温度

将可再分散性乳胶粉配制成 50% 水分散体，充分搅拌均匀，静置至无气泡。其他按照 GB/T 11175—2002 中 5.11 的规定进行。

6.8 玻璃化温度

按照 GB/T 19466.2—2004 的规定进行。

6.9 拉伸强度和断裂伸长率

按照附录 A 进行测定。

7 检验规则

7.1 检验类型

检验分为出厂检验和型式检验。外观、堆积密度、不挥发物含量、灼烧残渣、pH 值、平均粒径为出厂检验项目，型式检验项目为表 2 中所有项目。

正常情况下，每半年应进行一次型式检验。有下列情况之一时，也应进行型式检验：

a) 更新关键生产工艺；

b) 主要原料有变化；

c) 停产重新恢复生产；

d) 出厂检验结果与上次型式检验结果有较大差异；

e) 合同规定。

7.2 产品组批

一个检验批可由一个生产批构成，或由基本相同原材料、工艺、设备等条件下制造出来的几个生产批并批后构成，原则上一批的生产时间不超过一天。

7.3 取样

7.3.1 按 GB/T 6678、GB/T 6679 的规定采取具有代表性的样品 1 000 g,均匀后分别装入 2 个清洁、干燥的瓶中,密封。

7.3.2 样品瓶上应贴上标签并注明:生产企业名称、产品名称、批号或生产日期、采样日期和采样人等。

7.4 检验

出厂的可再分散性乳胶粉产品应由生产企业的质量监督部门进行检验,并附有质量检验报告,内容包括:生产企业名称、产品名称、执行标准、批号或生产日期等。

7.5 判定规则

检验结果的判定按 GB/T 8170 中修约值比较法进行。检验结果全部符合本标准要求时,判定该批产品出厂检验合格;如有一项指标不符合本标准要求,则应重新在包装单元中采取有代表性的加倍样品量进行复检。复检后仍未达到本标准要求,则该批产品为不合格品。

8 标志、包装、运输和贮存

8.1 标志

出厂的可再分散性乳胶粉产品包装上应有明显牢固的标志,内容包括:产品名称、执行标准、生产者的名称和地址、净含量、生产批号、合格证明及 GB/T 191 中规定的“防潮”、“防晒”、“禁用手钩”和“堆码极限”标志等。

8.2 包装

该产品一般采用纸塑复合袋内装塑料包装袋包装,或其他能够对产品起到防护措施、保证产品质量的容器。包装容器应能够防水和防潮,不得污染产品,避免泄漏。

8.3 运输

运输过程中防水,防晒,防火。

8.4 贮存

可再分散性乳胶粉贮存于阴凉、通风、干燥的库房,远离火种、热源。贮存温度不大于 40 ℃,相对湿度不大于 60%。

8.5 保质期

在符合本标准要求的包装、运输和贮存条件下,该产品保质期为 6 个月。超过保质期的产品,如没有结块,并经检验符合本标准要求可继续使用。

9 安全

可再分散性乳胶粉是粉体可燃材料,使用者应采取适当的安全和健康措施,高浓度接触时应配带防尘面罩,穿防静电服装等劳动保护用具。

附 录 A
(规范性附录)
拉伸强度和断裂伸长率的测定

A.1 范围

本附录规定了可再分散性乳胶粉拉伸强度和断裂伸长率的测定方法。

A.2 原理

沿试样纵向主轴恒速拉伸,直到断裂,测量在这一过程中试样承受的负荷及其伸长,从而获得其拉伸强度和断裂伸长率。

A.3 仪器和设备

A.3.1 拉力试验机:规格 500 N,试验宽度 0~30 mm,行程 600 mm;拉力试验机夹具的移动速率为(300±30)mm/min;配有伸长测量系统;精度 1 级。

A.3.2 切割刀:能裁切 15 mm 宽度的试样。

A.3.3 玻璃板。

A.3.4 涂膜器:能将试样涂布出厚度(0.5±0.02)mm、宽度 15 mm 以上的涂膜器,不锈钢材质、耐腐蚀。

A.3.5 游标卡尺:分度值 0.02 mm。

A.4 试样

A.4.1 试样制备

A.4.1.1 将可再分散性乳胶粉配制成 50%水分散体,充分搅拌均匀,静置至无气泡。

A.4.1.2 用少许水滴湿玻璃板,并用聚乙烯膜覆盖在表面去除空气,用带子将膜四周固定一个范围。

A.4.1.3 用涂膜器将上述水分散体涂在玻璃板聚乙烯膜固定范围上,液膜厚度(0.5±0.02)mm。

A.4.1.4 放在温度(23±2)℃、相对湿度(50±10)%的环境下干燥 48 h,形成均匀干燥的膜,将膜小心取下做为试样。

A.4.2 试样的选取与裁制

A.4.2.1 选择 A.4.1 制备的平整、无褶皱、无针孔的试样。

A.4.2.2 用切割刀裁切宽度为 15 mm、长度不低于 160 mm 的试样数个。

A.4.2.3 检查裁制的试样,应边缘平滑无缺口,有缺陷的舍去。每组试样 6 个。

A.4.3 试样状态调节

将 A.4.2 选好的 6 个试样,放在温度(23±2)℃、相对湿度(50±10)%的环境中进行状态调节 120 h。

A.5 试验步骤

A.5.1 试验时环境温度应为(23±2)℃、相对湿度为(50±10)%。

A.5.2 测量试样厚度:将状态调节后的试样,选均匀分布的三处测量其厚度,取平均值做为试样厚度。

A.5.3 测量试样宽度:将状态调节后的试样,选均匀分布的三处测量其宽度,取平均值做为试样宽度。

A.5.4 试样的装夹:调整拉力试验机上下夹具夹口初始距离为 60 mm,将试样一端夹在拉力试验机的上夹具,拧紧,然后使其自然竖直下垂,再把另一端夹在下夹具,拧紧。

A.5.5 启动拉力试验机,拉伸速度为(300±30)mm/min,使试样拉伸至断裂,记录拉伸过程最大载荷和试样断裂瞬间上夹具实际运行位移。

A.5.6 每组 6 个试样都要进行试验。当试样在夹具内出现滑移或在距任一夹具 10 mm 以内断裂,或由于明显缺陷导致过早破坏时,由此试样得到的数据应舍弃。

A.6 试验结果

A.6.1 拉伸强度

拉伸强度按式(A.1)计算:

$$T_S = \frac{F}{b \times d} \qquad \cdots\cdots\cdots\cdots\cdots\cdots(\text{A.1})$$

式中:

T_S ——试样拉伸强度的数值,单位为兆帕(MPa);

F ——最大载荷的数值,单位为牛(N);

b ——试样宽度的数值,单位为毫米(mm);

d ——试样厚度的数值,单位为毫米(mm)。

A.6.2 断裂伸长率

断裂伸长率按式(A.2)计算:

$$E_b = \frac{L_1}{L_0} \qquad \cdots\cdots\cdots\cdots\cdots\cdots(\text{A.2})$$

式中:

E_b ——试样断裂伸长率的数值,%;

L_1 ——上夹具实际运行位移的数值,单位为毫米(mm);

L_0 ——上下夹具初始距离的数值,单位为毫米(mm)。

取 6 次平行测定结果的算术平均值为测定结果,拉伸强度结果保留至小数点后 1 位,断裂伸长率结果取整数。

参 考 文 献

[1] GB/T 1040.1—2006 塑料 拉伸性能的测定 第1部分:总则
[2] GB/T 2918—1998 塑料试样状态调节和试验的标准环境
[3] GB/T 6344—2008 软质泡沫聚合材料 拉伸强度和断裂伸长率的测定

ICS 83.180
G 39

中华人民共和国国家标准

GB/T 29595—2013

地面用光伏组件密封材料　硅橡胶密封剂

Sealant material in terrestrial photovoltaic (PV) modules—Silicone sealant

2013-07-19 发布　　2013-12-01 实施

中华人民共和国国家质量监督检验检疫总局
中国国家标准化管理委员会　发布

前　言

本标准按照 GB/T 1.1—2009 给出的规则起草。

本标准由中国石油和化学工业联合会提出。

本标准由全国胶粘剂标准化技术委员会(SAC/TC 185)归口。

本标准起草单位:北京天山新材料技术股份有限公司、无锡尚德太阳能电力有限公司、上海橡胶制品研究所、英利绿色能源控股有限公司、阿特斯阳光电力集团、常州天合光能有限公司、广州市白云化工实业有限公司、道康宁(中国)投资有限公司。

本标准主要起草人:李印柏、郑妙生、孙玉海、陈国清、金卫星、唐应堂、周承柏、张光春、王秀香、徐建美、梁哲、王德波、范琴、陈思斌、赵海。

地面用光伏组件密封材料　硅橡胶密封剂

1　范围

本标准规定了地面用光伏组件边框密封、接线盒与背板粘接、接线盒灌封、汇流条密封及薄膜电池支架粘接所使用的硅橡胶密封剂的技术要求、试验方法、检验规则、标志、运输和贮存。

本标准适用于晶体硅光伏组件和薄膜光伏组件装配用硅橡胶密封剂。

本标准不适用于带聚光器的光伏组件装配用硅橡胶密封剂。

2　规范性引用文件

下列文件对于本文件的应用是必不可少的。凡是注日期的引用文件，仅注日期的版本适用于本文件。凡是不注日期的引用文件，其最新版本(包括所有的修改单)适用于本文件。

GB/T 528　硫化橡胶或热塑性橡胶　拉伸应力应变性能的测定(GB/T 528—2009，ISO 37:2005，IDT)

GB/T 1692　硫化橡胶　绝缘电阻率的测定

GB/T 1695　硫化橡胶　工频击穿电压强度和耐电压的测定方法

GB/T 2408　塑料　燃烧性能的测定　水平法和垂直法(GB/T 2408—2008，IEC 60695-11-10:1999，IDT)

GB/T 2794　胶黏剂黏度的测定　单圆筒旋转黏度计法

GB/T 4207　固体绝缘材料耐电痕化指数的测定方法(GB/T 4207—2012，IEC 60112:2009，IDT)

GB 4943.1—2011　信息技术设备　安全　第1部分：通用要求(IEC 60950-1:2005，MOD)

GB/T 7124　胶黏剂　拉伸剪切强度的测定(刚性材料对刚性材料)(GB/T 7124—2008，ISO 4587:2003，IDT)

GB/T 9535—1998　地面用晶体硅光伏组件　设计鉴定和定型(IEC 61215:1993)

GB/T 13477.5—2002　建筑密封材料试验方法　第5部分：表干时间的测定

GB/T 13477.6　建筑密封材料试验方法　第6部分：流动性的测定(GB/T 13477.6—2002，ISO 7390:1987，MOD)

ASTM C1183:2004　弹性密封胶挤出性的标准测试方法(Standard test method for extrusion rate of elastomeric sealants)

DIN EN 821-2:1997　高级陶瓷　整体陶瓷　热物理性能　第2部分：用激光闪光法(或热能脉冲)测定导热能力[Advanced technical ceramics—Monolithic ceramics, thermo—physical properties—Part 2: Determination of thermal diffusity by the laser flash (or heat pulse) method]

3　缩略语

下列缩略语适用于本文件。

CTI　相对电痕指数/相比电痕化指数　(Comparative Tracking Index)

HAI　大电流起弧引燃试验　(High Current Arc Resistance to Ignition)

4 要求

地面用光伏组件主要的用胶点有:边框密封、接线盒粘接、接线盒灌封、汇流条密封、支架粘接。

各个用胶点之间的要求性能会有很大区别。边框密封主要用于层压件和边框的粘接密封;接线盒粘接主要用于接线盒和背板的粘接;接线盒灌封主要用于接线盒内部电子元件的绝缘、导热、密封;汇流条密封主要用于汇流条引出端的密封粘接;支架粘接主要用于安装支架与薄膜组件之间的粘接固定。

不同用胶点对各密封剂的具体要求见表1和表2。

表1 各密封剂应具备的性能

指标要求		胶黏剂品种				
		边框密封剂	接线盒粘接剂	接线盒灌封剂	汇流条密封剂	薄膜组件支架粘接剂
外观		产品应为细腻、均匀膏状物或黏稠液体,无气泡、结块、凝胶、结皮,无析出物				
挤出性[a,b]/(g/min)		25～250	25～250	—	—	25～250
黏度[a]/(mPa·s)		—	—	≤15 000	—	—
下垂度/mm		—	—	—	—	垂直 ≤3 水平 不变形
适用期[a,c]/min		≥5	≥5	≥5	—	≥10
表干时间[a,b]/min		≤30	≤30	—	≤30	≤30
固化速度[a,b]/(mm/24 h)		≥2	≥2	—	≥2	≥2
固化后产品性能	拉伸强度/MPa	≥1.5	≥1.5	—	—	≥2.0
	100 %定伸强度/MPa	≥0.6	≥0.6	—	—	≥0.6
	剪切强度/MPa(阳极化铝 Al-Al,胶层厚度 0.5 mm)	≥1.0	—	—	—	≥1.5
	与接线盒拉力[d]	—	合格	—	—	—
	体积电阻率/(Ω·cm)	—	$\geqslant 1.0\times10^{14}$	$\geqslant 1.0\times10^{14}$	$\geqslant 1.0\times10^{14}$	$\geqslant 1.0\times10^{9}$
	击穿电压强度/(kV/mm)	≥15	≥15	≥15	≥15	≥15
	导热系数/[W/(m·K)]	—	—	≥0.2	—	—
	阻燃等级与 HAI、CTI 的关系	—	—	满足表2的要求	满足表2的要求	—
	定性粘结性能	≥C80[e]	≥C80[f]	≥C50[f]	≥C50[g]	≥C80[h]
环境老化后性能[i]	拉伸强度/MPa	≥1.0	≥1.0	—	—	≥1.0
	100 %定伸强度/MPa	≥0.2	≥0.2	—	—	≥0.3
	剪切强度/MPa(Al-Al)	≥0.7	—	—	—	≥1.0
	接线盒拉力试验/N	—	≥160	—	—	—

表 1（续）

指标要求		胶黏剂品种				
		边框密封剂	接线盒粘接剂	接线盒灌封剂	汇流条密封剂	薄膜组件支架粘接剂
环境老化后性能[i]	体积电阻率/（Ω·cm）	—	$\geqslant 1.0\times 10^{14}$	$\geqslant 1.0\times 10^{14}$	$\geqslant 1.0\times 10^{14}$	—
	击穿电压强度/（kV/mm）	—	—	15	15	—
	定性粘结性能	≥C80[e]	≥C80[f]	≥C50[f]	≥C50[g]	≥C80[h]

[a] 允许采用供需双方商定的其他指标值；

[b] 适用于单组分硅橡胶；

[c] 适用于双组分硅橡胶；

[d] 接线盒通过供需双方商定确定；

[e] 测试材料为背板、铝合金、玻璃，选用的厂家通过供需双方商定确定；

[f] 测试材料为背板、接线盒，选用的厂家通过供需双方商定确定；

[g] 测试材料为背板，选用的厂家通过供需双方商定确定；

[h] 测试材料为支架、背板，选用的厂家通过供需双方商定确定；

[i] 环境老化项目包括湿-热试验、热循环试验和湿-冷试验。

表 2　不同阻燃等级下 HAI 和 CTI 要求达到的最低级别

阻燃等级	HAI/次	CTI/V
HB	60	250
V-2	30	
V-1	30	
V-0	15	

5　试验方法

5.1　标准试验条件

除特殊规定外，试验均应在下述条件下进行：

a)　温度：23 ℃±2 ℃；

b)　相对湿度：50%±5 % 。

5.2　外观

在自然光下，目测检查。

5.3　黏度

按 GB/T 2794 的要求进行试验，采用旋转黏度计法。

5.4　挤出性

按照 ASTM C1183:2004 的要求进行试验。

5.5 适用期

自双组分硅橡胶混合均匀以后开始计时，在密封剂中放入一根小棍，每隔几分钟从密封剂中拉出小棍，随着密封剂逐渐固化，拉出小棍会出现黏丝，将黏的密封剂拉扯起来，记录胶在内部断开的时间，为适用期。

5.6 表干时间

按照 GB/T 13477.5—2002 中 B 法的要求进行试验。

5.7 下垂度

按照 GB/T 13477.6 的要求进行试验。

5.8 固化速度

5.8.1 试验步骤

使用丙酮等合适的溶剂清洗楔形槽(如图 1 所示)并使溶剂完全挥发，也可使用脱模剂；从凹槽的最低处开始打入密封剂，使其完全充满凹槽并略有富余以避免空气进入而产生气泡。用刮刀沿着槽壁将一些剩余的密封剂填入各个缝隙，然后刮掉多余的部分，在标准试验条件下放置 24 h 后查看固化情况。从凹槽的最高处开始，将密封剂掀起，直到看到未固化的密封剂附着在楔形凹槽内停止动作，测量从凹槽的起点到这个点的距离。

单位为毫米

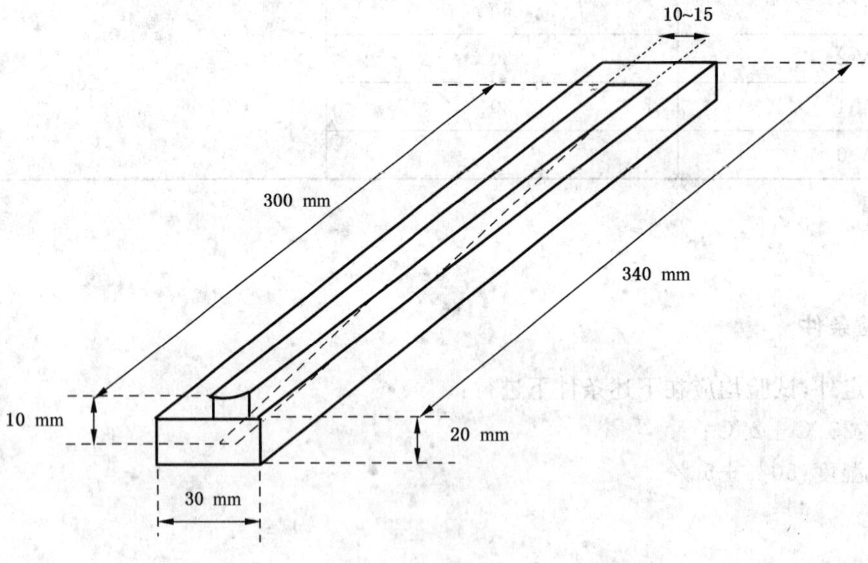

图 1 楔形凹槽

5.8.2 结果计算

24 h 固化速度(mm/24 h)，按式(1)计算：

$$C = W \times d / L \qquad \cdots\cdots(1)$$

式中：

C ——固化速率；

W——凹槽中材料的固化长度，单位为毫米(mm)；

L ——凹槽长(标准:300 mm);

d ——槽深(标准:10 mm)。

5.9 拉伸强度及100%定伸强度

按GB/T 528的要求进行试验,宜采用2型哑铃状试样。试样制备后应在标准试验条件下固化168 h。

5.10 剪切强度

按GB/T 7124的要求进行试验。试样制备后应在标准试验条件下固化336 h。

5.11 接线盒拉力

按附录A的要求进行测试。

5.12 定性粘接

按附录B的要求进行测试。

5.13 体积电阻率

按GB/T 1692的要求进行试验,宜采用厚度为1 mm±0.1 mm,直径为100 mm圆形试片。试样制备后应在标准试验条件下固化168 h。

5.14 击穿电压强度

按GB/T 1695的要求进行试验,宜采用厚度为1 mm±0.2 mm,直径为100 mm的圆形试片。试样制备后应在标准试验条件下固化168 h。

5.15 导热系数

按DIN EN 821-2:1997的要求进行试验。试样制备后应在标准试验条件下固化336 h。

5.16 阻燃等级

按GB/T 2408的要求进行试验。试样制备后应在标准试验条件下固化168 h。

5.17 HAI

按GB 4943—2001中附录A3的要求进行试验。试样制备后应标准试验条件下固化168 h。

5.18 CTI

按GB/T 4207的要求进行试验。试样制备后应在标准试验条件下固化168 h。

5.19 湿-热试验

按GB/T 9535—1998中10.13的要求进行试验。具体试验条件如下:

试验温度:85 ℃±2 ℃;

相对湿度:85%±5%;

试验时间:1 000 h。

取出以后按照表1规定的测试项目进行测试。

5.20 热循环试验

按 GB/T 9535—1998 中 10.11 的要求进行试验。试验箱温度在－40 ℃±2 ℃和＋85 ℃±2 ℃之间完成如图 2 所示的 200 个热循环。最高和最低温度之间温度变化的速率不得超过 100 ℃/h，在每个极端温度下，应保持稳定至少 10 min，一次循环时间不得超过 6 h。取出以后按照表 1 规定的老化后测试项目进行测试。

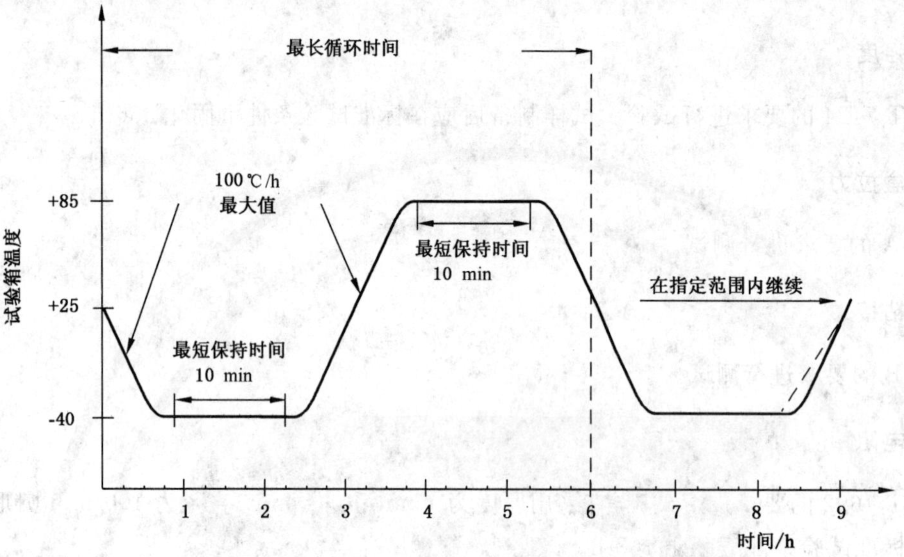

图 2　热循环试验

5.21 湿-冷试验

按 GB/T 9535—1998 中 10.12 的要求进行试验。取出以后按照表 1 规定的老化后测试项目进行测试。试验箱温度完成如图 3 所示的从＋85 ℃到－40 ℃的 10 次循环。最高和最低温度应在所设定值的±2 ℃以内，室温以上各温度下，相对湿度应保持在所设定值的 85%±5%以内。一个循环内，在最高温度下，应保持稳定最短 20 h，在最低温度下，应保持最长 10 h，最少 0.5 h。取出以后按照表 1 规定的老化后测试项目进行测试。

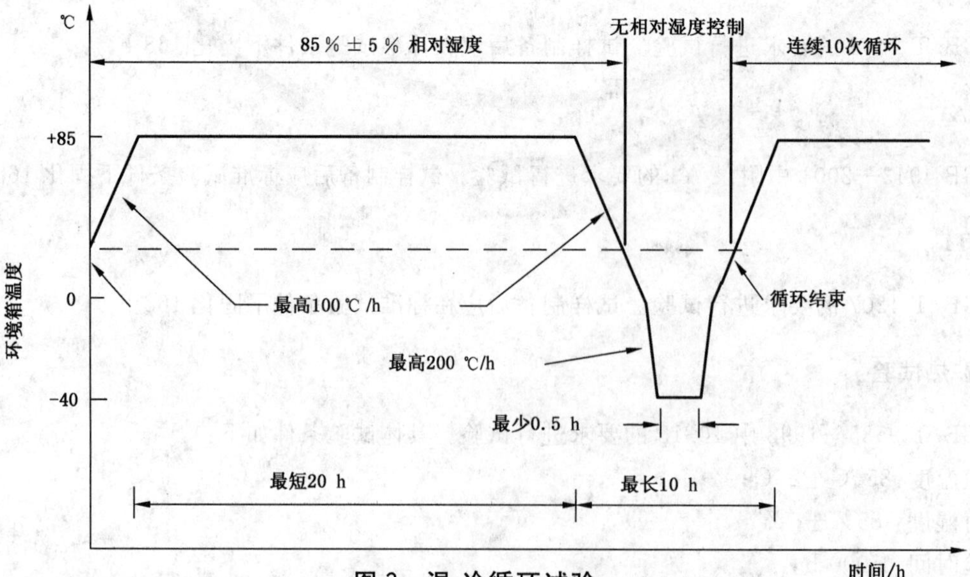

图 3　湿-冷循环试验

6 检验规则

6.1 检验分类

检验分出厂检验和型式检验。

6.1.1 出厂检验

检验项目为外观、黏度、挤出性、适用期和表干时间。

6.1.2 型式检验

检验项目为本标准第4章中规定的所有项目，型式检验每年至少1次。

如有下列情况之一时，应进行型式检验：

a) 新产品或老产品转厂生产的试制定型鉴定；

b) 正式生产后，如配方、原材料、工艺等变化较大，可能影响产品质量时；

c) 停产半年以上，恢复生产时；

d) 出厂检验结果与上次型式检验有较大差异时；

e) 国家质量监督机构提出型式检验要求时。

6.2 组批与抽样规则

以同一批次原料、同一配方、同一工艺条件和同一设备生产的产品为一个检验批次，每批均应按6.1.1规定的出厂项目进行检验。抽样数量根据检测项目需要。

7 标志、运输和贮存

7.1 标志

每个单元包装上都应有下列清晰标志：

——生产单位的名称、标志或符号；

——产品型号、产品名称、注册商标；

——净含量、生产批号、生产日期以及检验合格标识；

——生产依据的标准号；

——生产日期、保质期和产地应明确标注在永久包装上。

7.2 运输

本产品为非易燃易爆材料，可按一般非危险品运输。

7.3 贮存

理想的贮存方式是原包装在阴凉、干燥处贮存。

贮存运输中应防止日晒和雨淋，防止撞击和挤压产品包装。

附 录 A
（规范性附录）
接线盒拉力测试

A.1 范围

本附录规定了接线盒粘接用胶粘接接线盒以后的拉力测试。

A.2 试验方法

A.2.1 试验材料

A.2.1.1 基材:层压的小组件。
A.2.1.2 接线盒:线上使用的接线盒。
A.2.1.3 胶黏剂:接线盒粘接剂。

A.2.2 试验步骤

A.2.2.1 打胶

在接线盒上打上直径为 5 mm 的胶线,然后把接线盒粘到层压件上,并施加 100 N 的力,保持 1 min 后松开。胶层的厚度控制在 1 mm±0.2 mm。

A.2.2.2 固化

制备完成的试件,应在标准试验条件下固化 168 h。

A.2.2.3 测试

分别以平行或垂直于接线盒方向,在接线盒上悬挂 16 kg 的砝码。

A.2.2.4 判定

悬挂砝码 1 min 不发生位移者为合格,否则为不合格。

附 录 B
(规范性附录)
定性粘接测试

B.1 范围

本附录规定了粘接各种材料的定性粘接试验,包括背板、接线盒等。

B.2 定性粘接测试

B.2.1 试件的制备

按工程要求清洗粘接表面(如果需要可按规定步骤施底涂),然后在基材表面的一端粘贴长度为50 mm的防粘胶带。接着从防粘胶带的一端开始,施涂长150 mm×5 mm×3 mm适量的密封剂。其中应至少100 mm的密封剂覆盖粘接表面上,其余密封剂覆盖在防粘胶带。修整密封剂,确保密封剂与粘接表面完全贴合。粘接材料面积应大于200 mm×10 mm。

B.2.2 固化

制备完成的试件,应在标准试验条件下固化168 h。

B.2.3 测试

从防粘胶带处揭起密封剂,以90°角用力拉扯密封剂,计算基材表面有残留密封剂的面积的百分比。

B.2.4 结果表示

按CXXAYY来表示基材表面密封剂的破坏情况。其中C=cohesion failure(内聚破坏),A=adhesion failure(粘附破坏),XX、YY代表从01至99的阿拉伯数字,且XX%+YY%=100%。如C50A50为内聚破坏50%,粘附破坏50%;C80A20为内聚破坏80%,粘附破坏20%。

ICS 83.180
G 38

中华人民共和国国家标准

GB/T 29596—2013

压敏胶粘制品分类

Classification of pressure sensitive adhesive products

2013-07-19 发布　　2013-12-01 实施

中华人民共和国国家质量监督检验检疫总局
中国国家标准化管理委员会　发布

前言

本标准按照 GB/T 1.1—2009 给出的规则起草。

本标准由中国石油和化学工业联合会提出。

本标准由全国胶粘剂标准化技术委员会(SAC/TC 185)归口。

本标准起草单位:中国胶粘剂工业协会、广州宏昌胶粘带厂、永大(中山)有限公司、亚化科技(上海)有限公司、丰华科技发展有限公司、永一胶粘(中山)有限公司、中山富洲胶粘制品有限公司、佛山新永泰胶粘制品有限公司、德莎(苏州)胶带技术有限公司、3M 中国有限公司、三信化学(上海)有限公司、上海橡胶制品研究所。

本标准起草人:罗吉尔、曾宪家、王伟、吴伟卿、何汉健、孙凤贤、陈湘丽、程新、罗剑、潘大满、陈维斌、熊海锟、韩艳茹、石一峰、李国庆。

压敏胶粘制品分类

1 范围

本标准规定了压敏胶粘制品按照功能、基材、产品特性和实际功用以及压敏胶粘制品用离型材料、抗静电材料的分类方法。

本标准适用于压敏胶粘制品的分类及有关部门国内外技术业务的交流。

2 规范性引用文件

下列文件对于本文件的应用是必不可少的。凡是注日期的引用文件，仅注日期的版本适用于本文件。凡是不注日期的引用文件，其最新版本(包括所有的修改单)适用于本文件。

GB/T 22396—2008 压敏胶粘制品术语

3 术语与定义

GB/T 22396—2008 界定的以及下列术语和定义适用于本文件。

3.1

本体自粘性胶粘带 self-adhesive base adhesive tape

以具备压敏性的材料直接制成的压敏胶粘带。

3.2

表面保护胶粘带 protective adhesive tape or sheet

保护各种材料和物品的表面在制造、运输和贮存过程中不受损伤而使用的压敏胶粘带或胶粘片。

3.3

电子胶粘带 electronic pressure sensitive adhesive tape or label

电子工业中使用的压敏胶粘带。

3.4

反射胶粘带 reflective adhesive tape

具有光反射功能的压敏胶粘带。

3.5

格拉辛纸 glassine paper

一种工业用纸，由化学纸浆制得，经超级研光处理，纸张双面非常平滑，具有非常好的润湿性和耐油脂性。多呈自然的半透明状，也可染色。

3.6

隔热胶粘带 heat insulating adhesive tape

以具备隔热防火材料制成的压敏胶粘带。

3.7

广告胶粘制品 advertising adhesive tape

为制作广告图形和文字所使用的压敏胶粘制品。

3.8

警示胶粘制品　**warning sign adhesive tape**

为标志和识别物品所用的压敏胶粘制品。

3.9

绝缘胶粘带　**electrical adhesive tape**

用于各种电气绝缘目的的压敏胶粘带。如用于电线电缆及各种电器的绝缘包复和捆扎等。

3.10

开封胶粘带　**unsealing adhesive tape**

用于包装封口，信封封缄，同时具备破袋作用。

3.11

密封及管道胶粘带　**pipe wrapping adhesives tape**

为防止各种管道和其他物件的腐蚀而包覆或粘贴在其表面的压敏胶粘带。

3.12

牛皮纸　**Kraft paper**

完全使用牛皮浆（各种高机械强度未漂针叶木硫酸盐浆）制造的纸。

3.13

清洁胶粘带　**cleaning adhesive tape**

用于清洁其他物品的压敏胶粘带。

3.14

无纺布　**nonwoven**

非织造布

定向或随机排列的纤维通过摩擦、抱合或粘合或者这些方法的组合而相互结合制成的片状物、纤网或絮垫。不包括纸、机织物、针织物、簇绒织物、带有缝编纱线的缝编织物以及湿法缩绒的毡制品。所用纤维可以是天然纤维或化学纤维；可以是短纤维、长丝或当场形成的纤维状物。

3.14.1

水刺无纺布　**hydroentangled nonwoven，spunlaced nonwoven**

纤网经水刺法固结后制成的无纺布。

3.14.2

针刺无纺布　**needle-punched nonwoven**

纤网经针刺法固结后制成的无纺布。

3.14.3

热轧无纺布　**calendering bonded nonwoven**

加有粉末粘合剂、粘结纤维的纤网，经热轧粘合制成的无纺布。

3.15

蓄光胶粘带　**light-accumulator adhesive tape**

采用可蓄光材料制成的压敏胶粘带。

3.16

压克力　**acrylics**

亚克力

丙烯酸及丙烯酸酯类化学品的通称，包括丙烯酸及其酯单体、树脂以及复合材料等。

3.16.1

压克力压敏胶　**acrylic pressure sensitive adhesive**

丙烯酸及其酯类共聚而成的带有粘性的共聚物。以其制作工艺中分散相的不同，可以分为溶剂型（油胶）和水基型（水胶）。

3.17

遮蔽胶粘带　masking adhesive tape

在处理物体表面时，用来遮盖和保护不需进行处理的局部表面所用的压敏胶粘带。

3.18

转移胶粘带　transfer adhesive tape

转移胶是一种不用支持性基材而是将压敏胶直接涂布在防粘材料上制成的压敏胶粘带。使用时，先将压敏胶层转移到一个被粘物表面，去除防粘纸后，再用外力将另一被粘物粘贴上。转贴膜是一种涂低粘胶，用于植字临时固定，将带胶字体背面粘于转移胶粘带上作临时定位，揭去字体上之离型后，整体贴于目标面，压贴之后，除去转移膜，字体即粘贴好。

4　分类原则和命名方法

4.1　分类原则

本标准是以产品功能属性和基材差异作为分类的两个基本依据，并以功能属性作为分类的首要原则，同时也结合了一些产品的具体性能特性，对压敏胶粘制品进行系统的分类。

4.2　命名方法

以种类＋基材＋功能来命名(例如：水性 PP 编织布抗台风胶粘带)；也可以基材结合功能的命名方式：如 BOPP 包装胶粘带；PVC 电气绝缘胶粘带；PE 表面保护胶带等；或单纯以功能命名的方式：如双面胶带；隔热胶带；防火胶带；管路保护胶带等；或以基材命名的方式：如铝箔胶带；铜箔胶带；玻璃纤维胶带等。

5　分类

以胶粘产品功能属性为大类进行分类，再以基材及其种类，加上其配套用功能材料进行细分(主要为硅油系和非硅系防粘材料以及抗静电材料等)。

5.1　按产品功能属性分类

5.1.1　包装胶粘带

5.1.2　绝缘胶粘带

5.1.3　压敏胶粘标签

5.1.4　警示胶粘制品

5.1.5　密封及管道胶粘带

5.1.6　隔热胶粘带

5.1.7　表面保护胶粘带

5.1.8　双面胶粘带

5.1.9　装饰胶粘带

5.1.10 文具胶粘带

5.1.11 广告胶粘制品

5.1.12 导电胶粘带

5.1.13 蓄光胶粘带

5.1.14 开封胶粘带

5.1.15 转移胶粘带

5.1.16 医用压敏胶带

5.1.17 反射胶粘带

5.1.18 防滑胶粘带

5.1.19 清洁胶粘带

5.1.20 电子胶带

5.1.21 本体自粘性胶带

5.1.22 遮蔽胶粘带

5.1.23 其他胶粘带

5.2 按基材属性及其种类分类

5.2.1 PVC 膜胶粘带

5.2.2 BOPP 膜胶粘带

5.2.3 PET 膜胶粘带

5.2.4 PE 膜胶粘带

5.2.5 PI 膜胶粘带

5.2.6 纸基胶粘带

5.2.7 布基胶粘带

5.2.8 金属箔胶粘带

5.2.9 泡棉胶粘带

5.2.10 橡胶绝缘胶粘带

5.2.11 PU 基胶粘带

5.2.12 本体自粘性胶粘带

5.2.13 玻璃纤维布胶粘带

5.2.14 其他薄膜类胶粘带

5.2.15 其他纤维类胶粘带

5.2.16 其他基材

5.3 压敏胶制品用特殊功能材料

5.3.1 硅系离型纸

5.3.2 硅系离型膜

5.3.3 非硅系离型纸

5.3.4 非硅系离型膜

5.3.5 抗静电材料

6 分类说明

6.1 专业语对照

参见附录 A。

6.2 按产品功能属性之分类对照说明

6.2.1 包装胶粘带见表 1。

表 1 包装胶粘带

功能	基材	种类	用途
包装胶粘带	PVC	硬质 PVC	一般包装封箱及物品固定捆扎
		半硬质 PVC	
		软质 PVC	一般包装封箱
	纤维增强膜	PET 膜复玻璃纤维	适用于重包装、家电产品及不锈钢业固定用，用于斜拉桥钢索补强，电缆、光缆捆扎
		牛皮纸复玻璃纤维	用于有环保要求的重包装
		OPP 膜复玻璃纤维	适用于重包装、家电产品及不锈钢固定用
		PP 单向拉伸纤维编织复合 PE 膜	用于斜拉桥钢索补强，电缆、光缆捆扎；用于重包装，林业木材捆扎
	纸	牛皮纸	一般包装封箱及物品固定，造纸业接纸
		玻璃纸	一般修补及轻包装密封
		美纹纸	用于包装
		和纸	

表 1（续）

功能	基材	种类	用途
包装胶粘带	防水布	尼龙布	一般包装补强及固定
	BOPP	透明 BOPP	一般包装封箱及物品固定捆扎
		彩带 BOPP	一般包装封箱及物品固定捆扎，兼具产品分类标识等
		印刷 BOPP	一般包装封箱及物品固定捆扎，印刷图案或商标，兼具广告功能，或印刷产品有效期等
		超透明 BOPP	一般包装封箱及物品固定捆扎，不妨碍包装物上的印刷图案
		耐黄变 BOPP	一般包装封箱及物品固定捆扎用，强度高、耐黄变
		无声胶带 BOPP	一般包装封箱及物品固定捆扎，无声环保
		MOPP	高强度的箱子及食品用包装
	PET	PET	一般包装封箱及物品固定捆扎，强度高，耐温
	PE	PE	一般用加厚 PE 膜涂热熔胶或油胶，用于包装和固定
	其他材质	非上述种类材质	其他用途

6.2.2 绝缘胶粘带见表 2。

表 2 绝缘胶粘带

功能	基材	种类	用途
绝缘胶粘带	PVC	0.10 mm～0.18 mm 软质 PVC	一般电线接头绝缘缠绕，多种颜色
		0.07 mm～0.12 mm 软质 PVC	汽车线束绝缘缠绕，阻燃，耐温，多种颜色
	PVC	0.15 mm～0.18 mm 软质 PVC	消磁线圈绝缘缠绕，阻燃，黑色，分雾面/亮面
	PET	PET	适用于变压器、马达、电容器、稳压器等电机或电子零件绝缘固定
	聚酰亚胺	聚酰亚胺	用于较高要求的 H 级电机和变压器线圈绝缘包扎，耐高温线圈端部包扎固定，电阻，电容及电线缠结和其他高温工作条件下的粘结绝缘
	布基	纤维布	用于汽车线束的耐高温缠绕
		PET 复合无纺布	用于变压器线圈缠绕，耐温/绝缘，也称挡墙胶带
		涤纶布	用于汽车发动机区域线束的耐高温缠绕
		绒布	用于汽车线束的缠绕
		毛涤布	用于汽车线束的缠绕，适于汽车内部较精致的部位

表 2 （续）

功能	基材	种类	用途
绝缘胶粘带	醋酸布	醋酸布	电子工业中变压器，马达，线圈电容器及变频电源供应器等缠绕用之绝缘材料
	玻璃布	玻璃布	广泛的用于变压器、马达和微电机绝缘包扎以及任何需要高温保护绝缘的电气产品
	聚四氟乙烯	聚四氟乙烯	用于高压线圈、高压电缆绝缘
	聚萘二甲酸乙二醇酯	聚萘二甲酸乙二醇酯	用于较高要求的 H 级电机和变压器线圈绝缘包扎，耐高温线圈端部包扎固定，电阻，电容及电线缠结和其他高温工作条件下的粘结绝缘
	其他材质	非上述种类材质	其他用途

6.2.3 压敏胶粘标签见表 3。

表 3 压敏胶粘标签

功能	基材	种类	用途
压敏胶粘标签	纸	胶版纸	用于广告宣传、品种识别、信息提示及装饰等作用
		特光纸	
		铜版纸	
		亮光纸	
		书写纸	
		铝箔纸	
		泰维克纸	
		热敏纸	
		美光纸	各色彩纸，用于印刷制作标签
		易碎纸	用于广告宣传、品种识别、信息提示及装饰等作用
		绒纸	
		荧光纸	
	薄膜	PET	分透明 PET、有色 PET，用于广告宣传、品种识别、信息提示及装饰等作用
		PET 镀铝膜	用于广告宣传、品种识别、信息提示及装饰等作用
		PVC	分透明 PVC、有色 PVC，用于广告宣传、品种识别、信息提示及装饰等作用
		PVC 镀铝膜	用于广告宣传、品种识别、信息提示及装饰等作用
		PVC 静电膜	单面自粘性 PVC 膜，背面印刷，制作标签
		BOPP	分透明 BOPP 膜及有色 BOPP 膜，用于广告宣传、品种识别、信息提示及装饰等作用
		BOPP 镀铝膜	用于广告宣传、品种识别、信息提示及装饰等作用

表 3 （续）

功能	基材	种类	用途
压敏胶粘标签	薄膜	PP 合成纸	用于广告宣传、品种识别、信息提示及装饰等作用
		PP 珠光纸	
		BCA 合成纸	
		易碎膜	
		PE	
	布基	棉纱或其他纤维编织而成的布基	
	泡棉	PP、PE、PS、EVA、PU、PVC 等各类发泡材料制成的基材	
	金属箔	铝箔、铜箔	
	其他材质	非上述种类材质	其他用途

6.2.4 警示胶粘制品见表 4。

表 4 警示胶粘制品

功能	基材	种类	用途
警示胶粘制品	PVC	高弹软质 PVC	印黄黑相间或红白相间，绿白相间斜纹，或其他单色(PVC 膜生产时直接加入色粉)，适用于地面及立柱墙体粘贴，以达警示
	PVC 复合 PET	耐磨印刷软质 PVC/PET	用于警告区域标示
	PET	镀铝＋玻璃珠反光胶带	用于道路标牌/车牌/货车夜行反光
	铝箔	铝箔	主要用于致冷行业，电子电器工业以及公路标线和各种停车场地面标示的制作
	橡胶、塑料基	道路标线胶粘带	橡胶平片或处理成凹凸状加反射玻璃微珠，用于公路标线和各种停车场地面标示的制作或公路减速标线的制作
	其他材质	非上述种类材质	其他用途

6.2.5 密封及管道胶粘带见表 5。

表 5 密封及管道胶粘带

功能	基材	种类	用途
密封及管道胶粘带	PVC	高弹软质 PVC	适用于风管、水管、输油管等地面及地下管路的防腐保护
	PVC	无毒软质 PVC	用于食品封罐防潮
	PE	PE	用于各种输油，天然气和水管的防腐包缠
	铝箔	铝箔	主要用于致冷行业，电子电器工业，管道密封保温等
	布基	棉质或化纤编织布	一面淋膜防潮，内面涂胶，用于管道缠绕，俗称 Duct Tape
	橡胶	丁基橡胶	带自粘性，用于高层建筑幕墙玻璃及汽车玻璃密封

表 5（续）

功能	基材	种类	用途
密封及管道胶粘带	泡棉	PE 泡棉	单面涂胶，用于管路保温（低温）
		EVA 泡棉	
		PU 泡棉	单面涂胶，用于管路保温（高温）
		PVC 泡棉	单面涂胶，用于管路保温（低温）
		PS 发泡体	单面涂胶，用于管路保温及防碰撞
		PET 发泡体	单面涂胶，用于管路保温（高温）
	其他材质	非上述种类材质	其他用途

6.2.6 隔热（防火）胶粘带见表 6。

表 6 隔热（防火）胶粘带

功能	基材	种类	用途
隔热胶粘带	玻璃纤维	玻璃纤维布	用于管道保温缠绕
	PET 纤维	无纺布	用于板材隔热或导热板保温
	绒布	棉纤绒布	发热体表面防烫伤保护
防火胶粘带	橡塑混合体	发泡类	单面涂胶，遇高温引发膨胀，以达隔热和堵塞烟雾作用
	其他材质	非上述种类材质	其他用途

6.2.7 表面保护胶粘带见表 7。

表 7 表面保护胶粘带

功能	基材	种类	用途
保护胶粘带	PVC	低收缩软质 PVC	用于各种材质如不锈钢板片、铝片、压克力薄板、印刷电路板品、木纹皮等表面的保护
	PVC	高延伸软质 PVC	高延伸性，适于不锈钢深冲成型保护
	PE	PE	光电背光模块过程包裹、保护，亦可用于其他对象如建材、有机玻璃板、镜面钢板等表面保护
	PE/EVA	PE/EVA 共挤膜	光电背光模组、镜面钢板、偏光板及其他材料表面保护
	聚酰亚胺	聚酰亚胺	特别适用于 SMT 耐温保护、电子开关、PCB 板金手指保护、电子变压器、继电器等各种需耐高温及防潮保护的电子元器件
	PET	PET	产品广泛用于保护平面显示器面板（LCD、OLED、EL、PDP）、CRT、触摸式屏幕、手机、数码相机、PDA 面板及玻璃表面等
	PET	汽车遮阳膜	PET 基材通过染色或镀铝，涂耐老化压敏胶，用于汽车玻璃粘贴，起到过滤紫外线的作用

表7（续）

功能	基材	种类	用途
保护胶粘带	PVB、TAC、PET膜	防弹玻璃膜	膜两面涂UV(紫外光)固化胶或热敏固化胶，两面再粘合玻璃，用于汽车安全玻璃制造
	PVB膜	汽车挡风玻璃膜	用于汽车安全玻璃制造
	编织布胶带	PP丝编织＋PE淋膜	产品用于反光玻璃保护，防破碎飞溅，亦用于台风临前家居窗玻璃保护
	牛皮纸	PE淋膜牛皮纸	分层牛皮纸，用于冰箱冷冻室预固定，防止发泡体分离或用于有机玻璃板材，金属板材表面保护
	牛皮纸	牛皮纸	牛皮纸背面处理，正面涂保护胶，用于铝合金用家具等表面保护
	牛皮纸	涂(浸)蜡纸	针对不同板材，涂不同粘性胶，用于表面保护
	PET	PET上光膜	用于商标纸表面保护和防潮，表面可喷印条形码
	OPP	BOPP上光膜	用于商标纸表面保护和防潮
	BOPP	BOPP保护膜	用于木质板材防潮保护
	CPP	CPP	主要用于光学板材及注塑工艺过程中板材的保护
	PE泡棉	PE	单面涂胶，衬离型纸，用于缓冲保护
	EVA泡棉	EVA	单面涂胶，衬离型纸，用于门框防撞及气密性
	PU泡棉	PU	双面或单面涂胶，衬离型纸，用于幕墙玻璃安装及制冷设备管路保温
	高发泡海棉	海棉	单面涂布，衬离型纸，用于缓冲保护或隔热用途
	其他材质	非上述种类材质	其他用途

6.2.8　双面胶粘带见表8。

表8　双面胶粘带

功能	基材	种类	用途
双面胶粘带	棉纸	棉纸基	涂水性胶，润湿性好，适于极性表面及粗糙表面如瓦楞纸板粘接，信封缄口用
	棉纸	棉纸基	涂油性胶，耐湿性好，适于PC板、铭板行业
	棉纸	棉纸基	涂橡胶型胶粘剂，粘着力高，适于非极性表面贴合，用于计算机绣花，可多次反复使用
	布基双面	尼龙布或其他纤维布	用于两层材料间的粘合和补强
	PET	薄PET基	用于PE/PP袋封缄，可反复粘贴
	PET	厚PET基	电子行业模切冲型，薄膜开关及汽车后视镜用双面胶带
	PE泡棉	PE泡棉	适用于外部装饰粘合、汽车内饰和铭板粘贴

表8（续）

功能	基材	种类	用途
双面胶粘带	PU泡棉	PU泡棉	适于外部装饰贴合，玻璃幕墙
	EVA泡棉	EVA泡棉	适用于挂勾、饰条等粘合
	BOPP	BOPP	用于物体接着，尤适用于高抗张力需求时
	无基材	无基材	金属，柔性线路等的粘接；各种导电材料的贴合
	PVC	PVC	固定地毯，结合各种材质
	橡胶	橡胶发泡	良好的挠曲性，用于曲面粘贴
	PP	CPP	PP流延膜，透明性高，柔软性好，用于粗糙面或透明度要求高的双面粘合
	金属箔	铝箔	双面涂胶贴合离型纸，胶带用于驳接或标识，以利接头或标识处于自动化设备上通过金属感应
		铜箔	
	其他材质	非上述种类材质	其他用途

6.2.9 装饰胶粘带见表9。

表9 装饰胶粘带

功能	基材	种类	用途
装饰胶粘带	纸材	木纹纸	印刷为木纹、砖纹、竹纹、藤纹等，用于装饰、墙面粘贴
	PVC	软质PVC发泡材	印刷为木纹、砖纹、竹纹、藤纹等，用于装饰、墙面粘贴
	PVC	半硬质PVC材	饰以不同表面纹路，用于装饰板材表面
	PET	PET或PET发泡	表面印刷图案，涂胶复离型膜，用于表面贴合装饰
	PE	PE复合纸材	纸面先行印刷图案，再复合PE(或淋PE膜)再涂胶用于表面装饰
	布基	棉质或化纤编织布	布基表面处理后印花，背面涂胶用于墙面装饰
	其他材质	非上述种类材质	其他用途

6.2.10 文具胶粘带见表10。

表10 文具胶粘带

功能	基材大类	种类	用途
文具胶粘带	BOPP	透明BOPP	一般文具及办公用
		易撕 Matte BOPP	用于纸张或纸币修补
		易撕BOPP	轻包装封粘与办公事务用
		雾面BOPP	一般办公用，可写字复印隐形，用于修补文件纸张和复印，背面可写字
		彩带BOPP	轻包装封粘与办公用，文件分类标识

表 10（续）

功能	基材大类	种类	用途
文具胶粘带	BOPP	超透明 BOPP	轻包装封粘与办公用
		印刷 BOPP	用于轻包装封粘与办公事务
	醋酸布	雾面醋酸布	易撕，可写字隐型胶带，一般办公用
		透明醋酸布	易撕，用于礼品盒包装及一般办公文具用
	激光膜	PET 镀铝膜	用于装饰、礼品捆扎及礼品盒的包装等
		BOPP 镀铝膜	
		PVC 镀铝膜	
	PET	无离型膜双面	两面涂胶直接卷取，免用离型纸和离型膜，用于办公文件粘贴
	BOPP	无离型膜双面	
	PET	PET 修正胶带	用于遮盖错字，并可在其上重新书写
	格拉辛纸	格拉辛纸修正带	
	纸	书写纸，记事贴	单面局部涂低粘性胶，用于记事或提示
	OPP 或 PET	PET/OPP 标识胶带	印彩色，局部涂胶，用于标识书卷或文件
	其他材质	非上述种类材质	其他用途

6.2.11 广告胶粘制品见表 11。

表 11 广告胶粘制品

功能	基材	种类	用途
广告胶粘制品	PVC	软质 PVC	用于印刷图案并涂胶/衬离型纸
		硬质 PVC	涂胶并衬离型纸/用于刻字
	荧光纸	荧光纸	涂胶并衬离型纸
	其他材质	非上述种类材质	其他用途

6.1.12 导电胶粘带见表 12。

表 12 导电胶粘带

功能	基材	种类	用途
导电胶粘带	导电铜箔	导电铜箔胶带	笔记本电脑、手机等的线缆，接插口屏蔽，通讯电线电缆屏蔽
	导电铝箔	导电铝箔胶带	笔记本电脑、手机等的线缆，接插口屏蔽，通讯电线电缆屏蔽
	导电布	铜镍导电布	适用于线束的绕包，做电磁屏蔽和接地等
	无基材	无基材导电胶带	适用于铜箔、铝箔、导电布等材料贴合
	导电泡棉	导电泡棉	可运用于 OA 机器，笔型电脑，电脑及周边设备，无线械具，医疗器具及其他电子类产品等之 EMI，EMS 之防治
	纤维	碳纤	碳纤或碳纤网用于导电体
	其他材质	非上述种类材质	其他用途

6.2.13 蓄光胶粘带见表 13。

表 13 蓄光胶粘带

功能	基材	种类	用途
蓄光胶粘带	软质 PVC	PVC	室内消防疏散路线标识
	PET	PET	飞机舱内疏散通道标识；消防指路标识；道路标识
	硬质 PVC	PVC	灯箱广告；消防疏散指路牌
	其他材质	非上述种类材质	其他用途

6.2.14 开封胶粘带见表 14。

表 14 开封胶粘带

功能	基材	种类	用途
开封胶粘带	PET	PET	主要用于 PE 袋的封口或 OPP 重包装袋封口，起破袋作用
	PET	PET	单面涂胶，用于快递信封或压虚线纸箱/纸盒开封用途
	其他材质	非上述种类材质	其他用途

6.2.15 转移胶粘带见表 15。

表 15 转移胶粘带

功能	基材	种类	用途
转贴膜胶粘带	BOPP	BOPP 膜	单面涂胶，用于植字转贴用
	PET	PET 膜	用于植字转贴用
	PVC	半硬质 PVC 膜	用于植字转贴用
	PE	PE 膜	PE 膜涂低粘胶，用于转贴
	纸	纸基	牛皮纸或其他纸材涂低粘胶，用于植字临时固定(定位)再转贴
	其他材质		用于植字转贴用
转移胶胶粘带	膜或纸	膜或纸基	低表面能材料或纸材处理成纸表面能，涂胶后用于转移
烫纸胶粘带	纸	格拉辛纸	用于服装烫图
	PET	PET 膜	用于服装烫图
	其他材质	非上述种类材质	其他用途

6.2.16 医用压敏胶粘带见表 16。

表 16 医用压敏胶粘带

功能	基材	种类	用途
医用压敏胶粘带	无纺布	非织造布透气压敏胶	医用胶粘带
	PE 膜	PE 膜打孔压敏胶	
	丝绸	丝绸锯齿型压敏胶	

表 16（续）

功能	基材	种类	用途
医用压敏胶粘带	PE	PE 膜打孔	输液贴用
	无纺布	网痕热轧无纺布	
	PU	PU 膜	
	单向弹性布	单向弹性布	创可贴
	PE 膜	PE 膜打孔	
	PVC 膜	PVC 膜打孔	
	水刺无纺布	水刺无纺布	医用敷料
	TPU 薄膜	TPU 薄膜	压敏膏药贴
	弹性布	弹性布	弹性绷带
	PE 膜	PE 膜	手术薄膜
	PU 膜	PU 膜	
	PE 复合无纺布	PE 膜无纺布热复合材	手术衣、口罩、鞋套、手术单、开刀用覆盖布等
	其他材质	非上述种类材质	其他用途

6.2.17 反射胶粘带见表 17。

表 17 反射胶粘带

功能	基材	种类	用途
反射片	PET	PET	液晶银幕背光源反射/导光版侧边防漏光及反光
		发泡 PET	
反光胶粘带	PET	PET 镀铝膜＋玻璃珠	用于道路标牌/车牌/货车夜行反光
	PVC	PVC 镀铝膜＋玻璃珠	用于道路标牌，夜间反光，指示
	其他材质	非上述种类材质	其他用途

6.2.18 防滑胶粘带见表 18。

表 18 防滑胶粘带

功能	基材	种类	用途
防滑胶粘带	PVC	软质 PVC 胶片	用于走道、门廊防滑用
	PVC	半硬质 PVC 片	用于走道、门廊防滑用
	PET	PET 流延膜	用于有耐温要求之防滑
	布基	防水布	表面植砂粒，背面涂高粘防水胶，用于泳池通道用跳水板上防滑
	纸基	防水纸	
	橡胶	硫化橡胶	
	其他材质	非上述种类材质	其他用途

6.2.19 清洁胶粘带见表19。

表19 清洁胶粘带

功能	基材	种类	用途
清洁胶粘带	纸材	浸渍纸	用于地毯及绒布面料清洁
		美纹纸	
		格拉辛纸	又称洁衣胶带，在纸的表面涂布压敏胶制成，用于清除物品上面的灰尘、碎屑等
		牛皮纸	
	PP	PP膜	用于PCB电子电路板清洁系统
	PE	PE膜	用于PCB电子电路板表面直接清洁
	PET	PET膜	用于PCB电子电路板清洁系统，尘屑转移
	PVC	PVC膜	用于家居清洁
	其他材质	非上述种类材质	其他用途

6.2.20 电子胶粘带见表20。

表20 电子胶粘带

功能	基材	种类	用途
电子胶粘带	PET	锂电池专用胶粘带	专门用于锂/镍/镉等各类铝壳、钢壳、软包电池电极正极保护及其电芯终止部位的绝缘固定； 用于锂电池部件或电池组合粘贴固定； 用于聚合物锂电池的铝塑膜表面的防护
		SMT专用胶粘带	用于SMT接料带
		PCB及LED专用胶带	用于线路板波峰焊锡遮蔽、保护金手指，也可用于各种高温遮蔽保护； 应用于线路板的电镀和焊接，防止电镀液飞沫和蒸汽等污染被动原件，以及电路面焊接时遮蔽端子部件； 用于线路板喷锡保护金手指过程及各种耐高温领域的保护及标示等领域； 用于LED灌封用，使LED产生特殊的雾面效果
		PET	适用于变压器、马达、电容器、稳压器等电机或电子零件绝缘固定
		镍氢电池专用胶粘带	用于镍氢、镍镉电池正极极耳绝缘保护以及正极封边；用于锂/镍/镉等各类铝壳、钢壳、软包电池电极正极保护及其电芯终止部位的绝缘固定
	PI	PI高温胶带	用于锂电池电芯、封装、PCB线路板 用于H级电机和变压器线圈绝缘包扎
		PCB专用胶带	专门用于PCB电路板制造
		LIB专用胶带	用于锂电池
		聚酰亚胺	特别适用于SMT耐温保护、电子开关、PCB板金手指保护、电子变压器、继电器等各种需耐高温及防潮保护的电子元器件
	其他材质	非上述种类材质	其他用途

6.2.21 本体自粘性胶粘带见表21。

表21 本体自粘性胶粘带

功能	基材	种类	用途
本体自粘胶带	亚克力胶	0.4 mm～0.8 mm 亚克力自粘胶粘带	汽车亚克力发泡胶带适用于汽车内，外饰板贴附等；一般铭板，标牌贴附；透明塑料及透明玻璃相关贴附粘着；亦可视为一般无基材双面胶带应用
		1.0 mm～1.5 mm 亚克力自粘胶粘带	汽车亚克力发泡胶带适用于汽车仪表板及内，外饰板贴附等；一般铭板，标牌贴附；透明塑料及透明玻璃相关贴附粘着，亦可视为一般无基材双面胶带应用，具抗震缓冲作用
		1.6 mm～2.0 mm 亚克力自粘胶粘带	汽车亚克力发泡胶带适用于汽车内，外饰板贴附等；一般铭板，标牌贴附；透明塑料及透明玻璃相关贴附粘着，亦可视为一般无基材双面胶带应用，具抗震缓冲和密封作用
	亚克力透明无基材	0.05 mm	薄形化应用需求，如电子产品背板粘贴
		0.125 mm	
		0.25 mm	
	导热亚克力发泡体	0.05 mm	电子产品散热应用需求
		0.125 mm	
		0.25 mm	
	耐燃压克力基材	1.0 mm	相关耐燃应用需求
	橡胶	橡胶基本体自粘胶粘带	耐老化性能佳，多用于密封防漏、绝缘、隔热等方面
	其他材质	非上述种类材质	其他用途

6.2.22 遮蔽胶粘带见表22。

表22 遮蔽胶粘带

功能	基材	种类	用途
遮蔽胶粘带	美纹纸	低温美纹纸	用于家居装修，油漆保护遮蔽
		中温美纹纸	用于汽车喷烤漆保护用
		高温美纹纸	用于电子元件焊锡保护
	美光纸	美光纸	用于玻璃喷砂，石材雕刻，抵抗砂砾的撞击
	PET	非上述种类材质	高温遮蔽保护
	其他材质	非上述种类材质	喷漆与涂装保护用

6.2.23 其他用途压敏胶粘带。

6.3 按产品基材属性及种类分类见表23。

表 23　按产品基材属性及种类分类

基材	应用	说明
PVC 膜胶带	6.2.1;6.2.2;6.2.3;6.2.4;6.2.5;6.2.7;6.2.8;6.2.9;6.2.10;6.2.11;6.2.13;6.2.15;6.2.16;6.2.17;6.2.18;6.2.19; 5.3.2;5.3.4;5.3.5	以聚氯乙烯为原料,经压延、拉伸制成的薄膜或片材,包括复合膜
PP 膜胶带	6.2.1; 6.2.3; 6.2.7; 6.2.8; 6.2.10; 6.2.15; 6.2.19; 5.3.2;5.3.4;5.3.5	以聚丙烯为原料,经挤出、压延或拉伸制成的薄膜或片材。包括各种涂层膜和复合膜
PET 膜胶带	6.2.1;6.2.2;6.2.3; 6.2.4;6.2.5;6.2.6;6.2.7;6.2.8;6.2.9;6.2.10;6.2.13; 6.2.14;6.2.15;6.2.16;6.2.17;6.2.18;6.2.19;6.2.20;6.2.22; 5.3.2;5.3.4;5.3.5	以聚对苯二甲酸乙二醇酯经铸片和定向拉伸制成的薄膜或片材,包括发泡材和复合材
PE 膜胶带	6.2.1;6.2.3;6.2.5;6.2.7;6.2.8;6.2.9;6.2.15; 6.2.16;6.2.19;5.3.2;5.3.4;5.3.5	以聚乙烯(含聚乙烯、乙烯/醋酸乙烯和乙烯/丙烯共聚物)为原料,经挤出、压延或拉伸制成的薄膜或片材,包括复合膜,但不包括以聚乙烯为原料制成的纸制品
聚酰亚胺胶带	6.2.2;6.2.7;6.2.20;5.3.4;5.3.5	以聚酰亚胺为原料制成的薄膜或片材,包括复合膜
纸基胶带	6.2.1;6.2.2;6.2.3;6.2.7;6.2.8;6.2.9; 6.2.10;6.2.11;6.2.15; 6.2.18; 6.2.19;6.2.22;5.3.1;5.3.3	以天然纤维和人造纤维制成的纸制品(棉纸、皱纹纸、和纸、合成纸),包括各种涂层纸、复合纸
布基胶带	6.2.1;6.2.2;6.2.3;6.2.5;6.2.6;6.2.7; 6.2.8;6.2.9;6.2.10;6.2.12;6.2.16;6.2.18;5.3.2;5.3.4	包括棉布、醋酸纤维、维尼纶、聚酯等合成纤维及混纺布、无纺布等,包括各种复合布
金属箔胶带	6.2.3;6.2.4;6.2.5;6.2.8;6.2.12	以铜、铝等金属材料制成的薄膜和片材
泡棉胶带	6.2.5;6.2.6;6.2.7;6.2.8;6.2.9;6.2.12;6.2.21	以各种合成树脂制成的泡沫材料,包括聚氨酯、聚乙烯、聚苯乙烯、EVA 等
橡胶基胶带	6.2.4;6.2.5;6.2.6;6.2.7;6.2.18;6.2.21	以天然橡胶、丁基橡胶、氯丁橡胶、硅橡胶等合成橡胶制成的膜材和片材
聚氨酯胶带	6.2.3;6.2.7;6.2.8;6.2.16	聚氨酯薄膜,打小孔增加透气性用于医疗
本体胶粘带	6.2.21	以压敏胶粘剂直接涂布或发泡制成
玻璃纤维胶粘带	6.2.1;6.2.6;	以玻璃纤维为主体材料制成的各种薄膜和片材
其他薄膜胶带	6.2.2;6.2.7;6.2.8;6.2.15;6.2.16;5.3.2;5.3.4;5.3.5	其他塑料薄膜,包括氟塑料薄膜、聚碳酸酯薄膜等,以及各种复合薄膜
其他纤维胶带	6.2.6, 6.2.12	如复合纤维、碳纤等
其他基材胶带		暂未纳入胶粘制品行业的其他基材或研发中的先进材料,随着工业发展和科技进步将来应用于胶粘制品行业的材料

6.4　压敏胶粘制品配套用特殊功能材料说明

6.4.1　硅油系离型纸见表24。

表24　硅油系离型纸

功能	基材	种类	用途
硅油系离型纸品	纸	玻璃纸(可印刷)	有基材的双面胶带保护用、一般性用途离型底衬
	纸	格拉辛纸	表面压光,厚度均匀致密,可直涂防粘剂,用于双面胶带
	牛皮纸	白牛皮(可印刷)	坚韧的离型纸材,无基材产品代转贴用途,有基材双面胶带保护用
		黄彩牛(可印刷)	单面离型用于商标贴纸底衬、双面离型轮转冲型及压切
	牛皮纸	牛皮淋膜纸	单面或双面 PE 淋膜,涂离型剂后,用于双面胶带或单面胶带
	其他纸材	非上述种类材质	其他用途

6.4.2　硅油系离型膜见表25。

表25　硅油型离型膜

功能	基材	种类	用途
硅油系离型膜品	OPP	一般布(可印刷)	可制造有声、无声胶带,成品透明易检视。另也可用做保护膜、商标底材等功能
		超透明	可制造有声、无声胶带,成品透明易检视。另也可用做保护膜、商标底材等功能
	PET	一般布	适用于轮转冲型、无尘室,透明易检视。背单面胶冲型加工
	PE	LDPE	泡棉胶带使用的离型材料
		HDPE	泡棉胶带使用的离型材料,挺性较佳,可耐高温
	珠光纸	BOPP(可印刷)	可加工为印刷成品,表面平坦印刷性提升使成品具高级感,适合用于高级贴纸的底纸应用
		BOPET	可透光等级,适用于商标贴纸底衬用途
		BOPP	为白色不透光等级,刚挺度佳,适用于自动标签
	PVC	70 μm 明、明蓝	可制作成保护胶带
		100 μm 各色	可制作成电器绝缘胶带
	PE 布基布	单面布基胶带	根据需要有多种颜色
	其他膜类材质	非上述种类材质	其他用途

6.4.3 非硅系离型纸见表26。

表26 非硅系离型纸

功能	基材	种类	用途
离型纸品	纸	超亚光纸	软性电路板(FCCL)行业中与聚酰亚胺膜涂胶复合后根据需要冲制成型
		铜版纸	
	纸	格拉辛纸	电子行业用

6.4.4 非硅系离型膜见表27。

表27 非硅系离型膜

功能	基材	种类	用途
离型膜品	OPP	一般布(可印刷)	可制造有声、无声胶带,成品透明易检视。也可用做保护膜、商标底材等功能
		超透明	可制造有声、无声胶带,成品透明易检视。也可用做保护膜、商标底材等功能
	PET	一般膜	电子行业的盖带
	PE	LDPE	泡棉胶带使用的离型材料
		HDPE	泡棉胶带使用的离型材料,挺性较佳,较可耐高温
	珠光纸	BOPP(可印刷)	可加工为印刷成品,表面平坦,印刷性佳,适合用于高级贴纸的底纸
		BOPET	可透光等级,适用于商标贴纸底衬用途
		BOPP	为白色不透光等级,刚挺度佳,适用于自动标签
	PVC	70 μm 明、明蓝	可制作成保护胶带
		100 μm 各色	可制作成电器绝缘胶带
	PE布基布	根据需要有多种颜色	单面布基胶带
	其他膜类材质	非上述种类材质	其他用途

6.4.5 抗静电膜见表28。

表28 抗静电膜

功能	基材	种类	用途
抗静电膜材	PET	遮光胶带抗静电离型膜	用作遮光胶带在制程中驱除过程中产生静电的膜材
	PE	光学用双面胶带离型膜	用作光学用双面胶带在制程和模切用的离型膜材
	PP	电子元件承载带(上带)	用作抗静电胶带抗静电膜层
	其他基材	指其他膜类基材	具抗静电功能,并兼具基材性能的用途
抗静电片材	PET	电子元件承载带(下带)	用作热压成型的电子元件的生产流水线输送元件带用
	PVC	电子元件承载带(下带)	
	PS	电子元件承载带(下带)	
	其他基材	非上述种类	其他用途

附 录 A
（资料性附录）
专用语对照表

A.1 专用语对照见表 A.1。

表 A.1 专用语对照表

简　称	化　学　名
BOPET	双向拉伸聚对苯二甲酸乙二醇酯
BOPP	双向拉伸聚丙烯
CPP	流延聚丙烯
EVA	乙烯-醋酸乙烯共聚树脂
HDPE	高密度聚乙烯
LDPE	低密度聚乙烯
OPP	定向拉伸聚丙烯
PE	聚乙烯
PET	聚对苯二甲酸乙二醇酯
PP	聚丙烯
PVA	聚乙烯醇
PS	聚苯乙烯
PVB	聚乙烯醇缩丁醛
PVC	聚氯乙烯
PI	聚酰亚胺
PU	聚氨酯
TAC	三醋酸纤维素
TPU	热塑性聚氨酯弹性体

ICS 71.100.01;87.060.10
G 55

中华人民共和国国家标准

GB/T 29597—2013

反应染料　耐碱稳定性的测定

Reactive dyes—Determination of stability to alkalis

2013-07-19 发布　　2013-12-01 实施

中华人民共和国国家质量监督检验检疫总局
中国国家标准化管理委员会　发布

前言

本标准按照 GB/T 1.1—2009 给出的规则起草。

本标准由中国石油和化学工业联合会提出。

本标准由全国染料标准化技术委员会(SAC/TC 134)归口。

本标准起草单位:台州市前进化工有限公司、泰兴市锦鸡染料有限公司、浙江舜龙化工有限公司、沈阳化工研究院有限公司。

本标准主要起草人:董仲生、颜剑波、黄红英、朱海根、孙扬、苏金奇、金伟龙。

反应染料　耐碱稳定性的测定

1　范围

本标准规定了反应染料耐碱稳定性和耐盐-碱稳定性的测定方法。

本标准适用于反应染料耐碱稳定性和耐盐-碱稳定性的测定。

2　规范性引用文件

下列文件对于本文件的应用是必不可少的。凡是注日期的引用文件，仅注日期的版本适用于本文件。凡是不注日期的引用文件，其最新版本（包括所有的修改单）适用于本文件。

GB/T 1914—2007　化学分析滤纸

GB/T 2374—2007　染料　染色测定的一般条件规定

GB/T 6682—2008　分析实验室用水规格和试验方法（ISO 3696：1987，MOD）

3　原理

一定浓度的反应染料溶液，在一定浓度的碱（盐-碱）的作用下，染料会产生凝聚而析出。通过测量染料在碱（盐-碱）液中的析出时间来评价耐碱（盐-碱）稳定性。

4　仪器设备和材料

试剂、设备和材料应符合 GB/T 2374—2007 中的有关规定；实验用水应符合 GB/T 6682—2008 中三级水的规定。

4.1　磁力搅拌器，转速（500～600）r/min，搅拌棒规格 40 mm×ϕ6 mm。

4.2　天平，感量 0.01 g。

4.3　滤纸，符合 GB/T 1914—2007，中速定性滤纸。

4.4　碳酸钠溶液，200 g/L。

4.5　混合碱溶液：每升溶液中含氢氧化钠 120 g，硅酸钠（$Na_2SiO_3 \cdot 9H_2O$）200 g。

4.6　无水硫酸钠。

5　试验步骤

5.1　耐碱稳定性的测定

称量染料样品 10 g（精确至 0.01 g）于 150 mL 烧杯中，加入 90 mL 水，搅拌溶解，调整溶液温度（25±2）℃。把溶液置于磁力搅拌器上，放入搅拌棒，开动搅拌，搅拌速度为 500 r/min～600 r/min。在搅拌下加入混合碱溶液 10 mL，开始记时。加完混碱后即点样观察，以后每隔 5 min 取样一次，每次取样 1 滴，点在滤纸上，观察滤纸渗圈是否有染料析出。如果有染料析出，记录染料析出的第一时间，作为耐碱稳定性。如果在 120 min 还没有染料析出，则结束实验，耐碱稳定性计为＞120 min。

5.2 耐盐-碱稳定性的测定

称量染料样品 2 g(精确至 0.01 g)于 150 mL 烧杯中,加入 90 mL 水,搅拌溶解,调整溶液温度 25 ℃±2 ℃。把溶液置于磁力搅拌器上,放入搅拌棒,开动搅拌,搅拌速度为 500 r/min～600 r/min。在搅拌下加入 5 g 无水硫酸钠,待充分溶解后,再加入 10 mL 碳酸钠溶液,开始记时。加完碱后即点样观察,以后每隔 5 min 取样一次,每次取样 1 滴,点在滤纸上,观察滤纸渗圈是否有染料析出。如果有染料析出,记录染料析出的第一时间,作为耐盐-碱稳定性。如果在 120 min 还没有染料析出,则结束实验,耐盐-碱稳定性计为 ＞120 min。

6 试验报告

试验报告包括以下内容:

a) 被测染料的名称;

b) 本标准编号、年代号;

c) 使用仪器的型号、编号;

d) 测试结果;

e) 在测试过程中的特殊情况;

f) 与本方法的差异;

g) 试验日期。

ICS 71.100.01;87.060.10
G 55

中华人民共和国国家标准

GB/T 29598—2013

荧光增白剂中三嗪类杂质的限量与测定

Limit and determination of triazines in fluorescent brighteners

2013-07-19 发布　　2013-12-01 实施

中华人民共和国国家质量监督检验检疫总局
中国国家标准化管理委员会　发布

前　言

本标准按照GB/T 1.1—2009给出的规则起草。

本标准由中国石油和化学工业联合会提出。

本标准由全国染料标准化技术委员会(SAC/TC 134)归口。

本标准起草单位:浙江宏达化学有限公司、浙江传化华洋化工有限公司、山西青山化工有限公司、沈阳化工研究院有限公司、国家染料质量监督检验中心。

本标准主要起草人:容建明、季浩、高林峰、甘宏宇、沈日炯、蒋东文、李钢、姬兰琴、范约明。

荧光增白剂中三嗪类杂质的限量与测定

警告——使用本标准的人员应有正规实验室工作的实践经验。本标准并未指出所有可能的安全问题。使用者有责任采取适当的安全和健康措施，并保证符合国家有关法规规定的条件。

1 范围

本标准规定了洗涤剂用荧光增白剂中三嗪类杂质(见附录 A)的限量标准与测定方法。

本标准适用于洗涤剂用荧光增白剂。

2 规范性引用文件

下列文件对于本文件的应用是必不可少的。凡是注日期的引用文件，仅注日期的版本适用于本文件。凡是不注日期的引用文件，其最新版本(包括所有的修改单)适用于本文件。

GB/T 6682—2008 分析实验室用水规格和试验方法(ISO 3696:1987,MOD)

GB/T 8170—2008 数值修约规则与极限数值的表示和判定

3 要求

洗涤剂用荧光增白剂中三嗪杂质的质量要求应符合表 1 的规定。

表 1 荧光增白剂中三嗪杂质的质量要求

项 目	指 标	试验方法
2-羟基-4,6-二苯胺基均三嗪(三嗪 1,AAH)/%	≤0.10	第 4 章
2-苯胺基-4,6-二吗啉均三嗪(三嗪 2,AMM)/%	≤0.10	第 4 章
2-吗啉-4,6-二苯胺均三嗪(三嗪 3,AAM)/%	≤0.50	第 4 章

4 试验方法

4.1 一般规定

除非另有规定，仅使用确认为分析纯的试剂和 GB/T 6682—2008 中规定的一级水。检验结果的判定按 GB/T 8170—2008 中的 4.3.3 修约值比较法进行。

4.2 原理

荧光增白剂样品在流动相中溶解后，使用高效液相色谱对其进行分离，在最大吸收波长处测定其响应值，使用峰面积外标法定量测定其中的三种三嗪类杂质的含量。

4.3 试剂和溶液

4.3.1 乙腈。

4.3.2 氢氧化钠。

4.3.3 氢氧化钠溶液:40 g/L。

4.3.4 2-羟基-4,6-二苯胺基均三嗪标准样品,含量≥95%(质量分数)。

4.3.5 2-苯胺基-4,6-二吗啉均三嗪标准样品,含量≥95%(质量分数)。

4.3.6 2-吗啉-4,6-二苯胺均三嗪标准样品,含量≥95%(质量分数)。

4.4 仪器设备

4.4.1 高效液相色谱仪:配有可变波长检测器。

4.4.2 色谱柱:长为150 mm,内径为4.6 mm的不锈钢柱,固定相为ODS C18,粒径5 μm,如Agilent XDB-C18柱,或者其他可以达到同等分离效果的色谱柱,推荐使用耐碱性色谱柱。

4.4.3 色谱工作站或积分仪。

4.4.4 超声波发生器。

4.4.5 微量注射器:10 μL~25 μL平头。

4.4.6 天平:精度0.000 02 g。

4.5 色谱操作条件

4.5.1 流动相:乙腈与水的体积比=60∶40。

4.5.2 柱温:室温。

4.5.3 波长:263 nm。

4.5.4 流量:0.8 mL/min。

4.5.5 进样量:5 μL。

4.5.6 可根据装置不同,选择最佳分析条件,流动相应摇匀后用超声波发生器进行脱气。

4.6 标准溶液的配制

4.6.1 单一标准溶液的配制

分别称取附录A所列的标准物质0.005 g(准确至0.000 02 g),用4.5中流动相溶解,AAH如溶解效果不好,可以加入0.5 mL氢氧化钠溶液。用流动相定容至25 mL容量瓶中,配制成单一标准溶液。单一标准溶液需避光保存,有效期为7天。

4.6.2 混合标准溶液的配制

吸取各种适量的单一标准溶液于25 mL容量瓶中,用流动相定容至刻度,配制成与样品中所含三嗪量相近似的混合标准溶液。

4.6.3 样品溶液的配制

准确称取增白剂样品0.010 g(准确至0.000 02 g),用流动相溶解,加入0.1 mL氢氧化钠溶液,转移至25 mL容量瓶中,用流动相定容至刻度。此溶液为样品溶液。

4.7 测定步骤

开启色谱仪。待仪器各项操作条件稳定后,用微量注射器分别吸取混合标准溶液(与样品中所含三嗪量相近似的混合标准溶液)和样品溶液各5 μL注入进样阀,待最后一个组分流出完毕(参见附录B),用色谱工作站或积分仪进行结果处理。

4.8 结果计算

样品中所含各种三嗪杂质含量以质量分数 w_i 计，按式(1)计算：

$$w_i = \frac{A_i m_{is} w_{is}}{A_{is} m} \qquad \cdots\cdots (1)$$

式中：

A_i ——样品溶液中各三嗪杂质的峰面积数值；

m_{is}——混合标准溶液中各三嗪杂质的质量数值，单位为克(g)；

w_{is}——标准溶液中各三嗪杂质的的质量分数，%；

A_{is}——混合标准溶液中各三嗪杂质的峰面积数值；

m ——样品质量的数值，单位为克(g)。

计算结果保留到小数点后两位。

5 最小定量限、回收率和精密度

5.1 最小定量限

本方法对增白剂中三嗪杂质的最小定量限为0.005%。

5.2 回收率

将1 mL的标准混合溶液加入到样品溶液中，按本标准的第4章操作，测得的各三嗪杂质回收率应在90%～110%之间。

5.3 精密度

在同一实验室，由同一操作者使用相同设备，按相同的测试方法，并在短时间内对同一被测对象相互独立进行的测试获得的两次独立测试结果的绝对差值不大于这两个测定值的算术平均值的10%。

6 试验报告

试验报告至少应给出以下内容：

a) 样品描述；

b) 使用的标准；

c) 试验结果；

d) 偏离标准的差异；

e) 试验日期。

附 录 A
（规范性附录）
三嗪杂质的名称及结构信息

表 A.1 三嗪杂质的名称及结构信息

名 称	分子式	缩写	结构式	相对分子质量
2-羟基-4,6-二苯胺基均三嗪 Anilino—Anilino—Hydroxy triazine	$C_{15}H_{13}N_5O$	AAH	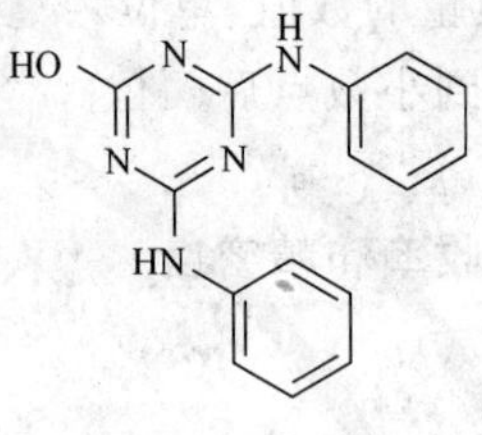	279
2-苯胺基-4,6-二吗啉均三嗪 Anilino—Morpholino—Morpholino triazine	$C_{17}H_{22}N_6O_2$	AMM	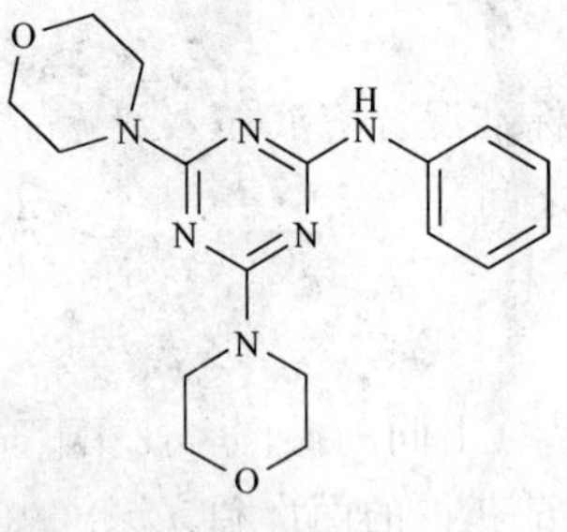	342
2-吗啉-4,6-二苯胺均三嗪 Anilino—Anilino—Morpholino triazine	$C_{19}H_{20}N_6O$	AAM	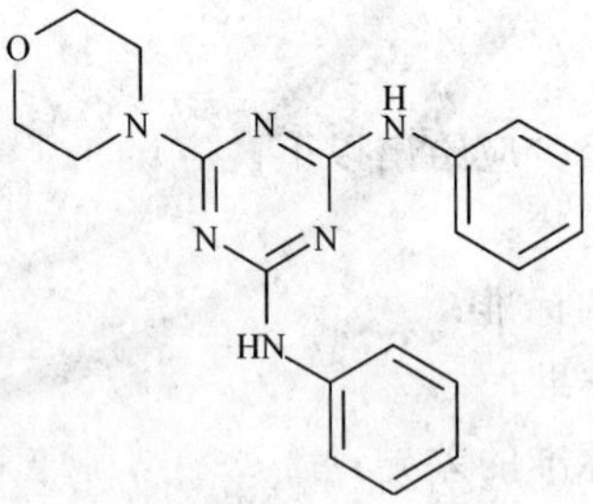	348

附 录 B
（资料性附录）
色谱图

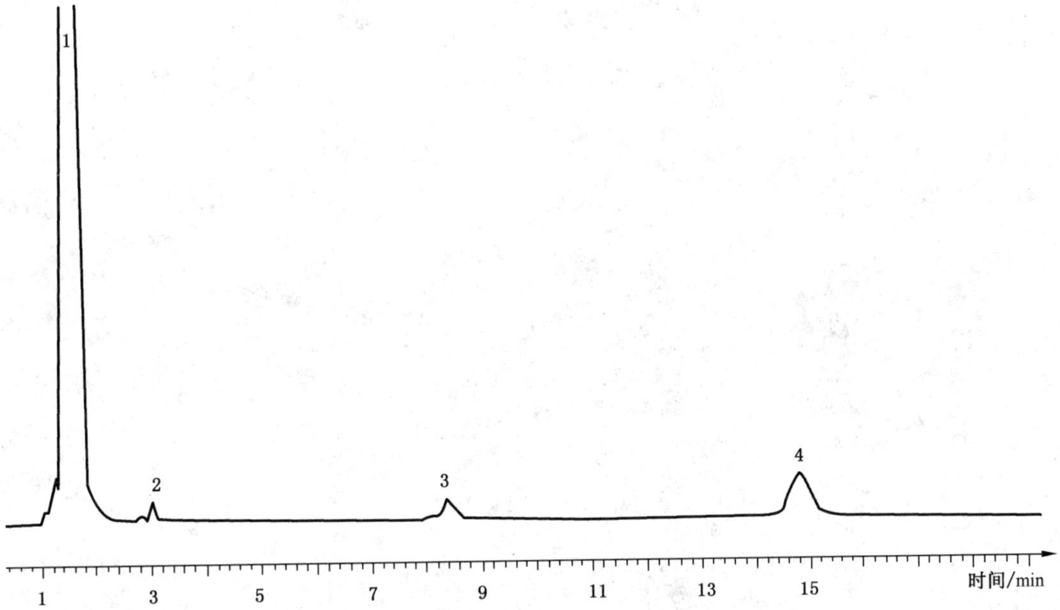

说明：

1——荧光增白剂；

2——2-羟基-4,6-二苯胺基均三嗪(三嗪 1,AAH)；

3——2-苯胺基-4,6-二吗啉均三嗪(三嗪 2,AMM)；

4——2-吗啉-4,6-二苯胺均三嗪(三嗪 3,AAM)。

图 B.1 增白剂中三嗪测定液相色谱示意图

ICS 71.100.40
G 70

中华人民共和国国家标准

GB/T 29599—2013

纺织染整助剂　化学需氧量(COD)的测定

Textile dyeing and finishing auxiliaries—
Determination of chemical oxygen demand(COD)

2013-07-19 发布　　2013-12-01 实施

中华人民共和国国家质量监督检验检疫总局
中国国家标准化管理委员会　发布

前 言

本标准按照 GB/T 1.1—2009 给出的规则起草。

本标准由中国石油和化学工业联合会提出。

本标准由全国染料标准化技术委员会印染助剂分技术委员会(SAC/TC 134/SC 1)归口。

本标准起草单位:浙江传化股份有限公司、杭州传化精细化工有限公司。

本标准主要起草人:高慧莲、申屠鲜艳、赵梅、傅佳亚。

纺织染整助剂　化学需氧量(COD)的测定

1　范围

本标准规定了纺织染整助剂化学需氧量(COD)的测定方法。

本标准适用于不具有氧化性、还原性的纺织染整助剂化学需氧量(COD)的测定。

本标准分光光度法为快速法，重铬酸盐法为仲裁法。

2　规范性引用文件

下列文件对于本文件的应用是必不可少的。凡是注日期的引用文件，仅注日期的版本适用于本文件。凡是不注日期的引用文件，其最新版本(包括所有的修改单)适用于本文件。

GB/T 6682—2008　分析实验室用水规格和试验方法(ISO 3696:1987,MOD)

GB/T 8170—2008　数值修约规则与极限数值的表示和判定

GB/T 11896　水质　氯化物的测定　硝酸银滴定法

3　方法一(分光光度法)

3.1　原理

试样中加入已知量的重铬酸钾溶液，在浓硫酸介质中，以硫酸银为催化剂，经高温消解后，用分光光度法测定COD值。

当试样的COD值在100 mg/L～1 000 mg/L，在(620±10)nm波长处测定重铬酸钾被还原产生的三价铬(Cr^{3+})的吸光度，试样的COD值与三价铬(Cr^{3+})的吸光度的增加值成正比例关系，将三价铬(Cr^{3+})的吸光度换算成试样的COD值。

当试样中COD值在15 mg/L ～250 mg/L，在(440±10)nm波长处测定重铬酸钾未被还原的六价铬(Cr^{6+})和还原产生的三价铬(Cr^{3+})的两种铬离子的总吸光度；试样中的COD值与(Cr^{6+})的吸光度减少值成正比例，与三价铬(Cr^{3+})的吸光度增加值成正比例，与总吸光度减少值成正比例，将总吸光度值换算成试样的COD值。

3.2　试剂和材料

除非另有规定，仅使用确认为分析纯的试剂和GB/T 6682—2006中规定的三级水。

3.2.1　硫酸溶液，1+9(体积比)。

3.2.2　硫酸银-硫酸溶液，10 g/L：称取5.0 g硫酸银，加入至500 mL硫酸中，静置1～2天，搅拌，使其溶解。

3.2.3　重铬酸钾标准滴定溶液(见附录A)

3.2.3.1　重铬酸钾标准滴定溶液，$c(\frac{1}{6}K_2Cr_2O_7)=0.500\ 0$ mol/L。

3.2.3.2　重铬酸钾标准滴定溶液，$c(\frac{1}{6}K_2Cr_2O_7)=0.160\ 0$ mol/L。

3.2.4　预装混合试剂

在一支消解管中，按表1的要求加入重铬酸钾溶液、硫酸溶液(3.2.1)和硫酸银-硫酸溶液(3.2.2)，拧紧盖子，轻轻摇匀，冷却至室温，避光保存。在使用前应将混合试剂摇匀。在常温避光条件下，可稳定保存一年。

表1 预装混合试剂及方法(试剂)标识

测定方法	测定范围/(mg/L)	重铬酸钾溶液用量/mL	硫酸溶液用量/mL	硫酸银-硫酸溶液用量/mL	消解管规格/mm
比色池(皿)分光光度法	高量程 100～1 000	1.00 (3.2.3.1)	0.50	6.00	ϕ18×130
	低量程 10～250	1.00 (3.2.3.2)	0.50	6.00	ϕ18×130

3.2.5 邻苯二钾酸氢钾COD标准贮备液(见附录A)

3.2.5.1 COD标准贮备液，COD值5 000 mg/L。

3.2.5.2 COD标准贮备液，COD值1 250 mg/L。

3.2.6 邻苯二甲酸氢钾COD标准系列使用液

3.2.6.1 高量程(测定上限1 000 mg/L)COD标准系列使用液，COD值分别为100 mg/L、200 mg/L、400 mg/L、600 mg/L、800 mg/L和1 000 mg/L。

分别量取5.00 mL、10.00 mL、20.00 mL、30.00 mL、40.00 mL和50.00 mL的COD标准贮备液(3.2.5.1)，加入到相应的250 mL容量瓶中，用水稀释至刻度。此溶液在2 ℃～8 ℃下贮存，可稳定保存一个月。

3.2.6.2 低量程(测定上限250 mg/L)COD标准系列使用液，COD值分别为25 mg/L、50 mg/L、100 g/L、150 mg/L、200 mg/L和250 mg/L。

分别量取5.00 mL、10.00 mL、20.00 mL、30.00 mL、40.00 mL和50.00 mL的COD标准贮备液(3.2.5.2)，加入到相应的250 mL容量瓶中，用水稀释至刻度。此溶液在2 ℃～8 ℃下贮存，可稳定保存一个月。

3.2.7 硝酸银溶液，$c(AgNO_3)$=0.1 mol/L：称取17.1 g硝酸银，溶于1 000 mL水中。

3.2.8 铬酸钾溶液，50 g/L：称取5.0 g铬酸钾溶解于少量水中，滴加硝酸银(3.2.7)至有红色沉淀生成，摇匀，静置12 h，过滤并用水将滤液稀释至100 mL。

3.3 仪器和设备

3.3.1 紫外可见分光光度计。

3.3.2 消解管，应由耐酸玻璃制成，在165 ℃温度下能承受600 kPa的压力，管盖应耐热耐酸。

3.3.3 消解器，应具有自动恒温加热(在10 min内可达到设定的165 ℃±2 ℃，计时鸣叫功能，有透明且通风的防消解液飞溅的防护盖。

3.3.4 消解管支架，耐165 ℃热烫的支架。

3.3.5 手动移液器，最小分度体积不大于0.01 mL。

3.3.6 电子天平，感量0.000 1 g。

3.3.7 容量瓶，200 mL，250 mL，500 mL，1 000 mL。

3.3.8 移液管，1 mL，2 mL，3 mL，5 mL，10 mL，20 mL，30 mL，40 mL，50 mL。

3.3.9 量筒，100 mL，500 mL。

3.4 样品

3.4.1 试样的稀释

根据印染助剂产品 COD 值的特性，液体试样一般稀释为 1.00 g/L。固体试样存在不均匀性，因此先将试样稀释至 20.00 g/L，再按液体试样要求进行稀释。

3.4.2 试样的 COD 值初步判定

初步判定试样的 COD 值时，选择对应量程的预装混合试剂(3.2.4)，加入相应体积的试样稀释液，混匀，放入已预热到(165±2)℃的消解器中消解 5 min，检查消解管内溶液是否呈绿色，如变绿，需再次稀释(再次稀释取样量不得少于 10 mL，稀释倍数小于 10 倍，试样应逐级稀释)后测定。

3.5 测定条件

表 2 分析测定条件

测定方法	测定范围/(mg/L)	试样用量/mL	测定波长/nm	检出限/(mg/L)
比色池(皿)分光光度法	高量程 100～1 000	3.00	620±10	22
	低量程 10～250	3.00	440±10	3.0

3.6 分析步骤

3.6.1 校准曲线的绘制

3.6.1.1 选定预装混合试剂(3.2.4)，混匀试剂后，量取相应体积的 COD 标准系列溶液(试样)沿消解管内壁慢慢加入，拧紧盖子，摇匀，用无毛纸擦净外壁，放入已预热到(165±2)℃的消解器中消解 40 min，取出用冷水降温至 60 ℃左右(约 2 min)，摇匀，冷却至室温(于暗处静置 30 min)。

3.6.1.2 高量程方法在(620±10)nm 波长处，以水为参比液，用分光光度计测定吸光度值绘制工作曲线。

低量程方法在(440±10)nm 波长处，以水为参比液，用分光光度计测定吸光度值绘制工作曲线。

3.6.1.3 高量程 COD 标准系列使用溶液 COD 值对应其测定的吸光度值减去空白试验测定的吸光度值的差值，绘制校准曲线。

低量程 COD 标准系列使用溶液 COD 值对应空白试验测定的吸光度值减去其测定的吸光度值的差值，绘制校准曲线。

3.6.2 空白试验

用水代替试样，按照 3.6.1.1～3.6.1.2 的步骤进行测定。

3.7 结果计算

在(620±10)nm 波长处测定时，COD 值[ρ(COD)]以毫克每升(mg/L)表示，按式(1)计算：

$$\rho(\mathrm{COD}) = \frac{x}{1\ 000}[k(A_s - A_b) + \alpha] \quad \cdots\cdots\cdots(1)$$

在(440±10)nm 波长处测定时,COD 值[$\rho(COD)$]以毫克每升(mg/L)表示,按式(2)计算:

$$\rho(COD)=\frac{x}{1\ 000}[k(A_b-A_s)+\alpha] \qquad \cdots\cdots(2)$$

式中:

x ——试样稀释倍数;

1 000——COD 值以 1 g/L 表示时的换算系数;

k ——校准曲线灵敏度;

A_b ——空白试验测定的吸光度值;

A_s ——试样测定的吸光度值;

α ——校准曲线截距。

取三次平行测定的算术平均值,按 GB/T 8170—2008 进行修约,结果保留三位有效数字。三次平行测定结果的相对标准偏差不大于 5.0%。对 COD 值小的试样,当 COD 值计算出小于 10 mg/L 时应表示为 COD<10 mg/L。

注:纺织染整助剂 COD 值是以 1 g/L 浓度的试样表示。

4 方法二(重铬酸盐法,仲裁法)

4.1 原理

在试样中加入已知量的重铬酸钾溶液,并在强酸介质下以硫酸银为催化剂,经沸腾回流后,以试亚铁灵为指示剂,用硫酸亚铁铵滴定水样中未被还原的重铬酸钾,由消耗的硫酸亚铁铵的量换算成消耗氧的质量浓度。

在酸性重铬酸钾条件下,芳烃及吡啶难以被氧化,其氧化率较低。在硫酸银催化作用下,直链脂肪族化合物可有效地被氧化。

4.2 试剂和材料

除非另有规定,仅使用确认为分析纯的试剂和 GB/T 6682—2008 中规定的三级水。

4.2.1 硫酸汞。

4.2.2 硫酸银-硫酸溶液,10 g/L。

4.2.3 重铬酸钾标准滴定溶液(见附录 A)。

4.2.3.1 重铬酸钾标准滴定溶液,$c(\frac{1}{6}K_2Cr_2O_7)=0.25$ mol/L。

4.2.3.2 重铬酸钾标准滴定溶液,$c(\frac{1}{6}K_2Cr_2O_7)=0.025$ mol/L。

4.2.4 硫酸亚铁铵标准滴定溶液(见附录 A)

4.2.4.1 硫酸亚铁铵标准滴定溶液:$c[(NH_4)_2Fe(SO_4)_2]=0.1$ mol/L。

4.2.4.2 硫酸亚铁铵标准滴定溶液,$c[(NH_4)_2Fe(SO_4)_2]=0.01$ mol/L。

4.2.5 邻苯二甲酸氢钾 COD 值标准贮备液,COD 值=500 mg/L(见附录 A)。

4.2.6 1,10-菲绕啉(1.10-phenanathroline monohy drate)(试亚铁灵)指示剂溶液:称取 0.7 g 七水合硫酸亚铁($FeSO_4\cdot 7H_2O$)于烧杯中,加 50 mL 水溶解,再加入 1.5 g 1,10-菲绕啉,搅动至溶解,加水稀释至 100 mL。

4.2.7 硫酸溶液,20%:量取 128 mL 硫酸,缓缓注入约 700 mL 水中,冷却,稀释至 1 000 mL。

4.2.8 防爆沸玻璃珠。

4.3 仪器和设备

4.3.1 回流装置,带有24号标准磨口的250 mL 锥形瓶的全玻璃回流装置,回流冷凝管长度为300 mm～500 mm。

4.3.2 加热装置。

4.3.3 电子天平,感量0.000 1 g。

4.3.4 酸式滴定管,50 mL。

4.3.5 容量瓶,1 000 mL。

4.3.6 移液管,20 mL,100 mL。

4.3.7 量筒,100 mL, 500 mL。

4.4 样品

4.4.1 试样的稀释

根据印染助剂产品COD值的特性,液体试样一般稀释为1.00 g/L。固体试样存在不均匀性,因此先将试样稀释至20.00 g/L,再按液体试样要求进行稀释。

该方法测定COD值的上限为500 mg/L,超过此限时应再次稀释(再次稀释取样量不得少于10 mL,稀释倍数小于10倍,试样应逐级稀释)后测定。

4.4.2 试样的COD值初步判定

可选取所需体积$\frac{1}{10}$的试料和$\frac{1}{10}$的试剂,放入10 mm×150 mm硬质玻管中,摇匀后,用酒精灯加热至沸数分钟,观察溶液是否变成蓝绿色。如呈蓝绿色,应再适当少取试料,重复以上试验,直至溶液不变蓝绿色为止。从而确定待测试样适当的稀释倍数。

4.5 分析步骤

4.5.1 试样的测定

根据COD的大概值,选择相应的重铬酸钾溶液和硫酸亚铁铵溶液。

移取20.00 mL待测溶液和10.00 mL重铬酸钾标准滴定溶液于磨口锥形瓶中,加入0.4 g硫酸汞(4.2.1)和几颗防爆沸玻璃珠(4.2.8),摇匀。将磨口锥形瓶接到回流装置冷凝管(4.3.1)下端,接通冷凝水。从冷凝管上端缓慢加入30 mL硫酸银-硫酸溶液(4.2.2),为防止低沸点有机物的逸出,不断旋动锥形瓶使之混匀。自溶液开始沸腾起回流2 h。

冷却后,用20 mL～30 mL水自冷凝管上端冲洗冷凝管后,取下锥形瓶,再用水稀释至140 mL左右。将溶液冷却至室温后加入3滴试亚铁灵试指示剂(4.2.6),用相应浓度的硫酸亚铁铵标准滴定溶液来滴定,溶液的颜色由黄色经蓝绿色变为红褐色即为终点。

4.5.2 空白试验

以水代替试样,按照4.5.1相同步骤进行测定。

4.6 结果计算

COD值[ρ(COD)]以毫克每升(mg/L)表示,按式(3)计算:

$$\rho(\mathrm{COD})=\frac{c(V_1-V_2)\times 8\ 000}{V_0}\times\frac{x}{1\ 000} \qquad \cdots\cdots(3)$$

式中：

c ——硫酸亚铁铵标准滴定溶液(4.2.4)的浓度，单位为摩尔每升(mol/L)；

V_1 ——空白试验(4.5.2)所消耗的硫酸亚铁铵标准滴定溶液的体积，单位为毫升(mL)；

V_2 ——试样测定(4.5.1)所消耗的硫酸亚铁铵标准滴定溶液的体积，单位为毫升(mL)；

V_0 ——试样的体积，单位为毫升(mL)；

x ——试样稀释倍数；

1 000——COD 值以 1 g/L 表示时的换算系数；

8 000——$\frac{1}{4}O_2$ 的摩尔质量以 mg/L 为单位的换算值。

取三次平行测定的算术平均值，按 GB/T 8170—2008 进行修约，结果保留三位有效数字。三次平行测定结果的相对标准偏差不大于 4.0%。对 COD 值小的试样，当 COD 值计算出小于 10 mg/L 时应表示为 COD<10 mg/L。

注：纺织染整助剂 COD 值是以 1 g/L 浓度的试样表示。

4.7 校核试验

按测定试样(4.5)提供的方法分析 20.00 mL 邻苯二甲酸氢钾 COD 值标准贮备液的 COD 值，以检验操作技术及试剂纯度。

该溶液的理论 COD 值为 500 mg/L，如果校核试验的结果大于该值的 96%，即可认为实验步骤基本上是适宜的，否则，应寻找失败的原因，重复实验，使之达到要求。

5 干扰及消除

5.1 氯离子的干扰及消除

5.1.1 氯离子是主要的干扰成分，试样中含有氯离子会使测定结果偏高。选用方法一(分光光度法)时，在试样中加入适量硝酸银与氯离子形成稳定的氯化银沉淀，可减少氯离子对测定结果的干扰；选用方法一(分光光度法)的低量程方法测定 COD 值，也可减少氯离子对测定结果的干扰。选用方法二(重铬酸盐法)时加入适量硫酸汞与氯离子形成可溶性氯化汞配合物，可减少氯离子的干扰。

5.1.2 试样中氯离子含量的初判：取适量的试样于试管中，加入 0.5 mL(3.2.7)硝酸银，充分混合后加入 2 滴铬酸钾溶液(3.2.8)，摇匀，如溶液变红，氯离子溶度低于 1 000 mg/L；如仍为黄色，氯离子浓度高于 1 000 mg/L。或按 GB/T 11896 方法测定试样中氯离子的浓度。

5.1.3 当试样中无氯离子时，选用方法一(分光光度法)进行测定。

5.1.4 当试样中氯离子小于 1 000 mg/L 时，可选用方法一(分光光度法)或选用方法二(重铬酸盐法)进行测定。

5.1.5 当氯离子含量超过 1 000 mg/L，在试样稀释液中加入适量的固体硝酸银放置(冰箱中)24 h，除去氯离子后用方法一(分光光度法)进行测定；或直接选用方法二(重铬酸盐法)进行测定。

5.2 其他干扰因素

5.2.1 在酸性重铬酸钾条件下，一些芳香烃类有机物、吡啶等化合物难以氧化，其氧化率较低。

5.2.2 无机还原性物质如亚硝酸盐、硫化物及二价铁盐将结果增加，将其需氧量作为试样 COD 值的一部分是可以接受的。

5.2.3 试样中的有机氮通常转化成铵离子，铵离子不被重铬酸钾氧化。

6 试验报告

试验报告至少应给出以下内容：

a） 试样的描述；

b） 使用的标准；

c） 采用的测试方法；

d） 与本标准的差异；

e） 测试结果；

f） 试验日期。

附 录 A
（规范性附录）
标准滴定溶液的配制与标定

A.1 重铬酸钾标准滴定溶液

A.1.1 $c(\frac{1}{6}K_2Cr_2O_7)=0.500\,0$ mol/L

称取 24.515 4 g 已在(120±2)℃的电烘箱中干燥至恒量的工作基准试剂重铬酸钾置于烧杯中，加入 600 mL 水，在搅拌下慢慢加入 100 mL 硫酸，溶解冷却后，移入 1 000 mL 容量瓶中后，用水稀释至刻度。此溶液可稳定保存 6 个月。

A.1.2 $c(\frac{1}{6}K_2Cr_2O_7)=0.160\,0$ mol/L

称取 7.844 9 g 已在(120±2)℃的电烘箱中干燥至恒量的工作基准试剂重铬酸钾置于烧杯中，加入 600 mL 水，在搅拌下慢慢加入 100 mL 硫酸，溶解冷却后，移入 1 000 mL 容量瓶中后，用水稀释至刻度。此溶液可稳定保存 6 个月。

A.1.3 $c(\frac{1}{6}K_2Cr_2O_7)=0.25$ mol/L

称取(12.25±0.20)g(称准至 0.000 2 g)已在(120±2)℃的电烘箱中干燥至恒量的工作基准试剂重铬酸钾，溶于水，移入 1 000 mL 容量瓶中，稀释至刻度。

重铬酸钾标准滴定溶液的浓度，数值以摩尔每升(mol/L)表示，按式(A.1)计算：

$$c(\frac{1}{6}K_2Cr_2O_7)=\frac{m\times 1\,000}{VM} \qquad \cdots\cdots(A.1)$$

式中：

m ——重铬酸钾的质是的准确数值，单位为克(g)；

V ——重铬酸钾溶液的体积的准确数值，单位为毫升(mL)；

M ——重铬酸钾的摩尔质量的数值，单位为克每摩尔(g/mol)[$M(\frac{1}{6}K_2Cr_2O_7)=49.031$]。

A.1.4 $c(\frac{1}{6}K_2Cr_2O_7)=0.025$ mol/L

将 A.1.3 的溶液稀释 10 倍而成。

A.2 邻苯二甲酸氢钾[$C_6H_4(COOH)(COOK)$]COD 值标准贮备液

1 mol 邻苯二甲酸氢钾[$C_6H_4(COOH)(COOK)$]可以被 30 mol 重铬酸钾($\frac{1}{6}K_2Cr_2O_7$)完全氧化，其化学需氧量相当 30 mol 的氧($\frac{1}{2}O_2$)。

A.2.1 COD 标准贮备液，COD 值为 5 000 mg/L

称取 2.127 4 g 已在 105 ℃～110 ℃的电烘箱中干燥至恒量的工作基准试剂邻苯二甲酸氢钾置于烧杯中，溶于 250 mL 水，移入 500 mL 容量瓶中后，用水稀释至刻度。此溶液在 2 ℃～8 ℃下贮存，可稳定保存一个月。或在定容前加入约 10 mL 硫酸(3.2.1),常温贮存,可稳定保存一个月。

A.2.2 COD 标准贮备液,COD 值 1 250 mg/L

量取 50.00 mLCOD 标准贮备液(A.2.1)置于 200 mL 容量瓶中,用水稀释至刻度。此溶液在 2 ℃～8 ℃下贮存,可稳定保存一个月。

A.2.3 COD 标准贮备液,COD 值 500 mg/L

称取 0.425 1 g 已在 105 ℃～110 ℃的电烘箱中干燥至恒重的邻苯二甲酸氢钾,溶于水,移入 1 000 mL容量瓶中,稀释至刻度。此溶液在 2 ℃～8 ℃下贮存,可稳定保存一个月。

A.3 硫酸亚铁铵标准滴定溶液

A.3.1 $c[(NH_4)_2Fe(SO_4)_2]=0.1$ mol/L

A.3.1.1 配制

称取 40 g 硫酸亚铁铵$[(NH_4)_2Fe(SO_4)_2 \cdot 6H_2O]$溶解于 300 mL 硫酸溶液(4.2.7)中,加 700 mL 水,摇匀。

A.3.1.2 标定[每日临用前,必须用重铬酸钾标准滴定溶液(A.1.3)准确标定此溶液的浓度]

准确移取 10.00 mL 重铬酸钾标准滴定溶液(A.1.3)置于锥形瓶中,用水稀释至约 100 mL,加入 30 mL 硫酸,混匀,冷却后,加 3 滴试亚铁灵指示剂,用配制好的硫酸亚铁铵溶液滴定至溶液颜色由黄色经蓝绿色变为红褐色,即为终点。

硫酸亚铁铵标准滴定溶液的浓度$\{[(NH_4)_2Fe(SO_4)_2]\}$,数值以摩尔每升(mol/L)表示,按式(A.2)计算:

$$c[(NH_4)_2Fe(SO_4)_2]=\frac{V_1c_1}{V} \qquad \cdots\cdots(A.2)$$

式中:

V_1——重铬酸钾标准滴定溶液的体积的数值,单位为毫升(mL);

c_1——重铬酸钾标准滴定溶液的浓度的准确数值,单位为摩尔每升(mol/L);

V——硫酸亚铁铵溶液的体积的准确数值,单位为毫升(mL)。

A.3.2 $c[(NH_4)_2Fe(SO_4)_2]=0.01$ mol/L

将 A.3.1.1 配制的溶液稀释 10 倍,用重铬酸钾标准滴定溶液(A.1.4)标定,其滴定步骤及浓度计算与 A.3.1.2 类同。